제2판

기계설비안전

정명진 · 김태구 · 박재학 · 이근오 · 추병길 · 허문회

화수목

머리말

이 책은 저자들이 대학에서 기계설비안전에 관하여 수년간 강의를 하면서 얻은 자료들을 바탕으로 정리한 것이다. 가능한 한 너무 전문적인 이론은 제외하고 산업안전보건법에 준한 기계 부분의 영역에서 기계안전 전반에 걸쳐 평이하게 서술하도록 노력하였다.

기계설비안전은 기계공학과 안전공학적 개념을 서로 접목하는 것을 바탕으로 이루어진다 할 수 있는데, 산업의 고도화에 따라 다루어야 할 기계류의 범위가 광범위해짐에 따라, 이 책에서 다루어야 할 범위와 내용을 설정하는 일에 상당한 고민이 따른 것이 사실이다.

이에 범용성이 크고 현재 많이 보급되어 사용되고 있는 각종 기계류와 방호장치를 중심으로 구조, 원리, 용도, 사용법 그리고 위험요인에 대한 기본 개념을 심어주기 위하여 가능한 많은 그림을 수록하는 동시에 기본 용어의 정의에 힘썼으며, 이를 바탕으로 안전공학적 해법에 접근하는 것에 도움이 되도록 구성하는 데 역점을 두었다. 한편, 각 단원 말미에 연습문제를 수록하여 단원의 내용에 대한 이해도를 높이고자 하였다.

그동안 관련 법령들이 여러 번 개정되고, 추가로 기술이 필요한 부분들이 발견되어 이번에 많은 부분을 개정하게 되었다.

이 책은 엄밀하게 말하여 기계설비안전의 입문서라고밖에 할 수 없으며, 더 깊은 내용을 이해하고자 하는 사람은 각종 기계공학 관련서적과 안전공학 서적을 참고하여야 할 것이다.

이 책의 미비한 점, 부정확한 점 등은 앞으로 계속 보완·보정되어질 것이며, 독자 여러분의 많은 지도편달을 바란다.

이 책에서의 용어는 한국산업표준규격(KS) 및 산업안전보건법령에 준으로 하여 사용하려고 노력하였으며, 본서를 학습함에 있어 수시로 변경되는 법령에 유의해야 할 것이다.

끝으로 본 교재가 나오기까지 힘써주신 도서출판 화수목 편집부 여러분께 깊은 감사를 드린다.

CONTENTS | 차 례

CONTENTS | 차 례

CHAPTER 8 공장자동화와 산업용 로봇

CHAPTER 9 설비보전과 진단

CHAPTER

01

설비안전

CHAPTER 01 설비안전

1.1 생산과 안전

생산이란 새로운 효용가치를 창출해내는 경제적인 활동을 가리키는 것으로, 이러한 생산 활동을 보다 합리적으로 달성하기 위해서는 4M(Material, Machine, Method, Man)의 4요소가 제대로 결합되어 시스템을 형성하여야 한다.

생산설비란 인간의 능력을 보완하고 그 능률을 높임으로써 생산성 향상에 이바지하려는 것이 본래의 뜻임에도 불구하고, 현실적으로는 오히려 사람에게 불확실성을 요구하는 경우가 적지 않다. 즉, 인간과의 상관성은 고려하지 않고 설비자체의 성능만을 향상시킴으로써 인간을 위한 이기(利器)로서의 설비라기보다는 공포의 대상으로 둔갑하는 등의 불합리성을 초래하는 경우가 종종 있다.

따라서 설비안전에 있어서는 그 근본적 과제가 물적안전무결제도(1st fail-safe system)를 확립하는 데 있어야 한다. 그러나 현실적으로는 오히려 인간 쪽에 신뢰성을 더욱 요구함으로써 설비안전사고는 증가일로에 있는 경향을 보이고 있다.

사실 인간능력의 고려 없이는 생산 활동에 있어서 안전은 확보될 수 없기 때문에, 있을 수 있는 여러 가지 형태의 위험을 예측하고 그것으로부터 벗어날 수 있는 기술의 개발이 기대되는데, 이에 따라 안전공학에 의한 설비성능향상과 생산성향상에 이바지하고자 하는 것이 설비안전관리라고 할 수 있다.

한편, 생산 활동이 보다 원활하게 이루어지도록 하기 위하여 생산관리가 필요한 것과 같이 설비의 효율을 높이기 위하여 안전관리가 필요하게 되는데, 안전이란 물적인 위험 및 정신적 고통을 일으키는 것으로부터 벗어나서 자유로워지는 것으로

① 위험이나 잠재적인 위험성이 존재할 염려가 없는 상태 또는 조건을 확립하자는 것이며,

② 부상을 입는 것과 같은 급박한 위험이 존재할 수 없도록 하자는 것이며,
③ 편안하고도 경쾌한 마음으로 일을 할 수 있는 환경을 구비하는 것이다.

이와 같이 보면 안전 없는 생산 활동이란 있을 수 없으며, 안전이 반영되지 않은 설비에서는 생산성 향상도 있을 수 없으므로, 합리적인 생산을 위해서는 설비안전을 생각하는 것이 선행되어야 할 것이다.

안전관리란 생산 활동을 합리적으로 실시해서 목적하는 바를 달성하고자 하는 과정에서, 그 진행을 저해하는 산업재해 및 안전사고의 발생가능성이 있는 결함을 없애는 것이라 할 수 있다.

이와 같은 안전관리를 달성하기 위해서는 여러 가지 요건이 필요하나, 특히 기본적인 요건이라 생각되어지는 것들을 열거하면 다음과 같다.

(1) 생산설비에 안전공학을 적용한다.

생산설비가 본질적으로 안전화 되기 위해서는 설비들의 모든 것에 안전공학적 방법론이 적용되어야 한다. 즉, 경험적 사례를 충분히 활용해서 동일 또는 유사 원인의 재해가 반복되지 않도록 페일 세이프 시스템, 즉 본질적 안전을 강구하여야 한다.

(2) 설비설계상에서의 결함을 시정한다.

안전공학을 적용한 본질적 안진을 포한한 설계였다 하더라도, 이것을 실현화하는 제작과정에 있어서는 반드시 기대했던 목표를 달성한다고 볼 수는 없다. 왜냐하면, 그 생산설비를 제작하는 과정에서 재료의 결함 혹은 공작방법의 미숙 등으로 생산설비를 사용할 때 신뢰성이 없는 것이 되고 안전성이 결여될 수 있기 때문이다.

따라서 이러한 과실유발적 특성이 그 제작과정에서 잠재될 수 있는가의 여부를 과학적 분석을 통하여 확인하고, 시정하여야 한다.

(3) 내구성을 고려하여야 한다.

생산설비가 비록 본질적으로 안전조건을 만족시킬 수 있도록 구비된 것을 설치하였다 하더라도, 그것이 언제까지나 최초의 상태를 유지해 갈 수 있는 것은 아니다. 그것은 사용경과와 더불어 마모, 파열, 부식 등이 일어나거나, 지나친 응력으로 구성 부품에 결함을 발생시키게 되어 마침내 위험성에 노출되고 말 것이다.

이상과 같은 조건하에서 사용과정의 어떤 계기로 곧바로 재해가 전개될 위험성이 있으므로, 생산설비에 대한 안전성을 확보해 가기 위해서는 정기적인 점검을 하고, 또한 필요한 부품을 교체하면서 언제든지 안전이 유지될 수 있도록 해야 한다.

(4) 안전작업방법을 설정한다.

인간에게는 행동의 자유성이 있기 때문에 기계작업에 대한 안전기준의 설정이 반드시 필요하며, 이러한 안전작업방법의 설정은 안전성 유지에도 크게 도움을 준다.

이와 같이 안전설계 및 제작, 보전관리, 안전작업방법의 설정을 상호보완적으로 함으로써 총체적 안전관리를 이룰 수 있을 것이다.

1.2 설비재해의 원인

각종 사업장에서는 해마다 많은 재해가 일어나고 있다. 이러한 재해의 원인에 대해서 일반적으로 작업자의 부주의로 인한 것으로 처리되는 경우가 많으나, 그것을 상세히 조사해보면 몇 가지 의미 있는 사실을 발견할 수 있다.

재해의 원인을 크게 나누면 직접 사고로 연결된 원인과 간접적으로 기인된 원인으로 나누어 생각할 수 있다. 예를 들면, 프레스에 손가락을 잘리는 것과 같은 재해를 생각해 보자. 이 때 ① 손가락을 금형사이에 끼게 한 것이 직접 원인이라고 한다면, ② 방호장치를 갖추지 않았다든가, 클러치가 고장을 일으켰다든가, 장갑을 끼고 있었다든가 하는 많은 간접 원인이 있게 되는 것이 보통이다. 안전대책을 생각할 경우에는 이상과 같은 원인을 파악해 보는 것이 출발점이라고 할 수 있을 것이다.

안전대책을 수립하기 위해서는 가능한 한 많은 원인을 찾아내고, 이것을 통계적으로 처리하면서 긴급 정도에 따라서 대책을 수립할 필요가 있다. 여기서 재해원인을 작업자측(인적)에 의한 것과 기계설비측(물적, 보호구나 환경조건 포함)에 의한 것으로 크게 나누어, 미국안전협회(National Safety Council : NSC)에서 발표한 결과에 따르면 다음과 같다.

- 물적 원인에 의한 것 : 18%
- 인적 원인에 의한 것 : 19%
- 양쪽 원인에 의한 것 : 63%

안전관리의 기본은 두말할 것도 없이 사고가 발생하기 전에 재해의 원인들을 파악해서 그것을 배제하는 데 있을 것이다. 이에 재해의 원인을 물적 원인과 인적 원인으로 분류하여 요약하면 다음과 같다.

(1) 물적 원인(불안전한 상태) : 설비적, 재료적 결함

① 설비나 시설에 위험이 있는 것 : 방호 불충분, 설계불량
② 기구에 결함이 있는 것 : 기구가 불량한 것
③ 구조물이 안전하지 못한 것 : 불량비상구 등
④ 환경의 불량 : 환기 불량, 조명 불량, 정리정돈 불량 등
⑤ 설계의 불량 : 작업계획 불량, 설비배관계획 불량 등
⑥ 작업복, 보호구의 결함 : 작업복, 보호구 등의 불량

(2) 인적 원인(불안전한 행동) : 인간의 오류

① 교육적 결함 : 안전교육의 결함, 교육의 불완전, 표준작업방법의 결여
② 작업자의 능력 부족 : 무경험, 미숙련, 무지, 판단착오
③ 규율미흡 : 규칙이나 작업 기준에 불복 등
④ 부주의 : 주의 산만
⑤ 불안전 동작 : 서두름, 중간행동 생략 등
⑥ 정신적 부적당 : 피로하기 쉽다, 성미가 급하다 등
⑦ 육체적 부적당 : 육체적 결함보유자, 몸이 약하거나 피로가 쉽게 오는 사람 등

이와 같은 재해 요인들을 분석하여 미리 충분하고 안전한 기계설비를 만들어 사용시키면 사고에 따른 손해를 방지할 뿐만 아니라 생산성이 향상되고, 또한 환경의 악화를 방지하는데도 이바지할 수 있을 것이다.

1.3 기계설비의 분류

기계설비란 작업을 하기 위해 필요한 기계와 기타 절삭유 공급장치, 전원, 기계에서 발생되는 분진 등의 제거를 위한 국소배기시설, 조명 등이 모두 합쳐진 기계동작을 위한 하나의 시스템 전체를 의미하며, 주요 용도별 대표적인 기계들을 분류하면 다음과 같다.

① **공작기계** : 선반, 드릴링머신, 밀링머신, 연삭기 등
② **금속가공기계** : 프레스, 절단기, 용접기 등
③ **제철제강기계** : 압연기, 인발기, 제강로, 열처리로 등
④ **전기기계** : 차단기, 발전기, 전동기 등
⑤ **열유체기계** : 보일러, 내연기관, 펌프, 공기압축기, 터빈 등
⑥ **섬유기계** : 제면기, 제사기, 방적기 등
⑦ **목공기계** : 목공선반, 목공용 둥근톱기계, 기계대패, 띠톱기계 등
⑧ **건설기계** : 불도저, 해머, 포장기계, 준설기 등
⑨ **화학기계** : 저장 탱크 및 각종 화학 플랜트, 증류탑, 열교환기 등
⑩ **하역운반기계** : 양중기, 컨베이어, 엘리베이터 등

1.4 기계설비에 의한 재해

1.4.1 기계안전의 진보

근대에 있어서의 기계재해는 18세기 말의 소위 산업혁명에서부터 시작한다. 불완전한 기계설비에 의한 재해는 옛날의 재래식 기계들이 차츰 자취를 감춰감에 따라 감소하는 추세에 있다고 볼 수 있으나, 한편으로는 기계의 대형화, 고압화 등으로 사망재해 등 중대재해가 많이 발생되고 있다.

설계와 부적절한 공작의 결과로 보일러는 종종 파열사고를 일으키고, 노출된 벨트, 풀리, 치차 등은 많은 접촉재해를 일으켰다. 따라서 초기의 기계안전은 큰 안전율이나 안전밸브에 의한 강도 유지와 방책, 울타리 등에 의한 동력전달장치의 방호였다. 그

후 영국을 시작으로 각국에서 안전규칙이 정비되고, 점점 작업점의 방호나 방호장치의 설치를 필요로 하게 되었다.

제2차 세계대전 후의 새로운 기계안전의 움직임은 1970년 미국의 OSHA(직업안전위생법)의 제정에 의한다. OSHA에 의해 정해진 프레스의 노 핸드 인 다이(No Hand In Die) 「프레스의 운전 중에는 슬라이드의 정지 중에도 금형사이에 손을 넣어서는 안된다.」라는 규정은 그때까지의 생산우선사고방식에 큰 충격을 주었다. 그러나 이 규정은 미국에서도 반대가 많았고 그 후의 개정에서는 손이 위험한계에 달하기 전에 슬라이드의 하강을 정지시키기 위한 「안전거리」가 규정되었다. 이것은 종래의 「동일시간에 있어서 인간과 기계의 공간적 분리」에 대하여, 교차점에서 보도록 한 「동일공간에 있어서 인간과 기계의 시간적 분리」라는 개념을 일반기계에 도입한 것이라 할 수 있다.

또한 개개의 기계에 대한 안전대책이 정비되는 것과 관련하여, 모든 기계에 공동 안전의 기본원리를 정하도록 하는 움직임이 일어나기 시작하여, 1971년 독일의 DIN 31000 「공업장치의 안전설계 : 일반원칙」의 시행규칙이, 또 1976년 인간의 신체치수에 관련하여 방호장치의 치수를 정하는 DIN 31001 「공업장치의 안전규정 : 방호장치」가 제정되었다. 한편 영국에서도 1975년 BS 5304 「기계의 안전방호」가 많은 부도에 의해 이해하기 쉬운 형태로 제정되었다. 이것은 내용이 획기적으로 개편되어 1988년에는 기계안전의 바이블적 규정 규격으로 BS 5304 「기계류의 안전」으로 발행되었다.

1991년 구 EC통합에 의한 규격의 통일화에 관한 기계지침에 근거하여 최초의 기본적 규격 EN 292 「기계의 안전-기본개념, 설계원칙」이 제정되고, 최신의 안전원리의 사고방식이 나타나게 되었다.

이 같은 유럽에 있어서 기계안전에 관한 규격통합화는 국제표준화기구(ISO)의 동기 유발로 1991년에는 ISO/TC 199의 활동이 개시되고, 규격 EN 292를 원안으로 한 국제규격화를 위한 작업이 진행되고, 1992년에는 ISO/TR 12100의 제1부, 제2부로서 발행되었다. 현재는 ISO 12100-1과 ISO 1200-2가 폐지되고 ISO 12100으로 통합되었으며, 우리나라는 ISO 12100을 번역하여 기술적인 내용 및 대응 국제표준의 구성을 변경하지 않고 작성한 KS B ISO 12100-2010을 제정하였다. 한편, 1960~1970년대에 미국에서 발달한 PL(제조물책임)은 소위 엄격책임을 기본으로 하는 것으로 피해자는 메이커의 과실을 입증할 필요가 없고, 제품에 결함이 있었다는 것과 그 결함에 의해 피해를 당했다는 것만을 증명하면 되며, 최근 각국에서도 PL법이 제정되었거나 제정하려는 추세이다. 또한, 우리나라에서는 품질관리에 관한 국제인증제도를 제정한 ISO 9000 시리즈를 KS규격으로 채택하고 인증해 주고 있는데, 이는 제조, 건설, 서비스뿐만 아니라 공공서비스 분야에 이르기까지 모든 산업분야에 걸쳐 적용되어 제품의 신뢰성과 안전성 확보에 기여하고 있다.

1.4.2 기계설비에 의한 재해 발생추이

기계설비에 의한 재해는 옛날의 재래식 기계들이 차츰 자취를 감춰감에 따라 감소하는 추세에 있다고 볼 수 있으나, 한편으로는 기계의 대형화, 고압화 등으로 사망재해 등 중대재해가 많이 발생하고 있다.

고용노동부에서 산업재해보상보험법 적용사업체에서 발생한 산업재해 중 사망 또는 4일 이상 요양을 요하는 재해를 대상으로 조사분석한 산업별 재해발생 원인분석을 보면 표 1.1, 표 1.2와 같으며, 표 1.1 기인물별 산업별 재해발생 원인분석 결과에 의하면 기계장치 등에 의한 재해가 '93년 약 60%, '94년 68%, '95년 64%, '96년 67%를 차지하고 있다. 한편 표 1.2 기인물별 사망재해 발생 원인분석 결과를 보면 '93년 약 52%, '94년 47%, '95년 33%, '96년 36%로 그 비중이 매우 높음을 알 수 있다.

표 1.1 산업별 재해발생 원인분석(기인물별)

년도	총계	일반 동력기계	건설기계	목재가공용 기계	동력 크레인	동력 운반기	운반 차량	압력 용기	용접 장치	화학설비	건조설비
'93	4,227건 (100%)	1,394 (32.98%)	326 (7.71%)	184 (4.35%)	199 (4.71%)	57 (1.35%)	280 (6.62%)	14 (0.33%)	20 (0.47%)	8 (0.19%)	11 (0.26%)
'94	3,411건 (100%)	1,555 (45.59%)	86 (2.52%)	277 (8.12%)	209 (6.13%)	46 (1.35%)	81 (2.37%)	16 (0.47%)	31 (0.91%)	6 (0.18%)	5 (0.18%)
'95	3,241건 (100%)	1,429 (44.09%)	60 (1.85%)	231 (7.13%)	194 (5.99%)	59 (1.82%)	59 (1.82%)	14 (0.43%)	19 (0.59%)	10 (0.31%)	3 (0.09%)
'96	2,483건 (100%)	1,117 (44.98%)	49 (1.97%)	161 (6.48%)	159 (6.40%)	36 (1.45%)	58 (2.34%)	8 (0.32%)	20 (0.81%)	8 (0.32%)	4 (0.15%)
년도	로·요등	전기설비	인력기계 용구	가설 건축구조	유해·위험물	재료	적재물	산업용 로봇	환경	기타	기인물무 분류불능
'93	0 (0%)	82 (1.94%)	36 (0.85%)	678 (16.04%)	60 (1.42%)	157 (3.71%)	22 (0.52%)	4 (0.09%)	158 (3.74%)	494 (11.69%)	43 (1.02%)
'94	2 (0.06%)	86 (2.52%)	17 (0.50%)	576 (16.89%)	78 (2.29%)	94 (2.76%)	21 (0.62%)	0 (0%)	61 (1.79%)	131 (3.84%)	33 (0.97%)
95	4 (0.12%)	107 (3.30%)	15 (0.46%)	655 (20.21%)	64 (1.97%)	71 (2.19%)	21 (0.65%)	1 (0.03%)	46 (1.42%)	117 (3.61%)	62 (1.91%)
'96	5 (0.20%)	76 (3.06%)	8 (0.32%)	500 (20.14%)	39 (1.57%)	53 (2.13%)	10 (0.40%)	0 (0%)	31 (1.25%)	108 (4.35%)	33 (1.33%)

또한 표 1.1, 표 1.2에 내포되어 있는 기계장치 등에 의한 재해를 분석해 보면, 일반 동력기계의 프레스 및 절단기, 롤러기, 사출성형기, 연삭기, 목재가공기계의 둥근톱 기계, 동력크레인의 크레인, 승강기, 리프트, 동력운반기의 컨베이어 등의 재해발생 빈도가 높으며, 최근에 와서 산업용 로봇의 보급과 함께 산업용 로봇에 의한 재해가 발생함에 관심을 한층 높여야 함을 시사하고 있다.

표 1.2 사망재해 발생원인 분석(기인물별)

년도	총계	일반 동력기계	건설 기계	목재가공용 기계	동력 크레인	동력 운반기	운반차량	압력 용기	용접 장치	화학 설비	건조 설비
'93	2,210건 (100%)	119 (5.38%)	368 (16.65%)	8 (0.36%)	139 (6.29%)	34 (1.54%)	440 (19.91%)	24 (1.09%)	11 (0.50%)	12 (0.54%)	11 (0.5%)
'94	2,678건 (100%)	284 (10.60%)	185 (6.91%)	12 (0.45%)	279 (10.42%)	127 (4.74%)	282 (10.53%)	27 (1.01%)	36 (1.34%)	8 (0.30%)	8 (0.30%)
'95	844건 (100%)	63 (7.46%)	38 (4.50%)	3 (0.36%)	77 (9.12%)	26 (3.08%)	44 (5.21%)	8 (0.95%)	14 (1.66%)	6 (0.71%)	2 (0.24%)
'96	733건 (100%)	59 (8.05%)	31 (4.23%)	1 (0.14%)	78 (10.64%)	26 (3.55%)	46 (6.28%)	5 (0.68%)	12 (1.64%)	4 (0.55%)	1 (0.14%)
'05	976건 (100%)	491 (50.31%)	27 (2.77%)	1 (0.10%)	58 (5.94%)	19 (1.95%)	34 (3.48%)	0 (0%)	4 (0.41%)	1 (0.10%)	2 (0.2%)
'11	948건 (100%)	105 (11.08%)	34 (3.59%)	2 (0.21%)	69 (7.28%)	67 (7.07%)	77 (8.12%)	8 (0.84%)	12 (1.27%)	8 (0.84%)	0 (0%)
'13	1,947건 (100%)	88 (9.29%)	51 (5.39%)	3 (0.32%)	111 (11.72%)	58 (6.12%)	61 (6.44%)	5 (0.53%)	15 (1.58%)	11 (1.16%)	7 (0.74%)

년도	로·요등	전기설비	인력기계 용구	가설건축 구조	유해·위험물	재료	적재물	신업용 로봇	환경	기타	기인물무 분류불능
'93	0 (0%)	84 (3.80%)	17 (0.77%)	323 (14.62%)	47 (2.13%)	103 (4.66%)	13 (0.59%)	0 (0%)	150 (6.79%)	247 (11.18%)	60 (2.71%)
'94	6 (0.22%)	163 (6.09%)	8 (0.30%)	498 (18.60%)	97 (3.62%)	145 (5.41%)	22 (0.82%)	0 (0%)	215 (8.03%)	184 (6.87%)	92 (3.44%)
'95	1 (0.12%)	70 (8.29%)	5 (0.59%)	272 (32.23%)	45 (5.33%)	31 (3.67%)	11 (1.30%)	0 (0%)	31 (3.67%)	55 (6.52%)	42 (4.98%)
'96	4 (0.55%)	57 (7.78%)	5 (0.68%)	228 (31.11%)	34 (4.64%)	31 (4.23%)	7 (0.95%)	0 (0%)	21 (2.86%)	61 (8.32%)	22 (3.0%)
'05	5 (0.51%)	38 (3.89%)	3 (0.31%)	124 (12.7%)	10 (1.02%)	26 (2.66%)	23 (2.36%)	1 (0.10%)	16 (1.64%)	72 (7.38%)	21 (2.15%)
'11	3 (0.32%)	33 (3.48%)	5 (34.49%)	327 (34.49%)	24 (2.53%)	47 (4.96%)	10 (1.05%)	2 (0.21%)	36 (3.80%)	67 (7.07%)	12 (1.27%)
'13	14 (1.48%)	23 (2.43%)	3 (0.32%)	349 (36.85%)	18 (1.90%)	30 (3.17%)	6 (0.63%)	1 (0.11%)	50 (5.28%)	34 (3.59%)	9 (0.95%)

위험기계별 재해의 상해종류 및 상해부위를 나타내면 표 1.3과 같다.

표 1.3 상해종류 및 부위

위험기계	상해종류 및 부위
프레스	「손가락 절단」이 전체의 54.2%, 「손가락 골절」은 31.6%로써 대부분의 상해형태를 차지하고 있음. 「손가락의 타박상이나 찰과상」도 4.5%가 되고 있으며, 「손의 골절 또는 절단」도 3.6%를 나타내고 있음.
롤러기	손가락에 「골절」을 당한 경우가 전체의 41.2%로써 가장 많고, 「절단」된 상해가 25.9%, 「찰과상」이 5.6%가 되고 있음.
연삭기	손가락에 「골절」이 24.1%, 「절단」은 10.3%를 차지하고 있으며 「찰과상」은 8.6% 나타내고 있음.
둥근톱 기계	손가락의 「절단」이 39.8%로 가장 많고, 「골절」은 29.3%가 되고 있으며, 「찰과상」은 9.8%가 되고 있음.
크레인	골절상해가 대부분으로써 「발」이 25.6%, 「발가락」이 7.8%를 차지하고 있으며, 「척추」 부위도 6.7%를 나타내고 있음. 손가락이 「절단」된 경우는 11.1%가 되고 있음.

연습문제

01 생산활동에 있어서 안전관리의 중요성을 강조하시오.

02 안전관리를 달성하기 위한 기본적 요건을 열거하시오.

03 재해의 원인을 물적 원인과 인적 원인으로 분류하여 요약하시오.

04 위험기계별 빈도가 가장 많은 재해의 상해 종류 및 상해 부위를 열거하시오.

05 우측 통행과 좌측통행 중 어느쪽이 더 안전하다고 생각하는지 설명하시오.

CHAPTER

02

기계설비의 안전화

CHAPTER 02 기계설비의 안전화

2.1 기계설비의 위험성

기계에는 대단히 많은 종류가 있으며 계속하여 새로운 기계가 출현하고 있다. 이러한 기계들은 각각 기능과 용도가 다르고 모양도 다르지만, 대부분의 기계 설비는 원동기, 동력전달장치, 작업점 및 부속장치로 구성되어 있으며, 이들은 원칙적으로 몇 가지 기본 운동 및 동작 형태로 에너지를 전달하여 소정의 작업을 하게 된다.

이러한 일련의 과정에 있어서 기계설비는 위험점을 갖게 되는 동시에 재해발생의 가능성이 항상 내재되어 있다. 따라서 그 위험성을 충분히 분석한 후에 안전공학적 견지에서 필요한 안전대책을 강구하는 것이 반드시 필요하다.

기계설비의 운동 및 동작 형태를 기준으로 위험을 분류하면 다음과 같다.

(1) 회전동작(Rotating Motion)

플라이휠, 팬, 풀리, 축 등과 같이 회전운동을 하는 부위는 다음과 같은 위험성이 항상 존재한다.

① 접촉 및 말려듦
② 고정부와 회전부 사이에의 끼임, 협착, 트랩 형성
③ 회전체 자체위험

(2) 횡축동작(Rectilineal Motion)

운동부와 고정부사이에 위험이 형성되며 작업점과 기계적 결합부분에 위험이 상존한다.

(3) 왕복동작(Reciprocating Motion)

운동부와 고정부사이에 위험이 형성되며 운동부 전후좌우 등에 적절한 안전조치가 필요하다. 예로서 프레스 및 셰이퍼 등을 들 수 있다.

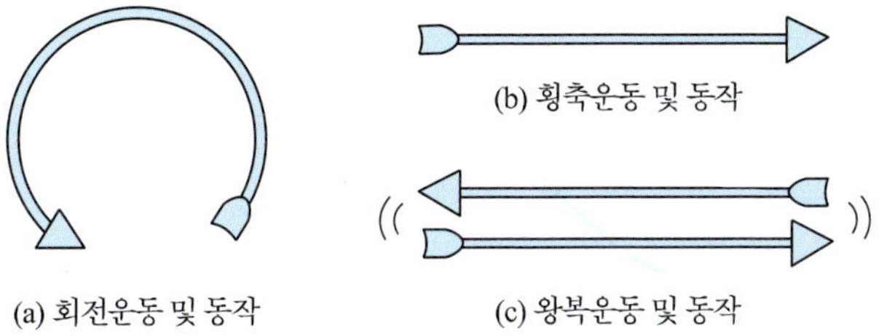

그림 2.1 운동 및 동작형태

2.1.1 기계설비의 위험점

기계의 운동형태에 따라 위험점을 분류하면 다음과 같다.

(1) 협착점(squeeze point)

왕복운동을 하는 동작운동과 움직임이 없는 고정부분 사이에 형성되는 위험점으로 사업장의 기계설비에서 많이 볼 수 있다. 예를 들면 프레스, 절단기, 성형기, 조형기, 절곡기(bending machine) 등이 있다.

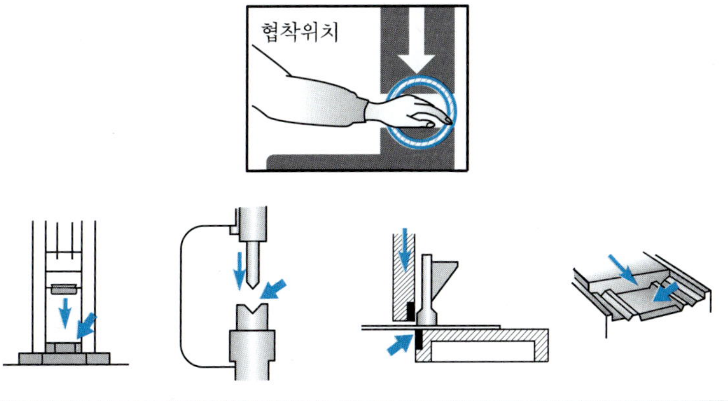

그림 2.2 협착점의 예

(2) 끼임점(shear point)

고정부분과 회전하는 동작부분이 함께 만드는 위험점으로 연삭숫돌과 작업받침대, 교반기의 날개와 하우스, 반복왕복운동을 하는 기계부분 등이다.

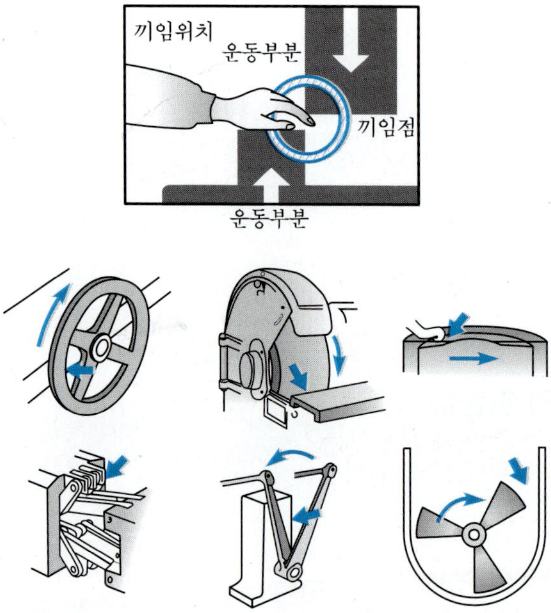

그림 2.3 끼임점의 예

(3) 절단점(cutting point)

고정부분과 운동부분이 만드는 위험점이 아니고, 회전하는 운동부분 자체의 위험이나 운동하는 기계부분 자체의 위험에서 초래하는 위험점이다.

(4) 물림점(nip point)

회전하는 두 개의 회전체에는 물려 들어가는 위험성이 존재한다. 이때 위험점이 발생되는 조건은 회전체가 반대방향으로 맞물려 회전되어야 한다.

(5) 접선물림점(tangential point)

회전하는 부분의 접선방향으로 물려 들어갈 위험이 존재하는 점이다. 예를 들면 V벨트, 체인벨트, 평벨트, 기어와 랙의 물림점 등이 이에 해당된다.

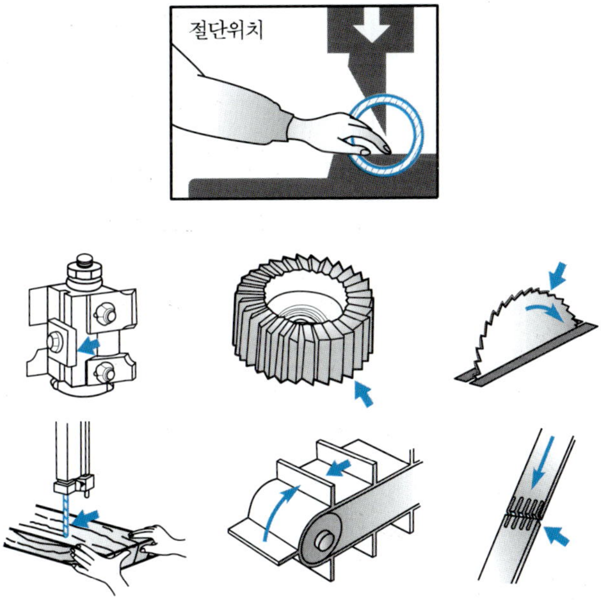

그림 2.4 절단점의 예

그림 2.5 물림점의 예

그림 2.6 접선물림점의 예

(6) 회전말림점(trapping point)

회전하는 물체에 작업복 등이 말려드는 위험이 존재하는 점이다. 예를 들면 회전하는 축, 커플링 또는 회전하는 보링머신의 바이트 등이 이에 해당된다.

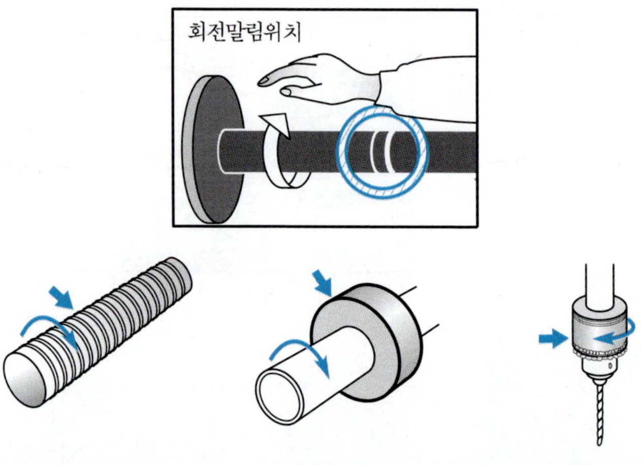

그림 2.7 회전말림점의 예

2.1.2 사고체인(accident chain)의 5요소

사고를 분석하는 데 있어서 중요한 점은 사고에 관련된 많은 구성요소들의 규명과 평가이며, 사고의 동인(動因)을 분석하기 위하여 기계의 위험부를 나타내는 여러 가지 분류 방법이 제시되어 왔으나, 그 중 기계의 위험부를 결정하는 가장 좋은 방법 중 하나가 기계요소에 의해서 사람이 어떻게 상해를 입느냐를 기준으로 분류하는 방법일 것이다.

이에 따라 위험요소를 분류하고 점검해야 할 사항을 열거하면 다음과 같다.

(1) 1요소(함정 : trap)

기계의 운동에 의해서 트랩점(trapping point)이 발생할 가능성이 있는가?

(2) 2요소(충격 : impact)

운동하는 어떤 기계요소들과 사람이 부딪쳐 그 요소의 운동에너지에 의해 사고가 일어날 가능성이 없는가?

(3) 3요소(접촉 : contact)

날카롭거나, 뜨겁거나 또는 전류가 흐름으로써 접촉시 상해가 일어날 요소들이 있는가?

(4) 4요소(얽힘, 말림 : entanglement)

작업자의 신체일부가 기계설비에 말려들어갈 염려는 없는가?

(5) 5요소(튀어나옴 : ejection)

기계요소나 피가공재가 기계로부터 튀어나올 염려가 없는가?

사고는 보통 복잡성을 가지고 있어 앞에 열거한 사항들 중 2개 또는 그 이상의 조합으로 인하여 발생된다는 점에 또한 유의하여야 한다.

2.2 기계설비 안전의 기본원칙

기계설비의 안전화를 기하기 위해서는 기계설비의 계획, 설계, 제작, 건설, 설치, 사용에서 폐지에 이르기까지 전 과정에 대한 안전조치를 강구하여야 한다. 특히, 기계설비의 설계, 제조의 단계에서 근원적인 안전화를 지향하는 것이 중요하며, 기계재해의 방지를 위한 대책을 실시하는 순서로서는「기계의 안전을 위한 실시기준(BS 5304 : 1988 British Standard Code Practice for Safety of Machinery)」을 참조하면 다음과 같다.

① **위험의 분류 및 결정** : 대상기계에 있어서 잠재하고 있는 모든 위험을 도출하고 인식한다.

② **설계에 의한 위험제거 또는 감소** : 도출된 위험에 관하여, 예를 들면 형상을 변화 시키거나 힘, 속도, 에너지를 제한하는 방법 등으로 설계단계에서 그 위험을 제거하거나 감소시킨다.

③ **안전방호의 사용** : 제거할 수 없어 남아 있는 위험에 대하여서는 그 위험이 작업자에게 미치는 것을 방지하기 위한 안전방호를 사용함으로써 작업자의 안전을 확보한다.

④ **안전작업방법의 설정과 실시** : 위에서 말한 ①~③의 순서를 적절히 반복 실시하는 것에 의해 기계에 의한 재해의 방지를 달성하는 것이 기본이며, 그러면서도 남아있는 잔존위험에 대하여서는 작업자의 안전이 확보될 수 있는 작업방법의 기본을 설정하고 그것을 실시한다.

2.2.1 본질적 안전화

(1) 개념

본질안전이란 본래는 본질안전방폭 전기기기(Intrinsic Safety Explosion-Protected Electrical Equipments)에서 나온 말로 폭발성 분위기 속에서 사용되는 통신, 계측용 등의 전기기기가 그 내용 또는 배선 사이에서 단락이나 단선 등이 발생하더라도 외부의 분위기에 착화하는 일이 없는 구조의 것을 말한다. 이에 대한 기계설비의 본질안전화란 더욱 일반적이며 넓은 개념으로서, 근로자가 동작상 과오나 실수를 하여도 사고나 재해가 일어나지 않도록 하는 것이다. 또한, 기계설비에 이상이 생겨도 안전성이 확보되어 사고나 재해가 발생하지 않도록 설계되는 것이 기계설비 안전화의 기본 이념인 것이다.

그러나 본질안전화의 개념은 반드시 확정적인 것은 아니며, 다음과 같은 내용을 추구하고 있는 것이다.

① 조작상의 위험이 가능한 없도록 설계하여야 한다.

② 안전기능이 기계설비에 내장되어 있어야 한다.

③ 페일 세이프(fail safe)의 기능을 가져야 한다.

④ 풀 푸르프(fool proof)의 기능을 가져야 한다.

(2) 풀 푸르프(fool proof)

풀 푸르프란 인간이 기계 등의 취급을 잘못해도 그것이 바로 사고나 재해와 연결되는 일이 없는 기능을 말한다. 본래의 풀 푸르프는 조작순서를 잘못함에 대응하는 것으로서 예를 들면, 카메라의 이중촬영방지기구는 전형적인 풀 푸르프이다. 그러나 많은 기계재해는 그 취급 잘못에 기인한다는 관점에서 본다면 인간의 조작에 대한 방호장치의 대부분은 풀 푸르프를 위한 것이라고 말할 수 있다. 표 2.1은 가공기계를 위한 주요 풀 푸르프기구이다.

풀 푸르프는 본래 인간의 착오, 미스 등 이른바 휴먼 에러(human error)를 방지하기 위한 것으로서 인간이 에러를 일으키기 어렵게 하는 구조나 기능도 또한 광의의 풀 푸르프라고 할 수 있다. 예를 들어, 조작과 기계의 운동방향의 일치, 계기나 표시를 보기 쉽게 하는 것 등, 이른바 인간공학적 설계 역시 넓은 의미에서의 풀 푸르프에 관련되는 것이다.

표 2.1 가공기계에 쓰이는 주된 풀 푸르프

종류	명칭 또는 형식	기능
가드	고정가드	열리는 입구부에서 가공물, 공구 등은 들어가나 손은 위험영역에 미치지 않는다.
	조정가드	가공물이나 공구에 맞추어 형상 또는 길이, 크기 등을 조절할 수 있다.
	경고가드	손은 위험영역에 들어가나 그전에 경고가 된다.
	인터록	기계가 작동 중에는 열리지 않고 열려 있을 시는 기계가 가동되지 않는다.
조작 기구	양수조작	두 손으로 동시에 조작하지 않으면 기계가 작동하지 않고 손을 떼면 정지 또는 역전복귀한다.
	컨트롤	조작기계를 겸한 가드문을 닫으면 기계가 작동하고 열면 정지한다.
록기구	인터록	기계식, 전기식, 유압공압식 또는 그와 같은 조합에 따라 2개 이상의 부분이 서로 구속하게 된다.
	열쇠식 인터록	열쇠의 이용으로 한 쪽을 시건하지 않으면 다른 쪽이 개방되지 않는다.
	키록	한 개 또는 다른 몇 개의 열쇠를 가지고 모든 시건을 열지 않으며 기계가 조작되지 않는다.
트립 기구	접촉식	접촉판, 접촉봉 등에 신체의 일부가 위험구역에 접근하면 기계가 정지 또는 역전복귀한다.
	비접촉식	광선식, 정전용량식 등에 의해 신체의 일부가 위험구역에 접근하면 기계가 정지 또는 역전 복귀한다. 신체의 일부가 위험구역 내에 들어 있으면 기계는 가동되지 않는다.
오버런 기구	검출식	스위치를 끈 후의 타성운동이나 잔류저하를 검지하여 위험이 있는 때에는 가드를 열지 않는다.
	타이밍식	기계식 또는 타이머 등에 의해 스위치를 끄고 일정시간 후에 이상이 없어도 가드 등을 열지 않는다.
밀어내기 기구	자동가드	가드의 가동부분이 열려있는 때에 자동적으로 위험지역으로부터 신체를 밀어낸다.
	손쳐내기, 수인식	위험상태가 되기 전에 손을 위험지역으로부터 떨쳐 버리거나 혹은 잡아당겨 되돌린다.
기동방지 기구	안전블록	기계의 가동을 기계적으로 방해하는 스토퍼 등 통상은 안전 플러그 등과 병용한다.
	안전플러그	제어회로 등에 준비하여 접점을 차단하는 것으로 불의의 기동을 방지한다.
	레버록	조작레버를 중립위치에 자동적으로 록한다.

(3) 페일 세이프(fail safe)

페일 세이프란 기계나 그 부품에 고장이나 기능불량이 생겨도 항상 안전하게 작동하는 구조와 그 기능을 말한다. 협의로는 기계를 안전하게 작동한다는 것은 기계를 정지시키는 것으로 생각되고 있으나, 광의로는 반드시 정지에만 한정되지는 않는다. 예를 들어, 항공기의 한 엔진이 고장 난 경우, 다른 엔진을 정지시키는 것은 추락을 의미하게 된다. 따라서 나머지 엔진으로 인근 비행장까지 비행하도록 할 수 있는 것이 바로 페일 세이프이다.

통상 페일 세이프를 대별해 보면 구조적인 것과 회로적인 것으로 구분된다. 구조적 페일 세이프의 대표적인 것은 항공기의 구조에서 볼 수 있다. 즉, 항공기의 파괴에 대한 페일 세이프 설계에는 사용 중 파괴되지 않는 안전수명설계와 만일의 경우 파열이 생기더라도 전체의 파괴에는 이르지 않기 위한 구조가 되어야 한다. 일반 산업기계에서도 예를 들면 압력용기에 안전밸브(safety valve), 파열판, 프레스제어용의 복식전자밸브 등 많은 페일 세이프 구조가 사용되고 있다.

구조적인 면에서 페일 세이프는 다음과 같이 분류할 수 있다.

① **다경로 하중구조**(redundant)

하중을 전달하는 부재가 다수 존재해서 일부가 파괴되어 제 기능을 못하더라도 나머지 부재가 지탱하는 구조

② **분할 구조**(double)

한 개의 큰 부재가 일반적으로 점유하는 장소를 2개 이상의 부재를 조합하여 하중을 분산 전달하는 구조

③ **대치 구조**(back-up)

어떤 부재가 파괴되었을 때 그 부재가 받던 하중을 다른 부재가 대치하는 구조

④ **하중 경감 구조**(load dropping)

구조물의 일부가 파손되면 파손부위의 하중이 다른 부분으로 옮겨가게 되어 하중이 경감되어 파괴가 되지 않는 구조

회로적인 페일 세이프의 대표적인 것은 철도신호이다. 이 철도신호에서는 고장으로 청색이어야 할 신호가 적색으로 되어도 열차가 정지할 뿐이며, 적색이어야 할 신호가 청색이되면 중대한 재해를 초래할 우려가 있다. 따라서 철도신호는 고장이 생겼을 때에는 항상 적색이 되도록 하는 페일 세이프 기능을 갖고 있다.

또한, 페일 세이프 회로 중 가장 일반적인 것은 용장회로이다. 이것에는 병렬회로와 직렬회로가 있고 각각 On 또는 Off에 대한 페일 세이프 회로를 구성한다. 용장회로 중 예비회로가 보통 때에는 작동하지 않고 주회로가 고장이 났을 때만 작동하는 방식의 것을 대기용장 회로라 한다.

페일 세이프에 있어서는 고장으로 즉시 재해가 일어나지는 않으나 그 고장을 될 수 있는 한 속히 확인하여 대책을 강구할 필요가 있다. 그리하여 점검하기 쉬운 구조가 필요하며, 가능하면 자기점검 시스템을 비치하는 것이 바람직하다.

페일 세이프를 기능적인 면에서 분류하면 다음과 같다.

① Fail passive : 일반적 기계의 방식으로 부품의 고장시 기계장치는 정지상태로 된다.
② Fail active : 부품의 고장시 기계장치는 경보를 내며 단시간에 역전된다.
③ Fail operational : 병렬 요소로 구성한 것으로 부품의 고장이 있어도 다음 정기 점검 시까지는 운전이 가능하다.

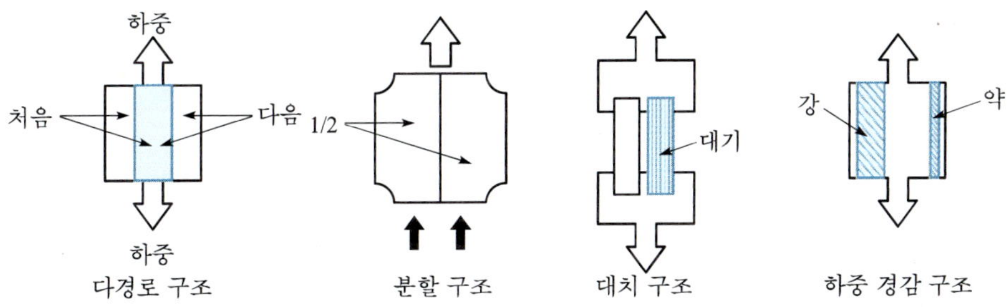

그림 2.8 구조적 페일 세이프 분류

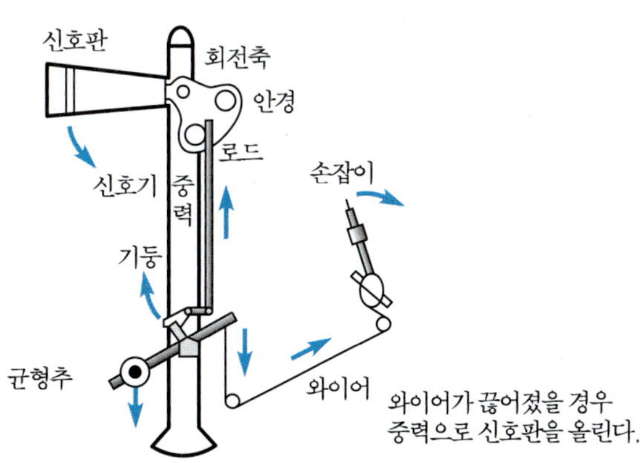

그림 2.9 완목식 철도 신호기에서의 페일 세이프

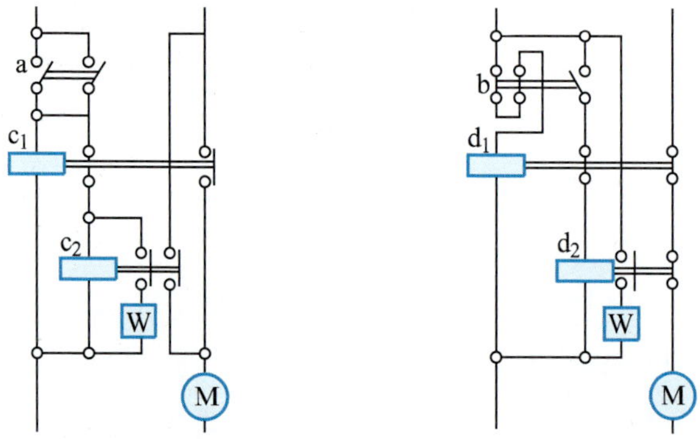

(a) (b)

그림 2.10 개·폐기의 대기 용장 회로(a : ON, b : OFF)

2.2.2 기계설비의 배치와 안전조건

기계설비의 적절한 배치(layout)는 작업능률과 안전을 위해 매우 중요하다.

안전을 확보하기 위해서는 공장을 계획(plan)하는 단계에서부터 안전 제일주의에 입각한 계획을 하여야 한다.

(1) 공장의 설비 배치 3단계

① 제1단계 : 지역배치-제품의 원료 확보로부터 제품 판매에 이르는 절차에 따라 그 과정에서 최단거리로 최상의 역할을 수행할 수 있는 장소

② 제2단계 : 건물배치-공장, 사무실, 창고, 부대시설 등의 위치

③ 제3단계 : 기계배치-직능분야별 기계배치(건물과 기계의 배치는 동선(動線)의 최소화로 운반거리를 짧게 하고, 상호업무의 연관성을 최대화하여 생산성을 극대화시킬 수 있는 배치)

(2) 공장의 설비 배치 계획시 유의사항

① 불필요한 운반작업을 하지 않도록 작업의 흐름에 따라서 기계를 배치한다.

② 기계설비의 주위에는 충분한 공간을 둔다.

③ 공장내외는 안전통로를 설정하고 유효성을 유지한다.

④ 원료나 제품의 보관 장소는 충분히 설정한다.

⑤ 기계설비의 설치에 있어서는 사용 중에 보수점검을 용이하게 행할 수 있도록 배치한다.

⑥ 압력용기, 고전압설비, 폭발재료 등의 취급장치를 설치한 경우 만약 그것으로부터 설비에 이상이 있을 경우 그 피해가 최소가 되도록 위치를 정한다.
⑦ 장래의 확장을 고려하여 설계한다.

2.2.3 기계설비의 안전조건

(1) 외형의 안전화

1) 개요

기계설비의 안전 중 가장 중요한 것은 기계 외부에 나타나는 위험부분, 가령 회전운동, 왕복운동이라든가 그것들을 결합한 운동부분, 또는 날카로운 각(edge)의 돌출부분 등이 없어야 한다는 것이다. 최근에 만들어지는 기계설비에서는 이상과 같은 운동부분이 케이스 안에 내장되어 있는 경우가 많으나, 아직도 개선되어야 할 여지가 많이 있다.

2) 안전화 방법

① 가드(guard)의 설치 : 기계 외형부분
② 별실 또는 구획된 장소에서의 격리 : 원동기 및 동력전달장치(벨트, 기어, 샤프트, 체인 등)

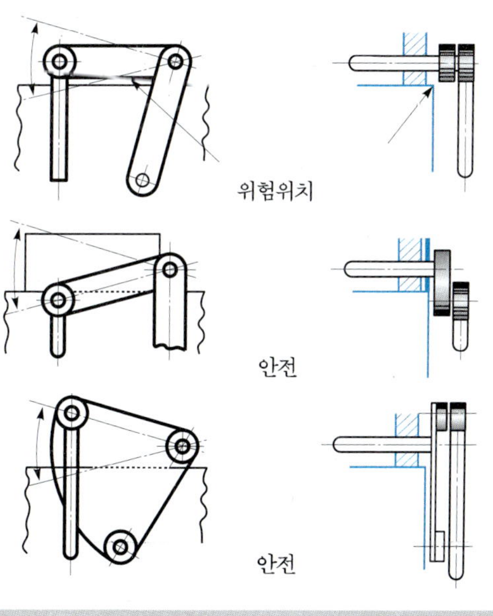

그림 2.11 위험 부분의 개선

③ **안전 색채조절** : 기계장비 및 부수되는 배관

예
- 시동 스위치 : 녹색
- 급정지 스위치 : 적색
- 대형기계 : 밝은 연녹색
- 고열을 내는 기계 : 청녹색, 회청색
- 증기 배관 : 암적색
- 가스 배관 : 황색
- 기름 배관 : 암황적색

(2) 기능의 안전화

1) 개요

최신의 기계 또는 장비는 전기, 유압 및 공압 등에 의한 반자동 또는 자동제어장치를 갖춘 것이 많아지고 있다. 이러한 자동화설비는 재래의 기계설비보다 능률적인 것은 틀림없으나 재해를 일으킬 위험성이 그만큼 높아진 것도 사실이다. 따라서 이와 같은 자동화 설비를 구입하거나 사용하고자 할 경우에는 적어도 다음과 같은 점들을 검토하고 필요하다면 기계설비의 제조자에게 요구하여 보완하도록 하여야 한다.

- 전압 강하 및 정전에 따른 오동작
- 단락 또는 스위치나 릴레이 고장시의 오동작
- 사용압력 변동시의 오동작
- 밸브계통의 고장에 따른 오동작

이러한 이상사태발생에 대비하여 미리 적절한 대책을 강구해 두지 않으면 엄청난 재해를 입게 된다.

2) 안전화 방법

① **소극적 대책(1차적 대책)** : 이상시에 기계를 급정지시키거나 방호장치가 작동하도록 한다.

② **적극적 대책(2차적 대책)** : 회로를 개선하여 오동작을 방지하거나 별도의 완전한 회로에 의하여 정상기능을 찾도록 한다.

(3) 구조의 안전화

1) 개요

기계설비의 파괴는 물적 손해를 초래하는 것은 물론이고 때로는 중대한 재해를 일으

키는 경우가 있으며, 구조의 안전화를 위해서는 재료, 설계, 가공 등의 결함에 유의하여야 한다.

① 재료의 결함

재료의 조직이나 성분에 결함이 내재되어 있는 경우 필요한 재료의 강도를 얻을 수 없으며, 재료 속에 잔존하는 미세한 기공 등이 파괴의 원인이 되기도 한다. 또한, 선정한 재료가 가공조건이나 사용 환경에 적합하지 않기 때문에 사고를 일으키는 경우도 있다. 따라서 사고방지를 위하여 부식, 균열, 강도 등에 유의하여 적정한 재료를 선정하여야 한다.

② 설계상의 결함

설계상의 가장 큰 과오는 강도 계산상의 착오이다. 기계설비의 구조적인 조건은 그 부분에 가해지는 최대 부하라든가 반복하중을 예측하거나 측정에 의한 강도계산에 의해서 사용 재료, 치수, 구조 등을 결정하여야 한다. 현장에서 발생하는 파괴나 붕괴사고들 중에는 하중의 예측이 잘못되어 강도계산의 착오에 의하여 일어나는 사고가 자주 나타나고 있다. 따라서 최대 부하 추정의 부정확성과 사용 중 일부 재료의 강도가 열화될 것을 감안하여 안전율을 충분히 고려해야 한다.

③ 가공결함

재료가공 중의 경화와 같은 결함이 생길 수 있으므로 열처리 등을 통하여 강도와 인성 등을 부여하여 사전에 결함을 방지하는 것이 중요하며, 이때 열처리가 불량하면 목적하는 바의 특성을 얻기가 힘들고 이로 인하여 예기치 못했던 파괴를 초래하는 경우가 있다. 또한, 오늘날 용접구조물이 많아지고 있는데, 용접불량에 의하여 용착부에 기공이 생기게 되고 이에 의하여 파괴를 일으키거나 혹은 용접 후 열처리의 잘못으로 잔류응력이 남게 되어 취약성파괴를 일으키는 경우가 적지 않다. 역시 다듬질 부분에 남아있는 바이트의 가공흔적 등이 응력집중의 원인이 되어 비교적 적은 부하에서도 피로 파괴를 일으키는 사례도 있다. 따라서 이와 같은 현상들을 방지하기 위해서는 표준작업방법의 준수와 철저한 품질관리가 뒤따라야 한다.

주
1. **가공경화(work hardening)** : 금속이 가공에 의하여 변형될 때에 보다 단단해지고 부서지기 쉬어지는 성질, 대부분의 금속재료는 상온에서 가공경화 되는 성질이 있음.
2. **응력집중(stress concentration)** : 응력이 국부적으로 증대하는 일. 재료에 구멍이 있거나 노치 등이 있을 때에 이에 외력이 작용하면 국부적으로 응력이 커지는 것을 응력집중이라고 하며 재료가 파괴되는 원인이 되는 경우가 많다.
3. **피로(fatigue)** : 재료는 정하중에서 아주 강하더라도 반복하중이나 교번하중을 받으면 하중이 비록 작더라도 마침내 파괴를 초래하는 수가 있다. 전차의 모터의 축이나 차축에서 곧잘 볼 수 있는 이러한 현상을 피로라고 한다. 재료가 아무리 반복하중을 받아도 파단되지 않는 한계(그때의 응력의 최대치)를 피로한도(fatigue limit, endurance-)라고 한다.

2) 안전율

기계부품이 그 목적을 달성하기 위해서는 상당히 장기간 여러 가지 하중 밑에 있더라도 파괴 또는 고장이 나지 않아 영구변형(permanent set)이 남지 않아야 되며, 따라서 작용하는 응력은 비례한도 이하여야 될 것이다.

이와 같이 제한된 응력을 허용응력(allowable stress)이라고 부르고 실제로 안전하게 사용상태에 있을 때 각 재료에 작용하고 있는 응력을 사용응력(working stress)이라고 한다. 따라서 사용응력은 허용응력보다 작든지 같아야 한다. 기계설비에 있어서 가장 적합한 허용응력을 결정하는 것이 중요하며, 이것은 작용하는 하중의 종류, 성질, 사용재료, 형상, 치수 등에 의해 다르다. 허용응력을 결정할 때 기초강도로서 다음 4가지 경우가 고려된다.

- 상온에서 연성재료가 정하중을 받을 경우 : 극한강도 또는 항복점
- 상온에서 취성재료가 정하중을 받을 경우 : 극한강도
- 고온에서 정하중을 받을 경우 : 크리프 강도(creep limit)
- 반복응력을 받을 경우 : 피로한도(fatigue limit)

① 안전율(안전계수, safety factor)의 의미

기초강도와 허용응력과의 비를 안전율이라 하며, 안전계수라고도 한다. 안전율은 응력설정의 부정확, 재료의 불균일에 대한 신뢰성 결여를 충분히 보충하고, 각 부분이 필요로 하는 충분한 안전도를 갖게 하기 위한 숫자이고, 항상 1보다 크게 되는 것이다.

$$\text{안전율} = \frac{\text{기초강도}}{\text{허용응력}} = \frac{\text{극한강도}}{\text{최대설계응력}} = \frac{\text{파괴하중}}{\text{최대사용하중}} = \frac{\text{파단하중}}{\text{안전하중}}$$

여기서, 기초강도는 사용조건 및 하중의 종류에 따라 극한강도(인장강도, 파단강도, 최대강도), 항복점, 크리프 강도, 피로한도 등이 있다.

$$\text{기초강도(극한 강도 등)} > \text{허용응력} \geq \text{사용응력}$$

한편, 안전여유라는 용어를 사용하기도 하며, 안전여유 = 극한강도 − 허용응력(혹은 극한하중 − 정격하중)의 의미를 갖는다.

주 1. **허용응력**(allowable stress) : 구조물을 안전하게 사용하는 데 허용되는 최대한도의 응력을 말한다.

2. **극한강도**(ultimate strength) : 구조물이 견딜 수 있는 최대의 응력으로서, 구조재 내의 응력이 이 응력을 초과하면 재료가 파괴된다.

3. **항복점**(항복강도, yield point, yield strength) : 힘을 받는 물체가 더 이상 탄성을 유지하지 못하고 영구적 변형이 일어나는 지점을 항복점이라고 한다. 즉, 탄성영역을 지나 소성변형이 발생하는 지점으로, 연강과 같은 재료에서는 뚜렸한 항복점이 나타나지만 주철과 같은 재료에서는 뚜렷한 항복점을 찾기 힘들다. 이런 경우에는 0.2%의 영구변형이 발생하는 응력을 항복점이라 간주한다.

4. **인장강도**(tensile strength) : 재료가 인장 하중에 의해 파단될 때까지의 최대 응력을 말한다. 재료의 인장시험에 있어서 시험편이 파단될 때까지의 최대인장하중($P_{\max}$)을 시험 전 시험편의 단면적(A_o)으로 나눈 값(σ_t)이다.

$$\sigma_t = P_{\max}/A_o$$

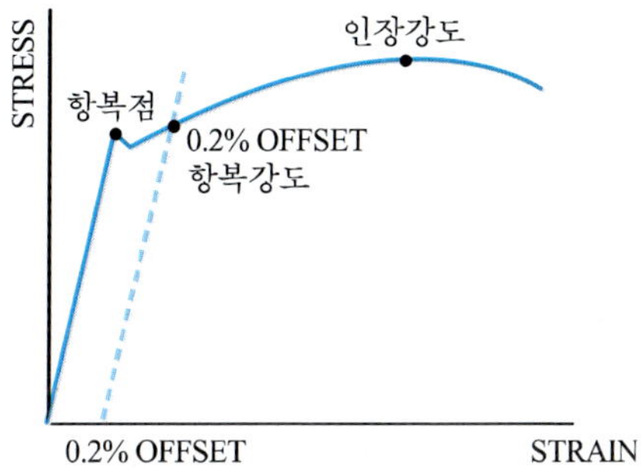

그림 2.12 **응력-변형율 선도**

5. **크리프강도**(크리프 한도, creep strength, creep limit) : 크리프(creep)는 소재에 일정한 하중이 가해진 상태에서 시간의 경과에 따라 소재의 변형이 계속되는 현상이다. 크리프 현상에 의해 변형이 일시적으로 증가해도, 일정한계의 응력 이하에서는 변형이 그 이상 증가하지 않는다. 이와 같은 응력의 최대값을 크리프 강도(크리프 한도)라고 한다. 예를 들어, 자동차 프레임은 정하중이 작고 정상작동 온도가 낮기 때문에 충격 상도를 좀 더 고려해 설계를 한다. 반면에 엔진연소로 인하여 높은 부하와 온도를 받는 자동차 엔진 부품은 올바른 재료 선택을 하지 않으면 크리프가 발생할 수 있다. 일반적으로 온도과 응력이 높은 분야인 원자력 발전, 제트 엔진 부품 및 가압 고온 배관, 보일러나 과열기의 재료는 크리프 한도가 중요하며, 그 사용 온도에서의 재료의 강도를 고려하여야 한다. 크리프 시험은 크리프 시험기를 사용하여 특정 온도에서 일정한 하중을 시편에 가한 후, 시간의 경과에 따라 시편의 길이 변화를 측정하는 것이다.

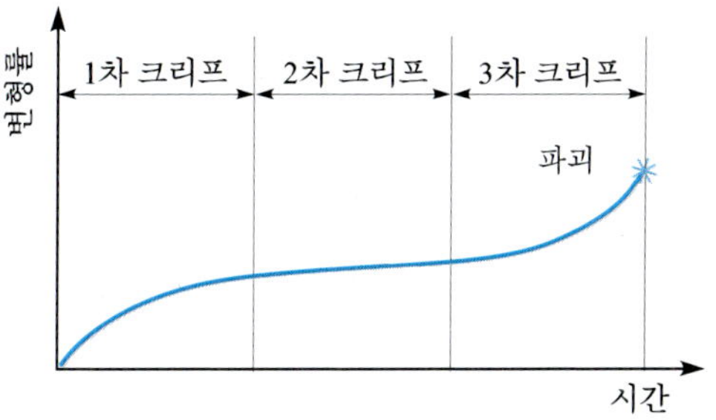

그림 2.13 **크리프 곡선**

6. **피로한도**(fatigue limit) : 재료에 반복적인 하중을 지속적으로 동일 부위에 가하게 되면 허용 정하중보다 훨씬 적은 값으로서 재료의 성질을 변화, 파괴하기 시작한다. 이것은 재료에 피로가 생긴 탓이고 특히 최대응력이 작용하고 있는 부분에 균열이 발생하여 이것이 점차 진행, 드디어 파단하게 된다. 이러한 현상을 피로파괴(fatigue fracture)라고 하며, 응력의 진폭이 작을수록 반복횟수가 증가, 응력의 진폭이 어느 값 이하이면 무한히 반복하여도 파괴가 되지 않는다. 즉, 무한히 반복하여 가해져도 재료가 파괴되지 않는 최대응력을 피로한도라고 한다. (피로강도(fatigue strngth)란 해당 가해지는 반폭횟수 만큼의 수명이 주어질 수 있는 최대하중을 의미하며, 정해진 수명에 대한 강도의 의미이다. 피로한도(fatigue limit)란, 이 재료가 피로에 의해서는 파괴되지 않는다고 판정할 수 있는 최대한도를 의미함) 구조물, 부품 등에서 진동 등으로 인해 반복적으로 하중이 가해지는 부분에 쓰는 재료와 설계는 피로 파괴를 고려하여야 한다.

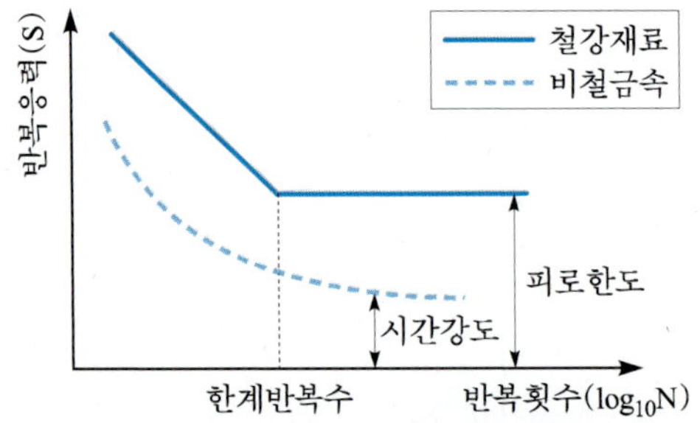

그림 2.14 **S-N 커브**

예제

연강의 인장강도가 4,200kg/cm^{2}이고, 허용응력이 1,400kg/cm^{2}이라면, 안전율은 얼마인가?

답 안전율 S = 4,200 / 1,400 = 3

② 안전율의 결정인자

- **재료 및 균질성에 대한 신뢰도** : 일반적으로 연성재료는 내부결함의 강도에 대한 영향이 취성재료에 비해 작고, 탄성파손개시 후에도 곧 파괴가 수반되지 않으므로 신뢰도가 높고 따라서 취성재료에 비해 연성재료에 대하여 안전율을 작게 한다. 또 재료는 인장, 굽힘에 대해 기계적 성질이 잘 조사되어 있으나 전단, 비틀림, 압축 등의 응력에 대해서는 아직 불명확한 점이 많으므로, 그와 같은 경우에는 안전율을 크게 잡는다.
- **하중견적의 정확도의 대소** : 관성력, 잔류응력 등이 존재하는 경우에는 안전율을 크게 잡고, 그 부정확을 보완하여야 한다.
- **응력계산의 정확도의 대소** : 형상이 복잡한 것 및 응력이 작용상태가 복잡한 것은 정확한 응력을 계산하기가 곤란하므로 이 경우에는 안전율을 크게 잡는다.

- **응력의 종류와 성질의 상이** : 하중의 종류에 따라서 안전율도 바뀌게 되는데, 정하중의 경우가 가장 작게 취하고, 충격하중의 경우가 가장 크게 잡는다.
- **불연속부분의 존재** : 단달린 축과 같이 불연속부분이 있으면 그 부분에 응력집중이 생기므로 이때에는 안전율을 크게 잡는다.
- **사용상에 있어서 예측할 수 없는 변화의 가능성 대소** : 사용수명 중에 생길 수 있는 특정부분의 마모, 온도변화의 가능성이 있을 경우에는 안전율을 크게 잡는다.
- **공작정도의 양부** : 공작정도 및 다듬질면 또는 조립의 양부 등도 중요한 기계수명을 좌우하는 인자가 되므로 그 양부여하에 따라 안전율을 다르게 잡아야 한다.

③ 경험적 안전율

안전율은 이상과 같이 여러 인자를 고려하여 각각의 경우에 대하여 결정되는 문제이므로 일반적으로 통용되는 값을 결정한다는 것은 매우 어려운 일이다. 따라서 실제적으로는 종래부터 얻어진 경험에서 안전율을 결정하는 수가 많다. 표 2.2는 그 예이다.

표 2.2 **경험적 안전율**

재료	정하중	동하중		충격하중
		반복하중	교번하중	
주철, 취약한 금속	4	6	10	15
연강, 단강	3	5	8	12
주강	3	5	8	15
동, 연금속	5	6	9	15
목재	7	10	15	20
석재	20	30	-	-

④ 수량적 안전율

앞에서 언급한 바와 같이 안전율을 좌우하는 여러 인자를 수량적으로 표시하기는 어려우나 무리로 표시하는 방법을 Cardullo가 발표하고 있다.

Cardullo의 안전율 산정법

$$S = A \times B \times C$$

A : 탄성률로서 정하중의 경우에는 인장강도와 항복점의 비를 말하고, 반복하중일 경우에는 인장강도와 피로강도와의 비를 말한다.

B : 충격률로서 하중이 충격적으로 작용하는 경우에 생기는 응력과 같은 하중이 정적으로 작용하는 경우에 생기는 응력과의 비를 말한다.

C : 여유율로서 재료의 결함, 응력의 선정 및 계산의 부정확도, 잔유응력, 열응력, 관성력 등의 우연적 추가응력의 산정정도를 보아 여유를 두는 값이다.

표 2.3 **정하중에 대한 Cardullo의 안전율**

구분	A	B	C	S
주철 및 주물	2	1	2	4
연철 및 연강	2	1	1.5	3
니켈강	1.5	1	1.5	2.25
담금질강	1.5	1	2	3
청동 및 황동	2	1	1.5	3

(4) 작업의 안전화

1) 개요

작업 중의 안전은 그 기계설비가 자동, 반자동, 수동인가에 따라 다르며, 재료송급의 자동화 상태에도 좌우된다. 따라서 인간공학적 측면에 바탕을 두어 기계 또는 장비의 구조, 작업환경을 검토하여 시스템 위험분석 또는 작업위험분석을 통하여 표준안전작업 절차를 마련하여 안전하게 작업할 수 있도록 한다.

2) 안전작업을 위한 설계

① 안전한 기동장치의 배치
② 정지장치와 정지시의 시건장치
③ 급정지버튼, 급정지장치 등의 구조와 배치
④ 작업자가 위험부분에 접근시 작동하는 반응형 방호장치의 이용
⑤ 연동장치(interlock)된 방호장치의 이용
⑥ 작업을 안전화하는 치공구류 이용

주 **연동장치(interlock system)** : 기계의 각 작동부분 상호간을 전기적, 기구적, 유공압장치 등으로 연결해서 기계의 각 작동부분이 정상으로 작동하기 위한 조건이 만족되지 않을 경우 자동적으로 그 기계를 작동할 수 없도록 하는 기구를 말하며, 걸림장치라고도 한다.

3) 인간공학적인 안전한 작업환경

① 기계에 부착된 조명, 기계에서 발생되는 소음 등의 검토, 개선
② 기계류 표시와 배치를 적절히 하여 오인이 안 되도록 할 것
③ 작업대나 의자 높이 또는 형을 적당히 할 것
④ 충분한 작업공간의 확보
⑤ 작업시 안전한 통로나 계단의 확보

(5) 보전작업의 안전화

1) 개요

기계설비에 대한 보전을 제대로 하기 위해서는 설비를 제작할 때에 보전을 전제로 설계하여야 한다. 이론적으로 보전이 필요 없는 기계설비가 이상적이겠지만 최소한 주유, 점검, 청소, 부품교환, 수리 등이 손쉽게 이루어질 수 있어야 한다. 또한, 기계설비 등의 보전작업 목적상 분해를 하거나 방호장치를 해체했을 때에는 위험성이 돌연히 나타나는 경우가 있으므로 이를 배제하는 것이 안전상 중요하다. 따라서 다음과 같은 몇 가지를 고려하여야 한다.

- 고장예방을 위한 정기점검을 실시한다.
- 주유방법을 개선한다.
- 구성부품의 신뢰도를 향상시킨다.
- 보전용 통로나 작업장을 확보한다.
- 분해 및 교환을 철저히 한다.

2) 기계 고장률의 기본 모형

기계고장률의 기본 모형은 일명 욕조곡선(Bath-tube curve)이라 일컬으며 기계고장률은 시간의 함수이다.

$$\text{고장률}(\lambda) = \text{기간중의 고장건수}(\gamma)/\text{총가동시간}(t)$$

① **초기고장** : 감소형(DFR : Decreasing Failure Rate), 디버깅(debugging) 기간, 번인(burn in) 기간이라고도 하며, 예방 대책으로 위험 분석을 하여 결함을 찾아내는 것이다.

- 디버깅(debugging) 기간 : 기계의 결함을 찾아내 고장률을 안정시키는 시간
- 번인(burn in) 기간 : 물품을 실제로 장시간 움직여 보고 그 동안에 고장난 것을 제거하는 기간

② **우발고장** : 일정형(CFR : Constant Failure Rate), 사용조건상의 고장을 말하며, 고장률은 가장 낮다. 특히 CFR 기간의 길이를 내용수명(耐用壽命)이라 한다.

③ **마모고장** : 증가형(IFR : Increasing Failure Rate), 정기진단(검사)이 필요하며, 설비의 피로에 의해 생기는 고장을 말한다.

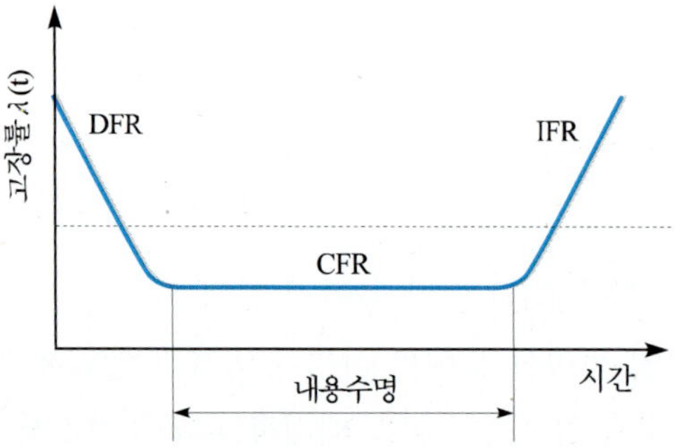

그림 2.15 기계 고장률의 모형

(6) 표준화

표준화는 하나로 통합되는 세계시장에서 생존하기 위한 필수적 조건으로 제품의 개발단계에서부터 표준화를 염두에 두어야 한다. 표준화의 목적은 생산, 소비, 유통, 서비스 등 여러 분야에 있어서 제품 및 업무 행위의 단순화와 호환성 향상, 사람과 제품의 안전, 관계자간의 의사소통 원활, 전체적인 경제성 추구 등 에 있다. 기계의 표준화에 대해서는 KS 규격을 비롯하여 국제규격인 ISO 등이 마련되어 있으며, 설계 단계에서부터 필요 조건이 반드시 반영되어서 안전화에 기여할 수 있도록 하여야 한다. 기계의 표준화가 이루워지면 질수록 그만큼 부품의 교환 등이 손쉬워질 것이고, 부품이나 제품에 대한 신뢰도도 예측할 수 있어서 사고에 따르는 재해방지에 큰 효과를 얻을 수 있다.

한편, 기계나 시설, 사용 공구나 재료의 표준화와 더불어 작업 방법에 대한 표준화는 안전관리에 있어서 안전규제와 안전교육이라는 측면에서도 반드시 필요하게 된다.

2.3 기계설비의 방호

2.3.1 안전방호와 방호장치

(1) 개요

안전방호 사용에 있어서 구체적인 수단의 한 가지가 방호장치이다. 이것에 관한 용어의 정의를 말하면 다음과 같다.[KS B ISO 12100]

① 방호설비(safeguard) : 인간을 사고로부터 방호하기 위하여 설계된 가드 또는 장치

② 가드(guard) : 위험개소 또는 위험영역에 근접을 방지하든가 또는 적게 하는 물리적 장벽

③ 방호장치(안전장치 : protective device, safety device) : 단독으로 또는 가드와 조합하여 사고를 없애거나 감소시키기 위한 가드 외의 장치

즉, 일반적으로는 방호설비(safeguard)는 가드(guard) 및 방호장치(safety device)를 말하는 것이고, 생산기계의 방호설비로서는 가드와 방호장치가 각각 단독으로 사용되는 경우도 있으나 양쪽을 조합하여 구성되는 경우가 많다.

(2) 기계재해의 발생 메커니즘과 그 방지의 기본

기계에 의해 발생하는 산업재해를 분석해보면 그 대부분이 협착·말림이나 절단·스침의 형태로 재해가 많이 발생하는 것을 알 수 있다. 이것은 기계의 가동부 등에 작업자가 접촉하는 것에 의하여 발생하는 재해가 대단히 많다는 것을 나타내고 있으며, 기계를 취급하는 작업자의 안전확보를 위해서는 이들 재해를 방지하는 것이 큰 과제이다.

이 기계의 가동부나 방출되는 에너지에 의해 작업자가 받는 재해는 「기계가 운전 중이다」라는 기계측의 조건과 「작업자의 신체가 가동부나 방출되는 에너지의 출력범위에 존재한다」라는 인간측의 조건이 조합된 경우에 발생하고 있으나 이것을 인간 – 기계라 하여 생각하여 볼 수 있다.

1) 기계재해의 발생 메커니즘

기계와 그것을 취급하는 작업자와의 관계를 인간 – 기계라 하여 보면, 일반적으로 기계에 의한 재해는 기계가 운전될 때 출력되는 에너지(가동부의 작동, 고압유, 레이저

광선 등의 방출)가 인간에 도달하는 것에 의하여 발생한다.

기계의 운전에 의해 출력되는 에너지는 프레스의 슬라이드의 스트로크 공간이나 산업용 로봇의 암의 작업공간에 의한 기계의 작업공간을 점유한다. 한편 인간도 프레스 작업에 있어서 가공물의 송급·취출이나 기동조작 등의 작업을 하기 위한 공간과 같이 인간의 작업공간을 점유한다. 따라서 이 양자의 공간이 중첩되는 경우 그림 2.16과 같은 모델로 표시할 수 있다. 이 그림에서 기계의 작업공간과 인간의 작업공간이 중첩된 공간을 위험영역이라 부른다. 그림 2.16을 보면 인간이 기계를 사용하여 작업하는 데 있어서는「인간과 기계의 출력이 동일공간에, 동일시간에 존재하는 경우 기계의 가동부 등에 인간이 접촉하여 인간은 재해를 입는다.」라는 것이 된다. 즉, 이 조건이 기계재해의 발생메커니즘이라 할 수 있다.

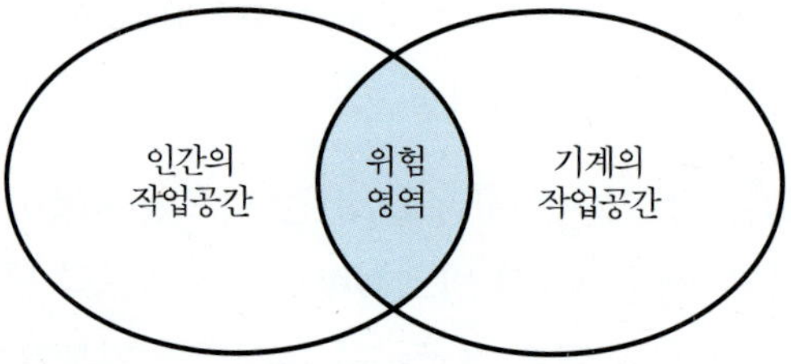

그림 2.16 인간과 기계의 작업공간

2) 기계재해방지의 기본

인간 – 기계에서는 앞에서 설명한 재해발생메커니즘의 조건이 성립되지 않도록 하는 것이 기계재해의 발생을 방지하는 것이다. 즉,「인간과 기계의 출력이 동일 공간 내에, 동시에 존재하지 않는 경우에는 인간이 기계의 가동부 등에 접촉하는 일이 없으므로 인간은 재해를 입지 않게 되고 안전한 상태에 있다.」. 즉, 이 조건이 기계재해의 방지의 기본이라 말할 수 있다. 인간과 기계의 출력을 공간적으로 분리하든가 혹은 시간적으로 분리하는 것이 기계재해방지의 조건이고, 바꾸어 말하면 인간과 기계의 출력과의 시간적·공간적 분리가 안전 확보의 기본이다.

2.3.2 방호원리

(1) 위험제거

위험한 잠재요인이 원칙적으로 발생될 수 없게 하는 것을 말한다. 예를 들면 신호표시장치 등에 쓰는 전압을 낮추어 저전압으로 대체한다든지 건설작업에 접착물질이나 나사 등을 사용해서 끝이 뾰족한 못의 사용을 피하는 방법 등이 있다.

위험의 제거방법 외에도 재해방지를 위한 방법은 다음 그림 2.17과 같다.

위험 → 사람	위험의 제거
위험 ⇸ 사람	차단(위험 상태의 제거)
(위험) → 사람	덮어씌움(위험 상태의 삭감)
위험 → (사람)	덮어씌움 (보호구 착용)
위험 ⇄ 사람	위험에 적응

그림 2.17 재해 방지를 위한 방법

(2) 차단(위험상태의 제거)

이는 위험성은 존재하고 있으나 재해의 발생은 불가능하다. 왜냐하면 위험으로부터 작업자가 격리되어 있기 때문이다. 다시 말하면 작업을 수행하는 사람과 재해를 유발시키는 기인물이 서로 마주치지 않고 떨어져 있음을 뜻한다(예 : 위험한 작업과정의 자동화).

(3) 덮어씌움(위험상태의 삭감, 보호구 착용)

위험은 여전히 존재하지만 재해발생 가능성은 희박해진다. 위험해지는 상태를 제거하는 차단 방법과 같이 사람과 기인물이 겹쳐지는 재해가능영역의 한 쪽을 안전하게 덮어씌운다.

예를 들면 위험한 작업점에 대한 방호덮개, 전기설비를 차폐가 가능한 문을 사용하여 외부 접근자와 격리하는 등 위험요소를 덮어씌우는 방법, 벙커를 이용하여 발파작업을 수행하는 사람을 보호하는 방법, 작업자에게 개인보호구를 착용시키는 방법 등 사람을 덮어씌우는 방법 등이 있다.

(4) 위험에의 적응

예를 들면 제어시스템 글자판을 쉽게 읽을 수 있도록 개선한다든지 위험에 대한 정보제공, 안전한 행위를 위한 동기부여, 교육훈련 등이 이에 해당된다.

2.3.3 방호설비

(1) 개요

기계, 기구 및 설비를 사용할 경우에 작업자에게 상해를 입힐 우려가 있는 부분으로부터 작업자를 보호하기 위하여 일시적 또는 영구적으로 설치하는 기계적 안전장치를 방호장치라 하며, 방호장치는 제거, 설치, 조정 및 정비가 가능해야 하며, 그 성능이 정확하여야 한다.

방호장치를 용도에 따라 ① 일감, 공구 등의 낙하 비래에 의한 위험을 방지하기 위한 것 ② 위험부위에 인체의 접촉 또는 접근을 방지하기 위한 것 ③ 방음, 집진 등을 목적으로 하기 위한 것 등으로 구분할 수 있으며, 한편 기계설비의 방호는 위험장소에 대한 방호와 위험원에 대한 방호로 분류하며 그림 2.18과 같다.

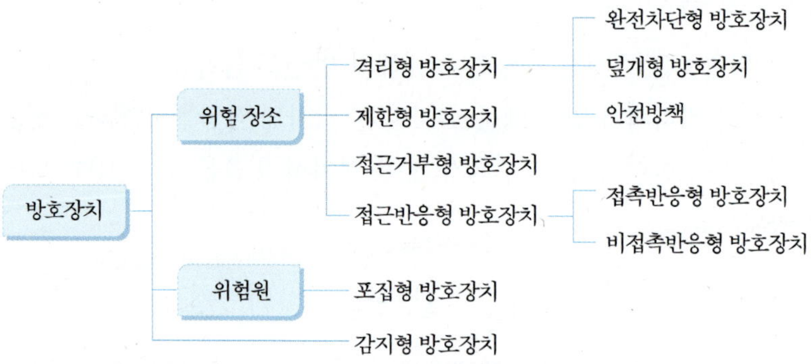

그림 2.18 방호장치의 분류

방호장치는 어디까지나 작업자를 보호하는 데 그 의의가 있으며 작업자의 작업을 방해해서는 안된다. 따라서 방호장치가 구비해야 할 일반원칙으로는 다음과 같은 것이 있다.

① **작업방해의 제거** : 방호장치로 인하여 작업방해가 되어서는 안된다. 작업방해가 된다는 것은 작업에 불안전행동의 원인을 주는 결과가 될 뿐만 아니라 생산성에도 영향을 주기 때문이다.

② **작업점의 방호** : 방호장치는 작업자를 위험으로부터 보호하기 위한 것이므로 위험한 작업부분은 완전히 정확하게 방호되지 않으면 안된다. 일부분이라도 노출되거나 틈을 주어서는 안된다.

③ **외관상의 안전화** : 외관상으로 불완전한 설치나 불안전한 모습은 작업자에게 심리

적으로 불안감을 줌으로써 불안전 행동의 원인으로 작용하게 된다.

④ **기계특성에 따른 적합성과 성능의 보장** : 방호장치는 당해 기계의 특성에 적합하지 않으면 제성능을 발휘하지 못하며, 또한 방호장치의 성능이 보장되지 않으면 방호장치로서의 제기능을 다하지 못하게 된다.

따라서 방호장치의 선정시에는 다음과 같은 사항을 면밀히 검토하여야 한다.

① **방호의 정도** : 위험을 예지하는 것인가, 방지하는 것인가를 고려할 것
② **적용의 범위** : 기계 성능에 따라 적합한 것을 선정할 것
③ **보수성의 난이** : 점검, 분해, 조립하기 쉬운 구조일 것
④ **신뢰성** : 가능한 한 구조가 간단하며, 방호능력의 신뢰도가 높을 것
⑤ **작업성** : 작업성을 저해하지 않을 것
⑥ **경비** : 가능한 한 가격이 저렴할 것

특히, 작업점을 가지고 있는 기계에 있어서는 작업점에서 가공도중 사고가 많이 발생하므로 방호대책에 신중을 기하여야 하며, 일반적으로 작업점의 방호방법으로는 다음과 같은 사항을 들 수 있다.

① 작업부분에의 작업자의 신체접촉방지 : 예 덮개
② 안전거리에서의 기계조작(위험지역을 벗어나야 기계가 움직이게 하는 조치) : 예 감응식 방호장치
③ 조작시 위험부분에 접근금지조치 : 예 양수조작식 방호장치, 원격조작
④ 작업점에 손을 넣을 필요가 없게 하는 방법 : 예 보조공구사용, 자동공급배출장치

(2) 방호장치

1) 격리형 방호장치

위험한 작업점과 작업자 사이에 접근되어 일어날 수 있는 재해를 방지하기 위해 차단벽이나 망을 설치하는 원리이며, 위험부분에 접촉하려면 일정한 과정을 거치게 함으로써 반영구적인 방호효과를 갖추도록 하여야 하며, 사업장에서 가장 흔히 볼 수 있는 방호형태이다.

① **완전차단형 방호장치** : 사업장에서는 체인 또는 벨트 등의 동력전달장치에서 그 예를 쉽게 볼 수 있으며, 모든 기계동작부분을 덮어 씌우는 방법이다.

② **덮개형 방호장치** : V벨트나 평벨트 또는 기어가 회전하면서 접선방향으로 몰려 들어가는 장소에 많이 설치하며, 동력전달장치뿐만 아니라 모든 기계기구의 동작부분이나 위험점에까지 확대될 수 있어 앞으로 더 많은 보급이 기대된다.

③ **안전방책(安全防柵)** : 위험한 기계, 기구의 근처에 접근하지 못하도록 방호울을 설치하는 방법으로 대마력의 원동기나 발전소의 터빈 또는 고전압을 사용하는 전기설비의 주위에 울타리를 설치하는 예가 대표적이며, 승강기의 수직통로의 전체를 둘러싸는 것도 안전방책이라 할 수 있다.

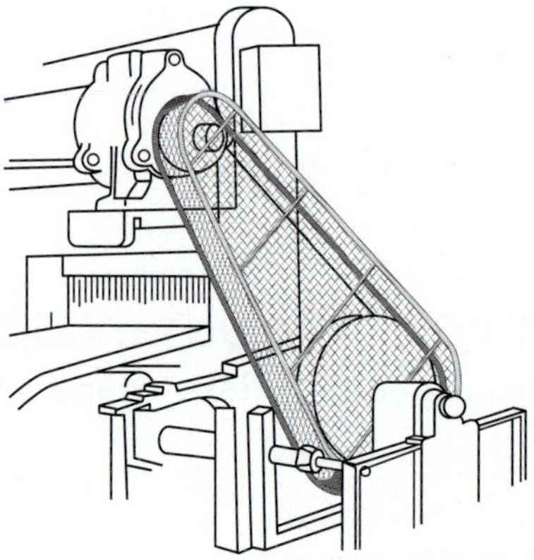

그림 2.19 완전차단형 방호장치

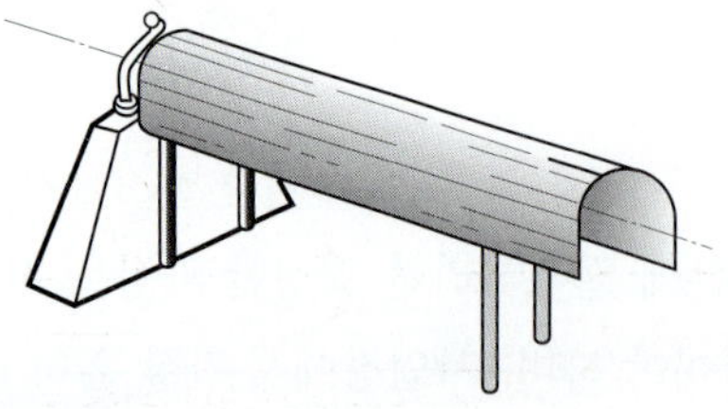

그림 2.20 회전축의 덮개형 방호장치

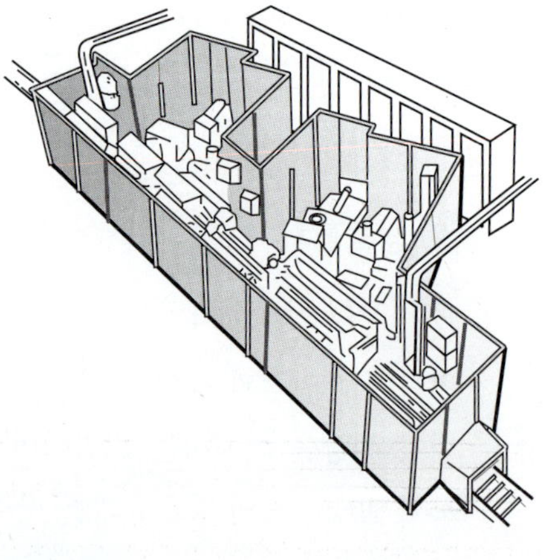

그림 2.21 안전방책

2) 제한형 방호장치

조작자의 신체부위가 위험한계 밖에 있도록 의도적으로 기계의 조작장치를 기계에서 일정거리 이상 떨어지게 설치해 놓고 조작하는 두 손 중에서 어느 하나가 떨어져도 기계의 동작이 멈춰지게 하는 장치이며, 대표적인 예로는 프레스에 많이 쓰이는 양수조작식 방호장치가 있다.

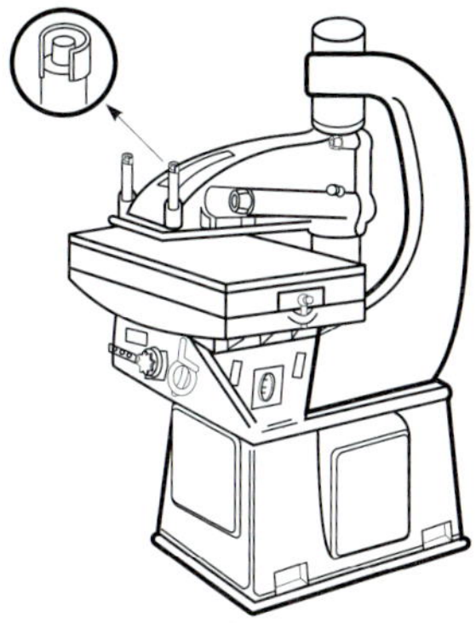

그림 2.22 프레스의 양수조작식 방호장치

3) 접근거부형 방호장치

작업자나 그의 신체부위가 위험한계내로 접근하면 기계의 동작위치에 설치해 놓은 기계적 장치가 접근하는 신체부위를 안전한 위치로 밀거나 당겨내는 장치로서, 책 제본기의 손을 쳐내는 장치 또는 프레스의 수인식, 손쳐내기식 등은 이 원리를 이용한 방호장치이다. 사업장에서는 이 장치를 위험기계의 동작슬라이드 행정을 왕복하는 기계요소에 부착, 설치하여 이용한다. 그림 2.23은 종이 재단기의 예이다.

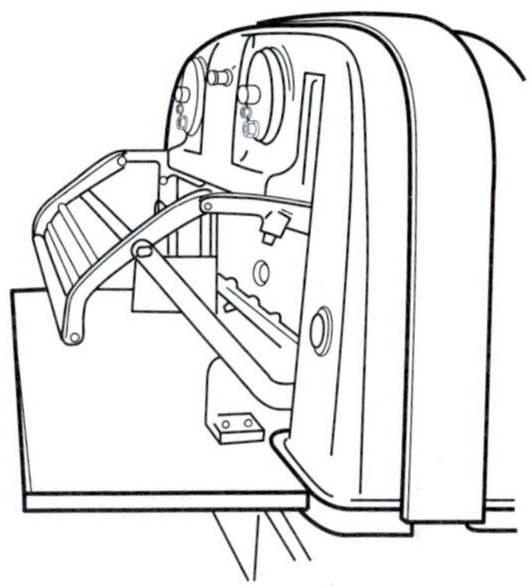

그림 2.23 접근거부형 방호장치

4) 접근반응형 방호장치

작업자의 신체부위가 위험한계 또는 그 인접한 거리 내로 들어오면 이를 감지하여 그 즉시 동작하던 기계를 정지시키거나 스위치가 꺼지도록 하는 기능을 갖고 있으며, 사용 예로는 프레스, 전단기 및 압력이용기기 등에 많고 광선식, 압력감지 방식 등이 있다.

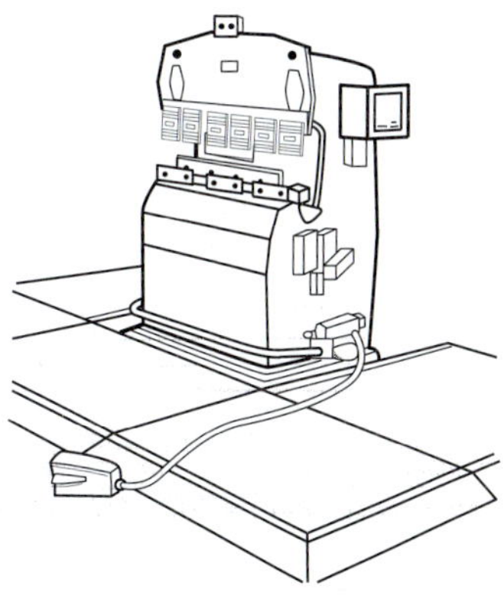

그림 2.24 프레스의 접근반응형 방호장치

5) 포집형 방호장치

이는 위험장소에 대한 방호장치가 아니고 위험원에 대한 방호장치로, 예를 들면 회전하는 연삭숫돌이 파괴되어 비산될 때 회전방향으로 튀어나오는 비산물질이 덮개를 치면서 회전방향으로 밀려나게 되고 이 때 덮개가 따라 움직이면서 작업자의 신체부위로 비산하게 될 때 파괴된 연삭숫돌의 조각들을 포집하는 장치이다. 또한, 목재가공작업에서 작업물질이나 재료가 튀어 오르는 것을 방지하기 위하여 설치하는 반발예방장치도 포집형 방호장치이다.

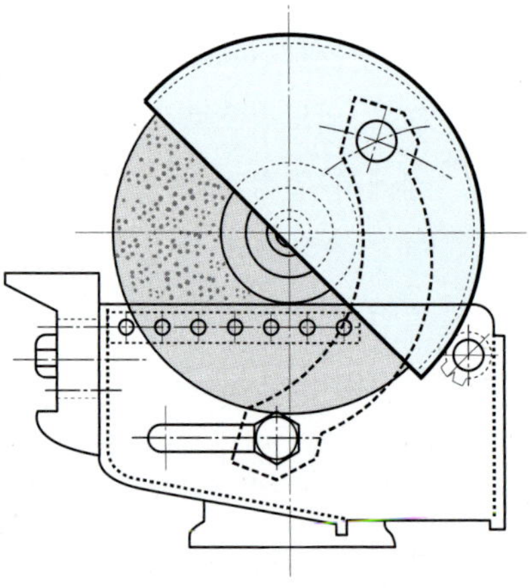

그림 2.25 연삭기의 포집형 방호장치

6) 감지형 방호장치

이상온도, 이상압력, 과부하 등 기계설비의 부하가 안전한계치를 초과하는 경우에 이를 감지하고 자동적으로 안전한 상태가 되도록 조종하거나 설비의 작동을 중지시키는 장치를 말한다.

(3) 가드

1) 개요

가드(guard)란 물리적 위험성이 있는 장비 또는 기계의 작업점, 들어가는 닙점, 회전부분 등을 움직이는 부품과 접촉하지 않도록, 또한 기계에서 비산되는 파편 또는 스파크 등의 위험으로부터 사람을 방호하기 위한 유효 수단이다. 안전 가드(safe guard)란 용어도 같은 의미로 사용하며, 원칙적 의미로는 방호장치(안전장치)와 같은 의미이나 통상 기계방호를 위한 덮개 또는 울 등을 좁은 의미로 가드라 하고, 그 밖의 방호수단은 기계의 방호장치로 취급하는 경우가 많다.

가드의 종류에는 덮개식(enclosures, fixed barrier), 방벽(barrier), 제어장치(controls) 및 전자식 각종 방호장치 등이 포함되며, 가드의 형태에는 고정식, 연동식, 이동식 및 조정식 가드가 있다. 모든 기계설비의 작업점, 동력전달장치에는 반드시 가드를 설치해야 한다.

주 1. 덮개(cover) : 물체의 전부 혹은 일부를 덮는 것의 총칭
2. 울(enclosure fencing) : 한정된 범위를 판자나 봉 등의 형태를 사용해서 격리하는 구조물을 말함

2) 재료

가드에 사용되는 재료와 그 용도별 적합 여부를 표 2.4에 표시한다. 덮개의 내부를 볼 필요가 있을 때에는 투명 플라스틱 또는 안전유리를 사용하여야 한다. 금속망, 금속격자판 등은 용접 또는 볼트 등으로 틈이 없도록 확실하게 골조 또는 틀에 부착되어야 한다. 플라스틱판은 골조재료와 열팽창계수의 차이 때문에 부착부에 균열이 생기기 쉽다. 부착부의 구멍에는 여유를 주고 가능하면 고무 패킹 등을 넣어 부착하는 것이 좋다.

표 2.4 가드에 사용하는 재료

재료	반제품	접촉방호	비산 또는 탈락방호		
			유체·분말	절충	공작물공구
금속	박판	○	○	○	○
	봉파이프	○	x	x	△
	금망, 격자	○	x	x	△
	성형부품	○	○	○	○
목새 인공목재	판	○	△	○	○
	봉	○	x	x	x
	격자	○	x	x	△
플라스틱	판	○	○	○	○
	봉파이프	○	x	x	△
	격자, 넷트	○	x	x	△
	성형부품	○	○	○	○
안전유리	판	○	○	○	○
	성형부품	○	○	○	○

○ = 허용 △ = 조건부허용 x = 비허용

주 1. 관통하여 손일 미칠 때는 안전거리를 둘 것
2. 연삭기나 원심분리기의 방호막은 별도의 문헌참조
3. 방호장치 설계시는 구조에 의한 소음의 전달을 고려할 것

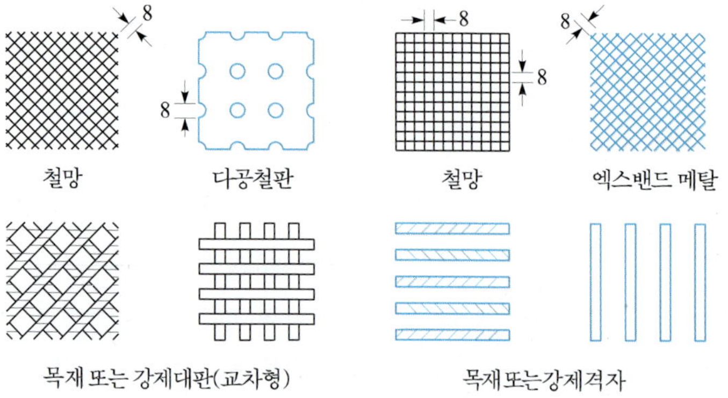

그림 2.26 가드용 재료

3) 인체 공학적 설계

① 가드 개구부

작업점에 대한 가드 설계에 있어서, 가드 안으로 손끝 등이 들어가더라도 위험부위에 손끝이 닿지 않도록 하기 위하여, 위험부위에서 가드위치까지의 거리 X와 적절한 가드 개구부의 간격 Y와의 관계를 결정하는 것이 가드 설계원칙이며, ILO규정에 의하면 다음과 같다.

$Y = 6 + 0.15X(\text{mm})$ 단, $X < 160\text{mm}$

$Y = 30(\text{mm})$ 단, $X \geqq 160\text{mm}$

여기서, X : 위험부위로부터 가드까지의 거리
Y : 허용개구부(안전간극)
C : 위험부위로부터 손끝까지의 거리

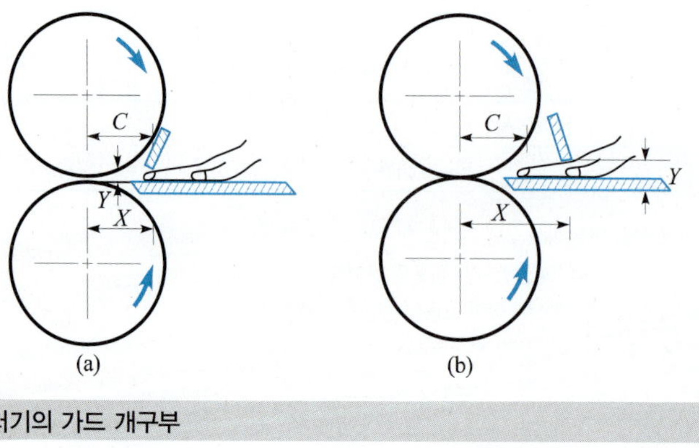

그림 2.27 롤러기의 가드 개구부

예제 롤러기의 맞물림점의 전방에 개구부의 간격을 25mm로 하여 가드를 설치하고자 한다. 가드의 설치위치는 맞물림점에서 적어도 얼마의 간격을 유지하여야 하는가?

답 $Y=6+0.15X$

$25=6+0.15X$

$X=\dfrac{25-6}{0.15}=127\,\text{mm}$

그러나 인체공학적으로는 개구부의 가로폭까지를 고려하여 Y를 결정해야 하는데, 특히 큰 개구부를 필요로 할 경우에는 실제적으로 모형이나 도면 등에 의해 손끝 따위가 위험영역에 도달하는지를 확인해 볼 필요가 있다.

한편, 동력전달부분에 있어서, 금속망, 격자판 등 구멍이 있는 재료로 덮개 또는 방벽 등의 가드를 제작할 경우에는 재료의 구멍의 크기에 대해서도 같은 모양의 주의가 필요하며, 다음 식에 의하여 가드용 재료구멍의 크기(혹은 재료와 재료 사이의 개구부 간격)를 구할 수 있다.

$$Y=6+0.1X\ (\text{mm})\qquad (\text{단, } X<760\text{mm})$$

여기서, X : 전동체에서 가드위치까지의 거리(mm)

Y : 가드용 재료의 구멍의 크기(mm)

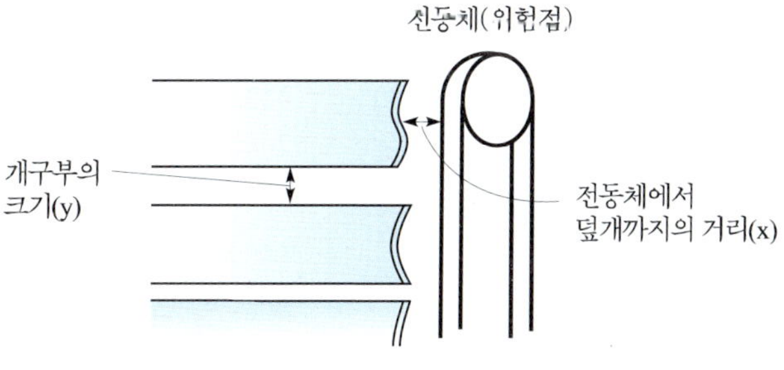

그림 2.28 동력전달부의 가드 개구부

예제 동력전달부분의 전방 30cm 위치에 일반 평형보호망을 설치하고자 한다. 보호망의 최대 구멍의 크기는 얼마인가?

답 $Y=6+0.1X=6+0.1\times 300\,\text{mm}=36\,\text{mm}$

② 트랩공간(trapping space)

작업 중 작업자는 신체의 각 부분이 트랩에 들어가서 상해를 입는 수가 많다. 특히 가드에 트랩이 필요할 경우 신체 각 부분과 트랩 사이에는 그림과 같이 주어지는 최소틈새를 유지하여야 안전하다.

신체부위	몸	다리	발	팔	손목	손가락
최소틈새	500mm	180mm	120mm	120mm	100mm	25mm
트 랩			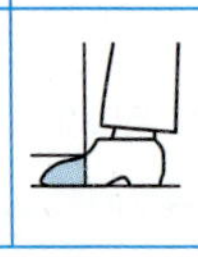		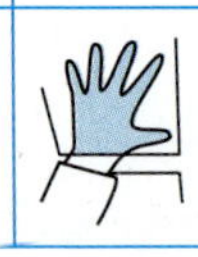	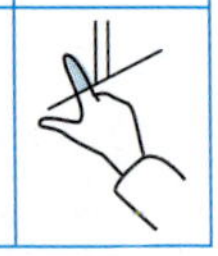

그림 2.29 각 트랩의 최소 틈새

③ 보호방벽

작업자의 위험지역 내의 접근을 금하기 위하여 고정방벽을 설치하는 경우 일반적으로 방벽의 높이는 2,500mm 정도가 되어야 한다. 그러나 사정상 방벽의 높이가 2,500mm 정도로 설치할 수 없을 경우 위험점의 높이와 방벽의 높이 그리고 위험점으로부터의 수평거리(C) 사이에는 표 2.5와 같은 관계를 갖도록 하여야 한다.

표 2.5 방벽의 높이

위험부위 높이 a (mm)	보호 구조물의 높이 b (mm)							
	2,400	2,200	2,000	1,800	1,600	1,400	1,200	1,000
	위험점으로부터의 거리 c (mm)							
2,400	-	100	100	100	100	100	100	100
2,200	-	250	250	400	500	500	600	600
2,000	-	-	350	500	600	700	900	1,100
1,800	-	-	-	600	900	900	1,000	1,100
1,600	-	-	-	500	900	900	1,000	1,300
1,400	-	-	-	100	800	900	1,000	1,300
1,200	-	-	-	-	500	900	1,000	1,400
1,000	-	-	-	-	300	900	1,000	1,400
800	-	-	-	-	-	600	900	1,300
600	-	-	-	-	-	-	500	1,200
400	-	-	-	-	-	-	300	1,200
200	-	-	-	-	-	-	200	1,100

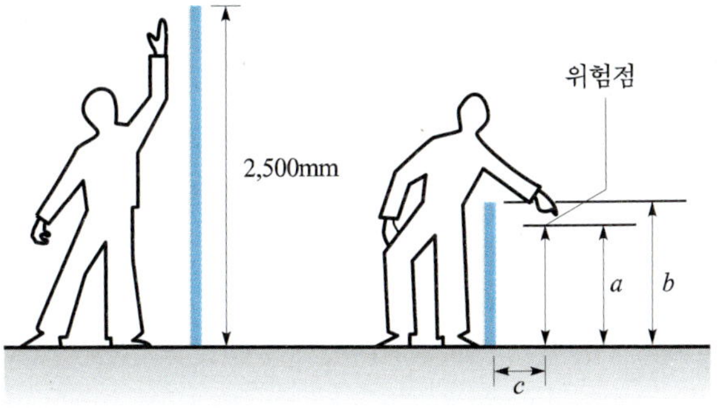

그림 2.30 수직보호방벽의 높이 계산

4) 가드의 종류의 특징[KS B ISO 12100]

① 고정식 가드(fixed guard)

공구를 사용하거나 부착수단을 파괴함으로써만 개방하거나 제거할 수 있도록 부착된 가드로서, 고정식 가드는 작업자를 보호하는 가장 확실한 방법으로, 작업자가 위험지역에 접근 하는 것을 금지시키나 재료의 송급이나 배출은 가능하게 한다. 고정식 가드를 설치할 때에는 개구부의 간극 설정에 특히 주의하여야 한다.

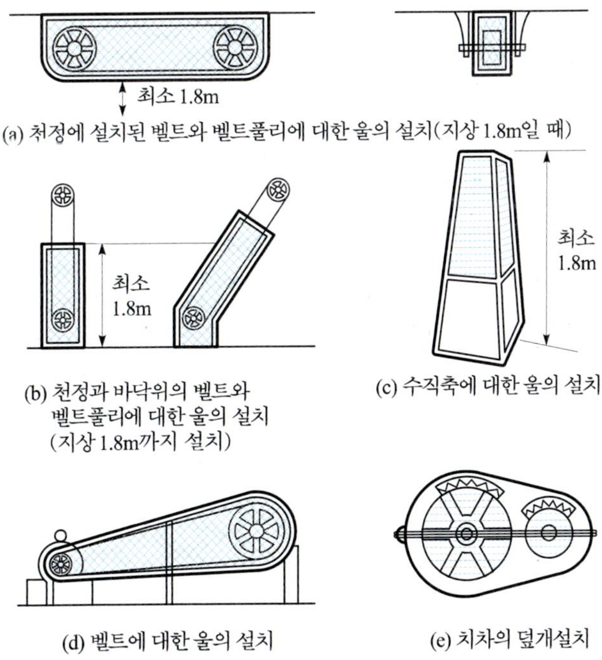

그림 2.31 동력전달부의 방호덮개

- **작업점용 가드** : 작업점용 가드는 재료의 송급 및 가공재의 배출에 장해가 되지 않으며 아울러 작업자의 손이 안전울에 제어되어 위험점에 접근하지 못하게 하는 것을 말한다. 프레스 금형의 안전울, 연삭기의 덮개, 목재가공용 둥근톱기계의 덮개 등이 그 예이다.
- **동력전달부용 가드** : 일반적으로 작업점용 가드 설계에 필요한 원칙이 동력전달부용 가드 설계에도 적용되나, 재료의 송급이나 가공재의 배출을 위한 개구부는 고려할 필요가 없다. 단지 고려해야 할 개구부는 윤활, 조정이나 검사를 위한 것들이다.

또한 동력전달부분의 덮개나 바닥으로부터 2m 이상의 높이에 설치된 벨트로서 풀리 간의 거리가 3m 이상, 폭이 15cm 이상 및 속도가 10m/s 이상일 때에는 고정식 울을 그 밑에 설치하여야 한다. 이러한 보호 덮개는 그림 2.31과 같이 앵글로 틀을 만들고 철망을 부착한 것이 많고, 충분한 강도를 유지하고 견고하게 바닥이나 기계 프레임에 고정시켜야 하며, 그 높이의 최저한계는 1.8m이다.
그림 2.32는 회전축이나 회전체에 부착되는 것이며, 특히 위험한 세트 볼트와 키의 방호 덮개를 나타낸 것이고 그림 2.33은 슬리브와 덮개의 예를 보여주고 있다.

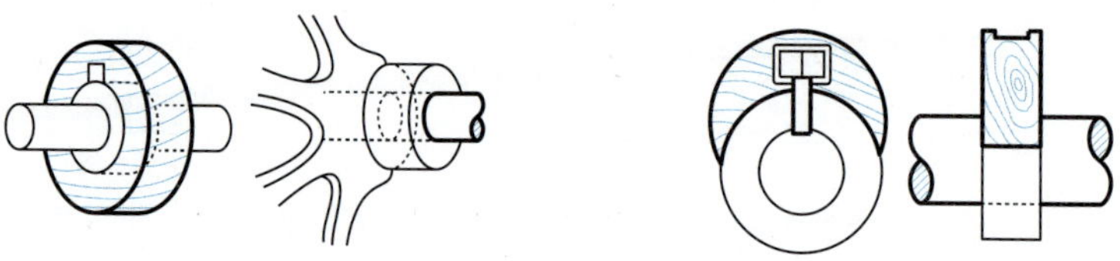

그림 2.32 키와 세트 볼트의 방호덮개

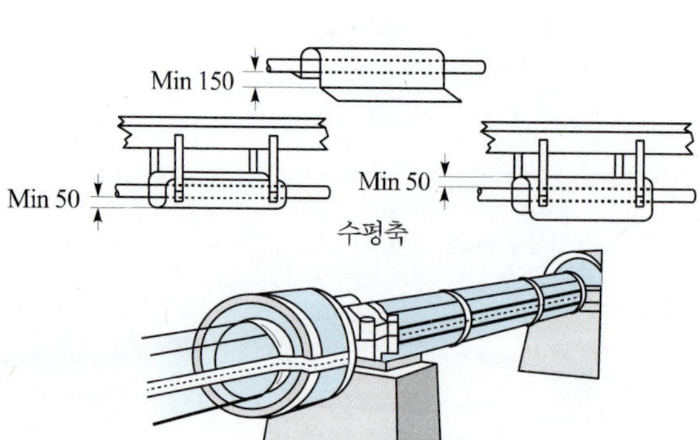

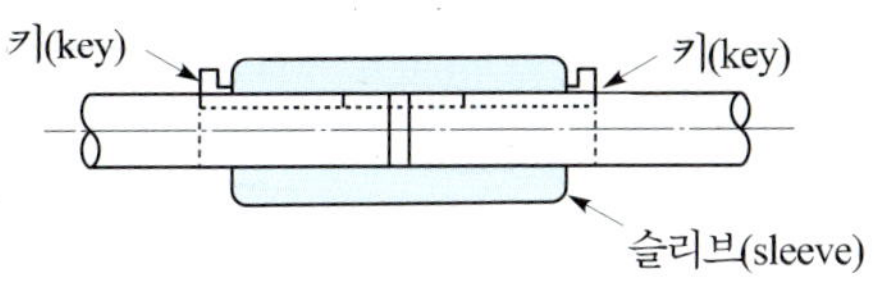

주 슬리브 : 축 등의 외주에 끼워 넣어 사용하는 가늘고 긴 원통형의 부품

그림 2.33 축의 덮개와 슬리브

② 연동식 가드(interlocking guard)

기계의 제어 시스템과 함께 연동식 장치와 관련된 가드로서, 가드를 자주 움직이거나 열 필요가 있는 곳에는 고정식 가드를 사용하게 되면 매우 불편하게 된다. 따라서 기계의 각 작동부분 상호 간을 기계적, 전기적, 유공압적인 방법으로 연결하여 기계의 각 작동부분이 정상으로 작동하기 위한 조건이 만족되지 않을 경우 자동적으로 그 기계가 작동할 수 없도록 하는 연동식 가드를 설치하는 것이 바람직하다. 이 경우 2가지 요건을 갖추어야 하는데 첫째, 가드가 닫히기 전까지는 기계가 작동하면 안 되고, 둘째, 가드가 열리는 순간 기계의 작동이 멈추어져야 한다. 만약에 완전정지까지 시간이 걸리는 경우는 지연 릴레이 장치(delay relay mechanism)를 설치할 필요가 있으며, 예기치 않은 운동을 막기 위해서는 시동 제어(start control)와 결합되어 있어야 한다.

그림 2.34는 연동식 가드의 한 예이며, 여기서 스위치 문을 열게 되면 기계가 자동적으로 작동을 멈추게 된다. 또한, 그림 2.35은 기계적인 연동식 가드의 한 예이다.

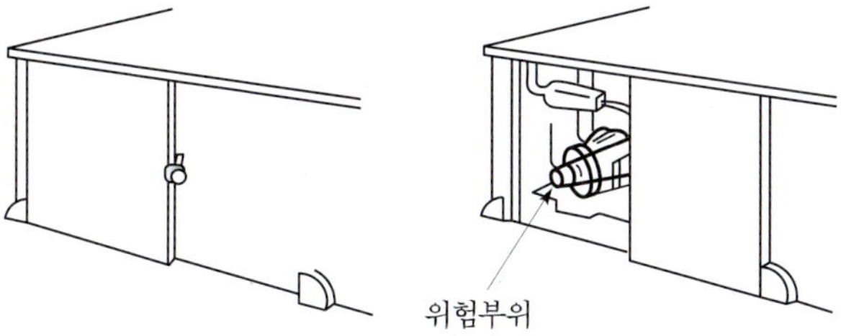

그림 2.34 직접 수동스위치 연동식 가드

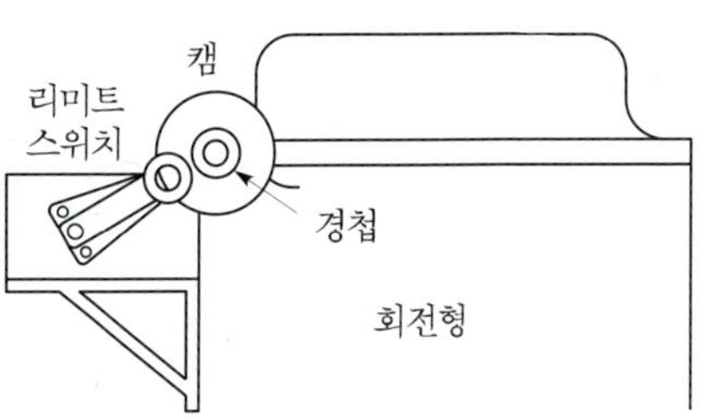

그림 2.35 캠구동 제한스위치 연동식 가드

③ 이동식 가드(movable guard)

공구를 사용하지 않고 개방할 수 있는 가드로서, 이동식 가드는 고정식 가드나 연동식 가드가 실용적이지 못할 때 사용된다. 이동식 가드는 작업자가 작업 중인 기계의 위험부분에 접촉하는 것을 방지하고 위험한 경우 기계를 중단시킬 수 있어야 한다. 이동식 가드는 작업자와 무관하게 작동되어야 하며 기계가 작동하는 한 반복하여 작동되어야 한다. 따라서 연결기구나 레버를 통해 연결되어 기계에 의해 작동되는 구조로 되어 있다.

그림 2.36는 목재가공용 둥근톱기계에 적용된 이동식 가드의 한 예로서, 정지 중에는 톱날 전부가 가드에 의해 둘러싸여 있고 절단 행정이 이루어짐에 따라 차차 열리게 해주는 연결 시스템을 가지고 있다.

④ 조정식 가드(adjustable guard)

방호하고자 하는 위험구역에 맞추어 적당한 모양으로 조절하는 것이며, 기계에 사용하는 공구를 바꿀 때 이에 맞추어 조정하는 가드로서, 전체를 조절할 수 있거나 조절 가능한 부품이 포함된 고정식 가드 또는 이동식 가드를 말한다. 동력식 수동대패기계의 칼날접촉예방장치 및 목재가공을 둥근톱기계의 날접촉예방장치 등이 이에 속한다.

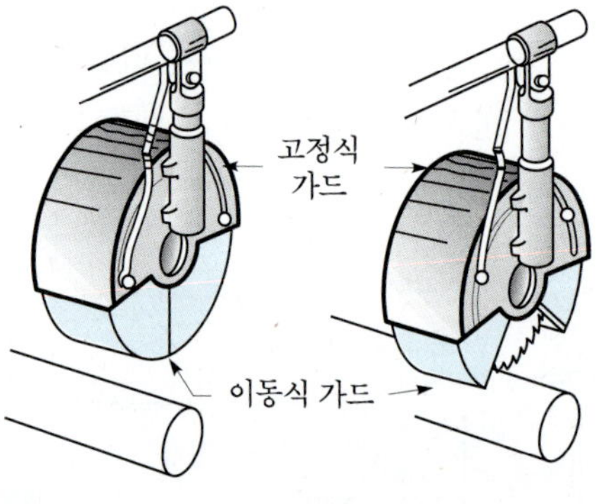

그림 2.36 목재가공용 둥근톱기계의 이동식 가드

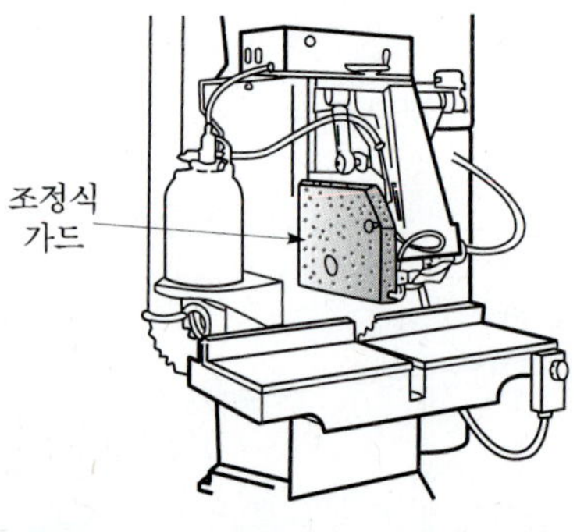

그림 2.37 둥근톱기계의 조정식 가드

2.4 기계설비의 안전일반

2.4.1 기계의 정지시 및 운전시 점검사항

(1) 정시상태시의 점검사항

① 급유상태
② 전동기 개폐기의 이상 유무
③ 방호장치, 동력전달장치의 점검
④ 슬라이드 부분 상태
⑤ 힘이 걸린 부분의 흠집, 손상의 이상 유무
⑥ 볼트, 너트의 헐거움이나 풀림 상태 확인
⑦ 스위치 위치와 구조 상태, 어스 상태 점검

(2) 운전상태시의 점검사항

① 클러치
② 기어의 맞물림 상태
③ 베어링 온도상승 여부
④ 슬라이드면의 온도상승 여부
⑤ 이상음, 진동 상태
⑥ 시동 정지 상태

2.4.2 기계운전시의 기본안전수칙

① 방호장치는 유효하게 적절히 사용하며 허가 없이 무단으로 떼어놓지 않는다.
② 작업범위 이외의 기계는 허가 없이 사용하지 않도록 한다.
③ 공동작업을 할 경우 시동할 경우에는 남에게 위험이 없도록 확실한 신호를 보내고 스위치를 넣는다.
④ 기계운전 중에는 기계에서 이탈하지 않도록 한다.
⑤ 기계운전 중에 기계에서 이상한 소리, 진동, 냄새 등이 날 때는 즉시 전원을 내린다.
⑥ 기계를 청소한 기름걸레는 불연재 용기 속에 넣고 자연발화 등의 위험을 예방한다.

⑦ 기계가 고장이 났을 때는 정지, 고장표시를 반드시 기계에 부착한다.
⑧ 작업이 끝나면 손질 점검을 실시하고 기계의 각 부위를 정지위치에 놓는다.

2.4.3 구내 정리 정돈

① 공구는 항상 정해진 위치에 나열하여 놓는다.
② 공장 내 혹은 작업장 바닥에 기름을 흘리지 않는다.
③ 배선, 고압가스도관, 가스용접호스 등은 통로에 배열하지 말고, 부득이한 경우에는 덮개를 씌워야 하며, 레일 등을 횡단하지 않는다.
④ 소화기구나 비상구 근처에는 물건을 놓지 않는다.
⑤ 자신의 주위는 스스로 정리·정돈한다.

2.4.4 작업시의 복장

① 작업종류에 따라 규정된 복장, 안전모, 안전화 및 보호구를 착용하여야 한다.
② 무덥거나 불편하더라도 어떠한 장소에서도 반라(半裸)는 금하여야 한다.
③ 복장은 몸에 알맞은 것을 착용하여야 한다(주머니가 많은 것도 좋지 않다).
④ 작업복의 소매와 바지의 단추를 풀지 않고, 상의의 옷자락이 밖으로 나오지 않도록 하여 단정한 옷차림을 갖추어야 한다.
⑤ 수건을 허리에 차거나 어깨나 목에 걸지 않도록 한다.
⑥ 오손된 작업복이나 지나치게 기름이 묻은 작업복은 착용할 수 없다.
⑦ 신발은 가죽제품으로 만든 튼튼한 안전화를 착용하여, 물체가 떨어져 부상을 입거나 예리한 못이나 쇠붙이에 찔리지 않도록 한다.
⑧ 장갑은 작업용도에 따라 적합한 것을 착용한다.
⑨ 작업의 유해, 위험성에 따라 반드시 보호구를 착용하여야 한다.

2.4.5 작업장 통행의 안전

① 함부로 뛰어서는 안된다.
② 주머니에 손을 넣고 걸어서는 안된다.
③ 보행 중에는 발밑이나 주위의 상황 또는 작업에 유의한다.
④ 통로나 궤도를 건널 때는 좌우를 잘 살핀다.

⑤ 문을 조용히 열고 닫는다.

⑥ 좌우측 통행 규칙을 지키고 짐을 가진 사람에게 길을 비켜 준다.

⑦ 금지된 장소를 지나거나, 지름길로 가려고 위험한 장소를 횡단하지 않는다.

⑧ 자재 위에 앉거나 그 위를 걷지 않는다.

⑨ 양중기 작업 중에는 접근하지 않는다.

⑩ 높은 곳에서 작업을 하고 있으면 그 곳을 주의하며 지나간다.

2.4.6 작업장 안전조치

① 작업장의 바닥은 넘어지거나 미끄러지는 등의 위험이 없도록 안전하고 청결하게 유지하도록 한다.

② **작업장의 출입문**[규칙 제11조(작업장의 출입구)]
- 출입문의 위치, 수 및 크기가 작업장의 용도와 특성에 적합하게 할 것
- 근로자가 쉽게 열고 닫을 수 있도록 할 것
- 출입문의 사용 주목적이 하역 운반 기계용인 출입구는 인접하여 보행자용 문을 따로 설치할 것
- 하역 운반 기계의 통로와 인접하여 있는 출입문에서 접촉에 의하여 근로자에게 위험을 미칠 우려가 있을 때에는 비상등, 비상벨 등 경보 장치를 할 것

③ **동력으로 작동되는 문의 설치 조건**[규칙 제12조(동력으로 작동되는 문의 설치 조건)]
- 동력으로 작동되는 문에 협착 또는 전난의 위험이 있는 2.5m 높이까지는 위급 또는 위험한 사태가 발생한 때에 문의 작동을 정지시킬 수 있는 등의 안전 조치를 할 것(위험 구역에 사람이 없어야만 문이 작동되도록 방호장치가 설치되어 있거나 운전자가 특별히 지정되어 상시 조작하는 때에는 그러하지 아니하다)
- 손으로 조작하는 동력식 문은 제어장치를 해제하면 즉시 정지되는 구조로 할 것
- 동력식 문의 비상 정지 스위치는 근로자가 잘 알아볼 수 있고 쉽게 조작할 수 있을 것
- 동력식 문의 동력이 중단되거나 차단된 때에는 즉시 정지되도록 할 것(방화문의 경우에는 그러하지 아니하다)
- 수동으로 개폐가 가능하도록 할 것

④ 위험물을 제조·취급하는 작업장 및 당해 작업장이 있는 건축물에는 출입문 외에 1개 이상의 비상구를 설치하여야 한다. 이때 설치하는 비상구는 미닫이문 또는 밖으로 열리는 문을 설치해야 한다.

2.4.7 작업 장내 통로의 안전

① 중요한 통로에는 구획 표시(백색 또는 황색 실선)를 한다.
② 통로면은 넘어지거나 미끄러지는 등의 위험이 없도록 한다.
③ 통로면으로부터 높이 2m 이내에는 장애물이 없도록 한다.
④ 근로자가 안전하게 통행할 수 있도록 통로에 75럭스 이상의 채광 또는 조명시설을 하여야 한다.
⑤ 기계와 기계 사이에는 80cm 이상의 간격을 유지한다.
⑥ **통로 폭** : 일방통행 = 몸 넓이 + 60cm, 양방통행 = (몸 넓이 × 2) + 90cm

2.4.8 공장 내의 교통계획

① 공장 내의 교통계획은 일방통행이 이상적이고 교차를 피하는 동시에 교통규제를 하고 도로구분이나 교통위험부분에 충분한 게시를 하여 관리상 사용을 확실히 하는 것이 제일이다.
② 통행순위는 중장비, 부재운반차, 빈차, 통행인의 순서로 하는 것이 좋다. 일방통행의 경우 노폭 = 차폭 + 60cm, 교차통행의 경우 노폭 = (차폭 × 2) + 90cm, 운행속도는 제한 속도가 10km/h이며, 8km/h 정도로 운행하는 것이 가장 안전한 속도로 본다.

2.5 기계 분류에 의한 방호조치

2.5.1 위험기계·기구의 방호조치

유해하거나 위험한 작업을 필요로 하거나 동력으로 작동하는 기계·기구로서 정해진 유해·위험을 방지하기 위한 방호조치를 하지 아니하고는 양도·대여·설치·사용하거나, 양도·대여의 목적으로 진열하여서는 안 되며, 산업안전보건법 제80조 1항, 동법시행령 제70조, 동법 시행규칙 제98조에 따라 방호조치를 하여야 하는 기계·기구는 표 2.6과 같다.

표 2.6 위험기계기구의 방호조치[시행규칙 제98조(방호조치)]

	대상기계·기구명	방호장치 종류
1	예초기	날접촉 예방장치
2	원심기	회전체 접촉 예방장치
3	공기압축기	압력방출장치
4	금속절단기	날접촉 예방장치
5	지게차	헤드 가드, 백 레스트, 전조등, 후미등, 안전벨트
6	포장기계(진공포장기, 랩핑기)	구동부 방호 연동장치

앞에서 기술한 기계, 기구 중 동력에 의하여 작동되는 기계·기구에는 상기와 같은 방호장치 이외에 다음과 같은 방호조치를 해야 한다[규칙 제87조(원동기, 회전축 등의 위험방지), 규칙 제88조(기계의 동력차단장치)].

① 작동부분상의 돌기부분은 묻힘형(매두형)으로 하거나 덮개를 부착한다(사업주는 회전축, 기어(치차), 풀리 및 플라이 휠 등에 부속하는 키 및 핀 등의 기계요소를 묻힘형으로 하거나 해당부위에 덮개를 설치하여야 하며, 벨트의 이음부분에는 돌출된 고정구를 사용해서는 안된다).

② 동력전달부분 및 속도조절부분에는 덮개를 부착하거나 방호망을 설치한다(사업주는 기계의 원동기, 회전축, 기어, 풀리, 플라이 휠, 벨트 및 체인 등 근로자에게 위험을 미칠 우려가 있는 부위에는 덮개, 울, 슬리브 및 건널다리 등을 설치하여야 하며, 건널다리에는 안전난간 및 미끄러지지 않는 구조의 발판을 설치하여야 한다).

③ 동력으로 작동되는 기계에는 동력차단장치(스위치, 클러치 및 벨트이동장치 등)를 설치하여야 하며, 그 동력차단장치를 근로자가 작업위치를 이동하지 아니하고 조작할 수 있는 위치에 설치하고(단, 집단을 이루는 기계로서 공통의 동력차단장치가 있거나 인력에 의한 원재료의 송급과 인출 등이 필요 없을 때에는 설치하지 않아도 됨), 동력차단장치는 조작이 쉽고 접촉 또는 진동 등에 의해 갑자기 기계가 움직일 우려가 없어야 하며, 기계·기구 등의 클러치, 브레이크 기타 제어를 위하여 필요한 부위의 기능을 항상 유효한 상태로 유지하여야 한다.

(1) 기타 방호조치

① 기계의 운전을 시작함에 있어 근로자에게 위험을 미칠 우려가 있을 때에는 신호·방법과 신호자를 지정할 것[규칙 제89조(운전시작 전 조치)]

② 가공물 등이 절단되거나 절삭편이 비래하는 것 등으로 근로자에게 위험이 미칠 우려가 있는 때에는 덮개 또는 울 등을 설치할 것[규칙 제90조(날아오는 가공물 등에 의한 위험방지)]

③ 정비 등의 작업시 운전정지 등[규칙 제92조(정비 등의 작업시의 운전정지 등)]

- 공작 기계, 수송 기계, 건설 기계 등의 정비·청소·급유·검사 또는 수리 작업을 할 때 당해 기계의 운전을 정지할 것
- 정비 등 작업시 기계의 운전을 정지한 때에는 당해 기계의 기동장치에 시건 장치를 하고 열쇠를 별도 관리하거나 표지판을 부착하는 등 필요한 조치를 할 것
- 적절하지 않은 작업방법으로 인해 기계가 갑자기 가동될 우려가 있는 경우 작업지휘자를 배치하는 등 조치를 할 것
- 기계내부에 압축된 기체 또는 액체 등이 방출될 위험이 있는 경우 미리 방출시키는 등 필요한 조치를 할 것

④ 종이·천·비닐 및 와이어 로프 등의 감김 등에 의해 근로자에게 위험을 미칠 우려가 있는 부위에 덮개 또는 울을 설치할 것[규칙 제87조(원동기, 회전축 등의 위험방지)]

⑤ 방호장치를 해체할 수 없음. 다만, 방호장치의 수리·조정 및 교체 등의 작업시 제외[규칙 제93조(방호장치의 해체금지)]

⑥ 동력으로 작동되는 기계에 근로자의 두발 또는 피복이 말려들어갈 우려가 있을 때에는 근로자에게 작업모 또는 작업복을 착용하도록 할 것[규칙 제94조(작업모 등의 착용)]

⑦ 근로자가 날, 공작물 또는 축이 회전하는 기계를 취급하는 경우 그 근로자의 손에 밀착이 잘 되는 가죽장갑 등과 같이 손이 말려들어갈 위험이 없는 장갑을 사용할 것[규칙 제95조(장갑의 사용금지)]

⑧ 사업주는 기계·기구·설비 및 수작업 공구 등을 제조 당시의 목적 외에 사용하도록 하지 말 것[규칙 제96조(작업도구 등의 목적 외 사용금지)]

⑨ 연삭기, 평삭기의 테이블, 형삭기 램 등의 행정 끝이 근로자에게 위험을 미칠 우려가 있을 때 덮개 또는 울을 설치할 것[규칙 제87조(원동기, 회전축 등의 위험방지)]

⑩ 선반 등으로부터 돌출하여 회전하고 있는 가공물이 근로자에게 위험을 미칠 우려가 있는 때에는 덮개 또는 울을 설치할 것[규칙 제87조(원동기, 회전축 등의 위험방지)]

⑪ 원심기에는 덮개를 설치할 것[규칙 제87조(원동기, 회전축 등의 위험방지)]

⑫ 분쇄기, 파쇄기, 마쇄기, 미분기, 혼합기 및 혼화기 등을 가동하거나 원료가 흩날

리거나 하여 근로자가 위험해질 우려가 있을 경우 해당 부위에 덮개를 설치하는 등 필요한 조치를 취할 것[규칙 제87조(원동기, 회전축 등의 위험방지)]

⑬ 근로자가 분쇄기 등의 개구부로부터 가동 부분에 접촉함으로써 위해를 입을 우려가 있는 경우 덮개 또는 울 등을 설치할 것[규칙 제87조(원동기, 회전축 등의 위험방지)]

(2) 근로자의 준수사항

산업안전보건법 및 령, 시행 규칙에 의하여 사업주가 설치한 방호조치에 대한 근로자의 의무 사항을 규정하여 반드시 지키도록 한 내용은 다음과 같다.

① 방호조치를 해체하고자 할 경우에는 사업주의 허가를 받아 해체할 것
② 방호조치를 해체한 후 그 사유가 소멸된 때에는 지체 없이 원상으로 회복시킬 것
③ 방호조치의 기능이 상실된 것을 발견한 때에는 지체 없이 사업주에게 신고할 것

주 방호조치 : 위험기계·기구의 위험장소 또는 부위에 근로자가 통상적인 방법으로는 접근하지 못하도록 하는 제한조치를 말함. 방호망, 방책, 덮개 또는 각종 방호장치 등을 설치하는 것을 포함

(3) 사업주의 조치 사항

근로자가 방호조치에 대한 기능이 상실된 것을 사업주에게 신고할 때에는 즉시 수리·보수 및 작업 중지 등의 조치를 하여야 한다.

표 2.7 조작표시기호의 예(KS B4205)

기호	뜻	특징	참고(대응영어)
	시동, 스위치 넣음	(1) 외측 가는 선은 누름단추의 바깥선이다. (2) 기호는 되도록 누름단추에 직접 표시한다. (3) 기호는 녹색으로 하고, 바탕은 되도록 백색으로 한다	start, switch on
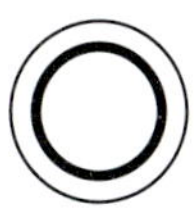	정치, 스위치 끊음	(1) 외측 가는 선은 누름단추의 바깥선이다. (2) 기호는 되도록 누름단추에 직접 표시한다. (3) 기호는 녹색으로 하고, 바탕은 되도록 백색으로 한다.	stop, switch off
	동일 단추로 시동 및 정치	(1) 외측 가는 선은 누름단추의 바깥선이다. (2) 기호는 되도록 누름단추에 직접 표시한다.	start and stop with same button
	단추를 누르고 있는 동안 스위치를 넣음	(3) 기호 I.T는 녹색으로 O는 적색으로 하고, 바탕은 되도록 백색으로 한다.	switch on as long as button is pressed

	비상정지, 총정지	전면적색의 버섯모양 단추로 한다.	emergency stop, master stop
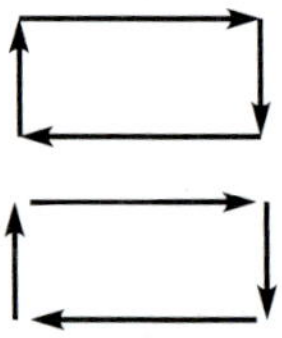	자동(또는 반자동) 사이클 단동	1사이클로 정지할 때는 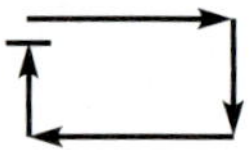 자동사이클 또는 자동에 대한 단독운동(개별운동)의 뜻으로 쓴다.	automatic (or semi-automatic cycle independent control
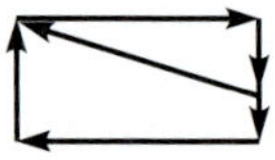	자동사이클 중의 비상복귀	대각선은 적색으로 한다.	emergency return of automatic cycle to start
	수동		hand(manual) control
	무단조절(속도, 압력 등)	또는  폭이 넓은 쪽이 수치가 크게 된다. 크게 되는 향은 실제대로 맞춘다.	stepless regulation
	가변	이 기호는 조정 대상(요소)을 나타내는 기호에 겹쳐 사용한다.	adjustable
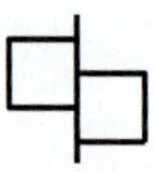	전단핀		shear pin
	위험 (전기)	기호의 색은 적색으로 한다. 필요에 따라 전압을 기호의 밑에 기입하고, 전원에도 사용한다.	danger (electrical)
	주의	기호의 색은 노랑으로 한다.	caution
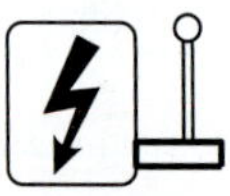	주 개폐기	 는 적색으로 한다.	main switch
	작동 중 변속 불가		change speed only in stopped position
	작동 중에만 변속 가능		change speed in motion only
?	에러, 조작 미스		error, failure

㈜ 조작 장치는 간격, 크기, 모양, 색 또는 촉감이나 기능 혹은 용도를 나타내는 글자, 그림, 기호를 붙여서 작업자가 명확하고 신속하게 식별할 수 있도록 한다.

2.5.2 공작기계의 방호조치

기계를 만드는 기계라는 의미에서 Mother Machine 이라고 불리는 공작기계는 금속 가공 분야의 가장 중요한 생산 수단으로 산업환경의 발전에 따라 끊임없이 진화하는 중이다.

1차 산업혁명이 일어난 18세기 후반, 증기기관의 실린더 및 피스톤 가공을 위해 개발된 보링 머신이 최초의 공자기계라 할 수 있다. 이때의 공작기계는 사람의 손으로 직접 공구를 조작하는 행태로, 전적으로 작업자의 능력에 의존해야 했기 때문에 정밀도는 물론이고 생산성까지 떨어질 수 밖에 없었다. 그러던 것이 20세기 중반 NC(수치제어) 공작기계의 등장으로 변곡점을 맞이했다. 공작기계의 수요가 증가함과 아울러 더 복잡하고 다양한 부품에 대한 가공성 및 정밀도 향상의 필요성이 커졌으며, 결정적으로 2차 세계대전 이후 복잡한 형상의 전투기 부품과 검사용 게이지의 고정밀 가공 문제가 대두되면서 이를 해결하기 위한 수단으로 NC 공작기계가 개발되게 된 것이다. NC 공작기계, 그리고 현재 보편적으로 사용되고 있는 CNC(컴퓨터 수치제어) 공작기계로 진화함에 따라 그 가공성과 정밀도가 획기적으로 향상되었다. 이후 공작기계의 가공 속도와 정밀도, 품질 신뢰성과 유지보수의 용이성이 꾸준히 요구되어 오고 있다. 공장자동화가 진행되기 시작하면서 기계간의 공작물의 이송이 중요한 문제로 떠오름에 따라 로봇, 갠트리로더, APC 등 주변장치 기술의 발전이 요구되었고 아울러 연속적인 가공 공정을 위해 자동 측정 기능 및 가공 모니터링 등에 관한 기술도 필요하게 되었다. 최근에는 각종 센서기술을 기반으로 공정 및 장비의 현 상태를 빠르게 감지하고 작업자에게 인지시켜 가공 오류와 장비 파손 등의 문제를 사전에 예방할 수 있는 ICT 융합 기술이 주목 받고 있다.

즉, 2000년대 이전의 기계적 성능 향상 위주의 발전, 2000년부터 2010년까지의 CAD, CAM 등 가공 소프트웨어 위주의 발전, 그리고 현재의 ICT 융합 기술로의 발전이다. 최근 대형 공작기계 제조사들은 데이터 수집, 전송, 처리, 제어 기술부터 시작해 4차 산업혁명 개념의 등장 이후 주목받고 있는 핵심 기술인 사물 인터넷, AI(인공지능) 등을 활용한 스마트 공작기계 및 스마트 공장(스마트팩토리) 관련 기술개발에 집중하고 있다.

이와 같이 공작기계의 획기적인 발전에도 불구하고 안전상의 문제점이 내재하고 있으며, 이에 대한 대책 또한 불가결한 요건이다. 이에 따라 산업안전보건법 제13조에서는 산업재해 예방을 위하여 기술 또는 작업환경에 관한 표준을 정하여 사업주에게 지도·권고할 수 있도록 하고 있다. 따라서 산업안전보건법 제13조에 따라 금속가공용 공작기계에 의한 재해를 방지하기 위한 공작기계의 일반적 안전에 관하여 사업주에게 지도·권고할 기술상의 지침을 규정하고 있다.[공작기계 안전기준 일반에 관한 기술상의 지침]

(1) 안전일반통칙

제조자, 판매자, 관리자 및 작업자는 금속가공용 공작기계 및 기계가공에 부수되는 안전방호장치 및 안전방호대책에 대한 조치를 포함하여 다음 사항에 대하여 유의해야 한다.

1. 공작기계의 외면(바깥 면)에 위험한 부분이 없어야 한다.
2. 전압, 유압 또는 공기압의 변동, 정전 그 밖의 이상 발생 시에 공작기계에 의한 위험을 방지하기 위하여 페일-세이프 등의 기능을 구비하고 있어야 한다.
3. 인간공학적인 배려에 의하여 작업의 안전성을 확보하여야 한다.
4. 정비가 용이하도록 하여야 한다.
5. 나사로 고정된 부품은 운전 중 시동 또는 제동 등의 충격에 의하여 헐거워지지 않도록 하여야 한다.
6. 직선운동부분 주위에 발생되는 틈새의 최소간격은 충분히 크거나 충분히 작게 하여 끼임을 방지함으로써 안전방호대책을 생략할 수 있다.
7. 누구라도 공작기계 및 기계 가공에 부수된 안전방호장치 및 안전방호대책의 효력을 정당한 이유 없이 상실시켜서는 아니 된다.
8. 정비, 점검, 수리, 조정 등에 있어서 이미 설치된 안전방호장치 또는 안전방호 대책이 기능을 잃을 우려가 있을 경우에는 별도의 안전방호조치를 강구하여야 한다.
9. 정비, 점검, 수리, 조정 등의 작업 중에 부주의하게 운전이 개시되지 않도록 조치하여야 한다.
10. 정비, 점검, 수리, 조정 등을 실시한 후에는 안전방호장치 또는 안전방호대책이 그 기능을 회복하였는지 여부를 반드시 확인하여야 한다.
11. 개조, 개선을 실시한 경우에는 새로운 위험을 수반할 가능성이 있으므로 필요할 때에는 이것에 대한 안전방호장치 또는 안전방호대책을 강구하여야 한다.

(2) 주요 사항

1) 동력차단장치

① 공작기계에는 작업자가 그 작업위치를 이탈하지 않고도 조작할 수 있는 위치에 동력차단장치를 설치하여야 하며, 쉽게 조작할 수 있어야 하며, 접촉, 진동 등에 의하여 뜻하지 않게 공작기계가 가동할 우려가 없어야 한다.

② 2명 이상의 작업자에 의하여 운전되는 공작기계는 모든 시동스위치를 동시에 누르지 않으면 작동되지 않아야 한다.

2) 브레이크

① 공작기계에는 동력을 차단시켰을 때 회전 중인 주축을 정지시키기 위한 브레이크를 설치하는 것이 바람직하다. (연삭기계의 숫돌축에 대해서는 그렇지 않다.)
- 주축이 최고속도에서 회전하고 있는 경우에는 빨리 정지시킬 수 있는 제동력을 구비하여야 한다.
- 마찰판 라이닝, 전기자, 그 밖의 마모부품을 쉽게 확인 또는 교체할 수 있는 구조로 되어 있어야 한다.

3) 덮개 등

① 공작기계의 동력전달부분 등과 같이 접촉에 의하여 근로자에게 위험을 미칠 우려가 있는 부분 및 공작기계 운전 중에 가공물, 부품 등의 비래에 의하여 근로자에게 위험을 미칠 우려가 있는 부분에는 덮개를 설치하여야 한다.
- 확실한 방호기능을 구비하고 있어야 한다.
- 공작기계의 청소, 주유, 수리 등의 정비작업 및 조정작업에 방해가 되지 않는 구조로 하여야 한다.
- 공구를 사용치 않고는 제거하거나 열 수 없는 구조로 하여야 한다.
- 원칙적으로 고정형으로 하여야 한다. (끼워맞춤형으로 할 때는 쉽고 견고하게 끼워 맞출 수 있어야 한다.)
- 접촉에 의하여 근로자에게 위험을 미칠 우려가 있는 날카로운 모서리, 돌기부 등이 없어야 한다.
- 공작기계의 작동부분과의 틈새에 손과 같은 것이 끼어들지 못하도록 하여야 한다.
- 개폐식의 덮개는 그 개폐를 공작기계의 운전과 가능한 한 연동되도록 하여야 한다.

② 공작기계 회전부분 등의 고정구 등은 묻힘형으로 하거나 덮개를 설치하여야 한다.

4) 칩 처리장치

① 공작기계의 작동 중에 칩을 제거하여야 하는 경우 칩을 제거하기 위해 근로자의 신체 일부가 공구 또는 작동물체에 가까이 가지 않을 수 있는 구조로 하여야 한다.

② 자동공작기계의 칩 공간은 큰 구조로 하고, 칩 후드, 칩 슈우트 등과 같은 칩 처리장치를 가능한 한 설치하여야 한다.

③ 칩 콘베어와 같은 별도의 칩 제거장치가 있는 경우, 작업자가 이를 작동하도록 하여야 하며, 방호장치 등을 열거나 기계의 작동을 정지시키면 칩 제거장치도 정지하여야 한다.

④ 공작기계에는 칩 및 절삭유에 의한 근로자의 위험을 방지하기 위해 가능한 한 덮개 또는 울을 설치하여야 하며, 자동공작기계에는 반드시 울 또는 덮개를 설치하여야 한다.

- 덮개 또는 울은 가능한 한 그 일부에 견고한 투명재료를 사용하여 가공 상황을 관찰할 수 있도록 하여야 한다. 덮개 중에 투명재료를 사용한 부분은 쉽게 교체할 수 있는 구조로 하여야 한다.

5) 동력에 의한 공작물이나 공구 고정장치

① 동력원에 이상이 있을 때 공작물이나 공구를 계속 고정시키고 있어야 한다.

② 운전을 개시할 때 공작물이나 공구가 확실하게 물려져 있지 아니하거나 동력이 가해지지 않아서 근로자에게 위험을 줄 수 있을 때에는 다음 각 호 중 하나 이상의 조치를 하여야 한다.

- 공정상태를 기계의 작동과 연동시킨다.
- 공작물이나 공구가 튀어 나가는 것을 방지하기 위한 충분한 강도의 덮개를 설치한다.
- 작업자가 정상작업 위치에서 공정상태를 알 수 있도록 표시 등, 경고 등의 조치를 한다.

③ 기계가 작동 중에는 공작물이 풀리지 않도록 설계되어야 하며, 이로 인하여 위험을 발생시킬 수 있을 때에는 공작물이나 공구를 안전하게 유지시킬 수 있는 충분한 강도의 방호물을 설치하거나 안전하게 기계를 정지시킬 수 있는 장치를 구비하여야 한다.

④ 기계가 작동 중에는 공작물이나 공구를 풀기 위한 조작이 불가능하도록 하여야 한

다. 다만, 이를 풀음으로써 근로자의 위험을 줄일 수 있거나 위험을 초래하지 않는 경우는 그러하지 아니하다.

6) 냉각제 및 절삭유 관련 장치

① 저장탱크는 이물질이 들어가지 않도록 덮개를 설치하여야 한다.

② 냉각제 및 절삭유통이나 저장탱크 등은 쉽게 청소할 수 있는 구조로 설계하여야 한다.

③ 냉각제 및 절삭유의 개폐장치나 유량조절장치는 노즐 가까이에 있지 않도록 하여야 한다.

④ 냉각제 및 절삭유가 비산될 우려가 있을 때 이를 방지할 수 있는 장치를 구비하여야 한다.

7) 윤활시스템

① 윤활유를 주입하거나 레버를 조작하는 등, 윤활시스템을 정상적으로 작동하게 하기 위한 장치는 쉽게 조작할 수 있고 위험하지 않은 위치에 있어야 한다.

② 자동윤활시스템을 사용하는 경우, 이 장치에 고장이 발생하였을 때 이를 경고하거나 조치할 수 있는 방법을 알리는 장치가 부착되어 있어야 한다.

8) 오동작 등에 대한 방호장치

공작기계에는 오동작 또는 운동부분의 오버런(OVERRUN)에 의한 위험을 방지하기 위하여 가능한 한, 전기적 연동장치 또는 이송성시용 리미트스위치, 그 밖의 방호장치를 설치하여야 한다.

9) 조작 또는 조정을 안전하게 하기 위한 조치

① 공작기계의 작업위치는 가능한 한 작업자의 피로가 가장 적은 높이로 하여야 한다.

② 기계의 운동부위에 공구나 측정구 등이 떨어지지 않도록 가능한 한 공구대를 설치하여야 한다.

③ 스토퍼, 도그, 지브 등의 조정, 가공물의 착탈, 절삭공구의 교체 등의 작업을 쉽고 또한 안전하게 할 수 있는 구조로 해당부위를 설계하여야 한다.

④ 제어반은 안전하고 쉽게 조작할 수 있는 위치에 두어야 하며, 충분한 공간을 확보하여야 한다.

⑤ 제어반은 분명하고 쉽게 서로의 기능이 구분될 수 있도록 공작기계의 조작표시기

호(KS)를 따라야 한다.

⑥ 조작방향은 공작기계의 조작방향을 따르며, 가능한 한 레버, 핸들의 조작방향과 기계가동부분의 운동방향과를 일치시켜야 하고, 조작할 때 부주의로 인한 오조작을 방지할 수 있는 위치에 이들을 설치하여야 한다.

⑦ 주축속도 및 이송을 변환하기 위한 레버 등은 지정된 위치를 이탈하지 않는 구조로 하여야 한다.

⑧ 운전개시 조작버튼은 부주의로 작동되지 않도록 위치나 구조를 선정하여야 한다.

⑨ 자동공작기계에는 운전방식 전환스위치를 설치하고 자동운전 또는 수동운전의 어느 방식으로 전환하였을 경우 다른 운전방식으로 운전할 수 없도록 연동시킨 구조로 하여야 한다.

⑩ 제어반은 조정, 점검, 수리 등의 작업을 할 때에 오조작을 방지하기 위해 자물쇠를 잠그는 등 전원을 확실하게 차단할 수 있는 구조로 하여야 한다.

⑪ 발로 작동하는 스위치는 낙하 또는 운동하는 물체나 다른 사람이 우발적으로 이를 작동시킬 수 없도록 방호되어야 한다. 움직일 수 있는 페달은 한 방향에서만 진입이 가능하도록 하여야 한다.

⑫ 트랜스퍼 장치는 다음 각 호의 사항을 따라야 한다.

- 멀티스테이션의 트랜스퍼장치에 있어서 각 스테이션을 조정하거나 수동으로 운전할 때에는 작업자에게 그 취지를 경보하기 위한 장치를 설치하여야 한다.
- 긴 멀티스테이션의 트랜스퍼장치 등에 있어서는 기계의 중간을 횡단하기 위한 건널다리를 설치하여야 한다. 건널다리는 상부난간대의 높이가 90cm 이상이며, 중간대가 부착된 것으로 충분한 강도를 가져야 한다.

⑬ 중량이 10kg을 초과하는 가공물들을 빈번하게 취급하는 작업을 필요로 하는 공작기계는 가능한 한 이를 취급하기 위한 인양장치 등을 설치하여야 한다.

⑭ 압력계, 유면계 기타 계기는 보기 쉬운 곳에 설치하여야 한다.

⑮ 공작기계는 작업을 안전하게 할 수 있도록 조명장치를 구비하고 특히 정기적인 보수작업이 필요한 곳의 조명이 불충분할 때 국부조명장치를 부착할 수 있는 구조로 하여야 한다.

- 조명장치 조도(照度)는 「산업안전보건기준에 관한 규칙」에 따라야 하고, 광원으로 백열 전구 또는 안전기내장형램프 등 고효율 조명기기를 사용하여야 하며 그렇지 않는 경우에는 회전체가 정지해 보이거나 어른거려 위험할 수 있으므로 주

의하여야 한다.

⑯ 작업대 또는 운전대에 설치된 의자는 충분한 강도를 갖고 등받이 등을 설치 위험할 수 있으므로 방지하여야 한다. 필요한 경우 안전대 및 발받침대를 설치하여야 한다.

⑰ 작업자가 통상의 작업위치에서는 80℃를 넘는 고온의 물체와 직접 접촉하지 않도록 방호하여야 하며, 60℃를 넘는 부분과 작업자가 접촉하여 반사운동에 의한 상해를 입지 않도록 배려하여 설계하여야 한다.

10) 정비를 용이하게 하기 위한 조치

① 급유나 일상점검은 위험지역 내에 들어가지 않아도 되도록 설계하여야 한다.

② 높이가 2m 이상의 공작기계에서 정비작업, 조정작업 등을 할 필요가 있는 것에는 그들 작업을 안전하게 하기 위한 계단 및 계단참 등을 설치하여야 한다.

- 계단 및 계단참에는 높이가 90cm 이상인 상부 난간대와 중간대가 부착된 난간을 설치하여야 한다.

③ 공작기계를 안전하게 운반할 수 있도록 리프팅 볼트, 훅 등을 고정하여 끼워 넣는 구멍을 설치하는 등의 조치를 강구하여야 한다.

④ 수직 또는 경사진 슬라이드 면을 따라서 오르내리는 중량물을 가진 공작기계에는 그 중량물의 자중에 의한 강하, 부품의 파손에 의한 낙하 등에 의한 위험을 방지하기 위한 조치를 강구하여야 한다.

⑤ 설치, 또는 조정을 하기 위한 장치가 되어 있는 자동기계는 조정하는 사람을 보호하기 위하여, 스위치를 누르고 있는 동안만 작동되거나, 스위치를 누르면 제한된 양만큼만 이동하는 장치를 설치하여야 한다.

⑥ 가능한 한 설치, 조작, 조정작업 및 보수작업을 안전하게 하기 위해 필요한 작업절차 및 작업공간을 정하여야 한다.

11) 전기장치 일반사항

① 공작기계의 일부를 구성하는 모든 전기기계기구(전기장치)는 가능한 공작기계의 전기장치(KS) 또는 산업용 기계류의 안전성-기계의 안전장비(KS)를 따라야 한다.

② 전기장치는 상하한 각각 10% 이내의 전압변동범위에 대하여 정상으로 작동하여야 한다.

③ 전기장치는 가능한 한 단일전원에 접속시켜야 한다. 전기장치 내의 전자장치, 전자

클러치 등이 서로 다른 전압 등을 필요로 하는 경우에는 그 전기장치에 변압기, 정류기 등의 변환기기를 내장하여 필요한 전압 등을 얻는 방법이 고려되어야 한다.

④ 전기장치에는 비상정지장치 및 전원개폐기를 설치하여야 한다. 다만, 비상정지장치에 의한 전원차단이 근로자에게 위험이 미치지 않는 경우에는 전원개폐기를 설치하지 않을 수 있다.

⑤ 비상정지장치는 다음 각 호의 사항을 따라야 한다.

- 근로자에게 위험을 미칠 우려가 있는 경우에는 기계와 그와 관련된 모든 장치를 가능한 한 신속하게 정지시킬 수 있어야 한다.
- 공작기계의 최대 과부하전류를 차단할 수 있어야 한다.
- 전자체크회로, 브레이크 시스템, 공작물 고정장치, 급속정지를 위한 제어회로, 그 밖에 전원의 차단이 근로자에게 위험을 미칠 우려가 있는 장치는 비상정지장치에 의하여 차단되지 않아야 한다.
- 비상정지장치를 복귀하여서 기계가 재가동 되어서는 아니 되며, 주전원의 제어에 의하여만 가능하도록 하여야 한다.
- 비상정지 후에는 수동으로 기계를 복귀시키기 전에는 기계를 재가동할 수 없도록 하여야 한다. 다만, 공작기계 작동부문의 복귀작동이 위험을 감소시킬 수 있거나 위험을 미칠 우려가 없는 경우에는 비상정지 후 복귀작동이 개시될 수 있어야 한다.
- 비상정지장치를 작동시키기 위한 누름단추 스위치, 손잡이 등의 비상정지 스위치는 적색을 사용하여 명확하게 표시하고 또한 작업자가 그 작업위치를 떠나지 아니하고 바로 작동시킬 수 있는 위치에 설치되어 있어야 한다. 누름단추 스위치의 형상은 버섯형(돌출)으로 하여야 한다.
- 둘 이상의 작업위치를 가지고 있는 공작기계는 각각의 작업위치에 누름단추 스위치, 손잡이 등의 비상정지 스위치를 설치하여야 한다.

⑥ 전원개폐기는 다음과 같이 정하는 바에 따라야 한다.

- 공작기계의 정비작업을 하는 경우 또는 장기간 사용하지 않는 등의 경우에는 전기장치의 전원을 차단(전원 OFF)할 수 있어야 한다.
- 전원개폐의 차단용량은 공작기계의 최대 과부하 전류를 차단할 수 있어야 한다.

⑦ 공작기계에서 외부의 부속품으로 전기배선을 하는 경우 퓨즈 또는 배선용 차단기를 설치하여야 한다.

12) 전기장치 보호

① 전기장치에서 50V를 초과하는 전압이 걸려있는 충전부분에는 덮개를 설치하고 근로자에게 위험을 미칠 우려가 없도록 다음 각 호의 어느 하나 이상의 조치를 하여야 한다.

- 전원개폐기는 전원을 차단(OFF)하지 않으면 덮개를 열 수 없도록 전원개폐기와 덮개를 연동시키는 방법
- 공구 또는 키를 사용하지 않으면 열 수 없도록 덮개를 설치하는 방법
- 덮개가 열려져 있을 때라도 근로자가 접촉할 우려가 없도록 절연재료를 사용하여 모든 충전부분이 노출되지 않도록 하는 방법

② 전동기는 원칙적으로 각각의 과부하 보호장치를 구비하고 있어야 한다.

③ 정전된 뒤 전원이 회복되었을 때에 자동적으로 재가동되거나, 전압이 변하였을 때에 오동작에 의하여 근로자에게 위험을 미칠 우려가 있는 것은 보호계전기를 설치하는 등 위험을 방지하기 위한 조치를 강구하여야 한다.

④ 직류전동기에 있어서 정격속도를 초과할 위험이 있는 것은 이로 인한 위험을 방지하기 위한 조치를 강구하여야 한다.

13) 제어회로

① 제어회로는 공작기계가 잘못 조작된 경우에도 근로자의 안전을 확보할 수 있도록 되어 있어야 한다.

② 제어회로에 대한 전압은 가능한 한 110V 이하로 하여야 한다.

③ 칩의 제거, 윤활 등의 보조기능을 하는 기계기구의 고장으로 인하여 근로자에게 위험을 미칠 우려가 있는 경우, 공작기계의 제어회로는 이 기계기구의 고장과 사고원인이 될 수 있는 다른 기계기구의 작동과 가능한 한 연동시켜야 한다.

④ 전동기의 회전방향을 제어하는 정역 접속기는 전환할 때 단락이 일어나지 않도록 조치되어 있어야 한다.

⑤ 전동기는 역상제동하지 않는 것으로 하고, 또한 전동기가 정지상태에 있을 때는 전동기의 축을 손으로 움직여도 전기적으로 작동하지 않는 것으로 하여야 한다.

14) 접지

① 전기장치를 내장하는 공작기계 및 이것과 따로 배치된 부속장치에는 설치하여야

한다.

- 설치된 접지단자 중 주 접지단자는 전원단자 가까이에 설치하여야 한다.

② 접지선 및 접지단자는 산업용 기계류의 안전성-기계의 안전장비(KS) 규정에 따른다.

15) 유공압장치 공통사항

① 정전 또는 전기적 고장이 발생하였을 경우에도 근로자에게 위험을 미칠 우려가 없는 구조로 하여야 한다.

② 자동운전 상태에서 비상시에 긴급정지를 할 수 있고, 또한 비상정지 후에는 가능한 한 수동운전을 할 수 있어야 한다.

③ 압력스위치를 설치하는 등 압력변동에 의한 위험을 방지하기 위한 조치가 강구되어 있어야 한다.

④ 안전하게 점검할 수 있는 구조로 하여야 한다.

⑤ 각 부품은 가능한 한 압력 등이 안전한 작업범위를 벗어나게 조정할 수 없도록 하여야 한다.

⑥ 어큐뮬레이터를 사용하는 회로는 전원이 차단되었을 경우에도 작동회로에 관계 없이 어큐뮬레이터가 필요로 하는 압력을 유지하도록 연동되어 있어야 한다.

⑦ 플렉시블 호스는 파손 시 근로자에게 위험하지 않도록 조치를 강구하는 것이 바람직하다.

⑧ 배관의 잘못 접속을 방지하기 위하여 관 및 접속구를 색깔별로 구별하는 등의 조치가 강구되어야 한다.

⑨ 방향제어 밸브는 명판을 부착하는 등 작동방향을 표시하기 위한 조치가 강구되어 있어야 한다.

⑩ 압력계는 회로명 및 사용압력이 표시되어 있어야 한다.

⑪ 압력제어밸브 및 유량제어밸브는 작업자가 보기 쉬운 곳에 사용목적 및 조절방향이 표시되어 있어야 한다.

⑫ 압력제어밸브 및 유량제어밸브는 이 제어밸브를 구비한 회로가 안전하게 작동할 수 있는 범위 이상의 압력 또는 유량을 쉽게 조정할 수 있는 구조로 하여야 한다.

⑬ 1m 떨어진 위치에서 측정한 연속음이 소음수준(레벨)이 가능한 한 85데시벨 [dB(A)]이하가 되어야 한다.

16) 유압장치

① 주위의 온도가 40℃ 이하인 경우, 가능한 한 유압유의 온도가 65℃를 넘지 않는 회로 및 구조로 하여야 하며, 65℃를 넘는 것에는 유압장치에 덮개를 설치하여야 한다.
② 유압유가 누설될 우려가 없는 구조로 하여야 한다.
③ 유압유를 다량으로 사용하는 개방형의 유압장치는 인화 또는 폭발의 우려가 없는 구조로 하고 또한 근로자가 보기 쉬운 곳에 취급상의 주의사항이 표시되어 있어야 한다.
④ 유압장치에는 안전밸브를 설치하여야 한다. 다만, 가변토출펌프를 사용하는 유압장치에 대하여는 그러하지 아니하다.
⑤ 유압배관, 유압실린더 등은 공기를 쉽게 뺄 수 있는 구조로 하여야 한다.
⑥ 급유구는 유압유를 쉽게 공급할 수 있는 위치에 설치하고 또한 급유구 가까이에는 사용하는 유압유의 종류를 표시하여야 한다.
⑦ 호스 어셈블리에는 정격압력이 표시되어 있어야 한다.

17) 공기압장치

공기압장치에는 가능한 한 소음기를 설치하여야 한다.

18) 안전방호물

울, 덮개 등과 같이 위험점에 접근하거나 위험구역 안의 진입을 방지하기 위한 안전방호물의 구조 및 기능은 다음에 따른다.

- 안전방호물은 작업 중에 발생하는 힘이나 환경조건에 충분히 견딜 만큼 완강하고, 쉽게 조정하거나 철거할 수 없는 구조로 하여야 한다.
- 안전방호물에는 톱니모양 또는 예리한 모서리·돌기 등 위험부분이 있으면 아니 된다. 또한, 안전방호물은 가능한 한 삽입부나 전단부를 갖고 있지 않아야 한다.
- 안전방호물은 원칙적으로 고정식으로 하여야 한다.
- 안전방호물을 통해서 공작물을 출입시킬 필요가 있을 경우에는, 안전방호물에 출입부를 설치한다. 출입부와 위험점 사이는 안전방호상 필요한 충분한 거리로 하고, 공작물과 출입부 사이에는 말려들 위험이 없도록 그 치수에 주의하여야 한다. 경우에 따라서는 출입부의 위치와 크기를 조절할 수 있는 방식으로 한다.
- 작업의 성질상 위험점에 접근하거나, 위험지역 안에 진입할 필요가 있을 경우에는

가능한 한 안전방호물을 여는 것과 기계의 정지와 연동시켜야 한다.

- 관성에 의한 운동시간이 긴 기계의 안전방호는 위의 연동장치로서 운동장치를 확인할 때까지나 예상되는 관성운동기간 중이거나 또는 안전방호물을 열거나 동력을 끊음으로써 브레이크가 작동하여 가능한 한 관성운동을 빨리 정지시키는 등의 기능을 갖도록 하여야 한다. 안전방호물을 설치하는 것이 적당하지 않을 경우에는 잡아끌거나, 누르거나, 만지거나, 또는 광선을 차단하는 등의 동작에 따라서 동력이 끊어지는 기능을 갖는 장치를 가능한 한 구비하여야 한다.

19) 공작기계의 주위공간

① 공작기계의 주위에는 다음과 같은 작업공간을 확보하여야 한다. 다만, 이 작업 공간에는 공구함, 로커 등을 놓기 위한 공간은 포함하지 않는다. 또한 로더, 언로더 등은 공작기계의 일부로 간주한다.

- 가공을 하기 위하여 필요한 공간
- 정비, 점검, 조정, 청소 등을 위한 필요한 공간
- 작업공간은 소재의 보관이나 차량의 통로로서 사용해서는 아니 되며, 미끄러지기 쉬운 상태로 해두어서는 아니 된다.

② 작업의 필요상 피트를 설치할 경우에는 전락을 방지하기 위한 조치를 강구하여야 한다.

연습문제 1

1 기계의 운동 형태에 따라 위험점을 분류하시오.

2 사고의 동인을 분석하는 데 유효한 사고체인의 5요소를 열거하시오.

3 본질적 안전화에 있어서 추구하는 내용을 기술하시오.

4 풀 푸르프와 페일 세이프의 대표적 사례를 각각 3가지 이상 열거하시오.

5 기계설비의 안전조건을 열거하시오.

6 공장의 설비 배치 3단계에 대해 설명하시오.

7 기계설비의 외형의 안전화 방법에 대하여 간단히 설명하시오.

8 자동화 설비를 구입하거나 사용하고자 할 때, 기능의 안전화를 위하여 검토하여야 할 사항을 열거하시오.

9 구조의 안전화를 위하여 유의하여야 할 사항을 열거하시오.

10 사용하고자 하는 금속재료의 인장강도가 $45kg/mm^2$이다. 이 때, 이 재료에 작용하는 하중이 정하중이어서 안전율을 3으로 설정하였다. 이 경우 허용응력은 얼마나 되는가?

11 재해방지를 위한 기계설비의 방호원리에 대하여 간략히 설명하시오.

12 페일 세이프를 기능적인 면에서 분류하시오.

연습문제 1

13 방호장치가 구비해야 할 일반원칙에 대하여 간단히 설명하시오.

14 방호장치의 선정시 검토사항을 열거하시오.

15 파괴하중이 900kg, 최대 허용하중이 300kg일 때 안전계수는 얼마인가?

16 기계설비의 방호장치를 위험장소와 위험원에 대한 방호장치로 분류하여 열거하시오.

17 롤러기의 맞물림점의 전방 150mm 위치에 가드를 설치하려고 한다. 이 때 허용개구부의 간격은 얼마인가?

18 동력전달부분의 전방에 보호망 구멍의 크기가 30mm인 일반 평형보호망을 설치하려고 한다. 전동체에서 가드위치까지의 거리는 최소한 얼마가 되어야 하는가?

19 가드의 형태에 따른 종류를 열거하시오.

20 기계설비의 정지상태에서 점검하여야 할 사항을 열거하시오.

21 기계설비의 운전상태에서 점검하여야 할 사항을 열거하시오.

22 작업장 내 통로기준을 쓰시오.

23 공장 내 통로의 안전에 대하여 설명하시오.

연습문제 1

24 기계의 원동기, 회전축, 치차, 풀리, 플라이 휠 및 벨트 등 근로자에게 위험을 미칠 우려가 있는 부위에 설치하여야 하는 방호조치의 종류를 열거하시오.

25 동력차단장치의 종류를 열거하시오.

26 기계설비의 정비 · 청소 · 급유 · 검사 · 수리 등의 작업시 근로자가 위험해질 우려가 있는 경우 필요한 조치사항을 열거하시오.

27 방호장치를 해체할 수 있는 경우는 언제인가?

28 사업주가 설치한 방호조치에 대한 근로자의 의무사항을 열거하시오.

29 다음은 방호조치를 아니하고는 양도 · 대여 · 설치 · 진열을 해서는 안되는 기계기구이다. 이들에 대한 주된 방호장치명을 쓰시오.

[보기]

① 예초기 ② 원심기 ③ 공기압축기
④ 금속절단기 ⑤ 지게차 ⑥ 포장기계(진공포장기, 랩핑기)

연습문제 2

01 응력집중(stress concentration)에 대하여 설명하시오.

02 안전율(safety factor)에 대하여 간단히 설명하시오.

03 기계고장률의 기본모형에 대하여 설명하시오.

04 금속재료의 기계적 성질을 나열하고 간단히 설명하시오.

05 금속재료의 응력 – 변형률 선도를 그리고 간략히 설명하시오.

06 유해 · 위험방지를 위한 방호조치를 하지 아니하고는 양도 · 대여 · 설치 · 사용하거나, 양도 · 대여를 목적으로 진열해서는 아니 되는 기계 · 기구를 설명하시오.

07 산업안전보건법령상 유해하거나 위험한 기계 · 기구중 동력으로 작동하는 기계 · 기구에 추가적인 방호조치를 해야 할 해당부분과 그 방호조치를 쓰시오.

08 기계 · 기구에 적용되는 페일 세이프(fail safe)의 정의와 기능적 측면에서 3단계로 분류하여 설명하시오.

09 공장 설비 배치 3단계와 유의사항을 열거하시오.

10 공작기계에 사용하는 유공압장치와 공통으로 구비해야할 안전사항을 열거하시오.

객관식 연습문제

01 기계나 그 부품에 고장이나 기능 불량이 생겨도 항상 안전하게 작동하는 구조와 기능을 추구하는 본질적 안전은?

(가) 풀 푸르프 (나) 연동기구
(다) 이중낙하방지 (라) 페일 세이프

02 기계설비의 본질적 안전화를 위한 방식 중 성격이 다른 하나는?

(가) guard (나) safety valve
(다) interlock (라) two hand control unit

03 기계설비의 위험 장소에 대한 방호 방법이 아닌 것은?

(가) 연삭기 덮개형 (나) 접근 반응형
(다) 완전 차단형 (라) 위치 제한형

04 방호장치의 기본 목적이 아닌 것은?

(가) 작업자의 보호 (나) 인적·물적 손실의 방지
(다) 기계 기능의 향상 (라) 기계 위험 부위의 접촉 방지

05 안전색채의 연결이 잘못된 것은?

(가) 시동용 단추스위치 – 녹색 (나) 급정지용 단추 스위치 – 적색
(다) 대형기계 – 밝은 연녹색 (라) 고열을 내는 기계 – 황색

06 안전율을 결정하는 데 고려할 사항이 아닌 것은?

(가) 하중의 종류 (나) 응력 집중의 영향
(다) 사용재료 (라) 가공방법

07 다음은 안전율을 구하는 식이다. 틀린 것은?

(가) $\frac{\text{극한강도}}{\text{최대설계응력}}$ (나) $\frac{\text{파괴하중}}{\text{안전하중}}$

(다) $\frac{\text{파괴하중}}{\text{최대사용하중}}$ (라) $\frac{\text{사용하중}}{\text{안전하중}}$

객관식 연습문제

08 기계의 회전운동하는 부분과 고정부 사이에 위험이 형성되는 점인 것은?

(가) 접선 물림점 (나) 물림점
(다) 끼임점 (라) 절단점

09 위험을 초래할 가능성이 있는 기계에 조작자의 신체부위가 의도적으로 위험 밖에 있도록 하는 방호장치인 것은?

(가) 덮개형 방호장치 (나) 차단형 방호장치
(다) 위치제한형 방호장치 (라) 접근반응형 방호장치

10 기계시설의 기능적 안전화를 위한 대책은?

(가) fool proof (나) fail safe
(다) 예방정비 (라) 진단

11 원동기, 회전축, 치차 등 근로자에게 위험을 미칠 우려가 있는 부위에 설치하여야 할 건널다리의 손잡이 높이는?

(가) 75cm (나) 90cm
(다) 100cm (라) 60cm

12 기계의 안전 조건 중 외형의 안전화에 관계없는 것은?

(가) 케이스로 내장 (나) 덮개
(다) 방호장치 (라) 색채조절

13 동력공구는 많은 위험성을 내포하고 있으므로 각 부의 구성설계에 있어서 다음의 어느 것을 충분히 검토해야 하는가?

(가) 인간공학 (나) 기계공학
(다) 유체공학 (라) 안전관리

객관식 연습문제

14 일반적인 기계재료에서 취성이 큰 것은 안전율을 크게 하지 않으면 충격하중 등에 의하여 쉽게 파괴된다. 다음 재료 중 취성이 가장 큰 재료는?

(가) 주철 (나) 구리
(다) 강철 (라) 알루미늄

15 일종의 연동기구로서 안전한 상태를 확보하도록 한 기구로 기계적, 전기적 구조로 되어 있는 장치는?

(가) 자동식 방호장치 (나) 가변식 방호장치
(다) 고정식 방호장치 (라) 인터록 방호장치

16 회전축, 치차, 풀리, 플라이 휠 들에는 어떤 고정구를 설치해야 하는가?

(가) 개방형 고정구 (나) 돌출형 고정구
(다) 묻힘형 고정구 (라) 형 고정구

17 바닥 위를 지나는 샤프트(shaft)의 덮개를 하고자 한다. 바닥면과 샤프트(shaft)까지 확보하여야 할 거리로 적합한 것은?

(가) Min 120mm (나) Min 150mm
(다) Min 180mm (라) Min 130mm

18 다음 중 기계의 정지 상태에서 점검할 사항이 아닌 것은?

(가) 슬라이드면의 온도상승상태 (나) 볼트, 너트의 헐거움이나 풀림상태
(다) 급유상태 (라) 스위치의 어스상태

19 기계의 안전을 확보하기 위해서는 안전율을 감안하게 되는데 다음 중 적합하지 않은 것은?

(가) 탄성률, 충격률, 여유율의 곱으로 안전율을 계산하기도 한다.
(나) 재료의 균질성, 응력계산의 정확성, 응력의 분포 등 각종 인자를 고려한 경험적 안전율도 쓴다.
(다) 안전율 계산에 사용되는 여유율은 연성재에 비하여 취성재를 크게 잡는다.
(라) 안전율은 크면 클수록 안전하므로 안전율이 높은 기계는 우수한 기계라 할 수 있다.

객관식 연습문제

20 기계에서 왕복운동을 하는 운동부와 고정부 사이에 위험이 형성되는 기계의 위험점에 적합한 것은?

(가) 끼임점　　　　(나) 절단점
(다) 물림점　　　　(라) 협착점

21 다음의 통로에 관한 안전조치 사항 중 틀린 것은?

(가) 기계와 기계 사이의 통로의 폭은 80cm 이상이어야 한다.
(나) 회전축의 건널다리에는 90cm 이상의 손잡이를 설치한다.
(다) 일방 통행로의 폭은 「차폭(車幅) + 80」(cm) 이상이어야 한다.
(라) 통로 위 2m 이내의 공간에는 장애물이 없어야 한다.

22 기계·설비의 안전조건 중 외형의 안전화에 해당되는 조치는 어느 것인가?

(가) 전압강하, 정전시의 오동작을 방지하기 위하여 자동제어장치를 하였다.
(나) 고장발생을 최소화하기 위해 정기점검을 실시하였다,
(다) 강도의 열화를 생각하여 안전율을 최대로 고려하여 설계하였다.
(라) 작업자가 접촉할 우려가 있는 기계의 회전부를 덮개로 씌우고 안전색채를 사용하였다.

23 기계로 인한 위험을 방지하기 위해 가장 중요한 사항은?

(가) 기계구조의 안전　　　　(나) 방호장치의 설치
(다) 안전수칙의 이행　　　　(라) 철저한 정비점검

24 기계부품에 작용하는 힘 중에서 안전율을 가장 크게 취하여야 할 힘의 종류는?

(가) 이동하중　　　　(나) 교번하중
(다) 충격하중　　　　(라) 정하중

25 원동기, 회전축, 치차, 풀리, 벨트 등 근로자에게 위험을 미칠 우려가 있는 부분에 설치하여야 할 방호장치가 아닌 것은?

(가) 덮개　　　　(나) 울
(다) 슬리브　　　　(라) 방화벽

객관식 연습문제

26 기계 및 시설의 기본 안전화에 속하지 않는 것은?

(가) 외관상의 안전화 (나) 구조부분의 안전화
(다) 기능상의 안전화 (라) 생산설비의 안전화

27 기계나 동력 공구 등의 고온부에 단열재 등으로 차폐하는데, 특히 작업자의 접촉을 막기 위하여 다음의 어느 것에 복개를 하여야 하는가?

(가) 섭동부 (나) 진동부
(다) 활동부 (라) 회전부

28 동력전도부분의 전방 30cm 위치에 일반평행 보호망을 설치하고자 한다. 보호망의 최대개구간격을 얼마로 하여야 하는가?

(가) 36mm 이하 (나) 37.5mm 이하
(다) 51mm 이하 (라) 56mm 이하

29 원동기 및 동력전달 장치의 설치 장소로 옳은 것은?

(가) 별실 또는 구획된 장소 (나) 위험물 취급 장소
(다) 사무실 부근 (라) 건조물 취급 장소

30 기계의 구조 부분의 강도적 안전화를 위한 안전 조건에 해당되지 않는 것은?

(가) 재료 선택시의 안전화 (나) 설계시의 올바른 강도 계산
(다) 사용상의 안전화 (라) 가공상의 안전화

31 기계 점검시 운전 상태에서 점검하지 않는 것은?

(가) 클러치의 상태 (나) 기어의 교합상태
(다) 섭동부의 상태 (라) 나사, 볼트, 너트 등의 풀림 상태

32 위험한 작업점과 작업자 사이에 위험을 차단시키는 격리형 방호장치에 해당되는 것은?

(가) 덮개형 (나) 포집형
(다) 위치 제한형 (라) 접근 거부형

객관식 연습문제

33 기계의 운전 상태에서 점검할 사항이 아닌 것은?

(가) 기어의 물림 상태　　(나) 급유 확인
(다) 베어링부의 온도 상승　　(라) 소음진동 유무

34 안전계수가 5인 체인의 정격 하중이 120kg이라면, 이 체인의 극한 하중은 얼마인가?

(가) 200kg　　(나) 400kg
(다) 800kg　　(라) 600kg

35 로프의 정격 하중이 50kg이고, 극한 하중이 280kg이다. 안전 여유는 얼마인가?

(가) 230kg　　(나) 270kg
(다) 270kg　　(라) 330kg

36 벨트와 풀리, 기어와 피니언 및 회전축 등의 동력 전달 장치에 설치할 방호방책 높이의 최저한계는?

(가) 1.8m　　(나) 2.8m
(다) 3.8m　　(라) 4.8m

37 다음 동력 전달 장치 중 사고가 가장 많이 발생하는 장치에 해당되는 것은?

(가) 기어　　(나) 샤프트
(다) 커플링　　(라) 벨트

38 원동기, 회전축 등의 위험 방지용 방호장치에 해당되는 것이 아닌 것은?

(가) 방책　　(나) 울
(다) 덮개　　(라) 건널다리

39 동력 전달 장치가 아닌 것은?

(가) 기어　　(나) 벨트
(다) 원동기　　(라) 래크

객관식 연습문제

40 벨트를 풀리에 걸 때는 다음 중 어떤 상태에서 해야 안전한가?

(가) 고속으로 회전시킨다.
(나) 중속으로 회전시킨다.
(다) 저속으로 회전시킨다.
(라) 회전을 중지시킨 후 건다.

41 다음 중 기계적 성질로만 짝지어져 있는 것은?

(가) 비중, 용융점, 비열, 선팽창 계수
(나) 인장강도, 연신율, 피로, 경도
(다) 내열성, 내식성, 충격, 자성
(라) 주조성, 단조성, 용접성, 절삭성

42 극한 강도를 σ_u, 허용응력을 σ_a, 사용응력 σ_w 라 하면 다음 중 올바른 설계식은?

(가) $\sigma_u > \sigma_a \geqq \sigma_w$
(나) $\sigma_u > \sigma_w \geqq \sigma_a$
(다) $\sigma_a > \sigma_w \geqq \sigma_u$
(라) $\sigma_a > \sigma_u \geqq \sigma_w$

43 정기 진단을 필요로 하는 설비고장에 해당되는 것은?

(가) 피로고장
(나) 우발고장
(다) 마모고장
(라) 초기고장

44 설비고장 형태 중 사용 조건상의 결함에 의해 발생하는 것은?

(가) 마모고장
(나) 우발고장
(다) 초기고장
(라) 피로고장

45 설비고장 형태 중 설비의 피로로 인하여 발생되는 것은?

(가) 마모고장
(나) 피로고장
(다) 초기고장
(라) 우발고장

46 기계설비의 고장 형태 중 가장 고장률이 낮은 것은?

(가) 피로고장
(나) 우발고장
(다) 초기고장
(라) 마모고장

객관식 연습문제

47 다음 중 위험을 통제하는 데 있어 취해야 할 첫 단계 조치는 무엇인가?

(가) 작업원을 선발하여 훈련한다.
(나) 설계 및 공정 계획시 위험을 제거한다.
(다) 덮개나 격리 등으로 위험을 방호한다.
(라) 철저한 점검과 필요한 보호구를 착용한다.

48 두 축을 빨리 단속할 필요가 있을 때 쓰이는 축이음은?

(가) 플랜지 커플링
(나) 클러치
(다) 유니버설 조인트
(라) 플렉시블 커플링

49 훅의 법칙을 바르게 설명한 항은?

(가) 봉의 신장과 인장력의 비례 관계를 설명한 것이다.
(나) 영구 변형(PERMANENT SET)의 방지를 설명한 법칙이다.
(다) 탄성한도 내에서 응력과 변형률은 정비례한다.
(라) 횡변형률과 종변형률의 비례관계를 나타낸다.

50 다음 중 재료의 기계적 성질이 아닌 것은?

(가) 충격치
(나) 경도
(다) 강도
(라) 열전도도

51 기계의 동력 차단장치에 해당하지 않는 것은?

(가) 핀
(나) 클러치
(다) 스위치
(라) 벨트 이동장치

52 다음 응력 – 변형률 선도에서 기호의 설명과 바르게 일치하는 것은?

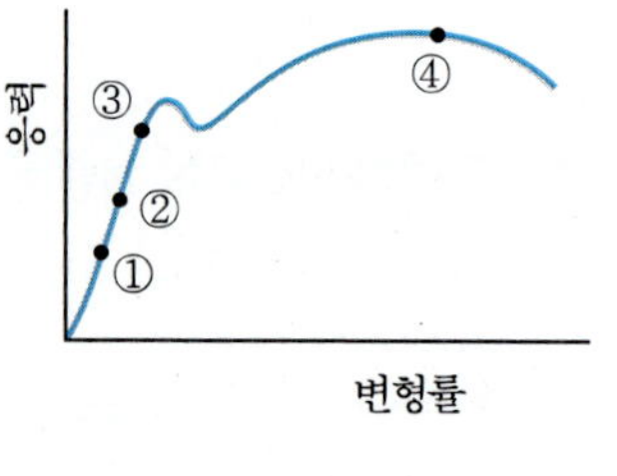

(가) ① : 사용응력
(나) ② : 탄성한도
(다) ③ : 극한강도
(라) ④ : 허용응력

객관식 연습문제

53 기계재료에 반복하중을 무한한 횟수를 연속적으로 가할 때 재료가 파괴되지 않고 견딜 수 있는 최대 응력의 한계를 무엇이라 하는가?

(가) 탄성 한계 (나) 크리프 한계
(다) 피로 한도 (라) 내구 한계

54 반복응력을 받게 되는 기계구조 부분의 설계에서 허용응력을 결정하기 위한 기초 강도로 삼는 것은?

(가) 항복점(yield point) (나) 극한강도(ultimate strength)
(다) 크리프강도(creep limit) (라) 피로한도(fatigue limit)

55 기계설비에서 풀 푸르프(fool-proof) 개선의 경우가 아닌 것은?

(가) 기계의 회전부분에 문이나 커버를 붙인다.
(나) 선풍기의 가드에 손이 닿으면 날개의 회전이 멈춘다.
(다) 안전점검을 실시하고 미비점은 개선한다.
(라) 승강기에서 중량제한이 초과되면 움직이지 않는다.

56 동력으로 작동되는 기계에 설치해야 할 방호장치 중 동력에 대한 장치가 아닌 것은?

(가) 동력차단장치 (나) 클러치
(다) 벨트이송장치 (라) 울

57 동력으로 작동되는 기계 중 절단, 인발, 압축, 타발, 휨 등의 가공하는 기계의 동력차단장치의 설치기준 중 적합한 것은?

(가) 동력부분에 차단장치 설치 (나) 기계본체 좌우에 차단장치 설치
(다) 작업위치에서 조작할 수 있는 차단장치 (라) 신호장치

58 기계의 날 부분을 청소, 검사, 수리 또는 조정 등의 작업을 행할 때 기계의 기동장치 등에 어떤 조치를 해야 하는가?

(가) 시건장치 (나) 조명장치
(다) 램프표시 (라) 봉인표시

객관식 연습문제

59 다음 중 사고로 인한 재해가 가장 많이 일어나는 기계장치는?

(가) 래크장치 (나) 원동기
(다) 동력전달장치 (라) 제동장치

60 작업 전 기계 및 설비에 대하여 점검하지 않아도 되는 것은?

(가) 방호장치의 이상 유무 (나) 동력전달장치의 이상 유무
(다) 보호구의 이상 유무 (라) 공구함의 이상 유무

61 자동화된 기계설비가 재해 측면에서 불리한 조건에 포함되지 않는 것은?

(가) 방호장치의 오동작 (나) 사용 압력 변동시의 오동작
(다) 밸브 계통의 고장에 따른 오동작 (라) 정전시의 기계 오동작

62 기계의 방호장치를 해체하거나 사용을 정지할 수 없는 작업의 경우는?

(가) 검사 (나) 조정
(다) 수리 (라) 교체

63 온도변화에 따른 파손을 방지하기 위한 이음은?

(가) 플랜지 이음 (나) 나사 이음
(다) 신축 이음 (라) 용접 이음

64 사고동인을 분석하기 위한 위험분류 체크요인이 아닌 것은?

(가) 함정 (나) 회전
(다) 충격 (라) 접촉

65 방호울을 설치할 경우 일반적으로 방벽의 높이는 몇 mm 정도가 되어야 하는가?

(가) 160 (나) 1,600
(다) 250 (라) 2,500

객관식 연습문제

66 안전색채와 기계장비 또는 배관의 연결이 잘못된 것은?

(가) 가동스위치 – 녹색
(나) 급정지스위치 – 황색
(다) 고열기계 – 회청색
(라) 증기배관 – 암적색

67 이상온도, 이상기압, 과부하 등 기계의 부하가 안전 한계치를 초과하는 경우에 이를 감지하고 자동으로 안전상태가 되도록 조정하거나 기계의 작동을 중지 시키는 방호장치는?

(가) 감지형 방호장치
(나) 접근거부형 방호장치
(다) 위치제한형 방호장치
(라) 접근방호형 방호장치

68 일반구조용 압연강판(SS400)으로 구조물을 설계할 때 허용응력을 10kg/mm^{2}으로 정하였다. 이 때 적용된 안전율은?

(가) 2
(나) 4
(다) 6
(라) 8

69 기계설비의 안전조건 중 외형의 안전화에 해당하는 것은?

(가) 기계의 안전기능을 기계설비에 내장하였다.
(나) 페일 세이프 및 풀 푸르프의 기능을 가지는 장치를 적용하였다.
(다) 강도의 열화를 고려하여 안전율을 최대로 고려하여 설계하였다.
(라) 작업자가 접촉할 우려가 있는 기계의 회전부에 덮개를 씌우고 안전색채를 사용하였다.

70 인터록(Interlock)장치에 해당하지 않는 것은?

(가) 연삭기의 워크레스트
(나) 사출기의 도어잠금 장치
(다) 자동화라인의 출입시스템
(라) 리프트의 출입문 안전장치

71 기계의 고정부분과 회전하는 동작부분이 함께 만드는 위험점의 예로 옳은 것은?

(가) 굽힘기계
(나) 기어와 랙
(다) 교반기의 날개와 하우스
(라) 리프트의 출입문 방호장치

객관식 연습문제

72 방호장치의 설치목적이 아닌 것은?

(가) 가공물 등의 낙하에 위한 위험 방지
(나) 위험부위와 신체의 접촉방지
(다) 비산으로 인한 위험방지
(라) 주유나 검사의 편리성

73 산업안전보건법상 유해 · 위험방지를 위한 방호조치를 하지 아니하고는 양도, 대여, 설치 또는 사용에 제공하거나, 양도 · 대여를 목적으로 진열해서는 아니 되는 기계 · 기구가 아닌 것은?

(가) 예초기 (나) 진공포장기
(다) 원심기 (라) 롤러기

74 기계설비의 작업능률과 안전을 위한 배치(layout)의 3단계를 올바른 순서대로 나열한 것은?

(가) 지역배치 → 건물배치 → 기계배치
(나) 건물배치 → 지역배치 → 기계배치
(다) 기계배치 → 건물배치 → 지역배치
(라) 지역배치 → 기계배치 → 건물배치

75 다음 중 안전율을 구하는 산식으로 옳은 것은?

(가) 허용응력/기초강도 (나) 허용응력/인장강도
(다) 인장강도/허용응력 (라) 안전하중/파단하중

76 허용응력이 1kN/mm^2 이고, 단면적이 2mm^{2}인 강판의 극한 하중이 4000N이라면 안전율은 얼마인가?

(가) 2 (나) 4
(다) 5 (라) 50

객관식 연습문제

77 보기와 같은 기계요소가 단독으로 발생시키는 위험점은?

> 밀링커터, 둥근톱날

(가) 협착점　　(나) 끼임점
(다) 절단점　　(라) 물림점

78 인장강도가 350MPa인 강판의 안전율이 4 라면 허용응력은 몇 N/mm^2인가?

(가) 76.4　　(나) 87.5
(다) 98.7　　(라) 102.3

79 사람이 작업하는 기계장치에서 작업자가 실수를 하거나 오조작을 하여도 안전하게 유지되게 하는 안전설계방법은?

(가) Fail Safe　　(나) 다중계화
(다) Fool proof　　(라) Back up

80 작업자의 신체부위가 위험한계 내로 접근하였을 때 기계적인 작용에 의하여 접근을 못하도록 하는 방호장치는?

(가) 위치제한형 방호장치　　(나) 접근거부형 방호장치
(다) 접근반응형 방호장치　　(라) 감지형 방호장치

81 설비의 고장형태를 크게 초기고장, 우발고장, 마모고장으로 구분할 때 다음 중 마모고장과 가장 거리가 먼 것은?

(가) 부품, 부재의 마모　　(나) 열화에 생기는 고장
(다) 부품, 부재의 반복피로　　(라) 순간적 외력에 의한 파손

82 방호장치를 분류할 때는 크게 위험장소에 대한 방호장치와 위험원에 대한 방호장치로 구분할 수 있는데, 다음 중 위험장소에 대한 방호장치가 아닌것은?

(가) 격리형 방호장치　　(나) 접근거부형 방호장치
(다) 접근반응형 방호장치　　(라) 포집형 방호장치

객관식 연습문제

83 다음 중 기계설비에서 반대로 회전하는 두 개의 회전체가 맞닿은 사이에 발생하는 위험점을 무엇이라 하는가?

(가) 물림점(nip point)
(나) 협착점(squeeze point)
(다) 접선물림점(tangential point)
(라) 회전말림점(trapping point)

84 롤러의 가드 설치방법 중 안전한 작업공간에서 사고를 일으키는 공간함정(trap)을 막기위해 확보해야할 신체 부위별 최소 틈새가 바르게 짝지어진 것은?

(가) 다리 : 240mm
(나) 발 : 180mm
(다) 손목 : 150mm
(라) 손가락 : 25mm

85 다움 중 기계설비의 정비 · 청소 · 급유 · 검사 · 수리 등의 작업 시 근로자가 위험해질 우려가 있는 경우 필요한 조치와 거리가 먼 것은?

(가) 근로자의 위험방지를 위하여 해당 기계를 정직시킨다.
(나) 작업지휘자를 배치하여 갑작스러운 기계가동에 대비한다.
(다) 기계 내부에 압출된 기체나 액체가 불시에 방출될 수 있는 경우에는 사전에 방출조치를 실시한다.
(라) 기계 운전을 정지한 경우에는 기동장치에 잠금장치를 하고 다른 작업자가 그 기계를 임의 조작할 수 있도록 열쇠를 찾기 쉬운 곳에 보관한다.

86 기능의 안전화 방안을 소극적 대책으로 구분할 때 다음 중 적극적 대책에 해당하는 것은?

(가) 기계의 이상을 확인하고 급정지시켰다.
(나) 원활한 작동을 위해 급유를 하였다.
(다) 회로를 개선하여 오동작을 방지하도록 하였다.
(라) 기계를 볼트 및 너트가 이완되지 않도록 다시 조립하였다.

87 근로자가 안전하게 통행할 수 있도록 통로에 얼마 이상의 채광 또는 조명 시설을 하여야 하는가?

(가) 50럭스
(나) 75럭스
(다) 90럭스
(라) 100럭스

CHAPTER 03

소성가공

CHAPTER

03 소성가공

3.1 개요

재료에 외력을 가하면 재료 내부에는 응력이 발생하고 변형이 일어난다. 외력이 작을 때 이 외력을 제거하면 재료는 완전히 원래의 형상으로 복귀하나 외력이 어느 정도 커지면 이를 제거하여도 완전히 원래대로 복귀하지 않고 약간의 변형이 남는다. 이러한 변형을 소성변형(塑性變形, plastic deformation)이라 하고, 이러한 소성변형을 일으키는 재료의 성질을 소성 혹은 가소성(可塑性, plasticity)이라 한다. 이에 대하여 완전히 원형으로 복귀하는 것은 탄성변형(elastic deformation)이라 한다.

재료의 소성을 이용하여 필요한 형상으로 가공하든가, 주조 조직을 파괴하여 균일한 미세결정으로 강도·연성 등의 기계적 성질을 개선하는 가공법을 소성가공(塑性加工 ; plastic working)이라고 하며, 많은 물질은 소성을 가지고 있으나, 상온에서 소성변형을 일으키기 어려운 물질도 온도나 습도를 상승시키면 소성변형을 일으키기 쉬워지는 경향이 있다.

소성가공은 비절삭가공(非切削加工 ; chipless working) 이라고도 하며 기계가공에 비하여 제품의 강도, 생산속도, 생산비 등에 유리한 강점이 있으나 제품의 치수와 표면상태에서는 떨어진다.

주
1. **재결정(recrystallization)** : 가공경화한 재료를 어떤 온도 이상에서 일정시간 가열하면, 가공경화의 영향이 해소되고 새로운 결정립의 집합이 일어나는 현상으로, 재결정을 시작하는 온도를 재결정온도라 함
2. **가공경화(work hardening)** : 금속재료를 가공할 때 결정 내에 변형이 생겨 재료의 경도나 인장강도가 증가하고, 연신율이나 수축성이 감소해서 여리게 되는 현상
3. **상온(냉간)가공(cold working)** : 금속재료를 재결정온도 이하에서 가공하는 것
4. **고온(열간)가공(hot working)** : 재결정온도 이상에서 하는 소성가공

소성가공으로 재료의 형상이나 치수를 바라는 대로 변화시킬 수 있으며, 또한 재료의 성질도 아울러 변화시킬 수 있다. 소성가공은 다른 가공 방식에 비하여 가장 성형속도

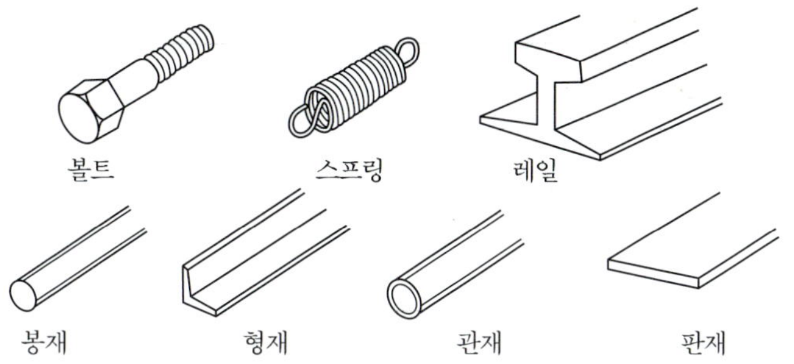

그림 3.1 소성 가공품

가 빠른 가공이므로, 현대의 기계공업에서 그 중요성이 갈수록 증대되고 있다. 일반적으로 금속재료는 비금속재료에 비하여 큰 소성변형을 일으킬 수 있으므로 소성가공의 좋은 소재가 된다. 비금속재료에서도 가열로 소성이 증대되는 것은 소성가공이 가능하며, 플라스틱(plastics) 재료의 대부분은 이러한 예이다. 특히, 열가소성 플라스틱(thermoplastic resin)은 상온에서도 양호한 가소성을 가진다. 소성가공의 이론으로서는 전위(dislocation)와 슬립(slip)을 들 수 있으며, 소성가공의 방법으로서는 재결정온도를 기준으로 상온(냉간)가공과 고온(열간)가공이 있다.

3.1.1 소성가공의 종류

(1) 작업방법에 따른 분류

소성가공에 속하는 가공 방법에는 작업방법에 따라 다음과 같은 종류들이 있다.

- 단조(鍛造 ; forging)
- 압연(壓延 ; rolling)
- 인발(引拔 ; drawing)
- 압출(壓出 ; extrusion)
- 판금가공(板金加工 ; sheet metal working)
- 전조(轉造 ; form rolling)

① **단조(鍛造 ; forging)** : 보통 열간가공에서 적당한 단조 기계로 재료를 소성가공하여 조직을 미세화시키고, 균질 상태로 하면서 성형한다. 단조에는 자유단조(自由鍛造)와 형단조(型鍛造 ; die forging)가 있다.

② **압연(壓延 ; rolling)** : 재료를 열간 또는 냉간가공하기 위하여 회전하는 롤러(roller) 사이를 통과시켜 원하는 두께, 폭 또는 지름을 가진 제품을 만든다.

③ **인발(引拔 ; drawing)** : 금속 파이프(pipe) 또는 봉재를 다이(die)에 통과시켜 축방

향으로 인발하여 바깥지름을 감소시키면서 일정한 단면을 가진 소재 또는 제품으로 가공하는 방법으로서 열간 인발가공과 냉간 인발가공이 있다.

④ **압출(壓出 ; extrusion)** : 상온 또는 가열된 금속을 실린더 형상을 한 컨테이너(container)에 넣고, 한쪽에 있는 램(ram)에 압력을 가하여 압출한다. 다이를 통하여 재료가 소성가공되어 관재, 봉재, 단면재 등으로 제작되는 방법을 말한다.

⑤ **판금가공(板金加工 ; sheet metal working)** : 판상 금속재료를 형틀로써 프레스(press), 절단, 압축, 인장 등의 방법으로 가공하여 목적하는 변형가공을 하는 것을 총칭하여 판금가공이라고 한다.

이것에 속하는 가공법에는 다음과 같은 것이 있다.

- 프레스가공(pressing)
- 전단가공(shearing)
- 굽힘가공(bending)
- 딥 드로잉(deep drawing)

⑥ **전조(轉造 ; form rolling)** : 전조 작업은 압연 작업과 유사하나 전조공구를 이용하여 나사(thread), 기어(gear) 등을 성형하는 가공법이다.

주 **합성수지 소성가공** : 위에 설명한 것은 주로 금속재료의 일반 소성가공이다. 근년에 놀랄 만큼 발달된 플라스틱(plastics)은 가열하면 연화하여 가소성이 증가하므로 주조(casting), 압출, 프레스 등의 성형가공에 널리 적용되고 있다. 이것도 역시 소성을 이용하여 가공화할 수 있으므로 소성가공에서 취급될 가공법이다.

소성가공은 각종 재료의 판재, 봉재, 관재, 단조재 등의 1차 가공에서 2차, 3차 등의 성형 작업의 분야까지 포함되어 있고, 또한 플라스틱 제품도 거의 같은 방법이 적용되므로 그 작업량이 점차 증가하고 있다.

(2) 제조공정에 따른 분류

소성가공은 제조 공정에 따라 금속 잉곳(ingot)에서 소재를 제조하는 1차 가공과 금속 소재에서 기계부품 및 기타 제품을 만드는 2차 가공으로 분류한다.

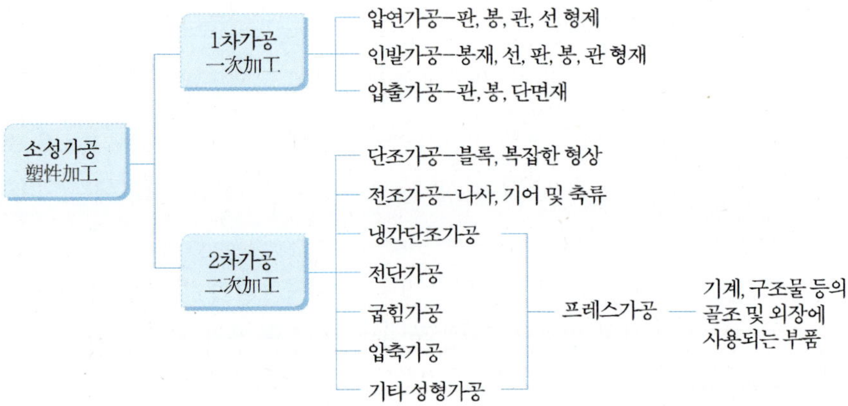

3.1.2 냉간가공과 열간가공

소성가공에서는 가단성(可鍛性), 연성(延性), 전성(展性), 가소성(可塑性) 등을 이용한다. 가단성(malleability)은 단련(鍛鍊)에 의하여 변형되는 성질이며, 망치로 때려서 단련할 때 가단성이 좋은 것부터 나열하면 Au, Ag, Al, Cu, Sn, Pt, Pb, Zn, Fe, Ni의 순서이며, 또한 압연기(壓延機)에서의 가단성은 상온에서 Pb, Sn, Au, Ag, Al, Cu, Pt, Fe의 순서로 된다.

연성(ductility)은 선(wire)을 뽑을 때 길이방향으로 늘어나는 성질을 말하는데, 순금속을 연성이 큰 것에서부터 나열하면 다음과 같다.

Au, Pt, Ag, Fe, Cu, Al, Ni, Zn, Sn, Pb

가소성(plasticity)은 물체에 압력을 가하여 고체 상태에서 유동되는 성질로서 탄성이 없는 성질이다.

일반적으로 물체를 가열하면 소성변형이 생기기 쉽다. 소성변형이 잘 생기지 않는 재료는 열을 가하여 고온가공(高溫加工 ; hot working)을 하며 소성이 큰 재료는 상온가공(常溫加工 ; cold working)을 한다.

(1) 냉간가공(冷間加工 ; cold working)

재료를 가공하는 방법에는 냉간가공(상온가공) 및 열간가공(고온가공) 등이 있다. 고온가공은 변형하기 쉬운 상태인 온도보다도 높은 고온에서 작업하며, 냉간가공은 성형완성을 정밀하게 하고, 동시에 강도를 크게 할 목적으로 사용된다. 냉간가공과 열간가공의 구별은 금속의 재결정 온도에 따라 정한다. 재결정 온도는 대체로 금속의 용융점에 비례한다. 철, 구리, 황동 등은 상온에서 소성변형을 받으면 가공경화를 일으킨다.

경화되는 정도는 가공도, 즉 변형률에 따라 증가된다. 냉간가공을 하면 금속의 기계적 성질이 변하는데, 인장강도, 항복점, 탄성한계 및 경도 등은 점차 증가되고, 연신율, 단면수축률 등은 반대로 감소된다.

가열 온도에 따르는 성질 변화는 저온에서 고온에 이르는 사이에 다음 3단계로 나눌 수 있다.

- 내부 응력의 이완(relaxation)
- 재결정(recrystallization)

• 결정 성장(grain growth)

내부응력은 가공 경화된 금속이 연화되는 온도 이하의 가열로 제거된다. 가공된 결정은 그대로 형상이 남아 있고, 다만 내부응력이 제거되는 릴랙세이션(relaxation)의 과정이 제1단계이며, 이것을 리커버리(回復 ; recovery)라고 한다. 이런 저온 가열은 금속의 응고 또는 급랭된 주물, 혹은 용접 부분에 생긴 내부응력 등도 제거된다.

제2단계에서는 가공된 결정 중에서 내부응력이 없는 신결정의 핵이 생겨, 이것이 점차로 성장됨과 동시에 구결정이 소실된다. 이것을 재결정이라고 한다.

재결정핵이 처음에 발생하는 장소는 결정 경계, 또는 쌍정(twin)의 경계이든가 그렇지 않으면 슬립면(slip surface)에 따라 생긴다. 재결정이 생기면 재료가 급격히 연화(軟化)되고, 이와 더불어 다른 모든 성질도 많이 변한다. 재결정이 생기는 온도를 재결정온도(recrystallization temperature)라고 한다. 재결정온도는 재료에 따라 표 3.1과 같다.

표 3.1 순금속의 재결정온도

순금속		재결정온도(℃)	Tr/Tm*	순금속		재결정온도(℃)	Tr/Tm*
금	(Au)	약 200	0.35	알루미늄	(Al)	150~240	0.45~0.50
은	(Ag)	약 200	0.38	아연	(Zn)	7~75	0.40~0.50
구리	(Cu)	210~250	0.35~0.37	주석	(Sn)	-7~25	0.53~0.59
철	(Fe)	350~450	0.35~0.40	납(鉛)	(Pb)	~-3	0.45
니켈	(Ni)	530~660	0.40~0.54	백금	(Pt)	약 50	0.359

* Tr/Tm : 재결정온도와 용융온도의 비율을 표시

제3단계의 변화는 재결정 온도보다 높은 온도로 가열되면 재결정 입자들은 서로 인접된 결정 입자를 병합하여 결정성장(grain growth)을 일으킨다. 뜨임 또는 풀림 온도가 높을수록, 또한 시간이 길수록 결정입자의 성장이 크게 된다.

(2) 열간가공(熱間加工 ; hot working)

재결정온도 이상의 온도에서 하는 가공을 열간가공 또는 고온가공이라고 한다. 이때에는 변형과 재결정이 동시에 생기게 되어 가공이 진행되어도 가공성을 상실하지 않는다. 재결정에 의한 연화 속도는 가공경화 속도보다 더욱 크다. 그러므로 열간가공은 냉간가공과는 달리 강력한 가공을 짧은 시간에 할 수 있는 장점이 있다. 납(Pb)은 재결정온도가 상온(常溫)이다. 그러므로 약간 압연을 하면 경도가 증가되나, 압연율이 많아짐에 따라 경도가 떨어지기 시작한다. 납은 심한 가공 변형을 받으면 재결정이 더욱 빨리 생긴다. 이 경우에 상온에서 납을 더욱 강하게 가공한 것은 재결정온도 이상에서의 가공이므로 온도는 상온이지만, 고온가공(高溫加工)에 해당된다고 볼 수 있다.

한편, 재결정온도이하에서 가공하는 것을 냉간가공 또는 상온가공이라 한다. 고온가공된 재료는 연하고 소성이 좋으므로 성형하는 데 필요한 동력이 적게 든다. 고온가공을 하면 가공도(加工度 ; drgree of working)을 크게 할 수 있어 같은 시간 내에 많은 양을 가공할 수 있다. 또한, 조직을 미세화시키는 데 효과가 있다.

고온가공을 할 때에는 재료를 균일하게 가열하면 소성가공이 용이하고, 안전한 온도 범위에서 작업이 진행되어야 한다. 열간가공된 제품은 냉간가공으로 만든 같은 종류의 제품을 비하여 균일성이 적다. 이때에 가공된 제품은 재료의 표면이 산화되어 변질되기가 쉽고, 또한 냉각됨에 따라 온도 분포가 변화하여 치수에 변화가 많아진다. 그리고 조직 및 기계적 성질도 균일한 것을 얻기 어렵다. 따라서 치수, 형상, 조직, 기계적 성질 등이 균일한 것을 얻으려면 열간가공한 후에 충분히 냉각가공하든가 또는 풀림(annealing)을 하여야 한다.

(3) 가공속도의 영향

변형에 대한 재료의 저항을 변형저항이라고 한다. 이 값은 온도에 따라 많은 차이가 있다. 일반적으로 고온이 될수록 변형저항은 작아지고 온도가 일정할 때에는 변형속도에 따라서 변형저항이 변한다.

보통 열간가공에서는 변형저항이 가공 속도와 더불어 증가된다.

표 3.2는 Cu 60%~Zn 40%의 6/4 황동과 탄소량 C = 0.15%의 연강이 각종 온도에 대한 평균 변형저항을 표시한 예이다.

표 3.2 해머에 대한 평균 변형저항

금속재료	온도(℃)	평균 변형저항 (kg/mm^2)	금속재료	온도(℃)	평균 변형저항 (kg/mm^2)
6/4 황동 (bass)	400	24.5	연강(軟鋼) (C=0.15%)	795	27.0
	600	16.0		990	19.0
	800	5.0		1,180	14.0

3.2 단조가공

금속재료를 소성유동하기 쉬운 상태에서 압축력 또는 충격력을 가하여 단련하는 것을 단조(forging)라고 한다. 대부분의 금속재료는 고온에서 소성이 크고 가공하기가 쉬우므로 단조할 재료는 고온으로 가열하는 것이 상례이다. 소재를 적당한 온도로 가열하여 소성을 크게 하여 적당한 힘과 속도로써 가공하고 소요의 치수로 변형시키고 수지상(樹枝狀) 결정을 미세화한다. 이와 같이 재료를 가압성형하면 결정조직은 섬유조직으로 되고 단유선(鍛流線)이 생긴다. 이 유선방향의 인장강도, 연신율, 충격치 등의 기계적 성질이 크게 향상되므로 크랭크 축, 프로펠러 등의 제작에 적당하다.

단조품은 주조품에 비하여 조직과 성질이 우수하고 안심하고 사용할 수 있기 때문에 중요한 부품은 거의 단조에 의해서 제조한다. 그러나 단조는 재료의 소성에 따라서 재료가 제한되고 복잡한 형상을 가공하기 힘들며 경제적으로 고가이다.

처음에는 앤빌과 해머를 이용하여 자유단조에서 부정확한 치수, 간단한 형의 제품을 제조했다. 그 후 형(型)과 기계력을 이용하는 형단조(型鍛造)로 되고, 요즈음에는 기계해머를 쓰지 않고 롤러로 단조하는 방법도 이루어졌다. 이러한 방법에 의해서 정밀한 제품을 능률적으로 만들 수 있으므로 그 영역을 넓히고 있다.

3.2.1 단조의 종류

단조 작업에는 여러 가지가 있으나 대체로 해머단조 및 프레스단조로 크게 나눌 수 있다.

해머단조와 프레스단조(hammer and press forging)라는 것의 본래의 의미는 예를 들면, 연강의 경우 약 1000℃ 정도의 온도에서 단조 해머 및 프레스로 잉곳(ingot), 또는 압연이나 단조된 소재의 형상 및 단면 등을 변화시키는 단련 작업이다. 그 온도에서 강철은 쉽게 소성변형을 받고, 또한 압력을 가하면 소성유동(plastic flow)이 잘 생긴다. 주조 조직(cast structure)으로 되어 있는 대표적인 본래의 조대(粗大)한 결정은 단조 작업에서 변형된다. 또한, 주조 온도에서 강철 중에 들어 있던 여러 가지 성분들은 균일하고 적당한 형상으로 조정되므로 단조 작업과 단조 온도는 재질의 균질성(均質性)을 증가시키는 경향이 있으며, 또한 기계적 성질을 개선한다. 단조 방법은 다음과 같이 크게 분류할 수 있다.

단조 기계에는 주로 열간가공을 이용하고, 가압 방법으로 충격 속도를 이용하는 해머와 정적압력(靜的壓力)을 이용하는 프레스가 사용되고 있다.

- 단조(鍛造)
  - 열간단조(熱間鍛造)
    - 해머단조 (hammer forging)
      - 자유단조(自由鍛造 : free forging)
      - 형단조(型鍛造 : die forging)
    - 프레스단조 (press forging)
      - 자유단조(自由鍛造 : free forging)
      - 형단조(型鍛造 : die forging)
    - 업셋단조(upset machine forging)
    - 압연단조(roll forging)
  - 냉간단조(冷間鍛造)
    - 콜드 헤딩(cold heading)
    - 스웨이징(swaging)
    - 코이닝(coining)
  - 특수단조(特殊鍛造)
    - 고속단조(高速鍛造)
    - 용탕단조(溶湯鍛造)
    - 분말단조(粉末鍛造)
    - 온간단조(溫間鍛造)

(1) 자유단조(free forging or open die forging)

재료가 압축력이 작용하는 방향에 대하여 직각방향으로 구속받지 않고 형상화 크기를 자유롭게 할 수 있으며, 수량이 적거나 대형물 가공에 많이 사용한다.

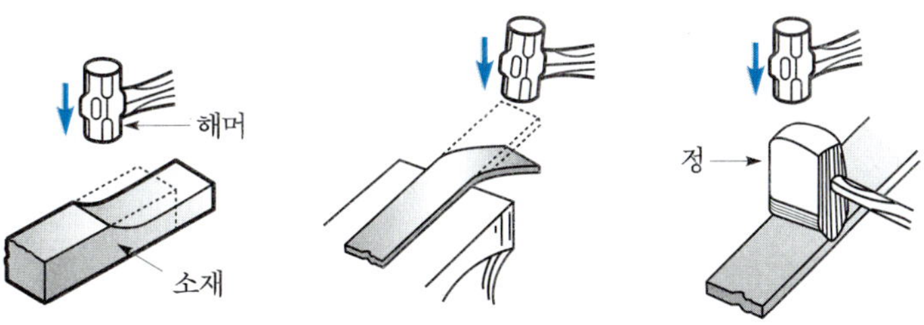

(a) 늘이기 (b) 굽히기 (c) 자르기

그림 3.2 자유단조에 의한 작업 보기

(2) 형단조(die forging or closed die forging)

밀폐형으로 된 상하 한 쌍의 형틀을 사용하는 경우와 1개의 아래 형틀을 앤빌(anvil) 위에 고정하고, 소재를 위에 놓고 램(ram)으로 가압하는 경우가 있으며, 1개 다이 위에 몇 개의 형틀이 조각되어 점차적으로 제품을 완성하는 방식도 있다. 이 방식은 복잡한 형상을 가진 제품을 빠르고도 값싸게 대량 생산하는 데 장점이 있으나, 형틀의 가격이 비싸다.

프레스단조(press forging)는 흔히 비철금속을 가공할 경우에 형틀단조를 이용하고, 철합금에는 자유단조를 많이 이용한다. 프레스단조는 보통 한 번의 행정(stroke)으로 성형되므로, 프레싱(pressing), 펀칭(punching) 작업에서 매우 쉽게 제품이 가공된다.

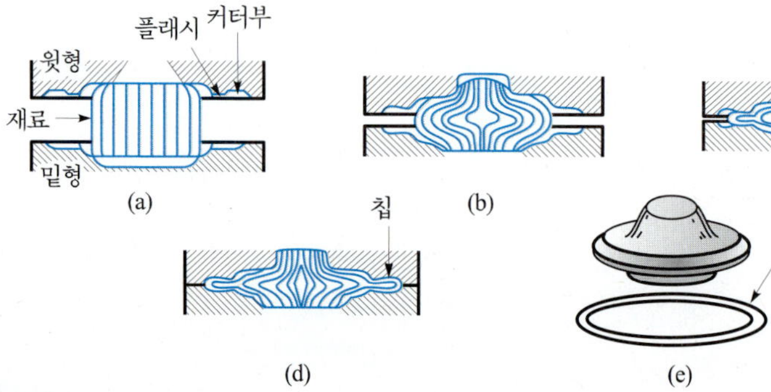

그림 3.3 형단조의 공정

주 형틀 : 형을 잡아주는 틀(금형, die)

(3) 업셋단조(upset forging)

가열된 재료를 수직으로 형틀에 고정하고, 한쪽 끝을 돌출시킨 상태에서 돌출부를 축 방향으로 헤딩(heading) 공구로 타격을 주어 형성한다.

(4) 압연단조(roller forging)

봉재에 가늘고 긴 것을 성형할 때 이용한다. 한 쌍의 반원통 롤러 표면위에 형을 조각하고, 롤러를 회전시키면서 성형단조한다.

(5) 콜드 헤딩(cold heading)

냉간단조의 콜드 헤딩(cold heaging)은 볼트, 리벳의 머리 제작에 이용된다.

(6) 코이닝(coining)

형압(型壓)이라고도 하며, 프레스로써 매끈한 표면과 정밀한 치수를 얻으려고 할 때에 이용한다.

(7) 스웨이징(swaging)

봉재, 또는 관재의 지름을 축소하거나 또는 테이퍼를 만들 때 이용한다.

(8) 특수단조

최근에는 특수단조로서 고속단조(高速鍛造), 냉간단조(冷間鍛造), 용탕단조(溶湯鍛造), 분말단조(粉末鍛造), 온간단조(溫簡鍛造) 등 새로운 방법이 개발되고 있다.

3.2.2 단조의 특징

① 재료의 항복점이 낮고 연신율이 클수록 단조가공이 쉬우며 주철은 불가능하다.
② 순수한 재질일수록 쉬우며 탄소함유량이 많을수록 어려우며 특수강 중에서는 불가능한 것도 있다.
③ P는 냉간취성, S는 적열취성을 일으킨다.

주 취성(brittleness) : 물체에 변형을 줄 때에 변형이 극히 작음에도 불구하고 깨어지게 되는 재료의 성질을 가리키는 말, 깨어지기 쉬운 물체는 일반적으로 영 계수가 크다.

3.2.3 단조용 공구(수공구)

요소작업에 수반되어 해머, 절단 정, 탭 등의 공구를 사용한다. 해머에도 많은 종류가 있으며, 그 밖에도 다음과 같은 여러 가지 공구가 있다.

(1) 계측공구

치수를 재려면 자가 필요한데, 이때는 강제(鋼製)자를 사용한다. 단조진행에 자를 사용하는 것은 실정에 맞지 않으므로 그림 3.4와 같은 높이를 표시하는 양구형(兩口刑)퍼스를 사용한다. 자를 사용하여 적당히 벌려서 소요두께와 폭으로 맞추어 놓고 열간상태에서 치수를 검사한다. 그림 3.5는 직각자(square)인데, 직각도의 검사에 사용한다.

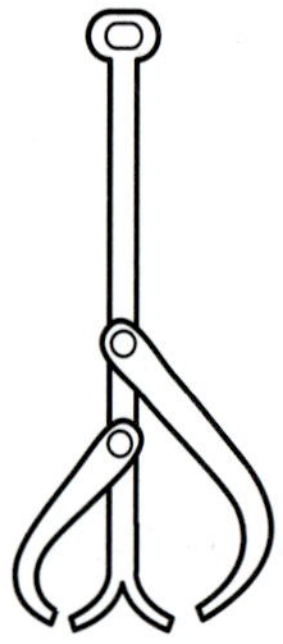

그림 3.4 퍼스

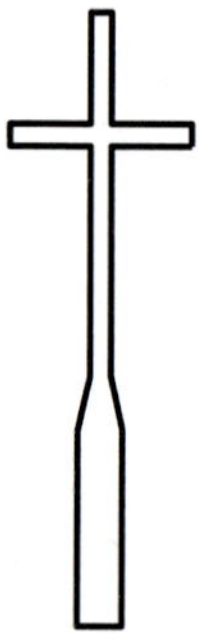

그림 3.5 직각자

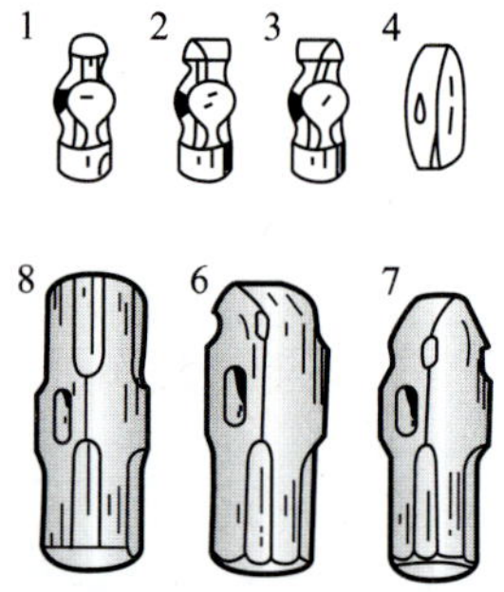

그림 3.6 해머

(2) 해머(hammer)

보통단조에서는 어느 작업에서나 해머를 사용한다. 해머는 탄소공구강제이고, 타격면은 구면상으로 다듬질하고 담금질에 의해 경화되어 있다. 그림 3.6의 [1]~[4]는 핸드해머(hand hammer)로 크기는 무게를 표시하며 0.5kg과 2kg이 보통이다. [2]는 종두(縱頭)해머(straight peen hammer), [3]은 횡두(橫頭)해머(cross peen hammer)이며 [4]는 리벳해머(riveting hammer)로 단접에 사용된다. [5], [6], [7]은 대해머(sledge hammer)로 소재의 직접타격 및 탭, 펀치 등의 타격에 사용되며, 무게는 4~10kg이 보통이다.

해머에 의한 사고는 수공구에 의한 재해 중에서 제일 많으며, 해머의 두부는 열처리로 경화하여 사용되는데, 경도는 록크웰 경도(Rockwell hardness) C스케일 50~60 정도가 적당하며 해머 작업시의 안전수칙은 아래와 같다.

작업안전수칙

① 해머에 쐐기가 없는 것, 자루가 빠지려고 하는 것, 부러지려고 하는 것은 절대로 사용해서는 안된다.
② 해머의 본래 사용목적 이외의 용도에는 사용하지 않는다.
③ 해머는 처음부터 힘을 주어 치지 않는다.
④ 녹(부식)이 발생한 것은 녹이 튀어 눈에 들어가면 실명하게 되므로 반드시 보안경을 착용하여야 한다.
⑤ 장갑을 끼고 사용하면 쥐는 힘이 적어지므로 장갑을 끼지 않는다.

(3) 앤빌(anvil)

단조나 판금작업에서 공작물을 올려놓고 작업하는 주철 또는 주강제의 성형용의 대로서 그림 3.7의 앤빌은 타격을 받는 부분이고, 단강(鍛鋼) 제품을 보통으로 하고 강철도 사용된다. 위의 평면부 [3]은 공구강판을 평면으로 다듬질한 것이다. [1], [2]의 구멍은 펀치작업의 구멍 뚫기, 탭 등의 작업에 사용된다. [4]는 굽힘 작업에 사용된다.

해머의 타격이 유효하게 작용하려면 앤빌과 해머의 중량비가 결정적인 요소가 되기 때문에 이 비의 이상적인 값은 30~40 정도이다. 앤빌과 비슷한 것에 그림 3.8의 이형공반(異形孔盤, swage block)이 있다. 면상의 많은 구멍은 앤빌의 구멍과 같은 용도에 사용되고, 주면의 홈에는 여러 가지 모양과 치수의 것이 있고, 봉재절단의 하(下)공구에도 사용된다.

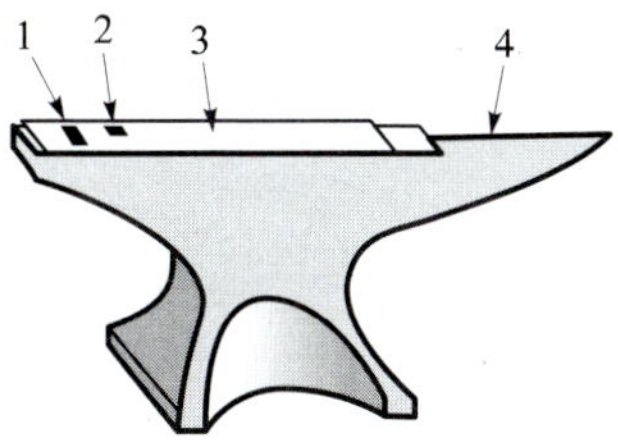

그림 3.7 앤빌

그림 3.8 이형공반

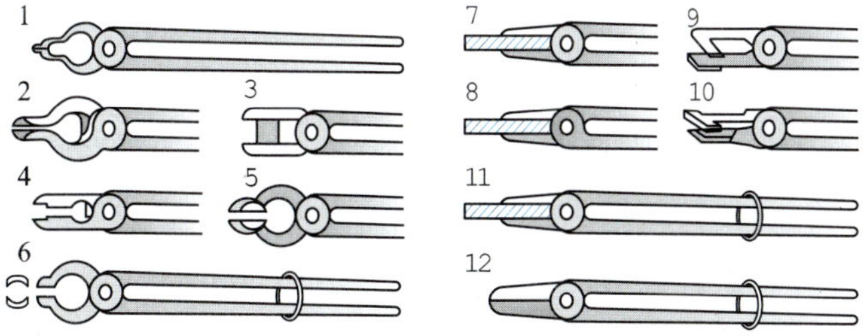

그림 3.9 집게

(4) 정(chisel)

정은 재료를 절단 또는 깎아내는데 사용한다. 정을 타격하는 방법은 타격하는 순간 5° 만큼 공작면에 뉘고 다시 세워서 타격한다. 정에 의한 재해는 정작업에 의해 생긴 칩이 눈으로 날아와 부상을 입는 경우와 일감에 비하여 정의 너비가 넓을 때는 정과 직각방향으로, 좁을 때는 정작업을 하고 남아있는 방향으로 철편(鐵片)이 튀어 재해를 입는 경우가 있다. 또 정이 담금질(quenching)된 것을 모르고 타격을 가하면 정의 일부분이나 재료의 일부분이 부서져 그 파편에 의한 재해, 그리고 무리한 타격에 의한 재해를 당하는 경우가 있다. 정작업시의 안전수칙은 아래와 같다.

작업안전수칙

① 정 작업을 할 때에는 반드시 보안경을 써야 한다.
② 정으로는 담금질된 재료를 가공하여서는 안된다.
③ 자르기 시작할 때와 끝날 무렵에는 세게 쳐서는 안된다.
④ 철강재를 정으로 절단할 때는 철편이 날아 튀는 것에 주의하여야 한다.

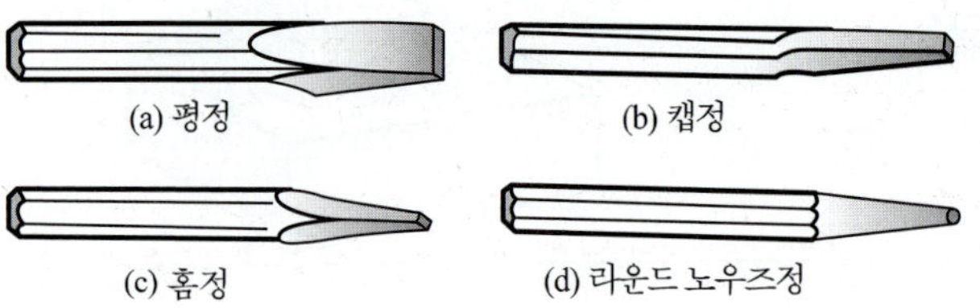

그림 3.10 각종 형태의 정

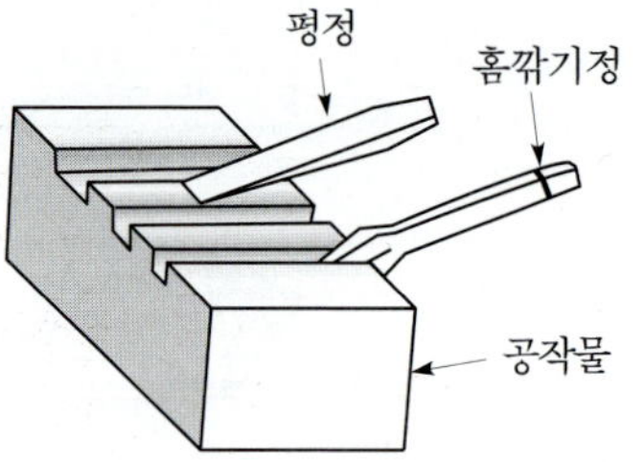

그림 3.11 정 작업의 예

(5) 줄(file)

줄은 탄소공구강면에 많은 소돌기(小突起)로 된 날(cut)로 공작물을 깎아 내거나 다듬질 할 때 사용하는 수공구이다. 줄은 반드시 자루를 끼워서 사용하여야 하고, 줄은 단단하여 부러지기 쉬우므로 줄을 해머로 두드리거나 해머 대용품으로 사용할 때는 줄이 부러져 파편이 튀는 경우도 있다. 줄의 눈이 막힌 것은 입으로 불거나 바이스에 대고 두드리지 말고, 반드시 브러시로 제거하도록 한다. 한편, 줄의 눈막힘을 방지하기 위하여 새줄의 경우 백묵을 문질러서 사용하기도 한다.

작업안전수칙

① 줄은 반드시 자루를 끼워서 사용한다.
② 해머 대용으로 두드리지 않는다.
③ 용접한 줄은 부러지기 쉬우므로 사용하지 않는다.
④ 줄은 다른 용도에는 사용하지 않는다.

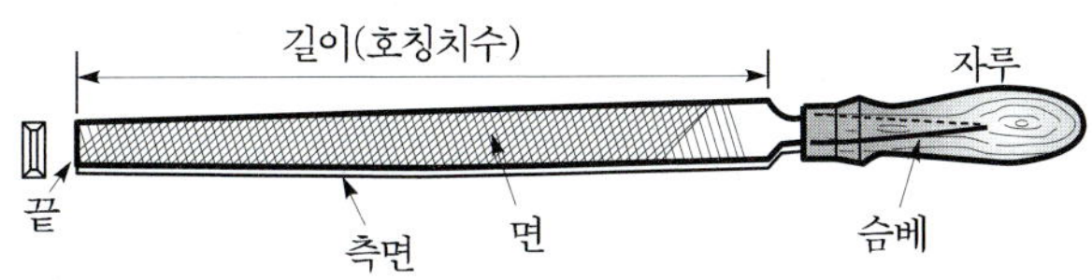

그림 3.12 줄

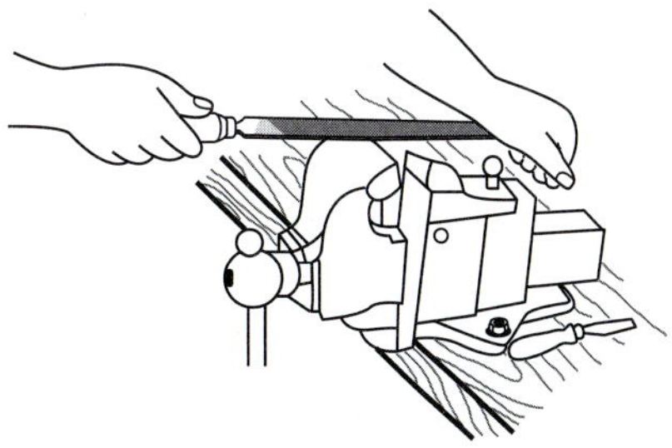

그림 3.13 줄작업의 예

(6) 스패너(spanner), 드라이버(driver)

스패너는 볼트, 너트 등을 돌리는 공구로서, 스패너의 치수는 입의 크기로 표시하며, 드라이버는 나사나 바이스 등을 고정하기 위하여 사용되는 공구로서, 규격은 인선(blade)의 폭과 실제의 길이로 표시한다.

작업안전수칙

(1) 스패너

① 스패너가 벗겨져서 손을 물거나 높은 곳에서 떨어지지 않도록 한다.
② 스패너는 볼트에 맞는 표준형 스패너를 사용해야 하며, 특히 필요할 때에만 긴 자루의 스패너를 사용한다(스패너의 단위계에는 meter와 inch가 있다).
③ 스패너를 사용하고 있으면 입이 벌어지거나 또는 턱이 부러지는 일이 있으므로 때때로 잘 점검을 하여야 한다.
④ 몽키(monkey) 스패너에서는 위험부분의 파손이 잘 일어나므로 고정측에 보다 많은 힘이 걸리도록 스패너를 건다.
⑤ 파이프 렌치(pipe wrench)는 파이프 전용으로서 볼트나 너트의 조임에 사용해서는 안 된다.

⑥ 파이프 렌치가 잘 물리도록 하기 위해서는 이가 잘 붙어 있는 것을 사용한다.
⑦ 스패너, 렌치는 올바르게 끼우고 몸 쪽으로 당긴다.

(2) 드라이버

① 드라이버의 앞, 끝 부분은 평행과 십자형이 있으며 십자형은 잘 미끄러지지 않는다.
② 평행 드라이버에서는 드라이버의 앞, 끝 부분이 〈그림 3.15〉의 (a)와 같이 끝이 퍼진 것이나 (c)의 평행상이 적당하다.

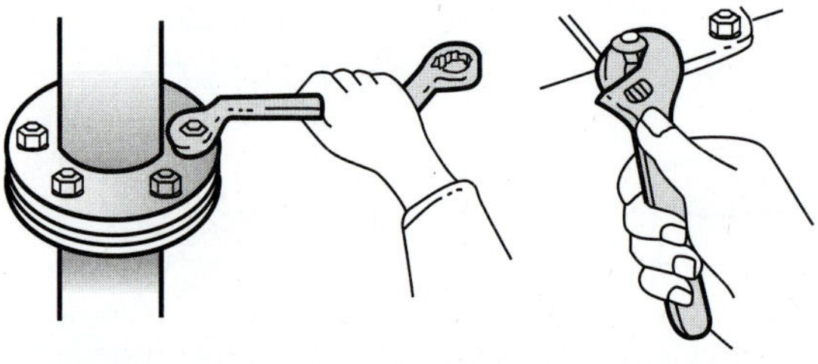

그림 3.14 스패너 작업

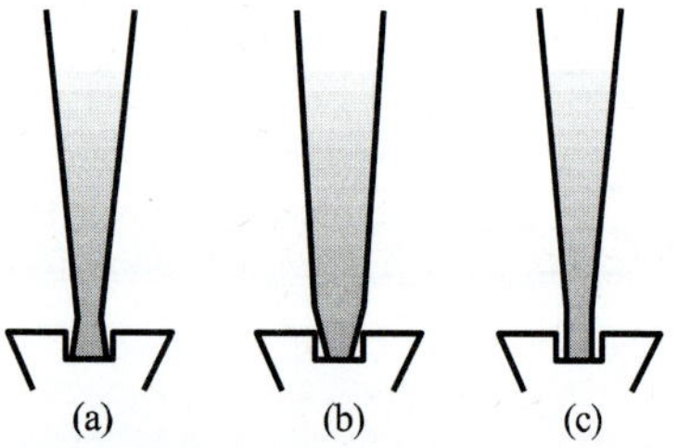

그림 3.15 드라이버

3.2.4 단조작업시의 안전수칙

국내의 단조공장에서 발생한 재해의 상해부위를 보면 타박, 골절, 염좌, 화상 등이 전 재해의 70% 이상을 차지하고 있으며, 또 절단은 7% 전후이지만 영구불능 재해이므로 이를 무시할 수 없다. 단조작업시의 유의사항으로써는 신체 각부의 보호 및 난청 방지를 위해서 안전모, 귀마개, 보안경, 장갑, 복부보호구, 안전화, 안전화용 커버가 필수적이며 그 밖의 안전수칙 및 유의사항은 프레스 작업 및 전단기작업과 동일하다.

단조작업시의 위험요인은 아래와 같다.

① 타격에 의해 반발된 소재 및 공구에 접촉
② 다이 사이에 손이나 발의 협착
③ 다이의 설치 및 제거시 다이낙하에 의한 협착
④ 고온산화 스케일의 비산에 의한 화상
⑤ 동력전달장치에 말려듦

작업안전수칙

① 재료를 자를 경우 잘린 조각이 날아올 염려가 있으므로 정면에 서지 않아야 한다.
② 다이(die, 금형, 형틀), 공구류는 사용 전에 예열한다.
③ 해머로 작업시에는 주의를 잘 살펴 작업하고, 장갑을 끼지 않는다.
④ 다이를 장착할 경우 상하의 다이가 어긋나지 않도록 한다.
⑤ 물이나 기름이 묻은 도구는 위험하므로 깨끗이 닦아서 사용한다.
⑥ 중유와 가스로에 점화할 때는 노구면에 있으면 안된다.
⑦ 노에서 금속을 달구어 정해진 장소를 이동할 때는 가급적 던지지 않는다.
⑧ 담금질 스케일 때문에 화상을 입을 염려가 있으므로 긴바지, 긴소매, 장갑, 안전화를 착용한다.
⑨ 눈으로 식별하기 곤란한 물건을 확인하고자 손을 대지 않도록 한다.

주 **스케일(scale)** : 금속에 있어서 금속을 노 내에서 가열할 때 표면에 생기는 두꺼운 산화물로, 주로 단조, 압연 등을 할 때 생긴다.

3.3 압출가공

알루미늄, 마그네슘과 같은 연질소재를 컨테이너에 넣어 공구에 붙인 다이 오리피스에서 고압으로 열간, 냉간 또는 충격으로 압출하는 가공을 압출가공(extrusion)이라고 한다.

그림 3.16과 같이 비교적 긴 가열소재(빌레트, billet)를 상노가 충분한 두꺼운 용기(컨테이너, container)에 넣고, 플런저(plunger)를 누르면 다이(die)의 구멍으로부터 압출되어 제품의 봉재가 나오게 된다. 이때 그림 3.16의 (a)와 같이 플런저의 전진방향으로 제품봉이 나오는 것을 전방압출(forward extrusion) 또는 직접압출(direct extrusion)이라 한다. 그림 3.16의 (b)와 같이 속이 빈 플런저의 선단에 다이를 붙여 플런저를 눌러 그 속에 봉을 압출하는 것을 후방압출(backward extrusion) 혹은 간접압출(indirect extrusion)이라 한다. 그림 3.17은 압출가공을 통해 얻은 여러 가지 제품을 보여주는 예이다.

압출가공의 위험요인

① 컨테이너와 전진하는 크로스헤드 사이의 협착
② 과부하에 의한 컨테이너의 파괴
③ 다이 사이로 나오는 가공소재에 의한 협착
④ 고온윤활유의 비산에 의한 화상

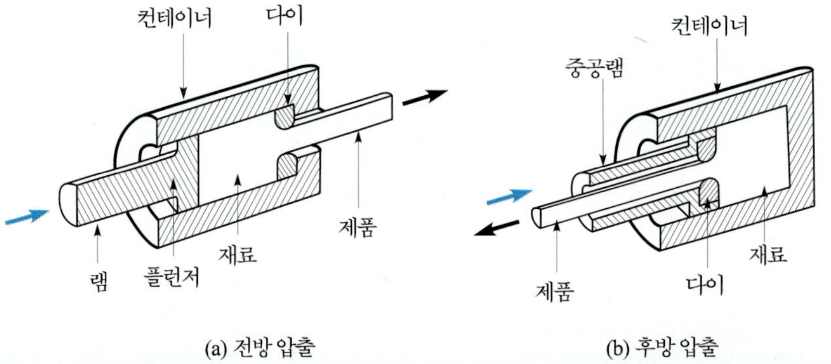

그림 3.16 압출가공

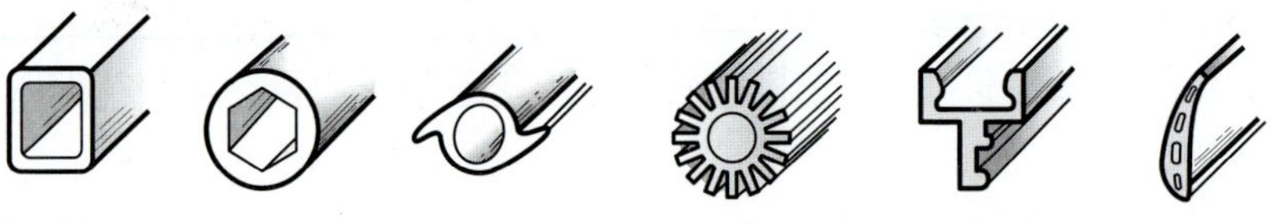

그림 3.17 압출가공 제품

3.4 인발가공

인발가공(drawing)은 그림 3.18과 같이 테이퍼 구멍을 가진 다이에 소재를 넣어 당겨서 단면적을 감소시키고 다이구멍의 형상과 같은 단면의 봉이나 관을 제조하는 것이다.

인발가공에서는 잉곳(ingot)을 그대로 쓰지 않고 압출이나 압연에 의해서 어느 정도 가공된 것을 소재로 사용한다. 압출이나 압연은 제작하기 어려운 지름이 작은 봉의 제작 등에 널리 이용된다. 원형단면봉이나 형재 등의 인발을 봉재인발(棒材引拔, bar drawing), 지름이 작은 봉의 인발을 선재인발(線材引拔, wire drawing), 관재의 인발을 관재인발(管材引拔, tube drawing)이라고 한다.

인발가공은 열간인발과 냉간인발로 나뉜다. 경도가 큰 재료나 상온에서 취성을 갖는 재료는 열간인발을 하지만 보통은 소재의 크기가 작기 때문에 그만큼 큰 힘이 필요하지 않다. 또는 인발에 의해서 제품의 강도를 크게 할 경우가 많기 때문에 냉간가공을 하는 것이 많다.

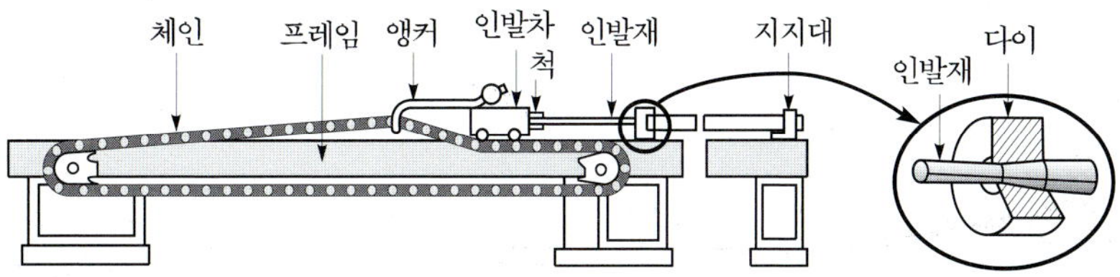

그림 3.18 인발장치

3.5 압연가공

압연가공(rolling)은 상온 또는 고온에서 회전하는 롤러 사이에 소재를 통과시켜 그 소성을 이용하여 판재, 대판(帶板), 형재, 관재 등으로 형성하는 가공법이다. 특히 금속재료에서는 주조조직을 파괴함과 동시에 재료내부의 기포를 압착하여 균등하고 우량한 성질을 줄 수 있어서, 소위 재료를 단련하는 것도 압연가공이 행하여지는 중요한 목적의 하나이다. 이 방법은 주조나 단조에 비하면 작업이 신속하고 생산비가 저렴한 특징이 있으므로 금속가공 중 매우 중요한 위치를 차지하고 있다. 이 방법은 균일한 단면형상을 가진 긴 강재를 만드는 데 가장 경제적일 뿐만 아니라 광범위하고 다양한 제품을 얻을 수 있다. 소재도 납합금과 같은 연한 것에서부터 스테인리스강과 같은 경한 것까지 있으며, 백열상태의 슬래브(slab)로부터 냉간압연판으로, 두께 40cm, 폭 110cm의 알루미늄의 잉곳(ingot)으로부터 종이 같이 얇은 박의 띠로, 또는 4각의 빌레트(billet)로부터 보통의 형재나 복잡한 형상의 형재료 변형하는 등, 극히 광범위한 제품을 얻을 수 있다. 그림 3.19는 압연과정과 각종 제품을 보여주고 있다.

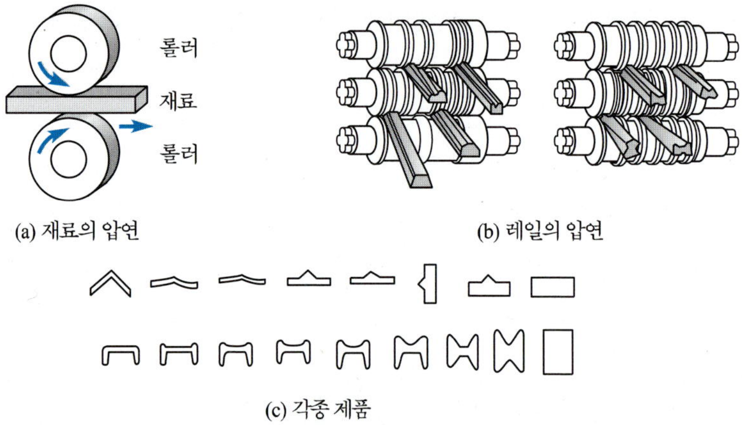

그림 3.19 압연의 공정

압연가공의 위험요인

① 롤러와 소재 진행방향에서 배출되는 소재에 협착
② 열간작업시 고온스케일 및 윤활제의 비산에 의한 화상
③ 롤러의 교환시 롤러와의 충돌
④ 회전하는 롤러 사이에 물려들음

3.6 전조가공

가공물 또는 공구를 회전시켜 소성하는 것을 전조(轉造 ; form rolling)라고 한다. 예를 들면 나사전조(thread rolling)는 소성가공을 이용하여 소재에 나사를 조형(造形)하는 방식으로, 열처리 경화된 전조다이 표면에 전조할 나사와 같은 피치를 가진 나사선이 조각되어 있다. 이것을 소재 표면에 누르면서 소재를 회전시키면 표면이 소성변형되어 다이 높은 부분의 압부된 곳은 오목하게 패인다. 그러므로 나사에 홈이 생기게 된다. 이 때 소성변형이 재료의 표면 부근에만 생기고, 주로 상온에서 연속적으로 하게 되므로 쉽게 전조 제품이 된다. 또한, 큰 기어의 전조(gear rolling)와 같이 많은 변형이 요구될 때에는 열간가공을 한다.

전조된 나사 표면은 소성변형으로 조직이 좋게 되고 경화되어 있어, 인장강도 및 피로강도가 증가되고, 또한 충격에 대하여도 강하다. 전조에 사용되는 재료에는 보통 연강, 강인강, 풀림(annealing)한 공구강, 63% 이상의 Cu를 함유한 황동, 경합금 등이다. 재료에 결함만 없다면 위의 모든 재료의 전조가 가능하다. 그러나 나사 두부(頭部)의 업셋(upset)단조 또는 콜드 헤딩(cold heading) 등과 병합되어 대량 생산에 이용된다.

나사나 기어는 종래는 절삭가공에 의해서 만들었지만, 비교적 작은 것은 전조로 만들게되었다. 전조에 의하면 특히 강도를 필요로 하는 나사의 밑부분이나 치원(齒元) 등의 부분이 가공, 경화되어 강해진다. 그림 3.20 (a)는 나사전조, (b)는 기어전조의 한 형식을 보여준다.

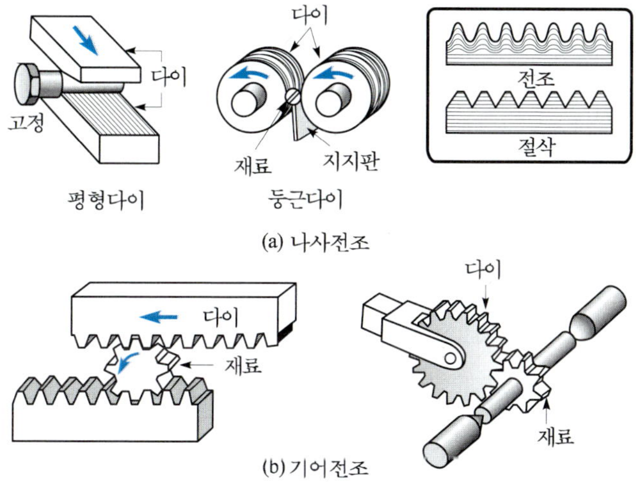

그림 3.20 나사전조와 기어전조

3.7 프레스가공 및 전단가공

소성변형에 의한 판재의 성형 가공은 널리 사용되고 판재를 사용한 각종 용기, 장식품, 가구 및 자동차, 항공기, 선박, 건축 등의 구조물 등 그 제품이 많다. 프레스는 다량생산이 가능하고 그 종류도 많으며, 또한 고속 및 대용량으로 개량되어 현재 중요한 가공법으로 취급하고 있다. 프레스 작업은 속도가 빠르고, 절삭가공과 같은 생산비가 많은 가공법에 비하면 생산비가 적어 비절삭가공(chipless working)의 최대 장점을 살릴 수 있다. 최근 프레스가공에는 생산성이 높은 프레스와 프레스 공구인 금형의 설계와 제작이 매우 중요하다.

한편, 프레스 및 전단기는 사업장에서 사용되는 기계들 중 가장 위험한 기계로 주로 금속제품을 제조하는 사업장에서 많이 사용하고 있으며, 대기업에서는 자동화되거나 생산성과 안전성이 좋은 프레스를 사용하지만 영세기업에서는 자금, 인력, 시간 등의 제약으로 아직도 안전성이 뒤떨어진 프레스를 많이 사용하고 있다. 더욱이 대량생산이 아닌 다품종소량생산의 경우는 안전관리가 더욱 어렵게 된다.[시행령 제74조(안전인증대상기계등)]

3.7.1 프레스의 분류

(1) 인력 프레스(manual press)

푸트 프레스(foot press), 나사 프레스(screw press), 아버 프레스(arbor press), 액센트릭 프레스(eccentric press)

(2) 동력 프레스(power press)

1) 크랭크 프레스(crank press)

동력 프레스 중에서 대표적인 크랭크 프레스는 가장 많이 사용하는 것으로 플라이 휠(flywheel)의 회전운동을 직선운동으로 바꾸어 프레스에 필요한 펀치의 상하운동을 시키며 1행정 1정지식이다.

2) 토글 프레스(toggle press)

토글기구를 이용하여 플라이 휠의 회전운동을 왕복운동으로 변환시키고, 이것을 다시 토글기구로써 램(ram)이 상하운동을 하게끔 한다. 너클 프레스라고도 한다.

3) 마찰 프레스(friction press)

마찰력과 나사를 이용한 프레스로서, 램을 부착하는 나사축바퀴의 좌우마찰자와 이 바퀴를 접촉시켜 놓고, 플라이 휠을 회전시키면서 축은 나사이므로 램이 상하운동을 한다. 비교적 큰 압력을 필요로 하는 압축작업에 쓰인다.

4) 액압 프레스(hydraulic press)

용량이 큰 프레스에 많이 사용되는데, 실린더 내에 액압을 가해서 램을 통하여 슬라이드의 상승, 하강운동에 필요한 압력을 가하는 프레스이다.

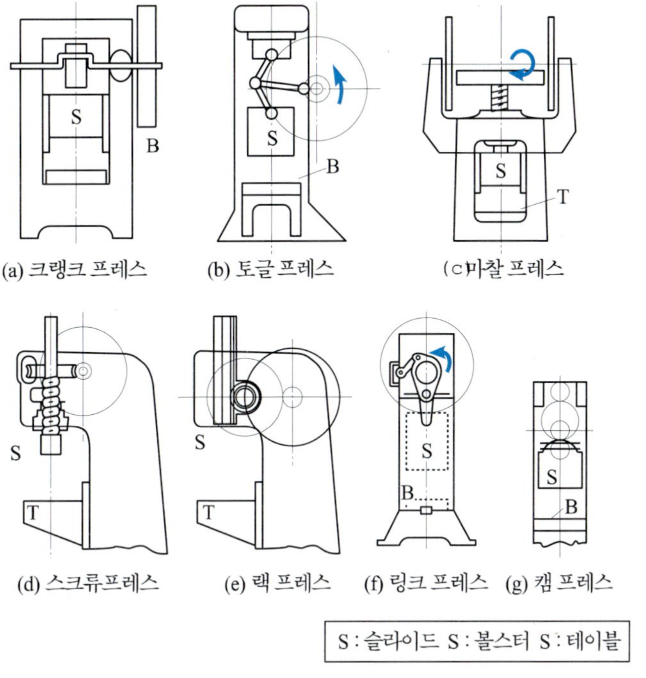

그림 3.21 슬라이드 구동 기구의 종류

3.7.2 프레스의 구조

(1) 기본구조 및 작동원리

기계 프레스의 대표적인 기능인 크랭크 프레스를 구성하는 기본구조부품을 그림 3.22에 표시하였다. 그림 3.22(b)의 [1]은 프레임, [2]는 베드(또는 테이블), [3]은 슬라이드 (또는 램)이며, 이것을 크랭크[4]로 상하로 구동해서 일을 한다. 전동기[6]으로 풀리를 중계로 해서 플라이 휠[7]을 돌리고, 클러치에 의해서 크랭크축을 돌려 커넥팅 로드[8]에서 슬라이드 [3]으로 운동을 전달한다. 스위치 버튼 또는 페달에 의해서 작동되며 정지시에는 클러치가 분리되는 동시에 브레이크[9]가 작동해서 크랭크[4], 커넥팅 로드[8], 슬라이드[3]은 정지하고, 전동기[6] 및 플라이 휠[7]은 회전을 계속한다. 베드[2]의 위에는 보통 볼스터[10]가 설치되어 있고, 이 위에 홀더 또는 다이를,

슬라이드[3]의 아랫면에는 펀치 홀더 또는 펀치를 장착한다.

이들의 부품을 프레스의 3가지 작업능력에 관해서 분류하면 다음과 같으며, 통상 프레스의 용량을 표시할 때 압력능력(압입능력)으로 표시하며 동력 프레스에서 최대 압력을 톤(ton)으로 표시한다. 특히 크랭크 프레스의 능력은 압력능력 이외에 토크능력, 작업능력(일능력)을 들 수 있다.

① **압력능력에 관계하는 부품** : 프레임, 타이로드, 슬라이드, 정반, 커넥팅로드, 크랭크 핀

② **토크능력에 관계하는 부품** : 크랭크 샤프트, 클러치 기어, 중간축

③ **작업능력에 관계하는 부품** : 전동기, 벨트, 플라이 휠

주 1. **압력능력** : 최고 몇 톤까지의 압력발생에 안전하게 견딜 수 있는가를 표시하는 능력
2. **토크능력** : 하사점 위 몇 mm의 곳에서 호칭압력(허용최대압력)의 발생을 안전하게 행할 수 있는가 하는 능력
3. **작업능력** : 1회의 가공에 어느 정도 크기의 에너지를 안전하게 사용할 수 있는가, 그리고 1분간에 몇 회 그 가공을 안전하게 행할 수 있는가 하는 능력
4. **정반(볼스타, bolster)** : 프레스 베드면에 고정하는 판이며, 프레스 금형을 얹을 위치를 정해 고정하기 위해 T형 홈 혹은 부착 볼트용 나사구멍 등이 있다.

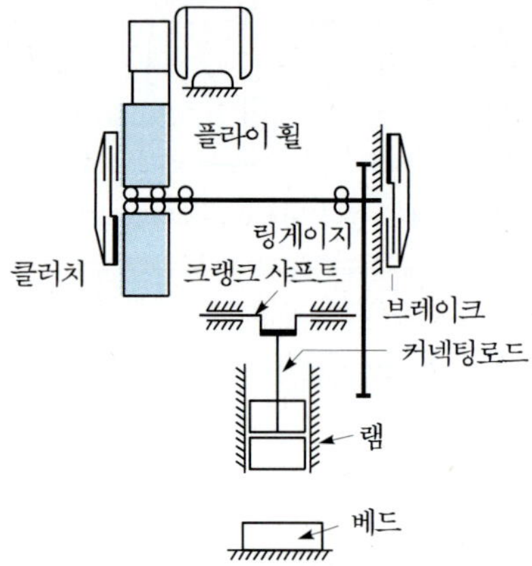

(a) 원리

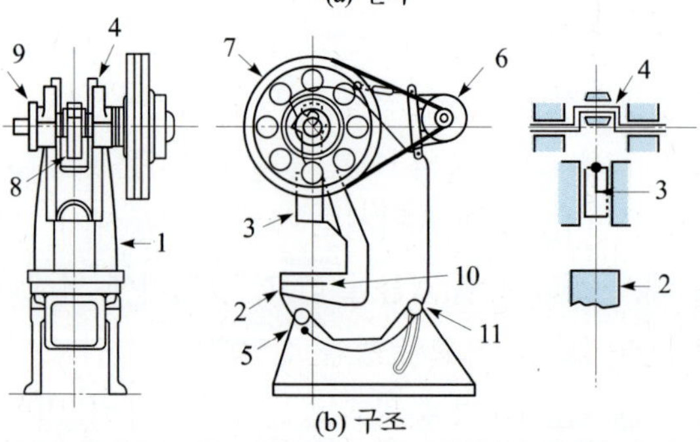

(b) 구조

그림 3.22 **크랭크 프레스(파워 프레스)**

(2) 클러치 및 브레이크

동력 프레스에서 플라이 휠에 축적된 힘을 슬라이드에 전달하는 부분으로 동력의 단속 역할을 하는 부분을 말하며, 클러치의 종류는 확동식 클러치(positive cluth)와 마찰식 클러치(friction clutch)의 2종류로 분류된다. 마찰식 클러치는 행정 중 어느 위치에서나 정지시킬 수 있으나, 확동식 클러치의 대부분은 한 번 작동한 후 1행정이 끝나지 않으면 작동을 정지시킬 수 없다.

1) 확동식 클러치(완전 회전식 클러치)

확동식 클러치에는 슬라이딩 핀(sliding pin)식과 롤링 키(rolling key)식이 있으며, 롤링 키식은 클러치 틈새(basklash)가 없어 충격이 작고 우수하다. 사용가능최고회전수는 슬라이딩 핀식의 경우 약 150SPM, 롤링 키식은 약 300SPM이다.

2) 마찰식 클러치(부분 회전식 클러치)

마찰판을 이용한 것이며 브레이크와 결합된 결합형과 분리된 분리형이 있다. 결합형은 중소형에, 분리형은 대형에 사용된다.

3) 브레이크

확동식 클러치에는 슈(shoe)브레이크, 밴드(band)브레이크가 사용되며 마찰식 클러치에는 디스크(disk)브레이크가 주로 사용된다.

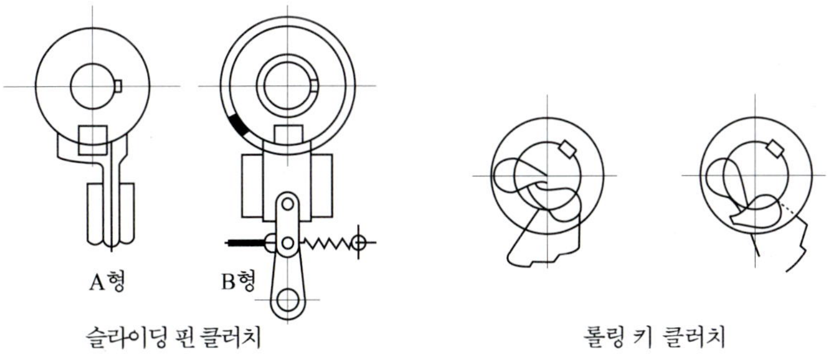

그림 3.23 확동식 클러치

3.7.3 프레스가공의 종류

(1) 전단작업(shearing operations)

블랭킹(blanking), 구멍 뚫기(punching or perforating), 전단(shearing), 분단(parting), 놋칭(notching), 슬리팅(slitting), 트리밍(trimming), 세이빙(shaving), 브로치절삭(broaching) 등이 있다. 그러나 최후의 두 작업은 절삭가공이지만 전단작업과 병용해서 이용한다.

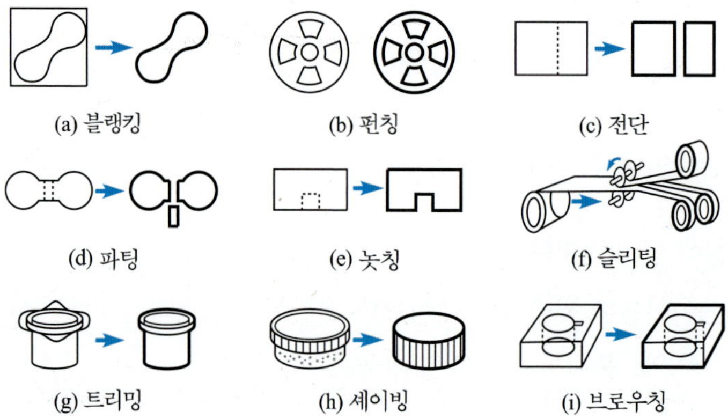

그림 3.24 각종 전단가공의 실례

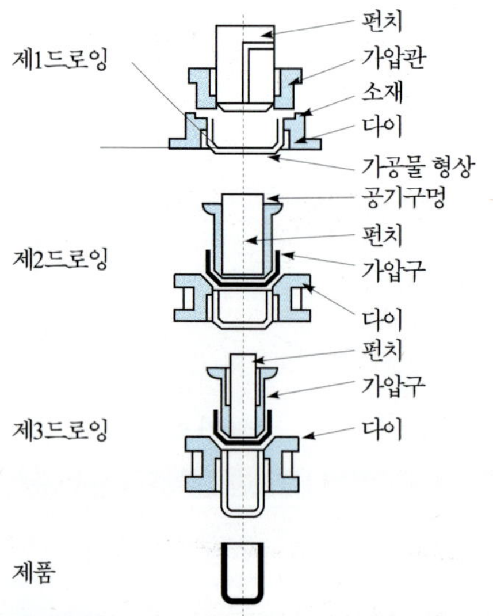

그림 3.25 직접 디이프 드로잉

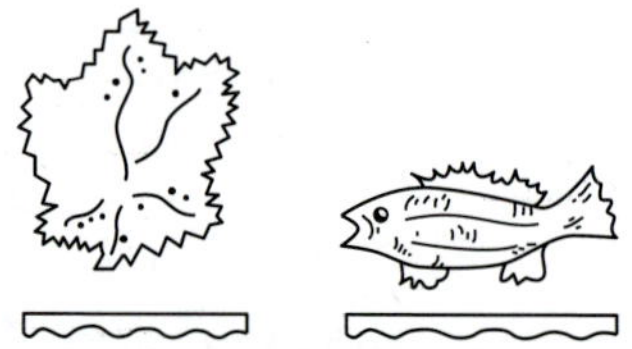

그림 3.26 압인제품의 예

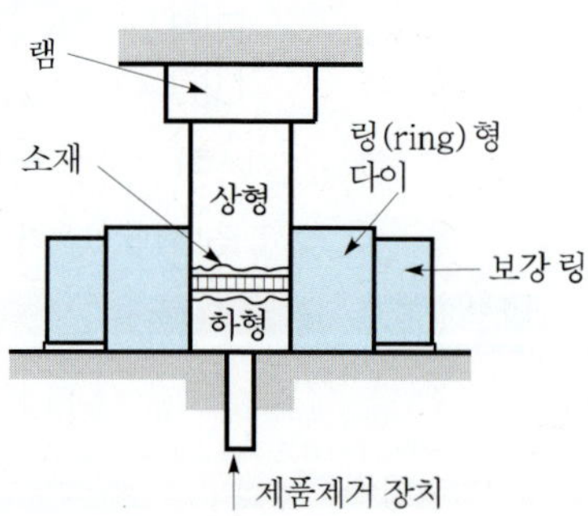

그림 3.27 압인가공

판재에서 필요한 형상의 제품을 잘라내는 작업을 블랭킹이라고 하고, 역으로 잘라낸 쪽은 폐품이 되고 구멍이 뚫리고 남은 쪽이 제품이 되는 것이 펀칭이다. 절단면을 양호하게 하기 위해서 일단 절단된 면을 다시 전단하는 것을 셰이빙가공이라 하며, 펀치와 다이의 틈새는 2/100mm 정도이고 판 두께의 수 % 정도를 깎아내는 일종의 절삭가공이다.

(2) 성형작업(forming operations)

판의 두께를 변화시키지 않고 형상을 변형시키는 것을 목적으로 하는 작업이다. 굽힘(bending), 비틀림(twisting), 비이딩(beading), 후랜징(flanging), 버링(burring), 커얼링(curling), 시밍(seaming), 딥 드로잉(deep drawing), 벌징(bulging), 인장(stretching), 스피닝(spinning), 넥킹(necking), 교정(flattening and straightening) 등이 있다.

판금가공 중에서 외력이 인장응력을 발생시키도록 작용하고 밑바닥이 붙은 제품을 만들어내는 작업을 일괄하여 오므리기 가공이라고 하는데, 이 중에서 판으로부터 원통형, 각통형과 같은 밑바닥을 가진 용기를 만드는 가공을 특히 딥 드로잉 가공이라 부른다. 이의 특징은 원통형 용기의 경우 소재의 반경방향으로는 외력의 직접작용으로서 인장응력이 발생하고, 원주방향으로는 압축응력이 발생하는 것이다.

(3) 압축작업(squeezing operations)

판의 두께를 변화시켜 성형하는 작업이다. 압인(coining), 엠보싱(embossing), 스웨이징(swaging), 압출(extrusion 주로 impact extrusion), 버니싱(burnishing) 등이 있다.

3.7.4 프레스의 재해 및 사고원인

(1) 프레스의 재해

① 동력기계 중 프레스는 재해가 가장 많이 발생하며, 특히 손의 재해가 크다. 이들 재해의 대부분은 슬라이드의 하강시 금형 사이에 손이나 손가락이 끼어 절단되거나 손상되는 것이기 때문에 강도율이 높게 되는 경우가 많다. 또한, 프레스 사업장

은 대부분 영세기업이며 다품종 소량생산에 따르는 안전대책이 소홀하게 되는 경우가 많다.

② 재해의 발생 빈도 순위

- 동력기계 프레스(재해의 약 70%)
- 푸트 프레스(재해의 약 15%)
- 전단 프레스(재해의 약 9%)
- 액압 프레스

(2) 프레스의 사고요인

① 작업자의 부주의 및 위험한 작업방법으로 작업하였다.
② 페달을 잘못 밟았다.
③ 방호장치가 고장인 상태로 작업을 하였다.
④ 방호장치의 기능을 제거한 상태로 작업하였다.
⑤ 기계의 고장으로 클러치가 개방되었다.
⑥ 작업자가 프레스를 조절하거나 금형을 바꾸거나 수리할 때 동력을 끊지 않아 클러치가 작동하였다.
⑦ 작업자가 프레스를 조절하거나 금형을 바꾸거나 수리할 때 금형이 낙하하였다.
⑧ 송급 및 배출작업에 수공구를 사용하지 않았다.

3.7.5 프레스에 대한 방호대책

(1) 개요

프레스 및 전단기의 방호대책은 no-hand in die 방식의 작업과 hand in die 방식의 작업으로 구분하여 수립하고 시행하는 것이 바람직하다.

1) no-hand in die 방식

작업자의 손을 금형 사이에 집어넣을 필요가 없도록 하는 본질적 안전화 추진대책으로, 손을 집어넣을 수 없는 방식과 손을 집어넣을 필요가 없는 방식이 있다.

2) hand in die 방식

작업자의 손이 금형 사이에 들어가야만 되는 방식으로 이때는 방호장치를 부착하여야 한다.

표 3.3 **동력 프레스의 방호대책**

no-hand in die 방식	hand in die 방식
1. 방호울이 부착된 프레스(작업을 위한 개구부 이외의 틈새는 8mm 이하) 2. 안전금형을 부착한 프레스(상형과 하형과의 틈새 및 가이드 포스트와 부시와의 틈새는 8mm 이하) 3. 전용 프레스의 도입(작업자의 손을 금형 사이에 넣을 필요가 없도록 한 프레스) 4. 자동 프레스의 도입(자동 송급, 배출장치를 부착한 프레스)	1. 프레스의 종류, 압입능력, 매분 행정수, 행정길이, 작업방법에 상응하는 방호장치를 설치한다. 1) 가드식 방호장치 2) 손쳐내기식 방호장치 3) 수인식 방호장치 2. 정지성능에 상응하는 방호장치를 설치한다. 1) 양수조작식 방호장치 2) 감응식 방호장치

한편, 프레스의 작업점에 대한 방호대책으로는 다음과 같은 사항을 들 수 있다.

- 이송장치나 수공구를 사용할 것
- 방호장치를 사용할 것
- 금형을 개선할 것
- 그 밖의 방호장치를 병용할 것

위에서 열거한 방호대책을 좀 더 구체적으로 살펴보면 다음과 같다.

3.7.6 방호장치의 활용

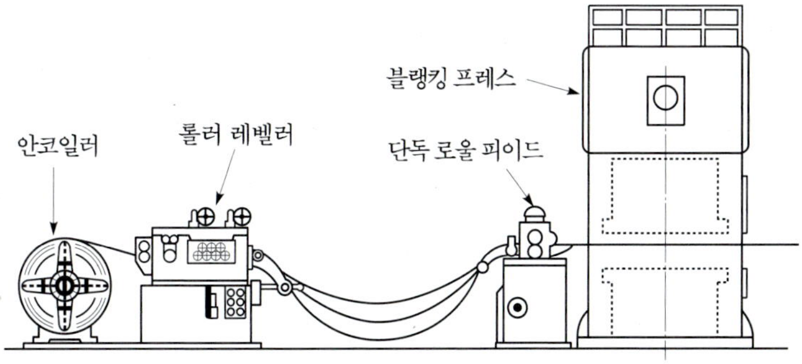

그림 3.28 **스트레이트 사이드 프레스에 의한 블랭킹 라인**

프레스는 위험성이 매우 높으므로 꼭 방호장치를 설치하도록 산업안전보건법에 명시되어 있다. 보통 프레스의 종류와 행정의 길이, 작업방법에 따라 여러 가지 방호장치가 사용되고 있다. 한편 자동 송급장치가 구비된 프레스 또는 전단기는 방호장치가 실치된 것으로 간주되고 있다.[시행령 제74조(안전인증대상기계등)]

표 3.4 프레스 또는 전단기 방호장치 종류 및 분류[방호장치 안전인증 고시]

종류	분류	기능
광전자식	A-1	프레스 또는 전단기에서 일반적으로 많이 활용하고 있는 형태로서 투광부, 수광부, 컨트롤 부분으로 구성된 것으로서 신체의 일부가 광선을 차단하면 기계를 급정지시키는 방호장치
	A-2	급정지기능이 없는 프레스의 클러치 개조를 통해 광선 차단 시 급정지시킬 수 있도록 한 방호장치
양수조작식	B-1 (유·공압 밸브식)	1행정 1정지식 프레스에 사용되는 것으로서 양손으로 동시에 조작하지 않으면 기계가 동작하지 않으며, 한손으로 떼어내면 기계를 정지시키는 방호장치
	B-2 (전기버튼식)	
가드식	C	가드가 열려 있는 상태에서는 기계의 위험 부분이 동작되지 않고 기계가 위험한 상태일 때에는 가드를 열 수 없도록 한 방호장치
손쳐내기식	D	슬라이드의 작동에 연동시켜 위험상태로 되기전에 손을 위험 영역에서 밀어내거나 쳐내는 방호장치로서 프레스용으로 확동식 클러치형 프레스에 한해서 사용됨(다만, 광전자식 또는 양수조작식과 이중으로 설치 시에는 급정지 가능 프레스에 사용 가능)
수인식	E	슬라이드와 작업자 손을 끈으로 연결하여 슬라이드 하강 시 작업자 손을 당겨 위험영역에서 빼낼 수 있도록 한 방호장치로서 프레스용으로 확동식 클러치형 프레스에 한해서 사용됨(다만, 광전자식 또는 양수조작식과 이중으로 설치 시에는 급정지 가능 프레스에 사용 가능)

프레스 또는 전단기 방호장치의 공통일반구조는 다음과 같아야 한다.

- 방호장치의 표면은 벗겨짐 현상이 없어야 하며, 날타로운 모서리 등이 없어야 한다.
- 위험기계·기구 등에 장착이 용이하고 견고하게 고정될 수 있어야 한다.
- 외부충격으로부터 방호장치의 성능이 유지될 수 있도록 보호덮개가 설치되어야 한다.
- 각종 스위치, 표시램프는 매립형으로 쉽게 근로자가 볼 수 있는 곳에 설치해야 한다.

(1) 가드(guard)식 방호장치

가드식과 게이트가드식이 있다.

1) 작동

가드식과 게이트가드식이 있으며, 가드의 개폐를 이용한 방호장치로서 기계의 작동을 서로 연동하여 가드가 열려있는 상태에서는 기계의 위험부분이 가동되지 않고, 또한 기계가 작동하여 위험한 상태로 있을 때에는 가드를 열 수 없게 한 장치이다.

게이트의 작동방식에 따라 하강식, 상승식, 횡 슬라이드식, 도립식의 구별이 있으므로 작업에 적당한 것을 선택하여야 한다.

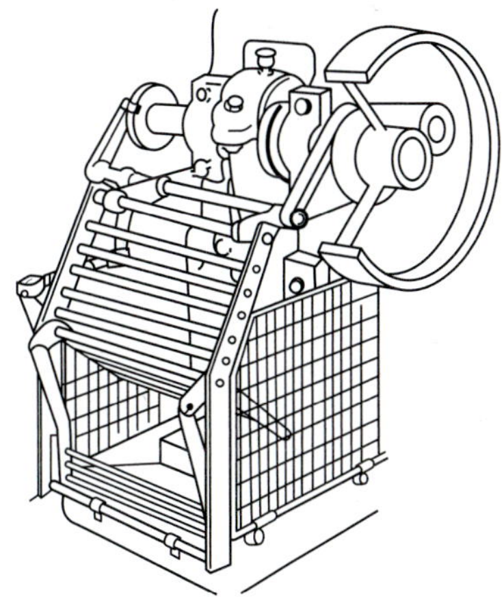

그림 3.29 게이트 가드식 방호장치

2) 사용

① 1행정 1정지기구를 갖춘 프레스에 사용한다.
② 양수조작식 방호장치를 병용하는 것도 있다.

3) 구조 및 설치방법

① 프레스의 행정길이, 금형의 크기에 따라 가드의 크기를 선택하여 설치하여야 하며, 가드가 위험부위를 차단하지 않으면 프레스가 작동되지 않도록 확실하게 연동(interlock)되어 있어야 한다. (게이트 가드 방호장치는 가드가 열린 상태에서 슬라이드를 동작시킬 수 없고 또한 슬라이드 작동 중에는 게이트 가드를 열 수 없어야 한다. 수동으로 가드를 닫는 구조의 것은 가드의 닫힘 상태를 유지하는 기계적 잠금장치를 작동한 후가 아니면 슬라이드 기동이 불가능한 구조이어야 한다.)
② 가드 높이는 프레스에 부착되는 금형 높이 이상(최소 180mm)으로 한다.
③ 가드 폭이 40mm 이하일 때에는 가드 측면을 방호하는 가드를 부착하여 사용한다.
④ 가드의 틈새로 손가락 및 손이 위험한계 내에 들어가지 않도록 가드 틈새를 정하여야 한다.
⑤ 미동(Inching) 행정에서는 가드를 개방할 수 있는 것이 작업성에 좋다.
⑥ 오버런 감지장치가 있는 프레스에서는 상승 행정 완료 전에 가드를 열 수 있는 구조로 할 수 있다.
⑦ 급정지 기구를 구비한 부분회전식 클러치 프레스에서 오버런 감시장치가 없는 것은 슬라이드가 하사점을 지나 상사점에 도달하여 동작이 정지된 후 가드를 개방할

수 있는 구조로 한다.

⑧ 부분회전식 프레스에 급정지 기구가 없는 프레스를 사용하는 경우 슬라이드 상사점 정지를 확인한 후가 아니면 가드를 개방할 수 없는 구조로 한다.

주 1. 미동(Inching) 기구 : 방호장치나 비상정지스위치 등에 의하여 급정지된 프레스를 상사점으로 복귀시키거나, 공구설정·시험행정·보수·윤활작업 시 슬라이드의 작동량을 제한하는 기구
2. 오버런 감시장치 : 크랭크 핀 등이 설정 정지점에 정지하지 않을 때 급정지기구를 써서 크랭크축 등의 회전을 정지시킬 수 있게 하는 장치

4) 특징

① 일반적으로 2차가공에 적합하다.

② 기계고장에 의한 이상 행정, 공구 파손시에도 안전하다.

③ 금형의 교환 빈도수가 적은 프레스에 적합하다.

④ 게이트는 5mm 이상의 두께를 갖는 투명플라스틱을 사용하는 것이 좋다.

주 1. 일반적으로 코일재, 시트재 등 소재에서 잘려 분리되는 것은 1차가공, 그 이후의 프레스가공을 2차가공이라 함.
2. 다이 높이(die height) : 스트로크의 하단위치(하사점)에서 램하면으로부터 정반상면까지의 거리

(2) 양수조작식 방호장치

1) 작동

양수조작식 방호장치는 2개의 누름버튼 또는 조작레버를 금형의 위험한계에서 안전거리 이상을 격리시켜 설치하고 양손으로 동시에 조작하지 않으면 슬라이드가 작동하지 않는다. 또한, 슬라이드의 작동 중에 누름버튼 등에서 손이 떨어질 때는 즉시 복귀하고 1행정마다 슬라이드의 작동이 정지되는 구조이다. 즉, 1행정마다 누름버튼 등에

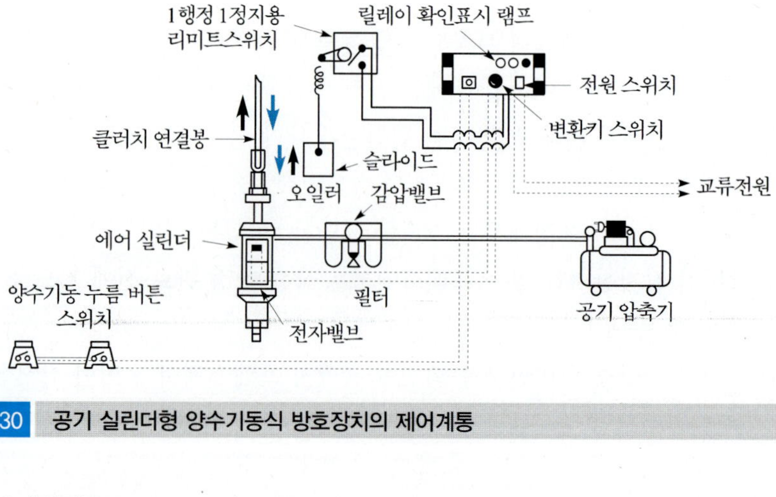

그림 3.30 공기 실린더형 양수기동식 방호장치의 제어계통

서 양손을 떼지 않으면 재작동 조작을 할 수 없다.

① 양수조작식(급정지 기구를 지닌 프레스의 안전작업용) : 2개의 누름버튼 등에서 손을 떼는 것에 의해 프레스의 급정지 기구를 작동시켜 손이 금형의 위험한계를 도달할 때까지는 슬라이드를 정지시킨다.

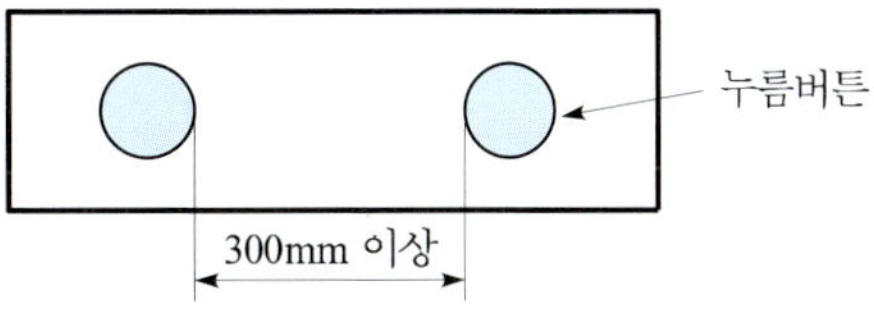

그림 3.31 양수조작식 방호장치

② 양수기동식(급정지 기구가 없는 확동클러치 프레스용) : 손이 누름버튼 등에서 떠나 형틀의 위험한계에 도달하기 전에 1행정 1정지 운전의 슬라이드가 하사점에 도달하는 것으로 대개의 경우 120SPM 이상인 프레스에 사용된다.

2) 사용

① 1행정 1정지기구를 갖춘 프레스에 사용한다.
② 완전 회전식 클러치(확동식 클러치) 프레스에는 기계적 1행정 1정지기구를 구비하고 있는 양수기동식 방호장치에 한하여 사용한다.
③ SPM(stroke per minute : 매분 행정수) 120 이상의 프레스(약 30~40ton 이하의 소형프레스)에 사용이 가능하다.

3) 구조 및 설치방법

① 정상작동표시램프는 녹색, 위험표시램프는 붉은색으로 하며, 쉽게 근로자가 볼 수 있는 곳에 설치해야 한다.
② 누름버튼(녹색) 또는 조작레버는 매립형으로 제작되어야 하며, 양손으로 동시에 조작하지 않으면 슬라이드를 작동시킬 수 없으며 양손에 의한 동시조작은 0.5초 이내에서 작동되는 것으로 한다.
③ 누름버튼 또는 조작레버의 상호간 내측거리는 300mm 이상으로 하여야 한다. 만약 300mm 미만일 경우는 작업자의 부주의나 태만으로 인해 한 손으로 조작할 위험성이 있기 때문이다.
④ 1행정마다 누름버튼에서 양손을 떼지 않으면 재기동 작업을 할 수 없는 구조이어야 한다.
⑤ 2인 이상 공동 작업시 모든 작업자에게 양수조작식 조작반을 배치한다.

⑥ 방호장치는 릴레이, 리미트 스위치 등의 전기부품의 고장, 전원전압의 변동 및 정전에 의해 슬라이드가 불시에 동작하지 않아야 하며, 사용전원전압의 ±(100분의 20)의 변동에 대하여 정상으로 작동되어야 한다.

⑦ **안전거리** : 조작부의 설치 거리는 위험부위로부터 다음에서 정하는 안전거리 이상으로 설치하여야 한다.

이는 손이 기준속도(1.6m/sec)로 위험범위로 이동하더라도 손이 위험한계에 다다르기 전에 슬라이드가 먼저 정지하거나, 하사점을 지나거나 해서 위험이 해소될 수 있도록 하는 거리이다.

㉠ 양수조작식

$$D = 1.6(Te + Ts)$$

여기서, D : 안전거리(mm)

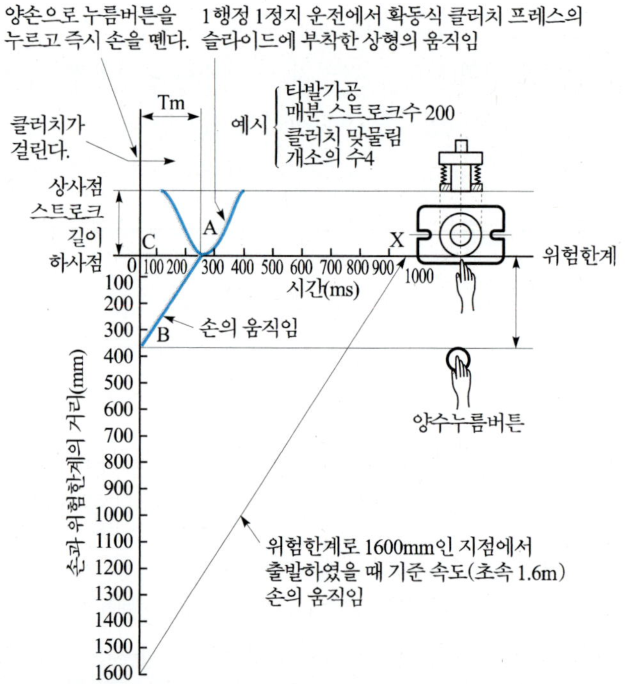

주) CA Tm 양손으로 누름버튼을 누른 뒤 슬라이드가 하사점에 도달하기까지의 최대소요시간 (단위 ms) (단, 클러치 조작용 에어 실린더등의 동작시간은 0으로 가정한다)
직선 BA는 직선 XY에 평향
CB D 안전거리(확동식 클러치의 경우) (단위 mm)
안전거리(확동식 클러치의 경우)의 계산식 D-1.6Tm (단위 mm)

그림 3.32 안전거리(확동식 클러치의 경우)

Te : 누름버튼 등에서 손이 떨어질 때부터 급정지기구가 작동을 개시할 때까지의 시간(ms)

Ts : 급정지 기구가 작동을 개시한 때부터 슬라이드가 정지할 때까지의 시간(ms)

㉡ 양수기동식

$$D = 1.6 \times Tm$$

여기서, D : 안전거리(mm)

Tm : 양손으로 누름버튼을 눌렀을 때의 슬라이드가 하사점에 도달하기까지의 소요 최대시간(ms)으로 다음과 같이 구별할 수 있다.

$$T_m = (1/2 + 1/N)\,60{,}000/SPM(ms)$$

여기서, N : 확동식 클러치의 봉합개소수(클러치 맞물림 개소수)

예제

프레스가 작동 후 작업점까지 도달시간이 0.6초 걸렸다면, 양수기동식 방호장치의 설치거리는 최소한 얼마가 되어야 하는가?

답 $D = 1.6 \times Tm = 1.6 \times 600 = 960\,mm$

SPM이 200이고 클러치 맞물림 개소수가 4인 경우 양수기동식 방호장치의 설치 거리는?

답 $Tm = (1/4 + 1/2) \times 60{,}000/200 = 3/4 \times 300 = 225\,ms$

$D = 1.6 \times 225 = 360\,mm$

주) 1ms(mili sec) = 0.001sec

4) 안전 1행정에 있어서의 급정지 무효범위

작업의 능률을 위하여 슬라이드가 하사점에 근접해 있을 때 누름버튼에서 손을 떼어도 행정이 정지(급정지)되지 않도록 하는 급정지 무효범위를 설정한다. 그림 3.33처럼 급정지 무효점이 하사점 전에 있기 때문에 비록 하사점 전에 누름버튼에서 손을 떼어도 슬라이드는 정지하지 않고 상사점까지 운동을 계속한

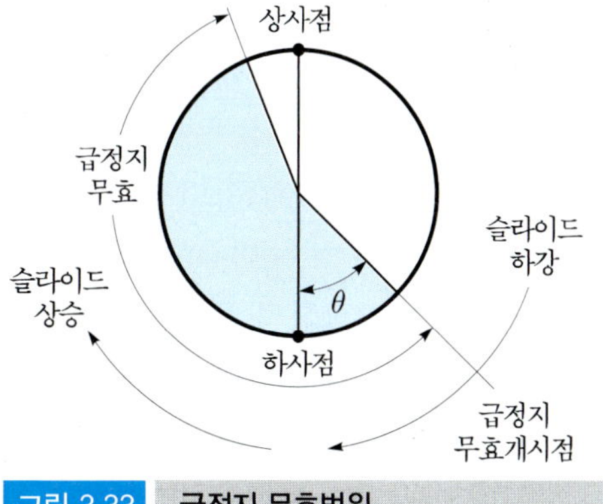

그림 3.33 급정지 무효범위

다. 따라서 급정지 무효점의 설정에 있어서는 안전거리를 유지하도록 특히 주의한다.

5) 특징

① 프레스의 방호장치 중 가장 널리 쓰이고 원천적으로 방호할 수 있는 장치이다.
② 급정지 기구가 부착된 마찰식 클러치 프레스에 적합하다(단, 양수기동식은 급정지 기구가 없는 확동식 클러치 프레스에 적합).
③ 클러치, 브레이크의 기계적인 고장으로 인한 이상 행정에는 효과가 없다.
④ 급정지 성능이 약화되지 않는 한, 위험구역으로부터 근로자를 완전히 보호한다.
⑤ 굽힘가공 등 2차 가공에 적합하며 급정지 기능이 양호하면 작업능률이 좋아진다.

(3) 손쳐내기식(push away, sweep guard) 방호장치

1) 작동

프레스의 작동에 연동시켜 슬라이드 레버나 링크(link) 혹은 캠으로 연결된 손쳐내기봉에 의해 위험상태로 되기 전에 손을 위험 영역에서 밀어내거나 쳐냄으로써 위험을 배제하는 장치이다.

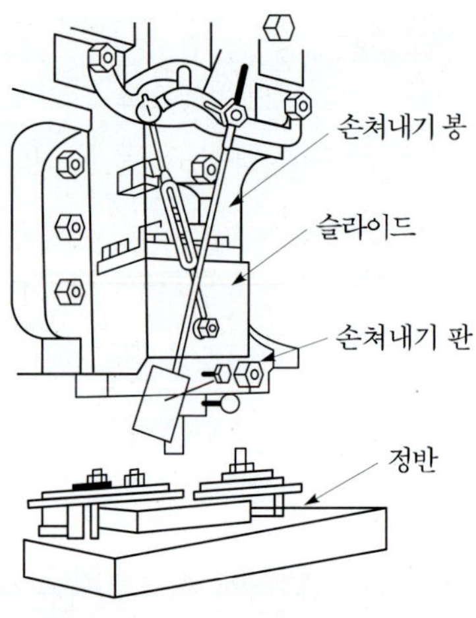

그림 3.34 손쳐내기식 방호장치

2) 사용

① 완전회전식 클러치 프레스에 적합하다.
② 1행정 1정지기구를 갖춘 프레스에 사용한다.
③ SPM(stroke per minute : 매분 행정수)이 100이하이고 슬라이드의 행정길이가 40mm 이상의 프레스에 사용한다.
④ 금형 폭이 500mm 이상인 프레스에는 사용하지 않는다.
⑤ 양수조작식 방호장치를 병용하는 것도 있다.

3) 구조 및 설치방법

① 슬라이드 하행정거리의 3/4 위치에서 손을 완전히 밀어내야 한다.

② 손쳐내기봉의 행정(stroke)길이를 금형의 높이에 따라 조정할 수 있고 진동폭은 금형 폭 이상이어야 한다.

③ 손쳐내기봉은 손 접촉시 충격을 완화할 수 있는 완충재를 부착하여야 한다.

④ 방호판의 폭은 금형크기의 1/2(최소 120mm)이상이어야 하고 높이는 행정길이 이상이어야 한다. 행정길이가 300mm이상의 프레스에는 방호판 폭을 300mm로 해야 한다.

④ 쳐내는 방향이 우측, 좌측으로 변환이 용이하고 작업성에 맞아야 한다.

⑤ 슬라이드 조절 양이 많은 것에는 손쳐내기 봉의 길이 및 진폭의 조절범위가 큰 것을 선정한다.

4) 특성

① 장점

- 규칙적인 프레스의 행정에 대하여 기계고장에 의한 이상행정시에 효과가 있다.
- 대형 프레스에는 효과가 적고, 소형 프레스나 금형에 알맞다.
- 쉽게 조정할 수 있다.

② 단점

- 양측면이 무방비 상태이다.
- 금형이 너무 크거나 작업자의 팔이 스위프(sweep)에 의해서 쳐질 때 팔꿈치가 굽어서 손이 위험영역 안으로 들어갈 가능성이 있다.
- 실세나 실치가 잘못되면 스위프가 빨리 움직여 스위프가 시나간 후 닙(nip)섬에 도달하거나, 너무 느리면 제때에 위험 영역을 방호하지 못한다.
- 금형 앞면의 길이에 비해서 원호나 원호 반지름의 기구 스윙이 작으면 행정의 끝 부분에서 방호가 되지 않는 공간이 생긴다.

(4) 수인식(pull out) 방호장치

1) 작동

확동식 클러치를 갖는 크랭크 프레스에 적합하며, 슬라이드와 작업자 손을 끈으로 연결하여 슬라이드 하강시 작업자의 손을 당겨 위험영역에서 빼낼 수 있도록 한 장치이다.

2) 사용

① 완전회전식 클러치 프레스에 적합하다.

② SPM이 100이하이고 슬라이드 행정길이가 50mm이상의 프레스에 사용한다.

③ 양수조작식 방호장치를 병용한 것도 있다.

④ 가공재를 손으로 이동하는 거리가 너무 클 때에는 작업에 불편하므로 사용하지 않는다.

그림 3.35 수인식 방호장치

3) 구조 및 설치방법

① 수인끈은 작업자와 작업공정에 따라 그 길이를 조정할 수 있어야 한다.

② 손의 끌어당김 양 조절이 용이하고 조절 후 확실하게 고정할 수 있어야 한다. 다만, 손의 끌어 당김 양을 120mm이하로 조절할 수 없도록 하여야 한다.

③ 수인끈의 끌어당기는 양은 테이블 세로 길이의 1/2 이상이어야 한다.

④ 수인끈의 재료는 합성섬유로 하고 절단(인장)하중 150kg에 견디는 직경 4mm 이상의 로프를 사용하여야 한다.

⑤ 수인끈과 손목밴드의 연결부는 50kg 이상의 정하중에 견딜 수 있어야 하며, 수인끈의 안내통은 끈의 마모와 손상을 방지할 수 있는 조치를 해야 한다.

⑥ 손목밴드(wrist band)의 재료는 유연한 내유성 피혁 또는 이와 동등한 재료를 사용하여야 하며, 손에 착용하기 용이하고 땀이나 기름에 상하지 않는 것이어야 한다.

4) 특징

① 장점

- 시계가 차단되지 않는다.
- 적절하게 사용하면 사고를 예방할 수 있다.

② 단점

- 작업자의 행동에 제한을 가져온다.

- 2차 가공에 제한된다.
- 프레스가 다시 구성되고 작업자가 바뀔 때마다 다시 조절, 검토되어야 한다.
- 끈의 조절이 중요하다.

(5) 감응식 방호장치(급정지 기능을 가진 프레스용)

1) 작동

슬라이드가 하강중일 때 손이나 신체 일부가 금형에 접근한 것을 검출기구를 통해서 감지하고 제어회로를 통하여 자동적으로 슬라이드를 정지시키는 장치로서, 감응방식에 따라 광전자식, 정전용량식, 원적외선식 등이 사용되고 있다.

2) 광전자식 방호장치의 종류

① 광원에 의한 분류

- 백열전구형
  - –진동에 의한 전구의 파열이 쉽다.
  - –외부광선의 영향을 받기 쉽다.
  - –수명이 짧다.
- 발광 다이오드형
  - –내진성이 뛰어나다.
  - –외부광선을 쉽게 받지 않는다.
  - –수명이 길다.

② 수광방법에 의한 분류

투과식, 반사식 및 광막식이 있다.

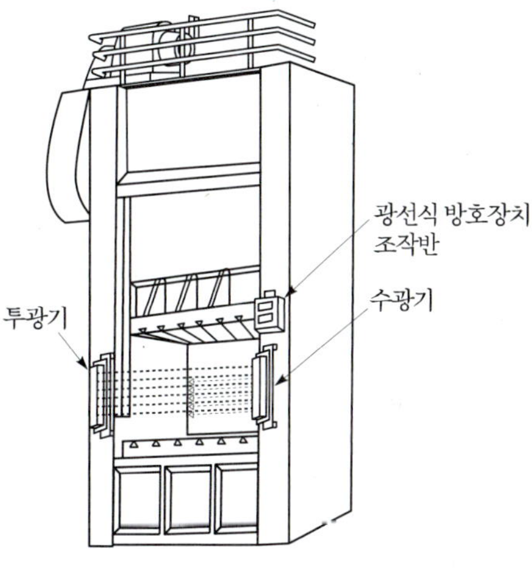

그림 3.36 스트레이트 사이드형 프레스에 부착된 투과형 광선식 방호장치

표 3.5 광축의 설치개수

슬라이드 조절량 + 스트로크 길이(mm)	광축수	슬라이드 조절량 + 스트로크 길이(mm)	광축수
50이하	2	200이상 250이하	6
50이상 100이하	3	250이상 300이하	7
100이상 150이하	4	300이상 350이하	8
150이상 200이하	5	350이상 400이하	9

3) 사용

① 급정기지구가 있는 프레스에 한하여 사용한다.

② 안전거리가 확보될 수 있어야 한다.

4) 구조 및 설치방법

① 투광기에서 발생시키는 빛 이외의 광선에 감응해서는 안된다.

② 정상작동표시램프는 녹색, 위험표시램프는 붉은색으로 하며. 쉽게 근로자가 볼 수 있는 곳에 설치해야 한다.

③ 앞·뒤면에서 작업을 하는 경우의 프레스에는 앞·뒤면에 방호장치를 설치하여야 한다.

④ 광축의 설치거리는 위험부위로부터 안전거리 이상으로 설치해야 한다(설치거리는 양수조작식과 같다).

$$D = 1.6(Tl + Ts)$$

여기서, D : 안전거리(mm)

Tl : 손이 광선을 차단한 직후로부터 급정기기구가 작동개시 하기까지의 시간(ms)

Ts : 급정지기구가 작동을 개시한 때로부터 슬라이드가 정지할 때까지의 시간(ms)

⑤ 광축의 수는 2개 이상으로 하고, 슬라이드 조절량과 스트로크 길이에 따라 표 3.4와 같이 늘려야 한다. 광축 간의 간격은 50mm 이하이어야 한다(안전거리가 500mm 이상인 경우에는 70mm 이하로 하여도 좋다).

⑥ 방호장치는 릴레이, 리미트 스위치 등의 전기부품의 고장, 전원전압의 변동 및 정전에 의해 슬라이드가 불시에 동작하지 않아야 하며, 사용전원전압의 ±(100분의 20)의 변동에 대하여 정상으로 작동되어야 한다.

⑦ 위험한계까지의 거리가 짧은 200mm 이하의 프레스에는 연속차광폭이 작은 30mm이하의 방호장치를 선택한다.

⑧ 대형 프레스에서 광축과 테이블 앞면과의 수평거리가 400mm를 넘어서 작업자가 이 사이에 들어갈 수 있는 공간이 있을 때는 테이블에 대해 평행 또는 수평으로 200 ~300mm 마다 보조광축을 설치한다.

⑨ 슬라이드가 하강 중에 광축을 차단하여 급정지한 뒤 이어서 통광이 되었을 때 슬라이드가 작동되지 않는 구조이어야 한다.

주 1. **투광기** : 광선을 발사해 주는 장치
2. **수광기** : 투광기에서 발사하는 빔을 받는 장치
3. **반사판** : 투광기에서 발사하는 빔을 반사하여 수광부에 보내는 장치
4. **방호높이** : 위험한계로 침범하는 것을 막을 수 있는 투광기와 수광기 사이의 높이
5. **위험한계** : 작업점으로부터 조작 스위치(투, 수광기 연직면)까지의 안전거리
6. **연속차광폭** : 광축을 차단할 때 계속적으로 차광이 될 수 있는 최소직경을 연속차광폭이라하며, 광전자식 방호장치에서 연속차광폭은 30mm 이하가 되어야 한다.

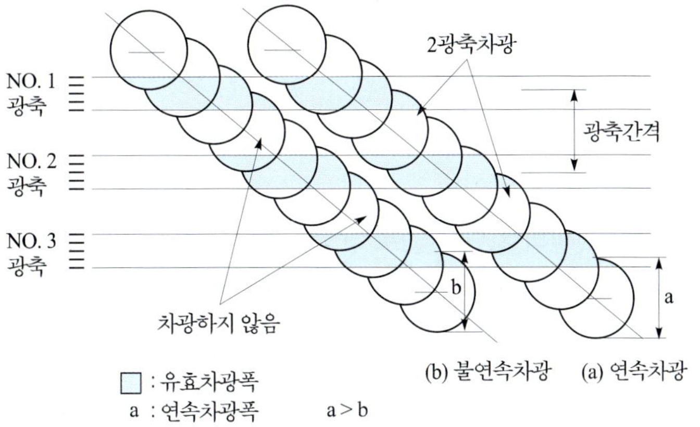

그림 3.37 연속차광폭

5) 특징

① 장점

- 일반적으로 방호장치가 설치되기 어려운 큰 프레스에 적용된다.
- 시계가 차단되지 않는다.

② 단점

- 상당이 많은 수의 광선이 사용되어야 위험지역을 보호할 수 있다.
- 위험지역으로부터 어느 정도 떨어진 거리에 설치되어야 한다.
- 슬라이드(램)의 행정기간 동안에 프레스를 정지시킬 수 있는 경우에만 사용된다.
- 기계적 고장에 의한 이상행정시에는 효과가 없다.

(6) 방호장치의 사용기준

같은 종류의 동력 프레스일지라도 사용하는 클러치가 각각 다르고 또한 생산하는 제품의 종류에 따라 그 작업 특성이 다르므로 작동하는 기계의 운동특성과 작업특성을 고려하여 가장 적당한 방호장치를 선택하여야 하며, 방호장치의 조작용 전기회로의

전압은 150V 이하로 한다.

① 급정지기구가 부착되어야만 유효한 방호장치
양수조작식, 감응식

② 급정지기구가 부착되지 않아도 유효한 방호장치
양수기동식, 가드식, 수인식, 손쳐내기식

③ 방호장치에 표시할 사항
제조회사명, 제조년월일, 제품명 및 모델

3.7.7 금형의 안전화

(1) 안전금형의 채용

금형을 안전울로 둘러싸는 것으로 고정방법은 프레스에 고정시키는 방법과 금형에 설치하는 방법이 있으며, 상형의 울과 하형의 울 사이를 12mm 정도 겹치게 하여 손가락을 다칠 위험이 없도록 하여야 한다. 프레스의 상사점에 있어서 상형과 하형, 또는 가이드 포스트(guide post)와 가이드 부시의 틈새(bush clearance)는 8mm 이하로 하여 손가락이 금형 사이에 들어가지 않도록 한다.

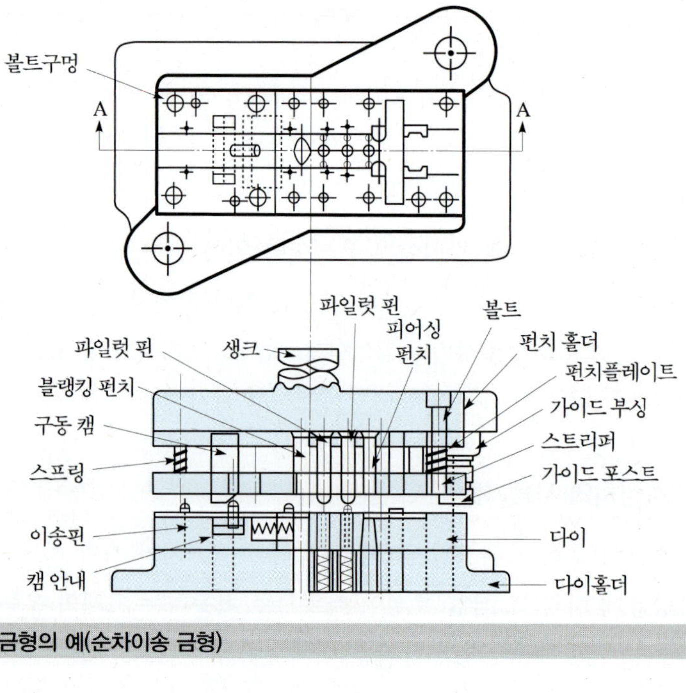

그림 3.38 금형의 예(순차이송 금형)

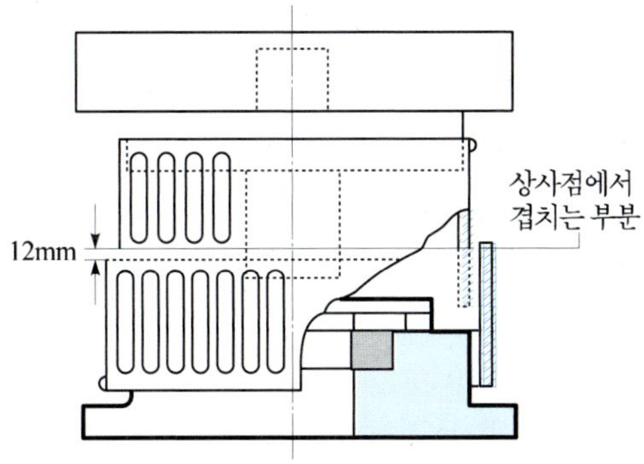

그림 3.39 금형의 안전울 예

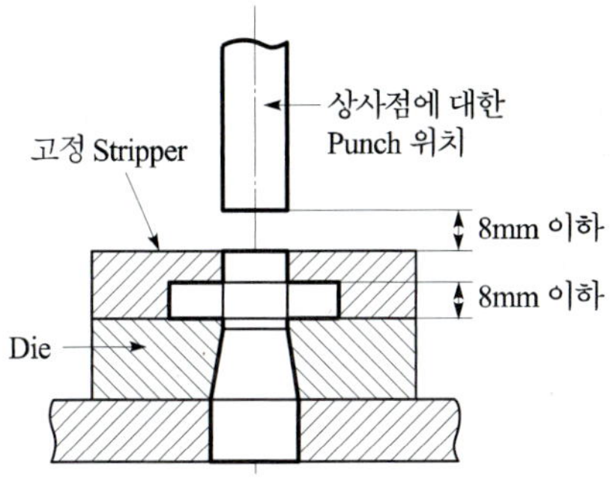

그림 3.40 상사점에 대한 Punch 하면과 고정 Stripper면이 8mm 이하일 때의 대책

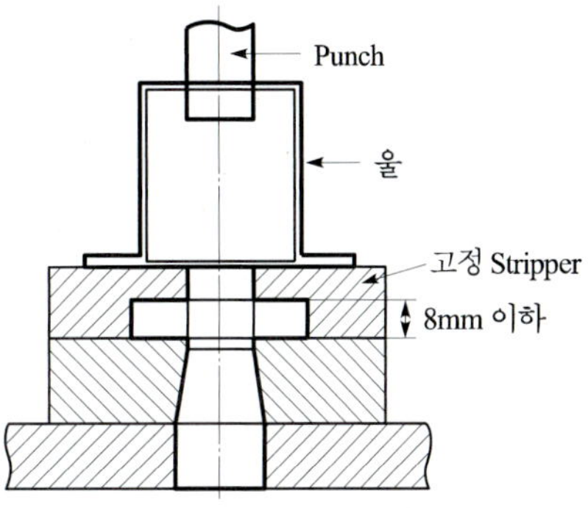

그림 3.41 상사점에 대한 Punch 하면과 고정 Stripper면이 8mm 이상일 때의 대책

(2) 금형파손에 의한 위험의 방지

① 맞춤핀 등은 낙하방지대책을 세우고 인서트 부품은 이탈방지대책을 세운다.

② 캠 및 그 밖의 충격이 반복되어 부가되는 부분에는 완충장치를 설치한다.

③ 금형의 조립에 사용되는 볼트 및 너트는 작업 중의 진동에 의해 느슨해질 위험성이 있으므로 스프링 와셔(spring washer), 록너트(lock nut) 등이 느슨해지는 것을 방지하는 대책을 실시한다.

주 1. **맞춤핀**(knock pin, dowel pin) : 펀치와 상홀더, 다이와 하홀더 등을 다이세트의 올바른 위치에 고정하는 부품
2. 진동에 의한 볼트의 풀림 방지는 다양한 방식으로 구현될 수 있다. 와셔를 이용하는 방식, 너트를 이용하는 방식, 록와이어(lock wire), 접착제 등이 있다.
3. **록너트** : 너트의 풀림을 막기 위하여 2개 이상의 너트를 겹쳐서 죄든가 또는 특수한 모양으로 한 너트를 말한다. 그 종류로는 2중 너트(a), 스프링 와셔(b), 작은 나사(c), 스플릿 핀(분할핀)(d), 홈붙이 너트(e), 풀림정지 나사(f), 세트 나사(g), 링스프링(h), 방지만(i), 갈귀붙이(j), 혀붙이(k) 등이 있다.

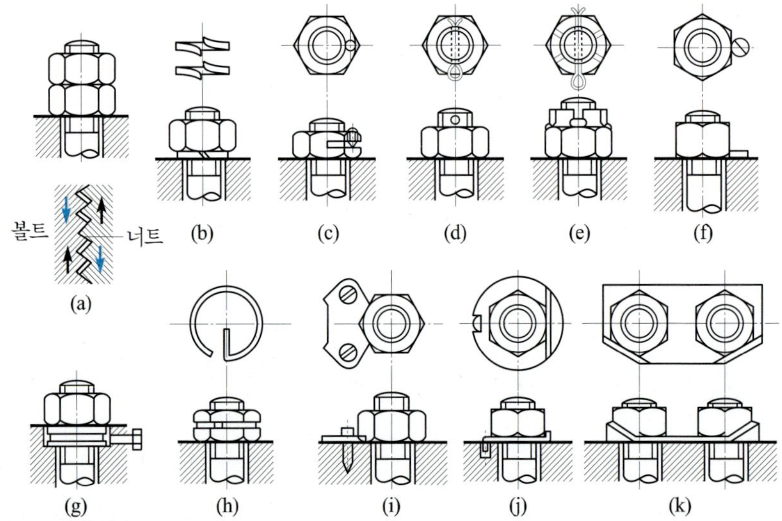

그림 3.42 록너트

(3) 금형의 탈락 및 운반에 의한 위험방지

① 금형의 설치용 홈은 설치된 프레스의 홈에 적합한 형상의 것으로 한다.

② 금형설치용 홈의 안길이는 설치볼트 직경의 2배 이상으로 한다.

③ 금형을 운반할 때는 형틀이 어긋나는 것을 방지하기 위해 고정밴드를 사용하고 대형일 경우에는 상하형틀의 평형을 유지하기 위해 안전핀을 사용한다. 또한, 금형의 보기 쉬운 곳에 사용되는 프레스의 압입능력(단위 : ton), 길이(전후, 좌우 및 다이의 높이), 총중량(단위 : kg), 상형의 중량(단위 : kg) 등의 내용을 표시한다.

이 밖에도 다품종소량생산화에 따라 금형교환빈도가 많아짐에 따라 최근에는 금형교환시간의 단축과 안전작업을 위하여 Q.D.C(Quick Die Change)장치를 사용하기도 한다.

3.7.8 이송방법의 자동화 및 수공구의 활용

(1) 재료 또는 가공품의 이송(송급, 취출)방법의 자동화

① 1차 가공용 송급배출장치

롤 피더(roll feeder), 그리퍼 피더(gripper feeder)등을 사용한다.

② 2차 가공용 송급배출장치

슈트(chute), 푸셔 피더(pusher feeder), 다이얼 피더(dial feeder), 트랜스퍼 피더(transfer feeder), 프레스용 로봇을 사용한다.

③ 제품 및 스크랩(scrap)이 형에 부착되는 것을 방지하기 위하여 스트리퍼(stripper), 녹아웃(knock out), 키커 핀(kicker pin) 등을 설치한다.

④ 가공 완료한 제품 및 스크랩의 자동취출을 위해서 에어분사장치(air sprayer), 키커(kicker), 리프터(lifter), 이젝터 캐치 암(ejecter catch arm), 오토 핸드(auto hand), 아이언 핸드(iron hand) 등을 쓴다.

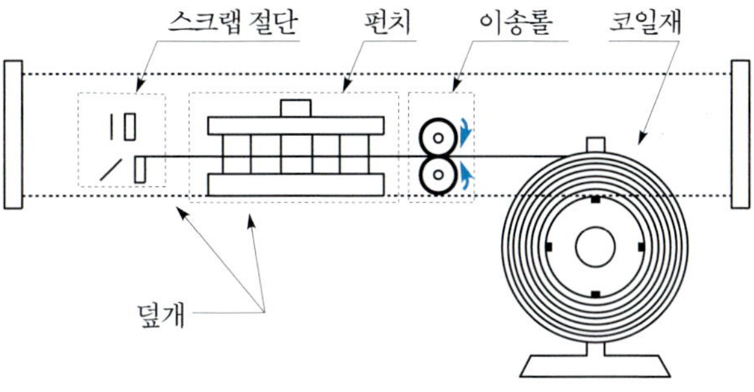

그림 3.43 롤 피더

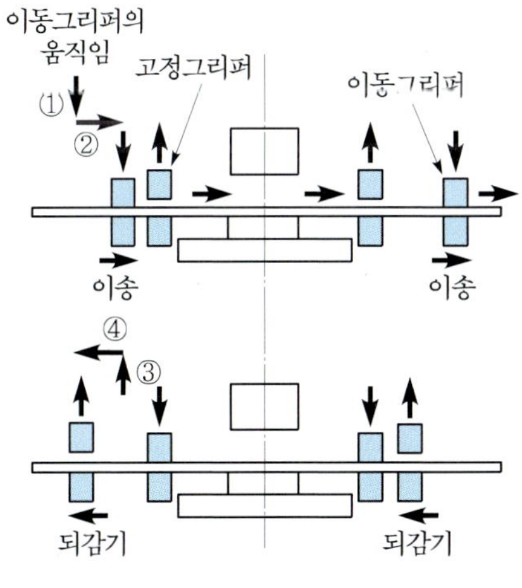

그림 3.44 그리퍼 피더의 이송기구

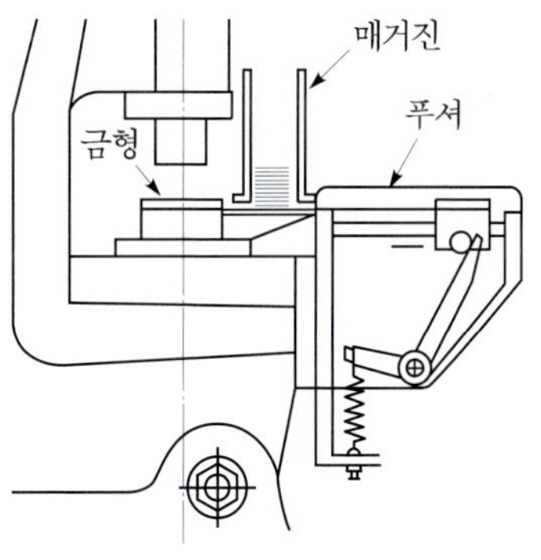

그림 3.45 푸셔 피더

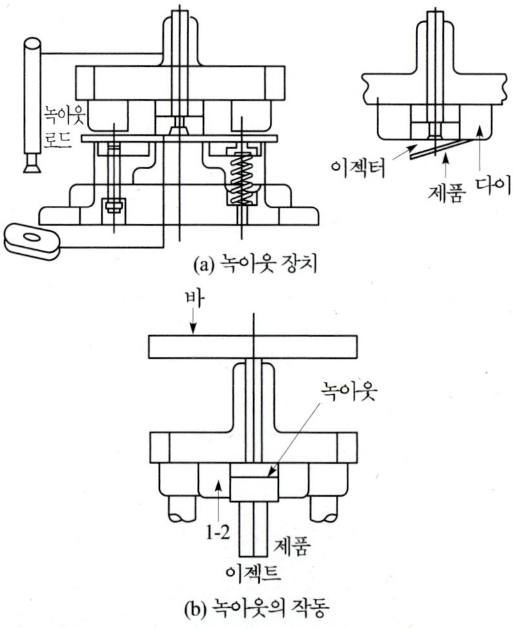

그림 3.46 상형에 설치된 녹아웃 장치의 구조와 작동 상태

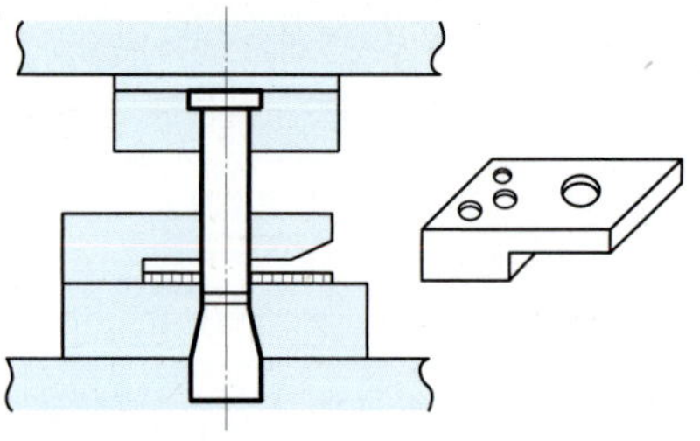

그림 3.47 3면 개방 스트리퍼

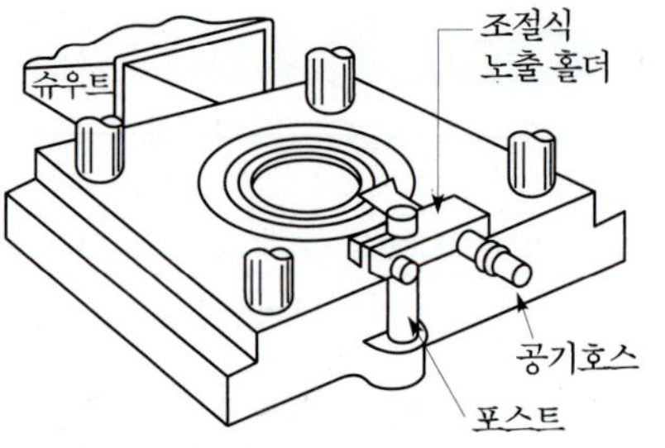

그림 3.48 에어분사 장치

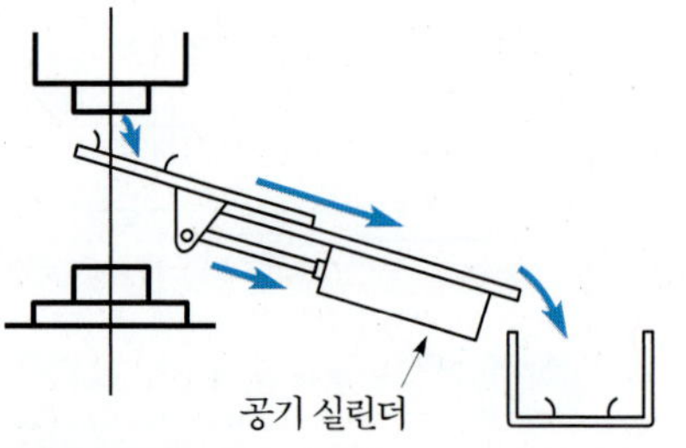

그림 3.49 셔플 이젝터

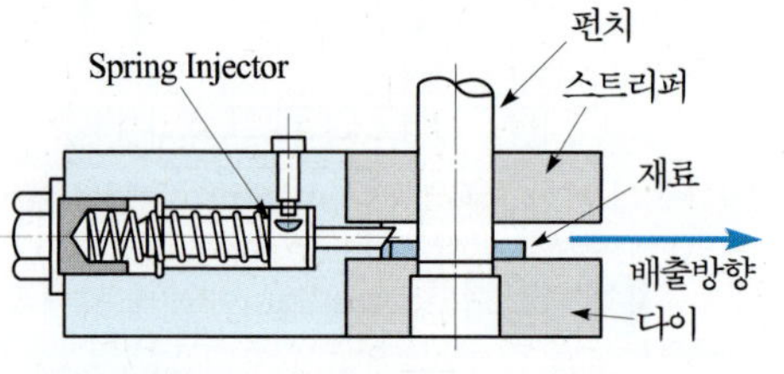

그림 3.50 스프링 이젝터

(2) 수공구의 활용

No hand in die 방식이 프레스 재해를 방지하기 위한 근본적인 방법이지만 손작업에 의존해야 하는 프레스 작업에서는 금형 사이에 손을 넣고 작업을 하는 경우가 많다. 이와 같이 손작업을 해야 하는 경우에는 자동화가 어려운 것이므로 손으로 송취출하는 대신에 수공구로 작업을 하도록 개선하는 것도 하나의 중요한 안전대책이다. 수공구가 안전조치로서 충분히 사용되기 위해서는 해당 수공구에 대한 교육훈련을 필히 실시하여야 한다. 수공구의 종류는 매우 많지만 다음의 5가지로 분류할 수 있다.

① 누름봉, 갈고리류
② 핀셋트류
③ 플라이어(집게)류
④ 마그넷 공구류
⑤ 진공 컵류

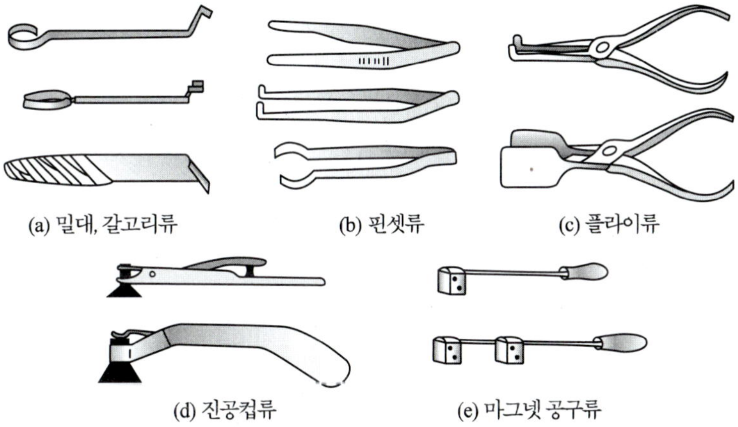

그림 3.51 각종 수공구

3.7.9 프레스 작업의 안전수칙

(1) 관리감독자의 직무[규칙 제35조(관리감독자의 유해 · 위험 방지업무등)]

프레스 및 방호장치를 점검하고, 이상 발견시는 즉시 필요한 조치를 취하여야 하며, 전환 스위치를 설치하였을 때는 열쇠를 직접 관리하고, 특히 금형의 부착, 해체 또는 조정작업을 지휘하는 일을 하여야 한다.

주 프레스 행정의 전환스위치, 방호장치의 전환스위치 등을 부착한 프레스 등에 대하여 해당 전환스위치 등을 항상 유효한 상태로 유지하여야 한다[규칙 제103조(프레스 등의 위험방지)].

(2) 금형의 설치 및 조정 안전수칙

① 금형은 하형부터 잡고 무거운 금형의 받침은 인력으로 하지 않는다.

② 금형의 부착 전에 하사점을 확인한다.

③ 금형을 설치하거나 조정할 때는 반드시 동력을 끊고 페달에 방호장치(U자형 덮개)를 하여 놓는다.

④ 금형의 체결은 올바른 치공구를 사용하고 균등하게 체결한다.

⑤ 슬라이드의 불시하강을 방지하기 위하여 안전블록을 사용하는 등 필요한 조치를 한다[규칙 제104조(금형조정작업의 위험방지)].

주 **안전블록(safety block)** : 금형부착 작업 등의 경우 안전을 위하여 사용하는 힌지형태의 회전봉 모양의 것으로서 슬라이드와 불스타 사이에 끼워 넣어 슬라이드의 낙하방지용으로 사용된다.

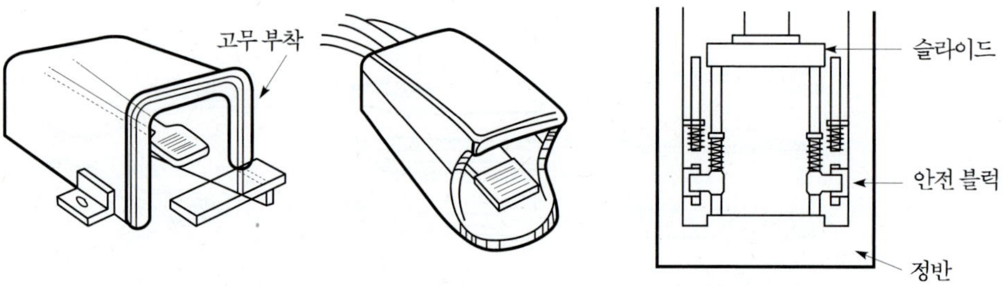

(a) 페달의 U자형 덮개 (b) 안전 블럭

그림 3.52 덮개 및 안전블록

(3) 운전가공 중의 안전수칙

① 운전가공 중에는 금형 사이에 절대로 손을 넣지 않는다.

② 지시된 작업표준을 지키고 안전작업을 한다.

③ 연속 다발작업을 제외하고는 1회마다 페달에서 발을 뗀다.

④ 가공 중의 부품의 삽입, 부품이나 스크랩의 배출시는 필요에 따라 수공구를 사용한다.

⑤ 2인 이상의 공동작업일 경우에는 책임자를 선정한다.

⑥ 작업을 중단할 때는 기계를 정지하고 재료 또는 가공품을 꺼낸다.

⑦ 주유 또는 청소시에는 반드시 기계를 정지한 뒤에 실시한다.

(4) 정지시의 안전수칙

① 플라이 휠의 회전을 멈추기 위해 손으로 누르지 않는다.
② 클러치를 연결시킨 상태에서 기계를 정지시켜서는 안된다.
③ 정전되면 즉시 스위치를 끈다.

(5) 작업시작 전의 점검사항[규칙 제35조 제2항 관련]

① 클러치 및 브레이크의 기능
② 크랭크축, 플라이 휠, 슬라이드, 연결봉 및 연결나사의 풀림 유무
③ 1행정 1정지기구, 급정지장치 및 비상정지장치의 기능
④ 슬라이드 또는 칼날에 의한 위험방지기구의 기능
⑤ 프레스의 금형 및 고정 볼트 상태
⑥ 방호장치의 기능
⑦ 전단기의 칼날 및 테이블의 상태

주 1. **1행정 1정지기구** : 클러치를 작동시키는 동작을 클러치가 작동하는 한 언제까지 계속되어도 크랭크축이 1회전하여 상사점에 도달하면 자동적으로 클러치가 분리되어 정지하는 방식. 즉, 클러치가 작동된 후 페달을 계속 밟거나 누름버튼을 계속해서 눌러도 슬라이드가 상사점에 도달하여 1행정이 완료되면 자동적으로 슬라이드가 정지한다.
2. **급정지장치(emergency stop device)** : 이상 검출장치의 전기신호에 의해 자동적으로 클러치를 차단하여 프레스를 급정지시키는 장치
3. **비상정지장치(emergency stop apparatus)** : 이상상태를 발견한 작업자가 인위적으로 기계의 작동을 정지시키는 것을 목적으로 한 장치

3.8 롤러 작업

3.8.1 개요

롤러기(roller)는 원통상의 물체 2개 이상을 1조로 하여 작은 간격을 두고 각각 반대방향으로 회전하여 금속 또는 비금속재료를 롤러기 사이의 작은 간격을 통하게 하여 압축, 분쇄, 성형, 평활, 광택, 인쇄 또는 압연작업을 하는 기계로서 금속공업을 비롯하여 광범위하게 이용되고 있다.

롤러기 재해의 대부분은 롤러의 맞물림점에 재해자의 손이나 신체의 일부가 말려들어감으로써 발생한다.

그림 3.53에서 손가락이 롤러로부터 받는 힘이 P이면 마찰력은 μP가 되며 μP에 의해 말려들게 하는 분력 μP $\cos\beta$가 발생한다. 또 P에 의해 말려드는데 저항하는 P $\sin\beta$도 동시에 발생되며, 결국 $\mu P\cos\beta < P\sin\beta$이면 손가락이 말려들지 않게 된다. 따라서 $\mu < \tan\beta$이면 말려들지 않는다. 즉, $\tan\beta$값이 마찰계수 μ보다 크면 이론적으로 손이 롤러에 들어가지 않는다.

$\tan\beta$값은 롤러직경 $d_1(=d_3)$, 손가락 끝의 직경 d_2, 롤러간격 a로 표시할 수 있다. 따라서 롤러의 중심과 손가락 중심, 롤러 간의 중심을 잇는 삼각형에서

$$\tan\beta = \frac{\sqrt{(d_1/2+d_2/2)^2-(d_1/2+a/2)^2}}{\sqrt{(d_1/2+a/2)^2}}$$

에서,

$$\tan\beta = \sqrt{\left(\frac{d_1+d_2}{d_1+a}\right)^2-1}$$

이 된다.

위 식에서 롤러직경 d_1과 롤러간격 a가 클수록, 또 손가락 직경 d_2가 작을수록 $\tan\beta$값이 작아져서 손이 롤러에 들어갈 위험이 커진다.

그림 3.53에서는 안전한계치 $\mu=0.4$에서의 관계를 보이고 있다.

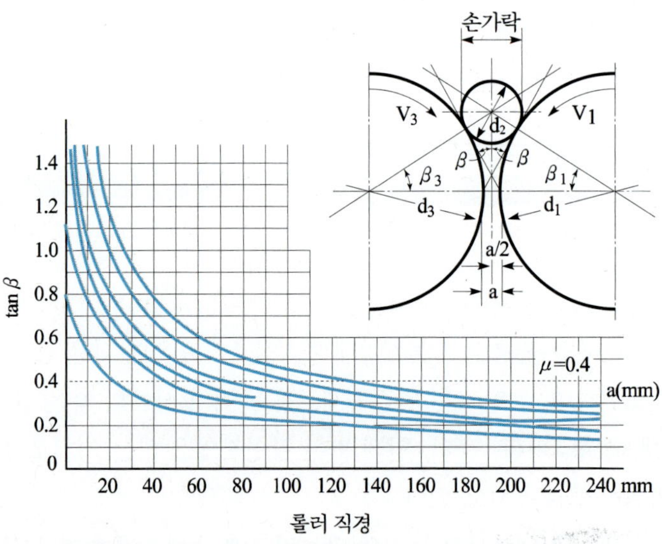

그림 3.53 롤러의 위험성

3.8.2 롤러기의 종류

(1) 카렌다(calender)기

반대방향으로 회전하는 두 개 또는 그 이상의 금속 롤러가 장치된 기계로서 고무나 플라스틱 화합물을 연속적으로 판가공을 하거나, 고무 및 플라스틱 화합물로 된 공작물의 재료를 롤러 사이의 간격으로 밀어 넣어 이때의 상대적인 압력을 이용하거나 코팅(coating)하는 데 사용되는 기계이다.

(2) 밀(mill)기

수평으로 설치되어 서로 반대방향으로 회전하는 두 개의 인접한 금속 롤러가 구성되어 있는 기계로서 고무 및 플라스틱 화합물의 기계적 작업에 사용된다. 밀기를 크기에 상관없이 설치할 때 작동 롤러의 높이는 1.3m(50인치) 이상이 되어야 한다.

이 밖에 롤러기에 속하는 것으로서는 압연기, 회전 인쇄기 등이 있다.

주 롤러의 압력에 따라 고무·고무화합물 또는 합성수지를 소성변형시키거나 연화시키는 롤러기로서 동력에 의하여 구동되는 롤러기는 안전인증대상기계임. 다만 작업자가 접근할 수 없는 밀폐형 구조로 된 롤러기는 제외[시행령 제74조(안전인증대상기계등)]

3.8.3 롤러기의 방호장치

롤러기의 맞물리는 점에 작업자의 손이 끼이는 것은 매우 위험하기 때문에 울(guard)이나 안내롤러(guide roller)를 설치하여야 하며[규칙 제123조(롤러기의 울등설치)], 또한 조작부의 이상움직임에 대응하여 전원차단 및 브레이크 계통의 작동으로 롤러가 급정지되도록 하는 급정지장치를 설치하여야 한다. [시행령 제77조(자율안전확인대상기계등)]

(1) 급정지장치

롤러기의 급정지장치란 롤러기의 전면에 위치한 작업자의 신체 일부가 롤러기에 말려 들어가는 상태에서 작업자의 손이나 무릎, 복부 등에 쉽게 닿을 수 있는 조작부를 건드림으로써 조작부의 이상 움직임으로 인한 브레이크 계통의 작동으로 롤러기가 급정지 되도록 하는 장치를 말한다.

1) 급정지장치의 구성

롤러기에 설치되는 급정지장치는 작업자가 위급시 쉽게 조작할 수 있는 조작부, 조작부에 의해서 브레이크 장치를 작동시켜 동력을 제동시키는 제동장치로 구성되어 있다.

① **신체압력 감응 막대장치** : 대부분의 롤러기는 작업자의 손이 먼저 방호장치를 작동하여 롤러기의 회전을 멈추지 않고는 롤러기의 작업점에 도달하지 못하도록 하는 방호장치의 설치가 가능하다. 신체압력 감응장치는 이러한 종류의 하나로서 작업바닥으로부터 롤러 정상까지의 높이가 약 117cm 이상인 롤러기의 전후에 설치한다.

② **비상안전 제어장치** : 이 장치는 신체압력 감응 막대장치와는 달리 작업자가 능동적으로 작동시키는 장치이다. 비상안전 제어장치는 롤러기의 전후에 설치하여야 하며 그 위치는 작업 바닥으로부터 180cm 이하의 높이에, 전후 롤러의 수직접선으로부터 5cm 이내에 설치되어야 작업자가 위급할 때 쉽게 막대기를 치거나 잡아당겨 롤러를 멈추게 할 수 있다.

③ **비상안전 제어로프** : 비상안전 제어로프장치는 롤러기의 전후에 설치되며 롤러기의 수직접선으로부터 약 5cm 이내에, 작업바닥으로부터 약 180cm 이하가 되도록 설치하여 로프를 밀거나 잡아당김으로써 쉽게 작동되어 제한영역 이내에 멈추어야 한다.

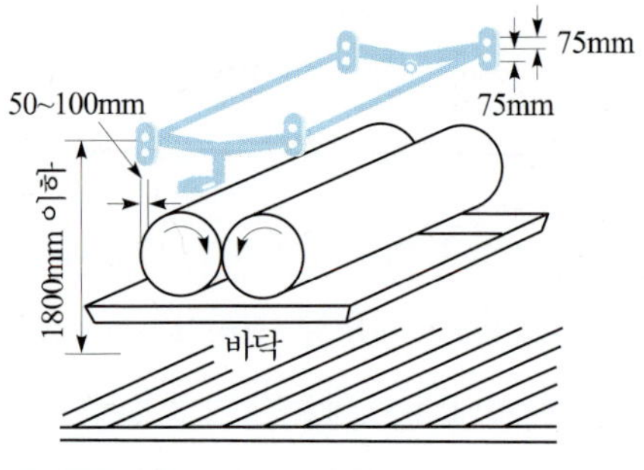

그림 3.54 수평 롤러기의 조작레버

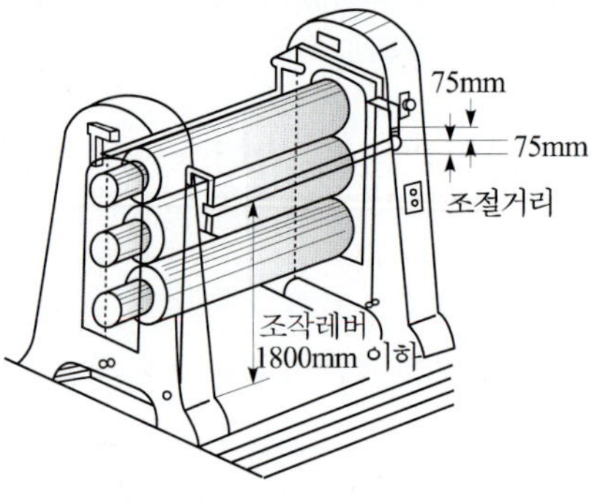

그림 3.55 수직 롤러기의 조작레버위치

한편, 롤러기의 급정지장치는 설치위치에 따라 손조작식, 복부조작식, 무릎조작식의 3종류로 나눌 수 있으며 표 3.6은 급정지장치 조작부의 종류 및 설치 위치를 나타낸다.

표 3.6 급정지장치의 종류 및 설치위치[방호장치 자율안전기준 고시]

조작부의 종류	설치 위치	비고
손 조작식	밑면으로부터 1.8m 이내	위치는 조작부의 중심점을 기준으로 함
복부 조작식	밑면으로부터 0.8~1.1m 이내	
무릎 조작식	밑면으로부터 0.4~0.6m 이내	

2) 급정지장치의 성능

롤러기의 급정지장치는 롤러를 무부하로 회전시킨 상태에서도 앞면 롤러의 표면 원주속도에 따라 규정된 정지거리 이내에서 롤러를 정지시킬 수 있는 성능을 보유해야만 급정지하게 된다. 표 3.7은 산업안전보건법에 제시된 급정지거리의 제한거리이다.

표 3.7 **급정지거리의 제한**[방호장치 자율안전기준 고시]

앞면 롤러의 표면 원주속도(m/min)	급정지거리
30 미만	앞면 롤러 원주의 1/3
30 이상	앞면 롤러 원주의 1/2.5

$$V = \pi DN/1000 \, (\mathrm{m/min})$$

여기서, V : 표면원주속도(m/min), D : 롤러 원통직경(mm)
N : 회전수(rpm)

3) 급정지장치의 설치방법[방호장치 자율안전기준 고시]

① 급정지장치 중 손으로 조작하는 급정지장치의 조작부는 롤러기의 전면 및 후면에 각각 1개씩 수평으로 설치하고 그 길이는 롤러의 길이 이상이 되어 작업자가 쉽게 조작할 수 있어야 한다. 그러나 두 개의 롤러가 수평이 아닌 수직으로 설치되어 있을 때에는 롤러가 회전되어 물려 들어가는 부분에만 조작부를 설치해도 좋다.

② 작동이 원활하여야 하며, 견고하게 설치되어야 한다.

③ 조작부는 긴급 시에 근로자가 조작부를 쉽게 알아볼 수 있게 하기 위해 안전에 관한 색상으로 표시하여야 하며, 조작에 지장이나 변형이 생기지 않고 강성이 유지되도록 설치하여야 한다.

④ 조작부에 로프를 사용할 경우는 직경 4mm 이상의 와이어로프 또는 직경 6mm 이상이고 절단하중이 2.94kN(300kg) 이상의 합성섬유의 로프를 사용하여야 한다.

⑤ 조작부의 설치위치는 앞면 롤러의 급정지거리 성능을 만족하며 수평안전거리가 반드시 확보되어야 한다.

⑥ 조작스위치 및 기동스위치는 분진 및 그 밖의 불순물이 침투하지 못하도록 밀폐형으로 제조되어야 한다.

⑦ 제동모터 및 그 밖의 제동장치에 제동이 걸린 후에 다시 기동스위치를 재조작하지 않으면 기동될 수 없는 구조이어야 한다.

(2) 울(guard)

울이란 원자재를 롤러기에 밀어 넣을 때, 손이 롤러기에 접촉하여 말려 들어가는 것을 방지하기 위한 접촉예방장치이다. 작업자에 대한 설계에 있어서 그 간극(間隙)을 9.5mm 이하로 좁게 해야 한다. 간극이 9.5mm 이하이면 일반적으로 손가락의 어떤 부위도 울 안으로 깊숙이 밀어 넣을 수 없기 때문이다.

그러나 현실적으로 그러한 좁은 구멍을 통하여 원자재를 밀어 넣어 가공하는 데에는 많은 어려움이 따른다. 따라서 실제로 그 구멍의 크기를 작업에 편리하도록 넓게 하다 보니 손이나 신체의 일부가 울 안으로 들어가지 못하도록 방지를 할 수 없게 되었으나, 이런 상황에 맞도록 송급대(feed table)와 위험부위에서 울의 적절한 위치까지의 거리인 X와 적절한 울 개구부와의 간격 Y를 국제노동기구(ILO)에서 규정을 하였으며 관계식은 아래와 같다.

$Y = 6 + 0.15X$ (단위 : mm) 단, $X < 160$

$Y = 30$ 단, $X \geqq 160$

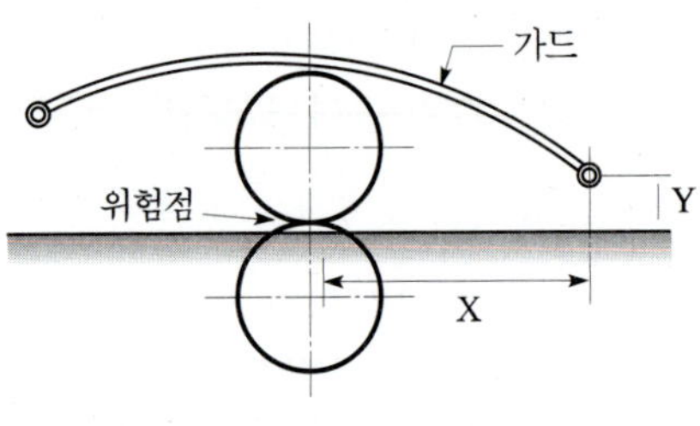

그림 3.56 롤러기의 울(가드)

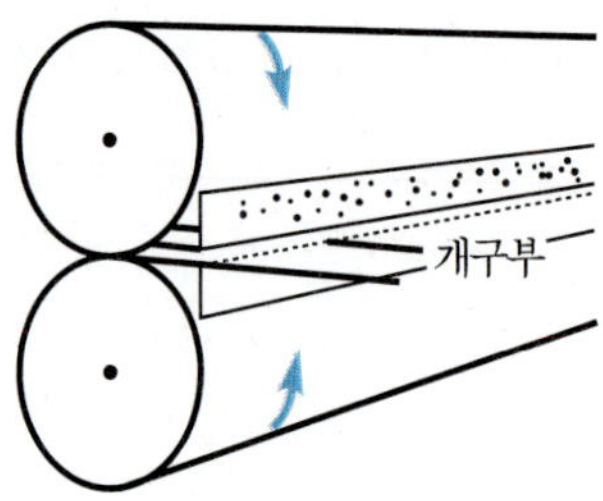

그림 3.57 앵글 가드

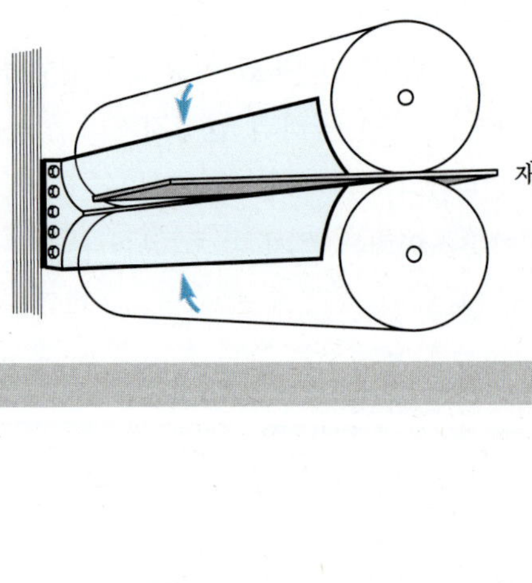

그림 3.58 곡면 가드

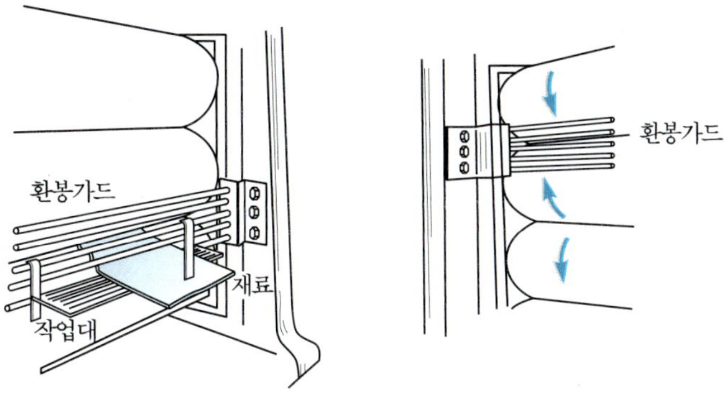

그림 3.59 환봉 및 작업대를 설치한 가드

(3) 안내롤러(guide roller)

그림 3.60의 (b)에서 보듯이 한 끝을 자유롭게 지지한 암의 끝에 부착한 매끄러운 표면의 소형 롤러 한 개가 고정 롤러의 물림점에 놓이게 되고, 재료의 이송시에 고정 롤러면에 접근하게 되면 하나는 위 또는 아래로 이동해서 고정 롤러와 접촉하게 되어 회전방향이 역으로 되기 때문에 손을 밀어내게 된다.

롤러의 물림점에 재료를 이송할 때에는 이들 가드가 작업에 지장을 주게 되는 경우가 많다. 따라서 로프 피드(rope feed)라고 해서 두 줄의 로프 사이에 재료를 끼워서 재료의 일부를 먼저 물리게 하여 이송하는 방법이나, 에어노즐을 사용해서 이송하는 방법 혹은 이송용의 수공구를 사용하는 등 여러 가지 방법이 고안되고 있으며 그 일부는 실용화되고 있는 것도 있다.

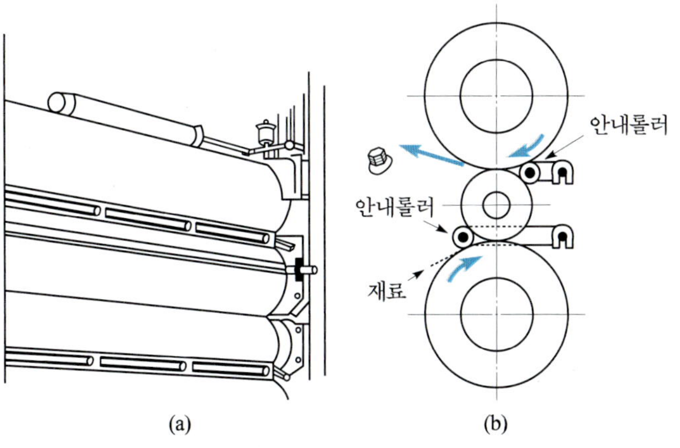

그림 3.60 안내롤러의 사용 예

3.8.4 롤러기의 작업안전수칙

① 롤러기의 주위 바닥은 평탄하고, 돌출물이나 장애물이 있으면 안되며, 기름이 바닥에 있으면 제거해야 한다(전도의 위험방지).

② 재료의 가공 중에 유독성 또는 자극성 물질이 발산되는 분쇄 롤러 및 롤러 밀은 밀폐하거나 국소배기장치를 설치한다.

③ 롤러기 청소시에는 정지시키고 난 후에 작업을 하여야 한다.

연습문제 1

01 해머작업시의 안전수칙을 열거하시오.

02 정작업시의 안전수칙을 열거하시오.

03 단조작업시 근로자에게 지급하여야 할 보호구를 쓰시오.

04 프레스 작업시 재해를 가장 많이 당하는 신체부위는 어디인가?

05 프레스 및 전단기의 방호대책인 no-hand in die 방식과 hand in die 방식에 대하여 간단히 설명하시오.

06 프레스 및 전단기에 설치하는 방호장치의 종류를 열거하시오.

07 프레스에 가드식 방호장치의 설치방법을 기술하시오.

08 프레스에 양수조작식 방호장치를 설치하고자 한다. 설치방법을 기술하시오.

09 프레스에서 기동스위치를 활용한 방호장치는 무엇인가?

10 클러치 맞물림 개수 4개, 200 SPM의 동력프레스의 양수기동식 방호장치의 안전거리는 최소 몇 mm가 되어야 하는가?

11 프레스에 손쳐내기식 방호장치를 설치하는 방법을 기술하시오.

연습문제 1

12 프레스에 수인식 방호장치를 설치할 때의 설치방법을 설명하시오.

13 프레스에 광전자식 방호장치를 설치하는 방법을 설명하시오.

14 프레스에 있어서 급정지기구가 부착되어야만 유효한 방호장치를 열거하시오.

15 프레스에 있어서 급정기기구에 부착되지 않아도 유효한 방호장치를 열거하시오.

16 프레스와 방호장치에 표시하여야 할 사항을 열거하시오.

17 프레스 작업시 재료의 송취출에 많이 쓰이고 있는 수공구의 종류를 열거하시오.

18 프레스 또는 전단기의 작업시작 전 점검사항을 쓰시오.

19 크랭크 프레스의 페달을 U자형 덮개를 설치하는 목적에 대하여 설명하시오.

20 프레스 작업시 안전블록(safety block)은 언제, 어떠한 이유로 사용되는가?

21 롤러기의 방호장치의 종류를 쓰이오.

22 롤러기에 설치된 급정지장치의 급정지 성능을 설명하시오.

연습문제 1

23 롤러기에 설치하는 급정지장치의 설치방법을 설명하시오.

24 앞면 롤러기의 직경이 300mm이고, 분당회전수는 60이다. 급정지장치를 작동하였더니 앞면 롤러 원주의 1/3회전 이전에 멈추었다. 급정지 성능상 안전한가?

25 롤러기의 맞물림점 전방에 15mm 개구간격을 가진 가드를 설치할 때, 맞물림점으로부터 가드까지의 설치 안전거리는 얼마인가?

26 롤러기의 급정지장치의 설치방법에 대하여 설명하시오.

27 프레스에 있어서 손이 광선을 차단한 직후부터 급정지 기구의 작동개시까지의 시간이 0.2초, 급정지 기구가 작동개시 후 슬라이드가 정지될 때까지 0.3초 걸렸다. 광선식 방호장치의 설치거리는 최소한 얼마가 되어야 안전한가?

연습문제 2

01 프레스로 가공할 수 있는 작업의 종류를 열거하시오.

02 프레스의 위험요인에 대하여 간단히 설명하시오.

03 프레스에 대한 방호대책에 관하여 기술하시오.

04 프레스 작업시 재료 또는 가공품의 송급배출장치를 열거하시오.

05 프레스가공시 제품 및 스크랩이 금형에 부착되는 것을 방지하기 위하여 사용되는 장치를 열거하시오.

06 프레스가공시 가공완료한 제품 및 스크랩의 자동 취출을 위하여 사용되는 장치를 열거하시오.

07 볼트 및 너트가 진동에 의해서 느슨해지는 것을 방지하는 방법으로 어떠한 것들이 있는지 열거하시오.

08 롤러기 작업시 손가락이 롤러에 말려 들어가지 않을 조건을 이론적으로 유도하시오.

09 소성가공에서 열간가공에 대하여 설명하고, 냉간가공과 비교할 때, 장점을 쓰시오.

10 단조작업시 위험요인과 안전수칙에 대하여 기술하시오.

11 소성가공의 종류를 열거하시오.

객관식 연습문제

01 다음 안전수칙을 적용해야 하는 수공구는?

① 칩이 튀는 작업에는 보안경 착용
② 처음에는 가볍게, 점차 힘을 가함
③ 절단된 철재끝이 튕길 위험 발생

(가) 해머　　(나) 정
(다) 쇠톱　　(라) 줄

02 정작업시 재료폭 보다 정의 폭이 큰 경우 절단된 쇳조각이 떨어져 나가는 방향은?

(가) 정의 정면　　(나) 정의 측면
(다) 정과 180°인 방향　　(라) 정과 직각인 방향

03 다음 재료 중 정작업을 해서는 안 되는 것은?

(가) 연강　　(나) 황동
(다) 알루미늄　　(라) 열처리한 강

04 스패너로 작업을 할 때 지켜야 할 사항이 아닌 것은?

(가) 스패너는 조금씩 돌리면서 사용한다.
(나) 스패너는 앞으로 당기지 말고 민다.
(다) 주위를 살피면서 조심성 있게 할 것
(라) 힘을 줄이기 위하여 스패너 자루에 파이프를 끼우고 사용하지 말 것

05 해머 작업에서 안전작업에 위배되는 것은?

(가) 해머는 사용 중 수시로 확인할 것
(나) 장갑을 끼고 해머를 사용하지 말 것
(다) 열처리된 재료는 강하게 때릴 것
(라) 해머의 공동 작업은 호흡을 맞출 것

객관식 연습문제

06 기계 작업을 할 때 공구류의 취급 방법으로 적당하지 않은 것은?

(가) 공구는 작업을 마친 후 작업 전 상태로 정리한다.
(나) 공구의 설치 및 분리는 가동을 정지시키고 한다.
(다) 베드, 테이블, 안내면 등에 공구류를 놓지 않는다.
(라) 일감 건너편에 공구류를 정리해 두고 사용한다.

07 해머 머리의 경도는 H_{RC} 얼마가 적당한가?

(가) 40~50 (나) 50~60
(다) 60~70 (라) 70~80

08 해머 사용에 대한 안전수칙에 해당되는 것이 아닌 것은?

(가) 대형 해머 작업시에는 자기의 역량에 알맞게 한다.
(나) 자루가 미끄러우면 장갑을 낀다.
(다) 녹슨 것을 때릴 때에는 보안경을 착용한다.
(라) 쐐기가 없는 것은 사용하지 않는다.

09 정 작업시 강하게 때려서는 안 될 경우는?

(가) 작업시 시초와 종료 시에 (나) 작업의 중간과 종료 시에
(다) 작업의 시초와 중간 시에 (라) 전 작업에 걸쳐서

10 수공구 작업시 재해를 가장 많이 입는 신체 부위는?

(가) 오른손 (나) 왼손
(다) 팔 (라) 눈

11 다음 중 공구 재해를 막기 위한 방법이 아닌 것은?

(가) 결함이 없는 공구 사용
(나) 작업에 적당한 공구를 선택 사용
(다) 공구의 올바른 취급과 사용
(라) 공구는 편리한 장소에 보관 사용

객관식 연습문제

12 끝, 줄, 칼 등의 공구가 갖추어야 할 조건을 어느 것인가?

(가) 손잡이는 필요 없고, 날이 잘 서야 한다.
(나) 날은 관계없고, 손잡이만 필요하다.
(다) 손잡이가 달려 있고 날이 잘 서 있는 것을 사용한다.
(라) 손잡이와 날에 관계없이 튼튼한 것을 선정한다.

13 렌치 사용 중 적합하지 않은 것은?

(가) 해머 대용으로 사용하지 말 것
(나) 렌치를 몸 밖으로 밀어 움직이게 할 것
(다) 너트에 맞는 것을 사용할 것
(라) 파이프 렌치를 사용할 때에는 정지 장치를 확실히 할 것

14 그림과 같은 판에서 점선 부분을 따내는 프레스가공 명칭은?

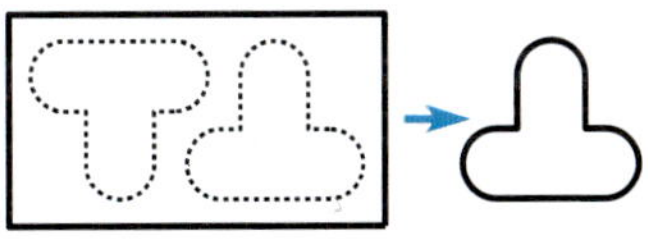

(가) blanking
(나) parting
(다) punching
(라) notching

15 압연기에서 재료가 자력으로 롤러에 몰려드는 한계의 마찰각(ρ)과 접촉각(α)과의 관계는?

(가) $\alpha = \rho$
(나) $2\alpha = \rho$
(다) $3\alpha = \rho$
(라) $4\alpha = \rho$

16 화상의 위험이 가장 큰 작업은?

(가) 단조
(나) 주조
(다) 프레스
(라) 연삭

객관식 연습문제

17 프레스의 이송장치는?

(가) 수동푸셔피드　　(나) 스트리퍼
(다) 어베스터　　(라) 스토퍼

18 부주의로 프레스 페달을 밟는 것에 대비하여 설치하는 것은?

(가) 커버　　(나) 울
(다) 장금장치　　(라) 볼트

19 방호장치를 설치할 때 중요한 것은 기계의 위험점으로부터 방호장치까지의 거리이다. 위험한 기계의 동작을 작동시키는 데 필요한 총 소요시간을 t(초)라고 할 때 안전거리(S)의 산출식은 다음 중 어느 것인가?

(가) S = 1.0t mm/s　　(나) S = 1.6t mm/s
(다) S = 2.0t mm/s　　(라) S = 2.5t mm/s

20 프레스 금형에 고정 가드(guard)를 설치하고자 할 때 상사점 위치에서 가드의 상하 겹침이 적합한 설치 조정 거리인 것은?

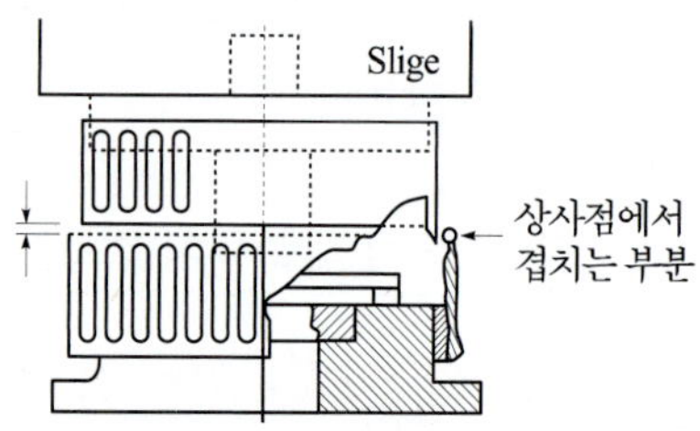

(가) 최소 12mm
(나) 최소 8mm
(다) 최대 6mm
(라) 최대 5mm

21 클러치 맞물림 개수 4개, 200 SPM(stroke per minute) 동력 프레스의 양수조작식 방호장치의 안전거리는?

(가) 360mm　　(나) 325mm
(다) 260mm　　(라) 210mm

객관식 연습문제

22 프레스의 방호장치 중 수인식 또는 손쳐내기식은 행정길이(stroke)가 몇 mm 이상이 되어야 하는가?

(가) 20　　(나) 30
(다) 40　　(라) 50

23 다음 프레스 중 광선식 방호장치를 사용할 수 없는 것은?

(가) positive clutch 부착의 crank press
(나) 마찰프레스
(다) crankless press
(라) 액압프레스

24 프레스 작동 후 작업점까지 도달 시간이 0.5초 걸렸다면 양수조작식 방호장치의 조작부의 설치거리는?

(가) 60cm　　(나) 70cm
(다) 80cm　　(라) 90cm

25 프레스 등의 방호장치에 사용하는 와이어 로프의 지름으로 다음 중 가장 적당한 것은?

(가) 2.8mm 이상인 것　　(나) 4mm 이상인 것
(다) 5.1mm 이상인 것　　(라) 6.3mm 이상인 것

26 시계가 차단되지는 않으나 크랭크 프레스에 사용상의 제한을 주는 방호장치는?

(가) 게이트 가드　　(나) 양수조작장치
(다) 프릭션 다이얼피드　　(라) 광전자식 방호장치

27 작업자의 신체움직임을 감지하여 프레스의 작동을 급정지시키는 광전자식 방호장치를 부착한 프레스가 있다. 급정지에 소요되는 시간이 0.1초라면 안전거리는 얼마로 하여야 하는가?

(가) 16cm　　(나) 160cm
(다) 16mm　　(라) 160mm

객관식 연습문제

28 전단기 덮개에서 위험점으로부터 개구부까지 거리가 100mm이면, 개구부 허용 최대치수는 몇 mm 이하로 하여야 하나?

(가) 8mm (나) 14mm
(다) 18mm (라) 21mm

29 프레스 금형을 부착, 해체 또는 조정작업을 할 때에 사용할 수 있는 안전조치는?

(가) 광전자식 방호장치 (나) 양수조작식 방호장치
(다) 키록 (라) 안전블록

30 다음의 프레스(press) 방호장치 중 SPM(stroke per minute)이 120 이하이며 행정 길이가 40mm 이상의 프레스에 설치해야 하는 것은?

(가) 양수조작식 (나) 수인식
(다) 게이트 가드식 (라) 광선식

31 프레스 작업에서 손이 금형안으로 들어가는 작업이다. 그림과 같이 용기의 가장 자리를 잘라내는 작업명에 적합한 것은?

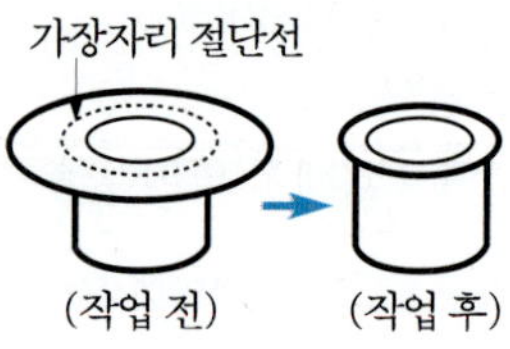

(가) 스웨징(swazing)
(나) 업셋팅(upseting)
(다) 트리밍(trimming)
(라) 슬리팅(slitting)

32 동력프레스의 no-hand in die 방식의 안전대책이 아닌 것은?

(가) 안전울을 부착한 프레스 (나) 전용프레스 도입
(다) 가드식 방호장치 (라) 자동프레스 도입

33 프레스 작업시 작업시작 전 점검항목으로 볼 수 없는 것은?

(가) 클러치 및 브레이크 기능
(나) 급정지장치 및 비상정지장치의 이상 유무
(다) 금형 및 테이블의 상태
(라) 당해 방호장치의 기능 점검

객관식 연습문제

34 프레스의 동력전달장치 중 기계프레스의 플라이 휠 및 주치차 베어링의 검사 방법이 아닌 것은?

(가) 육안검사 (나) 소음측정기검사
(다) 표면온도계검사 (라) 치수측정검사

35 다음 중 프레스 작업의 안전사항으로 가장 알맞은 것은?

(가) 기계의 고장유무를 확인한다.
(나) 상하 형틀의 클리어런스를 점검하다.
(다) 전원의 안전유무를 확인한다.
(라) 공회전시켜 클러치의 상태를 점검한다.

36 프레스의 방호장치로서 수인식 또는 손쳐내기식을 사용할 수 있는 것은?

(가) 행정길이가 40mm 이상인 것 (나) 행정길이가 40mm 미만인 것
(다) 1행정 1정지식 (라) 자동송급장치가 구비되어 있는 것

37 다음은 프레스의 수인식 방호장치의 수인 끈의 유효 성능에 관한 내용이다. 맞는 것은?

(가) 수인끈의 끄는 양은 정반의 안 길이의 1/3 이상이어야 한다.
(나) 수인끈의 직경은 3mm 이상이어야 한다.
(다) 수인끈의 절단하중은 조질부를 설치한 상태에서 100kg 이상이어야 한다.
(라) 수인끈과의 연결부는 50kg 이상의 정하중에 견딜 수 있는 것이어야 한다.

38 광선식 방호장치 점검으로 틀린 것은?

(가) 위험장소에서 신체의 일부가 들어갔을 때 광선이 차단되는가 확인하다.
(나) 광선의 최상부, 최하부를 확인한다.
(다) 차광하지 않은 상태에서 버튼을 조작하여 프레스가 작동하지 않는 것을 확인한다.
(라) 슬라이드가 상승 중 하강시 차단하여 급정지 유무를 확인한다.

객관식 연습문제

39 프레스 작업에 있어 관리감독자의 직무가 아닌 것은?

(가) 방호장치 점검
(나) 방호장치 이상의 필요한 조치
(다) 안전에 관한 주요사항의 기록·보존
(라) 금형의 부착, 해체, 조정작업 지휘

40 프레스 작업에서 제품을 꺼낼 경우 파쇠철을 제거하기 위하여 사용하는 데 가장 알맞은 것은?

(가) 걸레
(나) 브러시
(다) 압축공기
(라) 칩 브레이커

41 다음의 장치 중에서 프레스의 방호장치가 아닌 것은?

(가) 스위프 가드(sweep guard)
(나) 풀 아웃(pull out)
(다) 게이트 가드(gate guard)
(라) 롤 피드(roll feed)

42 1행정 1정지식 프레스에는 어떤 종류의 방호장치를 설치하면 좋은가?

(가) 수인식 또는 손쳐내기식
(나) 양수조작식 또는 게이트 가드식
(다) 감응식
(라) 자동송급장치

43 프레스 본체에 감응식, 양수조작식 등의 방호장치를 내장한 동력 프레스는?

(가) 수동 프레스
(나) 자동 프레스
(다) 전용 프레스
(라) 안전 프레스

44 프레스 및 전단기의 방호장치 설치기준에 어긋나는 것은?

(가) 양수조작식 방호장치에서의 누름단추는 300mm 이상의 간격으로 설치
(나) 수인식 또는 손쳐내기식 방호장치는 SPM 120 이하의 것에 사용
(다) 손쳐내기식 방호장치는 행정길이가 40mm 이상의 것에 사용
(라) 손쳐내기식 방호장치는 작업에 사용될 금형 크기의 한 배 이상의 크기를 가진 손쳐내기판을 손쳐내기 막대에 부착

객관식 연습문제

45 전단기의 가드 설치 요령으로 가장 적당한 것은? (단, $Y_{\max}$ = 최대 안전 개구, X=가드와 위험점 간의 거리)

(가) $Y_{\max} = 5 + 0.15X$ (나) $Y_{\max} = 6 + 0.15X$
(다) $Y_{\max} = 8 + 0.25X$ (라) $Y_{\max} = 8 + 0.8X$

46 금형의 교환 빈도수가 적은 프레스에 가장 적합한 것은?

(가) 게이트 가드식 (나) 광전자식
(다) 양수조작식 (라) 수인식

47 양수조작식 방호장치의 누름 단추 간의 거리로 옳은 것은?

(가) 200mm 이상 (나) 300mm 이상
(다) 400mm 이상 (라) 500mm 이상

48 광전자식 방호장치의 광축의 수는?

(가) 2개 이상 (나) 3개 이상
(다) 4개 이상 (라) 5개 이상

49 광전자식 방호장치의 광축 간의 거리로 옳은 것은?

(가) 30mm 이하 (나) 50mm 이하
(다) 80mm 이하 (라) 100mm 이하

50 광전자식 방호장치에 있어서 손이 광선에 감응된 직후로부터 급정지 기구 작동시까지의 휴지 기간을 T_i, 급정지 기구의 작동 직후로부터 프레스가 정지될 때까지의 시간을 T_o라고 한다면 광축의 설치 거리는 얼마인가?

(가) $T_i + T_o$ (나) $1.5(T_i + T_o)$
(다) $1.6(T_i + T_o)$ (라) $1.1(T_i + T_o)$

객관식 연습문제

51 프레스에 설치하는 광전자식 방호장치의 광축의 설치는 프레스의 최대 정지 시간(ms)의 몇 배 이상의 거리(mm)에 설치하여야 하는가?

(가) 1.2배　　(나) 1.4배
(다) 1.6배　　(라) 1.8배

52 광전자식 방호장치의 광선에 신체 부위가 접촉된 후로부터 급정지 기구의 작동시까지의 시간이 3ms, 급정지 기구의 작동 직후부터 프레스가 정지될 때까지의 시간이 2ms라 한다면 광축은 작업점으로부터 얼마의 거리에 설치하여야 하는가?

(가) 3mm　　(나) 5mm
(다) 8mm　　(라) 15mm

53 양수조작식 방호장치의 설치거리(cm)는?

(가) 130 × 프레스 작동 후 작업점까지 도달 시간(초)
(나) 150 × 프레스 작동 후 작업점까지 도달 시간(초)
(다) 160 × 프레스 작동 후 작업점까지 도달 시간(초)
(라) 250 × 프레스 작동 후 작업점까지 도달 시간(초)

54 프레스 작동 후 작업점까지 도달 시간이 0.5초 걸렸다면 양수조작식 방호장치의 조작부의 설치 거리는?

(가) 80cm　　(나) 100cm
(다) 120cm　　(라) 140cm

55 다음 중 프레스의 손쳐내기식 방호장치 설치 기준에 해당되지 않는 것은?

(가) 손쳐내기 막대는 그 길이 및 진폭을 조정할 수 있는 구조이어야 한다.
(나) 행정 길이가 40mm 이상의 것에 사용한다.
(다) SPM이 120 이상의 것에 사용한다.
(라) 금형 크기의 절반 이상의 크기를 가진 손쳐내기판을 손쳐내기 막대에 부착하여야 한다.

객관식 연습문제

56 프레스 작업시 가장 재해를 많이 당하는 부위는?

(가) 머리　　(나) 팔
(다) 발　　(라) 손

57 다음 중 프레스 작업시 주의할 점을 나열한 것이다. 틀린 것은?

(가) 발판 근처에 재료나 제품 등을 두지 않는다.
(나) 형틀(펀치와 다이)에는 손이 닿지 않도록 한다.
(다) 작업 전에 공회전을 시켜 클러치를 조작해 본다.
(라) 두꺼운 판을 자를 때에는 손으로 잘 잡는다.

58 다음 중 2인 이상이 절단 작업을 할 때 안전수칙을 올바르게 설명한 것은?

(가) 용량에 알맞은 판을 절단한다.
(나) 서로 상의하여 치수를 맞춘다.
(다) 페달을 밟는 사람을 정한다.
(라) 절단된 재료가 소정의 모양과 치수인가 확인한다.

59 다음 중 롤러(roller)에 필요한 방호장치는?

(가) 과부하방지장치　　(나) 권과방지장치
(다) 리밋 스위치　　(라) 급정지장치

60 롤러기의 손으로 조작하는 급정지장치의 설치거리는?

(가) 밑면에서 0.8m 이내　　(나) 밑면에서 1.8m 이내
(다) 밑면에서 0.8m 이상 1.1m 이내　　(라) 밑면에서 0.4m 이상 0.6m 이내

61 롤러기에는 급정지장치를 설치하여 안전사고를 예방해야 한다. 급정지장치의 종류가 아닌 것은?

(가) 손으로 조작하는 로프식　　(나) 복부로 조작하는 것
(다) 무릎으로 조작하는 것　　(라) 발로 조작하는 것

객관식 연습문제

62 롤러의 일반적인 안전대책이 아닌 것은?

(가) 청소, 주유, 수리시는 정지 후 작업할 것
(나) 가공물이 유해물인 경우 덮개를 설치한다.
(다) 장갑을 착용하고 작업한다.
(라) 바닥에는 기름 등으로 인한 미끄럼이 없도록 한다.

63 소성가공법 중 기어, 나사 등을 가공할 수 있는 가공법은 다음 중 어느 것인가?

(가) 일발　　(나) 압연
(다) 전조　　(라) 압출

64 롤러기의 급정지를 위한 방호장치를 설치하고자 한다. 앞면 롤러의 직경이 30cm, 분당 회전속도는 400이라면 어떤 성능의 급정지장치를 부착해야 하는가?

(가) 급정지거리가 앞면 롤러 원주의 1/3 이내인 것
(나) 급정지거리가 앞면 롤러 원주의 1/3 이상인 것
(다) 급정지거리가 앞면 롤러 원주의 1/2.5 이내인 것
(라) 급정지거리가 앞면 롤러 원주의 1/2.5 이상인 것

65 롤러의 러닝 닙 포인트의 전방 60mm의 거리에 가드를 설치하고자 한다. 가드의 개구부 설치간격은 얼마 정도로 하여야 하는가?

(가) 12mm　　(나) 15mm
(다) 18mm　　(라) 20mm

66 롤러기를 무부하로 회전시킨 상태에서 앞면 롤러의 표면속도가 35m/min이었다면 롤러기에 설치할 급정지장치의 성능은?

(가) 앞면 롤러 원주의 1/2 거리에서 급정지
(나) 앞면 롤러 원주의 1/2.5 거리에서 급정지
(다) 앞면 롤러 원주의 1/3 거리에서 급정지
(라) 앞면 롤러 원주의 1/3.5 거리에서 급정지

객관식 연습문제

67 종이, 천, 금속박 등을 통과시키는 롤러기에 설치해야 할 방호장치에 해당하지 않는 것은?

(가) 방호판 (나) 안내롤러
(다) 울 (라) 급정지장치

68 롤러기의 급정지장치로서 무릎 조작식은 다음 어느 위치에 있어야 하는가?

(가) 밑면에서 1.8m 이내 (나) 밑면에서 0.7m 이상, 1.1m 이내
(다) 밑면에서 0.6m 이내 (라) 밑면에서 0.4m 이내

69 롤러의 맞물림점의 전반에 개구 간격 25mm의 가드(guard)를 (그림과 같이)설치하고자 한다. 가드의 설치위치는 맞물림점에서 얼마의 간격을 유지하여야 하는가? 최대 유지간격을 구하시오. (단, ILO 기준에 의해 계산하시오)

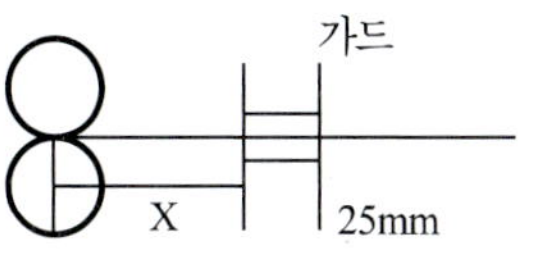

(가) 190mm (나) 105.58mm
(다) 126.67mm (라) 125mm

70 롤러기의 로프식 급정지장치의 설치 거리는?

(가) 바닥에서의 0.4~0.6m 이하 (나) 바닥에서 1.1m 이하
(다) 바닥에서 1.5m 이하 (라) 바닥에서 1.8m 이하

71 롤러기 로프식 급정지장치에 사용하는 줄의 성능 기준은?

(가) 직경 2mm 이상, 인장 강도 200kg/mm^2 이상
(나) 직경 3mm 이상, 인장 강도 300kg/mm^2 이상
(다) 직경 4mm 이상, 인장 강도 300kg/mm^2 이상
(라) 직경 4mm 이상, 인장 강도 200kg/mm^2 이상

72 다음 기계조립 작업에서 나사의 풀림을 방지하는 방법으로 틀린 것은?

(가) 캡 너트에 의한 방법 (나) 록너트에 의한 방법
(다) 분할핀에 의한 방법 (라) 스프링와셔에 의한 방법

객관식 연습문제

73 손이 롤러에 들어갈 위험이 큰 것은?

(가) 롤러의 직경이 클수록
(나) 롤러 간의 간격이 작을수록
(다) 손가락 직경이 클수록
(라) 손과 롤러의 각도가 작을 때

74 풀림방지용으로 사용되는 너트는?

(가) 나비너트
(나) 둥근너트
(다) 캡너트
(라) 홈붙이너트

75 다음 중 기동스위치를 활용한 방호장치는?

(가) 양수조작식
(나) 게이트 가드식
(다) 광전자식
(라) 급정지장치

76 나사의 체결이 있어 약간의 진동이나 하중의 변화에 의한 너트가 풀릴 위험이 있을 때 이를 방지하기 위하여 펀칭이나 타격에 의한 방법으로 안전 조치를 하였다. 다음 중 적당한 방법이 아닌 것은?

(가) 분할핀
(나) 죠오붙이
(다) 멈춤쇠
(라) 멈춤나사

77 프레스와 전단기의 방호장치 중 금형 사이에 손이 들어가는 형태의 방호장치는?

(가) 안전울 설치 프레스
(나) 안전금형 부착 프레스
(다) 가드식
(라) 자동송급, 배출기구 프레스

78 동력 프레스의 방호장치 중 양수조작식의 장점이 아닌 것은?

(가) 행정수가 빠른 기계에 사용할 수 있다.
(나) 반드시 양손을 사용하여야 하므로 정상적인 사용에서는 완전한 방호가 가능하다.
(다) 다른 방호장치에 병용할 수 있는 것이 좋다.
(라) 슬라이드의 2차 낙하에도 재해방지가 가능하다.

객관식 연습문제

79 프레스의 이송장치는?

(가) 수동 푸셔 피드
(나) 포토트랜지스터
(다) 인터록
(라) 실린더

80 프레스 등에서 금형을 부착하는 작업을 할 때 슬라이드가 불시에 하강함으로써 발생되는 재해를 예방하기 위한 방호장치는?

(가) 덮개 또는 울
(나) 인터록
(다) 게이트 가드
(라) 안전블록

81 다음 중 프레스의 방호장치에 관한 설명으로 틀린 것은?

(가) 양수조작식 방호장치는 1행정1정지 기구에 사용할 수 있어야 한다.
(나) 손쳐내기식 방호장치는 슬라이드 하행정거리의 3/4 위치에서 손을 완전히 밀어내야 한다.
(다) 광선자식 방호장치의 정상동작 표기램프는 붉은색, 위험표시램프는 녹색으로 하며, 쉽게 근로자가 볼 수 있는 곳에 설치해야 한다.
(라) 게이트 가드 방호장치는 가드가 열린 상태에서 슬라이드를 동작시킬 수 없고 또한 슬라이드 작동 중에는 게이트가드를 열 수 없어야 한다.

82 다음 중 산업안전보건법령상 프레스 등을 사용하여 작업을 할 때에 작업시작 전 점검 사항으로 볼 수 없는 것은?

(가) 압력방출장치의 기능
(나) 클러치 및 브레이크의 기능
(다) 프래스의 금형 및 고정볼트 상태
(라) 1행정 1정지기구 · 급정지장치 및 비상정지장치의 기능

83 슬라이드가 내려옴에 따라 손을 쳐내는 막대가 좌우로 왕복하면서 위험점으로부터 손을 보호하여 주는 프레스의 방호장치는?

(가) 손쳐내기식 방호장치
(나) 수인식 방호장치
(다) 게이트 가드식 방호장치
(라) 양손조작식 방호장치

객관식 연습문제

84 롤러기의 앞면 롤의 지름이 300mm, 분당회전수가 30회일 경우 허용되는 급정지장치의 급정지거리는 약 몇 mm 이내이어야 하는가?

(가) 37.7　　(나) 31.4
(다) 377　　(라) 314

85 롤러기의 급정지장치로 사용되는 정지봉 또는 로프의 설치에 관한 설명으로 틀린 것은?

(가) 복부 조작식은 밑면으로부터 1200~1400mm 이내의 높이로 설치한다.
(나) 손 조작식은 밑면으로부터 1800mm 이내의 높이로 설치한다.
(다) 손 조작식은 앞면 롤 끝단으로부터 수평거리가 50mm이내에 설치한다.
(라) 무릎 조작식은 밑면으로부터 400~600mm이내의 높이로 설치한다.

86 슬라이드 행정수가 100 spm 이하이거나, 행정길이가 50mm 이상의 프레스에 설치해야 하는 방호장치 방식은?

(가) 양수조작식　　(나) 수인식
(다) 가드식　　(라) 광전자식

87 프레스기에 금형 설치 및 조정 작업 시 준수 하여야 할 안전수칙으로 틀린 것은?

(가) 금형을 부착하기 전에 하사점을 확인한다.
(나) 금형의 체결은 올바른 치공구를 사용하고 균등하게 체결한다.
(다) 금형은 하형부터 잡고 무거운 금형의 받침은 인력으로 하지 않는다.
(라) 슬라이드의 불시하강을 방지하기 위하여 안전블록을 제거한다.

88 프레스의 작업 시작 전 점검 사항이 아닌 것은?

(가) 권과방지장치 및 그 밖의 경보장치의 기능
(나)슬라이드 또는 칼날에 의한 위험방지 기구의 기능
(다) 프레스기의 금형 및 고정볼트 상태
(라) 전단기의 칼날 및 테이블의 상태

객관식 연습문제

89 프레스 및 전단기에서 위험한계 내에서 작업하는 작업자의 안전을 위하여 안전블록의 사용 등 필요한 조치를 취해야 한다. 다음 중 안전블록을 사용해야 하는 작업으로 가장거리가 먼 것은?

(가) 금형 가공작업　　(나) 금형 해체작업
(다) 금형 부착작업　　(라) 금형 조정작업

90 프레스 방호장치에서 수인식 방호장치를 사용하기에 가장 적합한 기준은?

(가) 슬라이드 행정길이가 100mm이상, 슬라이드 행정수가 100spm 이하
(나) 슬라이드 행정길이가 50mm 이상, 슬라이드 행정수가 100spm 이하
(다) 슬라이드 행정길이가 100mm 이상, 슬라이드 행정수가 200spm 이하
(라) 슬라이드 행정길이가 50mm 이상, 슬라이드 행정수가 200spm 이하

91 다음 중 프레스기에 사용되는 방호장치에 있어 원칙적으로 급정지 기구가 부착되어야만 사용할 수 있는 방식은?

(가) 양수조작식　　(나) 손쳐내기식
(다) 가드식　　(라) 수인식

92 광전자식 방호장치의 광선에 신체의 일부가 감지된 후로부터 급정지기구가 작동개시 하기까지의 시간이 40ms이고, 광축의 최소설치거리(안전거리)가 200mm일 때 급정지기구가 작동개시한 때로부터 프레스기의 슬라이드가 정지될 때 까지의 시간은 약 몇 ms인가?

(가) 60ms　　(나) 85ms
(다) 105ms　　(라) 130ms

93 프레스 작업에서 제품 및 스크랩을 자동적으로 위험한계 밖으로 배출하기 위한 장치로 볼 수 없는 것은?

(가) 피더　　(나) 키커
(다) 이젝터　　(라) 공기 분사 장치

객관식 연습문제

94 다음 중 금형 설치 · 해체작업의 일반적인 안전사항으로 틀린 것은?

(가) 금형을 설치하는 프레스의 T홈 안길이는 설치 볼트 직경 이하로 한다.
(나) 금형의 설치용구는 프레스의 구조에 적합한 형태로 한다.
(다) 고정볼트는 고정 후 가능하면 나사산이 3~4개 정도 짧게 남겨 슬라이드 면과의 사이에 협착이 발생하지 않도록 해야 한다.
(라) 금형 고정용 브래킷(물림판)을 고정시킬 때 고정용 브래킷을 수평이 되게 하고, 고정볼트는 수직이 되게 고정하여야 한다.

95 다음 설명 중 (　　)안에 알맞은 내용은?

> 롤러기의 급정지장치는 롤러를 무부하로 회전시킨 상태에서 앞면 롤러의 표면속도가 30m/min 미만 일 때에는 급정지거리가 앞면 롤러 원주의 (　　)이내에서 롤러를 정지시킬 수 있는 성능을 보유하여야 한다.

(가) 1/2　　(나) 1/4
(다) 1/3　　(라) 1/2.5

96 동력프레스기의 No hand Die 방식의 안전대책으로 틀린 것은?

(가) 안전금형을 부착한 프레스
(나) 양수조작식 방호방치의 설치
(다) 안전울을 부착한 프레스
(라) 전용프레스 도입

97 프레서 작업에서 재해예방을 위한 재료의 자동송급 또는 자동배출장치가 아닌 것은?

(가) 롤피더　　(나) 그리퍼피더
(다) 플라이어　　(라) 셔블 이젝터

객관식 연습문제

98 금형의 안전화에 관한 설명으로 틀린 것은?

(가) 금형을 설치하는 프레스의 T홈 안길이는 설치 볼트 직경의 2배 이상으로 한다.
(나) 맞춤 핀을 사용할 때에는 헐거움 끼워맞춤으로 하고, 이를 하형에 사용할 때에는 낙하방지의 대책을 세워둔다.
(다) 금형의 사이에 신체 일부가 들어가지 않도록 이동 스트리퍼와 다이의 간격은 8mm 이하로 한다.
(라) 대형 금형에서 생크가 헐거워짐이 예상될 경우 생크만으로 상형을 슬라이드에 설치하는 것을 피하고 볼트 등을 사용하여 조인다.

99 프레스의 방호장치에서 게이트가드(Gate Guard)식 방호장치의 종류를 작동방식에 따라 분류할 때 해당되지 않는 것은?

(가) 경사식 (나) 하강식
(다) 도립식 (라) 횡슬라이드식

101 동력프레스의 종류에 해당하지 않는 것은?

(가) 크랭크 프레스 (나) 푸트 프레스
(다) 토글 프레스 (라) 액압 프레스

102 수공수 취급시의 안전수칙으로 적절하지 않은 것은?

(가) 해머는 처음부터 힘을 주어 치지 않는다.
(나) 렌치는 올바르게 끼우고 몸 쪽으로 당기지 않는다.
(다) 줄의 눈이 막힌 것은 반드시 와이어브러시로 제거한다.
(라) 정으로는 담금질된 재료를 가공하여서는 안된다.

103 롤러기의 급정지장치 설치기준으로 틀린 것은?

(가) 손조작식 급정지장치의 조작부는 밑면에서 1.8m 이내에 설치한다.
(나) 복부조작식 급정지장치의 조작부는 밑면에서 0.8m 이상, 1.1m 이내이 설치한다.
(다) 무릎조작식 급정지장치의 조작부는 밑면에서 0.8m 이내에 설치한다.
(라) 설치위치는 급정지장치의 조작부 중심점을 기준으로 한다.

객관식 연습문제

104 프레스의 종류에서 슬라이드 운동기구에 의한 분류에 해당 하지 않는 것은?

(가) 액압 프레스 (나) 크랭크 프레스
(다) 너클 프레스 (라) 마찰 프레스

105 프레스 및 전단기에 사용되는 손쳐내기식 방호장치의 성능 기준에 대한 설명 중 옳지 않은 것은?

(가) 진동각도・진폭시험 : 행정길이가 최소일 때 진동각도는 60°~90°이다.
(나) 진동각도・진폭시험 : 행정길이가 최대일 때 진동각도는 30°~60°이다.
(다) 완충시험 : 손쳐내기봉에 의한 과도한 충격이 없어야 한다.
(라) 무부하 동작시험 : 1회의 오동작도 없어야 한다.

106 롤러기 급정지장치 조작부에 사용하는 로프의 성능 기준으로 적합한 것은?(단, 로프의 재질은 관련 규정에 적합한 것으로 본다.)

(가) 지름 1mm 이상의 와이어로프
(나) 지름 2mm 이상의 합성섬유로프
(다) 지름 3mm 이상의 합성섬유로프
(라) 지름 4mm 이상의 와이어로프

107 다음 중 소성가공을 열간가공과 냉간가공으로 분류하는 가공온도의 기준은?

(가) 융해점 온도 (나) 공석점 온도
(다) 공정점 온도 (라) 재결성 온도

108 프레스기의 비상정지스위치 작동 후 슬라이드가 하사점까지 도달하는 시간이 0.15초 걸렸다면 양수기동식 방호장치의 안전거리 최소 몇 cm 이상이어야 하는가?

(가) 24 (나) 240
(다) 15 (라) 150

객관식 연습문제

109 프레스의 방호장치 중 광전자식 방호장치에 관한 설명으로 틀린 것은?

(가) 연속 운전작업에 사용할 수 있다.
(나) 핀클러치 구조의 프레스에 사용할 수 있다.
(다) 기계적 고장에 의한 2차 낙하에는 효과가 없다.
(라) 시계를 차단하지 않기 때문에 작업에 지장을 주지 않는다.

110 프레스기에 설치하는 방호장치에 관한 사항으로 틀린 것은?

(가) 수인식 방호장치의 수인끈 재료는 합성섬유로 직경이 4mm 이상이어야 한다.
(나) 양수조작식 방호장치는 1행정마다 누름버튼에서 양손을 떼지 않으면 다음 작업의 동작을 할 수 없는 구조이어야한다.
(다) 광전자식 방호장치는 정상동작표시램프는 적색, 위험표시램프는 녹색으로 하며, 쉽게 근로자가 볼 수 있는 곳에 설치해야 한다.
(라) 손채내기식 방호장치는 슬라이드 하행정거리의 3/4위치에서 손을 완전히 밀어내야 한다.

111 비상안전 제어로프(safety trip wire cable)장치는 송급 및 인출 컨베이어, 제한이 되는 밀기에 사용된다. 이는 롤러의 방호장치 중 어느 것인가?

(가) 손조작식　　(나) 복부조작식
(다) 무릎조작식　　(라) 손쳐내기

112 금형의 설치, 해체, 운반 시 안전사항에 관한 설명으로 틀린 것은?

(가) 운반을 통하여 관통 아이볼트가 사용될 때는 구멍 틈새가 최소화되도록 한다.
(나) 금형을 설치하는 프레스의 T홈 안길이는 설치 볼트 지름의 1/2 이하로 한다.
(다) 고정볼트는 고정 후 가능하면 나사산을 3~4개 정도 짧게 남겨 설치 또는 해체 시 슬라이드 면과의 사이에 협착이 발생하지 않도록 해야 한다.
(라) 운반 시 상부금형과 하부금형이 닿을 위험이 있을 때는 고정 패드를 이용한 스트랩, 금속재질이나 우레탄 고무의 블록 등을 사용한다.

객관식 연습문제

113 다음 중 금형 설치 · 해체작업의 일반적인 안전사항으로 틀린 것은?

(가) 고정볼트는 고정 후 가능하면 나사산이 3~4개 정도 짧게 남겨 슬라이드 면과의 사이에 협착이 발생하지 않도록 해야 한다.

(나) 금형 고정용 브래킷(물림판)을 고정시킬 때 고정용 브래킷은 수평이 되게 하고, 고정볼트는 수직이 되게 고정하여야 한다.

(다) 금형을 설치하는 프레스의 T홈 안길이는 설치 볼트 직경 이하로 한다.

(라) 금형 설치용구는 프레스의 구조에 적합한 형태로 한다.

114 방호장치 안전인증 고시에 따라 프레스 및 전단기에 사용되는 광전자식 방호장치의 일반 구조에 대한 설명으로 가장 적절하지 않은 것은?

(가) 정상동작표시램프는 녹색, 위험표시램프는 붉은색으로 하며, 근로자가 쉽게 볼 수 있는 곳에 설치해야 한다.

(나) 슬라이드 하강 중 정전 또는 방호장치의 이상 시에 정지할 수 있는 구조이어야 한다.

(다) 방호장치는 릴레이, 리미트 스위치 등의 전기부품의 고장, 전원전압의 변동 및 정전에 의해 슬라이드가 불시에 동작하지 않아야 하며, 사용전원전압의 ±(100분의 10)의 변동에 대하여 정상으로 작동되어야 한다.

(라) 방호장치의 감지기능은 규정한 검출영역 전체에 걸쳐 유효하여야 한다.(다만 블랭킹 기능이 있는 경우 그렇지 않다.)

CHAPTER

04

절삭가공

CHAPTER 04 절삭가공

4.1 개요

절삭가공이란 일감(공작물, 가공물, work)으로부터 불필요한 부분을 제거함으로써 필요로 하는 치수형상으로 만드는 작업을 말한다. 일반적으로 이러한 절삭가공은 일감보다 경도(hardness)가 높은 공구와 일감과의 상대운동을 통하여, 소재에 국부적인 전단변형을 줌으로써 일감을 조금씩 파단시켜 제거하게 되며, 이때 나오는 소재의 부스러기를 칩(chip)이라 한다.

한편, 절삭가공에 사용되는 공구로서는 단인(單刃)공구(single point tool, 바이트), 드릴(drill) 등 절삭날로 구성된 것과 연삭(研削)숫돌과 같은 입자로 구성된 것이 있으며 칩을 내면서 가공하는 것에는 다름이 없다.

4.1.1 공작기계의 기본운동

(1) 절삭운동

그림 4.1의 (a)는 직선절인(直線切刃)을 갖는 바이트를 표시한다. (b)에서 W는 가공물, T는 바이트이고 C는 절삭 칩이 생기기 시작한 것이고, T′는 제2회 절삭개시 위치를 표시한 것이다. 바이트가 가공물의 표면에서 O-y의 방향으로 깎는 깊이 t를 절삭깊이(depth of cut)라고 한다. 바이트 t의 깊이에서 O-x 방향으로 진행하면 칩(chip)이 발생한다. O-x 방향을 절삭방향(cutting direction)이라 하고, 이때의 운동은 절삭운동(cutting motion)이라고 한다.

일반적으로 절삭운동 방향은 가공 표면에 평행되는 방향을 갖게 된다. 절삭운동은 기계가공에서 가장 중요한 작용을 하는 운동으로 공작기계 운전동력의 대부분은 이 절삭운동에 소비된다. 이 때 바이트와 가공물의 운동 관계는 다음과 같다.

① 공구는 일정한 위치에 고정하고 가공물을 회전시키는 절삭운동
② 가공물을 고정시키고 공구를 운동시키는 공구운동방식의 절삭운동
③ 공구의 가공물을 동시에 운전시키는 절삭운동

절삭운동에서 공구와 가공물 사이에는 상대운동을 갖게 되며, 각각의 운동속도의 차인 상대속도를 절삭속도라 한다. 절삭속도는 일반적으로 m/min 또는 ft/min 단위로 나타낸다.

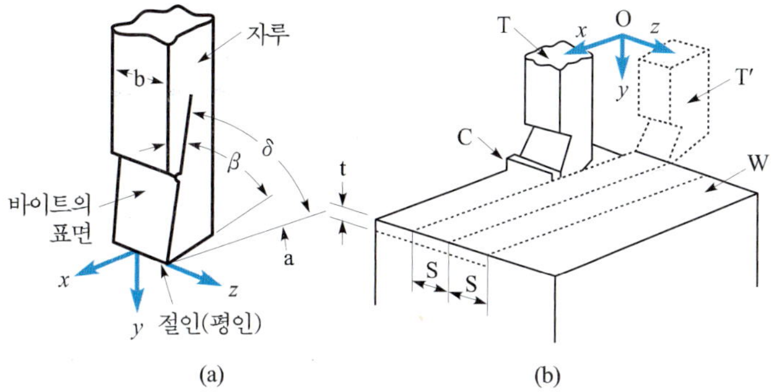

그림 4.1 직선절인에 의한 절삭

(2) 이송운동

그림 4.1(b)에서 공구가 가공물이 절삭하는 종단(終端)에 도달하면 가공물의 표면은 깊이 t까지 깎인다. 이 때 공구를 출발점인 O에 다시 보내고 O-z 방향에 S만큼 이동시키며 다시 절삭한다. 이와 같이 반복하여 절삭하면 n회 반복한 후에는 가공면은 nS 이송만큼 넓게 된다. 이와 같은 O-z 방향의 운동을 피드운동(feed motiom) 또는 이송운동이라고 한다. 일반적으로 피드운동에는 다음 원칙이 적용된다.

① 1회의 피드량은 공구의 폭보다 작게 한다.
② 피드운동 방향은 절삭운동 방향과는 직각으로 하고, 가공면과는 평행 또는 직각으로 한다.
③ 피드운동은 절삭운동과 일정한 관계를 가지며 대체로 규칙적으로 진행한다.

피드운동은 절삭 표면을 증가시킬 목적으로 절삭운동과는 직각된 방향으로 진행되는 공구와 가공물 사이의 상대운동이며, 피드운동의 속도는 절삭운동 1회전 또는

1왕복당에 대한 피드량(mm 또는 inch)으로 나타낸다. 이것을 1회전당 피드(feed per revolution) 또는 1왕복당 피드(feed per stroke)라고 하든가 또는 단순히 피드(feed)라고 한다.

4.1.2 공구에 의한 가공

공구에 의한 가공법에는 사용하는 공구의 형상, 공구와 일감의 상대운동의 관계에 따라 여러 가지 방식이 있으나 기본적으로 다음의 4종류로 나뉘어진다.

(1) 선삭(旋削, turning)

이것은 단인공구에 의한 가공 중에서 회전절삭운동과 직선이송운동의 조합으로 된 것으로서, 주로 이런 종류의 가공을 하는 공작기계는 선반(lathe)이 있다.

(2) 평삭(平削, planing)

단인공구를 사용하는 가공에서 직선절삭운동과 직선이송운동의 조합이 평삭이다. 비교적 소형의 일감인 경우는 공구에 직선절삭운동을 주는 셰이퍼(형삭기, shaper)를, 대형의 일감인 경우는 일감에 직선절삭운동을 행하게 하는 플레이너(평삭기, planer)를 사용한다. 직선 절삭운동을 수직방향으로 행하는 슬로터(slotter)도 있다.

(3) 드릴링(drilling)

드릴이라는 절삭공구를 사용하여 회전절삭운동과 그 회전중심선 방향으로의 직선이송운동을 조합한 것으로 일감에 구멍을 뚫는 작업이다. 주로 드릴링머신(drilling machine)으로 가공한다.

(4) 밀링(milling)

원통의 외주에 수 개의 날을 가진 밀링커터(milling cutter)라고 하는 공구에 회전절삭운동을 주고, 일감에는 직선이송운동을 주어 평면을 깎아내는 방식이다. 밀링에는 밀링머신(milling machine)이 사용되고 밀링머신에는 수직밀링과 수평밀링 그리고 수직, 수평 겸용 밀링이 있다.

4.1.3 고정입자에 의한 가공

고정입자에는 숫돌과 연마 페이퍼가 있다. 숫돌은 경질(硬質)의 입자를 적당한 결합제로 결합시킨 것이다. 그 표면에 나와 있는 경질입자의 예리한 모서리로 일감의 표면으로부터 미소한 칩을 깎아내는 작용을 하는 것으로서, 주로 정도(精度)를 필요로 하는 다듬질가공이나 매우 경한 재료의 가공에 사용된다.

(1) 연삭(grinding)

숫돌바퀴에 회전운동을 주어 고속도로 절삭운동을 행하는 가공법을 연삭이라 한다.

(2) 호닝(honing)

이것은 주로 구멍의 내면의 다듬질에 사용되는 방법이며, 연삭과는 달리 각봉상의 숫돌을 홀더(holder)에 붙여서 회전절삭운동과 함께 회전축방향의 왕복직선운동을 가하여 가공한다.

(3) 슈퍼피니싱(super finishing)

비교적 낮은 압력으로 숫돌을 일감의 표면에 대고 누르면서 숫돌에 진동을 주며 일감에 회전이송을 주어, 일감의 표면을 다듬질 가공하는 것으로서 가공에 의한 변질층이 매우 적고, 방향성이 없는 미려한 면을 비교적 단시간에 얻을 수 있다. 주로 원통면에 대하여 행하나 내면, 평면 등에 대하여도 행한다.

(4) 페이퍼 가공(coated abrasive machining)

연마 페이퍼는 종이나 포지의 1면에 경질입자를 접착제로 고정시킨 연마공구이며, 벨트상의 연마포를 적당한 풀리(pully) 위를 고속으로 이동하면서 일감에 대고 눌러 그 표면을 다듬질하는 벨트연삭이나, 원판상의 연마포를 고속회전시켜 일감을 다듬질하는 디스크샌딩(disk sanding) 등이 있다.

4.1.4 유리(遊離)입자에 의한 가공

경질입자를 적당한 액체에 혼합한 것을 사용하여, 일감의 표면으로부터 미량의 칩을 깎아내어 표면거칠기가 매우 작은 면을 만드는 데 사용되는 방식이며, 아래와 같은 세 종류의 방법이 있다.

(1) 랩핑(lapping)

경질입자와 랩핑유를 혼합한 것을 랩이라 하는 공구와 일감 사이에 바르고 양자에 상대운동을 주어, 그 운동으로 입자가 일감 표면을 다듬는 방법이며 습식과 건식이 있다. 정밀한 일감의 완성가공에 사용된다.

(2) 액체호닝(liquid honing)

액체호닝은 적당한 액과 정밀입자를 혼합하여 일감의 표면에 분사하여 그 면을 다듬는 방법이며, 치수의 정도보다는 표면처리의 한 방법으로 이용된 적이 많다.

(3) 초음파가공(ultrasonic machining)

액체에 경질입자를 혼합한 것으로 초음파공구와 일감 사이에 개재시켜, 여기에 초음파진동을 주어 입자로 하여금 일감에 공구와 동일단면의 구멍을 내게 하는 방식이며, 다른 방법으로 가공되지 않는 경한 재료 또는 여린 재료(초경합금, 유리 등)에 대하여 사용된다.

4.1.5 절삭칩의 형태

절삭가공이라고 하는 것은 절삭공구를 사용하여 가공할 때 칩이 발생하는 것을 말하며, 칩의 발생형태는 일감의 재질, 절삭공구의 재료, 절삭공의 각, 절삭속도, 냉각제 등 여러 가지 인자의 영향을 받는다.

절삭상태의 양호유무나 절삭기구는 칩의 형태에 의하여 어느 정도 판별할 수가 있으며, 대표적인 칩의 형상은 다음과 같이 4종류가 있다.

(1) 유동형 칩(flow type chip)

그림 4.2와 같이 공구 전방의 일감이 공구의 진행과 함께 전단면에 연속적으로 전단변형을 일으키며 소성변형에 의하여 칩이 발생한다. 이때 칩은 연속하여 공구의 뒷면을 흐르듯이 빠져나간다. 이러한 칩이 발생할 때는 절삭저항이 변동하지 않으며, 따라서 진동도 적고 가공표면이 양호하다. 그러나 칩이 연속적으로 발생하여 작업자에게는 위험요인이 될 수 있으므로 칩 브레이커(chip breaker)의 사용이 필요하다.

(2) 전단형 칩(shear type chip)

강도가 낮고 취약한 재료(4-6황동 등)를 절삭하면 공구 전방의 일감은 간헐적으로 전단 파괴가 되어 칩이 된다. 이때의 칩은 그림 4.3과 같이 단편상(斷片狀)으로 흘러나가며 절삭저항의 변동도 크며 가공도도 좋지 못한다.

(3) 열단형 칩(tear type chip)

순수알루미늄이나 동과 같은, 연하고 신연성이 큰 일감을 절삭하면 칩이 공구 윗면에 점착하여 미끄러져 나가지 않으며 그림 4.4와 같이 아랫방향으로 균열이 발생한다. 이 균열은 공구가 전진함에 따라서 최종적으로 그림의 점선 위치에서 파괴된다. 따라서 가공표면은 터진 자리를 남기며 절삭저항의 변동도 크며 공작정밀도가 매우 나쁘다.

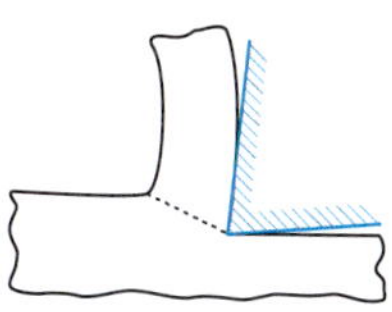
그림 4.2 유동형 칩

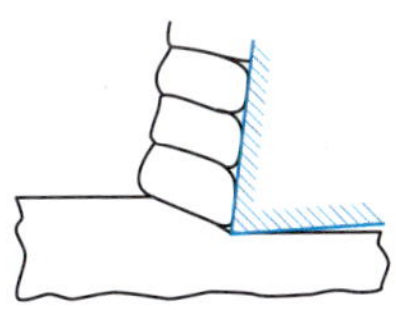
그림 4.3 전단형 칩

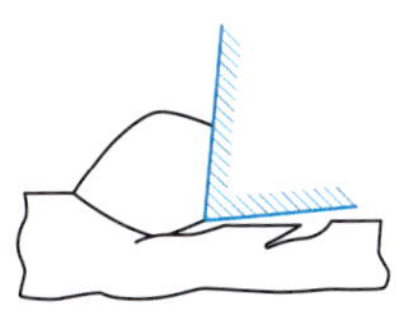
그림 4.4 열단형 칩

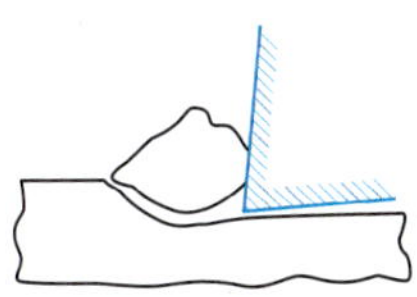
그림 4.5 균열형 칩

(4) 균열형 칩(crack type chip)

매우 취약한 재료(세라믹, 주철 등)를 절삭하면 그림 4.5와 같이 공구 날 끝에서 일감 내부에 균열이 발생하며 이것이 일감의 자유표면까지 전해져서 거의 균열만으로 칩이 발생하는 것이다. 균열의 진행방향은 공구의 경사각이나 절삭조건에 의하여 변화하므로 좋은 가공표면을 얻기 위해서는 균열이 수평방향보다 위쪽으로 발생하도록 조건을 선택할 필요가 있다.

칩의 형태는 이상과 같이 분류할 수 있으며, 절삭가공시의 유의사항으로는 연강, 스테인리스 강, 알루미늄과 같은 연한 재료의 가공시에는 공구날 끝의 부근에서 커다란 소성변형을 받으며 가공경화된다. 그러나 절삭온도가 어느 정도 이상이 되면 가공경화된 가공물의 일부가 공구 날의 끝에 점착하면서 쌓여 칩에 부착이 되어 이것이 실제의 절삭을 행하고 있다. 이를 구성인선(built-up edge)이라 하며 이는 발생, 성장, 분열, 탈락을 반복한다. 구성인선은 매우 경하며 가공면을 거칠게 하고 날의 마찰을 크게 하는 등 절삭에 악영향을 미친다. 그러나 절삭속도가 증가하면(연강의 경우 120~150 m/min) 발생하기가 어려워지므로 가공면의 거칠기를 작게 하려면 고속절삭이 필요하다.

4.1.6 공구재료

① **탄소공구강** : 탄소 0.6%를 함유한 강으로 바이트, 드릴, 톱 등에 사용된다.

② **합금공구강** : 내마모성, 충격에 강하고 절삭공구로 사용된다.

③ **고속도강** : W(18%), Cr(4%), V(1%)을 함유한 강으로 대표적인 절삭용 공구재료이다.

④ **소결공구재료**

- 초경합금 : 탄화텅스텐(WC)이나 탄화티탄(TiC)의 분말에 코발트(Co)분을 섞어 압축 성형 후, 고온에서 소결한 것으로 대단히 견고하나 충격에 약하고 취성이 결점이다.
- 세라믹 : 산화알루미늄(Al_2O_3)을 주성분으로 하여 소결한 절삭공구로 내열성, 고온경도, 내마모성이 크다.

4.1.7 절삭제 및 윤활제

(1) 절삭제(cutting fluid)

절삭 과정에서 일반적으로 절삭 공구와 칩(chip) 사이의 마찰은 절삭 현상에 중요한 요소로서 마찰력이 감소하면, 전단각(shearing angle)이 크게 되고 칩의 변형은 작아지며 절삭저항도 감소된다. 이와 동시에 가공 표면도 아름답게 한다. 마찰로 인한 열의 발생을 감소시키기 위하여 냉각제를 사용하면 공구 수명(tool life)은 더욱 길어지게 된다.

절삭제는 대체로 냉각작용과 윤활작용으로 절삭 성능을 향상시킬 수 있는 역할을 한다.

1) 절삭제의 목적

① 공구인선(工具刃先)을 냉각시켜 공구온도 상승에 따르는 경도저하를 막는다.
② 가공물을 냉각시키고, 가공온도 상승에 의한 가공 정밀도가 저하되는 것을 방지한다.
③ 공구인선과 칩 사이에 침윤(浸潤)하여, 윤활작용을 하고, 공구 마모를 적게 하며 가공 표면을 좋게 한다.
④ 칩 제거작용을 하여 절삭 작업을 용이하게 한다.

즉, 절삭제는 가공물 및 공구의 냉각성, 공구의 마찰성 및 칩을 제거하는 성질 등을 갖고 있으며 위와 같은 성질 등은 상호 관련성이 있다.

최근 연구에서 첨가제의 효과가 현저하게 나타나고 있으며, 또한 활성이 크고, 화학반응이 병행되는 경우에 대한 연구도 많이 보고되고 있다. 절삭제에 필요한 성질로써 다음과 같은 것이 널리 검토되고 있다.

① **냉각성(冷却性)** : 절삭제의 냉각 효과를 평가하려면 열용량(熱容量), 비열(比熱), 열전도도(熱傳導度), 증발량비(蒸發量比) 등에 대한 평가가 필요하다.
② **내마모성(耐磨耗性)** : 절삭제의 점도(粘度), 마찰계수(摩擦係數), 표면장력(表面張力) 및 침윤장력(浸潤張力)과 가공할 재료의 경도(硬度), 절삭속도(切削速度) 등과의 관련성 평가가 필요하다.

2) 절삭제의 종류

현재 사용되고 있는 절삭제 중에는 다음과 같은 것이 있다.

① **알칼리성 수용액** : 냉각 작용이 좋은 물에 방부제(防腐劑)로서 알칼리성을 첨가한 것으로, 특히 연삭작업에 많이 사용된다. 중크롬산 수용액은 한 개의 실례이다.
② **유화유(乳化油)** : 광유(鑛油)에 비눗물을 첨가하여 유화(乳化)한 것으로 냉각작용도 비교적 좋고, 윤활성도 있고, 또한 값이 싸므로 일반 절삭제로서 널리 사용하고 있다. 용도에 따라 적당히 물을 섞어 사용한다.
③ **광유(鑛油)** : 경유(輕油), 머신 오일, 스핀들 오일, 석유 및 기타의 광유, 또는 혼합

유(混合油)로서 윤활 작용은 어느 정도 좋으나, 냉각 작용은 비교적 약하다. 그러므로 경절삭(輕切削) 할 때, 기타 마모를 방지할 필요가 있을 때 사용한다.

④ **동식물유(動植物油)** : 돈유(豚油 ; lard), 올리브유(olive oil), 종자유(seed oil), 피마자유, 콩기름, 기타 경유(鯨油) 등으로서 냉각작용은 좋은 편이 아니다. 윤활작용이 강력하여 완성가공에 많이 사용된다. 또한, 저속절삭, 나사절삭, 기어절삭, 총형절삭(總形切削) 할 때, 기타 마모를 방지할 필요가 있을 때 사용한다.

⑤ **광물유와 동식물유 혼합유** : 혼합 비율을 다르게 하여 각종 성능을 가진 절삭제를 만들 수 있으므로 작업에 따라 적당한 혼합비를 사용한다. 특히 강력절삭, 밀링절삭, 나사절삭 등에 사용한다. 가공물이 강인한 재질에는 동식물류의 양이 많이 포함된 것을 사용한다.

⑥ **첨가제(添加劑)** : 칩(chip)과 공구 사이의 마찰은 지극히 고압 및 고온 상태의 마찰이므로 극압(極壓) 윤활유와 같이 여러 가지 종류의 첨가제를 사용하여 우수한 윤활 효과를 얻을 수 있도록 한다. 이때의 윤활 작용에 대해서는 각종 학설이 있으나, 아직 충분한 단계에 이르지 못하고 있다. 첨가제로서 사용되는 물질에는 유황 또는 유화물(硫化物), 흑연, 아연분(亞鉛粉) 등을 동식물유 계통의 절삭제에 첨가하고, 인산염(燐酸鹽), 규산염(硅酸鹽) 등은 수용성 절삭제에 첨가하여 사용한다. 최근에는 표면 활성제로 사염화탄소(CCl_4)도 첨가한다.

3) 절삭제의 사용법

절삭제는 충분한 양을 사용하는 것이 좋으며, 저속에서 중절삭(重切削)할 때에는 윤활성이 큰 것을 사용하고, 고속에서 경절삭(輕切削)할 때에는 냉각성이 큰 것이 필요하다. 최근에는 냉각 효과를 크게 하기 위하여, 바이트의 하면(下面)에서 될 수 있는 대로, 절삭감을 향하여 공급할 수 있도록 제트(jet)로 급유하는 방식이 적용되어 종래의 급유법에 비하여 바이트의 수명을 약 10배 가량 증가할 수 있는 결과를 얻고 있다. 활성 절삭제로서 특히 Al절삭에 사염화탄소의 적하법(滴下法)은 우수한 효과를 거두고 있다.

(2) 윤활제(lubricant)

1) 윤활의 목적

윤활의 목적은 마찰면 사이에 적절한 윤활제를 적당한 양을 공급하여 고체마찰을 액체마찰 또는 경계마찰(境界摩擦)로 바꿈으로써 마찰부의 발열, 소착(燒着 : burn), 마찰 및 마모 상태가 공작기계의 사용상 지장이 없도록 감소시키는 데 있다. 직선 왕복 운동을 하는 기계(플레이너, 셰이퍼) 등의 테이블의 안내면, 그리고 선반, 보링머신 등의 피드 장치의 안내면의 마모를 방지하여 정밀도의 저하를 방지하고, 선반 및 밀링 머신 등의 스핀들(spindle)과 같이 회전운동하는 것의 정밀도 유지 및 고속 회전과 더불어 발생하는 발생열을 제거 또는 감소시키고, 발열로 생기는 정밀도의 변화, 열팽창에 따른 손실 등을 방지하고, 금속 사이의 녹(rust), 부식(corrosion) 등을 방지하는 역할도 한다.

윤활제는 하중(load)과 속도에 따라 적당한 윤활제로서의 필요한 양이 있으므로, 무조건 많은 것이 좋다고 생각하는 것은 착오이다. 윤활제를 사용할 때에는 적당한 점도를 선택해야 하고, 적당한 양과 적당한 온도가 유지되어 급유가 지속되면서 기능을 발휘하도록 해야 한다.

2) 윤활법의 종류

① **핸드 오일링법(hand oiling)** : 가장 간단한 급유법으로서 오일컵(oil cup), 기름구멍, 기름 받이, 나사 구멍 등을 거쳐 베어링 또는 안내면의 윤활부에 연결된 급유관에 급유된다. 간단한 전동장치 또는 회전이 낮은 베어링부 등에 사용된다. 이 방법은 급유가 불완전하고 윤활유의 소모가 많다. 급유기(給油機)에는 될 수 있는 대로 먼지가 들어가지 않도록 뚜껑을 하고, 급유는 1일에 2~5회 한다.

② **적하급유법(滴下給油法 ; drop feed oiling)** : 위의 핸드 오일링법의 경우보다 마찰면이 넓고, 사용 빈도가 많고, 핸드 오일링법으로서는 급유량이 부족할 때 사용한다. 이 방법은 비교적 저속 및 중속 축의 급유에 주로 사용되며, 유리에 눈금이 새겨진 적하급유법이 널리 사용되나, 유면의 높이, 주위의 온도 등에 따라 급유량이 다소 변한다. 급유량의 조정에는 와이어(wire), 니이들(needle), 밸브(valve) 등을 거쳐 대략 일정량이 급유된다. 최근에는 사이폰의 원리를 이용하여 일정한 급유량이 급유되는 방법도 있다.

③ **오일 링 급유법(oil ring lubrication)** : 이 방법은 고속 주축의 급유를 균등하게 할 목적으로 주로 사용한다. 회전축보다 큰 링이 축에 걸쳐 회전하면서 기름통에서 링을 통하여 축 윗면에 급유하는 방법이다. 링의 직경 D_R(mm), 축의 직경 d(mm), 링의 폭 b(mm), 링의 두께 t(mm)라고 하면, 축의 직경 d가 50mm 이상일 경우에 대한 실례로서 JSME Hand Book에 의하면,

$$D_R = 1.2b + 30,\ b = 0.1d + 6,\ t = 3 \sim 6$$

링의 기름에 침적되는 부분(y)은 경험적으로 다음 식을 사용한다.

$$y = \left(\frac{1}{5} \sim \frac{1}{8}\right) D_R$$

한편 링의 개수는 베어링 폭($1.5 \sim 5d$)까지는 1개, 그 이상에서는 2개로 한다. 저온에서 급유량이 감소될 때에는 링 대신 체인(chain)을 사용한다.

④ **배스 오일링 및 스프래시 오일링(bath oiling and splash oiling)** : 베어링 및 기어의 저속 및 중속의 경우에 사용한다. 일반적으로 회전수가 클수록 유면(油面)을 낮게 한다. 이것은 유량이 많으면 그 속에서 기름에 충돌하여 온도가 상승하기 때문이다. 기어를 스프래시 오일링할 경우에는 주속 5m/sec 이하에 대하여 적용된다. 기어의 피치원 이상을 기름 속에 들어가게 하면 에너지의 소비가 커지고 기름의 온도가 상승되어 윤활유의 노화가 빨라진다. 이 방법에서는 온도 상승을 방지하는 견지에서 될 수 있는 대로 점도가 낮은 순 광물성 윤활유를 사용하는 것이 좋으나, 점도가 너무 낮으면 플래시 오일링의 경우 기어에 대해서는 불완전한 윤활이 되기 쉬우므로 주의해야 한다.

⑤ **강제급유법(circulating oiling or forced oiling)** : 비교적 높은 회전에서 베어링의 냉각 효과가 필요할 때, 그리고 대형기계에서는 자동급유하는 것이 경제적이고 안전할 경우에 사용한다. 최근의 공작기계들은 대부분의 강제 급유 방식을 채택하고 있다. 기어 펌프, 플랜지 펌프, 또는 다른 방식을 사용하고 있다. 강제 급유법에서는 윤활유 메인탱크(main tank)와 급유펌프가 있다. 회전 베어링의 경우는 베어링의 회전수가 600,000rpm 이상, 메탈 베어링에서는 주속 300m/min 이상, 기어의 경우 주속이 5 m/sec 이상의 고속에 주로 사용된다. 이 방법은 사용압력 2~3kg/cm^{2}을 유지해야 한다. 사용되는 기름을 반복하여 사용하므로 고온에서도 변하지 않고, 또한 변질이 생기지 않는 안전성이 큰 것이 필요하므로 순수한 식물성 윤활유를 사용한다. 일반적으로 혼합 윤활유 및 동식물성 윤활유는 부적당하다.

⑥ **분무 급유법(噴霧給油法 ; oil mist lubrication)** : 분무(spray) 상태의 기름을 함유하고 있는 압축 공기를 공급하여 윤활하는 방법으로서, 압축 공기압력은 1kg/cm^2 전후이다. 공기량은 많고, 기름량은 적으므로 오염 또는 발화의 위험성도 극히 적다. 공기의 습도에 따라 수분이 들어가는 것을 방지해야 하고, 기름은 점성이 적은 것

을 사용해야 한다. 점성이 너무 크면 발열의 원인이 된다.

⑦ **그리스 윤활법** : 그리스도 윤활유와 같이 여러 가지 윤활의 목적으로 생산되고 있으며, 대표적으로는 수동 그리스 급유법, 그리스 충전 급유법, 그리스 컵 급유법, 그리스 스핀들 급유법 등이 있다. 그리스 윤활의 이점은 다음과 같다.

㉠ 그리스는 베어링 하우징에서 새지 않는다.

㉡ 베어링의 회전부분과 정지부분이 밀착되어 이물질이 들어가지 않는다.

㉢ 진동 및 충격을 받는 부분에 사용하여도 점도가 커서 비산되지 않는다.

㉣ 장시간 사용에 적합하다.

4.2 선반작업

보통 선반(lathe)은 공작기계 중 가장 널리 사용되는 것으로서, 일감을 회전시키고 공구(바이트 등)를 좌우로 이송함으로써 외경절삭(turning), 정면절삭(surfacing), 절단작업(cutting off), 내면절삭(boring), 나사절삭(threading), 테이퍼절삭(taper turning), 모방가공(copying) 등의 절삭을 할 수 있고, 작업목적에 따라 보통선반, 터릿선반, 자동선반, 수치제어 선반(NC lathe), 터닝센터 등으로 분류할 수 있으며, 그 종류는 매우 다양하다.

선반의 크기는 베드 위의 스윙(swing over bed)과 왕복대 위의 스윙(swing over carriage) 및 양쪽 센터 사이의 최대거리(distance between centers) 등으로 표시한다.

한편, 선반의 위험성은 고속으로 회전하는 척이나 일감에 잘못 접촉하여 작업복이나 끼고 있던 장갑이 말려들어가 사고를 당하는 일이 많으며, 고정구 미제거와 회전에 의한 재해, 가공중 배출되는 칩의 비산 또는 칩이 끊어지지 않고 꼬불꼬불 나오게 되어 작업자의 팔이나 신체의 일부에 심한 부상, 리이드 스크류 부분에 작업복 등이 말려들 위험과 기타 작업상의 잘못 등이 있다. [시행령 제77조(자율안전확인대상기계등)]

주 1. 범용 수동선반 : 기계의 모든 작동이 수치제어를 사용하지 않고, 조작자에 의해서만 이루어지는 선반
2. 반자동 선반 : 기계의 일부 작동이 전자 조작핸들 또는 수치제어 판넬을 이용하여 이루어지는 선반
3. 수치제어 선반 : 수치제어를 통한 왕전자동 기능이 내장된 선반
4. 터닝센터(turning center) : 동력으로 작동되는 공구교환장치를 구비하고 절삭작업을 위해서 정해진 일감을 고정스핀들의 축을 자동으로 선정하는 기능을 가짐으로써 복합적인 가공작업이 가능한 수치 제어 선반

4.2.1 선반의 구조

선반의 구조 그림 4.6과 같으며 주요 구성요소는 아래와 같다.

(1) 주축대(head stock)

주축대는 모터로부터 동력을 V형 풀리에 전달하여 적당한 기어변속을 통하여 절삭에 필요한 절삭속도를 얻을 수 있다.

(2) 심압대(tail stock or food stock)

심압대는 센터로 일감을 지지시키거나, 드릴 또는 리이머 등을 고정하여 작업하는 역할을 하며 주축대와 함께 베드 위에 고정되어 있다.

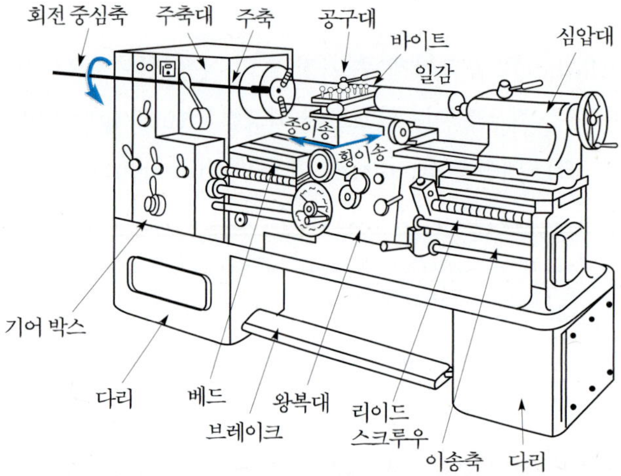

그림 4.6 선반의 구조

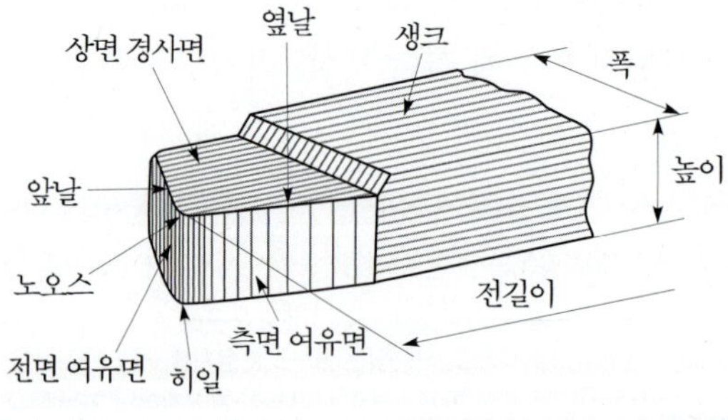

그림 4.7 바이트의 명칭

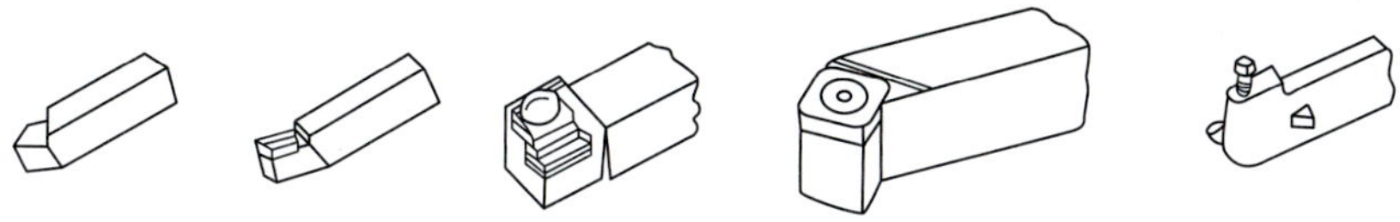

(a) 형상에 따른 분류

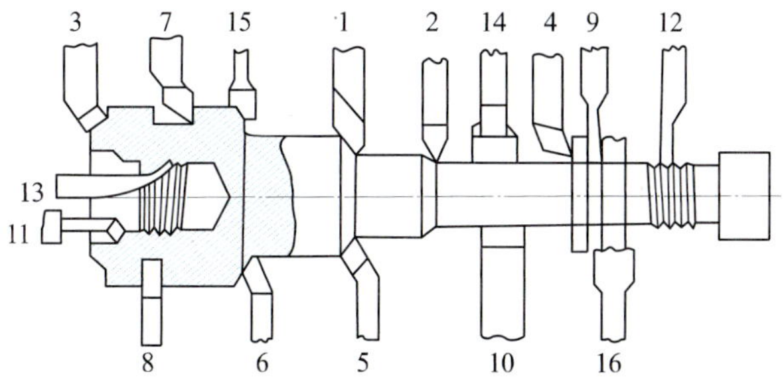

1. 좌측 황삭(左側荒削) 바이트(left side roughing tool) 2. 검(劍) 바이트(straight tool) 3. 우측황삭(右側荒削) 바이트(right side roughing tool) 4. 우각황삭(右角荒削) 바이트(right corner roughing tool) 5. 굽은 우측 바이트(bent right side tool) 6. 굽은 환선(丸先) 바이트(bent round nose tool) 7. 우측 편인(右側片隣) 바이트(right side tool) 8. 홈깎기(潢削) 바이트(groove cutting tool or recessing tool) 9. 절단 바이트(parting tool or cutting-off tool) 10. 원형 완성(圓形完成) 바이트(round nose finish tool) 11. 보오링 바이트(boring tool) 12. 숫나사(깎는) 바이트(out side threading tool) 13. 암나사(깎는) 바이트(inside threading tool) 14. 스프링 바이트(spring tool) 15, 16. 총형(銃刑) 바이트(formed tool)

(b) 용도별 종류

그림 4.8 바이트의 종류

(3) 왕복대(carriage)

왕복대에는 새들(saddle)과 그 앞에 에이플린(apron)이 있고, 새들 위에는 가로이송대가 있으며 그 위에 복식공구대가 있다. 복식공구대의 밑부분을 회전대라 하고, 윗부분을 공구대라 한다. 이 공구대에 절삭공구를 설치하여 일감을 가공한다.

(4) 베드(bed)

베드는 주축대, 심압대, 왕복대, 기타 부속장치를 지지시키고, 절삭할 때는 절삭저항에 견딜 수 있도록 충분한 강성(stiffness)을 가져야 한다. 재질은 일반적으로 고급 주철을 사용하며, 미끄럼면은 열처리를 하여야 하고, 시즈닝(seasoning)을 꼭 하여야 한다.

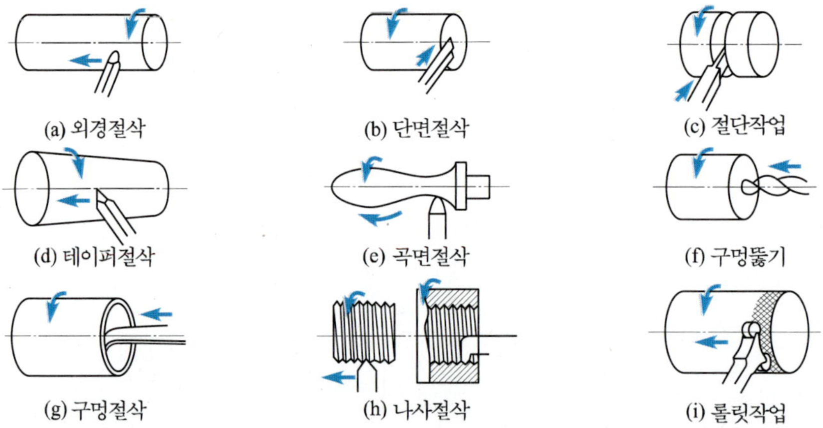

그림 4.9 선반의 기본작업의 종류

4.2.2 선반용 부속품

(1) 센터

주축이나 심압대에 끼워 일감을 고정할 때 사용하는 것으로서, 용도에 따라 2종이 있으며, 주축에 사용하는 것을 라이브 센터(회전센터, live center), 심압대 축에 사용하는 것을 정지 센터(dead center)라 한다.

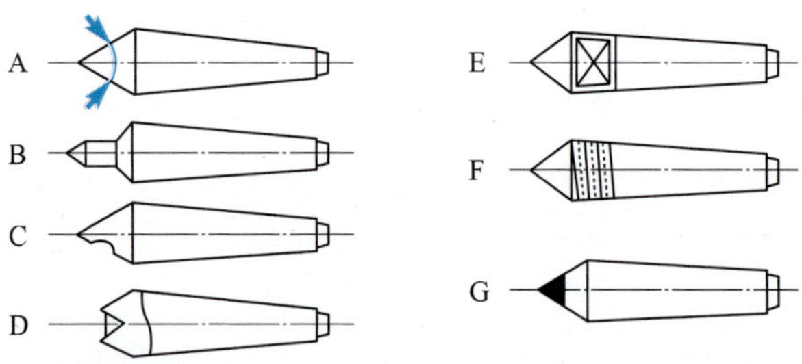

그림 4.10 센터(center)

(2) 면판, 돌리개

센터 사이에서 일감을 회전시키는 보조판을 면판(face plate)이라 한다. 주축단의 나사에 고정시키고 돌리개(dog)를 사용하여 일감을 돌린다.

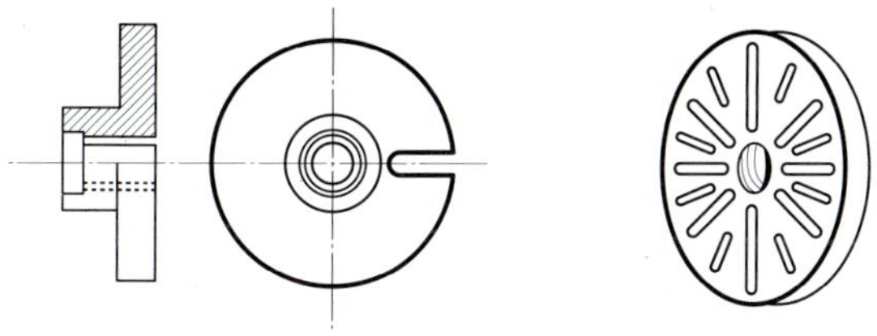

(a) (b)

그림 4.11 면판(面板)

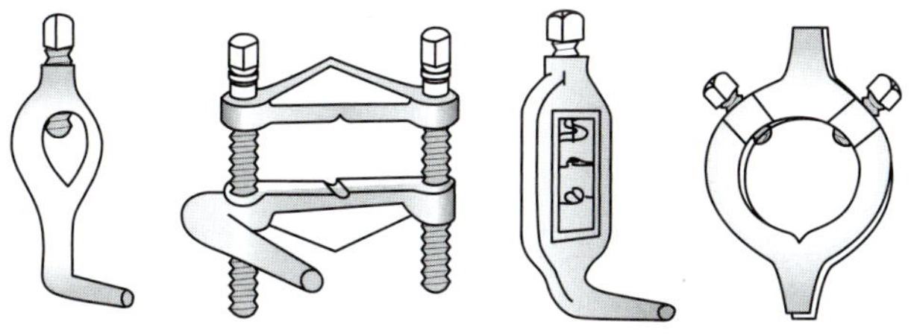

(a) (b) (c) (d)

그림 4.12 각종 돌리개의 형상

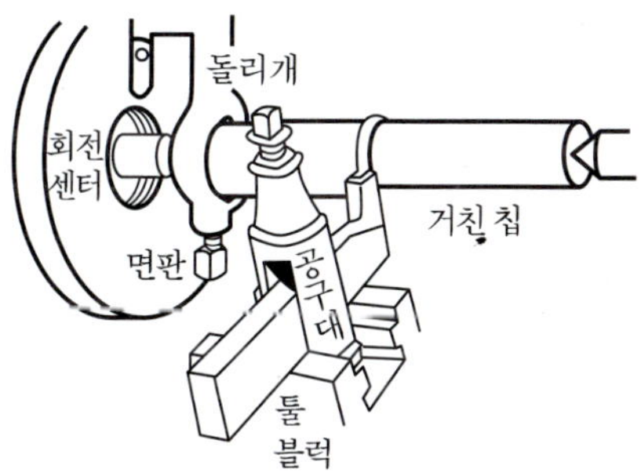

그림 4.13 돌리개를 사용한 작업

(3) 척(chuck)

비교적 짧은 일감이나 혹은 센터작업을 할 수 없는 일감은 다음과 같은 척을 사용하여 일감을 고정시킨다.

① 단동척(independent chuck) ② 연동척(universal chuck)
③ 콜릿척(collet chuck) ④ 공기척(air chuck)
⑤ 마그네틱척(magnetic chuck)

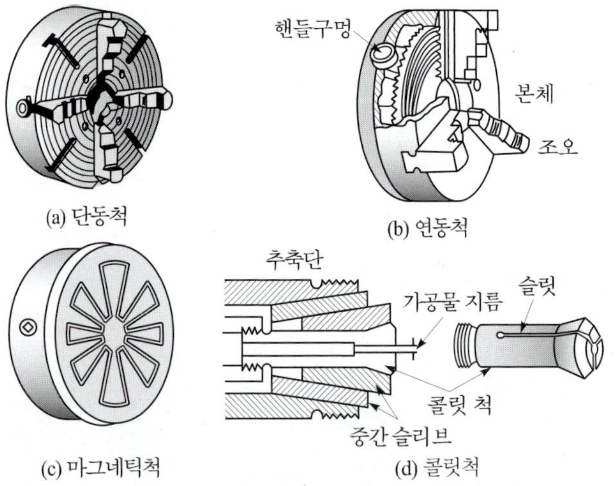

그림 4.14 선반용 척

(4) 방진구(work rest)

일감의 길이가 외경에 비하여 상당히 길 때 방진구를 사용하여 절삭저항에 의한 일감의 진동을 방지한다. 방진구에는 그림 4.15와 같이 고정식, 이동식 방진구가 있다.

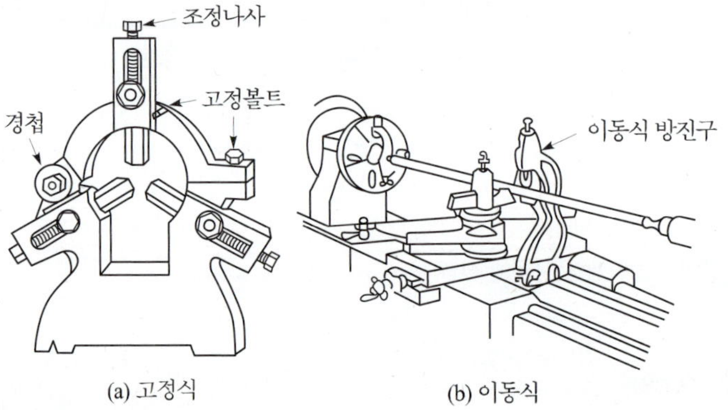

그림 4.15 방진구(work rest)

(5) 심봉(mandrel)

구멍 뚫린 일감을 고정할 때는 일감을 심봉에 끼우고 여기에 센터로 지지시켜 가공하면 편리할 때가 있다.

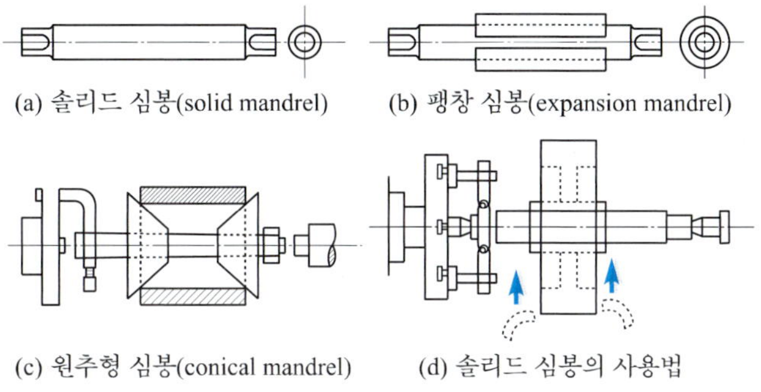

그림 4.16 각종 심봉과 사용 방식

4.2.3 선반의 방호장치

최근의 선반은 동력전달부분이 거의 프레임 안에 내장되어 있는 한편, 회전하는 척이나 일감과의 접촉을 방지할 수 있는 척 가드와 냉각제와 칩이 조작자에게 비산되는 것을 방지하기 위한 칩 가드 등을 설치하여야 하며, 발생하는 칩이 짧게 끊어지도록 칩 브레이커(chip breaker)를 둔 바이트를 사용하는 것이 좋다. 가공작업중 비상시 선반을 정지시킬 수 있는 비상정지장치도 중요한 방호장치의 하나이다.

선반의 종류에 따라 적절한 방호장치를 설치하여야 하며, 그 종류 및 설치방법은 다음과 같다.[위험기계 · 기구 자율안전확인 고시]

주 **칩 브레이커(chip breaker)** : 칩 브레이커란 절삭공구의 날 끝에 홈 또는 단을 만들어 칩을 구부러지게 하여 이로 인해 칩을 절단시키는 것이다. 클램프형 칩 브레이커, 연삭형 칩 브레이커가 있으며, 이것만으로는 절단 불가능한 경우에 대해서는 특수한 칩 브레이커(방해판에 의한 절단, 자동조정식 브레이커 등)를 별도로 설치하기도 한다.

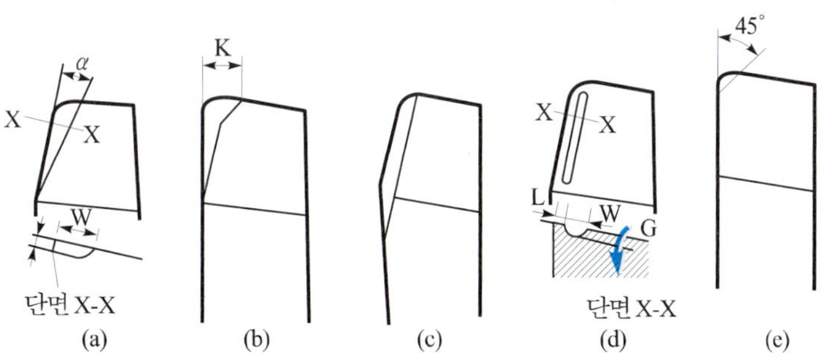

그림 4.17 칩 브레이커의 예

(1) 범용 수동선반의 방호조치

1) **척 가드** : 회전하는 일감 고정장치(척 등)이나 일감에 접촉되는 것을 방지하고 척죠(Chuck -Jaw)의 비산에 따른 위험을 최소화 하기 위해 가드의 개방시 주축(spindle)의 작동이 정지되도록 연동되어 있는 척 가드를 설치해야 한다.
2) **후면 칩 가드** : 냉각재 및 칩의 비산을 방지하기 위해 후면 칩 가드를 설치해야 한다. 다만, 고정식 가드 대신 원주형 울(perimeter fence)을 설치할 수 있다.
3) **전면 칩 가드** : 냉각재 및 칩이 조작자에게 직접 비산되는 것을 방지하기 위해 전면 칩 가드를 설치해야 하며, 가드의 폭은 공구대(saddle) 폭 이상이어야 한다.

(2) 반자동 선반, 수치제어 선반 및 터닝센터의 방호조치

1) **가동형 가드 설치** : 자동모드에서 작동 중 가드를 개방하는 경우 주축(spindle)의 작동이 정지되도록 연동되어 있는 가동형 가드를 설치해야 한다.
2) **재기동 방지 조치** : 조작자 위치에서 위험영역에 근로자 체류여부를 확인할 수 없는 구조의 기계에는 압력감지 매트 또는 캡티브 키에 의한 도어 잠금장치를 설치하는 등 재기동을 방지하기 위한 조치를 해야 한다.
3) **조작자 출입용 동력작동식 가드** : 조작자의 출입용으로 사용하기 위한 동력작동식 가드를 설치하는 경우에는 다음 사항에 적합해야 한다.
   ① 동력작동식 가드의 모서리 전체에 걸쳐 압력감지장치를 설치하되 가드의 높이가 2.5m 이상인 경우에는 2.5m까지 압력감지가 가능할 것
   ② 가드가 완전히 닫히기 전에는 기계가 작동되지 않을 것
4) **반자동 선반 일차 방호가드** : 반자동 선반에 설치되는 일차 방호가드는 다음 사항을 만족해야 한다.
   ① 수동모드에서는 범용수동선반에 설치되는 가드의 요건을 만족할 것(척 가드, 후면 칩 가드, 전면 칩 가드의 요건)
   ② 자동모드에서는 척 가드, 전면가드 또는 부분덮개의 요건을 만족하는 일차 방호가드를 설치할 것. 다만, 전면 칩 가드는 스핀들의 작동과 연동되도록 할 것
   ③ 반자동 대형선반이 자동모드에서 작동되는 경우에는 작업구역에 접근하는 것을 방지하기 위한 가동식 연동가드, 조작자용 플랫폼 및 절삭구역에 접근을 방지하기 위한 방호울 등을 설치할 것

5) **수치제어 선반 및 터닝센터 일차 방호가드** : 수치제어 선반 및 터닝센터에는 다음 사항에 적합한 일차 방호가드를 설치해야 한다.
   ① 칩, 냉각재 등 유체 및 가공부품의 비산을 방지할 수 있는 가드
   ② 작업구역은 고정가드 또는 가동식 연동가드에 의해 밀폐되도록 할 것. 이 경우 위험영역에 접근할 수 없는 구조일 것
   ③ 대형 수치제어 선반에는 새들과 연동되는 가동식 연동가드, 조작자용 플랫폼, 방호울 등을 설치할 것
6) **대형 수치제어 선반 플랫폼** : 대형 수치제어 선반에 설치되는 플랫폼은 방호울 또는 방호덮개에 의해 감싸지는 구역을 관찰할 수 있는 곳에 설치하고 다음 사항에 적합해야 한다.
   ① 조작자의 안전한 위치확보를 위해 필요한 경우 조정 가능할 것
   ② 조작위치에는 적절한 조명 및 배기장치를 구비할 것
   ③ 플랫폼에 안전하게 접근할 수 있는 구조일 것
   ④ 적절한 안전거리 확보 또는 별도의 방호가드를 설치하는 등 위험영역에 접근할 수 없는 구조일 것
   ⑤ 칩, 절삭유 또는 부품의 비산에 의한 피해를 방지할 수 있는 가드를 설치할 것. 이 경우 가드의 높이는 바닥에서 1.8m 이상일 것
   ⑥ 플랫폼의 조정 또는 작동에 의한 추가적 위험이 초래되지 않을 것
   ⑦ 플랫폼의 위치 조정 등의 작업은 세팅모드에서 가동유지장치 등 별도의 장치에 의해서만 가능할 것
7) **수평 대형 수치제어 선반 플랫폼** : 수평 대형 수치제어 선반에 플랫폼을 설치하는 경우에는 다음 사항에 적합해야 한다.
   ① 플랫폼과 기계프레임 사이의 협착을 방지하기 위한 멈춤장치를 설치할 것
   ② 플랫폼의 이동속도가 25m/min 이상인 경우에는 완충기(Bumper)를 설치할 것
8) **수직 대형 수치제어 선반 방호울** : 수직 대형 수치제어 선반 주변에는 절삭구역에 접근하는 것을 방지하기 위하여 다음 요건에 적합한 방호울을 설치해야 한다.
   ① 출입문에는 잠금장치를 부착하고 연동회로를 구성할 것
   ② 방호울은 바닥에 견고하게 고정될 것
   ③ 최소높이는 1.4m 이상이고 위험구역에 신체의 일부가 도달할 수 없도록 충분한 안전거리를 확보할 것

한편, 선반에 설치되는 고정식 가드의 구비조건은 다음과 같다.

① 고정식 가드의 고정장치는 가드가 제거된 경우에도 가드 또는 기계 본체에 부착되어 있어야 한다.

② 기계주변에 설치되는 방호울의 최소높이는 1.4m 이상이고, 바닥에서 방호울 하부 사이의 거리는 최대 300mm 이내, 위험영역까지의 안전거리는 위험구역에 신체의 일부가 도달할 수 없도록 충분한 안전거리를 확보하여야 한다.

③ 기계적 동력전달부(체인, 스프라켓, 기어, 리드스크류, 볼스크류 등)에는 고정식 가드를 설치해야 한다. 다만 정상작동 중 위험부에 접근이 필요한 경우에는 가동식 가드를 설치한 후 연동회로를 구성해야 한다.

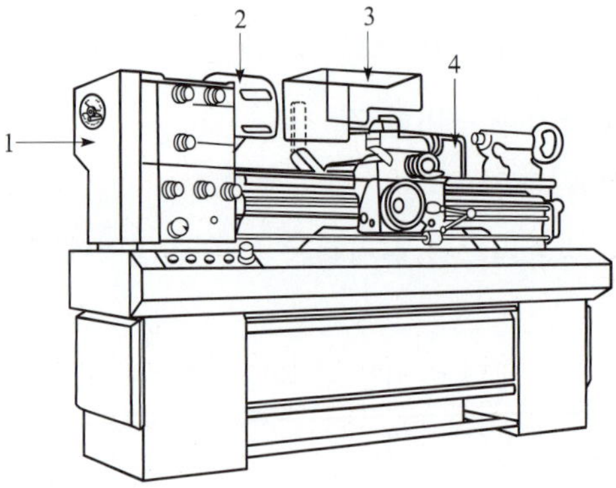

1. 후면 스핀들 가드 2. 척 가드
3. 전면 칩 가드(새들 탑재식) 4. 후면 칩 가드

그림 4.18 범용수동선반

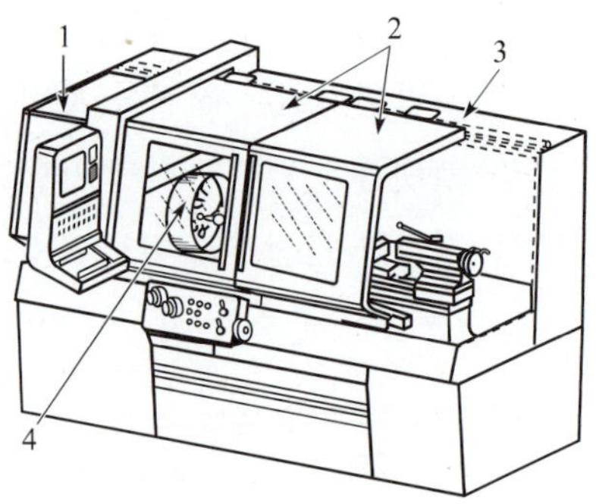

1. 후면 스핀들 가드 2. 전면 가드
3. 후면 가드(새들 탑재식) 4. 척 가드

그림 4.19 반자동 선반

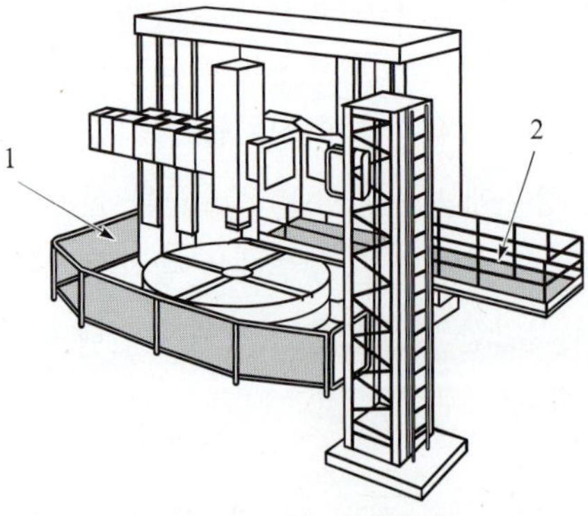

1. 방호울 2. 플랫폼

그림 4.20 수치제어 대형 수직선반

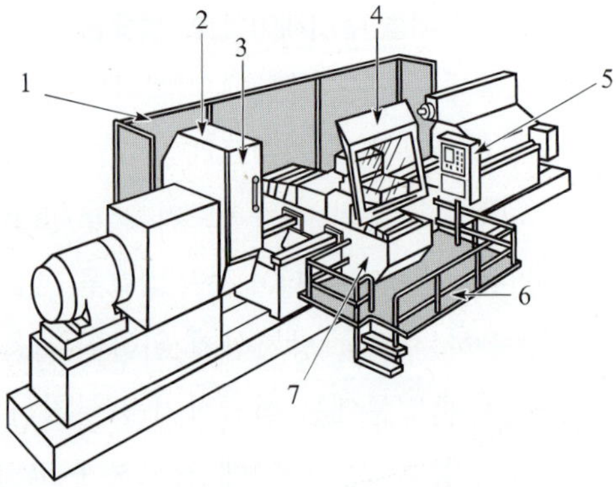

1. 후면 가드 2. 척 가드 3. 접근 가드
4. 전면 5. 제어판넬 6. 플랫폼 7. 새들

그림 4.21 수치제어 대형 수평선반의 가드(예시)

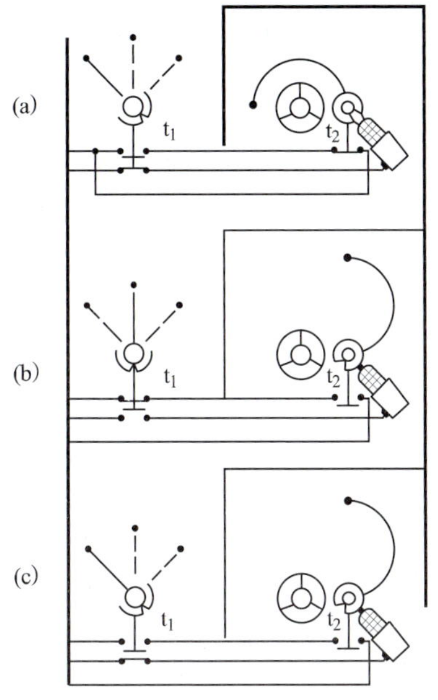

그림 4.22 척가드의 제어회로

4.2.4 작업안전수칙

① 공구나 일감은 확실하게 고정한다.

- 선반의 바이트는 끝을 짧게 징치한나.
- 일감의 길이가 직경의 12배 이상일 때는 방진구를 사용한다.

② 절삭중인 일감에는 손을 대지 말아야 한다.

- 면장갑 착용의 금지

③ 작업 중 절삭칩이 눈에 들어가지 않도록 반드시 보안경을 써야 한다.

- 칩 브레이커를 둔 바이트를 사용한다.

④ 작업 중 일감의 치수측정시에는 기계의 운전을 정지한다.

⑤ 절삭칩의 제거는 반드시 브러시를 사용한다.

⑥ 리이드스크류에는 몸의 하부가 걸리기 쉬우므로 조심해야 한다.

⑦ 선반의 베드 위에는 공구를 놓아서는 안된다.

⑧ 기계운전 중 백기어(back gear)의 사용을 금한다.

⑨ 센터작업을 할 때에는 심압 센터에 자주 절삭유를 주어 열발생을 막는다.

⑩ 기계에 주유 및 청소를 할 때에는 반드시 기계를 정지시키고 한다.

4.3 드릴가공

드릴링머신(drilling machine, drill press)은 그 주축에 드릴을 끼워서 회전절삭운동을 시키며, 한편 주축에 직선이송운동을 자동 또는 수동으로 행하게 하는 기구를 갖춘 공작기계이다. 전체의 구조상으로는 수직 드릴링머신(upright drilling machine), 레이디얼 드릴링머신(radial drilling machine), 다축 드릴링머신(multiple spindle drilling machine)으로 분류된다.

드릴링머신의 용량을 표시하는 데는 보통 구멍을 뚫을 수 있는 구멍의 최대직경과 드릴을 고정할 주축단의 테이퍼구멍의 테이퍼번호 및 설치할 수 있는 공작물의 최대치수를 나타내는 양으로서, 주축중심부터 컬럼, 기타에 닿지 않고 그릴 수 있는 원의 최대직경(수직 드릴링머신에서 스윙), 또는 주축중심부터 컬럼표면까지의 최대거리(레이디얼 드릴링머신의 경우)와 테이블 또는 베이스 상면과 주축하단 간의 최대거리를 가지고 나타낸다.

한편, 드릴링머신은 어느 공장에나 설치되어 있으며, 작업 중 드릴 끝에 말려들어가 크게 다치는 경우가 흔히 생긴다. 따라서 위험점에는 덮개를 설치하는 것이 안전상 중요한 일이다.[시행령 제77조(자율안전확인대상기계등)]

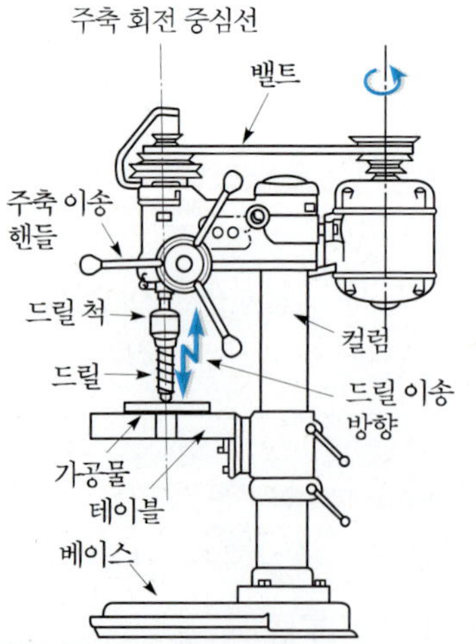

그림 4.23 벤치 드릴링머신

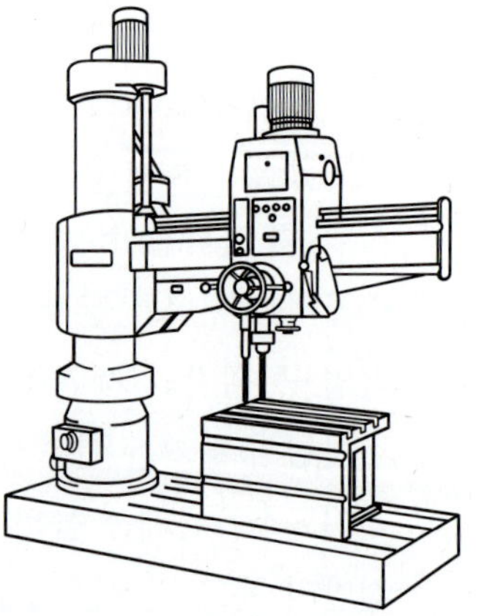

그림 4.24 레이디얼 드릴링머신

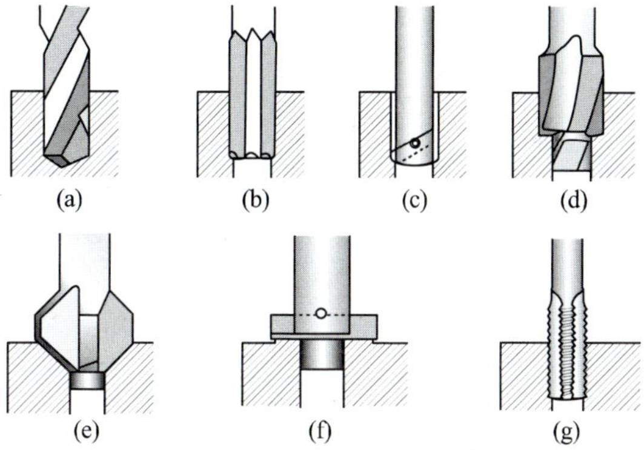

(a) 드릴링(drilling) (b) 리이밍(reaming) (c) 보오링(boring) (d) 카운터 보오링(counter boring)
(e) 카운터 싱킹(counter sinking) 및 테이퍼링(tapering) (f) 페이싱(facing) (g) 태핑(tapping)

그림 4.25 드릴링머신으로 할 수 있는 작업

4.3.1 드릴링머신의 구성요소

(1) 드릴

드릴의 종류에는 여러 종류가 있으며, 그 중 널리 사용되는 것은 비틀림 홈이 2개나있는 트위스트 드릴(twist drill)이다.

(2) 소켓과 척(socket and chuck)

드릴, 리이머, 탭 등의 자루(생크)는 곧은 자루(straight shank)와 테이퍼 자루(taper shank) 2종류가 있다. 이 중 곧은 자루를 드릴링머신에 고정하려면 드릴 척(drill chuck)이 필요하며, 지름이 큰 드릴은 전동이 잘 되지 않으므로 12mm 이하에 사용된다. 한편 테이퍼 자루는 직접 드릴의 주축(main spindle)에 고정할 수 있으며, 또 접촉이 강력하여 작업에 편리하다. 이것은 주로 12mm 이상의 드릴에 사용되며, 지름이 작은 테이퍼 드릴은 드릴소켓을 이용하여 작업한다.

소켓과 척의 형상은 그림 4.27, 그림 4.28과 같으며, 드릴지름이 10mm 이상의 드릴은 자루의 부분에 테이퍼를 가진 드릴(taper shanked twist drill)이 많다. 테이퍼에는 모스 테이퍼(morse taper)가 널리 사용되고 있다. 드릴링머신의 주축의 하단에 테이퍼구멍이 있어서 드릴의 자루부분을 끼우고 작은 드릴은 드릴소켓을 사용한다. 10mm 이하의 곧은 자루 부분이 원주상으로 된 드릴(straight shanked drill)은 드릴 척을 사용한다.

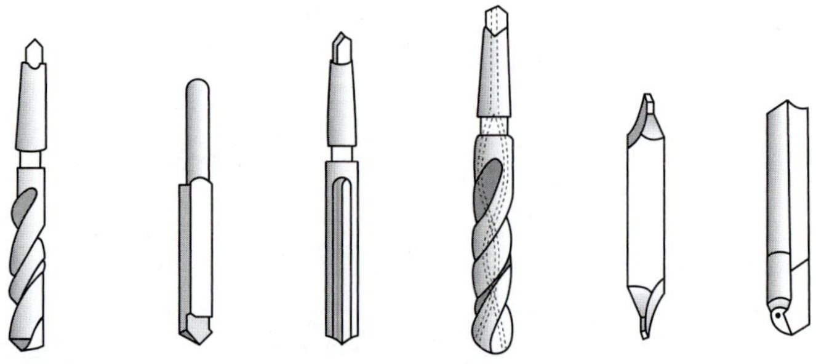

(a) 트위스트 드릴 (b) 평 드릴 (c) 직선 홈 드릴 (d) 기름 홈 드릴 (e) 센터 드릴 (f) 반월드릴

그림 4.26 각종 드릴의 종류

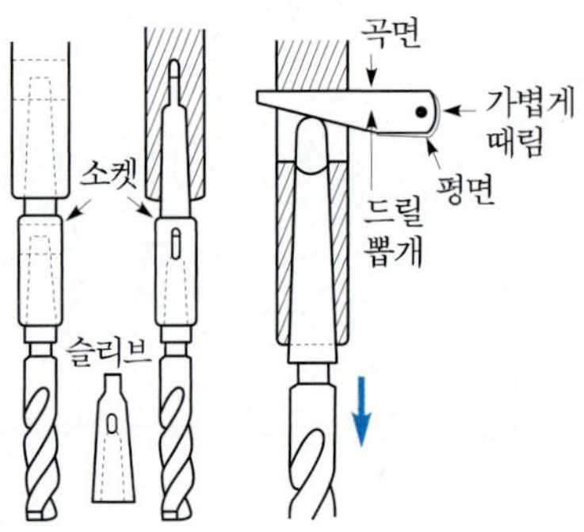

그림 4.27 드릴의 고정과 빼기

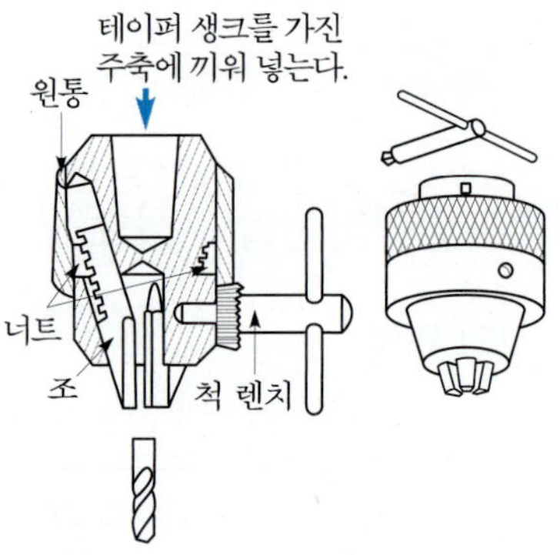

그림 4.28 드릴 척

4.3.2 드릴링머신의 방호장치

드릴 척이나 드릴이 회전하고 있으면 여기에 말려들거나 접촉하여 재해를 입을 수 있으므로 이에 대한 방호조치가 필요하며, 드릴링 머신에 신체 일부가 말릴 경우 인력으로 축을 움직일 수 있도록 하는 등 근로자를 구출할 수 있도록 해제장치의 설치 및 0정지방식의 하나 이상의 비상정지장치를 설치하여야 한다. (다만, 기계의 특성상 순차적 정지가 필요한 경우에는 1정지방식을 적용할 수 있다.)

드릴작업은 특히 드릴이 일감을 관통하기 전에 일감이 드릴의 회전을 따라서 회전하는 재해사례가 있으므로 미리 재료를 고정시키고, 특히 대량생산일 때는 적합한 지그를 부착해서 사용하도록 해야 한다.

주 1. 0정지방식 : 비상정지 작동시 전원차단 및 모든 작동 즉시정지
2. 1정지방식 : 비상정지 작동시 전원공급상태에서 기계정지후 전원차단

드릴링머신의 종류에 따라 적절한 방호장치를 설치하여야 하며, 그 종류 및 설치방법은 다음과 같다.[위험기계 · 기구 자율안전확인 고시]

(1) 수동 드릴링 머신 방호조치

수동 드릴링 머신에는 회전하는 주축(스핀들축)에 신체의 일부가 말려드는 것을 방지하기 위하여 고정식, 조정식 또는 가동식 연동 가드를 설치해야 한다. 다만, 기계의 구조상 가드의 설치가 곤란한 경우에는 기계에는 별도의 방호장치를 사용하는 것으로 대체할 수 있다. 가드는 전면 및 양 측면에서의 접근에 의한 위험을 예방할 수 있도록 스핀들축, 척 및 공구고정장치를 방호할 수 있는 구조이어야 한다. 한편, 레이디얼 드릴링 머신 등 기계의 구조상 방호가드를 설치할 수 없는 경우에는 텔레스코픽 트립장치 등 별도의 방호장치를 설치해야 한다. 이 경우 방호장치는 각 스핀들축으로 부터 150mm 이내에 설치해야 한다. 텔레스코픽 트립장치 설치시 주축(스핀들축) 브레이크 성능은 표 4.1과 같다.

표 4.1 스핀들 브레이크의 성능

스핀들 회전수(rpm)	정지까지의 회전수
250 이하	1
250 초과 1,000 이하	2
1,000 초과 1,500 이하	3
1,500 초과	4

(2) 자동 드릴링 머신 방호조치

작업영역 주변에는 방호가드를 설치해야 한다. 다만, 기계의 구조 또는 작업특성상 방호가드의 설치가 곤란한 경우에는 기계 주변에 방호울을 설치하거나 별도의 방호장치를 사용하여 작업을 수행하도록 할 수 있다. 작업 중 위험구역에 접근해야 하는 구조의 드릴링 머신에는 위험구역에 압력감지 매트 또는 광전자식 방호장치를 설치하고 필요 시 조작자용 캐빈을 설치해야 한다. 이 경우 캐빈에 접근하는 통로상에는 위험부위에 접촉할 위험이 없도록 해야 한다. 자동모드운전은 별도로 제공되는 펜던트 스위치 등 조작장치가 캐빈 내의 정위치에 한 경우에만 가능하도록 해야 한다. 드릴링 머신의 구조 또는 작업의 특성상 압력감지 매트, 광전자식 방호장치 또는 출입용 도어에 연동회로를 구성하는 것이 곤란한 경우에는 조작위치에서 근로자의 출입여부를 확인할 수 있도록 해야 한다.

한편, 자동 드릴링 머신에 설치되는 방호가드는 다음 사항에 적합해야 한다.

① 방호가드가 바닥에 고정되는 경우 최소높이가 1.4m 이상이고 바닥과의 틈새는 300mm 이내일 것
② 칩, 절삭유 기타 절삭중인 가공물이 비산되지 않는 구조일 것
③ 절삭작업에 대한 주기적인 관찰이 필요한 경우에는 가드에 투시창을 설치할 것
④ 가동식 가드의 개방으로 인해 조작자에게 위험이 초래되는 경우에는 별도의 잠금장치를 가드에 설치할 것

주 펜던트 스위치(pendant switch) : 높은 곳에 있는 회로를 개폐할 때 코드를 유도하여 그 끝에 매달아 쓰는 스위치

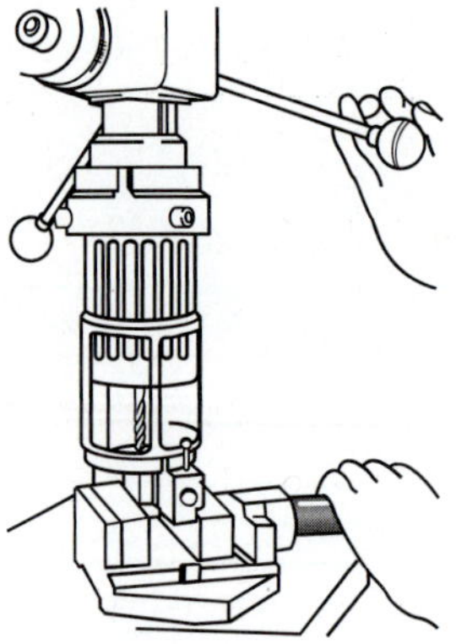

그림 4.29 고정식 조정가드

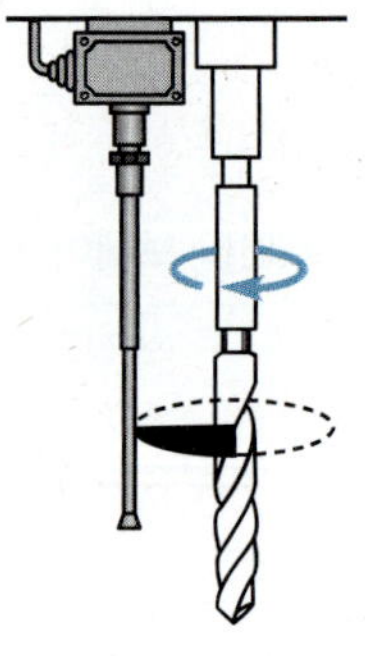

그림 4.30 텔레스코픽 트립장치

4.3.3 작업안전수칙 및 작업시의 유의사항

(1) 작업안전수칙

① 일감은 견고하게 고정시켜야 하며 손으로 쥐고 구멍을 뚫는 것은 위험하다.
② 드릴을 끼운 후에 척 렌치(chuck wrench)를 반드시 뺀다.
③ 장갑을 끼고 작업을 하지 않는다.
④ 구멍을 뚫을 때 관통된 것을 확인하기 위하여 손으로 대보아서는 안된다.
⑤ 가공 중에 구멍이 관통되면 기계를 멈추고 손으로 돌려서 드릴을 뺀다.
⑥ 작업모를 착용하고, 옷소매가 긴 작업복을 착용하지 않는다.

⑦ 일감의 설치, 테이블의 고정이나 조정은 기계를 정지시킨 다음에 실시한다.
⑧ 칩은 기계를 정지시킨 다음에 와이어 브러시로 제거한다.
⑨ 드릴작업에서는 보안경을 쓰거나 안전 덮개(shield)를 설치한다.
⑩ 이동식 전기드릴은 반드시 접지시켜야 하며, 회전 중에는 절대로 이동하는 일이 없도록 한다.
⑪ 얇은 판이나 황동 등은 흔들리기 쉬우므로 나무판을 밑에 받치고 구멍을 뚫도록 한다.

(2) 일감 고정방법

① 일감이 작을 때는 바이스(vise)로 고정한다.
② 일감이 크고 복잡할 때는 볼트와 고정구(클램프)를 사용하여 고정한다.
③ 대량생산과 정밀도를 요구할 때는 지그(jig)를 사용하여 고정한다.

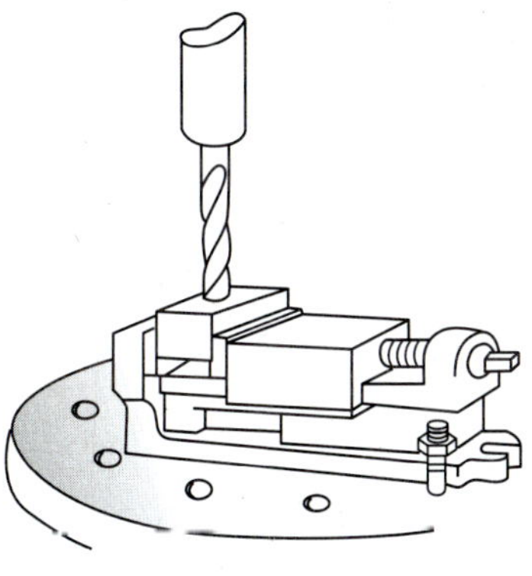

그림 4.31 바이스를 이용한 작업

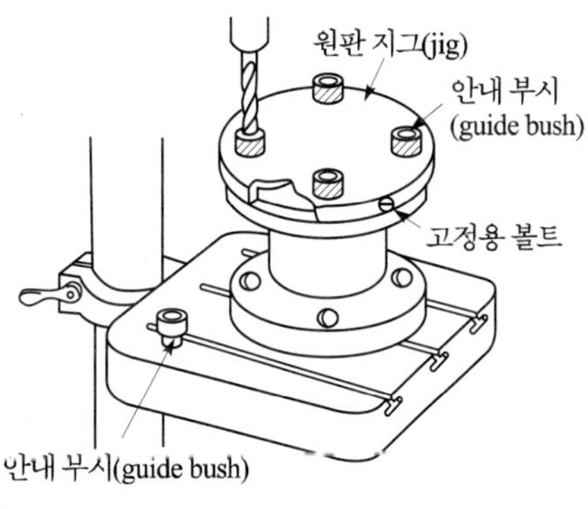

그림 4.32 플레이트 지그 작업

4.4 보링머신 작업

보링작업이라는 것은 드릴로 뚫은 구멍, 주조품, 또는 단조품에서 내부 구멍이 먼저 만들어져 있는 것을 보링머신(boring machine)을 사용하여 구멍 내부를 완성 가공하든가, 또는 내부 구멍을 확대하는 작업이다. 보링머신의 절삭방법은 선반에서 내부 가공하는 것과 유사하나 방법에 차이가 있다. 최근 신형 기구를 갖춘 보링머신에서는 ① 보링작업(boring), ② 리이머작업(reaming), ③ 탭작업(tapping)뿐만 아니라 ④ 단면절삭, ⑤ 외경절삭, ⑥ 나사깎기 등의 선반작업에서 할 수 있는 일도 가능하며, ⑦ 밀링작업(milling)의 일부도 할 수 있다.

이러한 정밀 보링머신(fine boring machine)과 지그 보러(jig borer)와 같은 정밀 공작기계의 출현으로 항공기공업, 자동차공업 등에 획기적인 발전을 보게 되었다. 보링머신의 종류에는 다음 4종류가 있다.

① 보통 보링머신(general boring machine)
② 지그 보링머신(jig boring machine or jig borer)
③ 정밀 보링머신(fine boring machine)
④ 코어 보링머신(core boring machine)

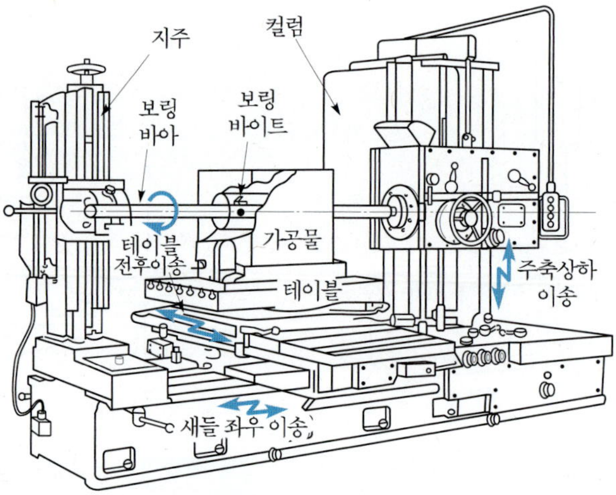

그림 4.33 테이블형 수평식(水平式) 보링머신

그림 4.33에 수평식 보링머신(horizontal boring machine)을 표시하였다. 작업안전 수칙은 드릴작업시와 동일하다.

4.5 밀링머신 작업

밀링커터(milling cutter)라고 하는 다인(多刃)으로 구성된 회전 절삭공구로써 가공하는 작업을 밀링(milling)이라고 하며, 이것에 사용되는 기계를 밀링머신(milling machine) 혹은 프레이즈반(盤)(Fräsmaschinen)이라고도 한다.

보통 밀링머신은 공구를 회전시키면서 가공물을 테이블 위에 고정하고 테이블의 이송으로 절삭가공한다. 밀링머신으로 할 수 있는 작업에는 ① 평면 절삭, ② 홈 절삭, ③ 곡면 절삭, ④ 단면 절삭, ⑤ 기어(齒車) 제작, ⑥ 캠(cam) 제작, ⑦ 특수 나사 제작 등이 있고, 여러 가지 작업이 가능하여 일종의 만능적인 공작기계이다.

한편 만능식 밀링머신의 분할대(分割臺)와 같은 부속을 사용하면 더욱 광범위한 작업에 사용할 수 있어 각종 드릴의 제작, 재봉침(裁縫針), 총(銃) 및 시계 등의 제작과 작업의 발달에 많은 공헌을 하였다. 최근의 밀링머신은 주축 회전수와 이송 속도의 변화 범위가 넓고, 테이블 조작도 간편화 또는 자동화되었으며, 하향 절삭(下向切削 ; down cut) 방식의 채용과 테이블의 급속귀환(急速歸還 ; quick return) 장치 등이 사용되어 다음과 같이 분류된다.

그림 4.34는 밀링에 사용되는 각종 커터의 형상 및 절삭면의 윤곽을 나타낸다. 한편 밀링머신 작업에 있어 기계취급의 미숙, 밀링커터 및 일감 고정의 잘못으로 뜻하지 않은 사고가 발생하는 경우가 있다.[시행령 제77조(자율안전확인대상기계등)]

- 밀링머신 (milling machine)
  - 니이형 (knee type)
    - 수평식(水平式) 밀링머신
      - 평형(平衡 ; plain type)
      - 만능식(萬能式 ; universal type)
    - 수직식(水直式) 밀링머신
  - 생산형(production type) 밀링머신
  - 플레이너형(planner type) 밀링머신
  - 특수형(special type)
    - 모방(模倣) 밀링 머신(copy milling machine)
    - 나사 밀링 머신(thread milling machine)
    - 캠 밀링 머신(cam milling machine)

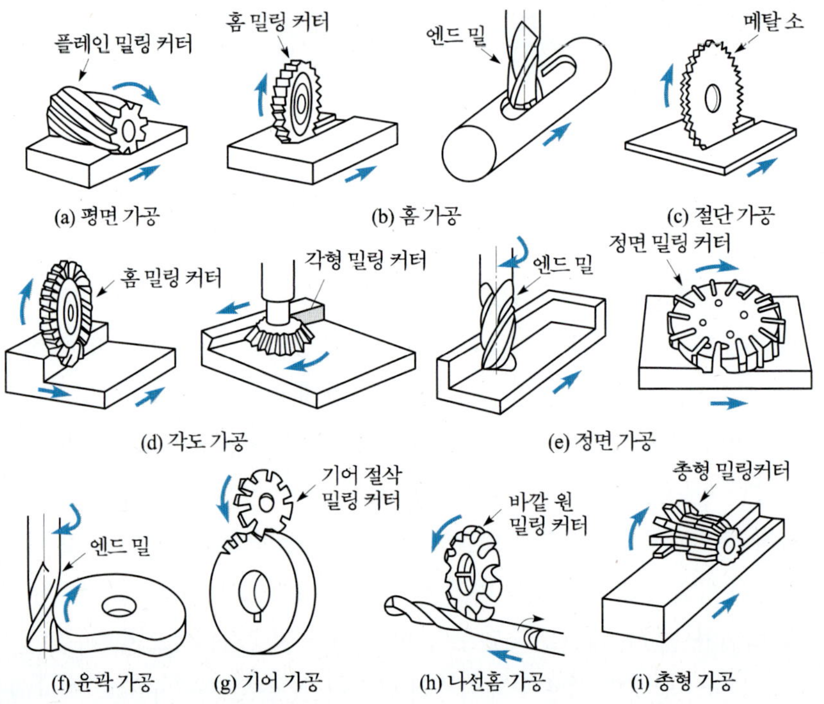

그림 4.34 밀링 가공의 종류 및 커터의 용도

4.5.1 밀링머신의 종류

(1) 수평밀링머신(horizontal milling machine)

수평밀링머신은 그림 4.35와 같으며, 주로 평커터와 같은 원통외주에 날이 있는 밀링 커터로 가공하기 위한 것이며 아버(arbor)를 끼워 이를 주축단에 맞추어 끼고, 아버의 다른 끝은 오버암(over arm)에 지지되는 아버 지지대(arbor support)로 지지한다. 아버를 더욱 튼튼하게 지지하기 위하여, 아버 지지대와 니이 사이에 브레이스(brace)를 끼워 보강하기도 한다. 일감의 높이에 따라 니이의 높이를 가감하여 절삭 깊이를 준다. 일감은 테이블 위에 바이스, 기타의 고정구로 설치·고정시킨다.

니이 위에는 새들(saddle)이 있어 이것이 전후방향으로 이동할 수가 있고, 그 위에 테이블이 있어 이를 좌우방향으로 수동 또는 자동이송운동을 줄 수 있게 되어 있다. 테이블의 운동은 그 밖에 급속이송이 있어 복귀행정 때 쓸데없는 시간의 낭비를 피하게 되어 있다. 컬럼 내에 전동기와 속도변환장치가 들어 있어 주축에 동력을 전달한다.

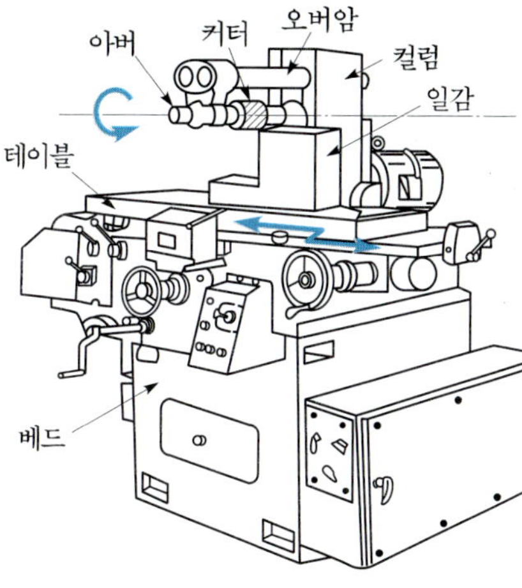

그림 4.35 수평밀링머신

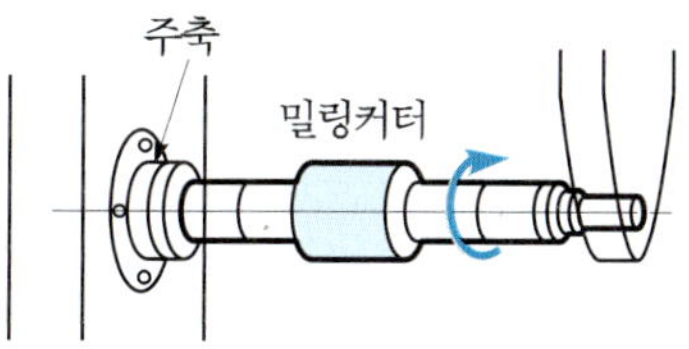

그림 4.36 수평형 주축

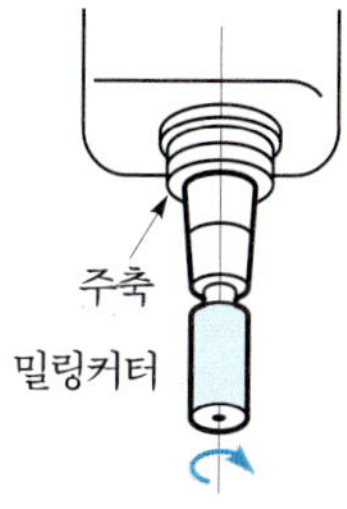

그림 4.37 수직형 주축

(2) 수직밀링머신(vertical milling machine)

수직밀링머신은 수직·수축에 정면커터, 앤드밀 등을 붙여 평면의 절삭, 홈깎기 또는 일감의 주변의 절삭 등을 행하는 것이며, 수평밀링머신보다 일감의 설치, 제거나 작업 중의 감시도 편리하며, 또 초경 정면커터의 발달에 따라 많이 사용되고 있다.

(3) 만능밀링머신(universal milling machine)

수평밀링머신의 테이블을 수직축의 둘레로 어느 정도의 각도만큼 선회시킬 수 있는 구조로 된 것이며, 주로 분할대와 조합시켜 드릴의 홈과 같은 나선홈이나 기타 복잡한 작업을 할 수 있다.

밀링가공에서 커터의 회전방향과 가공물의 이송방향에 따라 상향절삭 방법과 하향

절삭 방법이 있다.

1) 상향절삭

일반적으로 많이 사용하는 방법으로서 커터의 회전방향과 가공물의 이송방향이 반대이며, 이 상향절삭은 밀링커터의 날이 가공재를 들어올리는 방향으로 작용한다. 따라서 가공물을 견고하게 고정하여야 하나, 밀링커터의 진행방향과 가공물의 이송방향이 반대이므로 서로 밀고 있으므로 이송기구의 백래시는 자연히 제거된다.

2) 하향절삭

커터의 회전방향과 가공물의 이송방향이 같으며, 이 하향절삭은 가공물을 아래로 누르면서 절삭하므로 가공물의 고정방법이 간단하나, 밀링커터의 진행방향과 가공물의 이송방향이 같으므로 이송기구의 백래시가 증대하므로 백래시 제거 장치가 필요하다.

주 백래시(backlsash) : 기계에 쓰이는 나사, 기어 등의 서로 맞물려 운동하는 기계장치 등에서 운동방향으로 만들어지는 틈을 말 한다. 이 틈에 의하여 나사와 기어는 자유롭게 움직일 수 있으나, 회전중 반대 방향으로 회전시키면 어긋남과 충격이 일어날 수 있다. 백래시는 진동이나 소음을 발생시키고 기계의 수명을 저하시키는 원인이 된다.

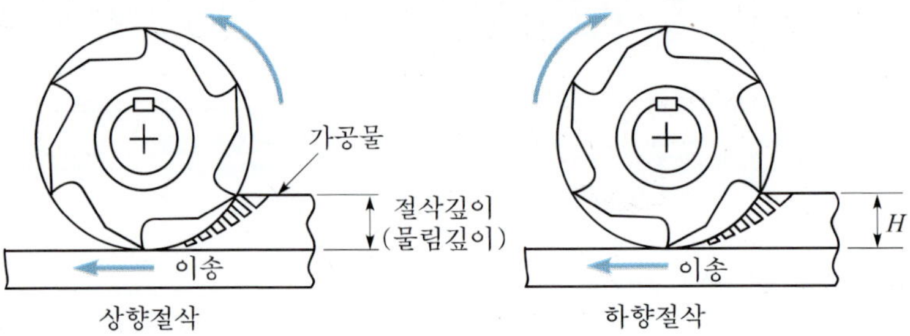

그림 4.38 상향절삭과 하향절삭

4.5.2 밀링머신의 방호장치[위험기계 · 기구 자율안전확인 고시]

밀링커터가 회전하고 있을 때 작업자의 소매가 커터에 감겨들거나 칩이 작업자의 눈에 들어가서 일어나는 재해가 많이 발생하므로 작업영역 주위에는 방호가드를 설치하여야 하며, 0정지방식의 하나 이상의 비상정지장치를 설치하여야 한다. (다만, 기계의 특성상 순차적 정지가 필요한 경우에는 1정지방식을 적용할 수 있다.)

칩의 제거를 위해서는 브러시를 사용하고 절삭유는 가공부분에서 떨어진 커터의 상부에서 주입하도록 한다.

밀링머신의 종류에 따라 적절한 방호가드를 설치하여야 하며, 그 종류 및 설치방법은 다음과 같다.

(1) 수동밀링머신 방호가드

① 작업영역 주변에는 고정식 가드 또는 가동식 연동가드를 설치해야 한다. 다만, 필요한 경우 두 종류 모두 설치할 수 있다.

② 가동식 연동가드를 설치한 경우에는 가드 개방 시 절삭날 등 위험부의 작동이 정지되어야 한다.

③ 위험부위의 작동이 정지된 후 감속기간 동안 위험영역에 접근이 필요한 구조의 기계에는 가드에 연동회로가 구성된 잠금장치를 설치해야 한다.

④ 기계의 세팅작업 등을 위하여 가드 개방 후에도 작동이 필요한 경우에는 다음에 적합한 경우에만 가드가 개방되도록 해야 한다.

1. 가동유지장치에 의해 작동되는 축의 회전수가 2rpm 이하일 것
2. 스핀들의 회전운동은 가동유지장치 또는 활성화장치와 기동장치의 동시작동에 의해서만 가능할 것
3. 칩 이송 컨베이어가 설치된 경우에는 가동유지장치 또는 이에 적합한 방호조치를 할 것

주 가동유지장치 : 조작장치가 눌러진 경우에만 작동이 되고 조작장치가 해제된 경우에는 원래의 위치로 복귀되는 장치

(2)자동밀링머신 방호가드

① 작업영역 주위에는 고정형 또는 가동식 연동가드를 설치해야 한다. 다만, 기계의 특성상 가드를 설치하는 것이 곤란한 경우에는 조작자 캐빈의 설치, 방호울 또는 이와 동등 이상의 방호조치를 해야 한다.

② 작업영역을 방호하는 가드는 가능한 기계본체에 고정시켜야 한다.

③ 작업영역에 조작자가 접근할 수 있는 구조의 기계에는 별도의 캐빈을 설치해야 한다. 이 경우, 조작자가 방호울로 둘러쳐진 구역안의 위험구역에 접근할 수 없어야 한다. 다만, 기계의 환경설정 및 운전상 불가피하게 위험구역에 접근해야 하는 경우에는 펜던트 스위치의 제공 등 별도의 안전조치를 해야 한다.

④ 자동모드 운전은 제공된 펜던트 스위치를 캐빈 내의 정해진 위치에 두는 경우에만 가능해야 한다. 또한, 기계의 작동은 적절한 운전모드를 선택한 경우에만 가능해야 한다.

⑤ 조작자 이외의 근로자가 작업영역에 접근할 수 있는 구조의 기계에는 방호울에 연동식 도어를 설치하고 광전자식방호장치, 압력감지매트 등 별도의 방호장치를 설치해야 한다. 다만, 기계의 특성상 이러한 조치를 하는 것이 불가능한 경우에는 조작자의 정상작업위치에서 작업영역에 대한 시야가 완전히 확보되어야 한다.

⑥ 자동밀링머신에 설치되는 방호가드는 다음 사항에 적합해야 한다.

1. 방호가드가 바닥에 고정되는 경우 최소높이가 1.4m 이상이고 바닥과의 틈새는 300mm 이내일 것
2. 칩, 절삭유 그 밖에 절삭 중인 가공물이 비산되지 않는 구조일 것
3. 절삭작업에 대한 주기적인 관찰이 필요한 경우에는 가드에 투시창을 설치할 것
4. 작업영역에 출입하기 위한 도어에는 연동회로를 구성하고 연동회로의 임의해제를 방지하기 위한 조치를 할 것
5. 가동식 가드의 개방으로 인해 조작자에게 위험이 초래되는 경우에는 별도의 잠금장치를 가드에 설치할 것

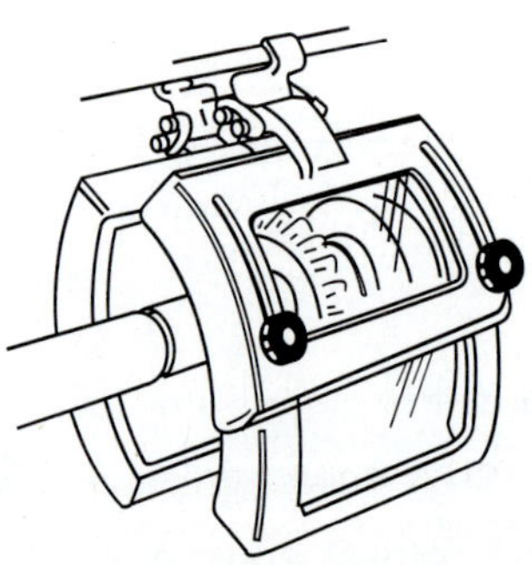

그림 4.39 수평형 밀링머신의 가드

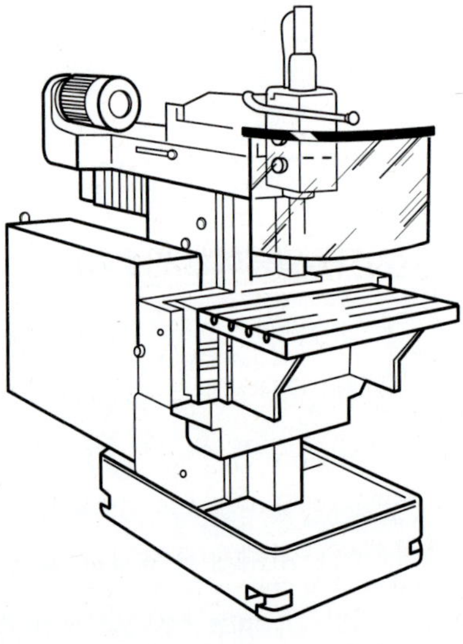

그림 4.40 수직형 밀링머신의 가드

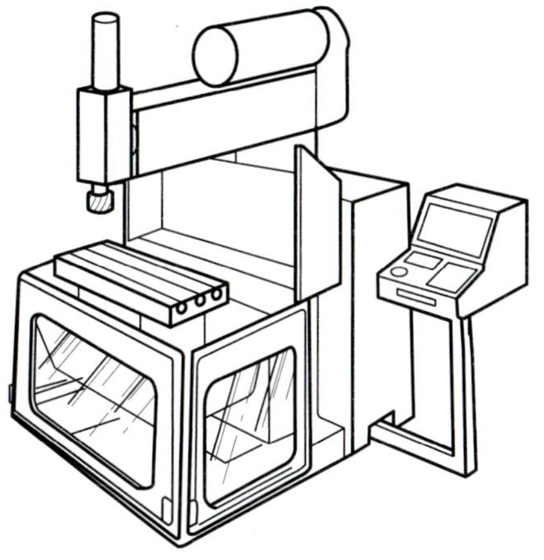

그림 4.41 자동밀링머신의 연동가드

4.5.3 작업안전수칙

① 밀링커터에 작업복의 소매나 작업모가 말려 들어가지 않도록 한다.
② 칩은 기계를 정지시킨 다음에 브러시로 제거한다.
③ 일감, 커터 및 부속장치 등을 제거할 때 시동레버를 건드리지 않도록 한다.
④ 상하 이송장치의 핸들은 사용 후 반드시 빼 두어야 한다.
⑤ 일감 또는 부속장치 등을 설치하거나 제거시킬 때, 또는 일감을 측정할 때에는 반드시 정지시킨 다음에 한다.
⑥ 기터를 교환할 때는 반드시 테이블 위에 목재를 받쳐 놓고 한다.
⑦ 커터는 될 수 있는 한 컬럼에 가깝게 설치한다.
⑧ 테이블이나 암 위에 공구나 커터 등을 올려놓지 않고 공구대 위에 놓는다.
⑨ 가공 중에는 손으로 가공면을 점검하지 않는다.
⑩ 강력절삭을 할 때는 일감을 바이스에 깊게 물린다.
⑪ 면장갑을 끼지 않는다.
⑫ 밀링작업에서 생기는 칩은 가늘고 예리하며 부상을 입히기 쉬우므로 보안경을 쓰도록 한다.
⑬ 급속이송은 백래시 제거 장치가 작동하지 않고 있음을 확인하고, 급속이송은 한방향으로 만 한다.

4.6 플레이너, 셰이퍼, 슬로터작업

4.6.1 개요

① 공구대에는 공구를 고정하여 절삭운동이 일감 또는 공구의 직선왕복운동으로 이루어진다.

② 이송운동은 절삭운동의 1왕복에 대하여 1회의 단속운동으로 이루어진다.

③ 평면가공을 기준으로 하여 경사면, 홈파기 등의 가공을 할 수 있다.

④ 절삭운동은 절삭행정(cutting stroke)과 귀환행정(return stroke) 중 절삭행정에서만 이루어지므로 기계운전의 유효시간율, 즉 절삭운동이 이루어지는 시간과 기계의 실제 운전시간과의 비는 최고가 1에 도달할 수 없다. 한편 귀환행정은 급속으로 이루어져 급속귀환행정이라 한다. 왕복행정의 길이가 1m 이상인 기계는 평삭기(平削機 , planer), 1m 이하인 기계는 형삭기(形削機, shaper)라 하여 설계, 제작되어 있는 것이 통례이다. 이것은 모두 수평절삭기계이고, 수직방향절삭기계로는 입삭기(立削機, slotter)가 사용된다.

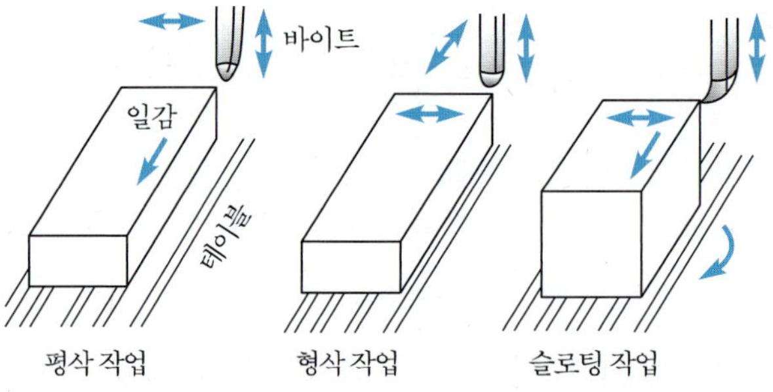

그림 4.42 가공기구

4.6.2 플레이너(평삭기) 작업

플레이너(planer, planning machine)는 일감에 직선절삭운동을 주고, 바이트가 직선이송운동을 행하게 하여 평면을 절삭하는 기계로 비교적 대형의 일감에 사용하며, 칩의 비산과 공구(바이트)의 파괴로 인한 파편, 일감의 비산 등으로 안전사고를 일으키는 수가 많다. 플레이너의 형상은 그림 4.43과 같으며 각종 기계의 베드, 컬럼 등의 표면가공에 사용된다. 플레이너의 크기는 테이블의 최대행정과 절삭할 수 있는 최대폭 및 최대높이로 표시한다. [시행령 제77조(자율안전확인대상기계등)]

주 운전 중인 평삭기의 테이블 또는 수직선반 등의 테이블에 근로자를 탑승시켜서는 안된다. 다만, 테이블에 탑승한 근로자 또는 배치된 근로자가 즉시 기계를 정지할 수 있도록 하는 등 우려되는 위험을 방지하기 위하여 필요한 조치를 한 경우에는 그렇지 않다[규칙 제10조(탑승의 금지)].

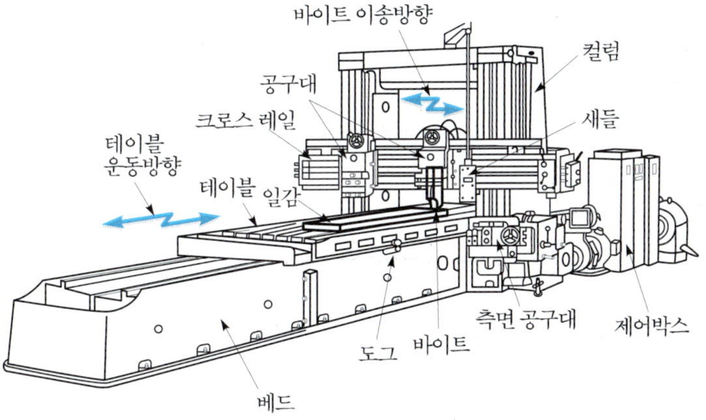

그림 4.43 대형 플레이너

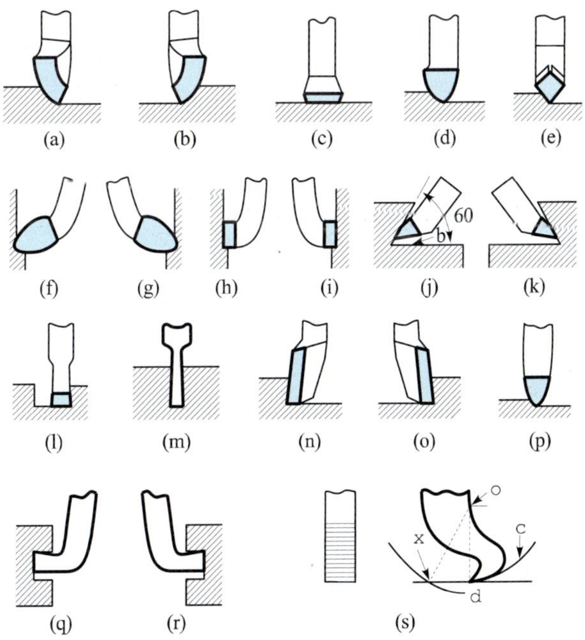

그림 4.44 플레이너용 바이트과 가공면

4.6.3 셰이퍼(형삭기) 작업

셰이퍼(shaper, shaping machine)는 바이트가 직선절삭운동을 하고 일감이 직선이송운동을 하여 평면을 절삭하는 공작기계이며, 비교적 소형의 일감에 대하여 사용된다. 직선운동을 하는 램(ram)의 전면에 공구대가 있고 상하로 이동할 수 있는 미끄럼대가 붙어 있고 그 위에 바이트를 고정시킨 공구판이 핀으로 붙어 있다. 램의 왕복운동은 크랭크와 링크기구를 이용한 각종의 급속귀환기구가 사용되나 최근에는 유압구동식도 제작되고 있다.[시행령 제77조(자율안전확인대상기계등)]

셰이퍼의 크기는 램의 행정으로 표시하며, 셰이퍼로 작업할 수 있는 것은 수평절삭, 측면절삭, 수직절삭, 각도절삭, 광폭홈절삭, 홈절삭, 총형절삭, 키홈절삭, 4각공절삭, 모방절삭 등을 할 수 있다.

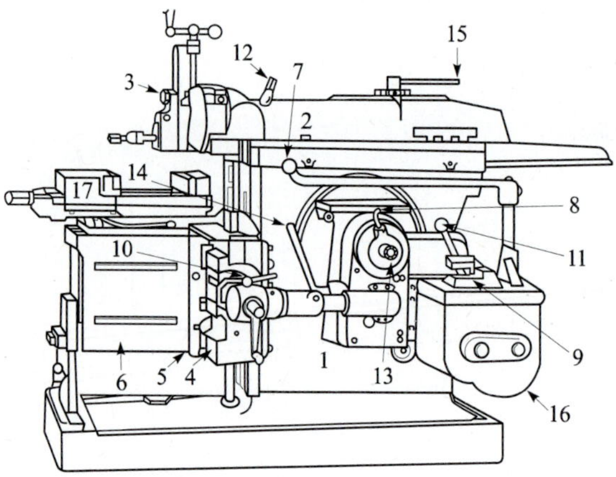

1. 직주(直柱 : pillar or column) 2. 램(ram) 3. 셰이퍼 공구대(shaper head)
4. 횡주(横走 : cross rail) 5. 새들(saddle) 6. 테이블(table)
7. 기동(起動) 레버(starting lever) 8. 이송용(移送用) 레버(feed lever)
9. 변환 기어 레버(chage gear lever) 10. 이송방향 조절 레버
11. 백기어 레버(back gear lever) 12. 램(ram) 위치 지정축(positioning shaft)
13. 스트로크 조정장치 14. 램 고정용 레버
15. 기어상자(gear box) 16. 바이스(vise)

그림 4.45 크랭크 셰이퍼(crank shaper) 각부 명칭(Smith에 의함)

4.6.4 슬로터(입삭기) 작업

슬로터(slotter, slotting machine)는 상하방향으로 직선왕복운동을 하는 램에 공구를 고정하고 일감의 수직면을 절삭하는 것이며, 일감을 회전테이블에 설치하고 회전 이송운동을 주면 원주면을 깎을 수도 있다. 램의 운동은 크랭크와 회전홈이 붙은 링크 장치에 의한 급속전환기구가 많이 사용되고, 상하운동을 행하는 부분의 중량은 균형추로 평형시킨다. 이 밖에 램의 운동기구는 랙과 피니언, 또는 유압구동에 의한 것도 있으며, 내면의 키홈, 기타의 가공에 사용된다.

슬로터의 크기는 램의 행정, 테이블의 크기, 테이블의 이동거리(좌우×전후) 및 회전테이블의 직경으로 표시한다. 작업요령은 셰이퍼의 경우와 본질적인 차이가 없다.

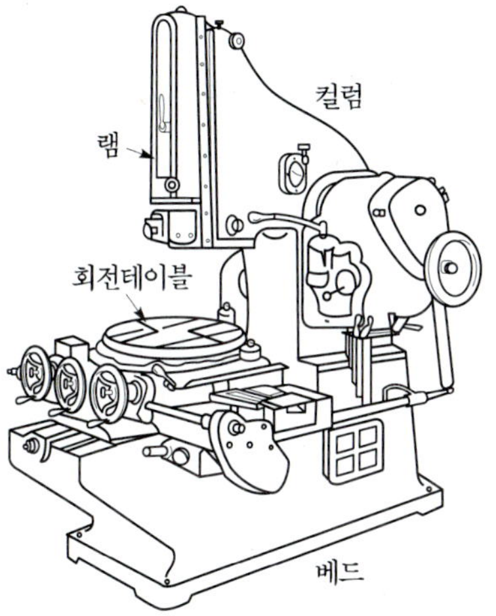

그림 4.46 슬로터

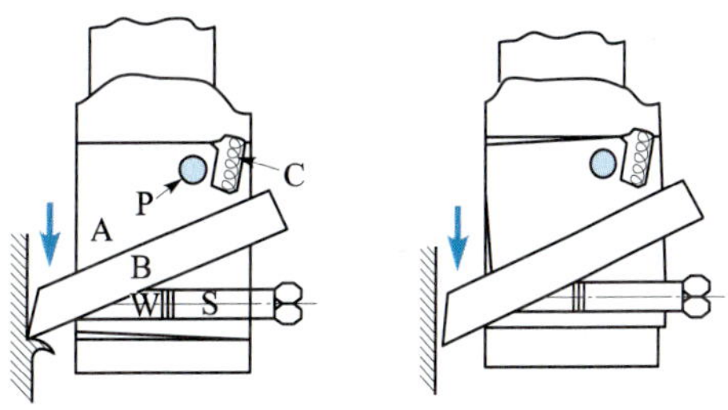

그림 4.47 슬로터 바이트 고정구

4.6.5 방호장치와 안전수칙

위 작업들은 작업속도가 빠르고 램의 왕복운동으로 인한 바이트의 파손, 일감의 이탈, 비산하는 칩이나 혹은 일감에 말려드는 재해가 많으므로 작업영역 주위에는 방호가드를 설치해야 한다. 또한, 일감을 견고히 고정하여야 하고, 탑승을 금지하며, 바이트는 가급적 짧게 물리고, 작업중에는 바이트의 운동방향에 서지말아야 한다. 그 밖의 사항은 선반, 밀링머신의 작업안전수칙과 동일하다.

방호가드 종류 및 설치방법은 다음과 같다.

(1) 방호가드[위험기계 · 기구 자율안전확인 고시]

① 작업영역 주위에는 고정식 또는 가동식 연동가드를 설치해야 한다. 다만, 기계의 특성상 가드를 설치하는 것이 곤란한 경우에는 조작자 캐빈의 설치, 방호울 또는 이와 동등 이상의 방호조치를 해야 한다.

② 작업영역을 방호하는 가드는 가능한 기계 본체에 고정시켜야 한다.

③ 작업영역에 조작자가 접근할 수 있는 구조의 기계에는 별도의 캐빈을 설치해야 한다. 이 경우 조작자가 방호울로 둘러쳐진 구역안의 위험구역에 접근할 수 없어야 한다. 다만, 기계의 환경설정 및 운전상 불가피하게 위험구역에 접근해야 하는 경우에는 펜던트 스위치의 제공 등 별도의 안전조치를 해야 한다.

④ 자동모드 운전은 제공된 펜던트 스위치를 캐빈 내의 정해진 위치에 두는 경우에만 가능해야 한다. 또한, 기계의 작동은 적절한 운전모드를 선택한 경우에만 가능해야 한다.

⑤ 조작자 이외의 근로자가 작업영역에 접근할 수 있는 구조의 기계에는 방호울에 연동식 도어를 설치하고 광전자식안전장치, 압력감지매트 등 별도의 안전장치를 설치해야 한다. 다만, 기계의 특성상 이러한 조치를 하는 것이 불가능한 경우에는 조작자의 정상작업위치에서 작업영역에 대한 시야가 완전히 확보되어야 한다.

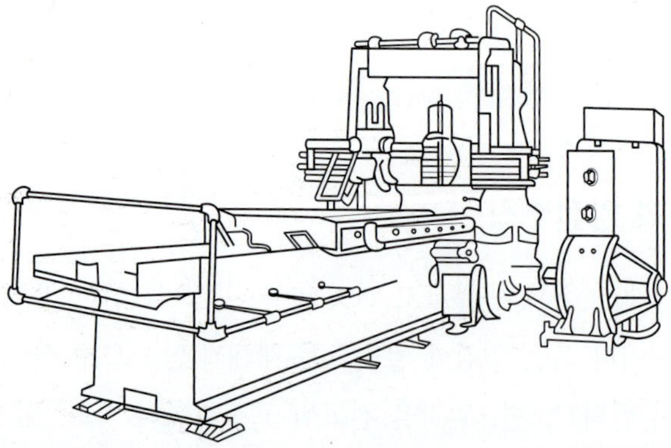

그림 4.48 플레이너의 방호울

⑥ 자동형삭·평삭기에 설치되는 방호가드는 다음 사항에 적합해야 한다.

1. 방호가드가 바닥에 고정되는 경우 최소 높이가 1.4m 이상이고 바닥과의 틈새는 300mm 이내일 것
2. 칩, 절삭유 기타 절삭중인 가공물이 비산되지 않는 구조일 것
3. 절삭작업에 대한 주기적인 관찰이 필요한 경우에는 가드에 투시창을 설치할 것
4. 작업영역에 출입하기 위한 도어에는 연동회로를 구성하고 연동회로의 임의해제를 방지하기 위한 조치를 할 것
5. 가동식 가드의 개방으로 인해 조작자에게 위험이 초래되는 경우에는 별도의 잠금장치를 가드에 설치할 것

4.7 연삭가공

4.7.1 개요

연삭작업은 여러 가지 형상을 한 연삭숫돌(grinding wheel)을 고속도로 회전시켜 이것을 공구로 사용하고, 일감에 상대운동을 시켜 정밀하게 가공하는 작업을 말하며, 이에 사용되는 기계는 연삭기(grinder) 또는 그라인딩 머신(grinding machine)이라 한다.

한편, 연삭숫돌은 사용속도가 고속이므로 숫돌강도 이상의 큰 힘이 작용하여 회전 중에 파손되면 그 파편이 굉장한 속도로 튀어 부근의 작업자가 파편에 맞아 큰 재해를 입는 경우가 있다.[시행령 제77조(자율안전확인대상기계등)]

4.7.2 연삭기의 종류

(1) 원통연삭기(cylindrical grinding machine)

원통의 외경을 연삭하는 것으로 스윙과 양 센터 사이의 최대거리로 나타낸다.

(2) 내면연삭기(internal grinding machine)

평형내면과 테이퍼의 내면을 연삭하는 것으로 일감의 회전형과 고정형이 있다.

(3) 평면연삭기(surface grinding machine)

평면 및 측면을 연삭하는데 사용한다.

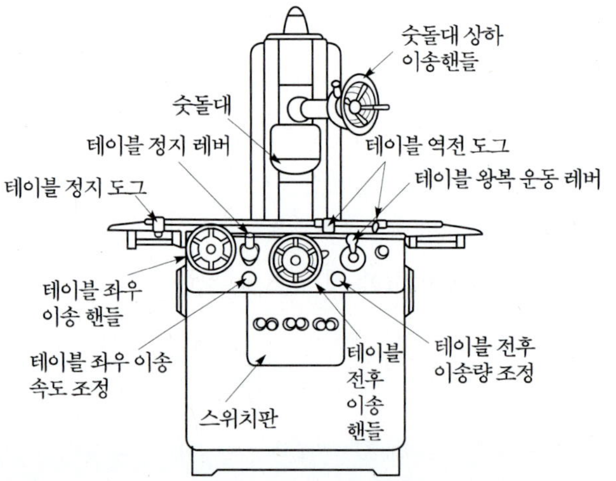

그림 4.49 평면연삭기의 구조

(4) 센터리스연삭기(centerless grinding machine)

원통의 바깥 면을 연삭하는 것으로 일감을 지지하는 데 센터를 사용하지 않고 연삭하는 것으로 외면, 내면센터리스 연삭기가 있다.

(5) 만능연삭기(universal grinding machine)

원통연삭기의 일종으로서 초경합금공구, 드릴, 리이머, 밀링커터, 호브 등을 연삭한다.

(6) 스플라인 연삭기(spline grinding machine)

스플라인축을 전문으로 연삭하는 기계이다.
이 밖에 롤러(roller) 연삭기, 캠(cam) 연삭기, 치차 연삭기 등이 있다.

4.7.3 연삭숫돌

연삭숫돌은 천연입자인 석영, 에머리(emery), 코런덤(corundum), 다이아몬드(diamond) 등으로 제조된 것이 있고, 현재 널리 사용되는 숫돌은 인조입자인 탄화규소(SiC), 산화알루미늄(Alumina : Al_2O_3)으로 제조된다. 표 4.1은 숫돌 성분 종류에 따른 주요 용도를 나타내고 있다.

표 4.1 숫돌 성분과 그 용도

재료	성분	용도
A	산화알루미나 95%	H.S.S강, 인장강도가 큰 재질연삭
WA	산화알루미나 99.5%	담금질강, 합금강, 탄소강 연삭
C	탄화규소 97%	주철, 인장강도가 적은 재료연삭
GC	탄화규소 98%	초경공구강, 발열금지 재료연삭

(1) 연삭숫돌의 3요소

연삭숫돌은 대단히 강한 물질의 입자인 연삭(숫돌) 입자(지립, abrasive)와 이를 결합하여 일체가 되어 있는 결합제(bond) 및 그 사이에 있는 공극(孔隙), 즉 기공(氣孔)의 3요소로 되어 있으며 이 중에서 연삭숫돌의 강도를 결정하는 요소는 결합제이다.

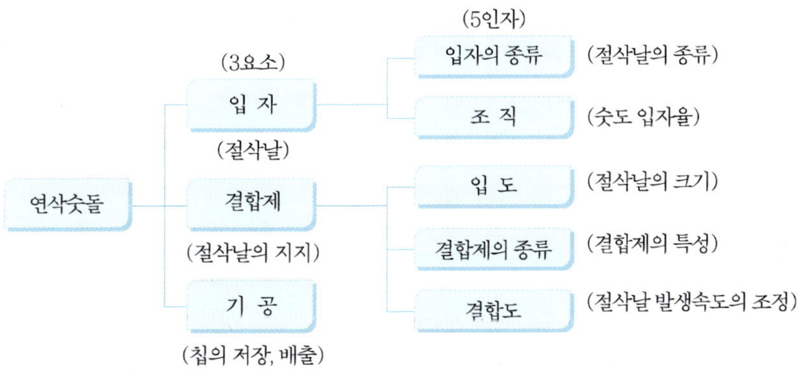

이 외에 입도, 조직을 포함하여 연삭숫돌 구성의 5요소라고도 한다. 한편, 그림 4.51은 연삭숫돌의 표시방법을 보여주고 있으며, 그림 4.52는 연삭숫돌의 표준모양을 보여주며 모두 13종으로서 번호로서 표시한다.

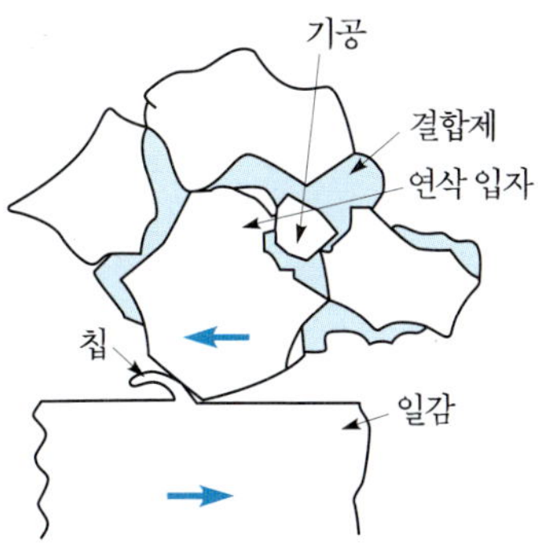

그림 4.50 연삭칩의 발생

WA 54 Lm V-1호 D 205×16×19.05

WA	54	L	m	V	1호	D×t×d
숫돌입자	입도	결합도	조직	결합제	모양	크기

숫돌입자

색깔	표시법
흑갈색	A
흰색	WA
흑자색	C
녹색	GC
다이아몬드	D

입도

구분	표시법
거친것	10, 12, 14 16, 20, 34
보통	30, 36, 46 54, 60
고운것	70, 80, 90 100, 120, 150 180, 220
매우 고운것	240, 280, 320 400, 500, 600 700, 800

결합도

구분	표시법
극히 연합	E, F, G
연합	H, I J, K
보통	L, M N, O
단단한 것	P, Q R, S
극히 단단한 것	T, U W, Z

조직

구분	표시법	
치밀	W	0, 1, 2 3
중간	M	4, 5, 6
거침	C	7, 8, 9 10, 11 12

결합제

구분	표시법
비트리파이드	V
실리케이트	S
고무	R
레지노이드	B
셸락	E
비닐	PVA 6
메탈	M

모양

구분	표시법
평형	1호
실린더형	2호
1면 플랜지턱형	5호
원통컵형	6호
양면 플랜지턱형	7호
대접형	11호
접시형	12호

크기

표시법
외경×폭×내경

그림 4.51 연삭숫돌의 표시법

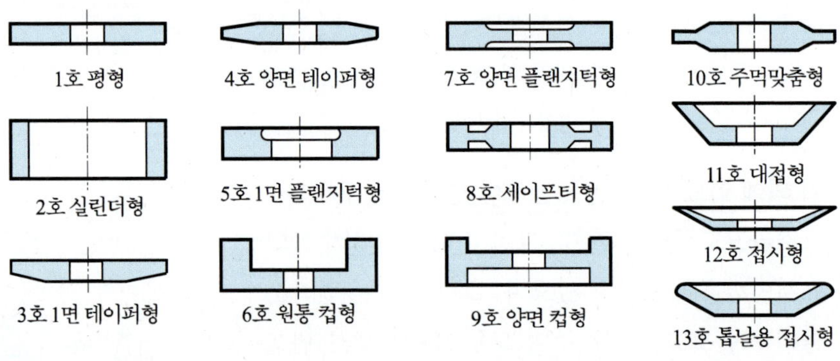

그림 4.52 연삭숫돌의 표준모양

(2) 연삭작업의 특징

① 일감의 칩이 대단히 작다.
② 일감의 치수정도(精度)가 대단히 높다.
③ 절삭날에 자생작용(自生作用)이 있다.
④ 가공능률이 좋다.
⑤ 담금질강과 초경합금도 가공할 수 있다.

주 1. **자생작용** : 연삭숫돌이 연삭과정 중에서 입자의 마멸, 파쇄, 탈락, 생성의 과정을 되풀이하여 새로운 날 끝이 생성되는 작용
2. **눈메꿈 현상**(loading) : 기공의 부분이 너무 작거나, 연질의 금속을 연마할 때 숫돌의 표면이 너무 연해서 숫돌표면의 공극에 칩이 막혀 연삭이 행하여 지지 않을 때를 말하며, 이 때는 숫돌의 표면을 깎아내는 드레싱(dressing) 작업을 행한다.
3. **그레이징 현상**(glazing) : 숫돌이 너무 경할 때(결합도가 강할 때) 무디어진 입자가 탈락하지 않으므로, 숫돌은 일감의 절삭을 행할 수 없고 일감의 표면을 고속도로 마찰하게 되어 일감을 상하게 하고 표면이 변질되는 현상

4.7.4 연삭기의 재해유형

연삭기에서 주로 발생하는 재해유형은 다음과 같다.

① 연삭기면(숫돌)에 접촉되어 일어나는 것(잘림, 문지름, 스침, 사이에 낌)
② 연삭분진이 눈에 튀어 들어가서 일어나는 것
③ 연삭숫돌이 파괴되어 파편이 작업자에 맞아서 일어나는 것(파괴, 파편의 비래)
④ 일감을 내려뜨리거나 연삭 중에 물품이 튀어 작업자의 발에 부딪치는 것 등이 있다.

한편, 상태별로 보면 작업방법의 결함이 많으며, 그 중에서도 기술적, 육체적인 무리, 작업순서의 착오가 원인의 대부분을 차지한다. 그 다음은 방호장치의 결함, 물건 자체의 결함도 있으며, 행동별로 보면 잘못된 동작, 기계장치 등의 용도 이외의 사용, 안전조치의 불이행 등으로 인한 경우가 있다.

4.7.5 연삭숫돌의 파괴원인

① 숫돌의 회전속도가 너무 빠를 때 발생한다.

$$V = \pi DN(\mathrm{mm/min}) = \frac{\pi DN}{1,000}(\mathrm{m/min})$$

여기서, V : 회전속도(mm/min, m/min)
D : 숫돌지름(mm), N : 회전수(rpm)

② 이미 숫돌자체에 균열이 생겨 있다(이의 방지책으로는 연삭숫돌을 끼우기 전에 해머로 가볍게 두들겨 보아 균열이 있는가를 조사한다. 균열이 있으면 탁음이 난다).

표 4.2 연삭숫돌의 최고속도

연삭숫돌	최고사용 원주속도(m/min)
공구연삭 컵형 비트리파이드 숫돌	1,400
자유연삭 평형 비트리파이드 숫돌	2,000
자유연삭 레지노이드 숫돌	3,000
절단용 레지노이드 숫돌	4,800

주 1. **비트리파이드 숫돌(vitrifird bonded wheel, 기호 : V)** : 점토, 도석, 장석 등에 용제를 가하여 연삭입자와 충분히 혼합하여 균질로 한 것을 성형, 건조시켜 결합제를 도기질한 것으로 인조숫돌의 과반수가 해당되며 치수 정도가 요구되는 정밀연삭에 적합하다. 압축에는 강하나 인장에 약하므로 충격적 연삭저항이 작용하는 연삭작업에는 적합하지 못하다.

2. **레지노이드 숫돌(resinold bonded wheel, 기호 : B)** : 페놀수지(베이크라이트 등)와 같은 열경화성수지를 결합제로 한 것이며 각종의 용제, 기름, 증기 등에 안전하며 열에 의한 연화도 없으므로 절단용 숫돌로 이용된다.

이 밖에 결합제의 종류에 따라서 실리케이트 숫돌(silicate bonded wheel, 기호 : S), 러버 숫돌(rubber bonded wheel, 기호 : R) 등이 있다.

예제

400rpm의 연삭기의 숫돌지름이 200mm일 때, 원주속도는 몇 m/min인가?

답 $V = \frac{\pi DN}{1000} = \frac{3.14 \times 200 \times 400}{1000} = 251.2\,\text{m/min}$

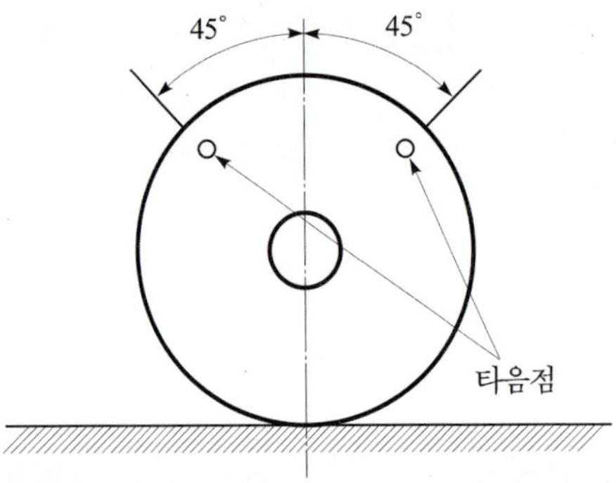

주 연삭숫돌의 검사방법
1. 외관검사 : 균열, 플렌지 접촉면 이물질, 변형, 습기, 접착부의 이상 유무 등 검사
2. 타음검사 : 목재망치를 사용하며, 타음점은 숫돌의 수직으로부터 45° 위치로 한다.

그림 4.53 숫돌의 타음 검사 지점

③ 연삭숫돌은 보통 플랜지에 의해서 연삭기에 고정이 되는데, 숫돌축에 고정되는 축을 고정측 플랜지, 그 반대편을 이동측 플랜지라 한다. 이때 플랜지의 직경은 숫돌 직경의 1/3 이상인 것이 적당하고 고정측과 이동측의 직경이 같아야 하며, 플랜지의 직경이 숫돌의 직경에 비교하여 현저히 작을 때는 응력집중현상에 의해서 숫돌이 파괴되기 쉽다. 그림 4.54는 연삭숫돌과 플랜지를 나타낸다.

④ 숫돌의 치수 특히 내경의 크기가 적당하지 못할 때가 원인이 된다.
⑤ 숫돌에 과대한 충격을 주게 되는 것이 원인이 된다.
⑥ 작업에 적절치 못한 숫돌을 사용하여 작업시에 숫돌에 큰 힘이 가해지는 현상이 발생한다.
⑦ 숫돌의 회전중심이 잡히지 않았거나 베어링의 마모에 의한 진동에 기인한다.
⑧ 숫돌의 측면 사용에 기인한다.

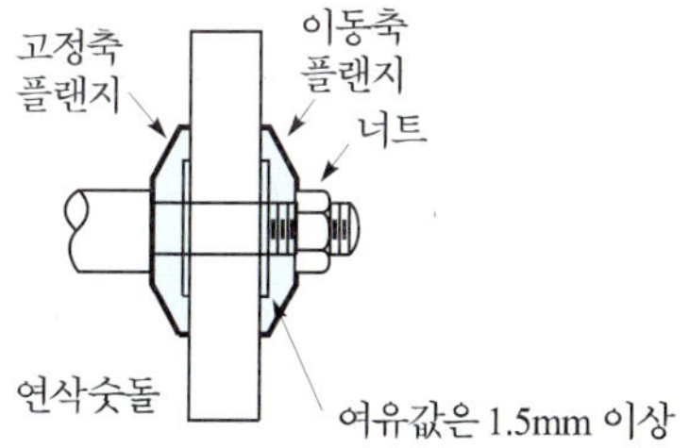

그림 4.54 플랜지

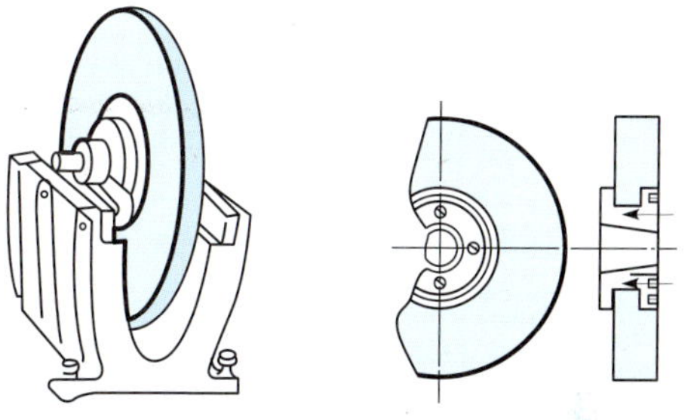

그림 4.55 숫돌의 평형잡기

4.7.6 방호장치

연삭기의 방호장치는 작업 중에 연삭숫돌의 파괴, 비산에 대해 대책으로서 덮개(숫돌 직경 5cm 이상일 경우)를 설치하고, 연삭칩의 발생시에 눈을 보호할 수 있도록 쉴드(shield)를 설치하기도 한다. 한편 연삭기의 덮개는 파괴된 숫돌의 비산으로부터 작업자가 보호되어야 하므로 강도가 큰 재료로 만들어야 하며, 덮개의 두께는 숫돌바퀴의 크기, 회전수 등을 고려하여 충분한 강도를 갖도록 설계, 제작되어야 한다.[시행령 제77조(자율안전확인대상기계등)]

(1) 덮개의 제작기준[방호장치 자율안전기준 고시]

1) 일반구조

① 덮개에 인체의 접촉으로 인한 손상위험이 없어야 한다.
② 덮개에는 그 강도를 저하시키는 균열 및 기포 등이 없어야 한다.
③ 탁상용 연삭기의 덮개에는 워크레스트 및 조정편을 구비하여야 하며, 워크레스트는 연삭숫돌과의 간격을 3mm 이하로 조정할 수 있는 구조이어야 한다.

④ 각종 고정부분은 부착하기 쉽고 견고하게 고정될 수 있어야 한다.

2) 재료

① 덮개 재료는 인장강도 274.5㎫(28kg/㎟)이고 신장도가 14% 이상이어야 하며, 인장강도의 값(단위: ㎫)에 신장도(단위: %)의 20배를 더한 값이 754.5 이상이어야 한다.

② 절단용 숫돌의 덮개는 인장강도 176.4㎫(18kg/㎟) 이상, 신장도 2% 이상의 알루미늄합금을 사용할 수 있다.

3) 두께

연삭숫돌의 사용 주속도에 따라 덮개두께(압연강판인 경우)는 표 4.3의 값 이상이어

표 4.3 연삭숫돌의 사용 주속도에 따른 덮개두께

연삭숫돌의 최고사용주속도 (단위: m/분)	연삿숫돌의 두께 (단위: ㎜)	연삭숫돌의 직경(단위: ㎜)						
		150 이하	151~305	306~405	406~510	511~610	611~760	761~1,250 이하
		A B	A B	A B	A B	A B	A B	A B
2,000 이하	50이하	1.6 1.6	2.3 1.9	3.1 2.3	3.9 3.1	5.5 3.9	6.3 4.5	7.9 6.3
	51~100	1.9 1.6	2.3 1.9	3.1 2.3	4.5 3.9	6.3 3.9	7.0 4.5	8.7 6.3
	101~150	2.3 1.6	3.1 2.7	3.9 3.1	6.3 3.9	7.0 4.5	7.9 5.5	9.5 7.9
	151~205	-	3.9 3.5	5.5 4.5	6.3 4.5	7.0 4.5	7.9 5.5	9.5 7.9
	206~305	-	4.5 4.3	5.5 4.5	6.3 4.5	7.0 4.5	7.9 5.5	9.5 7.5
	306~405	-	-	7.0 6.3	7.9 6.3	8.0 6.3	9.0 6.7	11.0 8.7
	406~510 이하	-	-	-	8.7 7.0	8.7 7.0	9.5 8.7	12.7 10.0
2,000 초과 3,000 이하	50이하	2.2 1.6	4.2 3.4	4.5 3.8	5.5 4.4	6.6 4.9	7.7 6.0	10.0 7.7
	51~100	2.4 1.6	4.4 3.8	5.4 4.2	6.6 5.5	7.7 5.5	8.0 6.0	10.5 7.7
	101~150	3.2 1.6	5.8 4.9	6.3 5.4	8.3 6.0	8.8 6.6	9.0 7.0	12.0 9.7
	151~205	-	7.0 5.6	8.8 7.0	9.4 7.0	10.0 7.0	10.5 7.8	13.0 10.0
	206~305	-	8.0 6.9	9.3 7.7	9.9 7.7	10.5 7.7	11.0 8.3	14.5 11.0
	306~405	-	-	10.5 9.4	12.0 9.9	12.5 9.9	13.6 10.8	17.0 13.0
	406~510 이하	-	-	-	13.0 11.0	13.0 11.0	14.5 12.7	19.0 16.0
3,000 초과 4,800 이하	50이하	3.1 1.6	7.9 6.3	7.9 6.3	7.9 6.3	7.9 6.3	9.5 7.9	12.7 9.5
	51~100	3.1 1.6	9.5 7.9	9.5 7.9	9.5 7.9	9.5 7.9	9.5 7.9	12.7 9.5
	101~150	4.7 1.6	11.0 9.0	11.0 9.5	11.0 9.5	14.0 9.5	11.0 9.5	17.5 12.0
	151~205	-	12.7 9.5	14.0 11.0	14.0 11.0	14.0 11.0	14.0 11.0	19.0 12.7
	206~305	-	14.0 11.0	15.8 12.7	15.8 12.7	15.8 12.7	15.8 12.7	22.0 15.8
	306~405	-	-	15.8 14.0	19.0 15.8	19.0 15.8	20.0 17.4	26.9 20.0
	406~510 이하	-	-	-	20.0 17.4	20.0 17.4	22.0 19.0	30.0 23.8

주 A: 덮개의 주판 B: 덮개의 측판

야 한다. 다만, 회주철의 경우 압연강판 두께의 값에 4를 곱한 값 이상, 가단주철의 경우 압연강판 두께의 값에 2를 곱한 값 이상, 탄소강주강품은 압연강판 두께에 1.6을 곱한 값 이상이어야 한다.

4) 덮개의 설치방법

덮개의 노출각은 스핀들(spindle) 중심의 정점에서 측정하여 덮개 없이 노출된 각도를 말하며 숫돌의 파괴시에 비산하는 파편으로부터 작업자를 보호하기 위한 것이기 때문에 잘못된 각도로 설치된 덮개는 설치하지 않은 것과 같으므로 덮개의 설치나 안전점검시 각별히 유의하여야 한다.

① 탁상용 연삭기의 덮개

- 일반연삭작업 목적의 탁상용 연삭기 : 노출각도 125° 이내, 숫돌의 주축에서 수평면 위로 이루는 노출각도 65° 이내
- 숫돌의 상부사용 목적의 탁상용 연삭기 : 노출각도 60° 이내
- 기타 탁상용 연삭기 : 노출각도 80° 이내, 숫돌의 주축에서 수평면 위로 이루는 노출각도 65° 이내

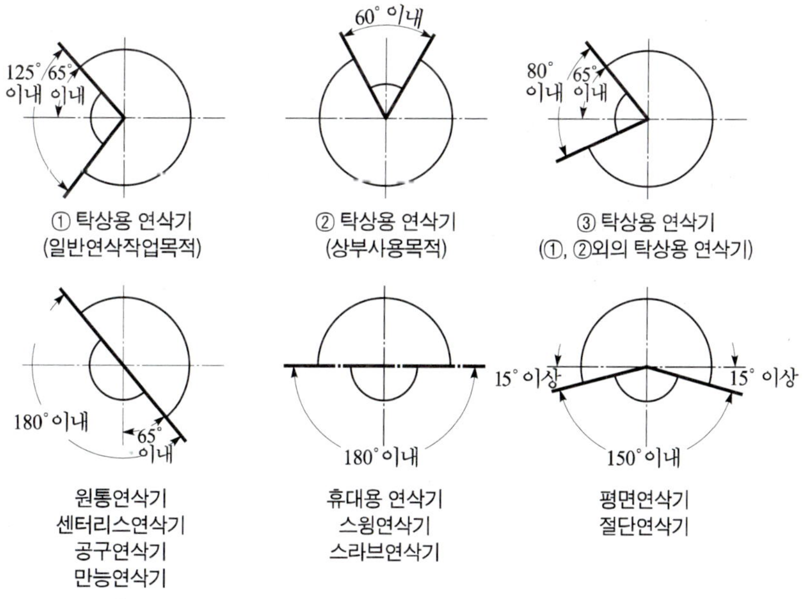

그림 4.56 덮개의 표준양식

② 원통연삭기, 센터리스연삭기, 공구연삭기, 만능연삭기 : 노출각도 180° 이내, 숫돌의 주축에서 수직면 뒤로 이루는 노출각도 65° 이내

③ 휴대용 연삭기, 스윙연삭기, 스라브연삭기 : 노출각도 180° 이내

④ 평면연삭기, 절단연삭기 : 노출각도 150° 이내, 숫돌의 주축에서 수평면 밑으로 이루는 덮개의 각도 15° 이상

4.7.7 연삭기의 방호대책

(1) 구조면에서의 방호대책

① 구조규격(재료, 치수, 두께)에 알맞은 덮개를 설치한다.

② 플랜지는 수평을 잡아서 바르게 설치한다(플랜지의 안쪽에 종이나 고무판을 부착하여 숫돌을 고정시킬 때 종이나 고무판의 두께는 0.5~1mm 정도가 적합하며, 숫돌의 종이라벨은 제거하지 않고 고정한다.

③ 숫돌의 치수나 형상은 구조규격에 적합하여야 한다. 숫돌의 결합시에는 축과 0.05~0.15mm 정도의 틈새를 두어야 한다.

④ 칩 비산방지 투명판(shield), 국소배기장치를 설치한다.

⑤ 탁상용 연삭기는 작업받침대(work rest)와 조정편을 설치한다. 이때 연삭숫돌과 작업 받침대의 간격은 3mm 이내로 한다. 연삭숫돌과 조정편의 간격은 3~10mm 이내로 유지한다.

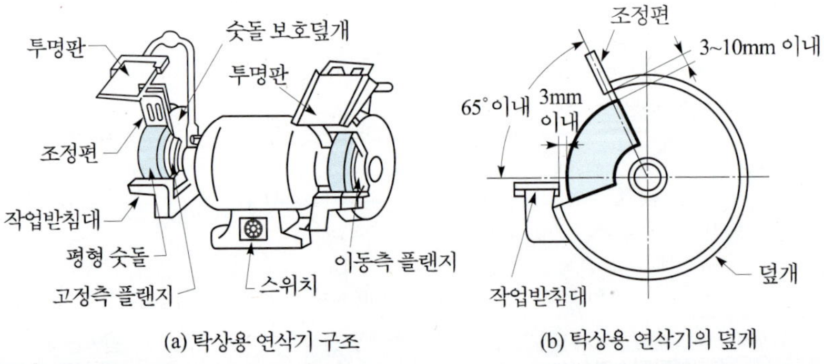

그림 4.57 탁상용 연삭기

(2) 작업면에서의 방호대책

① 연삭숫돌에 충격을 가하지 않는다.

② 작업시작 전에는 1분 이상 시운전을 하고 숫돌의 교체시에는 3분 이상 시운전을 실시한다. 연삭숫돌의 제조 후 시운전시에는 규정 속도의 1.5배로 한다.

③ 시운전에 사용하는 연삭숫돌은 작업시작 전에 결함유무를 확인한 후 사용한다.

④ 연삭숫돌의 최고사용 원주 속도를 초과하여 사용하지 않는다.

⑤ 측면을 사용하는 것을 목적으로 하는 연삭숫돌 이외에는 측면을 사용하지 않는다.

⑥ 공기연삭기의 공기압력기(조속기, governor)는 압력관리를 적정하게 하여 사용한다.

⑦ 작업시에는 적절한 드레싱을 실시하고 연삭작업이 끝나면 연삭액을 완전히 다 쓸 때까지 축을 회전시키고 나서 정지한다.

⑧ 폭발성 가스가 있는 곳에서는 연삭작업을 하지 않는다.

⑨ 칩 비산 방지장치가 없을 때에는 보안경을 사용한다.

⑩ 연삭작업은 숫돌의 측면에 서서 한다.

⑪ 연삭할 때 생기는 분진의 흡입을 막기 위해서 방진마스크를 착용한다.

⑫ 연삭기의 덮개를 벗긴 채 사용하지 않는다.

주 1. 띠톱기계(목재가공용 띠톱기계 제외)의 절단에 필요한 톱날부의 외의 위험한 톱날 부위에 덮개 또는 울 등을 설치하여야 한다[규칙 제100조(띠톱기계의 덮개 등)].

2. 원형톱기계(목재가공용 둥근톱기계는 제외)에는 톱날접촉예방장치를 설치하여야 한다[규칙 제101조(원형톱기계 톱날접촉예방장치)].

3. 금속절단기의 톱날부위에는 고정식, 조정식 또는 연동식 날접촉예방장치를 설치하여야 한다. 작업부분을 제외한 톱날 전체를 덮을 수 있을 것, 가드와 함께 움직이며 가공물을 절단하는 톱날에는 조정식 가드를 설치할 것, 톱날·가공물 등의 비산을 방지할 수 있는 충분한 강도를 가질 것, 둥근 톱날의 경우 회전날의 뒤,옆,밑 등을 통한 신체 일부의 접근을 차단할 수 있을 것[시행규칙 제98조(방호조치)][위험 기계·기구 방호조치 기준]

연습문제 1

01 선반에 사용되는 방호장치를 열거하고 그 용도를 간단히 설명하시오.

02 선반작업시 방진구는 언제 사용하는가?

03 드릴작업시 일감이 드릴과 함께 회전하기 쉬울 때는 어떤 경우인가?

04 드릴작업시 얇은 철판이나 동판에 구멍을 뚫을 때의 적절한 방법은 무엇인가?

05 드릴작업시 재해방지를 위한 올바른 일감 고정방법을 설명하시오.

06 플레이너, 셰이퍼의 방호장치를 열거하시오.

07 연삭작업시 재해유형을 열거하시오.

08 연삭숫돌의 파괴원인을 열거하시오.

09 연삭기의 덮개를 설치하는 방법을 기술하시오.

10 숫돌축의 회전수가 1,800rpm인 연삭기에 직경 20cm의 숫돌을 사용하면, 이때 숫돌의 원주 속도는 얼마가 되는가?

11 연삭기의 구조면에서의 방호대책을 기술하시오.

연습문제 1

12 연삭숫돌의 제조 후에는 안전을 위하여 시운전을 하여야 한다. 이 때 규정 속도의 몇 배로 시운전하여야 하는가?

13 연삭숫돌을 사용하는 작업에 있어서 ① 작업시작 전, ② 연삭숫돌 교체 후의 각각 시운전 시간은 얼마인가?

14 연삭숫돌의 바깥지름이 270mm라면, 플랜지의 바깥지름은 최소 몇 mm 이상이 되어야 안전한가?

15 연삭기를 이용한 작업시 방호대책 5가지 이상을 쓰시오.

연습문제 2

01 윤활제의 사용 목적과 윤활방식 및 구비조건에 대하여 설명하시오.

02 칩 브레이커(chip breaker)의 목적과 절삭 칩의 형태에 대해서 설명하시오.

03 기계가공에서 절삭제를 사용하는 목적을 설명하시오.

04 연삭숫돌의 3요소와 자생작용을 설명하시오.

05 연삭숫돌의 명칭이 다음과 같다. 그 의미를 설명하시오.

WA80K7V

06 구성인선(built - up edge)을 설명하고, 그 영향과 대책에 대하여 설명하시오.

객관식 연습문제

01 칩을 절단하는 방호장치는?

(가) 바이트 (나) 칩받이
(다) 커버 (라) 칩 브레이커

02 다음 중 선반의 바이트에 설치된 방호장치는?

(가) 커버 (나) 브레이크
(다) 보안경 (라) 칩 브레이커

03 선반의 안전작업 조건 속에 포함되지 않는 것은?

(가) 칩비산방지쉴드(shield) (나) 척의 인터록 덮개
(다) 가공물 덮개 (라) 용접바이트 팁

04 선반작업시 사용되는 방호장치는?

(가) 풀 아웃(full out) (나) 게이트 가드(gate guard)
(다) 스위프 가이드(sweep guard) (라) 쉴드(shield)

05 선반에서 주축변속을 언제 하는 것이 좋은가?

(가) 정지시켜놓고 변속한다. (나) 저속회전일 때 변속한다.
(다) 고속회전일 때 변속한다. (라) 작업에 따라 절삭가공 중에 한다.

06 보링작업 중 안전상 주의할 점으로 옳은 것은?

(가) 공작물 회전 중 버니어 캘리퍼스로 측정한다.
(나) 보링 중 구멍 속에 손가락을 넣지 않는다.
(다) 보링 바이트는 될 수 있는 한 길게 한다.
(라) 회전 중에 칩은 장갑을 끼고 깨끗하게 청소한다.

07 선반작업시에 신체의 하체부분에 발생할 수 있는 재해의 위험성이 있는 선반의 부위는?

(가) 주축대 부분 (나) 절삭 부분
(다) 변속부분 (라) 리드스크류 부분

객관식 연습문제

08 수직선반, 터릿선반 등으로부터의 돌출가공물에 설치할 방호장치는?

(가) 클러치
(나) 덮개 또는 울
(다) 슬리브
(라) 베드

09 선반작업의 안전 사항으로 잘못 설명한 것은?

(가) 주축의 변속은 기계를 정지시킨 후에 행한다.
(나) 절삭 중에는 기계의 청소를 금한다.
(다) 바이트의 교환은 정지 중에 한한다.
(라) 일감의 성질에 따라 보안경을 써야 한다.

10 선반에서 완전가공할 수 없는 것은?

(가) 테이퍼절삭
(나) 외경절삭
(다) 깔쭈기내기(너얼링)
(라) 기어절삭

11 선반에서 긴 공작물 절삭시 방진구를 사용한다. 이때 보통 공작물 직경의 몇 배 이상일 때 사용하는가?

(가) 6배 이상
(나) 8배 이상
(다) 10배 이상
(라) 12배 이상

12 선반에서 바이트를 공구대에 고정시킬 때 알맞은 것은?

(가) 일감의 중심보다 약간 높게
(나) 일감의 중심보다 약간 낮게
(다) 일감의 중심과 같게
(라) 일감의 호칭 치수보다 1/100 mm 높게

13 선반작업 중 틀린 사항은?

(가) 공구대에서 공구를 조절할 때에는 회전을 중지시키고 한다.
(나) 공작물의 치수 측정은 회전 중에 하는 것이 좋다.
(다) 칩을 제거할 경우에는 회전을 중지시키고 있다.
(라) 윤활유 급유시는 회전을 중지시키고 한다.

객관식 연습문제

14 선반작업시 측정기나 공구는 어느 곳에 놓는 것이 좋은가?

(가) 베드
(나) 공구 테이블
(다) 왕복대
(라) 주축대

15 선반의 안전수칙 중 잘못된 항목은?

(가) 척렌치는 사용 후 반드시 빼어둔다.
(나) 바이트는 가급적 길게 설치한다.
(다) 가늘고 긴 공작물은 방진구를 사용한다.
(라) 백기어를 물릴 때는 기계를 정지시킨 후 한다.

16 드릴링머신에서 얇은 철판이나 동판에 구멍을 뚫을 때에는 다음 중 어떤 방법이 좋은가?

(가) 각목을 밑에 깔고 기구를 고정한다.
(나) 테이블에 고정한다.
(다) 클램프로 고정한다.
(라) 드릴 바이스에 고정한다,

17 드릴작업에서 칩의 제거방법으로서 가장 안전한 방법은?

(가) 회전을 중지시킨 후 손으로 제거
(나) 회전을 중지시킨 후 솔로 제거
(디) 회전시키면서 막대로 제거
(라) 회전시키면서 솔로 제거

18 드릴작업시 주의할 점이다. 틀린 것은?

(가) 작업복을 입고 작업한다.
(나) 테이블 위에서 펀치질을 하지 않도록 한다.
(다) 일감은 정확히 고정한다.
(라) 작은 일감은 손으로 붙잡고 작업한다.

객관식 연습문제

19 드릴링머신의 작업시 안전수칙 중 틀린 것은?

(가) 일감은 손으로 잡지 말고 고정구로 정확히 고정할 것
(나) 작업할 때 옷소매가 길거나 찢어진 옷을 입지 말고 복장을 단정히 할 것
(다) 일감에 기름을 주지 말고 걸레로 깨끗이 닦을 것
(라) 테이블 위에서 펀치질을 하지 말 것

20 다음의 밀링작업에 대한 설명 중 안전사항에 위배되는 것은?

(가) 밀링작업 중에는 보안경을 착용해야 한다.
(나) 상하 좌우의 이송장치의 핸들은 사용 후 풀어 놓는다.
(다) 아버너트는 조임공구로 힘껏 조인다.
(라) 절삭유 노즐이 커터에 부딪치지 않도록 한다.

21 드릴링작업시 재해 원인이라고 할 수 없는 것은?

(가) 무리한 힘을 가해서 드릴이 부러졌을 때
(나) 보안경을 착용하지 않았을 때
(다) 가죽 장갑을 끼었을 때
(라) 척(chuck) 핸들을 뽑아 놓고 돌렸을 때

22 드릴링머신에서 드릴작업시 일감의 고정방법 중 안전상 가장 좋지 않은 것은?

(가) 손으로 고정 (나) 지그로 고정
(다) 바이스로 고정 (라) 볼트로 고정

23 다량의 일감을 드릴링할 때 가장 능률적이고 안전한 방법은?

(가) 볼트 이용 (나) 바이스 이용
(다) 지그 이용 (라) 클램프 이용

24 드릴링머신으로 구멍을 뚫을 때 일감이 드릴과 함께 회전하기 쉬운 때는?

(가) 처음과 끝 (나) 처음 구멍을 뚫었을 때
(다) 중간 구멍을 뚫었을 때 (라) 거의 구멍을 뚫었을 때

객관식 연습문제

25 드릴링머신에서 보안경의 사용에 관한 설명 중 옳은 것은?

(가) 사용할 필요가 없다.
(나) 때에 따라 사용한다.
(다) 작업시에는 반드시 사용한다.
(라) 칩이 비산하는 경우에만 사용한다.

26 밀링작업의 안전사항으로 잘못된 것은?

(가) 측정시에는 반드시 기계를 정지시킨다.
(나) 절삭 중의 칩제거는 칩 브레이커로 한다.
(다) 일감을 풀어내거나 고정할 때는 기계를 정지시킨다.
(라) 상하좌우의 이송장치의 핸들은 사용 후 풀어 놓는다.

27 드릴링작업시 일감의 고정 방법을 설명한 것 중 옳지 않은 것은?

(가) 일감이 작을 때는 바이스로 고정한다.
(나) 일감이 작고 길 때는 플라이어로 고정한다.
(다) 일감이 크고 복잡할 때에는 볼트와 고정구로 고정한다.
(라) 대량 생산과 정밀도를 요할 때에는 지그로 고정한다.

28 드릴작업시 안전사항으로 옳지 않은 것은?

(가) 일감을 두 손으로 단단히 쥔다.
(나) 장갑을 끼지 말아야 한다.
(다) 칩(chip)의 제거는 맨손으로 하지 않는다.
(라) 회전하는 드릴에는 걸레, 옷 등을 가까이 하지 않는다.

29 밀링작업 후 커터의 취급방법으로 옳지 않은 것은?

(가) 칩을 손으로 제거한다.
(나) 커터에 남는 칩을 솔로 제거한다.
(다) 기름을 칠해 둔다.
(라) 목재상자에 넣어 보관한다.

객관식 연습문제

30 밀링작업을 할 때 안전작업에 위배되는 것은?

(가) 무거운 것은 가급적 테이블을 낮게 하여 올려놓고 작업한다.
(나) 급속이송은 한 방향으로만 한다.
(다) 강력절삭을 할 때에는 일감이 바이스에 깊이 물려야 한다.
(라) 급속이송은 백래시(backlash) 제거장치가 작동하고 있을 때 한다.

31 밀링머신의 작업규칙 중 틀린 것은?

(가) 장갑을 끼고 작업할 것
(나) 주유를 브러시로 할 때 커터에 물리지 않도록 할 것
(다) 제품을 빼낼 때는 반드시 커터의 운전을 중지할 것
(라) 운전 중 가공면에 손가락 끝을 대지 말 것

32 다음 작업시 칩이 가장 가늘고 예리한 것은?

(가) 밀링 (나) 선반
(다) 셰이퍼 (라) 플래이너

33 밀링커터에서 칩을 제거하는 방법 중 가장 옳은 방법은?

(가) 걸레 (나) 맨손
(다) 브러시 (라) 장갑낀 손

34 밀링커터를 바꿀 때의 주의 사항이다. 옳은 것은?

(가) 밑에 종이를 깔고 바꾼다. (나) 밑에 걸레를 깔고 바꾼다.
(다) 밑에 목재 받침을 깔고 바꾼다. (라) 그냥 바꾼다.

35 운전 중인 평삭기 테이블에 근로자가 탑승할 수 있는 경우는?

(가) 테이블의 행정 끝에 덮개 또는 울 등을 설치할 때
(나) 돌출되어 위험한 부위에 덮개 또는 울 등을 설치할 때
(다) 탑승한 근로자 또는 배치된 근로자가 즉시 기계를 정지시킬 수 있을 때
(라) 탑승석이 지정되어 재해 위험이 있을 때

객관식 연습문제

36 셰이퍼의 작업에서 안전상 옳지 않은 것은?

(가) 공작물을 견고하게 고정한다. (나) 보안경을 쓴다.
(다) 운전자가 바이트의 이동방향에 선다. (라) 바이트를 짧게 고정한다.

37 셰이퍼(shaping-machine) 작업에서 위험요인이 아닌 것은?

(가) 척핸들 탈락 (나) 공작물 이탈
(다) 램의 말단부 충돌 (라) 가공칩의 비산

38 셰이퍼 작업의 안전사항으로서 옳지 못한 것은?

(가) 운전 중에는 절대 급유를 하지 말 것
(나) 램(ram) 조정 핸들은 조정 후 빼놓도록 할 것
(다) 절삭 중에 바이트 핸들 홀더에 손을 대지 말 것
(라) 정면에 서서 작업을 할 것

39 다음 중 셰이퍼의 방호장치가 아닌 것은?

(가) 방책 (나) 칩받이
(다) 칸막이 (라) 시건장치

40 셰이퍼 작업의 인전시항 중 틀린 것은?

(가) 램은 가급적 행정을 길게 하는 편이 안전상 좋다.
(나) 시동하기 전에 행정 조정용 핸들을 빼놓는다.
(다) 바이트는 잘 갈아서 사용할 것이며 가급적 짧게 물린다.
(라) 반드시 재질에 따라 절삭속도를 정한다.

41 플레이너(planer) 작업시 안전상 맞지 않는 것은?

(가) 비산하는 공구 파편으로부터 작업자를 지키기 위해 가드를 마련한다.
(나) 이동테이블에 방호울을 설치한다.
(다) 테이블과 고정벽이나 다른 기계와의 최소거리가 70cm 이하일 때는 그 사이를 통행할 수 없게 된다.
(라) 플레이너의 프레임 중앙부에 있는 비트(bit)에 덮개를 씌운다.

객관식 연습문제

42 셰이퍼 작업시 안전작업이 아닌 것은?

(가) 바이트를 되도록 길게 고정한다.
(나) 테이블을 깨끗이 닦는다.
(다) 일감은 단단히 고정한다.
(라) 바이트 고정볼트는 단단히 고정한다.

43 플레이너(planer)의 안전대책이 아닌 것은?

(가) 칩비산 방지가드를 설치한다.
(나) 가공물을 견고하게 테이블에 고정시킨다.
(다) 운동 범위를 명백히 할 수 있는 방책을 설치한다.
(라) 테이블과 고정벽 사이의 최소 거리는 30cm 이하로 한다.

44 다음 중 셰이퍼 작업의 안전수칙으로 틀린 것은?

(가) 시동하기 전에 램의 운동범위에 충돌하는 물건이 없는가를 확인한 후에 운전한다.
(나) 바이트는 될수록 길게 붙인다.
(다) 다듬질면을 조사하기 위해 치수를 측정할 때는 반드시 운전을 멈춘다.
(라) 램(ram)에는 필요 이상의 긴 스트로크를 주지 않는다.

45 셰이퍼 작업시 테이블에 일감을 고정시킬 때 클램프 바깥쪽에 일감을 지지하기 위한 블록의 재질은?

(가) 황동　　(나) 경강
(다) 알루미늄　　(라) 나무

46 셰이퍼 바이스에 일감을 정확히 고정하는 경우에는 어느 방법이 좋은가?

(가) 핸들에 파이프를 넣고 고정한다.
(나) 바이스 핸들을 해머로 때린다.
(다) 바이스 핸들을 발로 찬다.
(라) 바이스 핸들을 손으로 고정한다.

객관식 연습문제

47 셰이퍼 작업시 안전사항으로 옳지 않은 것은?

(가) 바이트는 항상 손으로 누르면서 작업을 한다.
(나) 램 조정 핸들은 조정 후 빼놓도록 한다.
(다) 왕복 행정에 알맞은 속도로 조절한다.
(라) 절삭 중에는 일감에 손을 대지 않는다.

48 셰이퍼 작업시 지켜야 할 안전수칙들이다. 틀린 것은?

(가) 급유시에는 몸을 기계를 기대고 한다.
(나) 바이스를 테이블에 설치할 때는 와셔를 반드시 사용한다.
(다) 공작물의 길이에 맞추어 절삭행정을 조절한다.
(라) 급유시 장난을 하거나 다른 작업을 해서는 안된다.

49 안전작업 중 숫돌차가 파괴되는 원인 중에 거리가 먼 것은?

(가) 회전수가 규정 이상 초과할 때
(나) 내외면의 플랜지 직경이 같을 때
(다) 충격을 받았을 때
(라) 고정시 플랜지를 너무 죄었을 때

50 상부를 사용하는 연삭기 덮개의 노출 각도는?

(가) 45° (나) 60°
(다) 90° (라) 120°

51 지름이 20cm인 연삭숫돌이 1,000rpm으로 회전할 때 숫돌의 원주속도는 몇 m/s인가?

(가) 10.47 (나) 6.67
(다) 20.93 (라) 2.09

52 연삭숫돌 표기 WA-80-K-7-V에서 "K"가 나타내는 것은?

(가) 숫돌림 (나) 입도
(다) 결합도 (라) 조직

객관식 연습문제

53 보통 탁상용 연삭기에서 사용되는 안전덮개의 양끝과 연삭숫돌의 원주의 노출각도는 몇 도이하여야 하는가?

(가) 70° (나) 80°
(다) 90° (라) 100°

54 일반 탁상용 연삭기의 숫돌주축(grind spindle)에서 수평 위로 이루는 원주각도는 몇 도 이하여야 하는가?

(가) 55° (나) 65°
(다) 75° (라) 85°

55 새 숫돌차를 고정하는 방법으로서 틀린 것은?

(가) 고정 후 편심을 수정한다.
(나) 고정하기 전에 음향검사를 한다.
(다) 숫돌차에 붙은 종이를 그대로 고정한다.
(라) 사용 중 풀리지 않도록 강하게 죈다.

56 회전 중인 연삭숫돌이 근로자에게 위험을 미칠 우려가 있을 때 덮개를 설치하여야 할 최소 단위의 직경은?

(가) 직경이 10cm 이상인 것 (나) 직경이 20cm 이상인 것
(다) 직경이 5cm 이상인 것 (라) 직경이 15cm 이상인 것

57 다음은 연삭기 작업시의 안전상의 유의사항들이다. 해당되지 않는 것은?

(가) 연삭숫돌을 교체했을 때는 1분 이상 시운전하고 이상여부를 확인한다.
(나) 연삭숫돌의 최고 사용회전속도를 초과해서 사용하지 않는다.
(다) 위험이 미칠 우려가 있을 때는 덮개를 설치하여야 한다.
(라) 탁상용 연삭기의 경우 덮개의 노출각도는 90°를 넘지 않아야 한다.

58 숫돌차가 파열되는 경우가 제일 많은 것은?

(가) 스위치를 넣는 순간 (나) 스위치를 끄는 순간
(다) 정전이 되는 순간 (라) 드레싱을 하는 순간

객관식 연습문제

59 다음 중 연삭기의 연삭숫돌에 대한 방호장치로서 적당하지 않은 것은?

(가) 수평면 이하의 부분에서 연삭해야 할 경우에는 노출각도를 180° 이내로 한다.
(나) 연삭숫돌의 상부를 사용하는 연삭기는 노출각도를 60° 이내로 한다.
(다) 휴대용 연삭기의 노출각도는 180° 이내로 한다.
(라) 절단 및 평면연삭기는 노출각도를 150° 이내로 한다.

60 연삭숫돌 작업시 시운전 시간에 대하여 맞는 것은?

(가) 작업 시작하기 전 2분 이상
(나) 작업 시작하기 전 3분 이상
(다) 연삭숫돌을 대체시 3분 이상
(라) 연삭숫돌을 대체시 5분 이상

61 연삭기의 진동원인이 되지 않는 것은?

(가) 전동기 베어링이 마모되어 있다.
(나) 숫돌차의 지름이 규정보다 크다.
(다) 숫돌차의 구멍이 축지름보다 너무 크다.
(라) 숫돌차의 외주와 구멍이 동심이 아니다.

62 연삭기에서 작업할 때 작업자의 위치로 가장 좋은 것은?

(가) 숫돌차의 뒷면
(나) 숫돌차의 측면
(다) 양숫돌의 사이
(라) 숫돌차의 앞면

63 그라인딩 작업에서 주의해야 할 사항 중 옳지 않은 것은?

(가) 작업 중 진동이 심하면 즉시 작업을 중지한다.
(나) 숫돌의 측면을 사용하면 좋은 가공면을 얻을 수 있다.
(다) 회전 속도는 규정 이상으로 내지 않도록 한다.
(라) 작업 중 반드시 보호 안경을 착용해야 한다.

64 연삭기 덮개의 조정편과 숫돌과의 간격으로 적당한 것은?

(가) 1~3mm 이내
(나) 3~6mm 이내
(다) 3~10mm 이내
(라) 5~10mm 이내

객관식 연습문제

65 숫돌차의 바깥 지름이 270mm 라면, 플랜지의 바깥 지름은 최소 몇 mm이어야 안전한가?

(가) 50　　(나) 90
(다) 135　　(라) 200

66 탁상용 연삭기의 숫돌에 덮개를 설치할 경우 적합한 노출 각도는?

(가) 90° 이내로 하되 숫돌의 주축에서 수평면 위로 이루는 원주 각도는 65° 이내로 한다.
(나) 65° 이내로 하되 숫돌의 주축에서 수평면 위로 이루는 원주 각도는 90° 이내로 한다.
(다) 90° 이내로 하되 숫돌의 주축에서 수평면 위로 이루는 원주 각도는 60° 이내로 한다.
(라) 60° 이내로 하되 숫돌의 주축에서 수평면 위로 이루는 원주 각도는 90° 이내로 한다.

67 탁상 공구 연삭기의 덮개의 최대 노출 각도로 옳은 것은?

(가) 65°　　(나) 125°
(다) 90°　　(라) 180°

68 탁상용 연삭기의 덮개 노출 각도와 관계가 없는 것은?

(가) 65°　　(나) 90°
(다) 125°　　(라) 150°

69 연삭숫돌의 강도를 결정하는 구성요소는?

(가) 조직　　(나) 입도
(다) 결합도　　(라) 자생 작용

70 절단 및 평면연삭기의 덮개의 노출각도로서 숫돌의 주축에서 수평면 밑으로 이루는 원주 각도는 어느 정도인가?

(가) 100° 이내　　(나) 150° 이내
(다) 180° 이내　　(라) 90° 이내

객관식 연습문제

71 휴대용 연삭기의 덮개 최대 노출 각도는?

(가) 45°　　(나) 90°
(다) 150°　　(라) 180°

72 원통형 연삭기 덮개의 최대 노출 각도는?

(가) 45°　　(나) 100°
(다) 150°　　(라) 180°

73 원통형 연삭기 덮개의 노출 각도로서 수평면 위로 이루는 원주 각도는?

(가) 65°　　(나) 100°
(다) 120°　　(라) 150°

74 다음 연삭기 중 덮개의 노출 각도가 가장 큰 것은?

(가) 절단연삭기　　(나) 휴대용 연삭기
(다) 평면연삭기　　(라) 탁상연삭기

75 탁상 공구 연삭기에서 작업할 때 숫돌차의 사용면에 관해 가장 옳은 것은?

(가) 숫돌의 좌측면
(나) 숫돌의 우측면
(다) 숫돌의 원주면
(라) 좌측, 우측, 원주 어느 면이건 상관없다.

76 다음 연삭작업의 안전수칙에 맞지 않는 것은?

(가) 숫돌차의 구멍과 연삭기 축과의 간격은 0.05~0.15mm 정도 이내로 한다.
(나) 작업 도중 진동이나 마찰면에서의 파열이 심하면 곧 작업을 중지한다.
(다) 숫돌차에 편심이 생기거나 원주면의 메짐이 심하면 드레싱을 한다.
(라) 작업시에는 반드시 정면에 서서 작업한다.

객관식 연습문제

77 연삭숫돌차는 제조 후 고속 회전으로 안전 시험을 한다. 시험 속도는 규정값의 몇 배로 하는가?

(가) 1.5 (나) 2.5
(다) 3.5 (라) 4.5

78 연삭작업시 숫돌차가 파괴되는 원인에 해당되는 것은?

(가) 숫돌 커버가 없을 때
(나) 숫돌차의 회전수가 규정값 이상일 때
(다) 숫돌차의 재질과 가공물의 재질이 맞지 않을 때
(라) 숫돌차의 측면에 서서 작업할 때

79 연삭기 노출 각도와 측정 요령에 맞는 것은?

(가) 스핀들 중심의 정점에서 측정하며 덮개 없는 노출된 각도
(나) 연삭시 중심부에서 측정하며 덮개의 개구부 각도
(다) 주축 수평면에서 측정하며 수평면 중심으로 한 상하 개방 각도
(라) 노출된 숫돌의 각도로서 숫돌 중심에서 측정

80 숫돌의 파괴 원인에 해당되지 않는 것은?

(가) 플랜지가 현저히 작을 때
(나) 숫돌의 치수가 부적당할 때
(다) 숫돌의 속도가 너무 빠를 때
(라) 숫돌의 정면을 사용할 때

81 연삭숫돌 바퀴에 부시를 끼울 때 주의할 점 중 틀린 것은?

(가) 부시의 구멍과 숫동 바퀴의 바깥둘레는 동심원이어야 한다.
(나) 부시의 구멍은 축지름보다 1mm 크게 하여야 한다.
(다) 부시의 측면과 숫돌의 측면은 일치하여야 한다.
(라) 숫돌 바퀴의 균형을 잡기 위해 부시의 필릿 두께가 고른 것을 사용한다.

객관식 연습문제

82 연삭숫돌의 교체시 안전수칙 중 틀린 것은?

(가) 숫돌차의 부착과 시운전은 기능공이 한다.
(나) 숫돌차의 장치가 끝나면 최소한 3분 이상 시운전을 한다.
(다) 숫돌차를 끼울 때에는 금이 있는지 꼭 확인한다.
(라) 눈을 보호하기 위해 항상 보안경을 쓴다.

83 연삭숫돌을 고정할 때 플랜지의 크기는 숫돌차 외경의 얼마 이상으로 해야 하는가?

(가) 1/3 (나) 1/4
(다) 1/5 (라) 1/6

84 숫돌차의 측면에 종이 원판이 붙어 있다. 이 종이의 주된 효과는 무엇인가?

(가) 만약 숫돌차가 작업 중 파열하면 그 파편의 비산을 막을 수 있다.
(나) 덮개를 사용하여 축에 고정시킬 때 숫돌차에 받는 국부적인 힘을 균등하게 받도록 한다.
(다) 들어서 운반할 때 다른 물건과 부딪쳐도 파손을 방지한다.
(라) 물이나 기름의 내부 침투를 방지한다.

85 숫돌차를 설치할 때 숫돌차의 구멍과 축과의 틈새는 몇 mm 정도가 적당한가?

(가) 0.05~0.2 (나) 0.1~0.15
(다) 0.05~0.15 (라) 0.20~0.35

86 연삭기에 연삭숫돌을 끼울 때 어떻게 하는 것이 좋은가?

(가) 두들겨서 맑은 소리가 나야 한다.
(나) 두들겨서 탁한 소리가 나야 한다.
(다) 숫돌차의 옆에 붙어 있는 종이는 떼어내야 한다.
(라) 축과 구멍에 틈새가 없어야 한다.

객관식 연습문제

87 연삭작업에서 안전작업으로 적당하지 않은 것은?

(가) 연삭기 덮개가 없는 것은 사용을 금한다.
(나) 연삭작업시 반드시 보호 안경을 착용한다.
(다) 숫돌 바퀴는 정확하게 끼워야 하며, 구멍이 작으면 작은 해머로 때려 박으면 좋다.
(라) 연마할 때 너무 강하게 누르지 말고 가볍게 접촉시킨다.

88 숫돌차 파괴 원인이 될 수 없는 것은?

(가) 균열이 있는 숫돌차 사용
(나) 회전수가 규정 이상으로 높을 때
(다) 고정시 플랜지를 너무 죄었을 때
(라) 숫돌차의 종이 라벨을 떼지 않았을 때

89 선반작업에서 사용하는 기구가 아닌 것은?

(가) 센터(center)
(나) 면판
(다) 방진구
(라) 아버(arbor)

90 셰이퍼와 플레이너 가공의 공통점은?

(가) 원주면을 가공한다.
(나) 평면을 가공한다.
(다) 내면가공에 사용된다.
(라) 치차가공에 사용된다.

91 밀링머신의 부속장치 중에서 아버(arbor)의 용도는?

(가) 가공물을 고정하는 데 사용한다.
(나) 밀링커터를 끼우는 데 사용한다.
(다) 구멍이 뚫린 가공물에 사용한다.
(라) 공작물의 각도 분할에 사용한다.

92 드릴(drill)가공의 종류가 아닌 것은?

(가) 리이밍(reaming)
(나) 카운터싱킹(counter sinking)
(다) 페이싱(facing)
(라) 터닝(turning)

객관식 연습문제

93 다음은 연삭숫돌 표시법에 의한 표기이다.

$$\frac{GC}{1}\frac{6}{2}-\frac{L}{3}\frac{5}{4}\frac{S}{5}$$

1-2-3-4-5의 표시를 순서대로 옳게 나타낸 것은?

(가) 조직, 치수, 결합제, 입도, 재료
(나) 재료, 입도, 결합도, 조직, 결합제
(다) 입도, 강도, 조직, 결합도, 결합제
(라) 결합제, 결합도, 재료, 입도, 조직

94 다음 중 숫돌차의 파괴 원인이라고 할 수 없는 것은?

(가) 플랜지의 바깥지름이 너무 클 때
(나) 양쪽 플랜지의 바깥지름이 서로 크게 다를 때
(다) 플랜지를 지나치게 죄었을 때
(라) 숫돌차의 부시 구멍이 너무 작을 때

95 기계작업시 정전이 되었을 때 어떻게 하여야 하는가?

(가) 스위치를 그냥 놓아둔다.
(나) 스위치를 끈다.
(다) 스위치를 갈아 끼운다
(라) 전기가 올 때까지 기다린다.

96 다음 중 방호울을 설치하여야 할 공작 기계는?

(가) 선반
(나) 밀링
(다) 드릴
(라) 셰이퍼

97 셰이퍼를 직립형으로 한 공작기계라고 볼 수 있는 것은?

(가) 수평식 횡행형 셰이퍼
(나) 단주식 플레이너
(다) 슬로터
(라) 왕주식 플레이너

객관식 연습문제

98 선반의 부속품이 아닌 것은?

(가) 센터(center) (나) 면판(face plate)
(다) 돌리개(dog) (라) 탭(tap)

99 밀링의 안전작업 수칙에 맞지 않는 것은?

(가) 칩의 제거는 반드시 솔을 사용한다.
(나) 기계가 가동 중일 때는 변속시키지 않는다.
(다) 강력절삭을 할 때는 일감을 바이스에 깊이 물린다.
(라) 긴 물건의 가공시 주축대 쪽으로 돌출된 전가공물에 덮개를 설치한다.

100 밀링 안전작업시 잘못 설명한 것은?

(가) 칩은 줄로 제거한다.
(나) 측정은 기계를 정지한 후에 한다.
(다) 밀링커터의 날은 날카로우므로 천 등으로 감싸 쥐고 다룬다.
(라) 절삭 중 표면 거칠기는 손으로 검사한다.

101 드릴의 효율을 증진시키기 위하여 사용하는 기구는?

(가) 브러시(brush) (나) 칩 브레이커(chip breaker)
(다) 지그(jig) (라) 햄머(hammer)

102 연삭숫돌이 심히 변형되어 진동이 생기면 다음 어떤 현상이 생기는가?

(가) 글레이징 현상이 생긴다.
(나) 경우에 따라 파손되기 쉽다.
(다) 로딩 현상이 생긴다.
(라) 숫돌 입자의 탈락이 잘 안된다.

103 다음 중 선반작업에서 안전한 방법이 아닌 것은?

(가) 보안경 착용 (나) 칩 제거는 브러쉬를 사용
(다) 작동 중 수시로 주유 (라) 운전 중 백시어 사용금지

객관식 연습문제

104 지름이 D(mm)인 연삭기 숫돌의회정수가 N(rpm)일 때 숫돌의 원주속도(m/min)을 옳게 표시한 식은?

(가) πDN/1000　　(나) πDN
(다) πDN/60　　(라) πDN/1000

105 연삭용 숫돌의 3요소가 아닌것은?

(가) 조직　　(나) 입자
(다) 결합체　　(라) 기공

106 셰이퍼(shaper) 작업에서 위험요인과 가장 거리가 먼 것은?

(가) 가공칩(chip)비산　　(나) 바이트(bite)의 이탈
(다) 램(ram) 말단부 충돌　　(라) 척 – 핸들(chuck-handle) 이탈

107 연삭숫돌 교환 시 연삭숫돌을 끼우기 전에 숫돌의 파손이나 균열의 생성 여부를 확인해 보기 위한 검사방법이 아닌 것은?

(가) 음향검사　　(나) 회전검사
(다) 균형검사　　(라) 진동검사

108 600rpm 으로 회전하는 연삭숫돌의 지름이 20cm일 때 원주속도는 약 몇 m/min인가?

(가) 37.7　　(나) 251
(다) 377　　(라) 1200

109 연삭숫돌의 파괴원인이 아닌 것은?

(가) 외부의 충격을 받았을 때
(나) 플랜지가 현저히 작을 때
(다) 회전력이 결합력보다 클 때
(라) 내・외면의 플랜지 지름이 동일할 때

객관식 연습문제

110 플레이너 작업시 안전대책이 아닌 것은?

(가) 베드 위에 다른 물건을 올려놓지 않는다.
(나) 바이트는 되도록 짧게 나오도록 설치한다.
(다) 프레임 내의 피트(pit)에는 뚜껑을 설치한다.
(라) 칩 브레이커를 사용하여 칩이 길게 되도록 한다.

111 밀링머신 작업의 안전수칙으로 적절하지 않는 것은?

(가) 강력절삭을 할 때는 일감을 바이스로부터 길게 물린다.
(나) 일감을 측정할 때는 반드시 정지시킨 다음에 한다.
(다) 상하 이송장치의 핸들은 사용 후 반드시 빼두어야 한다.
(라) 커터는 될 수 있는 한 컬럼에 가깝게 설치한다.

112 연삭기의 연삭숫돌을 교체했을 경우 시운전은 최소 몇 분 이상 실시해야 하는가?

(가) 1분 (나) 3분
(다) 5분 (라) 7분

113 다음 중 드릴작업의 안전사항이 아닌 것은?

(가) 옷소매가 길거나 찢어진 옷은 입지 않는다.
(나) 작고, 길이가 긴 물건은 플라이어로 잡고 뚫는다.
(다) 회전하는 드릴에 걸레 등을 가까이 하지 않는다.
(라) 스핀들에서 드릴을 뽑아낼 때에는 드릴 아래에 손을 내밀지 않는다.

114 드릴링 머신에서 드릴의 지름이 20mm이고 원주속도가 62.8m/min 일 때 드릴의 회전수는 약 몇 rpm인가?

(가) 500 rpm (나) 1000 rpm
(다) 2000 rpm (라) 3000 rpm

115 숫돌지름이 60cm인 경우 숫돌 고정 장치인 평형 플랜지 지름은 몇 cm 이상이어야 하는가?

(가) 10cm (나) 20cm
(다) 30cm (라) 60cm

객관식 연습문제

116 지름 5cm 이상을 갖는 회전중인 연삭숫돌의 파괴에 대비하여 필요한 방호장치는?

(가) 받침대 (나) 과부하 방지장치
(다) 덮개 (라) 프레임

117 다음 중 선반의 방호장치로 볼 수 없는 것은?

(가) 실드(shield) (나) 슬라이딩(sliding)
(다) 척커버(chuck cover) (라) 칩 브레이커(chip breaker)

118 다음 설명에 해당하는 기계는?

- chip이 가늘고 예리하며 손을 다치게 한다.
- 주로 평면공작물을 절삭 가공하나, 더브테일 가공이나 나사 등의 복잡한 가공도 가능하다.
- 장갑은 착용을 금하고, 보안경을 착용해야 한다.

(가) 선반 (나) 호방 머신
(다) 연삭기 (라) 밀링

119 범용 수동 선반의 방호조치에 관한 설명으로 옳지 않은 것은?

(가) 척 가드의 폭은 공작물의 가공작업에 방해가 되지 않는 범위 내에서 척 전체 길이를 방호할 수 있을 것
(나) 척 가드의 개방 시 스핀들의 작동이 정지되도록 연동회로를 구성할 것
(다) 전면 칩 가드의 폭은 새들 폭 이하로 설치할 것
(라) 전면 칩 가드는 심압대가 베드 끝단부에 위치하고 있고 공작물 고정 장치에서 심압대까지 가드를 연장시킬 수 없는 경우에는 부착위치를 조정할 수 있을 것

120 다음 중 셰이퍼에서 근로자의 보호를 위한 방호장치가 아닌 것은?

(가) 방책 (나) 칩받이
(다) 칸막이 (라) 급속귀환장치

객관식 연습문제

121 다음 중 선반에서 절삭가공시 발생하는 칩을 짧게 끊어지도록 공구에 설치되어 있는 방호장치의 일종인 칩 제거기구를 무엇이라 하는가?

(가) 칩 브레이커 (나) 칩 받침
(다) 칩 쉴드 (라) 칩 커터

122 밀링작업 시 안전 수칙에 관한 설명으로 옳지 않은 것은?

(가) 칩은 기계를 정지시킨 다음에 브러시 등으로 제거한다.
(나) 일감 또는 부속장치 등을 설치하거나 제거할 때는 반드시 기계를 정지시키고 작업한다.
(다) 커터는 될 수 있는 한 컬럼에서 멀게 설치한다.
(라) 강력 절삭을 할 때는 일감을 바이스에 깊게 물린다.

123 다음 중 휴대용 동력 드릴 작업시 안전사항에 관한 설명으로 틀린 것은?

(가) 드릴의 손잡이를 견고하게 잡고 작업하여 드릴손잡이 부위가 회전하지 않고 확실하게 제어 가능하도록 한다.
(나) 절삭하기 위하여 구멍에 드릴날을 넣거나 뺄 때 반발에 의하여 손잡이 부분이 튀거나 회전하지 않고 확실하게 제어 가능하도록 한다.
(다) 드릴이나 리머를 고정시키거나 제거하고자 할 때 금속성 망치 등을 사용하여 확실히 고정 또는 제거한다.
(라) 드릴을 구멍에 맞추거나 스핀들의 속도를 낮추기 위해서 드릴날을 손으로 잡아서는 안된다.

124 밀링작업에서 주의해야 할 사항으로 옳지 않은 것은?

(가) 보안경을 쓴다.
(나) 일감 절삭 중 치수를 측정한다.
(다) 커터에 옷이 감기지 않게 한다.
(라) 커터는 될 수 있는 한 컬럼에 가깝게 설치한다.

객관식 연습문제

125 휴대용 동력드릴의 사용 시 주의해야 할 사항에 대한 설명으로 옳지 않은 것은?

(가) 드릴 작업 시 과도한 진동을 일으키면 즉시 작업을 중단한다.

(나) 드릴이나 리머를 고정하거나 제거할 때는 금속성 망치 등을 사용한다.

(다) 절삭하기 위하여 구멍에 드릴날을 넣거나 뺄 때는 팔을 드릴과 직선이 되도록 한다.

(라) 작업 중에서 드릴을 구멍에 맞추거나 하기 위해서 드릴날을 손으로 잡아서는 안 된다.

126 다음 중 선반에서 사용하는 바이트와 관련된 방호장치는?

(가) 심압대　　(나) 터릿
(다) 칩 브레이커　　(라) 주축대

127 다음 중 산업안전보건법령상 연삭숫돌을 사용하는 작업의 안전수칙으로 틀린 것은?

(가) 연삭숫돌을 사용하는 경우 작업시작 전과 연삭숫돌을 교체한 후에는 1분 정도 시운전을 통해 이상 유무를 확인한다.

(나) 회전 중인 연삭숫돌이 근로자에 위험을 미칠 우려가 있는 경우에 그 부위에 덮개를 설치하여야 한다.

(다) 연삭숫돌의 최고 사용회전속도를 초과하여 사용하여서는 안된다.

(라) 측면을 사용하는 목적으로 하는 연삭숫돌 이외에는 측면을 사용해서는 안된다

128 일반적으로 장갑을 착용해야 하는 작업은?

(가) 드릴작업　　(나) 밀링작업
(다) 선반작업　　(라) 전기용접작업

CHAPTER 05

용접장치

CHAPTER 05 용접장치

5.1 개요

용접(welding)이란 금속 재료를 가열, 가압 등의 방법에 의하여 야금학적으로 접합시키는 접합법이다. 용접은 리벳 결합, 볼트 결합에 비하여 형상의 자유, 중량의 경감, 이음효율의 향상, 재료 및 경비의 절감, 작업능률의 증진, 수밀, 기밀의 보존 등 많은 이점을 가진다. 이 때문에 조선, 차량, 비행기, 건축, 교량 및 기계류 등의 분야에서 널리 이용되고 있다.

현재 사용되고 있는 용접법을 분류하면 i) 융접(fusion welding), ii) 압접(pressure welding), iii) 납접(solder welding)의 3가지로 분류된다. 융접은 접합할 양금속재료, 즉 모재(base metal)의 접합부를 국부적으로 가열, 용융시켜 여기에 다른 금속(용접재)를 용융 첨가하여 이들을 융합시켜 접합하는 방법이며, 이 중 널리 사용하는 것은 아크용접(arc welding), 가스용접(gas welding)이다. 압접은 접합부를 적당한 온도로 가열하고, 이에 기계적 압력을 가하여 접합시키는 방법이며, 이 중 많이 사용되는 것은 전기저항용접(electric resistance welding)이다. 납접은 접합할 모재보다 융점이 낮은 재료를 접합부에 용융첨가하여 그 용융납 재료의 응고시 분자간 인력을 이용하여 접합시키는 방법이며, 납재료의 융점이 450℃ 이상일 때 경납땜(brazing), 그 이하일 때 연납땜(soldering)이라 한다.

한편, 용접의 장점으로서는 i) 재료의 절약, ii) 공정수의 절약, iii) 성능 및 수명의 향상 등에 유리하므로 경제적이라는 것과 단점으로는 i) 단시간에 재료를 국부적으로 접합하므로 재질의 변화, 용접 균열(cracking), 수축변형 및 잔류응력 등의 결함 및 파괴를 일으키기 쉽다는 것, ii) 용접구조물은 리벳 구조물에 비하여 응력집중이 생기기 쉽고, iii) 용접은 품질관리가 곤란하며, iv) 용접자의 기능과 성의에 좌우되는 일이 많고, v) 검사방법도 간단하지 않다는 것이 있다.

용접법의 개략적 분류는 표 5.1과 같이 표시한다.

표 5.1 용접법의 분류

- 용접법
  - 융접
    - 가스용접
      - 산소 아세틸렌용접
      - 공기 아세틸렌용접
    - 아크용접
      - 교류 아크용접
      - 직류 아크용접
      - 불활성 가스 아크용접
      - 서브 머지드(submerged) 아크용접
    - 특수용접
      - 테르밋(thermit)용접
      - 전자 비임(electron beam)용접
      - 엘렉트로 슬래그(electro-Slag)용접
  - 압점
    - 전기저항용접
      - 점(spot)용접
      - 시임(seam)용접
      - 맞대기(butt)용접
      - 프로젝션(projection)용접
    - 단접
      - 해머(hammer)압접
      - 다이(die)압접
      - 롤(roll)압접
    - 가스압접
    - 특수압접
      - 냉간(cold pressure)압접
      - 마찰(friction)압접
      - 초음파(ultrasonic)압접
  - 납점
    - 경납접
    - 연납접

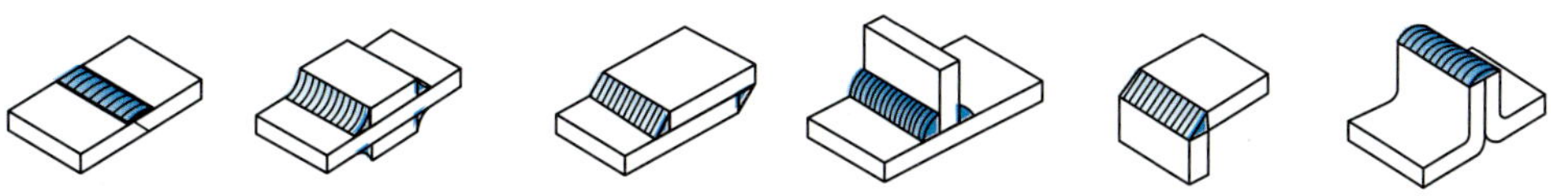

① 맞대기 이음 ② 양면 덮개판 이음 ③ 겹치기 이음 ④ T이음 ⑤ 모서리 이음 ⑥ 끝단 이음

그림 5.1 용접이음의 종류

5.2 아크용접

5.2.1 개요

아크용접은 아크가 발생할 때 나오는 열을 이용하여 금속재료를 용융접합하는 용접법으로 아크는 용접되는 모재(base metal)와 전극(electrode)과의 사이, 또는 2개의 전극사이에서 발생한다. 탄소 전극이나 텅스텐 전극에 방전시킨 아크의 예를 그림 5.3에 나타냈으며, 양극과 음극 사이의 부분을 아크주(arc column, 아크주의 비중은 주위의 가스보다 가벼워 위로 떠오르려는 경향이 있어 아크 형상이 나타나 아크라 부른다)라 하며, 이 아크주는 강한 빛과 열을 발한다. 아크의 온도는 정확한 값을 측정하기 어려우나, 4,000~5,000℃ 정도이다. 양전극 간의 전위차를 아크전압, 아크를 통하여 흐르는 전류를 아크전류라 한다. 아크용접의 중요한 장점은 단지 고온이라는 것보다는 현저한 열에너지의 집중으로 접합부의 극히 작은 용적을 짧은 시간 내에 용융시킬 수 있다는 것이다.

그림 5.4는 실제용접시 나봉용접에서의 아크상태이고, 그림 5.5는 피복용접에서의 아크발생 상태이다.

주 1. **비피복용접봉(나봉, bare electrode)** : 심선 그대로 사용하는 용접봉
2. **피복용접봉(coated electrode)** : 대기 중에서 용착금속의 산화 또는 질화를 방지하기 위하여 혹은 아크 안정화를 목적으로 용제(flux)를 심선에 발라 사용하는 용접봉

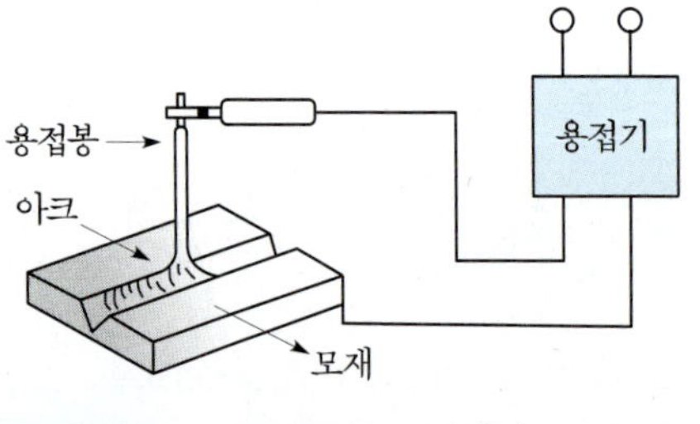

그림 5.2 아크용접의 개요

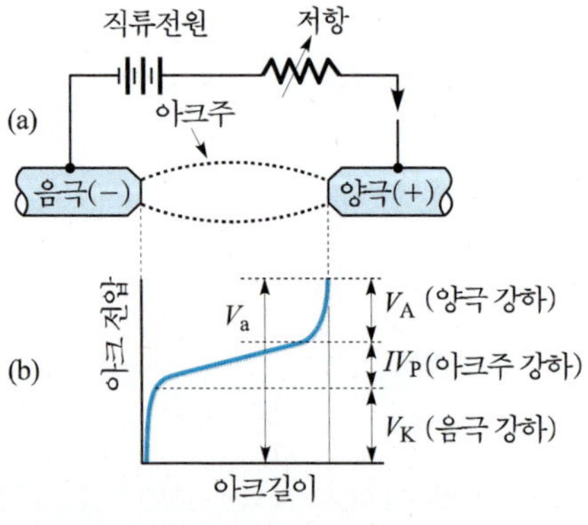

그림 5.3 아크전압의 분포

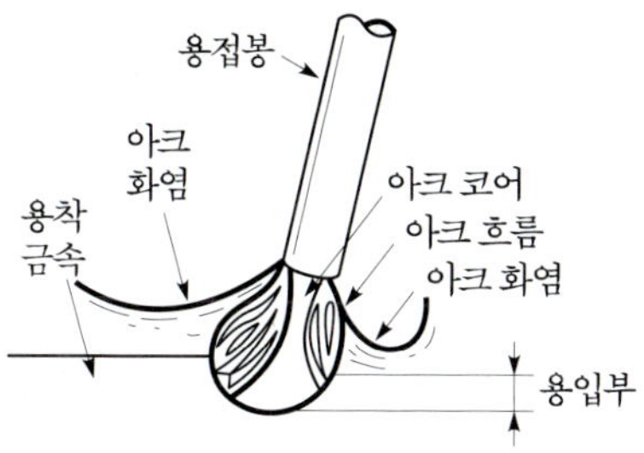

그림 5.4 나봉용접에서의 아크

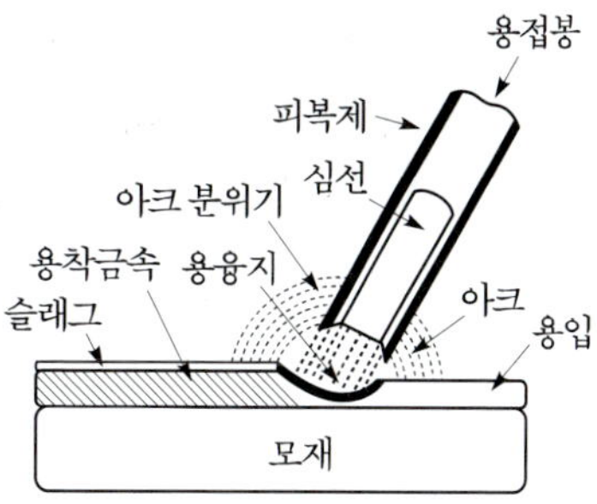

그림 5.5 피복용접에서의 아크

아크용접을 효과적으로 수행하려면 모재의 성질이 용접에 적합한 성질을 가질 것, 즉 균열이 잘 생기지 않고, 산화·기화하기 쉬운 성분이 적을 것, 열전도율이 너무 크지 않을 것들이 필요하다. 또한, 모재에 적합한 용접봉을 선정하는 것이 매우 중요하다. 피복용접봉의 피복재는 고온에서 가스를 발생하거나, 슬래그가 되어 공기 중의 산소와의 작용으로부터 용융금속을 보호하여 건전한 용접이 되도록 한다. 따라서 용접봉의 선정에 있어서는 심선과 더불어 피복재의 선택도 중요하다. 또 용접봉의 크기, 용접전류, 아크전압 등도 용접작업에 중요한 영향을 끼친다.

주 슬래그 : 피복재에 의해 융착 부분에 생기는 비금속 물질, 또는 융해된 금속의 표면에 또는 산화물, 쇠의 녹

5.2.2 용접기

아크용접에는 교류, 직류가 모두 사용되므로 용접기에는 교류 아크용접기(A.C. arc welding machine)와 직류 아크용접기(D.C. arc welding machine)가 있다. 용접 발달 초기에는 아크를 안정되게 유지하기 쉬운 직류 아크용접기가 많이 사용되었으나, 현재는 피복용접봉의 발달로 교류에서도 아크의 안정이 좋고, 교류 아크용접기가 값이 저렴하므로 일반적으로 많이 사용되고 있다.

아크는 직류 전원을 사용할 때와 교류 전원을 사용할 때 다소 다르다. 직류 아크는 전체 발열량의 60~75%가 양극 측에서 발생하나, 교류의 경우는 교류 전류인 까닭에 양극·음극 모두 발열량이 같다. 또한, 최근에 성행되는 이너어트 가스 아크용접(inert gas arc welding)이나 자동용접의 경우에는 극성(polarity)의 관계로 직류가 많이 사용된다.

직류의 경우 그림 5.6처럼 용접물이 두꺼울 때를 모재를 양극으로 한 정극성(straight pilarity)이라 하고, 반대로 용접물이 얇을 때를 모재를 음극으로 하는 역극성(reverse polarity)이라 한다. 아크를 발생할 수 있는 전압은 직류에서는 50~80V, 교류에서는 60~95V 정도이다.

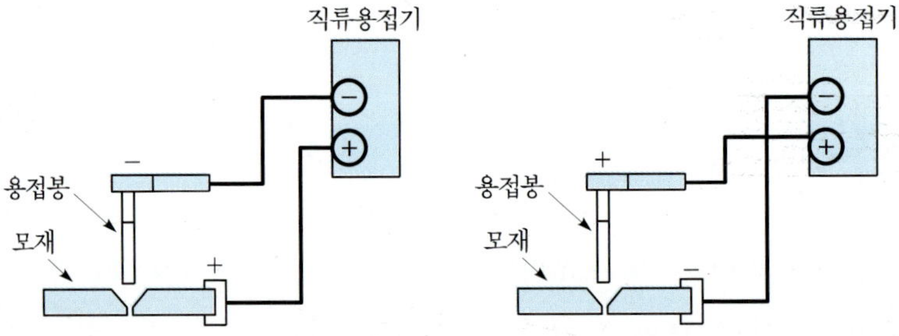

그림 5.6 직류용접의 극성

(1) 직류 아크용접기

일종의 직류발전기로서 안정된 아크를 필요로 하는 박판, 경합금, 스테인리스강 등의 용접에 사용된다. 직류를 얻는 방법에 따라 발전기식과 정류기식이 있다.

(2) 교류 아크용접기

보통 사용하는 아크용접기는 일종의 변압기이며, 용접을 행할 때 자동적으로 2차 전압이 강하하는 특성을 가지도록 설계되어 있다. 교류 아크용접기의 종류는 용접전류

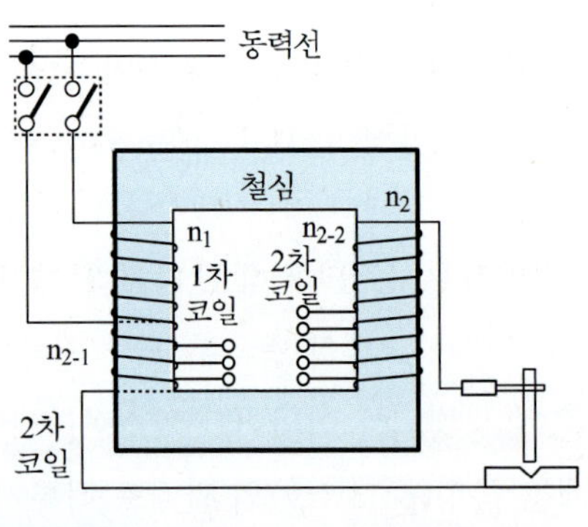

그림 5.7 탭전환형 교류 아크용접기

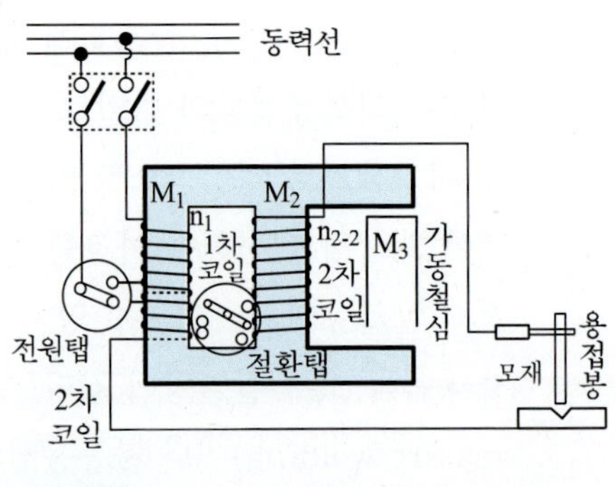

그림 5.8 가동철심형 교류 아크용접기

의 조정 방법에 따라 ① 탭(tap)전환형, ② 가동철심형, ③ 가동코일형, ④ 과포화 리엑터(reactor)형이 있으며, 가동철심형이 구조가 간단하고 가격이 싸기 때문에 현재 가장 널리 이용되고 있다. 교류용접기는 직류용접기에 비하여 안전성이 떨어지나 가격은 1/3~1/4이 되므로 직류용접기보다 널리 사용되고 있다.

5.2.3 재해유형과 방호대책

(1) 감전 재해

용접기 사용시 발생할 수 있는 가장 위험한 재해는 감전이다. 이는 홀더(holder)의 통전 부분이 노출되어 용접봉에 신체의 일부가 접촉했을 때, 전선 케이블 일부가 노출되어 신체에 접촉했을 때, 전원 스위치 개폐시 접촉 불량으로 인한 아크 등에 의하여 발생될 수 있다. 감전방지 대책 중 중요한 것은 다음과 같다.

1) 2차측 무부하 전압이 낮은 용접기의 사용

용접기는 안정된 아크를 얻기 위하여 어느 정도 높은 2차측 무부하 전압을 필요로 한다. 현재 2차측 무부하 전압은 85V 이하(500A의 경우는 95V)로 규정하고 있지만, 이 정도의 전압에서도 사망의 위험은 충분하다. 따라서 무부하 전압은 될 수 있는 한 낮은 것을 선택하는 것이 바람직하다.

2) 자동전격방지기의 사용[시행령 제77조(자율안전확인대상기계등)]

근본적인 감전 대책은 용접기의 2차측 무부하 전압을 위험이 없을 때까지 저하시키는 자동전격방지기의 사용이다. 자동전격방지기란 대상으로 하는 용접기의 주회로를 제어하는 장치를 가지고 있어, 용접봉의 조작에 따라 용접할 때에만 용접기의 주회로를 형성하고, 그 외에는 용접기의 출력측의 무부하 전압을 25V 이하로 저하시키도록 동작하는 장치를 말한다. 그림 5.9는 자동전격방지기의 작동원리를 나타낸 것으로, 아크 발생을 멈추었을 때 아크용접기 1차, 즉 회로에 설치된 스위치 S_1이 떨어지고, 대신 보조 변압기(1차측 220V, 2차측 25V)의 2차측 회로에 설치된 스위치가 S_2가 연결되어 홀더에 가해지는 전압은 25V로 저하되는 것이다. 용접봉을 피용접물에 접촉시키면 보조 변압기의 2차측 회로에 얼마간의 전류가 흐르나, 제어장치에 의하여 스위치 S_2는 끊어지면서 동시에 스위치 S_1이 연결되어 용접기에 소정의 전압이 가해져 아크가 발생한다.

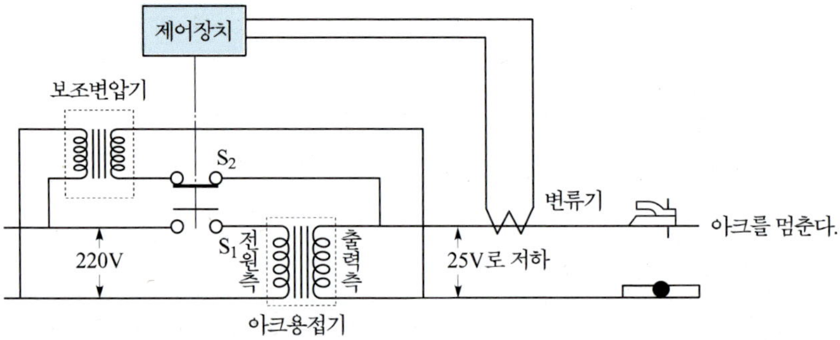

그림 5.9 자동전격방지기의 동작원리

이 밖에도 절연 용접봉 홀더의 사용, 적당한 케이블의 사용, 절연장갑의 사용이 요구되며, 케이블 커넥터(connector)의 절연상태, 용접기 단자와 케이블의 접속, 용접기 외함의 접지 등에도 수시 점검으로 감전 재해에 대비해야 한다.

주 아크용접 등의 작업에 사용하는 용접봉의 홀더는 한국산업표준에 적합하거나 그 이상의 절연내력 및 내열성을 갖춘 것을 사용하여야 한다.[규칙 제306조(교류아크용접기 등)]

한편, 교류아크용접기에 자동전격방지기를 반드시 설치해야 하는 장소는 다음과 같다.[규칙 제306조(교류아크용접기 등)]

① 선박의 이중 선체 내부, 밸러스트 탱크(ballast tank, 평형수 탱크), 보일러 내부 등 도전체에 둘러싸인 장소

② 추락할 위험이 있는 높이 2미터 이상의 장소로 철골 등 도전성이 높은 물체에 근로자가 접촉할 우려가 있는 장소

③ 근로자가 물·땀 등으로 인하여 도전성이 높은 습윤상태에서 작업하는 장소

주 1. 자동전격방지기의 종류는 외장형(SP)과 내장형(SPB), 저저항시동형(L형) 및 고저항시동형(H형)으로 구분한다.(전격방지기의 성능기준-방호장치 자율안전기준 고시)

2. 자동전격방지기 용어정의(정의-방호장치 자율안전기준 고시)

1) 정격사용률 : 정격주파수, 정격전원전압에 있어서 전격방지기의 주접점에 정격전류를 단속하였을 때 부하시간과 전시간과의 비의 백분율

2) 무부하전압 : 전격방지기가 동작하고 있는 경우에 출력측(용접봉 홀더와 피용접물 사이)에 발생하는 정상 상태의 무부하전압(접점방식 : 25V이하, 무접점방식 : 15V이하)

3) 시동시간 : 용접봉을 피용접물에 접촉시켜서 전격방지기의 주접점이 폐로될(닫힐) 때까지의 시간(0.04초 이내)

4) 지동시간 : 용접봉 홀더에 용접기 출력측의 무부하전압이 발생한 후 주접점이 개방될 때까지의 시간(1.0초 이내)

5) 표준시동감도 : 정격전원전압에 있어서 전격방지기를 시동시킬 수 있는 출력회로의 시동감도로서 명판에 표시된 것(시동감도 : 200Ω 이하)

6) 전격방지기 제어방식 : 전자접촉기에 의한 접점방식과 주회로용 반도체 소자에 의한 무접점 방식으로 구분

(2) 눈의 손상

아크용접 중 아크는 고온으로 강열한 광선을 발산한다. 이 광선 중에 눈으로 느낄 수 있는 가시광선 외에 눈에 보이지 않는 자외선과 적외선이 포함되어 있는데 두 가지 모두 눈에 대단히 해롭다. 유해한 광선을 차단하기 위하여 차광 보호구를 사용하여야 하는데, 차광 보호구에는 보안경과 보안면의 두 종류가 있다.

1) 보안경의 사용

보안경에는 스펙타클(spectacles), 프론트(fronts), 고글(goggles)형이 있다. 이 중에서 스펙타클형이 일반적으로 많이 사용되고 있으며, 산란광선의 경우 눈의 측면 또는 눈 주위 전체를 씌우는 사이드 쉴드(side shield)가 된 스팩타클형이나 고글형을 사용한다. 보안경의 차광도는 아크의 전류크기에 따라 표 5.2와 같으며, 통상 6~10 정도가 사용된다.

표 5.2 **필터 유리의 번호와 용도**

차광도 번호	용도
6~7	가스용접 및 가스 절단, 30A 미만의 아크용접 및 아크절단 또는 금속용해 작업에 사용한다.
8~9	높은 온도의 가스용접 및 가스 절단, 30A 이상, 100A 미만의 아크용접 및 아크절단에 사용한다.
10~12	100A 이상, 300A 미만의 아크용접 및 아크절단 등에 사용한다.
13~14	300A 이상의 아크용접 및 아크절단에 사용한다.

2) 보안면의 사용

보안면은 유해한 광선 뿐만 아니라 용접광과 열에 의한 화상, 가열된 용재 등의 파편에 의한 화상의 위험으로 안면을 보호할 수 있는 이점이 있다. 헬멧(helmet)형과 손으로 들고 사용하는 핸드 쉴드(hand shield)형이 있다.

이외에도 주변의 작업자에게 피해를 주지 않기 위하여 용접작업실을 격리하는 것이 이상적이며, 이동작업이 불가피한 경우에는 차광막 등 차광설비를 해야 한다.

(3) 피부의 손상

아크광선이 직접 피부에 닿거나 스패터(spatter), 슬래그(slag) 등이 튀어서 화상을 입는 경우가 있다. 따라서 용접작업자나 보조작업자는 피부가 노출되지 않도록 개인 보호구의 착용을 엄수해야 한다.

주 **스패터** : 용접 중에 발생하는 슬래그 및 금속입자

1) 보호장갑의 착용

장갑은 화상을 방지하기 위한 목적 외에 감전방지의 효과가 있으므로 피혁(소가죽) 제품이 바람직하며, 땀이 많이 나는 경우에는 안에 면장갑을 착용하는 것이 감전방지상 효과적이다.

㊟ **용접용 가죽장갑** : 고용노동부고시에 의하면 용접용 가죽장갑은 1종과 2종으로 구분하며 1종은 주로 아크용접용, 2종은 가스용접 및 용단작업에 사용한다.

2) 앞치마, 각반의 착용

앞치마는 작업자의 가슴에서 대퇴부까지 보호하는 것이며, 각반은 발을 보호하기 위하여 착용해야 하는데 보통 가죽제품이 이상적이다.

3) 안전화의 착용

안전화는 발의 화상방지 뿐만 아니라 공구, 재료 등의 낙하에 의한 위험방지 및 감전방지의 목적으로 착용해야 한다.

(4) 흄(fume), 가스에 의한 재해

피복 아크용접 작업 시 발생하는 연기 중 대부분은 흄이라 불리는 데, 이것은 금속이나 슬래그의 조성물이 고온에 의해 증기가 되고 증발하면 냉각되어 고체화된 미세분자이다. 또한, 용접봉의 피복재에 배합된 탄산염, 유해물이 아크열에 의해 분해되고 연소하여 대부분 탄산가스(CO_2)를 발생한다. 이 같은 흄, 가스의 중독을 방지하기 위해서는 작업장의 환기, 통풍시설의 설치 및 개인 마스크 착용이 요구된다.

1) 방진 마스크의 착용

통풍, 환기 등이 불량한 장소에서 용접작업 중 발생하는 흄의 흡입을 예방하기 위하여 방진 마스크를 착용해야 한다.

2) 방독 마스크의 착용

용접작업 중 발생하는 유해가스 제거를 위하여 방독 마스크를 착용해야 하며, 유해 물질에 따른 사용적격 여부를 판단해야 한다.

3) 송기 마스크 착용

옥내작업이나 선박, 탱크, 차량, 터널 등에서의 용접작업 중 산소의 부족으로 질식의 위험이 있으므로 호스를 통해서 외부에서 신선한 공기를 보내 넣은 송기 마스크를 착용해야 한다.

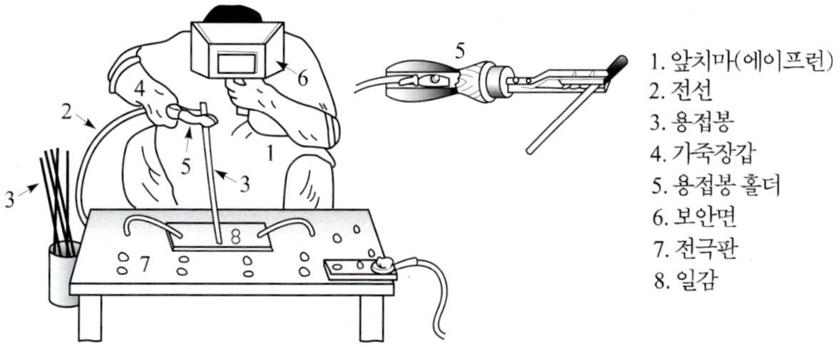

그림 5.10 아크용접용 기구

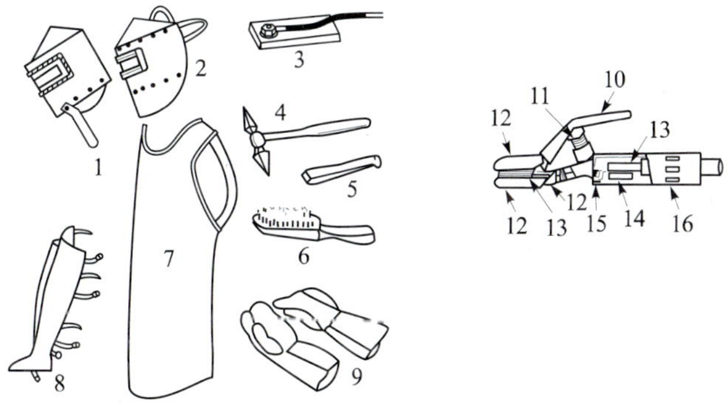

1. 핸드 쉴드 2. 헬멧 3. 어스 단자 4. 해머 5. 정 6. 브러시 7. 앞치마 8. 각반 9. 장갑 10. 레버 11. 스프링 12. 커버 13. 홀더 14. 볼트 15. 압부단 16. 손잡이

그림 5.11 용접 용구

(5) 화재, 폭발

용접작업 중에는 주위의 가연성 폭발성의 물질, 가연성 증기 및 가스 등에 피용접물의 과열이나 아크불꽃 등에 의하여 화재, 폭발을 일으킬 수 있다. 따라서 작업 전에는 가연물질을 격리시키며, 드럼통, 탱크 내, 배관 등의 용접수리작업에는 내용물을 충분히 청소한 후 위험성 물질을 완전히 제거해야 화재, 폭발의 위험을 방지할 수 있다.

5.2.4 작업안전수칙

① 용접작업시 물기있는 장갑·작업복·신발을 절대 착용하지 않는다.
② 용접기 주변에 물을 뿌리지 않는다.
③ 용접작업장 주위에는 기름·나무조각·도료·헝겊 등 타기 쉬운 물건을 두지 않는다.
④ 전압이 걸려있는 홀더에 용접봉을 끼운 채 방치하지 않는다.
⑤ 용접작업 중단시 전원을 차단한다.
⑥ 용접기를 사용하지 않을 때는 스위치를 차단시키고 전선을 정돈해 둔다.
⑦ 용접기 어스선의 접속상태를 확인한다.
⑧ 용접작업시 안전보호구를 철저히 착용한다.
⑨ 절연커버가 파손되지 않은 홀더만을 사용한다.
⑩ 탱크 등 좁은 공간에서 용접시 물체에 기대지 않는다.
⑪ 용접장소에 소화기, 물통, 건조사(마른모래) 등의 화재예방설비를 비치한다.
⑫ 작업 전에 환기장치를 가동하여 밀폐 공간 내부를 신선한 공기로 충분히 치환한다.
⑬ 작업 장소 주변은 항상 정리정돈을 실시한다.

5.3 가스용접

5.3.1 개요

가스용접법(gas welding)은 각종 가연성 가스와 산소와의 반응시에 생기는 높은 열(가스 연소열)을 용접열원으로 이용하는 용접법이다. 즉, 가연성가스와 산소와의 혼합가스의 화염을 분류시켜 금속을 용융하며, 외력을 가하지 않은 채 접합시키는 용접이다. 가연성 가스로서는 아세틸렌(C_2H_2), 프로판(C_3H_8), 부탄(C_4H_{10}), 석탄가스, 천연가스 혹은 수소 등이 있으나, 이 중에서 일반적으로 사용되는 가스는 아세틸렌이며, 산소와 아세틸렌가스를 혼합하여 연소시키면 3,000℃ 이상의 열이 발생한다.

5.3.2 아세틸렌 용접장치

(1) 아세틸렌 가스(C2H2, acetylene) 발생

칼슘카바이트(CaC_2)에 물을 가하면 $CaC_2 + 2H_2O = C_2H_2 + Ca(OH)_2 + 31.872\text{Kcal}$의 반응으로 아세틸렌가스가 발생한다.

아세틸렌은 연소범위가 2.5~100%로 넓어 폭발위험성이 아주 크다. 아세틸렌은 화학적으로 불안정하여 공기 중의 가연성 가스가 존재하지 않아도 점화나 충격에 의해 분해폭발할 수 있으며, 이는 고압하에서 일어나기 쉽다. 따라서 127kPag(1.3kg/cm^{2}g)을 초과하는 압력으로 사용하여서는 안된다[규칙 285조(압력의 제한)]. 또한, 아세틸렌은 동, 은 및 수은 등의 금속과 반응하여 아세틸라이드(acetylide)라는 물질을 생성하며, 이로 인하여 충격이나 가열 등에 의해 발화하여 폭발할 위험성이 있다. 따라서 배관 및 부속기구에는 동 또는 동을 70% 이상 함유한 합금을 사용해서는 안된다[규칙 제294조(구리의 사용 제한)].

그림 5.12는 아세틸렌 용접장치의 개요를 나타내며, 아세틸렌 발생기, 청정기 및 안전기, 도관, 취관으로 구성되며, 도관은 발생기로부터 얻어진 아세틸렌가스를 용접장치로 공급시키기 위한 배관을 말하며, 취관(torch)이란 그 선단에 부착된 노즐로부터 가스의 유출을 조절하는 기구를 말한다.

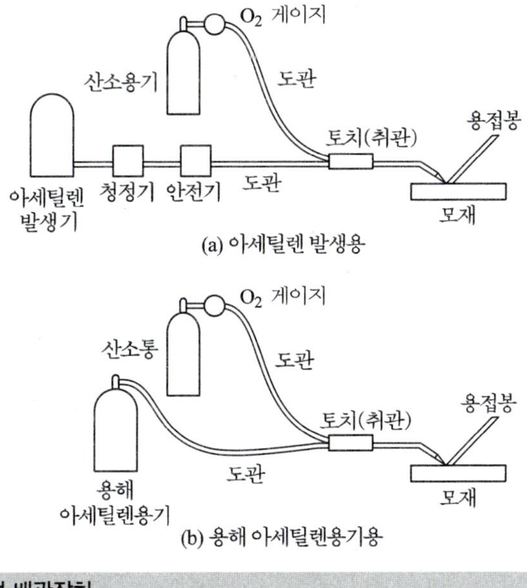

그림 5.12 가스용접 배관장치

아세틸렌 발생기는 반응을 용기 내에서 행하여 발생한 아세틸렌가스를 일정량 저장시키는 장치이다. 아세틸렌과 공기와의 혼합가스는 광범한 성분에 걸쳐 폭발성이 있고, 폭발에 대한 민감성은 고압, 건조 및 가열에 의하여 현저히 높아지므로 가스발생기의 취급에 주의를 요한다. 가스발생기는 가스의 압력에 따라 고압식(수주 1,500~2,000mm까지), 중압식(300~2,000mm), 저압식(300mm 이하)으로 구분되고 또한 구조를 분류하면, 카바이트에 물을 붓는 주수식 그림 5.13a, 수중에 카바이트를 투입하는 투입식 그림 5.13b, 이들의 중간으로 볼 수 있는 침지식 그림 5.13c로 구분된다.

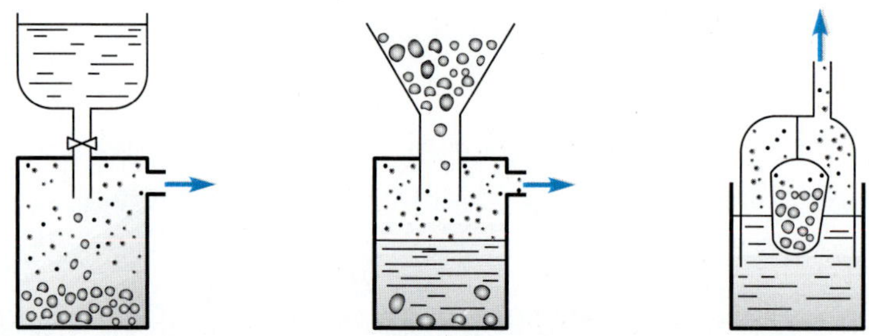
(a) 주수식(注水式) (b) 투입식(投入式) (c) 침지식(浸漬式)

그림 5.13 아세틸렌 발생기의 형식

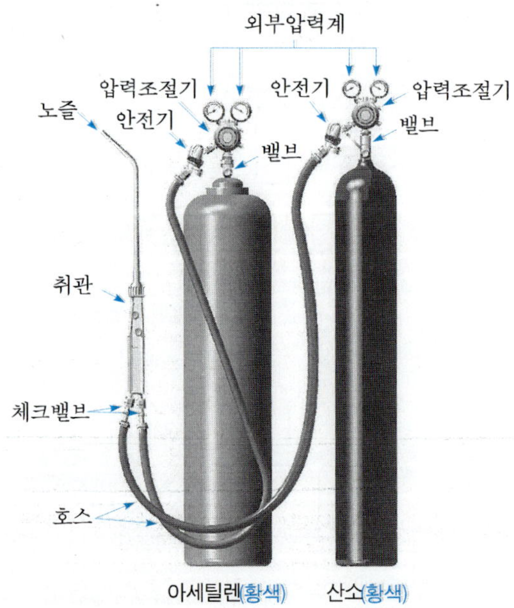

그림 5.14 산소·용해 아세틸렌 용접장치

청정기는 발생기에서 발생한 아세틸렌가스에는 해로운 불순물이 혼합되어 용접부에 나쁜 영향을 주기 때문에 이것들을 제거하기 위하여 사용된다.

한편, 용접시 역화(back fire), 역류(back flow)가 가스발생기에 도달하면 발생기의 폭발사고가 일어난다. 이것을 방지하기 위하여 안전기를 설치하여야 한다.

주 1atm = 760mmHg = 10.332mH_2O = 1.033kg_f/cm^2 = 101.3KPa(0.1013MPa)

한편, 최근에는 폭발위험성이 적은 용해 아세틸렌이 보급되어 어디에서나 입수할 수 있게 되어 아세틸렌 용접장치를 사용하는 작업은 거의 없어졌다.

주 1. **발생기실의 설치장소**[규칙 제286조(발생기실의 설치 장소 등)]
① 발생기실은 건물의 최상층에 위치하여야 하며, 화기를 사용하는 설비로부터 3m를 초과하는 장소에 설치하여야 한다.
② 발생기실을 옥외에 설치할 때는 그 개구부를 다른 건축물보다 1.5m 이상 떨어지도록 한다.
2. **발생기실의 구조**[규칙 제287조(발생기실의 구조 등)]
① 벽은 불연성의 재료로 하고 철근 콘크리트 기타 이와 동등 이상의 강도를 가진 구조로 한다.
② 지붕 및 천정에는 얇은 철판이나 가벼운 불연성 재료를 사용한다.
③ 바닥면적의 1/16 이상의 단면적을 가진 배기통을 옥상으로 돌출시키고 그 개구부를 창 또는 출입구로부터 1.5m 이상 떨어지도록 한다.
④ 출입구의 문은 불연성 재료로 하고 두께 1.5mm 이상의 철판 기타 이와 동등 이상의 강도를 가진 구조로 한다.
⑤ 벽과 발생기 사이에는 발생기의 조정 또는 카바이트 공급 등의 작업을 방해하지 아니하도록 간격을 확보한다.

(2) 용해 아세틸렌용기

아세틸렌은 2기압 이상으로 압축하면 폭발할 위험성이 있으나 아세톤(acetone)에 잘 용해된다. 따라서 석면(asbestos)과 같은 다공질 물질에 흡수시킨 아세톤에 아세틸렌을 고압에서 용해시켜 병에 충전한다. 보통 15℃에서 15기압으로 충전한다. 15기압에서 아세톤 1l에 아세틸렌 384l를 용해한다. 보통 한 병에 4,000~6,000l, 중량으로 약 5kg이 들어간다. 외관은 황색으로 칠해져 있다. 용기에 내압이 너무 상승하면 폭발위험이 있으므로 아세틸렌 가스가 안전하게 방출되도록 안전밸브가 있다. 안전밸브는 얇은 판으로 105 ± 5℃에서 용융하는 가용합금 안전판이 있다. 용해 아세틸렌 용기의 크기는 15, 30, 50l 등이 있으며, 보통 30l의 것이 사용된다. 그 장점으로는 운반이 용이하고 발생기, 부속장치가 필요 없으며,

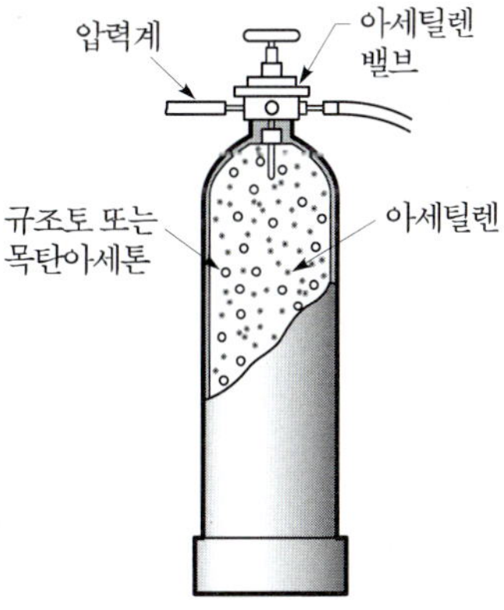

그림 5.15 용해 아세틸렌용기

고압 토치를 사용할 수 있고, 순도가 높아 좋은 용접을 할 수 있고, 아세틸렌의 손실이 적으며, 폭발의 위험성이 없다는 것 등이다.

(3) 산소용기(Oxygen Cylinder)

산소는 원통형의 산소용기(oxygen cylinder)에서 35℃에서 150kg/cm^{2}로 충전되어 있다. 산소용기는 본체, 밸브, 캡의 세 부분으로 되어 있다. 산소용기 중 가장 많이 사용되는 것은 내용적 33.7l, 산소용기 호칭 5,000l(33.7 × 150 = 5,055l)의 것이다.

산소용기밸브(oxygen cylinder valve)는 산소용기 윗부분에 끼워져 있다. 밸브에는 산소밸브를 완전히 열었을 때 고압밸브시트에서 산소가 새는 것을 방지하기 위해 패킹(back seating seal)이 있고, 산소용기가 파열되기 전에 먼저 파손되어 산소용기의 파열을 방지해 주는 안전밸브(safety valve)가 있다. 또 산소용기 출구에는 산소압력조정기를 연결하는 나사부가 있고, 산소용기밸브를 운반 중에 보호하기 위하여 안전캡(safety cap)을 씌운다.

㈜ 가스용기 취급시 주의사항[규칙 제234호(가스등의 용기)]

① 직사광선, 화기를 피하고, 통풍이나 환기가 잘되는 장소에 용기의 온도를 40℃이하로 유지할 것
② 용기는 전도의 위험이 없도록 하고, 충격을 가하지 말고 신중히 취급할 것
③ 운반할 때는 캡을 씌울 것
④ 사용할 때에는 용기의 마개에 부착되어 있는 기름이나 먼지를 제거할 것
⑤ 밸브의 개폐는 서서히 할 것
⑥ 사용 전 또는 사용 중인 용기와 그 외의 용기를 명확히 구분하여 보관할 것
⑦ 용해 아세틸렌 용기는 세워둘 것
⑧ 용기의 부식, 마모 또는 변형의 상태를 점검한 후 사용할 것

(4) 압력조정기

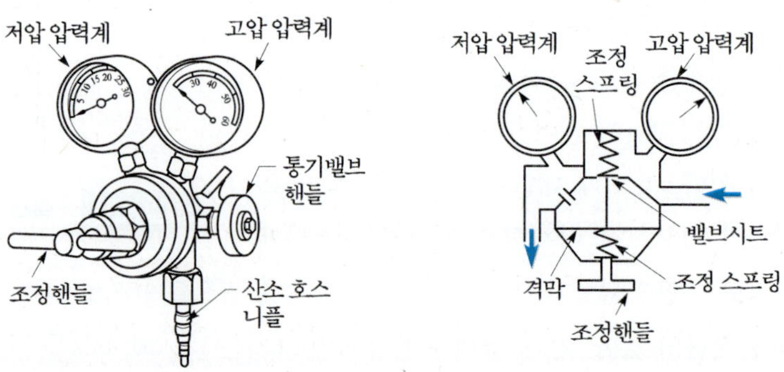

그림 5.16 산소(압력) 조정기

고압의 산소, 아세틸렌을 용접에 사용할 수 있게 임의의 사용압력으로 감압하고 항상 일정한 압력을 유지할 수 있게 하는 장치이다.

① 산소조정기 : 산소용기에 있는 고압의 산소를 용접작업에 사용할 수 있게 1~5기압(kg/cm^2)으로 감압한다.
② 아세틸렌 조정기 : 고압의 아세틸렌을 0.1~0.5kg/cm^2로 감압한다.

(5) 토치(torch, 취관)

가스용접시 산소와 아세틸렌을 혼합시켜 용접 불꽃을 일으키는 기구를 토치(취관)라 하며 용량의 대소에 따라 다음과 같이 나눈다.

① 저압식 토치 : 아세틸렌의 압력이 0.07kg/cm^2 이하 되는 것을 사용한다.
② 중압식 토치 : 아세틸렌의 압력이 0.07kg/cm^2 이상 되는 것을 사용한다.

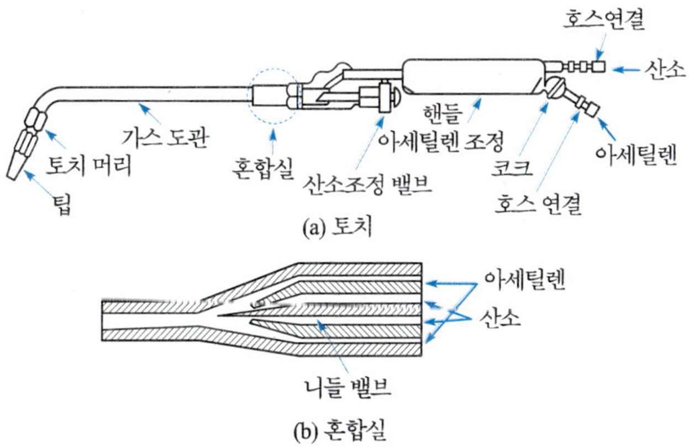

그림 5.17 토치의 각부 명칭

5.3.3 가스집합 용접장치

용접용 가스를 다량으로 사용하는 작업장에서는 가스용기를 낱개로 사용하는 것은 작업 능률이 나쁘고 위험성도 크다. 이와 같은 경우에는 안전한 장소에 산소 및 가연성 가스의 용기를 다수 결합해서 압력을 낮춘 뒤 배관에 의하여 작업현장으로 가스를 공급하고 있으며, 이와 같은 장치를 가스집합 용접장치라 한다. 용해 아세틸렌 용기 및 수소 용기는 $400l$ 이상, 그 밖의 가연성 가스 용기는 $1,000l$ 이상의 것을 말하며, 압력 조정기, 안전기, 도관, 취관 등으로 구성된다.

5.3.4 재해유형

(1) 폭발

가스용접에 가장 많이 쓰이는 아세틸렌가스는 공기와 산소의 혼합으로 매우 위험한 폭발성 혼합가스를 만든다. 따라서 사용 중에 폭발이 일어나기 쉽고, 연소온도가 매우 높아 작업 중 다른 가연성 물질에 인화되는 일이 많다. 아세틸렌 발생기에 흡입된 공기나 산소에 의하여 아세틸렌이 산화되어 폭발하거나, 안전기의 미비, 토치의 취급 부주의로 인한 역화, 역류 등에 의한 폭발이 가장 많다. 이 밖에도 용접, 가스절단의 불꽃에 의한 인화, 카바이트와 발생기의 취급 부주의에 의한 폭발 등이 있다.

(2) 화재

용접이나 절단작업을 할 때 불꽃이나 용융금속의 비산으로 작업장 부근의 가연성 물질에 화재가 발생하는 경우가 많다. 작업장 주위의 인화성 액체, 기름걸레, 목재류 등의 가연성 물질을 깨끗이 정리한 다음 작업한다. 또한, 카바이트의 저장, 보관상태가 불량하여 침수되면 자연 발화하는 경우도 있다.

(3) 화상

토치의 불꽃이나 용융금속의 취급 부주의로 화상을 입는 경우와 토치와 호스의 접속 불량, 압력조정기의 밸브불량으로 사고를 입는 경우도 있다.

(4) 중독

납과 아연합금, 도금한 재료를 용접하거나 절단할 때 발생하는 가스에 의한 중독, 알루미늄 용매 중의 플루오르화물, 산화질소, 일산화질소, 이산화질소 등의 유해가스에 의한 중독이 일어난다. 공기의 흐름이 차단된 저장탱크 안에서 작업할 때는 특히 환기가 잘 되도록 한다.

5.3.5 방호장치

아세틸렌 용접장치 및 가스집합 용접장치에는 화염역류(Flashback)와 역화(Backfire)를 방지할 수 있는 안전기를 설치하여야 하며, 안전기에는 수봉식 안전기와 건식 안전기(역화방지기)가 있다. [시행령 제77조(자율안전확인대상기계등)]

화염역류(인화, Flashback)는 대개 산소가 아세틸렌 호스로 혹은 아세틸렌이 산소 호스로 역류하므로 일어나는데 이때 호스내부에서는 폭발성 혼합기체가 생긴다. 화염이 취관을 통하여 호스 안으로 그리고 심지어 압력조절기와 가스통에 닿을 수 있을 정도로 역류하면서 타는데 화염역류의 결과는 매우 심각하다. 이것은 장비의 충격 혹은 파손을 초래할 수 있으며 심지어 가스통을 폭발시킬 수도 있다. 화염역류의 원인으로는 팁의 과열, 팁 끝의 막힘, 팁 죔의 불충분, 각 기구의 연결불량, 먼지의 부착, 가스 압력의 부적당, 호스의 비틀림 드이 있다. 한편 역화(Backfire)는 화염이 취관 쪽으로 되돌아오는 현상으로 날카로운 소리(쿵, 빵빵, 탁탁)하는 소리와 함께 나타난다. 화염이 취관 안으로 들어오기도 하고, 혼합되는 곳에서 계속 타기도 하는데 역화는 대개 심각한 상해 또는 충격을 야기하지는 않으나 이것은 장비에 결함이 있음을 지적하고 있기 때문에 장비에 손상이나 결함이 있는지 점검을 할 필요가 있다. 역화가 일어나는 것은 작업소재(모재)에 팁의 끝이 닿았을 때, 팁의 끝이 과열되었을 때, 가스 압력이 적당하지 않을 때, 팁의 죔이 완전하지 않았을 때 일어난다.

화염역류나 역화가 일어나는 것은 산소, 아세틸렌의 내뿜는 속도가 불꽃의 연소속도보다 느릴 때 일어난다. 따라서 가스의 압력이 부족할 때에는 특히 화염역류나 역화가 일어나기 쉽다.

주 1. 역화시 조치시항

① 취관밸브를 잠근다. 먼저 산소밸브를 잠그고 그 다음에 아세틸렌 밸브를 잠근다.
② 산소/아세틸렌 장비의 가스통 밸브를 잠근다.
③ 필요하다면 물로 취관을 냉각시킨다.
④ 장비에 손상이나 결함이 있는지 점검한다.

(1) 수봉식 안전기

수봉식 안전기는 사용압력에 따라 0.07kg/cm^{2}g 미만일 때의 저압용과 0.07~1.3kg/cm^{2}g의 중압용이 있다.

1) 저압용 수봉식 안전기

저압용 수봉식 안전기의 구조 및 작동원리는 그림 5.18과 그림 5.19에 나타냈다. 저압용 수봉식 안전기는 다음의 요건을 갖추어야 한다.

① 도입관은 수봉식이어야 한다.
② 수봉 배기관을 갖추어야 한다.
③ 유효수주는 25mm 이상을 유지해야 한다.
④ 주요 부분은 두께 2mm 이상의 강판이나 강관을 사용하여 내부의 가스폭발에 견딜 수 있는 구조이어야 한다.
⑤ 수위를 용이하게 점검할 수 있어야 한다.
⑥ 물의 보급 및 교환이 용이하여야 한다.

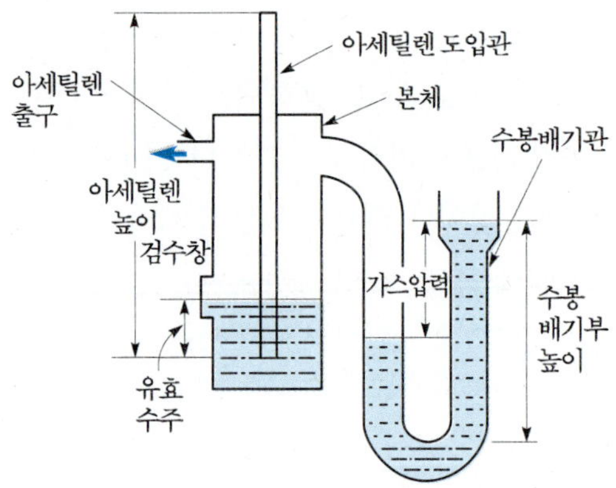

그림 5.18 저압용 수봉식 안전기

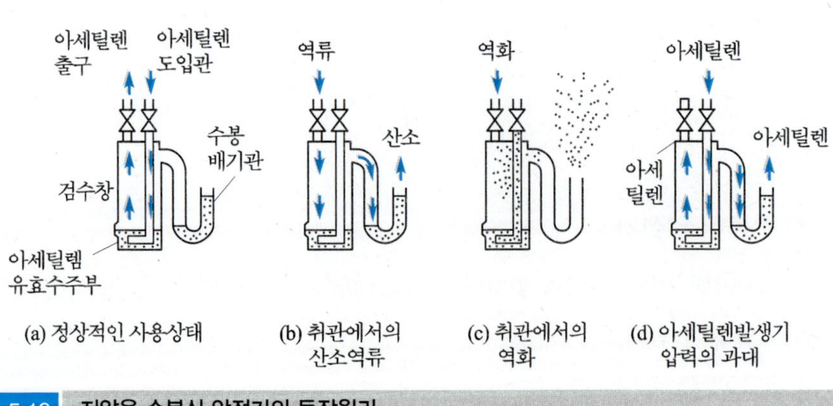

그림 5.19 저압용 수봉식 안전기의 동작원리

2) 중압용 수봉식 안전기

중압용 수봉식 안전기의 작동원리는 그림 5.20과 같으며, 기계적 역류방지밸브(역지), 안전밸브 등이 갖추어져 있다.

중압용 수봉식 안전기는 다음의 요건을 갖추어야 한다.

① 도입관에 밸브나 콕크를 부착한다.
② 도입관은 수봉식으로 하고 유효수주는 50mm 이상이어야 한다.
③ 수봉배기관은 안전기의 압력이 1.5kg/cm^{2}에 도달하기 전에 배기시킬 수 있는 능력을 갖추어야 한다.
④ 파열판은 안전기 내의 압력이 5kg/cm^{2}에 도달하기 전에 파열될 것, 다만 안전기 내의 압력이 3kg/cm^{2}을 넘기 전에 작동하는 자동배기 밸브가 부착된 구조에서는 파열관이 10kg/cm^2 이하에서 파열되어야 한다.
⑤ 주요 부분은 안전기의 내경에 따라 강판과 강관을 사용한다.
⑥ 주요 부분의 강판 및 강관의 접합부분은 확실한 방법(용접, 볼트, 나사)으로 체결한다.

표 5.3 주요 부분의 두께

안전기의 내경(cm)	강판두께(mm)
10 미만	2
10~26	3
15~20	4
20~30	6
30~50	10
50 초과	16

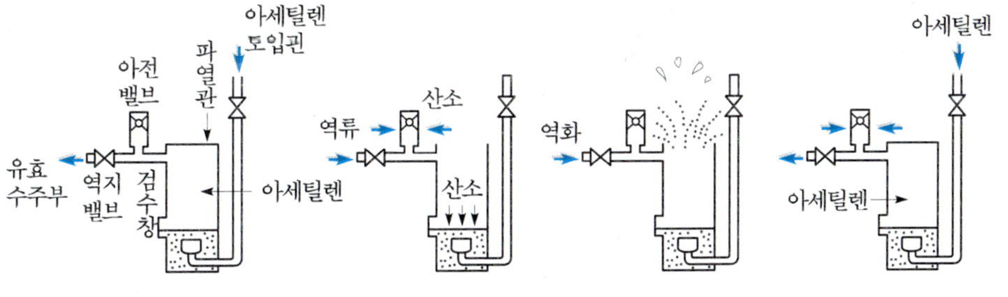

(a) 정상인 사용상태 (b) 취관에서 산소의 역류 (c) 취관에서의 역화 (d) 아세틸렌 압력과대

그림 5.20 중압용 수봉식 안전기의 작동원리

(2) 건식 안전기(역화방지기)

용해 아세틸렌, 프로판 가스 등의 용기를 이용한 용접작업의 경우에는 역화방지를 위한 방호장치로서 건식 안전기(역화방지기)가 사용되며, 소염소자식과 우회로식의 두 가지 형식이 있다.

1) 소염소자식 건식 안전기[방호장치 자율안전기준 고시]

소염소자식 건식 안전기는 소염소자, 역화방지장치 및 방출장치 등으로 구성되며, (다만, 토치 입구에 사용하는 것은 방출장치를 생략할 수 있다.) 토치로부터 역행되어 온 화염이 소염소자(금망 등)에 의해 냉각소화되고, 역화압력에 의하여 역화방지장치(체크밸브)가 작동해서 가스통로를 닫고 방출장치(안전밸브)가 열려서 발생된 압력을 대기로 배출시키는 원리이다. 그림 5.21은 소염소자식 건식 안전기의 구조 및 작동원리를 나타낸 것이며, 가스의 흐름방향은 지워지지 않도록 돌출 또는 각인하여 표시하여야 하며, 소결소자는 금망, 소결금속, 스틸울(steel wool), 다공성금속물 또는 이와 동등 이상의 소염성능을 갖는 것으로 하여야하고, 역화를 방지한 후 복원이 되어 계속 사용할 수 있는 구조이어야 한다.

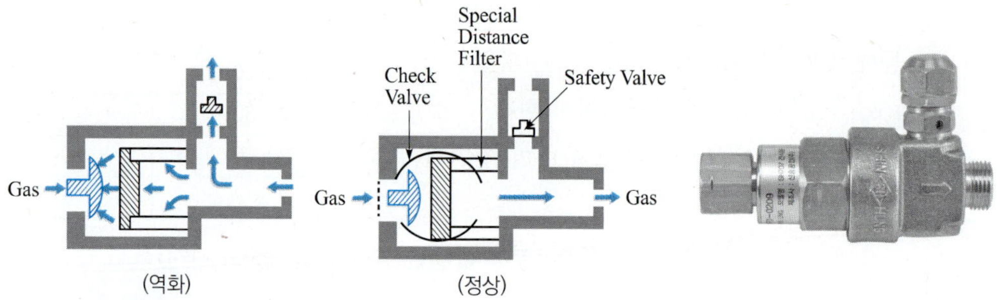

그림 5.21 소염소자식 건식 안전기 구조 및 동작원리

2) 우회로식 건식 안전기

우회로식 건식 안전기는 역화의 압력파와 연소파를 분리시켜 이중 연소파는 우회로를

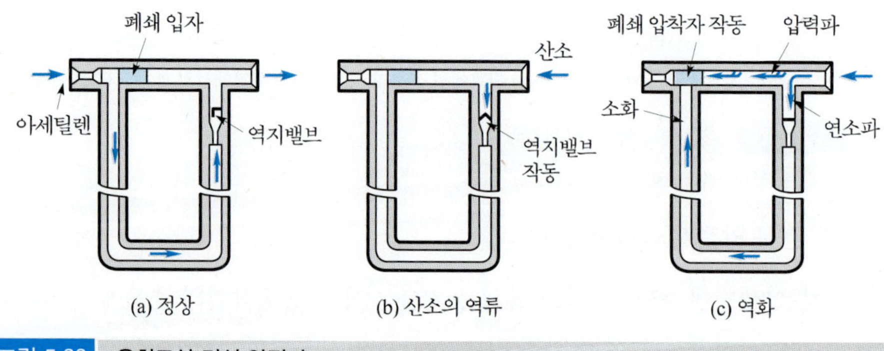

그림 5.22 우회로식 건식 안전기

통과하며, 압력파에 의해서 폐쇄압착자를 작동시켜 가스통로를 폐쇄시키고 역화를 방지하는 방호장치이다. 이 장치의 구조 및 작동원리는 그림 5.22와 같다.

(3) 방호장치의 설치방법

1) 아세틸렌 용접장치

① 매 취관마다 설치한다. 다만, 주관 및 취관에 가장 가까운 분기관 마다 안전기를 부착한 경우에는 그렇지 않다.

② 가스용기가 발생기와 분리되어 있는 경우 발생기와 가스용기 사이(흡입관)에 설치한다.

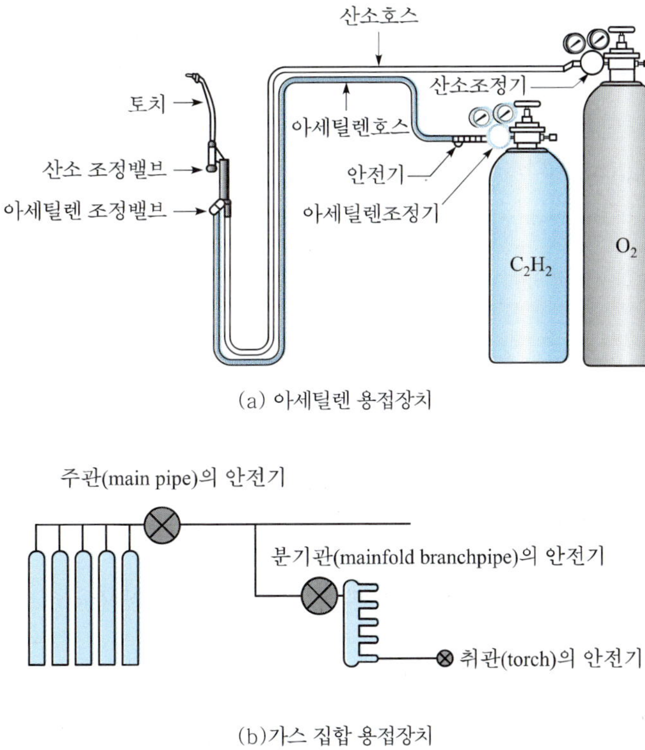

그림 5.23 방호장치(건식 안전기)의 설치

2) 가스집합 용접장치

주관 및 분기관에 안전기를 설치하여 하나의 취관에 대하여 안전기가 2개 이상 되도록 설치한다.

5.3.6 작업안전수칙

가스용접 작업 중에는 많은 위험요인이 존재하기 때문에 다음과 같은 안전작업을 준수하여야 불의의 재해를 방지할 수 있다.

① 작업하기 전에 안전기와 산소조정기의 상태를 점검한다.
② 작업전 배관 및 연결부의 가스누설여부를 확인한다.
③ 토치 팁의 막힘, 외형상태 등을 점검한다.
④ 작업장내에는 가연성물질이 없도록 확인하여야 한다.
⑤ 아세틸렌의 사용압력은 1.3 kg/cm^2g(게이지 압력 127 kPa) 이하로 한다.
⑥ 작업시에는 반드시 해당 보호구를 착용하여야 한다.
⑦ 토치의 점화는 조정기의 압력을 조정하고 먼저 토치의 아세틸렌 밸브를 연 다음에 산소 밸브를 열어 점화시키며, 작업 후에는 산소 밸브를 먼저 닫고 아세틸렌 밸브를 닫는다.
⑧ 토치내에서 소리가 날 때 또는 과열되었을 때는 역화에 주의한다.
⑨ 작업이 끝난 후 화기나 가스누설 여부를 확인한다.
⑩ 토치 팁의 청소는 줄이나 팁 크리너로 한다.

(1) 아세틸렌 용접장치[규칙 제290조(아세틸렌 용접장치의 관리 등)]

아세틸렌 용접장치를 사용하여 금속의 용접·용단 또는 가열작업을 하는 경우에 다음 사항을 준수하여야 한다.

① 발생기(이동식 아세틸렌 용접장치의 발생기 제외)의 종류, 형식, 제작업체명, 매시 평균 가스발생량 및 1회 카바이트 공급량을 발생기실 내의 보기 쉬운 장소에 게시할 것
② 발생기실에는 관계 근로자가 아닌 사람이 출입하는 것을 금지할 것
③ 발생기에서 5m 이내 또는 발생기실에서 3m 이내의 장소에서는 흡연, 화기의 사용 또는 불꽃이 발생할 위험한 행위를 금지시킬 것
④ 도관에는 산소용과 아세틸렌용의 혼동을 방지하기 위한 조치를 할 것(산소용기 : 녹색, 아세틸렌 용기 : 황색)
⑤ 아세틸렌 용접장치의 설치장소에는 적당한 소화설비를 갖출 것

⑥ 이동식 아세틸렌 용접장치의 발생기는 고온의 장소, 통풍이나 환기가 불충분한 장소 또는 진동이 많은 장소 등에 설치하지 않도록 할 것

(2) 가스집합 용접장치[규칙 제295호(가스집합 용접장치의 관리 등)]

가스집합 용접장치를 사용하여 금속의 용접·용단 및 가열작업을 하는 경우에는 다음 사항을 준수하여야 한다.

① 사용하는 가스의 명칭 및 최대가스 저장량을 가스장치실의 보기 쉬운 장소에 게시할 것
② 가스용기를 교환하는 경우에는 관리감독자가 참여한 가운데 할 것
③ 밸브·콕 등의 조작 및 점검요령을 가스장치실의 보기 쉬운 장소에 게시할 것
④ 가스장치실에는 관계근로자가 아닌 사람의 출입을 금지할 것
⑤ 가스집합장치로부터 5m 이내의 장소에서는 흡연, 화기의 사용 또는 불꽃을 발생할 우려가 있는 행위를 금지할 것
⑥ 도관에는 산소용과 아세틸렌용의 혼동을 방지하기 위한 조치를 할 것
⑦ 가스집합장치의 설치장소에는 적당한 소화설비를 설치할 것
⑧ 이동식 가스집합 용접장치의 가스집합장치는 고온의 장소, 통풍이나 환기가 불충분한 장소 또는 진동이 많은 장소에 설치하지 않도록 할 것
⑨ 해당 작업을 행하는 근로자에게 보안경과 안전장갑을 착용시킬 것

5.4 용접부의 결함과 검사

5.4.1 용접부의 결함

용접부는 국부적인 급속급열과 냉각으로 인하여 금속조직에 변화가 생기게 되는데, 이는 기계적 성질 저하의 원인이 될 수 있다. 특히 수동용접인 경우는 기능이 용접의 결과에 미치는 영향이 크다. 또 용접재료의 불량과 용접조건의 부적당 때문에 결함이 생기는 수도 있다. 용접에 있어서 주요한 결함으로는 균열, 변형, 기공(blow hole), 주상조직(柱狀組織), 불량용접 등이 있다.

이들 결함은 용접의 신뢰도를 떨어뜨리므로 특히 반복피로하중, 충격하중에는 주의해야 하며, 또한 고압, 고하중에서는 안전도가 중요하며 결함이 없는 것이 필요하다.

표 5.4 용접 결함의 종류

용접 결함	결함의 종류
치수상 결함	변형 용접부의 크기가 부적당 용접부의 형상이 부적당
구조상 결함	기공 슬래그 섞임 융합불량 용입불량 언더컷 오버랩 용접균열 표면결함
성질상 결함	인장강도 부족 항복강도 부족 연성 부족 경도 부족 피로강도 부족 충격에 의한 파괴 화학성분 부적당 내식성 불량

(1) 균열(crack)

금이 생겨 갈라지는 것으로, 부적당한 용접봉의 사용, 과대전류, 과대속도가 그 원인이다.

(2) 용접변형 및 잔류응력

용접변형은 용접열로 인하여 변형되는 것이며, 잔류응력은 구속된 상태에서 용접하여 자유로이 변형되지 못하여 내부에 응력이 남아 있는 것을 말한다. 잔류응력을 줄이려면 모재를 자유로운 상태에서 서서히 용접하고 모재의 가열온도를 될 수 있는 대로 낮게 한다.

(3) 언더컷(under cut)

전류가 과대하고, 용접속도가 너무 빠르며, 아크를 짧게 유지하기 어려운 경우 모재 및 용접부의 일부가 녹아서 홈 또는 오목한 부분이 생기는 것을 말한다.

(4) 오버랩(overlap)

용접봉의 운행이 불량할 때, 용접봉의 용융온도가 모재보다 낮을 때, 과잉용착금속이 남게 되는 것을 말한다.

(5) 용입불량과 융합불량

용접한 모재가 충분히 용해되지 않아 간격이 생긴 것을 용입불량이라고 하며, 융합불량은 용착금속과 모재와의 사이에 융합이 되어 있지 않은 상태를 말한다. 아크가 너무 길거나, 용접속도가 너무 빠르거나, 용접전류가 낮을 때 생기기 쉽다.

(6) 기공(blow hole)

용착금속내부에 기포가 생기는 것을 말하며, 이것은 주로 습기, 공기, 용접면의 상태에 따라 수소(H_2), 산소(O_2), 질소(N_2) 등의 침입이 원인이 되는 경우가 많다.

(7) 선상조직(線狀組織)

선상조직은 용접할 때 생기는 특이조직으로서 보통 냉각속도보다 빠를 때 나타나기 쉽다. 모재의 부분에서 추울 때 생기는 서리모양으로 선상조직이 발달하고 그 선상조직 사이에 가스 및 불순물이 존재한다. 이 조직은 약하고, 기계적 성질이 불량하다.

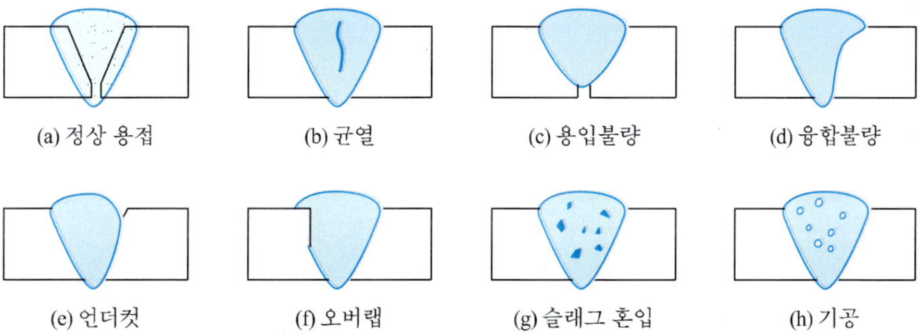

그림 5.23 용접결함의 종류

5.4.2 용접부 검사

(1) 용접공정별 용접검사

1) 작업검사

- 용접 전, 중, 후 필요에 따라 실시하는 검사
- 용접공의 기능, 용접 재료, 용접 설비, 용접 시공 상황, 용접 후 열처리

2) 수입검사

- 용접제품이 용접 후 요구한 품질을 만족하는지 검사
- 비파괴검사(NDT : None Destructive Test)
- 파괴검사((DT : Destructive Test)

(2) 검사방법에 따른 구분

- 시험검사(試驗檢査)
  - 파괴시험(破壞試驗)
    - 기계적 시험
      - (1) 인장시험
      - (2) 압축시험
      - (3) 굽힘시험
      - (4) 비틀림 시험
      - (5) 충격시험
      - (6) 피로시험
      - (7) 경도시험
  - 비파괴시험(非破壞試驗)
    - 외관시험
    - 자분시험
    - 전기적 시험
    - X-선 투과시험
    - γ-선 투과시험
    - 초음파 탐상시험
    - 음향시험
    - 압력시험
  - 기타시험(其他試驗)
    - 화학적 시험
    - 육안 조직시험
    - 현미경 조직시험
    - 비종시험
    - 압력시험
    - 낙하시험

연습문제 1

01 교류아크용접기에 사용하는 방호장치의 이름과 그 성능기준을 간단히 쓰시오.

02 아크용접시 발생 가능한 재해유형과 그 방호대책을 간단히 설명하시오.

03 카바이트와 물에 의하여 아세틸렌가스가 발생한다. 그 반응식을 쓰고, 발생된 아세틸렌가스의 성질을 설명하시오.

04 아세틸렌 용접장치에서 발생기실 설치장소의 안전기준을 쓰시오.

05 가스용접시 발생 가능한 재해유형을 열거하시오.

06 아세틸렌 용접장치 및 가스집합 용접장치의 방호장치 설치방법을 기술하시오.

07 아세틸렌 용접장치 및 가스집합용접장치에 가스의 역류 및 역화를 방지하기 위하여 안전기를 설치하여야 한다. 안전기의 종류를 쓰시오.

08 가스 용기 취급시 주의사항을 열거하시오.

연습문제 2

01 용접의 장·단점을 쓰시오.

02 자동전격방지장치의 성능과 작동원리에 대하여 설명하시오.

03 아세틸렌 용접장치의 발생기실의 구조에 대하여 기술하시오.

04 아세틸렌 용접시 발생할 수 있는 역류, 역화 및 인화 현상에 대하여 설명하시오.

05 건식안전기의 종류와 그 원리를 간단히 설명하시오.

06 용접부의 결함에 대하여 간략히 설명하시오.

07 용접부 검사방법 중 비파괴 시험법의 종류를 나열하시오.

08 용접부 검사방법중 파괴시험법 종류를 나열하시오.

객관식 연습문제

1 아세틸렌 발생기실의 구조에 적합하지 않은 것은?

(가) 벽은 불연성 재료를 사용한다.
(나) 출입구의 문은 두께 1mm의 철판 또는 불연성의 재료를 사용한다.
(다) 바닥면적의 16분의 1 이상의 단면적을 가지는 배기통을 옥상으로 돌출시킨다.
(라) 지붕 및 천장에는 엷은 철판 또는 가벼운 불연성의 재료를 사용한다.

2 가스집합 장치의 위험방지를 위하여 사업주는 화기를 사용하는 설비로부터 몇 m 이상 떨어진 장소에 장치를 설치하여야 하는가?

(가) 20m
(나) 10m
(다) 7m
(라) 5m

3 다음 작업 중에서 장갑을 끼고 작업을 해도 좋은 작업은?

(가) 드릴작업
(나) 선반작업
(다) 용접작용
(라) 밀링작업

4 다음 작업에서 보안경을 쓰지 않아도 되는 작업은?

(가) 용접작업
(나) 셰이퍼작입
(다) 밀링작업
(라) 줄다듬질작업

5 귀마개를 하는 작업은?

(가) 전기용접작업
(나) 선반작업
(다) 리베팅 작업
(라) 밀링작업

6 앞치마를 사용해야 하는 작업은?

(가) 밀링작업
(나) 선반작업
(다) 도금작업
(라) 연삭작업

7 가스용접시 안전기 설치 장소는?

(가) 조절밸브
(나) 흡입관
(다) 메인밸브
(라) 배출관

객관식 연습문제

08 용접 팁의 청소는 다음 중 무엇으로 해야 좋은가?

(가) 동선이나 놋쇠선 (나) 동선이나 철선
(다) 전선케이블 (라) 줄이나 팁클리너

09 아세틸렌 용접장치의 안전기에 사용되는 강판 또는 강관의 최소 두께(mm)는?

(가) 0.5mm (나) 1.0mm
(다) 1.5mm (라) 2.0mm

10 산소-아세틸렌 용접장치에 사용되는 산소호스와 아세틸렌호스의 색깔로 맞는 것은?

(가) 적색-흑색 (나) 적색-녹색
(다) 흑색-적색 (라) 녹색-흑색

11 가스용접 작업에서 일어나기 쉬운 재해가 아닌 것은?

(가) 가스폭발 (나) 전격
(다) 화재 (라) 화상

12 다음 중 용접의 단점으로 맞지 않는 것은?

(가) 잔류응력의 발생 (나) 작업공수의 감소
(다) 재질의 변화 (라) 재료 및 시공에 관한 지식의 필요

13 아세틸렌 용기의 화재가 발생하였을 때 제일 먼저 취해야 할 일은?

(가) 용기를 옥외로 끌어낸다. (나) 소화기로 소화한다.
(다) 젖은 거적으로 용기를 덮는다. (라) 메인 밸브를 잠근다.

14 아세틸렌 가스를 사용하는 곳에 사용할 수 있는 재료는?

(가) 수은 (나) 구리
(다) 주석 (라) 철

객관식 연습문제

15 용기와 아세틸렌 발생기 사이에 설치해야 하는 것으로 맞는 것은?

(가) 유수분리장치 (나) 역화방지기
(다) 자동발생확인장치 (라) 분기장치

16 용접작업시 아세틸렌 용접장치의 게이지 압력이 몇 kg/cm^2 이상 초과해서는 안되는가?

(가) $1.3kg/cm^2$ (나) $1.5kg/cm^2$
(다) $2.3kg/cm^2$ (라) $2.5kg/cm^2$

17 가스용접 작업을 하는 중에 고무호스에 역화 현상이 일어나면 제일 먼저 어떻게 하여야 하는가?

(가) 산소밸브를 닫는다. (나) 아세틸렌밸브를 닫는다.
(다) 토치를 물에 넣는다. (라) 조금 지나면 정상으로 된다.

18 용접봉 사용시 전기의 감전 방지법 중 틀린 것은?

(가) 홀더의 절연 커버가 파괴되었을 때는 즉시 새 것으로 교환한다.
(나) 습기가 있는 장갑, 작업복, 신발을 착용하지 않는다.
(다) 접지 코드는 용접물의 최대 위치를 연결한다.
(라) 홀더에 용접봉을 꽂은 채 방지하지 않는다.

19 아크용접에서 아크의 온도는 몇 도가 되는가?

(가) 5,000~6,000℃ (나) 3,000~4,000℃
(다) 4,000~5,000℃ (라) 2,000~3,000℃

20 아크용접에서 주의하여야 할 사항이다. 틀린 것은?

(가) 눈 및 피부를 노출시키지 말 것
(나) 비가 올 때 옥외 작업을 금할 것
(다) 슬래그를 털 때에는 보안경을 사용할 것
(라) 홀더가 가열되면 물에 식힐 것

객관식 연습문제

21 용접기의 명판에 입력 20KVA, 전원 200V로 되어 있을 때 알맞은 퓨즈는?

(가) 50A　　(나) 100A
(다) 150A　　(라) 200A

22 아세틸렌 용접장치에서 역화 및 역류를 방지하기 위하여 무엇을 설치하여야 하는가?

(가) 압력조정기　　(나) 안전기
(다) 압력기　　(라) 유량기

23 아크용접기 취급상 주의할 사항이 아닌 것은?

(가) 항상 정격 사용률에 맞게 사용한다.
(나) 전류를 조정할 때는 아크를 발생시켜야 한다.
(다) 용접기가 항상 건조되도록 해야 한다.
(라) 항상 그늘진 곳에 설치한다.

24 용접부를 검사하는 비파괴 시험이 아닌 것은?

(가) X선 검사　　(나) 자기 검사
(다) 인장 검사　　(라) 초음파 검사

25 안전기 사용시 가장 유의할 점은?

(가) 아세틸렌 압력 확인　　(나) 수위를 확인
(다) 안전기를 수직으로 설치　　(라) 안전기의 물을 수시로 교환

26 다음 사항 중 옳은 것은?

(가) 아세틸렌 발생기로부터 3m 이내, 발생기실로부터 5m 이내에는 화기 사용 금지
(나) 아세틸렌 발생기로부터 5m 이내, 발생기실로부터 3m 이내에는 화기 사용 금지
(다) 아세틸렌 발생기로부터 5m 이내, 발생기실로부터 5m 이내에는 화기 사용 금지
(라) 아세틸렌 발생기로부터 3m 이내, 발생기실로부터 5m 이내에는 화기 사용 금지

객관식 연습문제

27 산소 아세틸렌 용접시 역류, 역화의 원인에 해당되지 않는 것은?

(가) 팁에 불순물이 부착되었을 때 (나) 토치의 팁이 과열되었을 때
(다) 토치의 성능이 불량할 때 (라) 산소 공급이 부족할 때

28 아세틸렌 용접장치에 설치해야 되는 안전기의 수로 적당한 것은?

(가) 1개 이상 (나) 2개 이상
(다) 3개 이상 (라) 5개 이상

29 가스집합 용접장치에 설치해야 되는 안전기의 수는?

(가) 1개 이상 (나) 2개 이상
(다) 3개 이상 (라) 5개 이상

30 산소 봄베에서 산소의 누출 여부를 확인하는 방법으로 가장 쉽고 안전한 것은?

(가) 소리로 감지 (나) 비눗물 사용
(다) 기름을 사용 (라) 전기 스파이크 사용

31 가스 용접 등에 쓰이는 가스 용기의 취급에 대한 안전사항이 될 수 없는 것은?

(가) 용기의 온도는 40℃ 이하로 유지한다.
(나) 아세틸렌 용기는 뉘어 놓고 사용한다.
(다) 빈 용기와 충전된 용기는 명백히 구별하여 놓는다.
(라) 운반이나 이동에 있어서는 밸브를 완전히 조이고 캡을 확실하게 고정한다.

32 자동전격방지장치의 2차 무부하 전압은?

(가) 25V 이내 (나) 40V 이내
(다) 45V 이내 (라) 50V 이내

33 전기용접기의 감전 방지를 위하여 부착하는 것은 무엇인가?

(가) 리밋 스위치 (나) 2차전선 장치
(다) 자동전격방지장치 (라) 중성점 접지

객관식 연습문제

34 다음은 전기 용접의 안전수칙이다. 옳지 않은 것은?

(가) 1차 및 2차 코드가 벗겨진 것은 사용하지 않는다.
(나) 우천시에는 옥외 작업을 삼간다.
(다) 작업 전에 소화기나 소화수를 준비한다.
(라) 작업 중 보안경을 착용하고 자주 썼다 벗었다 한다.

35 자동전격방지장치에 있어 아크 발생을 정지시킬 때 주접점이 개로될 때까지의 시간은?

(가) 1초 이내　　(나) 1.5초 이내
(다) 2초 이내　　(라) 3.5초 이내

36 아세틸렌 발생기에서 물의 온도가 얼마 이상이면 위험한가?

(가) 40℃　　(나) 50℃
(다) 60℃　　(라) 70℃

37 다음 가스용접의 안전작업 중 적합하지 않은 것은?

(가) 산소 누설 시험에는 비눗물을 사용한다.
(나) 토치에 불꽃을 점화시킬 때에는 산소 밸브를 먼저 열고 다음에 아세틸렌 밸브를 연다.
(다) 토치 끝으로 용접물의 위치를 바꾸거나 재를 제거하면 안된다.
(라) 가스를 들여 마시지 않도록 한다.

38 산소 아세틸렌 용접에서 사용되는 카바이트의 취급 방법 중 틀린 것은?

(가) 통풍이 잘 되는 곳에 저장한다.
(나) 산소용기와 같이 저장한다.
(다) 물과 수증기와의 반응을 방지한다.
(라) 개봉 후 완전히 밀폐하여 습기가 들어가지 않게 한다.

39 가스 용기의 방호장치에서 가스가 새고 있을 때 수리 장소는 어느 곳이 좋은가?

(가) 바람이 잘 통하는 옥외　　(나) 바람이 잘 통하지 않는 옥내
(다) 직사광선을 피할 수 있는 옥내　　(라) 아무 곳이나 적당한 장소

객관식 연습문제

40 아크용접 작업 중 특히 감전의 위험이 발생할 수 있는 것은?

(가) 어스 접지 불량시 (나) 전류 세기가 클 때
(다) 용접 부위가 클 때 (라) 용접 열량이 클 때

41 아크용접에서 가장 위험한 부분은 어디인가?

(가) 케이블 (나) 홀더 노출부
(다) 용접기 (라) 배전반

42 저압용 수봉식 안전기의 유효 수주는 얼마 정도로 하는가 ?

(가) 15mm 이상 (나) 25mm 이상
(다) 40mm 이상 (라) 50mm 이상

43 중압용 수봉식 안전기 사용 압력으로 옳은 것은?

(가) 0.07kg/cm^2 미만 (나) 0.07~1.3kg/cm^2 사이
(다) 1.3kg/cm^2 이상 (라) 2kg/cm^2 이상

44 아크용접 작업 중 차광안경(보안경)을 쓰는 이유는?

(가) 빛이 너무 강하기 때문
(나) 빛 속의 강한 자외선과 적외선이 눈의 각막을 상하게 하기 때문
(다) 빛이 자주 깜박거리기 때문
(라) 빛이 너무 밝기 때문

45 아세틸렌 호스 내의 먼지를 제거하기 위하여 아세틸렌 용기의 출구 밸브는 어느 정도 열어야 하는가?

(가) 1 1/2회전 (나) 1 1/3회전
(다) 1/3회전 (라) 2회전

46 산소 용접시에 산소용기가 최소한 몇 m 정도 화기에서 떨어져야 하는가?

(가) 2m 이상 (나) 3m 이상
(다) 5m 이상 (라) 8m 이상

객관식 연습문제

47 아세틸렌 발생기시실은 다른 건축물로부터 얼마 이상 떨어져야 하는가?

(가) 5m
(나) 6m
(다) 3m
(라) 1.5m

48 습지 또는 철골 등 도전성이 높은 접지물에 접근하여 전기 용접 작업을 할 때 가장 정확한 안전수칙은 무엇인가?

(가) 작업자를 전선에 접촉되지 않도록 잘 감독한다.
(나) 접지를 단단히 하여 감전되지 않도록 한다.
(다) 자동 전격 방지 장치를 사용한다.
(라) 작업시에는 전문 기술자의 허가를 받는다.

49 다음 설명 중 옳지 않은 것은?

(가) 가스 용기를 교환하는 때에는 안전 담당자의 참여하에 할 것
(나) 밸브·콕크 등의 조작 및 점검 요령을 가스 장치실의 보기 쉬운 장소에 게시할 것
(다) 사업주는 용해 아세틸렌의 가스집합 용접장치의 배관 및 부속 기구에 동 또는 동을 60퍼센트 이상 함유한 합금을 사용하여서는 안된다.
(라) 사용하는 가스의 명칭 및 최대 가스 저장량을 가스 장치실의 보기 쉬운 장소에 게시할 것

50 아크용접에 사용하는 헬멧의 차광유리의 차광도로 가장 알맞은 것은?

(가) 4~5
(나) 6~10
(다) 10~12
(라) 12~15

51 가스용접 중 아세틸렌과 접촉해도 폭발할 위험이 없는 것은?

(가) Fe
(나) Cu
(다) Ag
(라) Hg

52 금속의 접합법 중 융접법에 속하지 않는 것은?

(가) 아크용접
(나) 테르밋 용접
(다) 가스용접
(라) 점용접

객관식 연습문제

53 산소용기 운반시 밸브를 보호하기 위한 장치는?

(가) 캡 (나) 산소조정기
(다) 절단기 (라) 파열판

54 가스용접 작업 중 불꽃에 산소의 양이 많게 되면 어떤 결과를 가져오는가?

(가) 용접부에 기공이 생긴다.
(나) 아세틸렌의 소비가 많아진다.
(다) 용접봉의 소비가 많아진다.
(라) 용제의 사용이 필요 없게 된다.

55 아세틸렌용접장치에 관한 설명 중 틀린 것은?

(가) 아세틸렌 발생기로부터 5m 이내, 발생기실로부터 3m 이내에는 흡연 및 화기사용을 금지한다.
(나) 역화가 일어나면 산소밸브를 즉시 잠그고 아세틸렌 밸브를 잠근다.
(다) 아세틸렌 용기는 뉘어서 사용한다.
(라) 건식안전기에는 차단방법에 따라 소결급속식과 우회로식이 있다.

56 아세틸렌 용기의 사용 시 주의사항으로 아닌것은?

(가) 충격을 가하지 않는다.
(나) 화기나 열기를 멀리한다.
(나) 아세틸렌 용기를 뉘어 놓고 사용한다.
(라) 운반시에는 반드시 캡을 씌우도록 한다.

57 아세틸렌 및 가스집합 용접장치의 저압용 수봉식 안전기의 유효수주는 최소 몇 mm 이상을 유지해야 하는가?

(가) 15 (나) 20
(다) 25 (라) 30

객관식 연습문제

58 산업안전보건법령상 용접장치의 안전에 관한 준수사항 설명으로 옳은 것은?

(가) 아세틸렌 용접장치의 발생기실을 옥외에 설치한 때에는 그 개구부를 다른 건축물로부터 1m 이상 떨어지도록 하여야 한다.
(나) 가스집합장치로부터 3m 이내의 장소에서는 화기의 사용을 금지시킨다.
(다) 아세틸렌 발생기에서 10m이내 또는 발생기실에서 4m이내의 장소에서는 흡연행위를 금지시킨다.
(라) 아세틸렌 용접장치를 사용하여 용접작업을 할 경우 게이지 압력이 127kPa을 초과하는 아세틸렌을 발생시켜 사용해서는 아니 된다.

59 아세틸렌용접장치 및 가스집합용접장치에서 가스의 역류 및 역화를 방지하기 위한 안전기의 형식에 속하는 것은?

(가) 주수식　　(나) 침지식
(다) 투입식　　(라) 수봉식

60 아세틸렌 용접장치에서 사용하는 발생기실의 구조에 대한 요구사항으로 틀린 것은?

(가) 벽의 재료는 불연성의 재료를 사용할 것
(나) 천정과 벽은 견고한 콘크리트 구조로 할 것
(다) 출입구의 문은 두께 1.5mm 이상의 철판 또는 이와 동등이상의 강도를 가진 구조로 할 것
(라) 바닥 면적의 16분의 1 이상의 단면적을 가진 배기통을 옥상으로 돌출시킬 것

61 산업안전보건법령에 따른 가스집합 용접장치의 안전에 관한 설명으로 옳지 않은 것은?

(가) 가스집합장치에 대해서는 화기를 사용하는 설비로부터 5m 이상 떨어진 장소에 설치해야 한다.
(나) 가스집합 용접장치의 배관에서 플랜지, 밸브 등의 접합부에는 개스킷을 사용하고 접합면을 상호 밀착시킨다.
(다) 주관 및 분기관에 안전기를 설치해야 한다.
(라) 용해아세틸렌을 사용하는 가스집합 용접장치의 배관 및 부속기구는 구리나 구리 함유량이 60퍼센트 이상인 합금을 사용해서는 아니 된다.

객관식 연습문제

62 산업안전보건법령에 따른 아제틸렌 용접장치 발생기실의 구조에 관한 설명으로 옳지 않은 것은?

(가) 벽은 불연성 재료로 할 것
(나) 지붕과 천장에는 얇은 철판과 같은 가벼운 불연성 재료를 사용할 것
(다) 벽과 발생기 사이에는 작업에 필요한 공간을 확보할 것
(라) 배기통을 옥상으로 돌출시키고 그 개구부를 출입부로부터 1.5m 거리 이내에 설치 할 것

63 아세틸렌 용접장치에 사용하는 역화방지기에서 요구되는 일반적인 구조로 옳지 않은 것은?

(가) 재사용 시 안전에 우려가 있으므로 역화방지 후 바로 폐기하도록 해야 한다.
(나) 다듬질 면이 매끈하고 사용상 지장이 있는 부식, 흠, 균열 등이 없어야 한다.
(다) 가스의 흐름방향은 지워지지 않도록 돌출 또는 각인하여 표시하여야 한다.
(라) 소염소자는 금망, 소결금속, 스틸울(steelwool), 다공성 금속물 또는 이와 동등 이상의 소염성능을 갖는 것이어야 한다.

64 아세틸렌 용접장치를 사용하여 금속의 용접 · 용단 또는 가열작업을 하는 경우 아세틸렌을 발생시키는 게이지 압력은 최대 몇 kPa 이하이어야 하는가?

(가) 17　　(나) 88
(다) 127　　(라) 210

65 다음 중 산업안전보건법령상 아세틸렌 가스용접장치에 관한 기준으로 틀린것은?

(가) 전용의 발생기실은 건물의 최상층에 위치하여야 하며, 화기를 사용하는 설비로부터 1m 초과하는 장소에 설치 하여야 한다.
(나) 전용의 발생기실을 옥외에 설치한 경우에는 그 개구부를 다른 건축물로부터 1.5m 이상 떨어지도록 하여야 한다.
(다) 아세틸렌 용접장치를 사용하여 금속의 용접・용단 또는 가열작업을 하는 경우에는 게이지 압력이 127kPa을 초과하는 압력의 아세틸렌을 발상시켜 사용해서는 아니된다.
(라) 전용의 발생기실을 설치하는 경우 벽은 불연성 재료로 하고 철근콘크리트 또는 그 밖에 이와 동등 하거나 그 이상의 강도를 가진 구조로 하여야 한다.

객관식 연습문제

66 용접장치에서 안전기의 설치 기준에 관한 설명으로 옳지 않은 것은?

(가) 아세틸렌 용접장치에 대하여는 일반적으로 각 취관마다 안전기를 설치하여야 한다.
(나) 아세틸렌 용접장치의 안전기는 가스용기와 발생기가 분리 되어 있는 경우 발생기와 가스용기 사이에 설치한다.
(다) 가스집합 용접장치에서는 주관 및 분기관에 안전기를 설치하며, 이 경우 하나의 취관에 2개 이상의 안전기를 설치한다.
(라) 가스집합 용접장치의 안전기 설치는 화기사용설비로부터 3m이상 떨어진 곳에 설치한다.

67 다음 중 아세틸렌 용접장치에서 역화의 원인으로 가장 거리가 먼 것은?

(가) 아세틸렌의 공급과다
(나) 토치 성능의 부실
(다) 압력조정기의 고장
(라) 토치 팁에 이물질이 묻은 경우

68 다음 (　　)안의 A와 B의 내용을 옳게 나타낸 것은?

> 아세틸렌용접장치의 관리상 발생기에서 (A) 미터 이내 또는 발생기실에서 (B) 미터 이내의 장소에서는 흡역, 화기의 사용 또는 불꽃이 발생 할 위험한 행위를 금지해야 한다.

(가) A : 7, B : 5
(나) A : 3, B : 1
(다) A : 5, B : 5
(라) A : 5, B : 3

69 가스 용접에 이용되는 아세틸렌가스 용기의 색상으로 옳은 것은?

(가) 녹색
(나) 회색
(다) 황색
(라) 청색

70 다음 용접 중 불꽃 온도가 가장 높은 것은?

(가) 산소 – 메탄 용접
(나) 산소 – 수소 용접
(다) 산소 – 프로판 용접
(라) 산소 – 아세틸렌 용접

71 아세틸렌 용접 시 역류를 방지하기 위하여 설치하여야 하는 것은?

(가) 안전기
(나) 청정기
(다) 발생기
(라) 유량기

CHAPTER 06

산업기계

CHAPTER 06 산업기계

6.1 목공기계

6.1.1 개요

우리나라의 합판제조, 가구제조, 목재제재업 등 목재 관련 업종에서 발생되고 있는 재해 건수는 일반제조업 평균재해율에 비해 상당히 높은 발생률을 보이고 있는데, 이러한 높은 재해 발생률은 다음과 같은 요인에 기인하는 것으로 지적되고 있다.

① 재료가 길고, 이송에 힘이 많이 든다.
② 한 기계로 여러 종류의 작업을 한다.
③ 기계가 고속회전을 하는 반면 목재에 옹이, 나뭇결 등 재질이 균일하지 못하다.
④ 작업자가 기계에 무관심하다.
⑤ 다른 기계에 비해 타력회전이 길다.
⑥ 기계작업 중 다량의 목분이 발생한다.

이상의 요인을 제거하려면 완전한 자동송급방식으로 전환하는 것이 바람직하나, 목재공업의 다품종 소량생산 등의 문제로 완전한 실시는 곤란하다. 그래서 기계에 적합한 방호장치의 강구가 절실히 요구된다.

목공기계 중에서 위험성이 높은 것으로는 둥근톱기계, 띠톱기계, 동력식 수동대패기계 등을 들 수 있다.

6.1.2 둥근톱기계

(1) 원리 및 구조

둥근톱기계(circular sawing machine)는 강철원판의 원주위에 만든 톱날을 작업공구로 사용하며, 이 톱날을 고속으로 회전시켜 절단작업을 하는 목공기계의 일종이다. 그림 6.1은 둥근톱기계의 구조를 보여주고 있다.

그림 6.1 둥근톱기계

(2) 재해의 종류 및 요인

목재 취급사업장 재해의 약 40~50%가 목공기계(둥근톱, 띠톱, 대패)에서 발생하며, 이 중에서도 둥근톱이 가장 위험성이 높은 기계이다. 둥근톱기계에 의한 재해는 크게 회전하는 톱날에 접촉, 가공 목재의 반발, 동력전달부의 접촉, 목분(목재 분진)의 흡입 및 고소음으로 인한 건강장해 등이 있을 수 있다.

1) 톱날 전면부와의 접촉

① 목재 절단 종류시 작업자의 손이 톱날에 접촉
② 작업 중 목재를 밀던 손이 미끄러질 때
③ 테이블 위의 톱밥, 나무조작 제거시

2) 톱날 후면부와의 접촉

① 작업자가 제재된 목재를 끌어당기려 할 때
② 테이블 위의 톱밥, 나무조작 제거시
③ 목재의 반발에 의해 몸의 균형을 잃었을 때

3) 톱날 하면부와의 접촉

① 테이블 아래의 톱밥 나무조작 제거시

② 동력전달부의 점검시

4) 동력전달부와의 접촉

① 벨트에 말림

② 벨트와 풀리 접속부의 끼임

③ 동력 전달축에 말림

5) 목재의 반발

① 목재의 압축으로 톱날의 물림으로 절단이 불가능할 때

② 옹이 등의 영향으로 목재의 반발

③ 톱날과 안내판 사이에 목재의 물림

④ 톱날의 상면, 후면부의 물림

(3) 방호장치

목재가공용 둥근톱기계에는 톱날의 접촉과 목재의 반발을 방호할 수 있는 방호장치를 설치하여야 한다.[시행령 제77조(자율안전확인대상기계등)]

주 1. 목재가공용 둥근톱기계(휴대용 둥근톱 포함, 원목제재용 둥근톱기계 및 자동이송장치를 부착한 둥근톱기계는 제외)에는 톱날접촉 예방장치를 설치하여야 한다[규칙 제106조(둥근톱기계의 톱날접촉예방장치)].

2. 목재가공용 둥근톱기계에 분할날 등 반발예방장치를 설치하여야 한다[규칙 제105조(둥근톱기계의 반발예방장치)].

3. 원형톱기계(금속절단용 둥근톱기계)에는 톱날접촉예방장치를 설치하여야 한다.[규칙 제101조(원형톱기계의 톱날접촉예방장치)

1) 톱날접촉예방장치

톱날접촉예방장치는 일종의 보호 덮개로서 고정식과 가동식이 있으며, 반발예방장치에 대면하고 있는 부분과 가공재를 절단하는 부분 이외의 톱날을 덮을 수 있는 구조이어야 한다.

① **고정식 덮개** : 고정식은 그림 6.2와 같은 구조로서 본체 덮개는 테이블 위 일정한 높이에 고정해서 사용하는 것이다. 즉, 덮개하단과 테이블 사이의 높이를 최대

25mm로 제한하고, 덮개하단과 가공재의 상면과의 간격을 8mm 이내로 조정하는 것이 바람직하다. 고정식은 비교적 얇은 판재가공에 적합하다.

② **가동식 덮개** : 가동식은 그림 6.3과 같은 구조로서 덮개의 하단이 목재의 상면에 항상 접촉하는 방식으로 목재를 절단하지 않을 때에는 테이블 상면에 접촉되도록 하여 작업자의 손이 톱날에 접촉되는 것을 방지해 주는 장치이다. 즉, 목재의 절단에 필요한 톱날 이외의 부분은 항상 자동적으로 덮을 수 있는 구조이어야 한다. 가동식은 두꺼운 목재로 소량 다품종 생산용으로 적합하다.

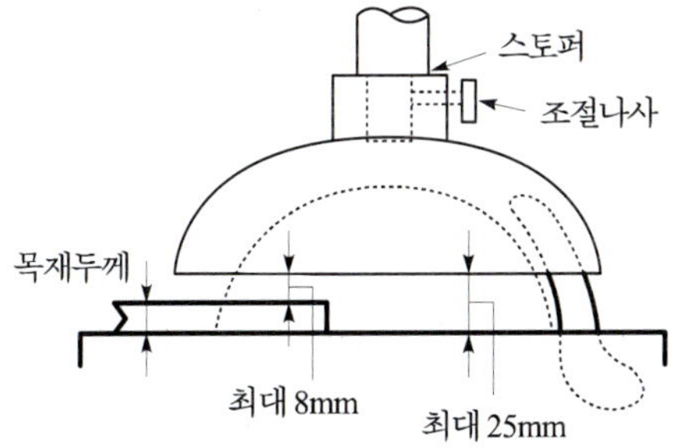

그림 6.2 고정식 덮개

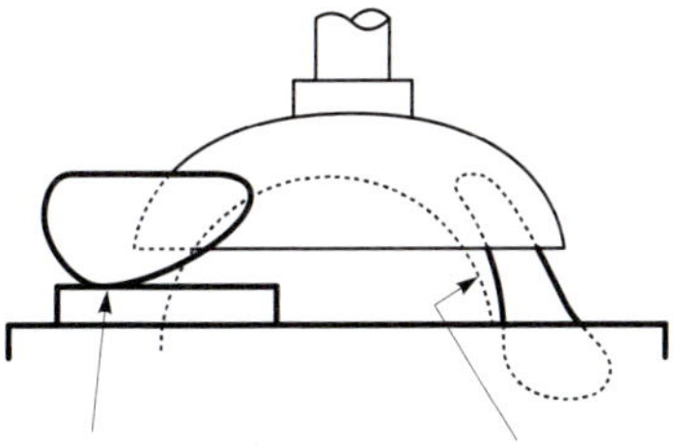

그림 6.3 가동식 덮개

2) 반발예방장치

가공재가 톱의 후면날을 통과할 때 회전하는 톱날에 걸려서 고속으로 위로 튀어 올라 반발하게 된다. 이러한 반발을 방지하기 위해서는 다음과 같은 반발예방장치를 설치하여야 한다.

① **분할날** : 분할날(spreader)은 톱의 후면날 가까이에 설치되어 목재의 켜진 틈사이에 끼여서 쐐기 작용을 하여, 목재가 톱날에 압박을 가하지 않도록 하는 장치이다.

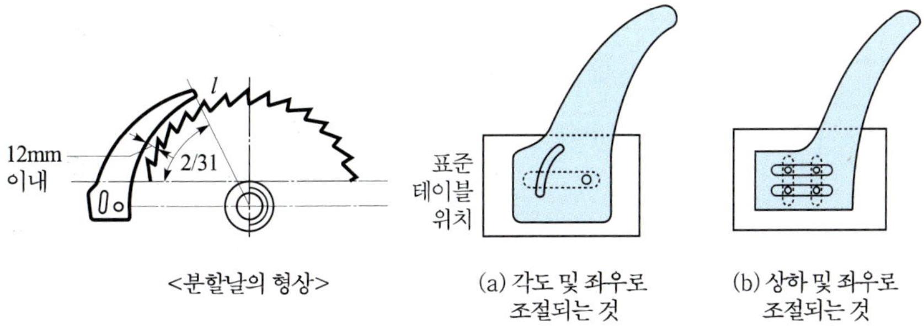

<분할날의 형상>　(a) 각도 및 좌우로 조절되는 것　(b) 상하 및 좌우로 조절되는 것

그림 6.4 겸형식 분할날

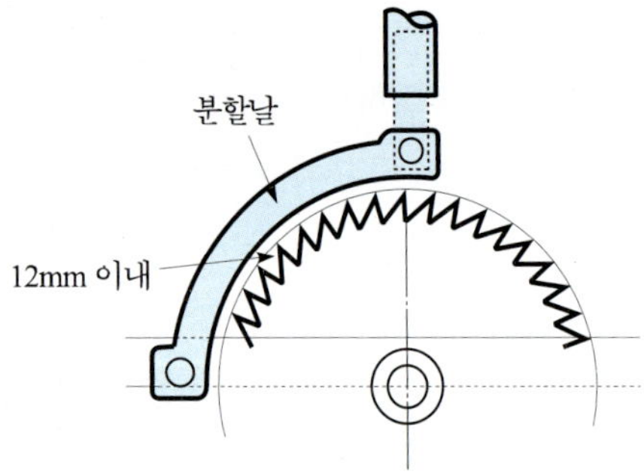

그림 6.5 현수식 분할날

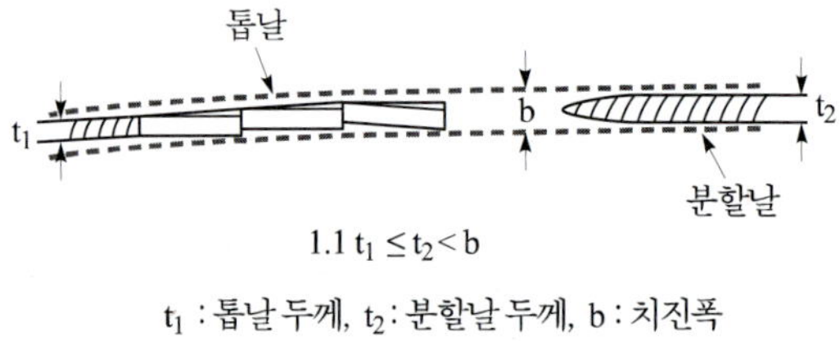

그림 6.6 톱두께와 분할날 두께와의 관계

분할날에는 겸형식(낫형)과 현수식의 두 종류가 있다. 그림에서 보듯이 분할날은 톱날 후면부의 2/3 이상을 덮고 톱날과의 간격은 12mm 이내가 되도록 설치해야 하며, 톱의 직경이 610mm를 넘는 경우에는 양단 고정의 현수식을 부착해야 한다. 또한, 분할날의 두께 t_2는 그림 6.6과 같이 톱날 두께 t_1의 1.1배 이상이며, 톱의 치진폭 b 이하로 해야 한다.

② **반발방지 발톱(반발방지기구, finger)** : 반발방지발톱은 목재가 후면부 쪽으로 약간 들뜨거나 역행하려 할 때 발톱이 목재에 깊이 박혀 반발을 방지하는 장치이다. 그림 6.7은 반발방지 발톱을 보여주고 있다.

③ **반발방지 롤(roll)** : 반발방지 롤은 목재가 톱날의 후면부에서 떠오르는 것을 방지하는 것으로 목재의 상면을 항상 일정한 힘으로 누르고 있어야 한다. 반발방지 롤은 그림 6.8처럼 일반적으로 톱날접촉예방장치의 본체에 설치되며, 목재의 두께에 따라 높이의 조절이 가능한 구조이어야 한다.

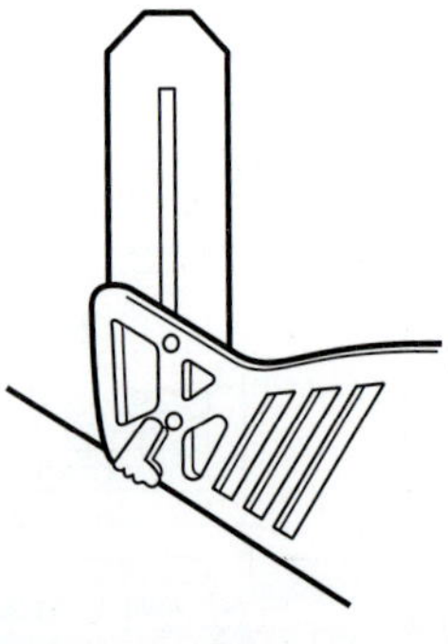

그림 6.7 반발방지 발톱

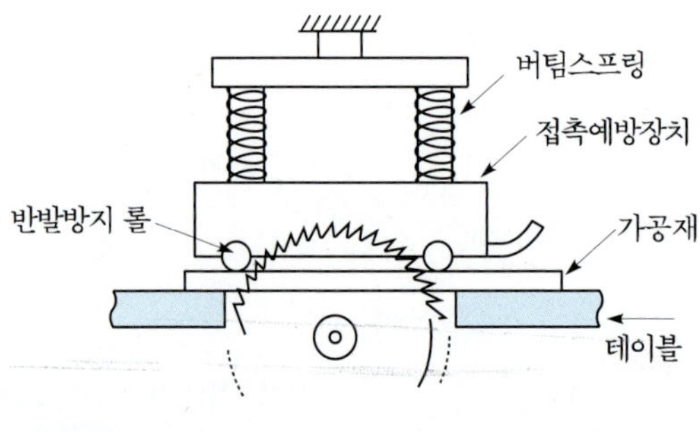

그림 6.8 반발방지 롤

(4) 작업안전수칙

① 공회전을 시켜 이상 유무를 확인한다.
② 작업대는 작업에 적당한 높이로 조정한다.
③ 톱날이 재료보다 너무 높게 솟아나지 않도록 조정한다.
④ 두께가 얇은 목재의 가공에는 압목이나 기타 도구를 사용한다.
⑤ 보안경, 안전화, 안전모를 착용한다.
⑥ 장갑을 끼고 작업하지 않는다.
⑦ 작업자는 작업 중에 톱날회전방향의 정면에 서지 않는다.

주 휴대용 둥근톱의 톱날접촉예방장치의 구조[방호장치 자율안전기준 고시]

1. 가공덮개와 톱날 노출각이 45도 이내이어야 함
2. 절단작업이 완료되었을 때 자동적으로 원위치에 되돌아오는 구조일 것
3. 이동범위를 임의의 위치로 고정할 수 없을 것
4. 덮개의 지지부는 덮개를 지지하기 위한 충분한 강도를 가질 것
5. 덮개의 지지부의 볼트 및 가공덮개가 자동적으로 되돌아오는 기계의 스프링 고정볼트는 이완방지장치가 설치되어 있는 것일 것

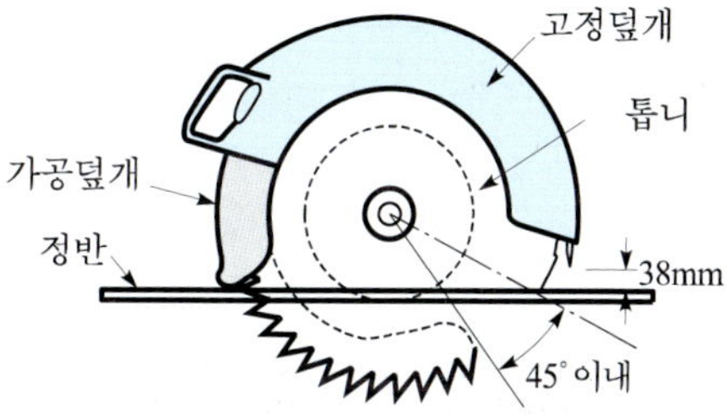

그림 6.9 휴대용 둥근톱의 가공덮개와 톱날구조

6.1.3 띠톱기계

(1) 원리 및 구조

띠톱기계(band sawing machine)은 띠형 톱날의 회전에 의하여 목재를 제재하는 기계로서 목재를 세로로 절단하는 데 사용되는 것이다. 그림 6.10은 자동 송재차식 띠톱기계의 구조를 나타낸 것이다.

(2) 방호장치

띠톱기계에 의한 재해는 목재를 톱날에 송급할 때, 신체의 일부가 톱날에 접촉되는 경

우와 목재의 자동송급장치인 이송용 롤러에 장갑, 옷, 소매 등이 감겨서 신체의 일부가 톱날에 접촉되는 경우 등이 있다. 이러한 재해를 예방하기 위해서는 절단에 필요한 톱날부위 외의 위험한 톱날부위에는 덮개 또는 울 등을 설치하여야 하며, 스파이크가 부착된 이송롤러기 또는 요철이송롤러기에는 날접촉예방장치 또는 덮개를 설치하여야 한다.

주 1. 목재가공용 띠톱기계의 절단에 필요한 톱날 부위 외의 위험한 톱날 부위에 덮개 또는 울 등을 설치하여야 한다[규칙 제107조(띠톱기계의 덮개)] 금속절단용 띠톱기계에도 동일하게 덮개 또는 울 등을 설치하여야 한다.[규칙 제100조(띠톱기계의 덮개 등)]

2. 목재가공용 띠톱기계에서 스파이크가 붙어 있는 이송롤러 또는 요철용 이송롤러에 날접촉예방장치 또는 덮개를 설치하여야 한다. 단, 스파이크가 붙어 있는 이송롤러 또는 요철형 이송롤러에 급정지장치가 설치되어 있는 경우에는 그렇지 않다[규칙 제108조(띠톱기계의 날접촉예방 장치 등)].

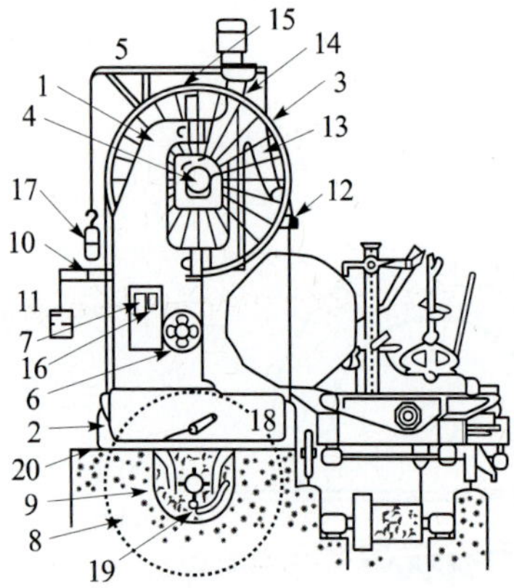

1. 프레임 2. 베드
3. 상부톱바퀴 4. 상부톱바퀴 베어링
5. 상부톱바퀴 지지부 6. 상부톱바퀴 승강핸들
7. 상부톱바퀴 승강누름 보턴
8. 하부톱바퀴 9. 하부톱바퀴 베이링
10. 띠톱 긴장 레버 11. 띠톱 긴장 분동
12. 상부 안내롤 13. 상부 안내롤암
14. 상부 안내롤 가이드
15. 상부 안내롤 승강전동기
16. 상부 안내롤 승강누름보턴
17. 상부 안내롤 분동
18. 하부 안내롤 19. 하부톱바퀴 구동 풀리
20. 브레이크 바

그림 6.10 자동 송재차식 띠톱기계의 구조

1) 톱날의 덮개

작업점의 톱날에 접촉되는 것을 방지하기 위해서는 그림 6.11과 같이 상부고정 덮개와 하부이동 덮개를 이동시켜 절단에 필요한 부분만 노출시키는 톱날의 덮개를 설치해야 한다. 상부고정 덮개는 두께 1mm 이상의 강판 또는 이와 동등한 강도를 갖는 재료로 만들어야 하며, 하부이동 덮개는 두께 5mm 이상의 투명 플라스틱판을 사용하여 띠톱 파손을 방호할 뿐만 아니라 작업하는 전방을 방해하지 않도록 해야 한다.

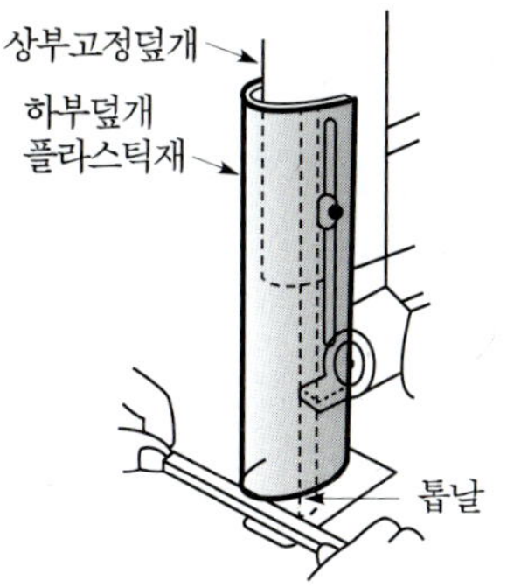

그림 6.11 톱날의 덮개

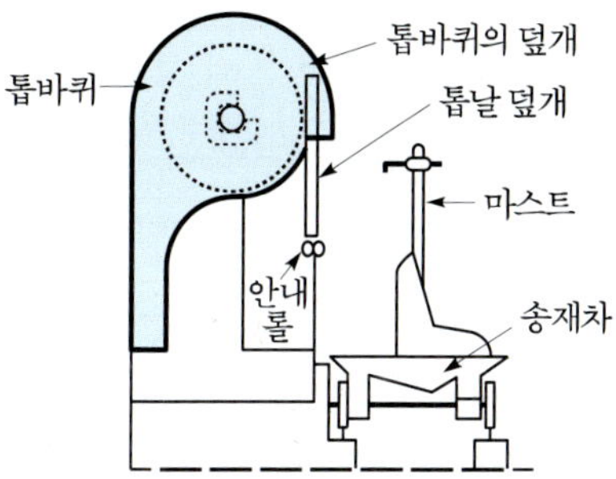

그림 6.12 톱바퀴의 덮개

2) 톱바퀴의 덮개

톱바퀴의 덮개는 그림 6.12와 같이 두께 1mm 이상의 강판으로 톱차의 양측면과 톱날을 사용하지 않는 부분을 완전히 덮을 수 있게 설치해야 한다.

3) 이송롤러기의 덮개

스파이크(spike)가 부착되어 있는 이송롤러기 또한 요철형 송급롤러기에는 목재의 송급자 실수에 의하여 롤러에 휘말려 들지 않게 그림 6.13과 같이 송급자쪽의 롤러에 날접촉예방장치 또는 덮개를 설치해야 한다.

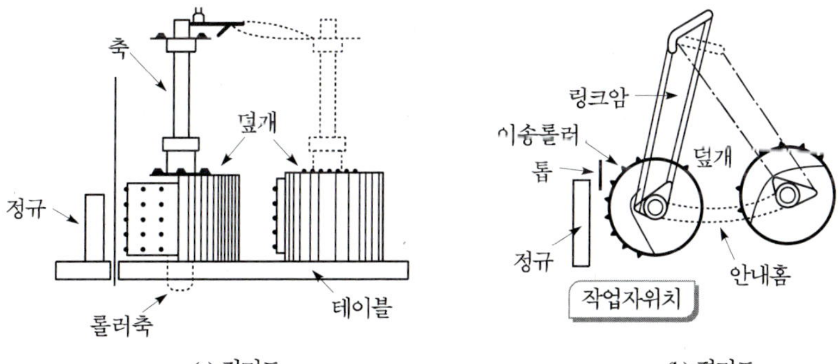

그림 6.13 이송롤러의 덮개

(3) 작업안전수칙

① 작업 전에 띠톱에 균열, 구부러짐, 장력(tension) 및 접합부를 점검한다.
② 띠톱 하단에 톱밥이 쌓여 있는지 확인한다.
③ 띠톱은 회전 중 파단되어 튀어나올 위험이 있으므로 덮개가 있어도 주의한다.
④ 톱차의 회전이 정상속도가 된 후 작업한다.
⑤ 띠톱의 과열을 방지하기 위하여 급유로 냉각시킨다.
⑥ 끝마무리 작업을 할 때에는 밀기막대나 치구 등을 이용한다.
⑦ 운전 중 톱니근처의 톱밥을 털어낼 때는 브러시를 이용한다.
⑧ 띠톱 교환, 톱밥 제거, 이송롤러 조정, 급유시에는 정지 후 작업한다.

6.1.4 동력식 수동대패기계

(1) 원리 및 구조

동력식 수동대패기계는 회전축에 나비가 넓은 날을 2장, 3장 또는 4장 고정시켜 고속으로 회전시키면서 목재를 손으로 밀어 송급하여 측면, 평면, 경사면, 홈 등 한 면만을 깎는 기계이다.

동력식 수동대패의 구조는 대패동체와 구동장치, 전후테이블과 그의 승강장치, 정규 등으로 구성되어 있다. 그림 6.14는 수동대패기계의 구조를 나타낸 것이다.

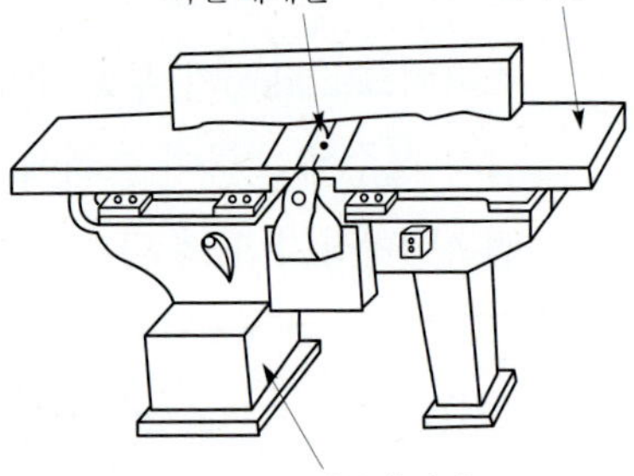

그림 6.14 수동대패기계

(2) 방호장치

동력식 대패기계에서의 재해는 목재의 절삭가공 중 고속 회전하는 대팻날 위에서 목재를 손으로 누르고 있기 때문에 목재가 반발할 경우나 목재가 너무 작은 경우에 손이 밀려져 대팻날에 접촉되어 부상을 입는 것이다. 이러한 재해방지를 위한 방호장치로는 날접촉예방장치가 있으며, 가동식 덮개와 고정식 덮개가 있다. [시행령 제77조(자율안전확인대상기계등)]

날접촉예방장치의 덮개는 가공재를 절삭하고 있는 부분 이외의 날 부분을 완전히 덮을 수 있어야 하며, 날접촉예방장치를 고정시키는 볼트 및 핀 등은 견고하게 부착되도록 하고, 다수의 가공재를 절삭폭이 일정하게 절삭하는 경우 외에 사용하는 날접촉예방장치는 가동식으로 한다.

주 작업대상물이 수동으로 공급되는 동력식 수동대패기계에 날접촉예방장치를 설치하여야 한다[규칙 제109조(대패기계의 날접촉예방장치)]

1) 가동식 덮개

가공목재의 절삭에 필요하지 않은 부분은 항상 자동적으로 덮을 수 있는 장치로서 그림 6.15와 그림 6.16처럼 덮개가 회전날 위를 수평으로 움직이는 것과 회전날 주면을 따라 움직이는 것이 있다. 이들은 항상 테이블 상면을 덮고 있으며, 가공목재의 폭만큼만 열리고 그 외의 부분은 닫혀 있다. 덮개의 설치는 작업자의 손이 들어가지 못하도록 덮개하단과 송급측 테이블면과의 간격이 8mm 이내가 되도록 한다.

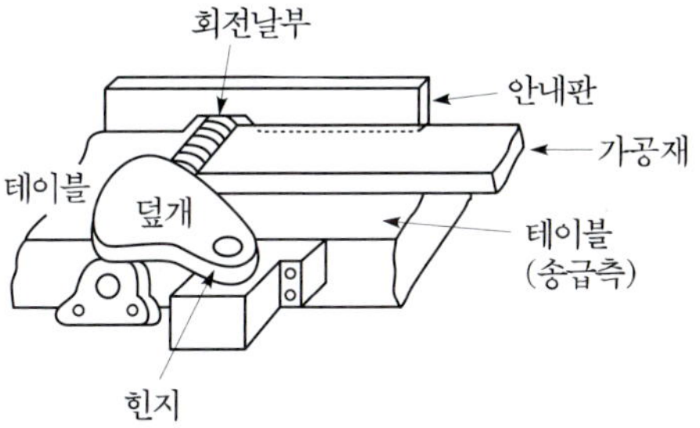

그림 6.15 수평으로 움직이는 가동식 덮개

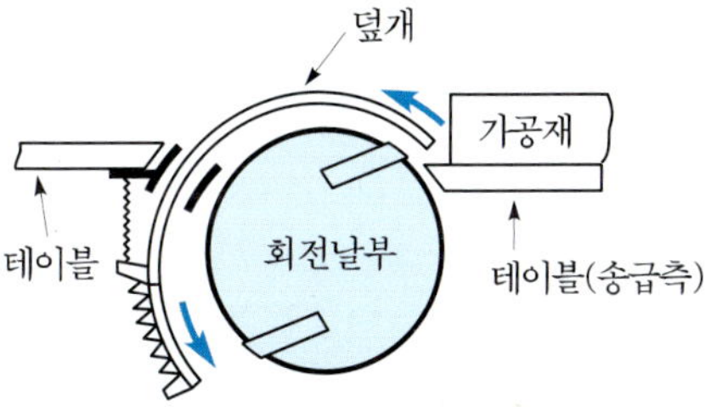

그림 6.16 회전날 주면으로 움직이는 가동식 덮개

2) 고정식 덮개

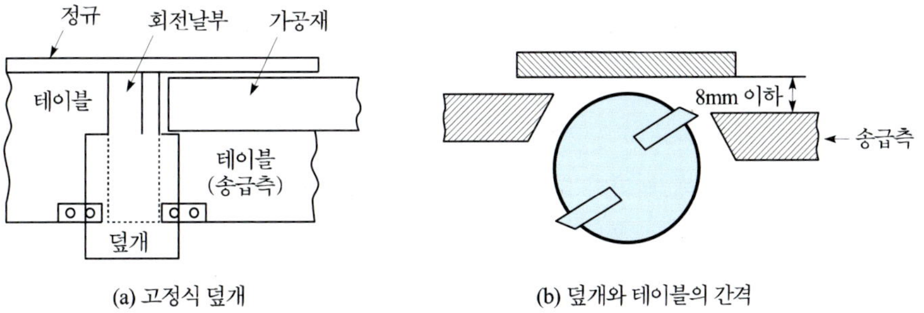

그림 6.17 고정식 덮개

가공목재의 폭에 따라서 덮개 위치를 조절하여 절삭에 필요한 날 부분만 남기고 덮개를 고정하여 덮는 기구이다. 그림 6.17과 같이 조절이 용이하도록 조절나사를 부착하고, 작업을 중단할 경우 날 전체를 덮을 수 있는 크기의 덮개로 제작되어야 한다. 덮개와 테이블면 간격은 손이 들어가지 않도록 8mm 이내로 고정해야 한다.

(3) 작업안전수칙

① 날이 지나치게 돌출되지 않도록 한다.
② 대패동체의 회전수가 지나치게 느리지 않게 한다.
③ 얇거나 짧은 일감을 가공할 때에는 밀기막대를 이용한다.
④ 반대방향으로 대패질하지 않도록 한다.
⑤ 목재에 이물질이나 못 등 불균일면은 없는가 확인한다.
⑥ 기계 수리는 운전을 정지시키고 한다.
⑦ 장갑 착용을 금한다.

주 1. 모떼기기계(자동이송장치를 부착한 것 제외)에 날접촉예방장치를 설치하여야 한다. 다만, 작업의 성질상 날접촉예방장치를 설치하는 것이 곤란하여 해당 근로자에게 적절한 작업공구 등을 사용하도록 한 경우에는 그렇지 않다[규칙 제110조(모떼기기계의 날접촉예방장치)].

6.2 보일러

6.2.1 개요

보일러란 밀폐된 용기내의 물 또는 열매를 연료의 연소열 또는 그 밖의 고온 가스전열 등에 의해서 가열하여 대기압보다 높은 압력의 증기 또는 온수를 발생시켜, 이것을 다른 곳에 공급하는 장치로서 증기보일러와 온수보일러로 나누어진다. 만약 보일러가 파열하게 되면 관내의 압력이 갑자기 저하하므로 내부의 물이 열 때문에 급격히 증기로 되어 한꺼번에 부피가 팽창함으로써 큰 폭발력을 발생하게 된다.

보일러의 재해원인을 보면 ① 강도부족인 것 ② 조작착오인 것 ③ 관리불량에 의한 것 등으로 나눌 수 있다.

6.2.2 종류 및 구조

(1) 보일러의 종류

일반적인 보일러의 종류는 다음과 같다.

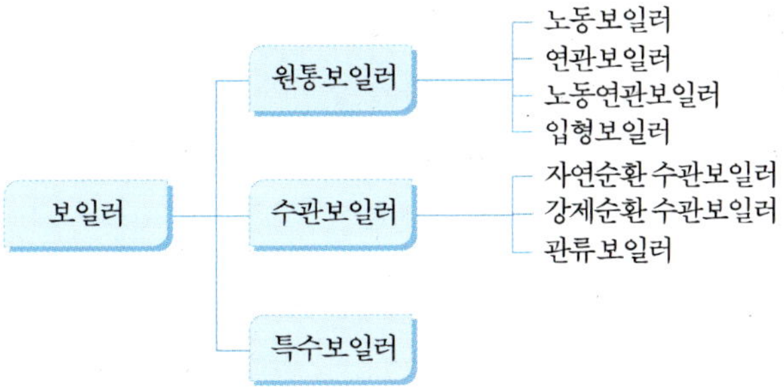

보일러는 본체의 재질, 구조, 물순환방법, 사용열원, 유체의 종류 그리고 증발량에 따라 여러 가지로 분류한다.

보일러의 재질은 일반적으로 강제(鋼製)이지만 난방용 저압증기를 발생하는 주철제 특수보일러도 있다. 강제 보일러는 그 구조에 따라 원통보일러와 수관보일러로 나눈다.

1) 원통보일러(cylindrical boiler)

지름이 큰 원통형 압력용기와 내부에 노통(爐筒, flue)이나 연관(煙管, smoke tube) 또는 노통과 연관이 함께 설치되어 있는 구조이며, 수관보일러에 비하여 구조가 간단하고 취급이 용이하며 일시적인 부하변동에 따른 압력변화가 적다. 반면 고압증기의 발생이 어려우며, 보유수량이 많아 증기발생 시간이 길고 파열시 피해가 크다.

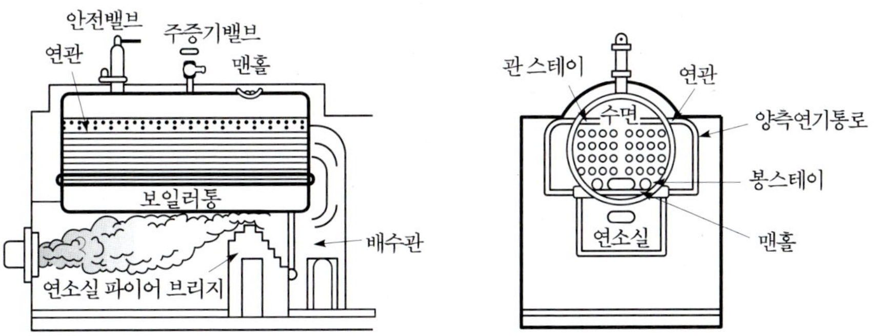

그림 6.18 원통보일러

2) 수관보일러

전열면(傳熱面)이 지름이 작은 다수의 수관(水管, water tube)으로 구성되어 있어, 수관 내의 보일러 수가 수관 외부의 고온가스로부터 열을 받아 증발된다. 따라서 시동시간이 짧고 과열하여도 위험성이 적으며, 증발량이 크고 열효율이 향상되어 고압대용량에 적합하다. 반면에 부하변동에 따른 압력변화가 크다.

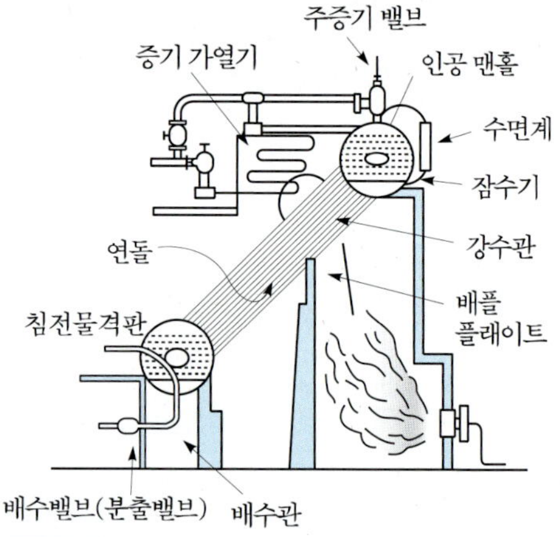

그림 6.19 수관보일러

3) 특수보일러

보통 보일러에 비교하여 열원, 연료, 유체의 종류 그리고 가열방법이 다르게 되어 있는 보일러를 말한다. 이러한 특수보일러에는 폐열보일러, 특수연료보일러, 특수유체보일러, 간접가열보일러, 전기보일러 등이 있다.

보일러의 대표적인 구조는 그림 6.20에서와 같이 본체, 연소장치, 부속장치로 대별할 수 있다.

① 보일러 본체

용기 내에 물을 넣어 두고 외부에서 연소열을 이용하여 가열, 소정압력의 증기를 발생시키는 보일러의 몸체

② 연소장치와 연소실

연료를 연소시켜 열을 발생시키는 장치로서, 고체연료의 경우에는 화격자 연소장치를, 미분탄, 액체 및 기체연료의 경우에는 버너 연소장치를 사용한다.

③ 과열기(superheater)

보일러 본체에서 발생된 증기(포화증기)에는 수분이 함유되어 있는데 이 증기를 포화온도 이상까지 재가열하여 과열증기로 만드는 장치

④ 절탄기(economizer)

연도(굴뚝)에서 버려지는 배기연소가스의 여열을 이용하여 보일러에 공급되는 물을 예열하는 장치

⑤ 공기예열기(air preheater)

연도에서 버려지는 배기연소가스의 여열을 이용하여 연소실로 보내지는 연소용 공기를 예열하는 장치

⑥ 탈기기(脫氣器)

보일러 급수에 함유되어 있는 공기, 산소, 탄소 및 탄산가스 등은 보일러 관 등 여러 기관을 부식시키므로 이와 같은 가스를 제거하는 장치

⑦ 급수장치

보일러에 물을 공급하는 급수관, 급수펌프 및 급수 밸브 등을 포함하는 장치

⑧ 통풍장치

연소장치에 연소용 공기를 보내고, 또 배기가스를 보일러 본체, 과열기, 절탄기, 공기예열기 등에 유동시켜주는 장치

⑨ 자동제어장치

보일러내의 압력을 일정하게 유지하거나 보일러 부하에 따라 연료량 및 통풍량 등을 자동적으로 가감하기 위한 장치로서 온·오프식 압력조절기, 비례식 압력조절기, 자동점화장치, 수위제어장치, 연료차단장치 등이 있다.

⑩ 부속장치 및 부속품

보일러에는 운전을 안전하고 확실하게 하기 위하여 여러 가지 필요한 부속품을 가지고 있으며, 압력계, 수위계(수면계), 유량계, 안전밸브, 고저 수위경보기, 각종 밸브 및 콕크 등이 있다.

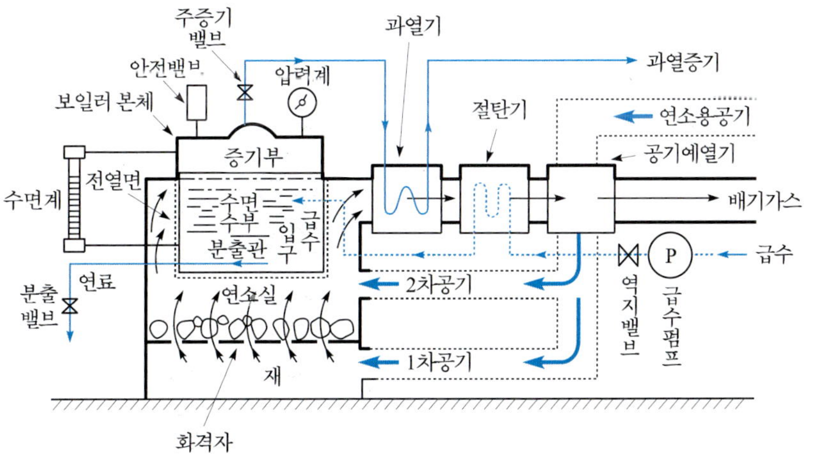

그림 6.20 보일러의 구조

6.2.3 보일러의 장해 및 사고원인

(1) 수위의 이상

보일러의 운전 중에 수면계의 수위가 저하하는데도 불구하고 연소를 계속하는 것을 저수위 사고라 해서 보일러 운전 중에 있어서의 가스폭발과 함께 재해사고로 이어질 위험이 크다.

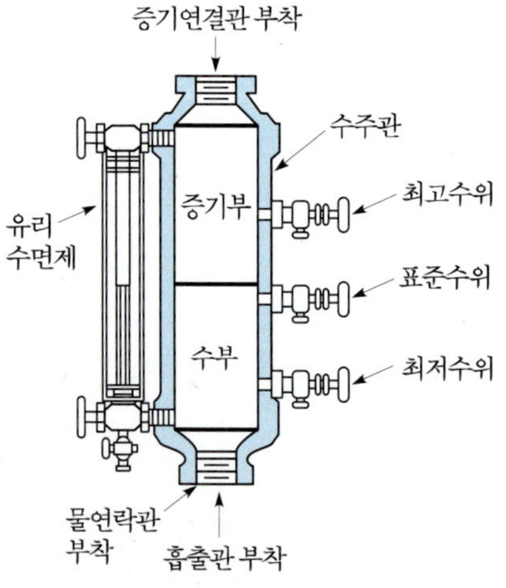

그림 6.21 **수면계**

주 1. **수면계**(water gauge) : 보일러 내의 수면높이를 표시해 주는 계기로서 보일러수의 증감을 안전한 범위로 유지하기 위하여 필요하다.
2. **상용수위**(ordinary water level) : 보일러에 있어서 수위는 부하변동에 따라서 역시 변화하며, 수위의 저하는 보일러 파열의 원인이 되므로 어떤 표준적인 수위를 유지하는 것이 사용상 필요하며 이 수위를 상용수위라 한다. 일반적으로 상용수위란 수관식 보일러에서 기수드럼의 중심면이고 원통형 보일러에서는 안전저수위보다 상방향으로 80~150mm 정도 높은 것을 말한다.
3. **안전저수위** : 보일러 운전 중에 그 수위이상을 절대로 유지하지 않으면 안되는 것이 안전저수위이며, 수면계의 부착위치는 유리관의 최하부가 안전저수위가 되도록 부착한다.

(2) 발생증기의 이상

1) 프라이밍(priming)

보일러수가 극심하게 끓어서 수면에서 끊임없이 격심한 물방울이 비산하고 증기부가 물방울로 충만하여 수위가 불안정하게 되는 현상을 말한다. 이러한 현상의 원인은 갑작스럽게 증기의 부하가 증가하였거나, 보일러수 수위가 고수위상태로 유지되거나, 갑작스러운 압력강하가 발생할 경우, 보일러수의 농축 등을 들 수 있다.

주 보일러수의 농축 : 보일러수(Boiler Water)의 경우 급수에 포함되어 있는 불순물이 너무 농축되면 보일러 본체 및 부속기기에 스케일이 증가하고 부식이 심해진다.

2) 포밍(forming)

보일러수 중 용해 고형물, 유지분, 가스 등에 의해 보일러수의 비등과 함께 수면 부위에 거품 층을 형성하여 수위가 불안정하게 되는 현상을 말한다. 이러한 현상의 원인은 용해 고형물과 유지분 등의 과도한 농축과 유기물 용해가스의 존재 등을 들 수 있다.

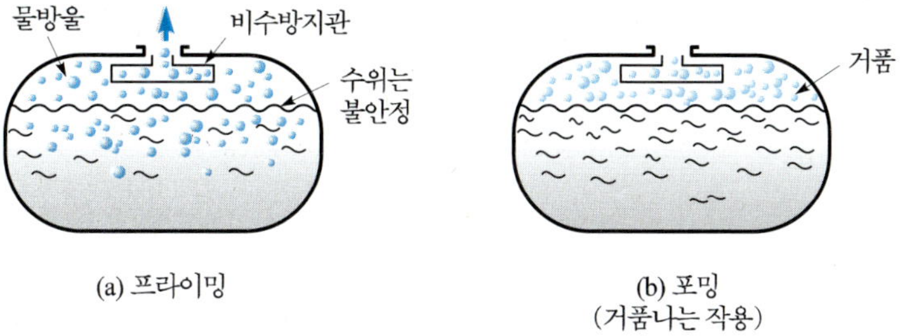

그림 6.22 프라이밍과 포밍

3) 캐리오버(carry over)

보일러에서 증기관 쪽에 보내는 증기에 대량의 물방울이 포함되는 수가 있는데 이것을 캐리오버라 하며, 프라이밍이나 포밍이 생기면 필연적으로 캐리오버가 일어난다.

캐리오버는 증기의 순도와 과열온도를 저하시키고 과열기 또는 터빈 날개에 불순물을 퇴적시켜 부식 또는 과열의 원인이 된다.

그림 6.23 캐리오버

(3) 워터 햄머(water hammer)

증기관 내에서 증기를 보내기 시작할 때 탕탕 또는 통통하는 소리를 내며 관이 진동하는 수가 있다. 이것이 워터 햄머이며, 워터 햄머는 캐리오버에 기인한다.

(4) 이상연소

이상연소 현상으로는 불완전연소, 이상소화, 2차 연소, 역화 등이 있다.

① **불완전연소** : 공기의 부족, 연료분무 상태의 불량 등이 원인이 되어 일어남

② **이상소화** : 버너 연소 중 돌연히 불이 꺼지는 현상

③ 2차 연소 : 불완전연소에 의해 발생한 미연소가스가 수관군 등의 연소실외 연과내, 연도 등에서 연소하는 현상

④ 역화 : 화염이 아궁이나 버너 쪽에서 분출하는 현상으로 주로 점화시에 발생함

(5) 물에 기인하는 장해

불순물이 포함되는 물을 보일러수로 사용할 때는 다음과 같은 급수장해가 일어난다.

1) 관석(scale)의 부착

급수 중에 용해되어 있는 칼슘염과 마그네슘염 등이 그 밖의 물질과 결합하여 보일러의 관벽과 드럼 내면에 관석을 형성하며, 이는 보일러의 효율 저하, 물의 순환 저하의 원인이 되며, 이로 인하여 과열, 산화 및 파열이 되기 쉽다.

2) 부식(corrosion)

물에 포함된 산소와 탄산가스 등에 의하여 부식이 되며, 보일러의 부식을 최소화하려면 보일러수는 약알칼리성이 좋다.

3) 캐리오버(氣水共發)

보일러수 중에 용해된 물질 또는 유지(油脂)가 존재하여 보일러 수면에 거품을 만드는데, 이는 캐리오버의 원인이 된다.

프라이밍, 포밍 현상에 의하여 발생한 물방울이 증기 속으로 섞여 관내를 흐르는 현상으로, 캐리오버의 발생원인으로는 ① 보일러수 수위가 기준보다 높을 경우 ② 주증기 밸브를 급격하게 개방할 경우 ③ 증가발생 속도가 빠를 경우 ④ 부하가 급격하게 변화할 경우 ⑤ 증기와 물을 분리해주는 기수분리기에 이상이 생겼을 경우 등이 있다. 한편 캐리오버의 방지대책으로는 ① 보일러수 수위를 낮게 하고 ② 유지분·불순물이 많은 보일러수 사용을 금지하고 ③ 블로우 다운(Blow Down)을 실시하며, ④ 증기밸브의 급개폐를 금지하고 ⑤ 정상적인 기수분리기를 사용하도록 한다.

주 보일러 블로우 다운 : 보일러는 급수로 사용하는 원수중에는 일반적으로 현탁 고형물, 가스성분 등 여러 가지 물질이 존재하며, 이러한 원수를 별도의 처리없이 보일러수로 사용하면 보일러 본체 및 부속기기 등에 스케일, 부식, 케리오버 등의 장애가 발생한다. 따라서 보일러수에 녹아있는 불순물과 녹지 않는 이물질을 방출하여 제거함으로 관 내벽에 불순물과 이물질이 퇴적하는 것을 방지하기 위한 수처리 방식으로, 증기 사용 시스템 전체에 발생할 수 있는 부작용을 방지하고 보일러 효율 개선에 효과가 있다.

보일러운전에 있어서 설비의 관리 미비와 취급 부주의에 의하여 이상과 같은 장해가 일어날 수 있으며, 이와 같은 장해는 다음과 같이 보일러 사고의 원인이 되기 쉽다.

① 보일러의 압력상승

보일러의 압력상승의 원인으로서는 i) 압력계의 눈금을 잘못 읽거나 감시가 소홀했을 때, ii) 압력계의 고장으로 압력계의 기능이 불완전할 때, iii) 안전밸브의 기능이 부정확할 때 등을 들 수 있다.

② 보일러의 부식

보일러의 부식의 원인으로서는 i) 불순물을 사용하여 수관이 부식되었을 때, ii) 급수처리를 하지 않은 물을 사용할 때, iii) 급수에 해로운 불순물이 혼입되었을 때 등을 들 수 있다.

③ 보일러의 과열

보일러의 과열의 원인으로서는 i) 수관 및 본체의 청소 불량, ii) 관수 부족시 보일러의 가동, iii) 수면계의 고장으로 드럼 내의 물의 감소 등을 들 수 있다.

④ 보일러의 파열

보일러의 파열에는 압력이 규정압력 이상으로 상승하여 파열하는 경우와 최고사용압력 이하이더라도 파열하는 경우가 있다. 압력이 규정압력 이상으로 상승하여 파열하는 원인으로는 i) 방호장치 미부착, ii) 방호장치 작동불량 등을 들 수 있으며, 최고사용압력 이하에서 파열되는 원인으로는 i) 구조상의 결함, ii) 보일러 부품의 부식 등을 들 수 있다.

(6) 폭발위험의 방지

사업주는 보일러의 폭발 사고를 예방하기 위하여 압력방출장치, 압력제한 스위치, 고저수위 조절장치, 화염검출기 등의 기능이 정상적으로 작동될수 있도록 유지・관리하여야 한다.[규칙 제119조(폭발위험의 방지)]

6.2.4 방호장치

방호장치로는 고저수위 조절장치 및 압력방출장치, 압력제한 스위치 등이 있으며, 보일러의 폭발사고를 예방하기 위하여 압력방출장치, 압력제한 스위치, 고저수위 조절장치, 화염검출기 등의 기능이 정상적으로 작동될 수 있도록 유지·관리하여야 한다.
[규칙 제119조(폭발위험의 방지)]

(1) 고저수위 조절장치

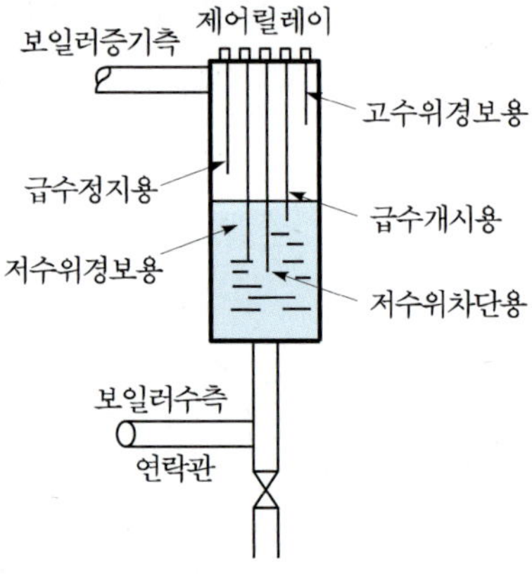

그림 6.24 고저수위 조절장치

운전 중인 보일러는 연속적으로 급수와 증기 송출이 이루어지므로 이들의 균형은 절대적으로 필요하며(보일러 동체 또는 기수 드럼 내의 수위가 지나치게 높으면 증기의 습도가 증가하고, 지나치게 낮으면 전열면의 소손을 일으킴), 통상 드럼 수위의 신호에 따라 급수 펌프에 의해 수량이 조절되어 일정한 수위를 유지한다. 그러나 이상현상으로 인하여 수위가 고저 위험수위로 변하면 작업자가 쉽게 감지할 수 있도록 경보등, 경보음을 발하고 자동적으로 급수 또는 단수됨으로써 수위를 조절하는 장치가 필요한데 이를 고저수위 조절장치라 하며, 플로우트식, 전극식, 차압식 등이 사용되고 있다.

(2) 압력방출장치

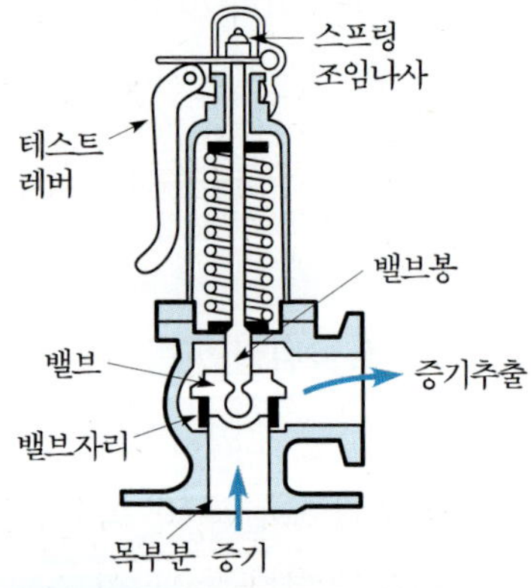

그림 6.25 압력방출장치 (스프링식 안전밸브)

보일러 내의 과대한 압력상승을 막아 보일러의 파열을 방지하기 위해 설치되며(보일러 등의 운전 중에 여러 가지 이유에서 장치나 드럼의 내압이 상승하여 파괴될 위험이 있을 경우 여분의 압력을 신속하게 방출하여 정상적인 운전 압력으로 복귀시킬 필요가 있음), 규격에 적합한 압력방출장치를 1개 또는 2개 이상 설치하고 최고사용압력 이하에서 작동되도록 하여야 한다. 다만 2개 이상 설치할 경우에는 1개는 최고사용압력 이하에서 작동하게 하고 다른 압력방출장치는 최고사용압력이 1.05배 이하에서 작동하게 한다.

압력방출장치는 스프링식, 중추식, 지렛대식의 3종류가 있으며 보일러에서는 압력방출장치로 통상 안전밸브를 사용하고 있고, 스프링식이 가장 많이 쓰인다.[시행령 제

74조(안전인증대상기계등)]

한편, 압력방출장치는 검사가 용이한 위치에 밸브축이 수직되게 설치하여야 하며 가능한 한 보일러의 동체에 직접 설치하여야 한다. 1년에 1회 이상씩 국가교정기관에서 교정을 받아 보일러의 동체에 직접 설치하여야 하고, 1년에 1회 이상씩 국가교정기관에서 교정을 받은 압력계를 이용하여 설정압력에서 압력방출장치가 적정하게 작동하는 지를 검사한 후 납으로 봉인하여 사용하여야 하며, 1일 1회 이상 작동상태를 점검하여야 한다.

주 **최고사용압력**(max, usable pressure) : 기능을 정상적으로 발휘하는 범위 내에서 사용될 수 있는 최고의 압력으로서 설압력 또는 최고허용압력을 말함.

(3) 압력제한 스위치

상용운전압력 이상으로 압력이 상승할 경우 보일러의 과열을 방지하기 위하여 최고사용압력과 상용압력 사이에서 보일러의 버너의 연소를 차단하여 열원을 제거함으로써 정상압력으로 유도하는 장치이다. 한편, 압력제한 스위치의 설치방법은 보일러의 압력계가 설치된 배관상에 설치하여야 하며, 1일 1회 이상 작동시험을 하여야 하고, 이상을 발견할 때에는 즉시 보수하여야 한다.

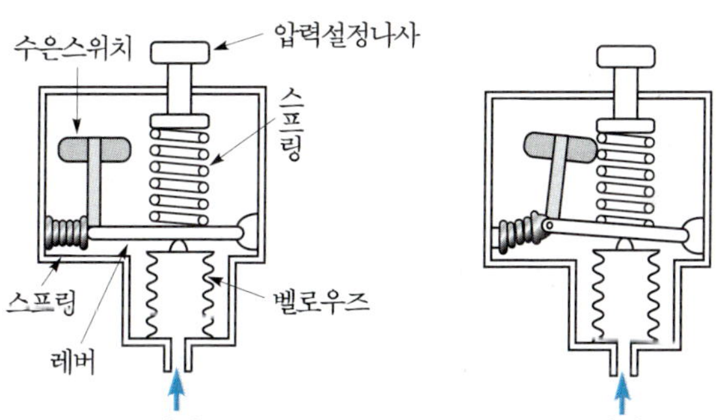

그림 6.26 압력제한 스위치

주 화염검출기 : 연소실내의 화염상태를 감시하여 실화 및 불착화시 그 신호를 전자밸브로 보내 연료를 차단 연소실내 연료의 누설을 방지하여 연소가스폭발을 방지하는 방호장치

1) 화염검출방식

① 프레임아이(flame eye, 광전관) : 광전관을 통해 화염의 적외선을 검출하는 방식(주로 기름, 가스 보일러에 사용)

② 프레임로드(flame rod) : 화염의 이온화를 이용한 전기전도성으로 검출하는 방식(주로 가스 보일러에 사용)

③ 스택스위치(stack switch) : 연소가스의 온도차에 의한 바이메탈을 이용하여 검출하는 방식(주로 소형 보일러, 온수보일러에 사용)

6.2.5 작업안전수칙

① 가동 중인 보일러에는 작업자가 항상 정위치를 떠나지 않는다.
② 압력방출장치, 압력제한 스위치를 매일 작동시험하여 정상작동여부를 점검한다.
③ 압력방출장치는 봉인된 상태에서 정상 작동되도록 하고 1일 1회 이상 작동시험을 한다.
④ 고저수위 조절장치와 급수펌프와의 상호기능상태를 점검한다.
⑤ 보일러의 각종 부속장치의 누설상태로 점검한다.
⑥ 노 내의 환기 및 통풍장치를 점검한다.

6.3 압력용기 및 공기압축기

6.3.1 압력용기의 종류

압력용기(pressure vessel)라 함은 용기의 내외부에서 일정한 유체(액체 또는 기체) 압력을 받는 용기로서, 화학공장의 탑류, 반응기, 열교환기, 저장용기 및 공기압축기의 공기저장탱크 등을 들을 수 있으며, 각 법에서 정의하는 압력용기는 다음과 같다.

(1) 35℃에서의 압력 또는 설계압력이 0.2MPa(2kg/cm^2)이상인 액화가스 용기, 1MPa(10kg/cm^2)이상인 압축가스 용기[고압가스안전관리법]

(2) 최고사용압력(MPa)과 내용적(m^3)을 곱한 수치가 0.004를 초과하는 열사용 기자재(1종 압력용기), 최고사용압력이 0.2MPa를 초과하는 기체를 그 안에 보유하는 열사용 기자재(내용적이 0.04m^{3}이상, 동체안지름 200mm 이상), 과 내용적(m^3)을 곱한 수치가 0.004를 초과하는 열사용 기자재(제2종 압력용기)[에너지이용합리화법]

(3) 화학공정 유체취급용기 또는 그 밖의 공정에 사용하는 용기(공기 또는 질소취급용기)로서 설계압력이 게이지 압력으로 0.2MPa(2kg/cm^2)을 초과한 경우 안전인증 대상임[산업안전보건법 시행령 제74조(안전인증대상기계등)]

6.3.2 공기압축기의 종류

공기압축기란 임펠러나 회전자의 회전운동 혹은 피스톤의 왕복운동으로 기체압송의 압력비가 입구측의 압력 이상이거나 토출공기압력이 1kg/cm^2 이상인 기계를 말하며, 그 미만의 것을 송풍기라 한다. 다시 말하면 공기압축기나 송풍기는 대기를 흡입하여 외부에서 기계적 에너지를 가해 압축한 후 반대쪽 토출구로 공기를 공급하는 공기발생장치를 말하며, 다음 표 6.1과 같이 분류할 수 있다.

표 6.1 송풍기와 압축기의 분류

명칭			송풍기: 팬	송풍기: 블로우어	압축기
종별/압력			1,000 mmAq 미만	1 mAq 이상 10 mAq 미만	1kg/cm^2 이상
터보형	축류식	축류	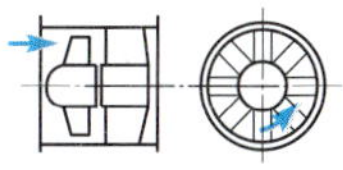	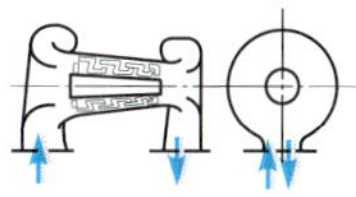	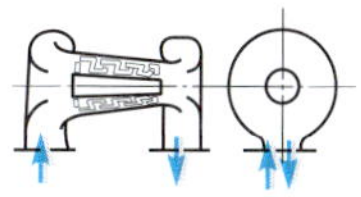
터보형	원심식	다익	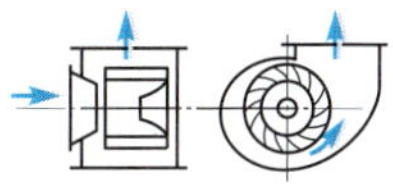		
터보형	원심식	레이디얼	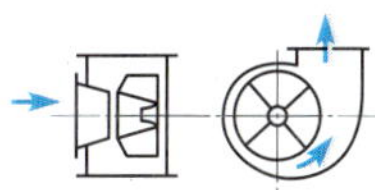	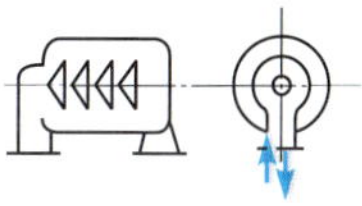	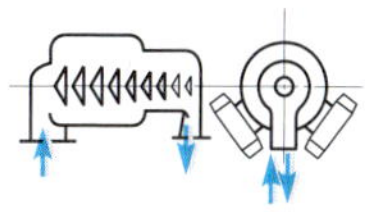
터보형	원심식	터보	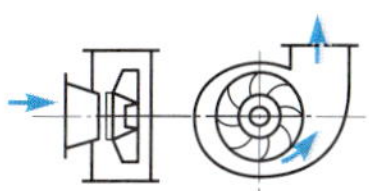	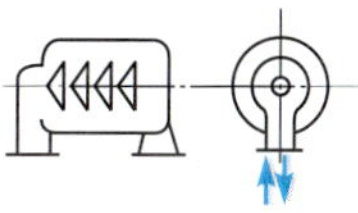	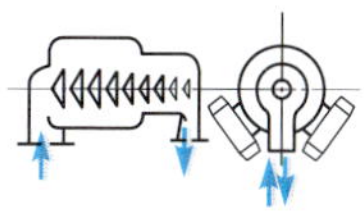
용적형	회전식	루츠		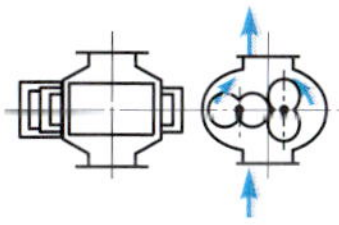	
용적형	회전식	가동익			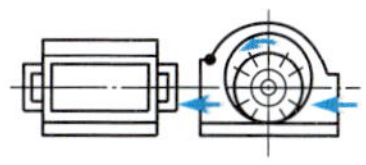
용적형	회전식	나사			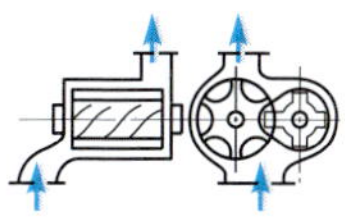
용적형	왕복식	왕복			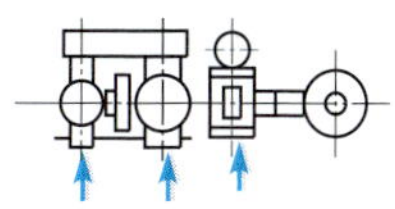

한편, 사업주는 공기압축기의 공기저장탱크의 식별이 가능하도록 공기저장탱크의 최고사용압력, 제조년월일, 제조회사명 등이 각인표시된 것을 사용하여야 한다.

6.3.3 재해유형

(1) 작업방법의 불량에 의해서 용기내의 가연물이 폭발할 수 있다. 즉, 용기 내에 저장된 내용물이 가연성 물질임에도 불구하고, 수리작업시 내용물을 제거하지 않은 상태에서 용접작업 등에 의한 불꽃으로 가연성 물질이 폭발할 수 있다.

(2) 내부압력의 과다로 인하여 용기가 파열될 수 있다. 내부압력과 용기에 발생하는 응력과의 관계는 다음과 같다.
내압을 받는 얇은 원통에 있어서

원주방향의 응력(hoop stress) $\sigma_1 = \dfrac{pr}{t} = \dfrac{Dp}{2t}$

축방향의 응력(axial stress) $\sigma_2 = \dfrac{pr}{2t} = \dfrac{Dp}{4t}$

여기서, P : 내압, D : 내경, t : 두께

이므로 원주응력과 축방향응력은 위의 식에서 보면 $\sigma_1 = 2\sigma_2$이 된다. 그러므로 종단면은 횡단면의 2배의 강도를 필요로 한다.

따라서 내압에 의한 원통의 파괴는 종단면에 따라 일어나며 원통형 압력용기 등의 리벳이음, 또는 용접이음에 의해 제작할 경우에는 세로이음은 가로이음의 2배의 강도가 되도록 설계하여야 한다.

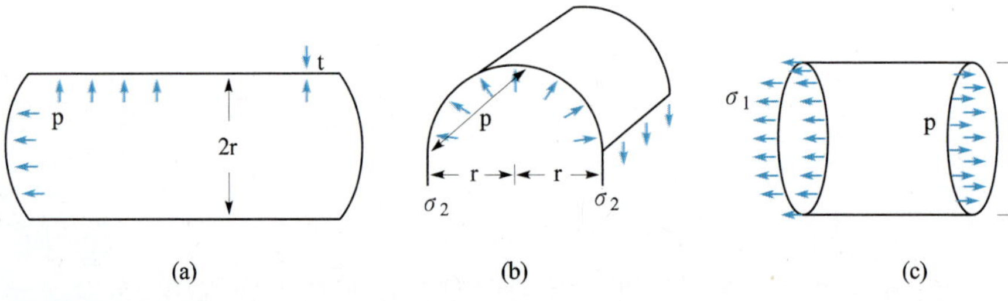

그림 6.27 내압과 응력

(3) 용기내부 작업시 가스중독이 될 수 있다.

유해가스 용기내부의 보수를 위하여 압력용기 내에 들어갈 경우에는 반드시 유해가스를 제거하여야 가스중독의 재해를 막을 수 있다.

예제

두께 10mm인 인장강도 $60kg/mm^2$의 연강판으로 $10kg/cm^2$의 내압을 받는 원통형 압력용기를 제작할 때 안전율을 5로 하면 내경을 얼마로 하여야 하는가?

답 원주방향의 응력을 기준으로 하여야 하며,

$$\sigma_a = \frac{\sigma_u}{S} = \frac{60}{5} = 12\,(\mathrm{kg/mm^2})$$

$$D = \frac{2t\sigma_a}{p} = \frac{2\times10\times12}{0.1} = 2{,}400\,\mathrm{mm}$$

6.3.4 방호장치

(1) 압력용기의 방호장치[규칙 제261조(안전밸브 등의 설치) ~제266조(차단밸브의 설치금지)]

과압에 따른 폭발을 방지하기 위하여 폭발방지성능과 규격을 갖춘 압력방출장치(안전밸브 또는 파열판)를 설치하여야 하며, 다단형 압축기 또는 직렬로 접속된 공기압축기에 대해서는 각 단 또는 각 공기압축기별로 압력방출장치를 설치하여야 한다.[시행령 제74조(안전인증대상기계등)]

설치된 안전밸브는 검사주기에 따라 국가교정기관에서 교정을 받은 압력계를 이용하여 설정압력에서 안전밸브가 적정하게 작동하는 지를 검사한 후 납으로 봉인하여 사용하여야 한다.(화학공정 유체와 안전밸브의 디스크 또는 시트가 직접 접촉될 수 있도록 설치된 경우에는 매년 1회 이상, 안전밸브 전단에 파열판이 설치된 경우에는 2년마다 1회 이상, 공정안전보고서 이행상태 평가결과가 우수한 사업장의 안전밸브의 경우에는 4년마다 1회 이상)

한편, 파열판을 설치하여야 하는 경우는 반응 폭주 등 급격한 압력상승 우려가 있을 경우, 급성 독성물질의 누출로 인하여 주위의 작업환경을 오염시킬 우려가 있는 경우, 운전 중 안전밸브에 이상 물질이 누적되어 안전밸브가 작동되지 아니할 우려가 있는 경우이다.

또한, 급성 독성물질이 지속적으로 외부에 유출될 수 있는 화학설비 및 그 부속설비에는 파열판과 안전밸브를 직렬로 설치하고 그 사이에는 압력지시계 또는 자동경보장치를 설치하여야 한다.

압력방출장치(안전밸브 등)의 전단·후단에는 차단밸브를 설치해서는 안되며, 압력방출장치(안전밸브 등)는 설비의 최고사용압력 이하에서 작동되도록 하여야 하며, 다만, 2개 이상 설치된 경우에 1개는 최고사용압력의 1.05배(외부화재를 대비한 경우에는 1.1배)이하에서 작동되도록 설치할 수 있다.

압력방출장치(안전밸브 등)의 배출용량은 그 작동원인에 따라 각각의 소요분출량을 계산하여 가장 큰 수치를 해당 압력방출장치의 배출용량으로 하여야 한다.

주 **파열판** : 취급하는 물질이 응고하기 쉽거나 현저한 부식성에 의해서 안전밸브의 사용이 곤란할 경우와 큰 방출량이 필요하거나 순간 방출을 요구할 때 사용되며, 평판형과 돔형이 있다. 한편, 안전밸브에 비해 설정압력과 작동압력의 오차가 크며, 또한 파열하면 내용물 전량이 방출되는 결점이 있다.

(2) 공기압축기의 방호장치

방호장치로서는 회전부의 덮개, 압력방출장치(안전밸브, 언로드 밸브, 압력제한스위치) 등이 있다.

특히, 토출압력이 0.2MPa 이상으로서 몸통 내경이 200mm 이상이거나 그 길이가 1,000mm 이상인 것과 토출압력이 0.2MPa 이상으로서 토출량이 $1m^3$/min 이상인 공기압축기에는 반드시 압력방출장치(안전밸브, 언로드 밸브)를 설치하여야 한다.[위험기계 · 기구 방호조치 기준]

1) 회전부의 덮개

압력용기의 원동기, 축이음쇠, 벨트 풀리의 회전부위 등에는 덮개 또는 울을 설치한다.

2) 압력방출장치[위험기계 · 기구 방호조치 기준]

① 안전밸브(safety valve)

과압으로 인한 폭발을 방지하기 위하여 안전밸브를 설치하여야 한다.

안전밸브는 산업안전보건법에 따라 안전인증을 받은 것으로 내후성이 좋고 장기간 정지하여도 밸브시트에 접착되지 않는 품질의 것을 설치하여야 하며, 설치방법으로는 안전밸브의 조정너트는 임의로 조정할 수 없도록 봉인되어 있어야 하며, 설정압력은 설계압력을 초과하지 아니하고 작동압력은 설정압력치의 ±5%이내이어야 하고, 설정압력 등이 포함된 표지를 식별이 쉬운 곳에 부착하여야 한다.

② 언로드밸브(unload valve)

공기압축기에는 안전밸브 이외에 언로드 밸브를 설치하여야 하며, 이는 공기탱크 내의 압력이 최고사용압력까지 달하면 공기탱크 내로의 압송을 정지하고, 소정의 압력까지 강하하면 다시 압송작업을 하도록 하는 밸브로서, 작동상태를 확인하기 쉽고 응축수 등에 의한 부식의 위험이 없는 위치에 설치하여야 한다.

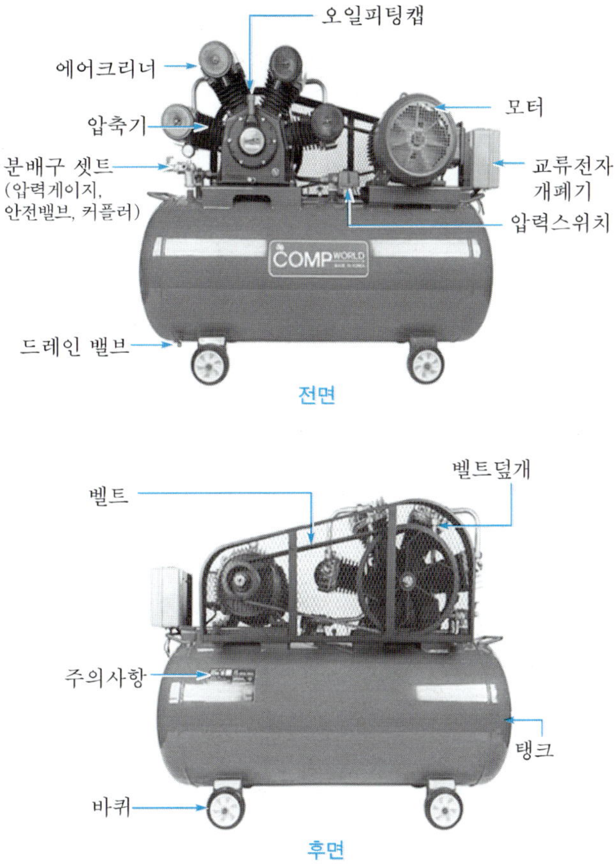

그림 6.28 공기압축기

6.3.5 작업안전수칙

(1) 압력용기

① 부식성 유체를 저장하는 경우에는 내면을 내부식 재료로 코팅하고, 고온반응용기의 경우에는 내면을 단열재로 보호한다.

② 압력용기를 방호벽으로 둘러싸서 관계자 이외에는 출입할 수 없도록 한다.

③ 액체의 누설은 착화, 폭발 및 중독의 위험성을 갖고 있으므로, 환기를 충분히 하고 소화설비를 비치한다.

④ 압력용기에 압력계, 온도계를 설치한다. 또한, 이상이 있을 때 운전자에게 알릴 수 있도록 경보장치를 설치한다.

(2) 공기압축기

① 공기압축기의 점검 및 청소는 반드시 전원을 차단한 후에 실시한다.

② 운전 중에는 어떠한 부품도 건드려서는 안된다.

③ 공기압축기의 분해는 모든 압축공기를 완전히 배출한 뒤에 해야 한다.

④ 최대공기압력을 초과한 공기압력으로는 절대로 운전하여서는 안된다.

⑤ 정지할 때는 언로드 밸브를 무부하 상태로 한 후 정지시킨다.

6.3.6 작업시작 전 점검사항[규칙 제35조 제2항 관련]

공기압축기를 가동할 때는 작업시작 전 다음 사항을 점검하여야 한다.

① 공기저장 압력용기의 외관상태

② 드레인 밸브의 조작 및 배수

③ 압력방출장치의 기능

④ 언로드 밸브의 기능

⑤ 윤활유의 상태

⑥ 회전부의 덮개 또는 울

⑦ 기타 연결부위의 이상 유무

㊟ **드레인 밸브(drain valve)** : 증기나 압축공기를 사용하는 기계장치 내에서 응결하여서 생긴 물, 즉 응결수를 배출하는 데 사용하는 판, 밸브, 콕을 각각 드레인 관, 드레인 밸브, 드레인 콕크라 한다.

6.4 섬유기계

섬유기계는 천연 섬유 또는 화학 섬유를 섬유로 가공하는 데 필요한 다양한 기계 및 장비의 총칭으로서 화학섬유기계, 방적기계, 직조기계, 편직기계, 염색 및 가공기계, 부직포기계, 의복기계 및 섬유장비를 포함하여 섬유제조에서 의류성형에 이르는 모든 가공 장비를 포함한다

6.4.1 방적기 및 제면기

방적기는 천연섬유를 가공하여 실을 뽑는 기계로 혼타면기, 연조기, 조방기, 면타기 등이 있다. 제면기는 원면에서 목화씨를 제거하고, 솜을 만드는 기계를 말한다. 방적기나 제면기는 대부분 회전체가 많고 관성이 큰 비터(beater), 실린더(cylinder) 등을 갖추고 있어 말려드는 경우 중대재해의 위험이 있다. 따라서 비터나 실린더에는 위험부위를 방호하는 덮개를 설치하고 이를 시건하여야 한다. 비터란 솜을 두드리는 장치로서 원통형의 주위에 튀어나온 막대를 갖고 있거나 돌출된 부분이 있어서 매우 위험성이 큰 부분이다.

한편, 샤틀(shuttle)이 부착되어 있는 직기에는 북이탈방지장치를 설치하여야 한다.

(1) 방호장치

1) 덮개(guard)

위험부위를 확실히 차단할 수 있어야 하며, 밀폐형이 더욱 안전하며 개구부의 크기는 다음과 같다.

$$Y = X/10 + 6$$

여기서, Y : 개구부의 크기(mm)
X : 위험점에서 덮개까지의 거리(mm)

그림 6.29 방적기의 덮개

2) 시건장치(locking system)

위험부분을 밀폐하고 감독자 또는 책임자의 허락 없이는 함부로 열 수 없도록 시건장치를 하고, 그 열쇠는 감독자가 보관한다. 시건장치는 견고히 설치되어야 하며, 또한 시건장치를 열었을 경우 기계가 급정지되고 시건장치를 채우지 않으면 작동되지 않아야 한다.

3) 연동장치(interlocking)

기계적, 전기적 방법으로 운전을 정지해야만 열 수 있으며, 연동장치를 움직일 경우

기계의 운전이 급정지되어야만 한다.

주 1. 직기 : 실을 이용하여 옷감을 짜는 기계
2. 북(shuttle)이 부착되어 있는 직기에는 북이탈방지장치를 설치하여야 한다. [규칙 제124조(직기의 북이탈방지장치)]

6.5 기타 기계

일반 산업기계들의 안전화는 계속적으로 추구되고 있기는 하지만, 아직도 안전개념이 도입되지 않고 설계제작되는 경우가 많다. 특히 제3차 산업용의 시설과 새로운 기계에서 자주 발견되는 것으로서 초보적인 부주의로 인하여 비참한 사고를 일으키는 사례가 빈번히 보고되고 있다. 따라서 이들 기계의 위험점들은 설계나 제작시는 물론이고 사용시에도 충분한 안전성이 고려되어야 한다.

6.5.1 원심기

회전에 의하여 발생하는 원심력을 이용해서 분리, 탈수 등을 하는 기계들을 총칭하여 말하며, 원심분리기, 원심탈수기, 원심주조기 등이 있다.

원심력(F)는 다음 식과 같이 중량(W)에 비례하고, 원주속도(v)의 2승에 비례하여 커지게 되며, 이에 따라 회전체 내부에 발생하는 응력 또한 이와 상응하여 커지게 된다. 따라서 내용물의 튀어나옴, 버켓 등의 파괴, 회전부분과의 접촉 등이 위험이 있어 이것을 방지하기 위해 방호장치를 갖추어야 한다.

$$F = \frac{Wv^2}{gr}$$

여기서, F : 원심력 r : 반경
v : 원주속도 g : 중력가속도

$$\sigma = \frac{\gamma}{g}v^2$$

여기서, σ : 회전체 내부에 발생하는 응력
γ : 회전체의 비중량

따라서 원심기에는 견고한 덮개를 설치하는 한편, 그 개폐와 기계의 운전과를 연동시키고, 최고사용회전수 제한용 조속기를 설치하기도 하며, 내용물을 꺼내거나 정비, 청소, 검사, 수리 또는 그 밖에 이와 유사한 작업을 하는 경우에 당해 기계의 운전을 정지하여야 하며(단, 내용물을 자동으로 꺼내는 구조이거나 그 기계의 운전 중에 정비, 청소, 검사, 수리 또는 그 밖에 이와 유사한 작업을 하는 경우로서 안전한 보조기구를 사용하거나 위험한 부위에 필요한 방호조치를 한 경우에는 그렇지 않다), 최고 사용회전수를 초과하여 사용하여서는 안된다.

다음 그림 6.30은 가루반죽기의 방호장치를 보여주며, 전기적 인터록 장치에 의해 덮개가 작동되도록 되어 있다. 그림 6.31은 텀블러식의 대형 세척기의 안전덮개를 보여주고 있는데, 덮개를 열면 덮개 끝에 있는 캠에 의하여 마이크로 스위치를 움직이고 이를 통해 텀블러가 정지하도록 되어 있다.

주 원심기의 회전체 접촉 예방장치[위험기계·기구 방호조치 기준]

1. 적용대상 : 원심력을 이용하여 액체 속의 고체 입자를 분리 하거나 비중이 서로 다른 혼합액을 분리하기 위한 목적으로 쓰이는 동력에 의해 작동되는 원심기에 적용
2. 방호장치 : 다음 요건에 적합한 회전체 접촉 예방장치 설치
   1) 회전통에 설치되는 덮개는 내부 물질이 비산되어 충격이 가해지더라도 변형 또는 파손되지 않을 정도의 충분한 강도일 것
   2) 개방 시 회전운동이 정지되며, 덮개를 닫은 후 자동으로 작동되지 않고 별도의 조작에 의하여 회전통이 작동되도록 회로를 구성할 것
3. 설치방법
   1) 회전체 접촉 예방장치가 작동 중 열리지 않도록 잠금장치를 설치할 것
   2) 작동 중 기계의 진동에 의한 이탈, 이완의 위험이 없도록 체결볼트에는 와셔 등을 이용하여 풀림방지조치를 할 것
   3) 급정지로 인하여 기계에 파손위험이 있는 경우에는 순차정지회로를 구성하는 등의 조치를 할 것

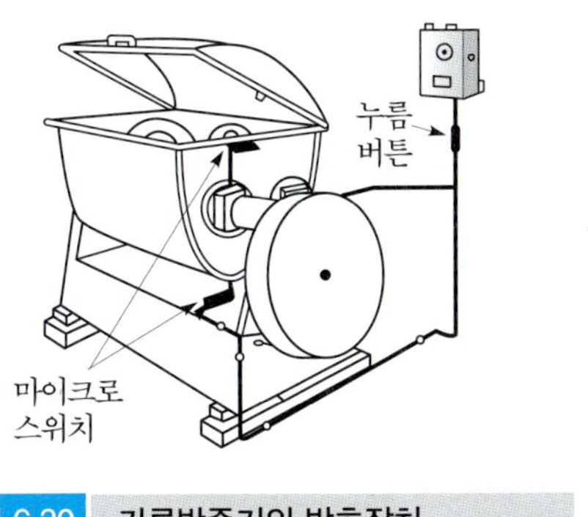

그림 6.30 가루반죽기의 방호장치

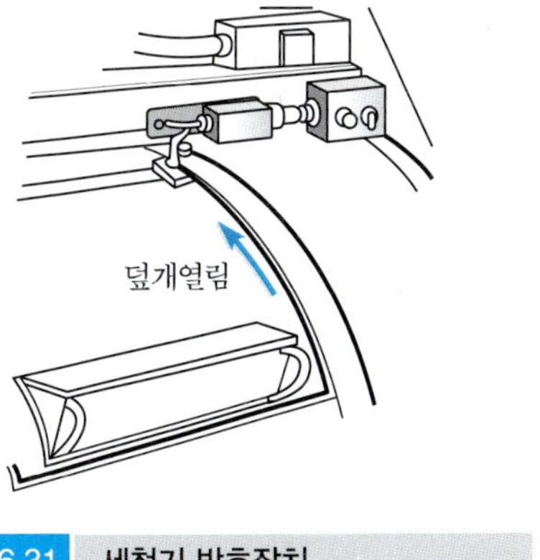

그림 6.31 세척기 방호장치

한편, 고속회전체의 회전시험시 주의사항은 다음과 같다.[규칙 제114조(회전시험 중의 위험 방지), 115조(비파괴검사의 실시)]

① 고속회전체(터빈 로터, 원심분리기의 버켓 등의 회전체로 원주속도가 25m/s를 초과하는 것)의 회전시험을 할 때에는 고속회전체의 파괴로 인한 위험을 방지하기 위하여 전용의 견고한 시설물 또는 견고한 장벽 또는 격리된 장소에서 시험해야 한다.
② 고속회전체(회전축의 중량이 1ton을 초과하고 원주속도가 120m/s 이상의 것)의 회전시험을 할 때에는 미리 회전축의 재질, 형상 등에 상응하는 종류의 비파괴검사를 실시하여 결함유무를 확인하여야 한다.

6.5.2 분쇄기 및 혼합기

분쇄기 또는 파쇄기란 절단도구가 달린 한 개 이상의 회전축 또는 플런저의 왕복운동에 의한 충격력을 이용하여 암석이나 금속 또는 플라스틱 등의 물질을 필요한 크기의 작은 덩어리 또는 물체로 부수는 기계를 말한다. 주요 구조부는 분쇄 또는 파쇄 챔버, 분쇄 또는 파쇄용 로터, 소재공급장치 등으로 구성된다.

한편, 혼합기란 회전축에 고정된 날개를 이용하여 내용물을 저어주거나 섞는 장치를 말한다. 주요 구조부는 혼합용기, 혼합용기 회전장치, 회전날 등으로 구성된다. 분쇄기, 파쇄기, 미분기, 혼합기 및 혼화기 등의 가동 또는 원료의 비산 등으로 근로자에게 위험을 미칠 우려가 있을 때에는 해당 부위에 덮개를 설치하는 등 필요한 조치를 취하여야 하며, 개구부에서 근로자가 전락하여 위해를 입을 우려가 있을 때에는 해당 부위에 덮개 또는 울 등을 설치하여야 한다. 또한, 내용물을 꺼내거나 정비, 청소, 검사, 수리 또는 그 밖에 이와 유사한 작업을 하는 경우에 당해 기계의 운전을 정지하여야 하며(단, 내용물을 자동으로 꺼내는 구조이거나 그 기계의 운전 중에 정비, 청소, 검사, 수리 또는 그 밖에 이와 유사한 작업을 하여야 하는 경우로서 안전한 보조기구를 사용하거나 위험한 부위에 필요한 방호조치를 한 경우에는

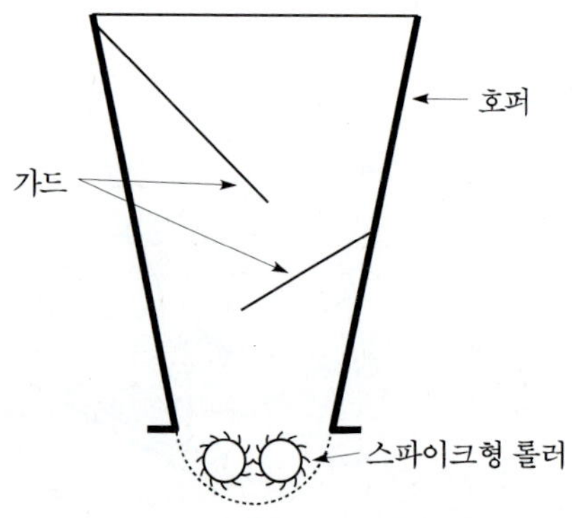

그림 6.32 빵가루 제조기의 호퍼의 방호

그렇지 않다), 최고 사용회전수를 초과하여 사용하여서는 안된다.

다음 그림 6.32는 빵가루용 밀가루 제조기의 스파이크형 롤에서 호퍼부분에 사용하는 방호장치의 예이다. 호퍼는 2단의 가드가 부착되어 있으며, 손을 집어넣어도 직접 롤러부분에 접촉되지 않도록 되어 있다.[시행령 제77조(자율안전확인대상기계등)]

주 1. 분쇄기 등으로 폭발성물질, 유기과산화물을 취급하거나 분진이 발생할 우려가 있는 작업을 하는 경우 폭발 등에 의한 산업재해를 예방하기 위하여 필요한 조치를 하여야 한다.[규칙 제113조(폭발성 물질 등의 취급시 조치)]

2. 식품 등을 손으로 직접 넣어 분쇄하는 기계의 작동 부분이 근로자를 위험하게 할 우려가 있는 경우 식품 등을 분쇄기에 넣거나 꺼내는 데에 필요한 부위를 제외하고는 덮개를 설치하고, 분쇄물투입용 보조기구를 사용하도록 하는 등 근로자의 손 등이 말려들어가지 않도록 필요한 조치를 하여야 한다.[규칙 130조(식품분쇄기의 덮개 등)]

6.5.3 사출성형기

사출성형기(injection molding machine)는 열가소성의 플라스틱 원료를 가열 용융하여 높은 압력(1,000~2,000kg/cm^2)으로 노즐에서 금형 안으로 사출하여 성형하는 기계로서, 그 구성은 사출기구(injection system), 형체기구(mold clamping system), 프레임(frame), 유압구동부(hydraulic power system), 전기제어부(electrical control system) 등으로 되어 있으며, 금형의 개폐중 실수하여 손을 협착할 위험이 크다.[시행령 제74조(안전인증대상기계등)]

따라서 유사한 메커니즘을 갖고 있는 사출성형기, 주형조형기 및 형단조기 등에 근로자의 신체의 일부가 말려들어갈 우려가 있는 경우에는 게이트 가드(gate guard) 또는 양수조작식 등에 의한 방호장치, 그 밖에 필요한 방호장치를 하여야 한다. 한편 게이트 가드는 이를 닫지 아니하면 기계가 작동되지 아니하는 연동구조이어야 한다.

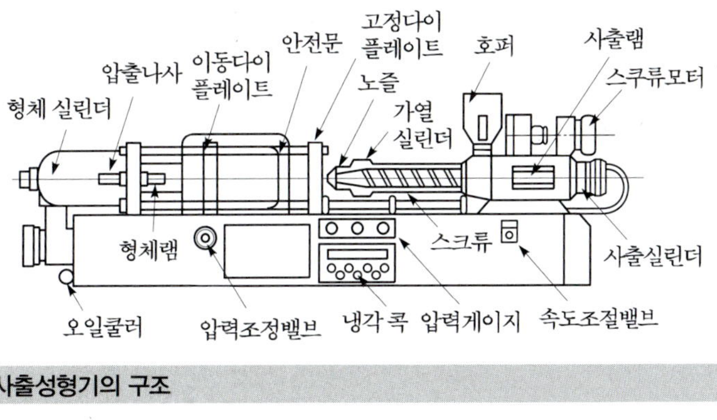

그림 6.33 사출성형기의 구조

또한 기계의 히터 등의 가열부위 또는 감전 우려가 있는 부위에는 방호 덮개를 설치하는 등 필요한 안전조치를 하여야 한다[규칙 제121조(사출성형기 등의 방호장치)].

주 1. **주형조형기(molding machine)** : 대량생산 방식을 채용하고 있는 주문공장에서 주조용 주형을 기계적인 방법으로 만드는 기계
2. **형단조기(die forging machine)** : 가열된 강재를 형(다이)에 넣고 형의 외부에서 힘을 가하여 성형하는 기계

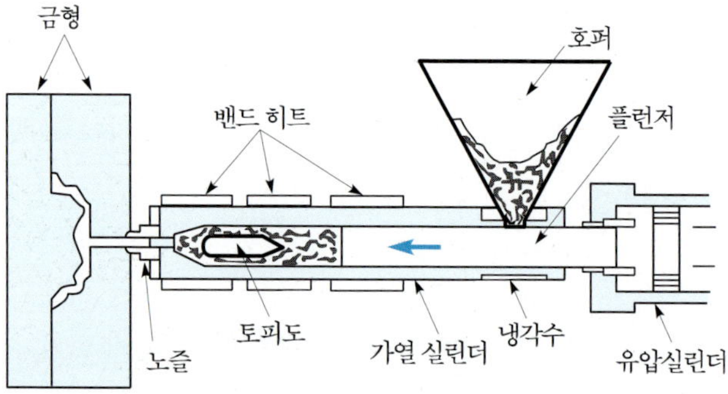

그림 6.34 플런저식 사출성형기

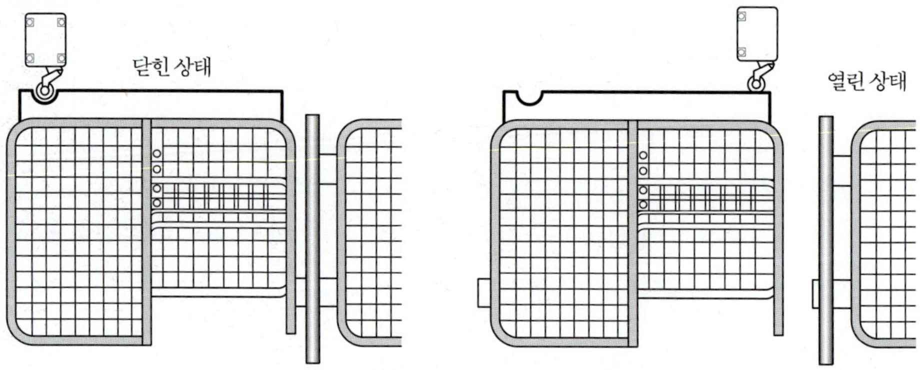

그림 6.35 사출성형기의 게이트 가드식 방호장치

6.5.4 신선기 및 포장기계

금속선재를 다이를 통하여 끌어당겨, 필요로 하는 단면형상이나 금속선을 만드는 기계를 신선기(wire elongating machine)라 하며, 신선기의 인발 블록 또는 기계의 케이지로서 근로자에게 위험을 미칠 우려가 있는 경우에는 덮개 또는 울을 설치하여야 한다 [규칙 제125조(신선기의 인발블록의 덮개 등)].

한편, 종이상자, 마대 등의 포장기 또는 충진기 등의 작동부분이 근로자에게 위험을 미칠 우려가 있을 때에는 덮개의 설치 등 필요한 조치를 하여야 한다[규칙 제128조(포장기계의 덮개 등)]

주 1. 포장기계의 구동부 방호 연동장치[위험기계·기구 방호조치 기준]

1) 적용대상 : 동력으로 작동되는 포장기계 중 진공포장기 및 랩핑기

2) 방호장치 :진공포장기 및 랩핑기의 다음 각 호의 부위에는 개방 시 기계의 작동이 정지되는 구조의 구동부 방호 연동장치를 설치하여야 한다. 다만, 연동회로의 구성이 곤란한 부위에는 고정식 방호가드를 설치하여야 한다.

① 릴 풀림장치 등 구동부 ② 열 봉합장치 등 고열발생 부위

③ 포장 릴(릴 풀림장치 포함) 주변 ④ 자동 스플라이싱 장치 주변

⑤ 포장재 절단용 칼날 주변

3) 설치방법 : 구동부 방호 연동장치는 다음 요건에 적합하게 설치하여야 한다.

① 정해진 위치에 견고하게 고정될 것

② 공구를 사용하여야 해체할 수 있을 것

③ 연동장치는 방호덮개 등을 닫은 후 자동으로 재기동되지 아니하고 별도의 조작에 의해서만 기동될 것

④ 구동부와 방호덮개 등의 연동장치가 상호 간섭되지 않도록 충분한 안전거리를 확보할 것

2. 버프연마기는 연마에 필요한 부위를 제외하고는 덮개를 설치하여야 한다[규칙 제126조(버프연마기의 덮개)].

3. 선풍기, 송풍기 등의 회전날개에 의하여 근로자가 위험해질 우려가 있는 경우 해당 부위에 망 또는 울 등을 설치하여야 한다[규칙 제127조(선풍기 등에 위한 위험의 방지].

4. 농업용기계를 이용하여 작업을 하는 경우에는 농업기계화촉진법 시행규칙에 따른 방호장치를 갖춘 기계를 사용하여야 한다[규칙 제131조(농업용기계에 위한 위험 방지)].

연습문제 1

01 목재가공용 둥근톱기계의 재해형태를 쓰시오.

02 목재가공용 둥근톱기계의 방호장치의 종류와 설치방법을 간략히 기술하시오.

03 둥근톱기계의 톱날의 직경이 500mm이다. 이 때 설치하여야 할 분할날의 최소길이는 얼마인가?

04 둥근톱기계의 있어서 톱날의 두께는 2.5mm이고, 치진 폭은 4mm이다. 설치하여야 할 분할날의 두께의 범위를 정하시오.

05 띠톱기계의 방호장치의 종류를 열거하시오.

06 동력식 수동대패기의 방호장치 종류와 설치방법을 간략히 기술하시오.

07 보일러에 있어서 재해원인을 분류하시오.

08 보일러 운전시 압력상승원인을 열거하시오.

09 보일러의 파열 원인을 설명하시오.

10 캐리오버의 발생원인과 방지대책을 기술하시오.

11 보일러에 사용되는 방호장치의 종류를 들고, 그 기능을 간단히 설명하시오.

12 압력용기의 재해유형을 기술하시오.

연습문제 1

13 공기압축기의 방호장치의 종류를 열거하고, 그 기능을 간단히 설명하시오.

14 공기압축기의 작업시작 전 점검사항을 열거하시오.

15 방직기와 제면기의 방호장치를 열거하시오.

16 200rpm으로 회전하는 원심기의 주철제 내통의 허용응력이 $100kg/cm^2$이라 할 때, 내통의 허용 최대속도는 얼마인가? (단, 주철의 비중량은 $0.0073kg/cm^3$이다)

17 고속회전체의 회전시험시 주의사항에 관하여 기술하시오.

18 사출성형기의 방호장치의 종류를 열거하시오.

19 원심기의 방호대책을 기술하시오.

연습문제 2

01 목재 관련업종에서 높은 재해 발생률을 보이는 요인을 기술하시오.

02 보일러 운전시 발생증기의 이상 현상에 대하여 설명하시오.

03 보일러 운전시 일어날 수 있는 이상연소의 종류를 들고 간단히 설명하시오.

04 보일러의 장해 중 물에 기인하는 장해에 대하여 간단히 설명하시오.

05 두께 8mm인 인장강도 60kg/mm^{2}의 연강판으로 10kg/cm^{2}의 내압을 받는 원통형 압력용기를 제작할 때, 안전율을 5로 하면 내경을 얼마로 하여야 하는가?

06 보일러의 장애요인, 사고원인 및 안전대책에 대하여 설명하시오.

객관식 연습문제

1 기계 대패로 나무가공을 하고 있을 때 대팻날은 작업자를 기준으로 어느 방향이 좋은가?

(가) 30° 방향 (나) 45° 방향
(다) 같은 방향 (라) 반대 방향

2 둥근톱기계의 안전작업으로 옳지 않은 것은?

(가) 작업자는 톱날의 회전방향의 정면에 선다.
(나) 톱날이 재료보다 너무 높지 않게 한다.
(다) 작은 재료의 절단에는 적당한 도구를 사용한다.
(라) 작업 전에 공회전시켜 점검한다.

3 목재 가공용 기계를 취급하는 안전담당자의 이행 사항이 아닌 것은?

(가) 기계 및 그 방호장치를 점검
(나) 방호장치에 이상이 있을 시 그 기능을 정지
(다) 기계를 취급하는 작업을 지휘
(라) 작업 중 지그 및 공구 등의 사용 상황을 감독

4 가공시 반발위험성이 가장 적은 목재의 물리적 성질이 아닌 것은?

(가) 과도한 수축 (나) 협업현상
(다) 나이테 (라) 옹이

5 목재가공용 띠톱기계의 이송롤러기에는 다음 중 어떤 장치를 하여야 하는가?

(가) 덮개 (나) 브레이크
(다) 반발예방장치 (라) 쐐기

6 둥근톱의 톱날직경이 420mm 일 경우 분할날 최소의 길이는?

(가) 400mm (나) 240mm
(다) 220mm (라) 340mm

객관식 연습문제

07 목재가공용 둥근톱기계의 분할날의 두께는 둥근톱 두께의 몇 배 이상이 되어야 하는가?

(가) 0.8　　(나) 0.9
(다) 1.0　　(라) 1.1

08 톱의 뒷(back)날 바로 가까이에 설치되며, 절삭된 가공재의 홈 사이로 들어가면서 가공재의 모든 두께에 걸쳐 쐐기작용을 하여 가공재가 톱 자체를 조이지 않게 하는 방호장치는?

(가) 반발방지장치　　(나) 분할날
(다) 날접촉예방장치　　(라) 가동식 접촉예방장치

09 압축기의 방호장치 중에서 공기탱크의 압력을 일정압력으로 조절하는 장치는?

(가) 체크밸브　　(나) 언로우더밸브
(다) 안전밸브　　(라) 압력조절계

10 기계대패의 작업시 가장 위험한 때는?

(가) 가공을 시작할 때　　(나) 중간쯤 가공했을 때
(다) 거의 끝날 때　　(라) 전부에 걸쳐서

11 목공용 둥근톱날의 위험방지에 가장 필요한 사항은?

(가) 복개장치를 한다.　　(나) 회전장치를 한다.
(다) 반발예방장치를 한다.　　(라) 누전에만 주의해서 사용한다.

12 산업안전보건법에서 방호장치를 설치해야 하는 목재가공용 둥근톱의 방호장치에 맞는 것은?

(가) 시건장치　　(나) 반발예방장치
(다) 급정지장치　　(라) 브레이크 및 덮개

13 목재 가공용 둥근톱의 두께가 3mm일 때 분할날의 두께는 톱날 두께의 얼마 이상으로 하는가?

(가) 4.6mm　　(나) 3.3mm
(다) 3.6mm　　(라) 4.8mm

객관식 연습문제

14 목재 가공 기계 분할날의 설치 거리는?

(가) 톱날에서 10mm 이내　　(나) 톱날에서 11mm 이내
(다) 톱날에서 12mm 이내　　(라) 톱날에서 15mm 이내

15 목재 가공 기계 중 위험성이 가장 높은 것은?

(가) 띠톱기계　　(나) 둥근톱기계
(다) 수동 대패기　　(라) 모떼기 기계

16 동력식 수동 대패기의 방호장치는?

(가) 급정지장치　　(나) 반발방지장치
(다) 날접촉예방장치　　(라) 시건장치

17 동력식 수동 대패기의 날접촉예방장치 설치 기준에 해당되지 않는 것은?

(가) 덮개는 가공재를 절삭하고 있는 부분 이외의 날 부분을 완전히 덮을 수 있어야 한다.
(나) 장치를 고정시키는 볼트 및 핀 등은 견고하게 부착되도록 하여야 한다.
(다) 날의 접촉 예방 장치는 가동식이어야 한다.
(라) 덮개는 모든 날 부분을 완전히 덮을 수 있어야 한다.

18 원형톱으로 목재를 자를 때 톱날은 목재 두께보다 몇 mm 이상 높게 올려야 하는가?

(가) 3~4m　　(나) 5~10m
(다) 10~15mm　　(라) 15~20mm

19 목공 기계의 벨트를 풀리에 걸 때 어떤 상태에서 하면 좋은가?

(가) 고속 회전 때　　(나) 중속 회전 때
(다) 저속 회전 때　　(라) 회전이 중지된 때

20 목공 공구 사용법에서 안전 관리에 적합하지 않은 것은?

(가) 공구는 작업에 적합한 것을 사용할 것
(나) 목공 공구는 예리하므로 세워서 보관할 것
(다) 손이나 공구에 기름이 묻었으면 완전히 닦을 것
(라) 불완전한 공구는 사용하지 말 것

객관식 연습문제

21 보일러의 방호장치에 속하지 않는 것은?

(가) 압력방출장치
(나) 압력제한스위치
(다) 비상정지장치
(라) 고저 수위조절장치

22 보일러에서 스케일(scale)의 악영향으로 가장 적합한 것은?

(가) 국부과열
(나) 비수작용
(다) 물망치 작용
(라) 파이프 누설

23 보일러에 유지류, 고형물 등에 의해 거품이 생겨 수위를 판단하지 못하는 현상인 것은?

(가) 플라이밍(priming)
(나) 케이로버(carry over)
(다) 포밍(forming)
(라) 기수(氣水)

24 보일러에서 수면계로 수면을 확인할 때 사용 중 유의해야 할 안전수위체크 항목인 것은?

(가) 안전수위
(나) 상용수위
(다) 사용수위
(라) 압력수위

25 보일러가 부식되는 원인이 아닌 것은?

(가) 급수에 불순물이 포함되었을 때
(나) 급수처리가 잘되지 않을 때
(다) 증기발생이 많을 때
(라) 폐수나 오염된 물을 사용했을 때

26 보일러가 최고압력 이하에서 파손되는 이유로서 가장 적합한 것은?

(가) 구조상의 결점
(나) 불안전한 방호장치
(다) 방호장치가 작동하지 않는다.
(라) 수관에 스케일이 많이 끼어 있다.

27 다음 방호장치 중 목재 가공용 둥근톱기계의 반발방지용으로 쓰이지 않는 것은?

(가) 분할날(spreader)
(나) 반발방지 핑거(finger)
(다) 반발방지 롤러
(라) 현수식 덮개

객관식 연습문제

28 원통형 보일러의 상용 수위가 안전저수위보다 유지하여야 할 수위 범위는?

(가) 50mm~80mm (나) 60mm~150mm
(다) 150mm~180mm (라) 180mm 이상

29 보일러의 방호장치가 아닌 것은?

(가) 압력제한 스위치 (나) 언로드밸브
(다) 압력배출장치 (라) 고저수위조절장치

30 다음 중 보일러에서 과열되는 원인은?

(가) 안전밸브 불량 (나) 압력계를 주의 깊게 관찰하지 않았을 때
(다) 댐퍼의 개폐조정불량 (라) 수관 내의 청소 불량

31 보일러의 분류 중 수관보일러에 해당되지 않는 것은?

(가) 노통연관 보일러 (나) 자연순환식 보일러
(다) 강제순환식 보일러 (라) 관류 보일러

32 보일러의 부속장치로 연도를 흐르는 여열을 이용하여 보일러에 공급되는 급수를 예열, 증발량을 증가시키고, 연료소비량을 감소시키기 위한 장치에 해당되는 것은?

(가) 과열기 (나) 절탄기
(다) 공기예열기 (라) 연소장치

33 보일러의 점화전 점검사항에 해당되지 않는 것은?

(가) 수면계의 수위조정 (나) 연소장치와 통풍장치의 점검
(다) 자동제어장치의 점검 (라) 연소장치의 연소조절

34 보일러의 저수위(이상감수) 발생원인으로 옳지 않은 것은?

(가) 분출밸브 등의 누수 (나) 급수관의 이물질 축적
(다) 급수장치 및 수면계의 고장 (라) 수관 및 연소장치의 고장

객관식 연습문제

35 다음 중 보일러에 관한 설명이다. 옳지 않은 것은?

(가) 압력계의 작동불량은 과열 및 압력상승의 원인이 된다.
(나) 부적당한 급수 처리는 부식의 원인이다.
(다) 수면계의 고장은 과열의 원인이 된다.
(라) 방호장치가 불량할 때에는 최고사용압력 이하에서 파열하는 원인이 된다.

36 보일러가 최고압력 이하에서 파열되는 주된 이유로 옳은 것은?

(가) 방호장치의 작동불능
(나) 연소장치가 불완전할 경우
(다) 구조상의 결점이 있을 경우
(라) 안전밸브가 불완전할 경우

37 보일러가 과열되는 원인으로 옳은 것은?

(가) 수관 내의 청소불량
(나) 보일러 동체의 부식
(다) 압력계의 불량
(라) 안전밸브의 기능불량

38 보일러 취급시 이상 현상으로 이상 연소의 발생원인에 해당되지 않는 것은?

(가) 연료와 공기의 혼합기가 부적합할 때
(나) 연도에 굴곡부와 같은 포켓이 있을 때
(다) 수분이 많이 함유된 연료를 사용할 때
(라) 압력계 및 공기예열 장치가 고장났을 때

39 프라이밍과 포밍의 발생원인에 해당되지 않는 것은?

(가) 저수위인 경우
(나) 증기부하가 과대한 경우
(다) 보일러수가 농축된 경우
(라) 기수분리장치가 불완전한 경우

객관식 연습문제

40 보일러 사용 중 발생하기 쉬운 역화의 원인에 해당되지 않는 것은?

(가) 압입통풍이 지나치게 강한 경우
(나) 흡입통풍이 과다한 경우
(다) 점화할 때 착화가 늦었을 경우
(라) 연도 내에 미연가스가 다량 있는 경우

41 보일러의 압력방출장치에 대한 다음 설명 중 옳지 않은 것은?

(가) 압력방출장치는 1년에 1회 이상씩 표준 압력계를 이용하여 토출 압력을 시험한 후 납으로 봉인하여 조치하여야 한다.
(나) 압력방출장치는 매월 2회 이상 작동 상태를 점검하여야 하며 쉽게 작동시험을 할 수 있도록 조치하여야 한다.
(다) 사업주는 보일러의 안전한 가동을 위하여 보일러 규격에 적합한 압력방출장치를 1개 또는 2개 이상 설치하고 최고사용압력 이하에서 작동되도록 하여야 한다.
(라) 압력방출장치가 2개 이상 설치된 경우에는 최고사용압력 이하에서 1개가 작동되고, 다른 압력방출장치는 최고 사용 압력 1.05배 이하에서 작동되도록 부착하여야 한다.

42 다음 보일러 운전 방법의 주지 사항에 대한 설명 중 잘못 기술된 것은?

(가) 압력방출장치는 봉인된 상태에서 정상 작동되도록 하고 매주 2회 이상 작동시험을 할 것
(나) 고저수위조절장치와 급수 펌프와의 상호 기능 상태를 점검할 것
(다) 가동중인 보일러는 작업자가 항상 정위치를 떠나지 아니할 것
(라) 압력방출장치·압력제한스위치를 매일 작동시험하여 정상 작동 여부를 점검할 것

43 보일러(boiler) 속의 물이 부족할 때 급속하게 급수하면 보일러가 폭발하기 쉽다. 다음 중 그 원인은 무엇인가?

(가) 급격 수축
(나) 급격 팽창
(다) 급격 압력 상승
(라) 급격 온도 상승

객관식 연습문제

44 다음 중 압목을 사용하여야 하는 경우는 언제인가?

(가) 둥근톱기계에서 작은 재료를 절단할 때
(나) 목공 선반에서 구멍을 뚫을 때
(다) 홈파기 기계로 홈을 팔 때
(라) 드릴링 기계에서 작은 일감에 구멍을 뚫을 때

45 사업주는 공기 압축기의 공기 저장 압력용기의 식별이 가능하도록 하기 위하여 표시를 해야 한다. 표시를 해야 할 사항으로 맞는 것은?

(가) 최고사용압력, 제조 년 월 일, 내용물 명칭
(나) 최고사용압력, 제조 년 월 일, 제조 회사
(다) 최고사용압력, 제조 년 월 일, 사용 방법
(라) 저장 온도, 명칭, 제조 회사

46 압력용기 내의 압력이 제한압력을 넘었을 때 열려서 파손을 방지하는 밸브는?

(가) 안전밸브　(나) 체크밸브
(다) 스톱밸브　(라) 게이트밸브

47 압력용기의 사고원인에 해당되지 않는 것은?

(가) 압력의 과다에 따른 용기의 파열
(나) 용기의 구조불량 및 안전밸브불량
(다) 작업방법 불량에 따른 가연물의 폭발
(라) 연료의 과열로 인한 팽출

48 압력용기에 설치하는 압력방출장치의 작동시험 주기로 옳은 것은?

(가) 1일 1회 이상　(나) 1주일에 1회 이상
(다) 1개월에 1회 이상　(라) 1년에 1회 이상

49 공기압축기 작업시작 전 점검사항으로 옳지 않은 것은?

(가) 공기저장 압력용기 외관 상태　(나) 드레인 밸브의 조작 및 배수
(다) 압력방출장치의 기능　(라) 압력제한 스위치의 기능

객관식 연습문제

50 방적기 및 제면기의 방호장치로서 틀리는 것은?

(가) 시건장치　　(나) 급정지장치
(다) 연동장치　　(라) 덮개

51 다음 장치들은 회전 중에는 열 수 없도록 시건장치를 하여야 하는 것이다. 다음 중 이중장치를 하지 않아도 되는 것은?

(가) 제면기의 실린더 커버
(나) 면사 방직기계의 혼타면기 실린더 커버의 손잡이와 타면기의 비터 커버
(다) 선반의 변환기어 커버
(라) 견사 방직기계의 타면기 실린더 커버

52 원심기에 가장 필요한 방호장치는?

(가) 덮개　　(나) 회전수조정기
(다) 회전수표시장치　　(라) 급정지장치

53 다음 밸브 중 일정한 조건하에서 무부하로 하기 위하여 사용하는 밸브는?

(가) 감압 밸브　　(나) 언로드 밸브
(다) 릴리프 밸브　　(라) 시퀀스 밸브

54 사출 성형기, 주형 조형기, 형타기 등에 가장 알맞은 방호장치는?

(가) 손쳐내기식　　(나) 수인식
(다) 양수조작식 또는 게이트 가드식　　(라) 감응식

55 덮개를 설치해야 할 기계가 아닌 것은?

(가) 연삭기　　(나) 띠톱기계
(다) 사출성형기　　(라) 신선기

객관식 연습문제

56 방적기의 방호장치로 시건 장치를 설치할 때 특히 위험성이 높은 어느 부분에 설치하여야 하는가?

(가) 외관부 (나) 벨트와 풀리
(다) 비터와 실린더 (라) 기어와 피니언

57 원형톱기계의 위험을 방지하기 위한 방호장치에 해당되는 것은? (단, 목재가공용 원형톱기계는 제외한다)

(가) 방호덮개 (나) 반발예방장치
(다) 톱날접촉예방장치 (라) 방호판

58 금속절단용 원형톱기계에 설치하여야 하는 방호장치는?

(가) 톱날접촉예방장치 (나) 톱날접촉예방장치 및 반발예방장치
(다) 슬리브 (라) 덮개 또는 울

59 다음 밸브 중 역류방지용인 것은?

(가) 체크밸브(check valve) (나) 글로브밸브(globe valve)
(다) 슬루스밸브(sluice valve) (라) 앵글밸브(angle valve)

60 다음 중에서 보일러의 부속장치가 아닌 것은?

(가) 과열기 (나) 절탄기
(다) 공기 예열기 (라) 응축기

61 보일러의 원통형 몸체의 원주방향응력은 축방향응력의 몇 배인가?

(가) 0.1 (나) 1
(다) 2 (라) 4

62 원심기에 설치하여야 하는 방호설비는?

(가) 광전자식 방호장치 (나) 급정지장치
(다) 덮개 (라) 분할날

객관식 연습문제

63 보일러의 부식원인 중 맞지 않는 것은?

(가) 급수에 해로운 불순물이 혼합되었을 때
(나) 불순물을 사용하여 수관이 부식되었을 때
(다) 급수처리를 하지 않은 물을 사용할 때
(라) 증기발생이 과다할 때

64 보일러의 부하가 과중할 경우에 미치는 영향을 설명한 것 중 틀린 것은?

(가) 프라이밍(priming)을 일으킬 수 있다.
(나) 전열면의 증발률이 커진다.
(다) 보일러의 효율이 낮아진다.
(라) 증발계수가 작아진다.

65 보일러에서 압력 제한 스위치의 역할은?

(가) 최고사용압력과 사용압력 사이에서 보일러의 버너 연소를 차단
(나) 최고사용압력과 사용압력 사이에서 급수펌프 작동을 제한
(다) 최고사용압력 도달시 과열된 공기를 대기에 방출하여 압력 조절
(라) 위험 압력시 버너, 급수펌프 및 고저 수위조절 장치 등을 통제하여 일정압력 유지

66 목재 가공형 둥근톱에 관한 사항이다. 틀린 것은?

(가) 톱의 노출 높이는 작업면에서 100mm 이상의 것에 한한다.
(나) 분할날은 톱날로부터 12mm 이상 떨어지지 않게 설치한다.
(다) 반발 예방장치란 분할날 또는 반발방지 기구를 의미한다.
(라) 분할날의 두께는 톱두께의 1.5배 이상 되어야 한다.

67 보일러 과열의 원인이 아닌 것은?

(가) 수관과 본체의 청소 불량
(나) 관수 부족 시 보일러의 가동
(다) 드럼내의 물의 감소
(라) 수격작용이 발생될 때

객관식 연습문제

68 산업안전보건법령상 보일러의 폭발위험 방지를 위한 방호장치가 아닌 것은?

(가) 급정지장치
(나) 압력제한스위치
(다) 압력방출장치
(라) 고저수위 조절장치

69 보일러 발생증기가 불안정하게 되는 현상이 아닌 것은?

(가) 캐리 오버(carry over)
(나) 프라이밍(priming)
(다) 절탄기(economizer)
(라) 포밍(foaming)

70 원심기의 안전에 관한 설명으로 적절하지 않은 것은?

(가)원심기에는 덮개를 설치하여야 한다.
(나) 원심기의 최고사용회전수를 초과하여 사용 하여서는 아니 된다.
(다) 원심기에 과압으로 인한 폭발을 방지하기 위하여 압력방출장치를 설치하여야 한다.
(라) 원심기로부터 내용물을 꺼내거나 원심기의 정비, 청소 검사, 수리작업을 하는 때에는 운전을 정지시켜야 한다.

71 목재가공용 등근톱의 톱날 지름이 500mm 일 경우 분할날의 최소길이는 약 몇 mm인가?

(가) 462
(나) 362
(다) 262
(라) 162

72 보일러 압력방출장치의 종류에 해당하지 않는 것은?

(가) 스프링식
(나) 중추식
(다) 플런저식
(라) 지렛대식

73 산업안전보건법상 보일러에 설치하는 압력방출장치에 대하여 검사 후 봉인에 사용되는 재료로 가장 적합한 것은?

(가) 납
(나) 주석
(다) 구리
(라) 알루미늄

객관식 연습문제

74 다음 (　　) 안에 들어갈 용어로 알맞은 것은?

> 사업주는 보일러의 과열을 방지하기 위하여 최고 사용 압력과 상용 압력 사이에서 보일러의 버너 연소를 차단할 수 있도록 (　　)을(를)부착하여 사용하여야 한다.

(가) 고저수위 조절장치　　(나) 압력방출장치
(다) 압력제한스위치　　(라) 파열판

75 두께 2mm이고 치진폭이 2.5mm인 목재가공용 둥근톱에서 반발예방장치 분할날의 두께(t)로 적절한 것은?

(가) 2.2mm ≦ t < 2.5mm　　(나) 2.0mm ≦ t < 3.5mm
(다) 1.5mm ≦ t < 2.5mm　　(라) 2.5mm ≦ t < 3.5mm

76 다음 중 보일러의 방호장치와 가장 거리가 먼 것은?

(가) 언로드밸브　　(나) 압력방출장치
(다) 압력제한스위치　　(라) 고저수위조절장치

77 보일러에서 압력이 규정 압력이상으로 상승하여 과열되는 원인으로 가장 관계가 적은 것은?

(가) 수관 및 본체의 청소 불량
(나) 관수가 부족할 때 보일러 가동
(다) 절탄기의 미부착
(라) 수면계의 고장으로 인한 드럼내의 물의 감소

78 보일러에서 프라이밍(priming)과 포밍(foaming)의 발생 원인으로 가장 거리가 먼 것은?

(가) 역화가 발생되었을 경우
(나) 기계적 결함이 있을 경우
(다) 보일러가 과부하로 사용될 경우
(라) 보일러 수에 불순물이 많이 포함되었을 경우

객관식 연습문제

79 보일러에서 압력방출장치가 2개 설치된 경우 최고 사용압력이 1MPa일 때 압력방출장치의 설정 방법으로 가장 옳은 것은?

(가) 2개 모두 1.1MPa 이하에서 작동되도록 설정하였다.
(나) 하나는 1MPa 이하에서 작동되고 나머지는 1.1MPa 이하에서 작동되도록 성정하였다.
(다) 하나는 1MPa 이하에서 작동되고 나머지는 1.05MPa 이하에서 작동되도록 성정하였다.
(라) 2개 모두 1.05MPa 이하에서 작동되도록 설정하였다.

80 보일러에서 폭발사고를 미연에 방지하기 위해 화염 상태를 검출할 수 있는 장치가 필요하다. 이 중 바이메탈을 이용하여 화염을 검출하는 것은?

(가) 프레임 아이 (나) 스택 스위치
(다) 전자 개폐기 (라) 프레임 로드

81 다음 목재가공용 기계에 사용되는 방호장치의 연결이 옳지 않은 것은?

(가) 둥근톱기계 : 톱날접촉예방장치 (나) 띠톱기계 : 날접촉예방장치
(다) 모떼기 기계 : 날접촉예방장치 (라) 동력식 수동대패기계 : 반발예방장치

82 산업안전보건법상 보일러의 안전한 가동을 위하여 보일러 규격에 맞는 압력방출장치가 2개 이상 설치된 경우에 최고 사용압력 이하에서 1개가 작동되고, 다른 압력방출장치는 최고 사용압력의 몇 배 이하에서 작동되도록 부척하여야 하는가?

(가) 1.03배 (나) 1.05배
(다) 1.2배 (라) 1.5배

83 사업주가 보일러의 폭발사고예방을 위하여 기능이 정상적으로 작동될 수 있도록 유지, 관리할 대상이 아닌 것은?

(가) 과부하방지장치 (나) 압력방출장치
(다) 압력제한스위치 (라) 고저수위조절장치

객관식 연습문제

84 다음 중 산업안전보건법령상 보일러 및 압력용기에 관한 사항으로 틀린 것은?

(가) 공정안전보고서 제출 대상자로서 이행상태 평가결과가 우수한 사업장의 경우 보일러의 압력방출장치가 적정하게 작동하는지를 검사할 수 있다.

(나) 보일러의 안전한 가동을 위하여 보일러 규격에 맞는 압력방출장치를 1개 이상 설치하고 최고 사용압력 이하에서 작동되도록 하여야 한다.

(다) 보일러의 과열을 방지하기 위하여 최고사용압력과 상용 압력 사이에서 보일러의 버너 연소를 차단할 수 있도록 압력제한스위치를 부착하여 사용하여야 한다.

(라) 압력용기에서는 이를 식별할 수 있도록 하기 위하여 그 압력 용기의 최고사용압력, 제조연월일, 제조회사명이 지워지지 않도록 각인(刻印) 표시된 것을 사용하여야 한다.

85 목재가공용 둥근톱 기계에서 가동식 접촉예방장치에 대한 요건으로 옳지 않은 것은?

(가) 덮개의 하단이 송급되는 가공재의 상면에 항상 접하는 방식의 것이고 절단작업을 하고 있지 않을 때에는 톱날에 접촉되는 것을 방지할 수 있어야 한다.

(나) 절단작업 중 가공재의 절단에 필요한 날 이외의 부분을 항상 자동적으로 덮을 수 있는 구조여야 한다.

(다) 지지부는 덮개의 위치를 조정할 수 있고 체결볼트에는 이완방지조치를 해야 한다.

(라) 톱날이 보이지 않게 완전히 가려진 구조이어야 한다.

86 보일러 등에 사용하는 압력방출장치의 봉인은 무엇으로 실시해야 하는가?

(가) 구리 테이프
(나) 납
(다) 봉인용 철사
(라) 알루미늄 실(seal)

객관식 연습문제

87 압력용기 등에 설치하는 안전밸브에 관련한 설명으로 옳지 않은 것은?

(가) 안지름이 150mm를 초과하는 압력용기에 대해서는 과압에 따른 폭발을 방지하기 위하여 규정에 맞는 안전밸브를 설치해야 한다.

(나) 급성 독성물질이 지속적으로 외부에 유출될 수 있는 화학설비 및 그 부속설비에는 파열판과 안전밸브를 병렬로 설치한다.

(다) 안전밸브는 보호하려는 설비의 최고사용압력 이하에서 작동되도록 하여야 한다.

(라) 안전밸브의 배출용량은 그 작동원인에 따라 각각의 소요 분출량을 계산하여 가장 큰 수치를 해당 안전밸브의 배출용량으로 하여야 한다.

CHAPTER

07

운반기계

CHAPTER 07 운반기계

7.1 개요

동력운반작업이란 동력을 이용한 운반용 기계기구, 운반차량 등으로 화물을 운반하는 것으로서, 운반작업의 안전은 올바른 운전과 지속적인 점검 및 보수 밖에는 없다. 우리가 짐을 하나씩 메어 나르는 인력운반은 융통성이 있어 편리하지만 수량이 많고 연속작업이 되면 피로와 방심에 의한 사고가 많이 발생된다. 따라서 능률향상과 재해방지를 위하여 인력에 의한 운반작업을 배제하고 운반작업의 기계화 및 자동화가 꾸준히 추진되고 있다.

다시 말하면 운반작업은 생산활동에 수반되는 필수행위이며, 가공비의 30~40%가 운반비이며, 공정시간의 80~90%가 운반에 소요되는 시간이고, 노동으로 인한 재해의 85%(전체 재해의 약 30%)가 운반에서 발생하고 있다. 따라서 생산활동에 있어서의 운반시간, 운반재해를 줄여 운반안전을 기하는 것이 기업경영에 있어서 반드시 필요한 조건이다.

앞에서 언급한 바와 같이 인력운반을 배제하고 알맞은 운반기계를 도입하는 것은 재해의 감소를 위해서 반드시 필요한 것이기는 하지만 대부분의 운반기계는 동력기계이므로, 다른 측면에서는 아주 강도가 높은 재해의 위험성을 내포하고 있다는 사실을 잊어서는 안된다. 따라서 새로운 운반기계를 제작하거나 구입해서 사용하고자 할 경우에는 사전에 충분한 검토가 있어야 할 것이다.

(1) 운반기계의 의한 운반작업시 안전수칙

① 운반대 위에 여러 사람이 타지 말 것
② 미는 운반차에 화물을 실을 때에는 앞을 볼 수 있게 시야를 확보할 것
③ 운반차의 출입구는 운반차의 출입에 지장이 없는 크기로 할 것

④ 운반차의 화물적재 높이는 구미에서는 1,500 ± 500mm이나 우리나라는 한국인의 체격에 맞게 1,020mm를 중심으로 함이 적당하다.

⑤ 운반차를 밀 때의 자세는 지상 750~850mm 가량의 높이가 적당하다.

⑥ 운반차에 물건을 쌓을 때 될 수 있는 대로 전체의 중심이 밑이 되도록 쌓을 것

⑦ 무게가 다른 것을 쌓을 때는 무거운 물건을 밑에서부터 순차적으로 쌓을 것

주 1. 차량계 하역운반기계 등에 화물을 적재하는 경우에 다음 사항을 준수하여야 한다[규칙 제 173조(화물적재 시의 조치)].
① 하중이 한쪽으로 치우치지 않도록 적재할 것
② 구내운반차 또는 화물운반차의 경우 화물의 붕괴 또는 낙하에 의한 위험을 방지하기 위하여 화물에 로프를 거는 등 필요한 조치를 취할 것
③ 운전자의 시야를 가리지 않도록 화물을 적재할 것
2. 화물을 적재하는 경우 최대적재량을 초과해서는 안된다.

(2) 취급운반의 원칙

1) 취급운반의 3조건

① 운반거리를 단축시킬 것

② 운반을 기계화할 것

③ 손이 닿지 않는 운반방식으로 할 것

2) 취급운반의 5조건

① 직선운반을 할 것

② 연속운반을 할 것

③ 운반작업을 집중화시킬 것

④ 생산을 최고로 하는 운반을 생각할 것

⑤ 최대한 시간과 경비를 절약할 수 있는 운반작업을 고려할 것

(3) 하역운반

1) 운반의 기본조건

① 운반장소 ② 운반수단 ③ 운반시간

④ 운반 물건 ⑤ 작업 주체

2) 기계화해야 할 인력작업의 표준

① 3~4인 정도가 상당한 시간 계속해서 작업해야 되는 운반작업일 경우
② 발밑에서부터 머리 위까지 들어 올려야 되는 작업일 경우
③ 발밑에서부터 어깨까지 25kg 이상의 물건을 들어 올려야 되는 작업일 경우
④ 발밑에서부터 허리까지 50kg 이상의 물건을 들어 올려야 되는 작업일 경우
⑤ 발밑에서부터 무릎까지 75kg 이상의 물건을 들어 올려야 되는 작업일 경우

3) 운반기계의 선정기준

① 2점간의 계속적인 운반일 경우 : 컨베이어
② 일정지역 내에서 계속적인 운반일 경우 : 크레인
③ 불특정지역을 계속적으로 운반할 경우 : 화물트럭

4) 하역운반의 개선시 고려할 사항

① 운반목표를 분명히 설정해야 한다.
② 운반설비의 배치를 검토하여 시정해야 한다.
③ 운반능력의 균형을 검토한다.
④ 최소작업단위로 작업동작을 통합해야 한다.
⑤ 연락의 조직화, 합리화를 도모한다.

(4) 운반기계의 분류

① **양중기** : 중량물을 제한된 거리 범위 내에서 들어 올리거나 내리기 또는 이동하기 위한 각종 양중장비로서 크레인, 승강기, 곤도라, 리프트 등을 말한다.
② **차량계 하역운반기계** : 원동기를 내장하고 있는 것으로서 불특정 장소에 스스로 이동가능한 하역운반 기계를 말하며 지게차, 구내운반차, 화물자동차, 셔블 로우터(shovel loader) 등이 있다.
③ **컨베이어** : 화물을 연속적으로 운반하는 기계의 총칭을 말한다.

7.2 와이어 로프와 체인

로프에는 와이어 로프(wire rope)와 섬유 로프(textile rope)가 있으며, 섬유 로프에는 무명 로프(cotton rope)와 대마 로프(hemp rope)가 있다. 이 중 와이어 로프는 원거리에 있는 축의 전동 또는 화물의 하역작업에서 가장 중요한 위치를 차지하는 필수품이며, 전동용으로서 다른 섬유질 로프 또는 체인보다 같은 무게에 대한 강도가 특히 크다. 그럼에도 불구하고 작업자들의 와이어 로프에 관한 관심과 지식의 부족으로 재해가 종종 발생하고 있다.

한편, 체인은 축간 거리가 짧고 기어(치차) 전동이 불가능할 경우에 스프로킷 휠(sprocket wheel)에 걸어 감아서 동력을 전달시키는 장치로 매달기 기구로도 자주 사용된다. 전동용으로서는 저속에 롤러 체인(roller chain), 고속에 사일런트 체인(silent chain), 운반용으로는 링크 또는 코일 체인(link or coil chain)과 블록 체인

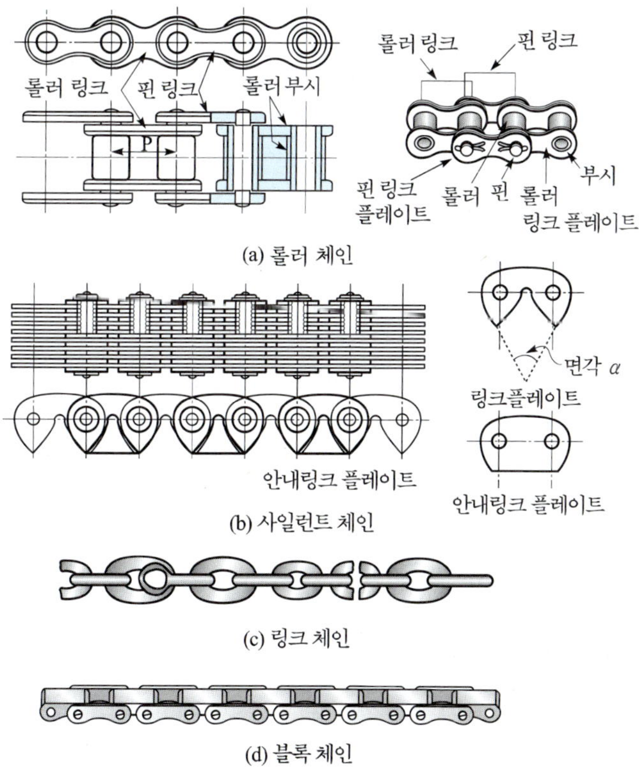

그림 7.1 체인의 종류

(block chain) 등이 사용된다.

주 섬유 로프(textile rope) : 무명 로프(cotton rope)와 대마 로프(hemp rope)가 있으며, 무명 로프는 유연하고 사용인장력이 8~10kg/cm^{2}이고, 대마 로프는 강하며 사용인장력이 8~15kg/cm^{2}이다.

(1) 와이어 로프의 구성

일반적으로 사용되는 와이어 로프는 질이 좋은 강선소재를 열처리하여 몇 번이고 다이스를 통과시켜서, 필요한 크기로 잡아 늘려서 아연도금을 한 철사를 꼬아서 만든 것이다. 중심에 대마심을 넣는 것은 로프의 구성을 용이하게 하고 유연성을 주어서 자유롭게 굽혀지게 하며, 윤활제를 포함시켜서 철사 사이의 마찰을 감소시켜 내구성을 높이기 위해서이다. 와이어 로프의 형상은 심강 둘레에 3~8개의 스트랜드(Strand, 가닥)로 둘러싸여 있으며 스트랜드를 구성하는 것을 소선이라 하는데, 스트랜드가 여러 개 모여 와이어 로프를 형성한다. 와이어 로프의 크기는 원둘레와 지름으로 표시한다. 와이어 로프의 지름을 측정하는 방법은 그림 7.2와 같다.

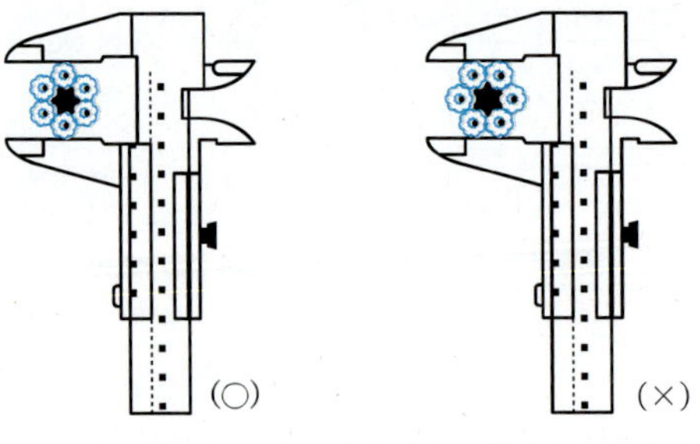

그림 7.2 와이어 로프의 직경 측정법

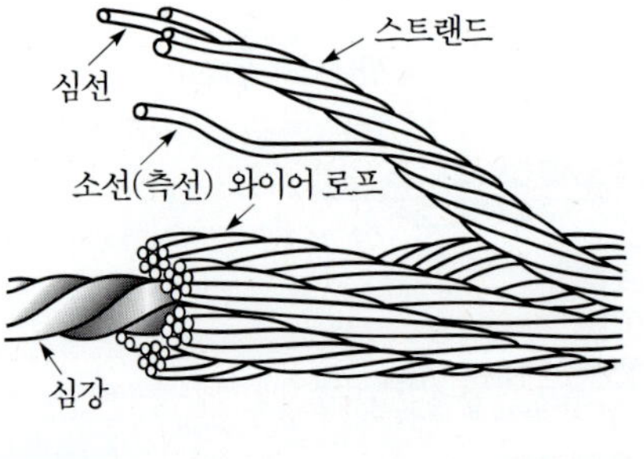

그림 7.3 와이어 로프의 구성

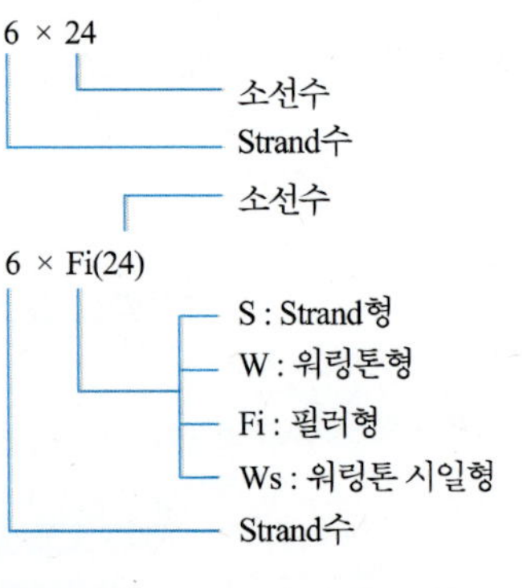

그림 7.4 와이어 로프의 구성 표시

와이어 로프의 사용속도는 통상 6~10m/s(최대값 25m/s) 범위이다. 와이어 로프의 형상은 그림 7.3과 같으며, 와이어 로프의 구성표시는 그림 7.4와 같이 나타낸다.

(2) 와이어 로프의 종류

KS D 3514에 의하면 호칭, 구성기호 및 단면에 따라 34종류로 구분된다. 그 중 일부를 표 7.1에 나타내었다.

표 7.1 와이어 로프의 종류

호칭	7개선 6꼬임	12개선 6꼬임	19개선 6꼬임	24개선 6꼬임
구성기호	6×7	6×12	6×19	6×24
단면	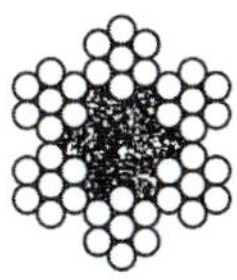		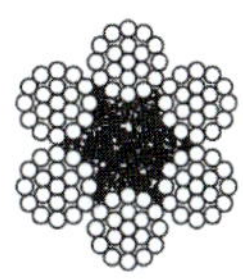	
호칭	30개선 6꼬임	37개선 6꼬임	61개선 6꼬임	19개선 6꼬임
구성기호	6×30	6×37	6×61	6×S(19)
단면				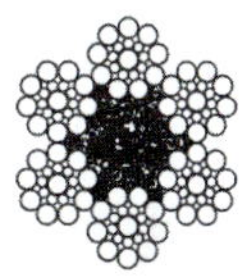
호칭	실형 19개선 6꼬임 로프심 등	워링톤형 19개선 6꼬임	워링톤형 19개선 6꼬임 로프심 등	필러형 25개선 6꼬임
구성기호	IWRC 6×S(19)	6×W(19)	IWRC 6×W(19)	6×Fi(25)
단면		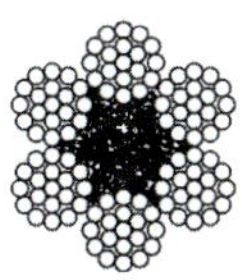	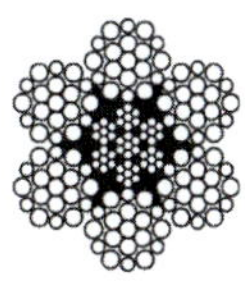	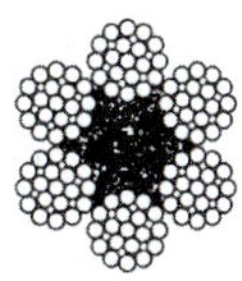

(3) 와이어 로프의 꼬임 모양과 꼬임 방향

와이어 로프는 특수 로프를 제외하고 보통 꼬임(Ordinary lay)과 랭 꼬임(Lang's lay)으로 분류할 수 있다. 그리고 보통 꼬임과 랭 꼬임에는 각각 스트랜드의 꼬임 방법이

오른나사와 같은 방향으로 되어 있는 Z꼬임과 왼쪽 나사와 같은 방향으로 되어 있는 S 꼬임의 2가지 꼬임 방법이 있다. 그 형상은 그림 7.5와 같다.

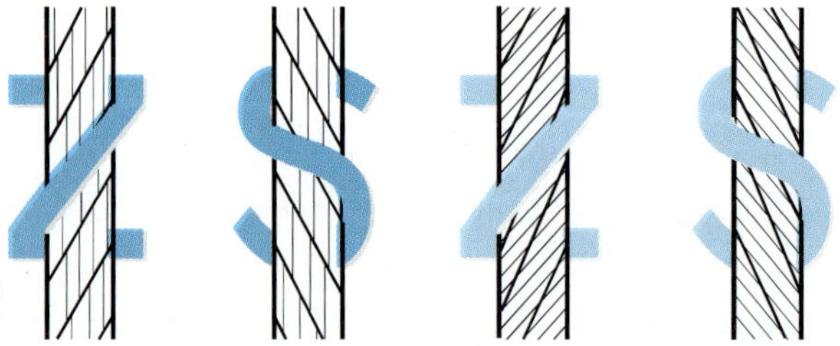

그림 7.5 와이어 로프 꼬는 방법

1) 보통 꼬임

스트랜드의 꼬임방향과 로프의 꼬임방향이 반대로 된 것으로서 소선의 외부 길이가 짧아 비교적 마모가 되기 쉽지만 킹크가 생기지 않고 로프의 변형이나 하중을 걸었을 때 저항성이 크고 취급이 용이하여 선박, 육상 등에 일반적으로 사용되고 있다.

2) 랭 꼬임

스트랜드의 꼬임방향과 로프의 꼬임방향이 동일한 것으로서 보통 꼬임에 비하여 소선과 외부와의 접촉길이가 길고 부분적 마모에 대한 저항성, 유연성, 마모에 대한 저항성이 우수하나 꼬임이 풀리기 쉬워 로프의 끝이 자유로이 회전하는 경우나 킹크가 생기기 쉬운 곳에는 적당하지 않다.

(4) 와이어 로프의 끝단 처리

와이어 로프를 매달기 기구로 사용하기 위해서는 그 끝단 처리의 방법이 중요하다. 끝단 처리에는 그림 7.6과 같이 여러 가지 방법이 있으며, 이것들은 모두 이음효율이 다르게 나타나고 있다. 표 7.2는 와이어 로프의 끝단처리방법에 대한 이음효율을 나타내고 있으며, 양중용으로 주로 클립 고정법이 많이 사용되고 있다. 그림 7.7은 올바른 클립고정법을 보여주고 있으며, 표 7.3은 클립의 사용 표준을 나타내고 있다.

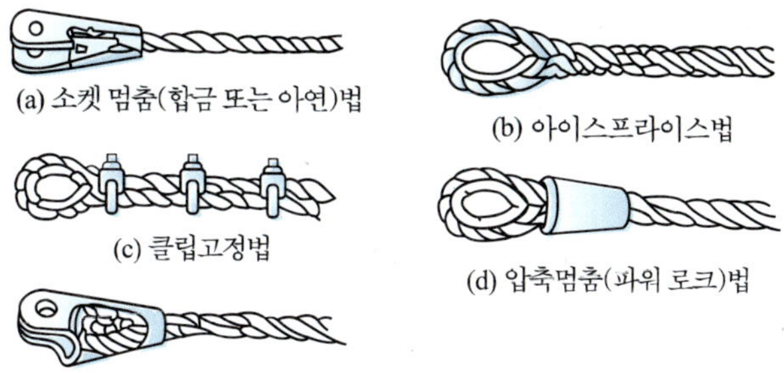

(a) 소켓 멈춤(합금 또는 아연)법
(b) 아이스프라이스법
(c) 클립고정법
(d) 압축멈춤(파워 로크)법
(e) 쐐기고정법

그림 7.6 와이어 로프 끝단처리방법

㊟ **소켓멈춤법** : 와이어 로프의 일말을 풀어서 심망을 절단한 것을 소켓 안에 집어 넣고 이안에 용융금속을 주입하여 고정하는 방법으로, 이 방법은 와이어 로프의 단말 고정법으로서는 가장 확실한 것이며, 고정할 때의 작업이 적정하게 되면 와이어 로프 절단하중의 100%를 나타낸다. 일반적으로 오른쪽 그림과 같은 4가지 소켓멈춤법이 있다

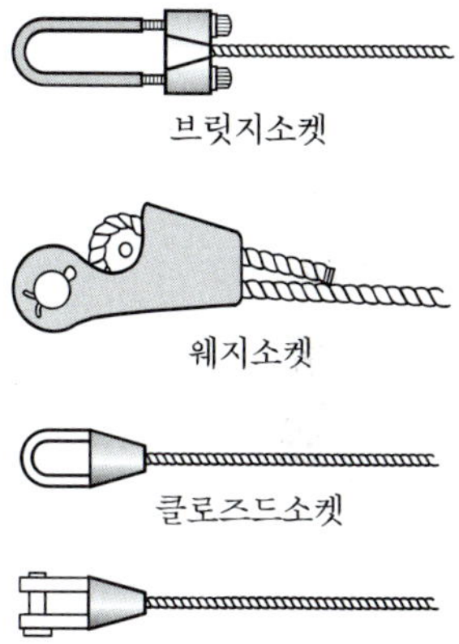

브릿지소켓
웨지소켓
클로즈드소켓
오픈소켓

표 7.2 와이어 로프 끝단의 강도

정착방법	강도	비고
소켓멈춤법	100%	
클립고정법	80~85%	
쐐기고정법	65~70%	
아이스 플라이스법 (꼬아넣기법)	75~90%	직경 14mm 이하 90% 직경 16~26mm 85% 직경 28~38mm 80% 직경 40mm 이상 75%
압축멈춤법	100%	

표 7.3 클립의 사용 표준

와이어 로프의 직경(mm)	클립(수)	클립간격(mm)
38	8	250
36	7	230
32	6	200
28	5	180
24	5	150
22	5	130
18	5	110
9~16	4	80

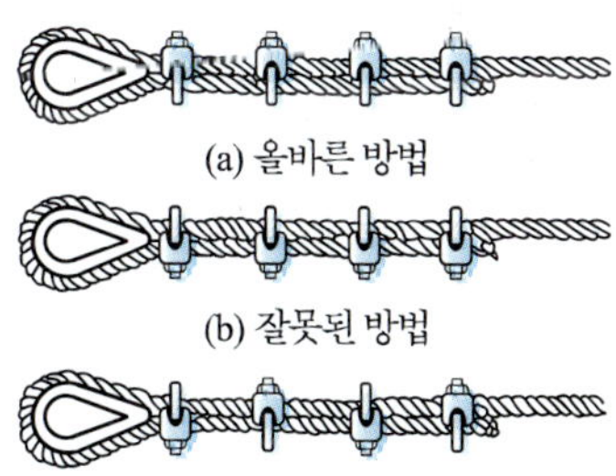

(a) 올바른 방법
(b) 잘못된 방법
(c) 잘못된 방법

그림 7.7 올바른 클립 고정법

(5) 와이어 로프의 절단

와이어 로프를 절단하여 사용할 때에는 반드시 기계적인 방법이나 유압식 절단 혹은 숫돌(저석) 절단방법에 의하여 절단하여야 하며, 가스용단 등의 방법에 의하여 절단하게 되면 열화 등에 의하여 강도저하를 가져오므로 안된다[규칙 제165조(와이어 로프의 절단 방법 등)].

(6) 와이어 로프에 걸리는 하중의 변화

화물을 달아 올릴 때 슬링 와이어(sling wire, 매달리기용 와이어)에 걸리는 힘(장력)은 동일 하중의 화물일 경우에도 와이어 로프의 매달기 각도의 크기에 따라 달라지며, 매달기 각도가 클수록 장력 또한 커진다.

그림 7.8과 식 (7.1)은 매달기 각도와 장력의 관계를 보여주고 있다.

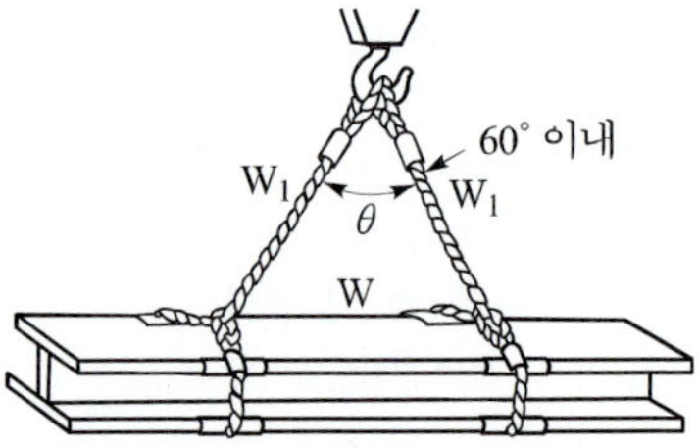

그림 7.8 매달기 각도

$$W_1 = \frac{\frac{W}{2}}{\cos(\theta/2)} \tag{7.1}$$

예제 다음 그림과 같이 로프에 화물을 달아 올릴 때 와이어 한 줄에 걸리는 장력을 구하라.

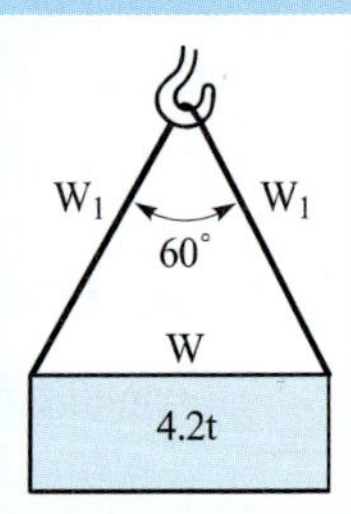

답 $W_1 = \frac{4.2t/2}{\cos(60°/2)} = \frac{2.1t}{0.866} = 2.42t$

(7) 와이어 로프의 안전하중과 안전율

와이어 로프의 강도를 나타내는 보증파단하중은 통상 국가산업규격으로 마련되어 있는 것이 보통이다. 이것을 실제적으로 사용할 경우에는 안전율 S로 나눈 값을 최대사용하중(안전하중)으로 이용하게 된다. 통상 안전율(S)은 5 이상의 값을 택하게 된다.

$$안전하중(Q) = 보증파단\ 하중(P)/안전율(S)$$

$$안전율(S) = \frac{로프의\ 가닥수(N) \times 로프의\ 파단하중(P)}{안전하중(Q)}$$

(8) 와이어 로프의 수명 판정 기준

와이어 로프의 절단으로 인한 재해를 사전에 예방하기 위해서는 부적격한 와이어 로프의 사용을 금지하여야 한다. 로프의 수명은 권양 횟수, 일의 양 등에 관련되며 이들을 매일 기록하고 매주 1~2회 정기적으로 점검을 실시하여 그 결과를 표로 작성보관하면 로프의 잔류수명을 예측할 수 있으며, 사용상 안전성 확보에 큰 도움을 얻을 수 있다. 표 7.4는 수명판정기준을 정리한 것이며, 기준에 적합하지 않은 것을 달비계에 사용해서는 안된다. 표 7.5는 꼬임(kink)에 의한 강도저하를 나타낸 것이다.

표 7.4 와이어 로프 수명판정기준 [규칙 제 166조(이음매가 있는 와이어로프 등의 사용금지), 제63조 제1호(달비계의 구조)]

판정기준	사용금지 기준	비고
① 소선절단	한 꼬임(스트랜드)에서 소선(필러선 제외) 단선수가 10%를 초과할 때	
② 지름감소	지름감소가 공칭지름의 7%를 초과할 때 (단면감소가 15%를 초과할 때)	7% 이상 마모된 것을 사용시 시브의 마모 급증
③ 기타	① 꼬인 것(Kink된 것) ② 심하게 변형 또는 부식된 것 ③ 이음매가 있는 것 ④ 열과 전기충격에 의해 손상된 것	

주 1. **시브(sheave)** : 와이어 로프의 활차, 홈붙이 풀리(grooved pulley)

2. **와이어 로프 드럼** : 와이어 로프를 감는 드럼에는 수동윈치 등에 사용하는 홈이 없는 것과 크레인 등에 사용하는 홈이 있는 것이 있다. 시브 및 드럼의 직경 D와 와이어 로프의 직경 d와의 비 D/d가 클수록 로프 수명이 길어지므로 조건이 허용하는 한 시브 및 드럼은 큰 것을 사용하는 것이 바람직하다(예를 들면, 크레인의 경우 25 이상, 엘리베이터에서는 40 이상). 또한 시브 구경이 와이어 로프에 미치는 영향이 크며 일반적으로 와이어 로프 직경의 1.07배를 적용하고 있다. 한편, 그림과 같이 권상시 홈과 로프가 이루는 각 α는 4도 이내로 하여야 한다. 홈이 없는 드럼은 2도 이내로 한다. 로프 끝단 고정부에 직접 장력이 걸리지 않게 로프를 전부 풀어준 위치에서 최소 2회, 보통 3회 이상 로프가 감겨 있도록 한다.

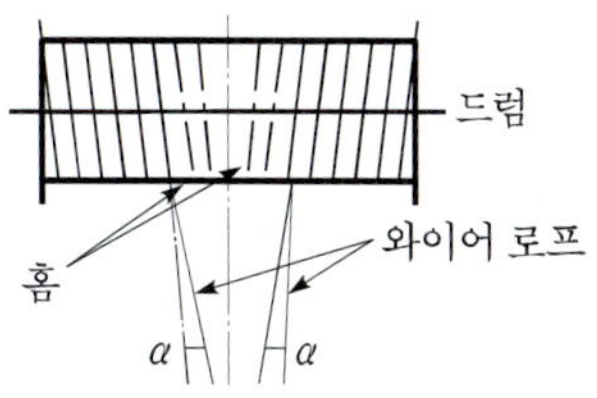

드럼 홈과 로프의 각도

3. **필러(filler)선** : 와이어 로프에 유연성과 내 굽힘 피로성과 내마모성을 주고 또 와이어 로프의 형상붕괴를 방지하기 위해 와이어 로프 바깥층의 소선수를 안쪽층의 소선수의 2배로 하고 바깥층과 안쪽층의 사이에 안쪽층과 같은 수가 결합된 가는 선을 말한다. 필러 선은 스트랜드(strand)의 구성소선으로서 취급되지 않는다.

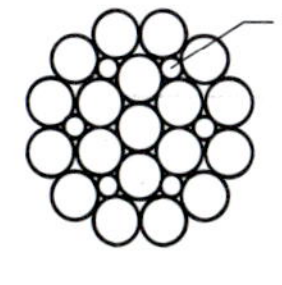

(1)

(2)

(3)

(4)

표 7.5 꼬임(킹크)에 의한 강도저하

로프의 상태	잔존강도(%)
① 본래의 로프	100
② 킹크를 일으켜 이를 고친 로프	83~80
③ 한 쪽에 킹크를 일으킨 로프	60~65
④ 여러 번 킹크가 일어난 로프	45~40

(9) 와이어 로프의 취급법

와이어 로프에는 보통 인장력과 화물의 각진 부분에 의하여 구부러지기 때문에 생기는 굽힘력이 동시에 작용한다. 따라서 와이어 로프는 동일한 부분을 여러 번 구부린다거나, 예리한 화물의 각진 부분에 직접 접촉하거나, 뒤틀린 그대로 사용하는 것은 수명을 현저히 단축시키게 된다.

따라서 예리한 각을 갖는 화물에는 보조물품을 사용하고 와이어 로프에 뒤틀림이 보이는 경우에는 뒤틀림을 펴고 나서 사용하여야 한다. 와이어 로프의 심강에는 녹방지와 윤활을 겸한 기름이 포함되어 있고 스트랜드나 와이어 로프의 표면에도 도유하고 있으나, 장기간 사용하게 되면 서서히 적어지게 되고 그대로 방치하면 스트랜드 또는 소선 간의 마찰에 의하여 마모가 진행되므로 적정한 시기에 기름을 도포하여 보충할 필요가 있다. 또 고온에서 사용되는 와이어 로프 또는 염분, 산, 아황산가스 등이 있는 장소에서 사용하는 와이어 로프에는 끊임없이 도유하여 보호하여야 한다. 또 해안 등 염분이 많은 장소에서는 도금한 것을 사용하는 것이 바람직하다.

보관할 때에는 습기, 고온, 산 등이 없고, 통풍이 잘 되는 장소에 사용구분을 정하여 정리하여 놓는다.

(10) 달기 체인의 안전하중과 안전율

체인은 와이어 로프에 비하여 내열, 내식성에 우수하며, 또한 형변형이 적다는 특징이 있어, 고온물체의 매달기 작업이나 특수한 작업 등에 이용되는 것이 많다. 매달기용 체인은 파괴하중을 명확히 하는 것을 선정하고, 사용에 있어서는 안전율을 5 이상이 되도록 사용하여야 한다.

(11) 달기 체인의 사용 판정 기준

[규칙 제 167조(늘어난 달기체인 등의 사용 금지), (제63조 제2호(달비계의 구조)]

아래와 같을 때 달기 체인을 달비계에 사용해서는 안된다.

① 균열이 있거나 심하게 변형된 것

② 링의 단면지름의 감소가 제조시 링의 지름이 10%를 초과한 것

③ 달기체인의 길이가 제조시 길이의 5%를 초과한 것

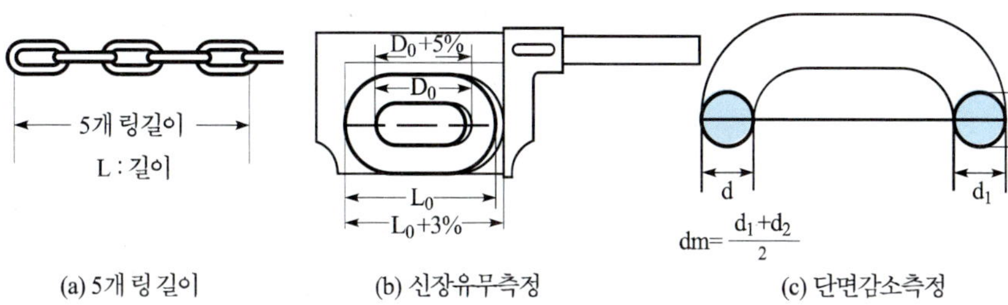

그림 7.9 체인의 사용판정법

(12) 달기 체인의 취급법

① 뒤틀린 상태에서 사용하지 말 것

② 정확한 매날기 각도로 사용하고, 과하중이 되지 않도록 할 것

③ 높은 장소에서 낙하시키지 말 것

④ 체인의 링에 후크의 선단을 압입하거나, 짧게 하기 위하여 링에 핀 등을 찔러 넣어 사용하지 말 것

⑤ 저온의 장소에서 사용하는 경우에는 충격을 주지 않도록 주의할 것

(13) 고리걸이 용구의 사용조건

엔드리스(endless)가 아닌 와이어 로프 또는 달기 체인에 대해서는 그 양단에 후크(hook), 샤클(shackle), 링(ring) 또는 고리를 구비하여 하며, 후크 및 샤클의 안전계수는 3 이상이어야 한다.

주 1. 양중기의 와이어 로프 등 달기구의 안전계수(안전계수=절단하중/최대하중)가 다음 기준에 맞지 아니한 경우에는 이를 사용해서는 안된다[규칙 제163조(와이어 로프 등 달기구의 안전계수)].

① 근로자가 탑승하는 운반구를 지지하는 달기구 와이어 로프 또는 달기 체인의 경우 : 10 이상

② 하물의 하중을 직접 지지하는 달기구 와이어 로프 또는 달기 체인의 경우 : 5 이상

③ 훅, 샤클, 클램프, 리프팅 빔의 경우 : 3 이상

④ 그 밖의 경우 : 4 이상

2. 달기구의 경우 최대허용하중 등의 표식이 견고하게 붙어 있는 것을 사용하여야 한다.

그림 7.10 줄걸이 용구

(14) 레버풀러와 체인블록

(a) 레버풀러 (b) 체인 블록

그림 7.11 레버풀러 및 체인블록

레버풀러는 인력을 이용하는 달기구로서 본체·핸들·체인 등으로 구성되어 있으며, 부재를 원하는 위치에 끌어당기거나 중량물을 상하로 당기거나 부재 고정 와이어로프에 장력을 줄 때 사용한다. 체인블록은 훅에 부재를 건 다음 도르래의 원리를 이용하여 중량물을 들어 올리는 데 쓰이는 달기구로서 들어 올린 후 조작을 멈추더라도 하중은 그대로 유지하고 있는 것이 특징으로, 기계조립, 건축, 하중물 선적 등에 사용된다.

레버풀러(lever puller) 또는 체인블록(chain block)을 사용하는 경우에는 다음 사항을 준수하여야 한다.[규칙 제96조(작업도구 등의 목적 외 사용 금지 등)

① 정격하중을 초과하여 사용하지 말 것
② 레버풀러 작업 중 훅이 빠져 튕길 우려가 있을 경우에는 훅을 대상물에 직접 걸지 말고 피벗클램프(pivot clamp)나 러그(lug)를 연결하여 사용할 것
③ 레버풀러의 레버에 파이프 등을 끼워서 사용하지 말 것
④ 체인블록의 상부 훅(top hook)은 인양하중에 충분히 견디는 강도를 갖고, 정확히 지탱될 수 있는 곳에 걸어서 사용할 것
⑤ 훅의 입구(hook mouth) 간격이 제조자가 제공하는 제품 사양서 기준으로 10%이상 벌어진 것은 폐기할 것
⑥ 체인블록은 체인의 꼬임과 헝클어지지 않도록 할 것
⑦ 체인과 훅은 변형, 파손, 부식, 마모되거나 균열된 것을 사용하지 않도록 조치할 것
⑧ 달기 체인을 사용하는 경우 사용기준에 적합하지 않은 것을 사용해서는 안된다.

(15) 작업시작 전 점검사항[규칙 제35조 제2항 관련]

양중기의 와이어로프·달기체인·섬유로프·섬유벨트 또는 훅·샤클·링 등의 철구를 사용하여 고리걸이작업을 할 때 당해 작업시작 전에 와이어로프 등의 이상 유무를 점검하여야 한다.

7.3 양중기

양중기란 사람 또는 화물을 달아올리거나 내리는 기계설비를 말하며, 산업안전보건법에서는 양중기의 종류를 크레인(호이스트(hoist) 포함), 이동식 크레인, 리프트(이삿짐운반용 리프트의 경우 적재하중 0.1톤 이상의 것), 곤돌라, 승강기로 구분하고 있다.[규칙 제132조(양중기)]

주 1. **정격하중** : 들어 올리는 하중에서 크레인, 리프트, 곤도라의 경우에는 후크, 권상용 와이어 로프, 권상부속품 및 운반구, 달기발판 등 달기기구의 중량을 공제한 하중
2. **운전속도** : 정격하중 또는 적재하중을 싣고 상승 또는 주행시키는 경우의 일반운전속도
3. **경고표시** : 사람탑승금지, 과부하적재금지 등 경고사항 표시

(1) 양중기 재해방지대책[규칙 제133조(정격하중 등의 표시)~제135조]

① 양중기(승강기 제외) 및 달기구를 사용하여 작업하는 운전자 또는 작업자가 보기 쉬운 곳에 해당 기계의 정격하중, 운전속도, 경고표시 등을 부착하여야 한다. 다만, 달기구는 정격하중만 표시한다.

② 양중기의 과부하방지장치, 권과방지장치, 비상정지장치 및 제동장치, 그 밖의 방호장치(승강기의 파이널 리밋 스위치, 조속기, 출입문 인터록 등)가 정상적으로 작동될 수 있도록 미리 조정해 두어야 한다.

주 양중기용 과부하방지장치: [시행령 제74조(안전인증대상기계등)]
정격하중 이상의 하중이 부하되었을 경우 자동적으로 동작을 정지시켜주는 방호장치
1. 전자식 : 스트레인 게이지를 이용한 전자감응방식으로 과부하상태 감지(적용: 크레인, 곤돌라, 리프트, 승강기, 고소작업대)
2. 전기식 : 권상모터의 부하변동에 따른 전류 변화를 감지하여 과부하상태 감지(적용: 호이스트, 크레인)
3. 기계식 : 전기전자방식이 아닌 기계·기구학적인 방법에 의하여 과부하상태 감지(적용: 크레인, 곤돌라, 리프트, 승강기)

③ 양중기에 대한 권과방지장치는 훅, 버킷 등 달기구의 윗면 또는 달기구에 권상용 도르래가 설치된 경우에는 권상용 도르래의 윗면이 드럼, 상부 도르래, 트롤리프레임 등 권상장치의 아랫면과 접촉할 우려가 있을 경우에 그 간격이 0.25m 이상, 작동식 권과방지장치는 0.05m 이상이 되도록 조정하여야 한다.

④ 권과방지장치를 설치하지 않은 크레인에 대해서는 권상용 와이어 로프에 위험표시를 하고 경보장치를 설치하는 등 권상용 와이어 로프가 지나치게 감겨서 근로자가 위험해질 상황을 방지하기 위한 조치를 하여야 한다.

⑤ 양중기에는 그 적재하중을 초과하는 하중을 걸어서 사용하도록 해서는 안된다.

7.3.1 호이스트

호이스트(hoist)는 작업장 내에 있어서 중량물을 체인 또는 와이어 로프 기타 인양보조구에 의하여 매달아 올리고, 이것을 모노레일 등에 의해 필요로 하는 장소, 위치까지 운반하기 위해 사용되는 기계로서 리밋 스위치를 이용한 권과방지장치가 설치되어 있으며, 크레인과 같이 중량이 큰 것은 운반할 수 없다.

(1) 호이스트의 종류

호이스트에는 와이어 로프식, 보통식, 체인식이 있다.

체인 호이스트의 종류에는 스퍼 기어(super gear)형, 스크류 기어(screw gear)형, 디퍼렌셜(differential)형이 있는데 이 중 스퍼 기어형이 가장 능률적이다.

(2) 호이스트 사용시 주의사항

① 버튼으로 조작하는 조정판에 연결된 전원은 100V 이하인 것으로 한다.
② 화물의 무게중심 바로 위에서 달아 올린다.
③ 규정량 이상의 화물을 걸지 않는다.
④ 주행시에는 사람이 화물 위에 올라타서 운전하지 않는다.

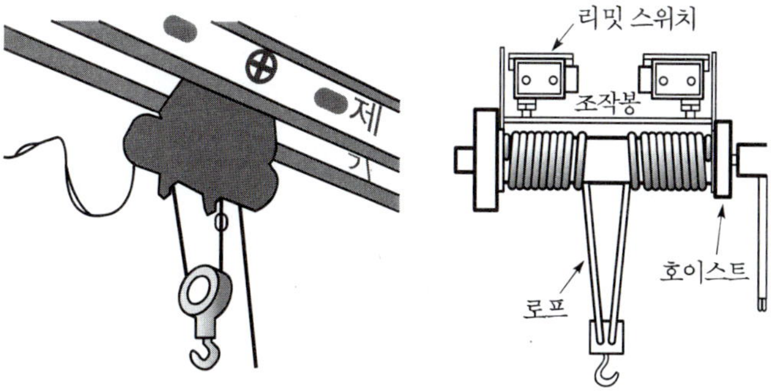

그림 7.11 호이스트 및 방호장치

7.3.2 크레인

크레인(crane)이란 동력을 사용하여 중량물을 매달아 상하 및 좌우로 운반하는 것을 목적으로 하는 기계 또는 기계장치를 말하며, 일반적으로 이동식 크레인과 데릭 이외의 크레인을 말하는데 그 용도에 따라 여러 가지 구조의 것이 있다. 그림 7.12는 크레인의 대표적인 종류를 나타낸 것으로 그림에서 보는 바와 같이 천정크레인, 지브크레인, 갠트리크레인, 케이블크레인 등이 있으며, 그림 7.13은 천정크레인의 간략한 구조를 보여주고 있다.[시행령 제74조(안전인증대상기계등)]

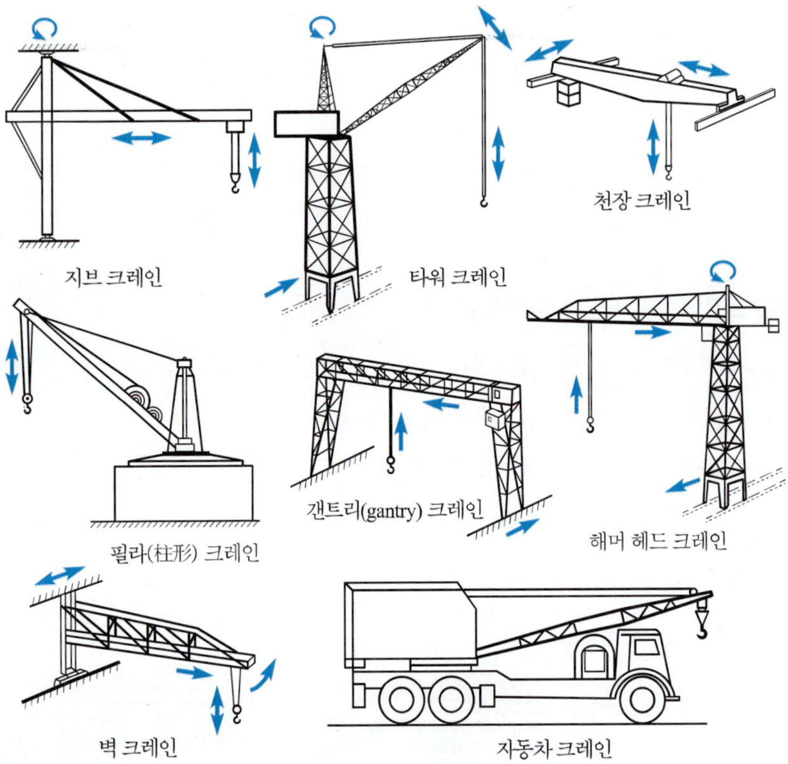

그림 7.12 크레인의 종류

크레인은 물건을 매달거나 수직, 수평운동을 할 수 있으므로 한정된 작업장 내에서의 중량물 운반은 크레인에 의지하는 수가 많다. 크레인은 본체로 된 구조부분과 물건을 들어 올려 운반하기 위한 작동부분으로 대별된다. 구조부분은 일반적으로 강판, 형강, 강관 등을 부재로 하여 이것을 용접 또는 볼트에 의해 설치하여 여러 가지 형상으로 만든다. 작동부분은 권상장치(물건을 매달아 올리는 장치), 주행장치(크레인 전체를 이동시키기 위한 장치), 횡행장치(물건을 매달아 크레인의 주행방향과 직각방향으로 움직이는 트롤리대차를 이동시키는 장치), 선회장치, 기복장치(지브의 선회 및 기복을 행하는 장치) 등으로 되어 있고 주로 전동기에 의해 치차, 와이어 로프 등과 같이 작동한다.

크레인은 기중기라고도 하며, 사망이나 중상자가 많이 발생하는 기계이다. 이것은 무거운 물건을 작업장 내에서 이동시킴으로써 이 기계를 취급하는 작업자뿐만 아니라 관계없는 다른 사람에게까지 피해를 주는 수가 있다.

주 1. 트롤리(trolley) : 고가(高架) 이동활차
2. 지브(jib) : 화물을 다는 팔

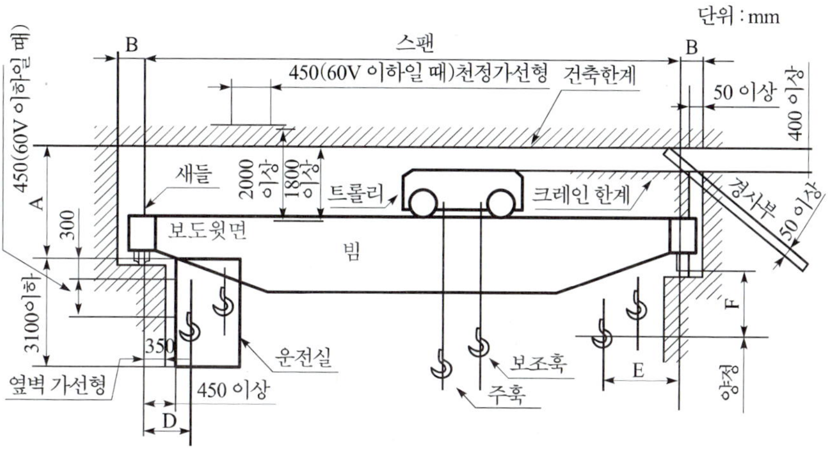

그림 7.13 천정 크레인의 구조

(1) 크레인의 용도와 분류

설치된 크레인의 종류와 그 특성을 알고 난 후 작업조건 및 환경에 따라 안전작업을 위한 조치가 따라야 한다. 표 7.6은 크레인의 종류와 용도를 보여주고 있다.

표 7.6 크레인의 종류와 용도

종 류	용도 및 특성
1. 천정 크레인 (Over Head Travelling Crane)	고가 주행로를 주행하는 거더에 트롤리를 가진 크레인 고속, 고빈도, 중작업용, 하중지지 브레이크, 기계 브레이크, 전기 또는 유압 브레이크

2. 특수 천정 크레인	특수용도에 적합한 장치를 가진 크레인의 총칭 고빈도, 중작업용, 공장 내 연기, 분진을 고려한 운전성능, 보수점검 등에 유의할 것
3. 벽 크레인 (Wall Crane)	건물의 기둥 또는 벽에 부착한 지브(Jib) 크레인, 소형화물하역용, 360° 회전 가능
4. 데릭 (Derrick)	상단이 지지된 마스트를 가지며 마스트 또는 붐 위 끝에서 화물을 달아 올리는 지부 붙이 크레인, 제작시 재료가 적게 들며 각 부재의 각주는 해체 및 조립이 용이
5. 햄머 헤드 크레인 (Hammer Head Crane)	탑으로부터 돌출한 캔틸레버(외팔보) 위를 트롤리가 가로방향을 이동하는 지브 붙이 크레인, 경사진 지브가 없어 높은 양정과 긴반경을 갖는다. 주로 조선소에서 사용
6. 지브 크레인 (Jib Crane)	지브의 끝에서 화물을 달아 올리는 지브 붙이 크레인의 총칭
7. 로코모티브 크레인 (Locomotive Crane)	철도 레일 위를 주행하는 지브 붙이 크레인, 하역용과 구원용이 있다.
8. 자주 크레인 (Mobile Crane)	지브 크레인에 차륜 또는 크롤러를 구비하여, 레일에 의지하지 않고 스스로 주행할 수 있는 지브 붙이 크레인 원동기가 있어 자유로이 작업현장을 바꿀 수 있는 이점이 있음
9. 갠트리 크레인 (Gantry Crane, Bridge Crane)	레일 위를 주행하는 다리(교량)를 가진 거더에 트롤리 또는 지브 붙이 크레인을 가진 크레인
10. 케이블 크레인 (Cable Crane)	서로 마주보는 탑 사이에 건 로프를 궤도로 하여, 트롤리가 가로 주행을 하는 케이블 크레인 산간의 교량, 수문 등의 조립시 사용 원목운반에 사용
11. 언로우더 (Unloader)	양륙 전용의 크레인으로서 호퍼, 피이더, 컨베이어 등을 가진 것 석탄, 광석 등을 선박에서 양육시 사용

(2) 재해 유형

크레인은 용도도 많고 종류도 다양하지만 작업으로 인한 재해 또한 상당히 많이 발생하는 기계설비이다. 크레인에서 발생되고 있는 재해의 유형은 다음과 같다.

1) 매단 물건의 낙하에 의한 재해

① 매단 물건의 중량에 비해 상대적으로 가는 직경이나 마모된 고리걸기용 와이어 로프의 사용으로 인한 와이어 로프의 절단

② 적재물의 적재시 하중의 중심이 맞지 않아 물건이 로프에서 떨어짐

③ 크레인의 난폭한 운전조작에 따른 매단 물건의 낙하

④ 권과방지장치의 점검소홀로 인한 오동작으로 감아올리는 권상용 와이어 로프가 과권되어 절단되면서 매단 물건이 낙하

2) 협착에 의한 재해

① 크레인의 정비, 점검 중에 운전자가 무의식적으로 크레인을 작동시켰기 때문에 점검자가 크레인과 건물 사이에 협착
② 운전자의 위치에서 사각(死角)인 장소에 고리걸리 작업자나 그 밖의 작업보조자가 있는 것을 모르고 운전하여 매단 물건과 기타 다른 물건 사이에 협착
③ 크레인의 운전이나 고리걸기 방법의 잘못으로 매단 물건이 전도하여 그 사이에 협착

3) 구조부분의 결손, 기계파괴에 의한 재해

① 정격하중을 초과하는 하중을 크레인에 매달음
② 구조상 설계불량이 있었던 곳의 결손, 파괴
③ 점검이 불충분하여 부재의 균열 등의 결함을 발견하지 못해 기계가 파괴
④ 용접, 시공 기타 공작물이 사용 부재에 대해 적절하지 못해 도괴

4) 추락에 의한 재해

크레인의 조립작업시와 크레인을 설치하는 공사 중이나 크레인 각 부재의 정비, 점검 중에 높은 위치에서 추락하는 재해

(3) 크레인의 방호장치

크레인은 운전을 잘못하게 되면 많은 위험을 일으키므로 다음과 같은 방호장치를 부착하고 유효하게 작동될 수 있도록 미리 조정하여 두어 재해를 방지해야 한다.

1) 권과방지장치(Over-hoisting limiter)

양중기에 설치된 권상용 와이어 로프 또는 지브 등의 붐 권상(boom hoisting)용 와이어 로프의 권과를 방지하기 위한 장치이다. 권상용 붐, 권상용 와이어 로프를 과도하게 감아 올리게 되면 후크 등의 권상용 부속품이 권상용 또는 붐 권상용 지브에 부딪혀 파괴되거나 매단 짐이 낙하하여 발생하는 재해를 방지하기 위하여 이 장치가 사용된다. 권과방지장치에는 리밋 스위치(limit switch)가 사용된다.

2) 과부하방지장치(Overload limiter)

양중기에 있어서 정격하중 이상의 하중이 부하되었을 경우 자동적으로 상승이 정지되면서 경보음 또는 경보등을 발생시켜, 거더(girder), 지브(jib) 등의 파손 또는 기체의 전도를 방지하는 장치이다. 지브 크레인, 이동식 크레인의 지브는 기울어질 경우 길이의 변화에 따라 매단 짐의 무게가 변하지 않아도 전도 모멘트(overturning moment)가 커지게 된다. 과부하방지장치는 이와 같은 전도 모멘트의 크기와 안정 모멘트(safe moment)의 크기가 비슷하게 될 때 경보를 발하여 운전자의 주의를 환기시키거나 또는 작동을 자동적으로 정지시킨다.

과부하방지장치는 하중 검출부, 선회반경 발신기, 선회반경 지시계, 하중 지시계 및 제어부 등으로 구성된다.

3) 비상정지장치

크레인에 돌발적인 상태가 발생하였을 때 안전을 유지하기 위하여 모든 전원을 차단, 크레인을 급정지시키는 장치를 말한다.

4) 브레이크 장치

운동체와 정지체의 기계적 접촉에 의해 운동체를 감속 또는 정지상태로 유지하는 기능을 가진 장치를 말한다.

5) 기타

① **해지장치** : 와이어 로프의 이탈을 방지하기 위한 방호장치로 후크 부위에 와이어 로프를 걸었을 때 벗겨지지 않도록 후크 안쪽으로 스프링을 이용하여 설치한 것이며, 크레인을 사용하여 짐을 운반하는 경우에는 해지장치를 사용하여야 한다.

② **스토퍼(stopper)** : 주행로에 병렬 설치되어 있는 주행 크레인의 경우 주행 크레인끼리 충돌하거나 주행 크레인이 근로자에게 접촉하는 것을 방지하기 위하여 크레인이 일정거리에 접근했을 때 전원을 자동적으로 차단하는 장치를 크레인 자체에 부착하는 것과 주행로의 끝단에 기계적인 스토퍼를 설치하는 것이 있다.

③ **이탈방지장치(anchor of crane)** : 옥외에 설치되어 있는 주행 크레인에 있어서 폭풍(순간풍속 30m/sec 초과 바람)때 크레인이 이탈하는 것을 방지하기 위한 주행로 또는 전용기초에 기계적으로 고정하는 장치이다.

④ 안전밸브(safety valve) : 수압 또는 유압을 동력으로 사용하는 크레인에 있어서 과도한 압력 상승을 방지하기 위하여 안전밸브를 부착하며, 크레인의 정격하중에 상당하는 하중을 건 때의 수압 또는 유압에 상당하는 압력 이하로 작용되도록 조정해 두어야 한다.

주 1. **정격하중** : 양중기가 화물을 들어 올릴 수 있는 최대허용하중을 말한다.
2. **과부하(overload)** : 초과하중을 말하는 것으로 기계를 안전하게 운전할 수 있는 허용하중보다는 큰 하중을 말한다.
3. **거더(girder)** : 가로 건너질러 하중을 받는 보, 또는 구조물
4. **크롤러(crawler)** : 무한궤도차
5. **마스트(mast)** : 데릭의 주된 기둥

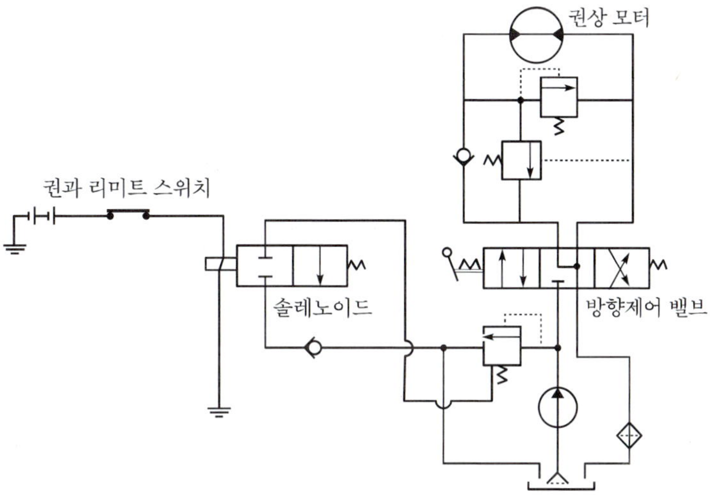

그림 7.14 권과방지장치의 작동 회로도

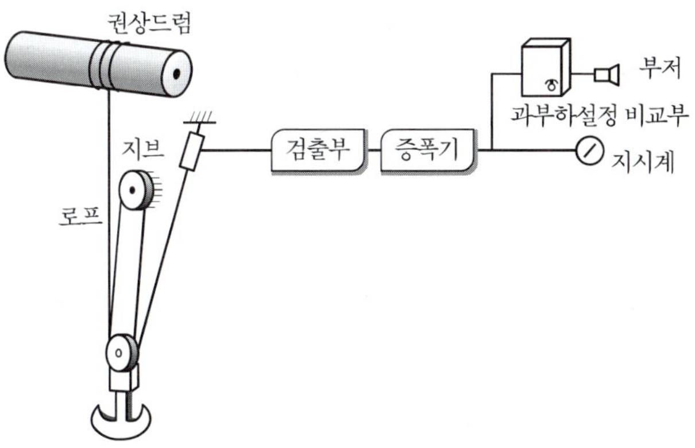

그림 7.15 하중계의 블록 선도

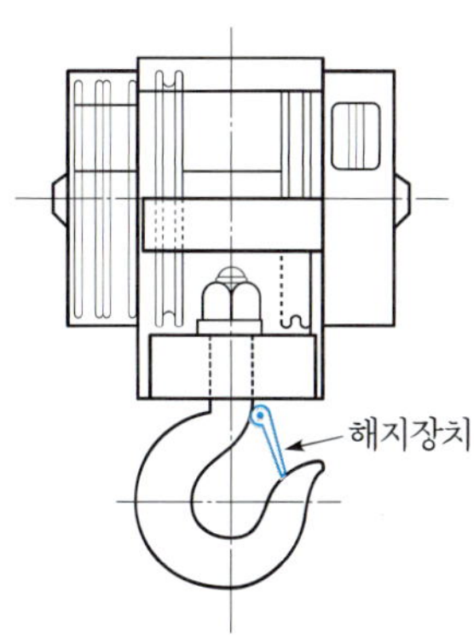

그림 7.16 해지장치

(4) 크레인 재해방지대책

① 크레인의 설치・조립・수리・점검 또는 해체 작업을 하는 경우 다음과 같이 조치를 하여야 한다.[규칙 제141조(조립 등의 작업시 조치사항)]

1. 작업순서를 정하고 그 순서에 따라 작업을 할 것
2. 작업을 할 구역에 관계 근로자가 아닌 사람의 출입을 금지하고 그 취지를 보기 쉬운 곳에 표시할 것
3. 비, 눈, 그 밖에 기상상태의 불안정으로 날씨가 몹시 나쁜 경우에는 그 작업을 중지시킬 것
4. 작업장소는 안전한 작업이 이루어질 수 있도록 충분한 공간을 확보하고 장애물이 없도록 할 것
5. 들어올리거나 내리는 기자재는 균형을 유지하면서 작업을 하도록 할 것
6. 크레인의 성능, 사용조건 등에 따라 충분한 응력(應力)을 갖는 구조로 기초를 설치하고 침하 등이 일어나지 않도록 할 것
7. 규격품인 조립용 볼트를 사용하고 대칭되는 곳을 차례로 결합하고 분해할 것

② 타워크레인을 자립고(自立高) 이상의 높이로 설치하는 경우 건축물 등의 벽체에 지지하도록 하여야 한다. 다만, 지지할 벽체가 없는 등 부득이한 경우에는 와이어로프에 의하여 지지할 수 있다. [규칙 제142조(타워크레인의지지)]

③ 순간풍속이 30m/s를 초과하는 바람이 불어올 우려가 있는 경우 옥외에 설치되어 있는 주행 크레인에 대하여 이탈방지장치를 작동시키는 등 이탈 방지를 위한 조치를 하여야 한다.[규칙 제140조(폭풍에 의한 이탈 방지)]

④ 순간풍속이 30m/s 초과하는 바람이 불거나 중진(中震) 이상 진도의 지진이 있은 후에 옥외에 설치되어 있는 양중기를 사용하여 작업을 하는 경우에는 미리 기계 각 부위에 이상이 있는지를 점검하여야 한다.[규칙 제143호(폭풍 등으로 인한 이상 유무 점검)]

⑤ 주행 크레인 또는 선회 크레인과 건설물 또는 설비와의 사이에 통로를 설치하는 경우 그 폭을 0.6m 이상으로 하여야 한다. 다만, 그 통로 중 건설물의 기둥에 접촉하는 부분에 대해서는 0.4m 이상으로 할 수 있다. 한편, 통로 또는 주행궤도 상에서 정비・보수・점검 등의 작업을 하는 경우 그 작업에 종사하는 근로자가 주행하는 크레인에 접촉될 우려가 없도록 크레인의 운전을 정지시키는 등 필요한 안전 조치를 하여야 한다.[규칙 제144조(건설물 등과의 사이 통로)]

⑥ 다음 사항에 대하여 간격을 0.3m이하로 하여야 한다. [규칙 제145조(건설물 등의 벽체

와 통로의 간격 등)]

1. 크레인의 운전실 또는 운전대를 통하는 통로의 끝과 건설물 등의 벽체의 간격
2. 크레인 거더(girder)의 통로 끝과 크레인 거더의 간격
3. 크레인 거더의 통로로 통하는 통로의 끝과 건설물 등의 벽체의 간격

⑦ 유압을 동력으로 사용하는 크레인의 과도한 압력상승을 방지하기 위한 안전밸브에 대하여 정격하중(지브 크레인은 최대의 정격하중으로 한다)을 건 때의 압력 이하로 작동되도록 조정하여야 한다. [규칙 제136조(안전밸브의 조정)]

⑧ 훅걸이용 와이어로프 등이 훅으로부터 벗겨지는 것을 방지하기 위한 장치(해지장치)를 구비한 크레인을 사용하여야 하며, 그 크레인을 사용하여 짐을 운반하는 경우에는 해지장치를 사용하여야 한다. [규칙 제137조(해지장치의 사용)]

⑨ 지브 크레인을 사용하여 작업을 하는 경우에 크레인 명세서에 적혀 있는 지브의 경사각(인양하중이 3톤 미만인 지브 크레인의 경우에는 제조한 자가 지정한 지브의 경사각)의 범위에서 사용하도록 하여야 한다. [규칙 제 138조(경사각의 제한)]

⑩ 크레인을 사용하여 근로자를 운반하거나 근로자를 달아 올린 상태에서 작업에 종사시켜서는 아니 된다. 다만, 크레인에 전용 탑승설비를 설치하고 추락 위험을 방지하기 위하여 다음 과 같이 조치를 한 경우에는 그러하지 아니하다. [규칙 제86조(탑승의 제한)]

1. 탑승설비가 뒤집히거나 떨어지지 않도록 필요한 조치를 할 것
2. 안전대나 구명줄을 설치하고, 안전난간을 설치할 수 있는 구조인 경우에는 안전난간을 설치할 것
3. 탑승설비를 하강시킬 때에는 동력하강방법으로 할 것

⑪ 크레인을 사용하여 작업을 하는 경우 다음과 같이 조치를 준수하여야 한다. [규칙 제16조(크레인 작업 시의 조치)]

1. 인양할 하물(荷物)을 바닥에서 끌어당기거나 밀어내는 작업을 하지 아니할 것
2. 유류드럼이나 가스통 등 운반 도중에 떨어져 폭발하거나 누출될 가능성이 있는 위험물 용기는 보관함(또는 보관고)에 담아 안전하게 매달아 운반할 것
3. 고정된 물체를 직접 분리·제거하는 작업을 하지 아니할 것
4. 미리 근로자의 출입을 통제하여 인양 중인 하물이 작업자의 머리 위로 통과하지 않도록 할 것
5. 인양할 하물이 보이지 아니하는 경우에는 어떠한 동작도 하지 아니할 것(단, 신

호하는 사람에 의하여 작업을 하는 경우는 제외)

⑫ 조종석이 설치되지 아니한 크레인에 대하여서는 다음과 같이 조치를 하여야 한다. [규칙 제146조(크레인 작업 시의 조치)]

1. 고용노동부장관이 고시하는 크레인의 제작기준과 안전기준에 맞는 무선원격제어기 또는 펜던트 스위치를 설치·사용할 것
2. 무선원격제어기 또는 펜던트 스위치를 취급하는 근로자에게는 작동요령 등 안전조작에 관한 사항을 충분히 주지시킬 것

⑬ 타워크레인을 사용하여 작업을 하는 경우 타워크레인마다 근로자와 조종 작업을 하는 사람 간에 신호업무를 담당하는 사람을 각각 두어야 한다. [규칙 제146조(크레인 작업 시의 조치)]

⑭ 크레인 및 달기구를 사용하여 작업하는 운전자 또는 작업자가 보기 쉬운 곳에 해당 기계의 정격하중, 운전속도, 경고표시 등을 부착하여야 한다. 다만, 달기구는 정격하중만 표시한다. {규칙 제133조(정격하중 등의 표시)}

⑮ 크레인의 방호장치가 정상적으로 작동될 수 있도록 미리 조정해 두어야 한다. [규칙 제134조(방호장치의 조정)]

⑯ 크레인에 그 적재하중을 초과하는 하중을 걸어서 사용하도록 해서는 안된다. [규칙 제135조(과부하의 제한 등)]

(5) 작업시작 전 점검사항[규칙 제35조 제2항 관련]

작업시작 전에 다음 각 호의 사항을 점검해야 한다.

① 권과방지장치, 브레이크, 클러치 및 운전장치의 기능
② 주행로의 상측 및 트롤리(trolley)가 횡행하는 레일의 상태
③ 와이어 로프가 통하고 있는 곳의 상태

(6) 크레인 작업시 와이어 로프에 걸리는 총하중

총하중(W) = 정하중(W_1) + 동하중(W_2)

$$W_2 = \frac{W_1}{g}a$$

여기서, g : 중력가속도(9.8m/s²), a : 가속도(m/s²)

예제

크레인 작업시 로프에 2ton의 중량을 걸어 20m/s² 가속도로 감아올릴 때 로프에 걸리는 총 하중은 얼마인가?

답 $W = W_1 + W_2 = 2{,}000 + (2{,}000/9.8) \times 20 = 6{,}082\,\text{kg}$

(7) 크레인 등 양중기 작업의 표준 신호방법

양중기를 사용하여 작업을 하는 때에는 일정한 신호방법을 정하여 사용하도록 하고, 그 내용을 운전실 등 운전자가 보기 쉬운 곳에 부착하여야 한다. 한편, 신호 방법에 대해서는 고용노동부 예규 제95호 [크레인 특정기계작업 표준신호]에 규정하고 있다.

1) 크레인 등의 손에 의한 공통적인 표준신호 방법

운전구분	몸짓	방법	호각
1. 운전자 호출	호각 등을 사용하여 운전자와 신호자의 주의를 집중시킨다.		아주 길게 아주 길게
2. 운전방향지시		집게손가락으로 운전방향을 가리킨다.	짧게 길게
3. 주권사용		수먹을 머리에 내고 떼었다 붙였다 한다.	짧게 길게
4. 보권 사용		팔꿈치에 손바닥을 떼었다 붙였다 한다.	짧게 길게
5. 위로 올리기		집게손가락을 위로 떼서 수평원을 크게 그린다.	길게 길게

6. 천천히 조금씩 위로 올리기		한 손을 들어 올려 손목을 중심으로 적은 원을 그린다.	짧게 짧게
7. 아래로 내리기		팔을 아래로 뻗고 집게 손가락을 아래로 향해서 수평원을 그린다.	길게 길게
8. 천천히 조금씩 아래로 내리기	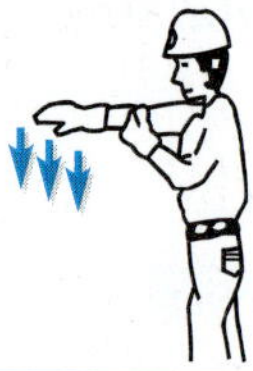	한 손을 지면과 수평하게 들고 손바닥을 지면쪽으로 하여 2, 3회 적게 흔든다.	짧게 짧게
9. 수평 이동		손바닥을 움직이고자 하는 방향의 정면으로 하여 움직인다.	강하고 짧게
10. 물건 걸기		양쪽 손을 몸 앞에다 대고 두 손을 깍지 낀다.	길게 짧게
11. 정지		한 손을 들어 올려 주먹을 쥔다.	아주 길게
12. 비상정지		양손을 들어 올려 크게 2, 3회 좌우로 흔든다.	아주 길게 아주 길게

13. 작업완료		거수경례 또는 양손을 머리 위에 교차시킨다.	아주 길게
14. 뒤집기	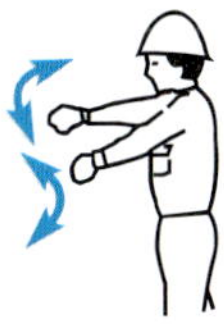	양손을 마주보게 들어서 뒤집으려는 방향으로 2, 3회 절도 있게 역전시킨다.	길게 길게
15. 천천히 이동		방향을 가리키는 손바닥 밑에 집게 손가락을 위로 해서 원을 그린다.	짧게 길게
16. 기다려라		오른손으로 왼손을 감싸 2, 3회 적게 흔든다.	길게
17. 신호불명		운전자는 손바닥을 안으로 하여 얼굴 앞에서 2, 3회 흔든다.	짧게 짧게
18. 기중기의 이상발생	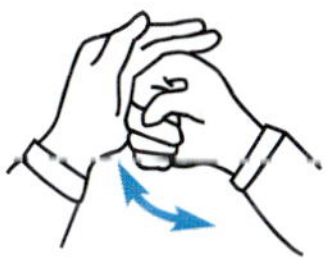	운전자는 사이렌을 울리거나 한쪽 손의 주먹을 다른 손의 손바닥으로 2, 3회 두드린다.	강하고 짧게

2) 데릭을 이용한 작업시의 신호방법

운전구분	몸짓	방법	호각
1. 붐 위로 올리기		팔을 펴 엄지손가락 위로 향하게 한다.	짧게 짧게 길게

2. 붐 아래로 내리기		팔을 펴 엄지손가락 아래로 향하게 한다.	짧게 ▬ ▬ ▬ 짧게 ▬ ▬ ▬
3. 붐을 올려서 짐을 아래로 내리기	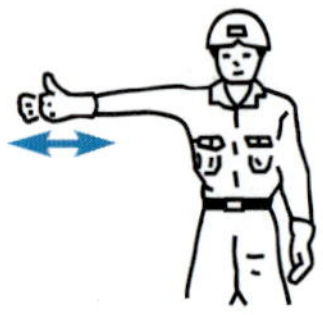	엄지손가락을 위로 해서 손바닥을 폈다 오므렸다 한다.	길게 ▬▬▬▬ 길게 ▬▬▬▬
4. 붐은 내리고 짐은 올리기	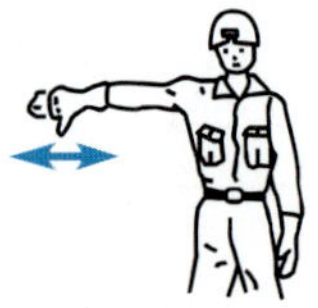	팔을 수평으로 뻗고 엄지손가락을 밑으로 해서 손바닥을 폈다 오므렸다 한다.	짧게 ▬ ▬ ▬ 길게 ▬▬▬▬
5. 붐을 늘리기		두 주먹을 몸허리에 놓고 두 엄지 손가락을 밖으로 향한다.	강하고 짧게 ■ ■ ■
6. 붐을 줄이기		두 주먹을 몸허리에 놓고 두 엄지 손가락을 서로 안으로 마주 보게 한다.	길게 ▬▬▬▬ 길게 ▬▬▬▬

3) 리프트 마그네틱 부착 크레인 사용 작업시 신호방법

운전구분	몸짓	방법	호각
1. 마그네트 붙이기		양쪽 손을 몸 앞에다 대고 꽉 낀다.	길게 ▬▬▬▬ 짧게 ▬ ▬ ▬
2. 마그네트 떼기		양손을 몸 앞에서 측면으로 벌린다(손바닥은 지면으로 향하도록 한다).	길게 ▬▬▬▬

7.3.3 이동식 크레인

이동식 크레인이란 원동기를 내장하고 있는 것으로서 불특정 장소에 스스로 이동할 수 있는 크레인으로 동력을 사용하여 중량물을 매달아 상하 및 좌우로 운반하는 설비로 건설기계관리법의 기중기 또는 자동차관리법의 화물·특수자동차의 작업부에 탑재하여 화물운반 등에 사용하는 기계 또는 기계장치를 말한다.

이동식 크레인은 일정지역에서 작업하는 천정크레인 등의 주행 크레인이나 고정식 크레인과는 달리 이동할 수 있는 통로와 안전한 작업장소가 있으면 매우 높은 기동성을 가진 하역기계인 반면 비정상적인 작업을 하는 경우가 많기 때문에 다른 크레인 작업에 비해 특별한 안전상의 배려가 필요하다. 이동식 크레인에는 트럭 크레인(truck

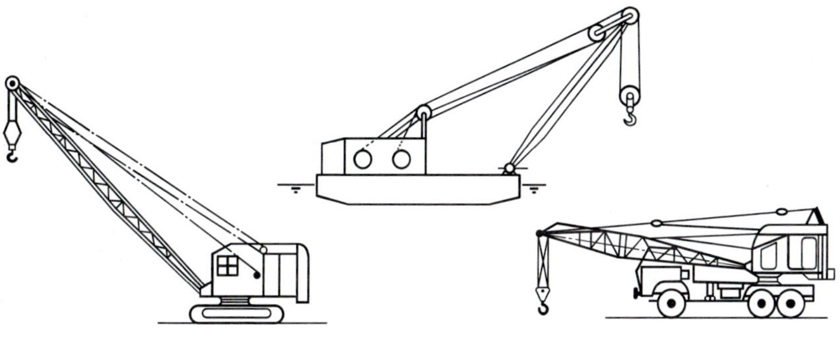

그림 7.17 이동식 크레인

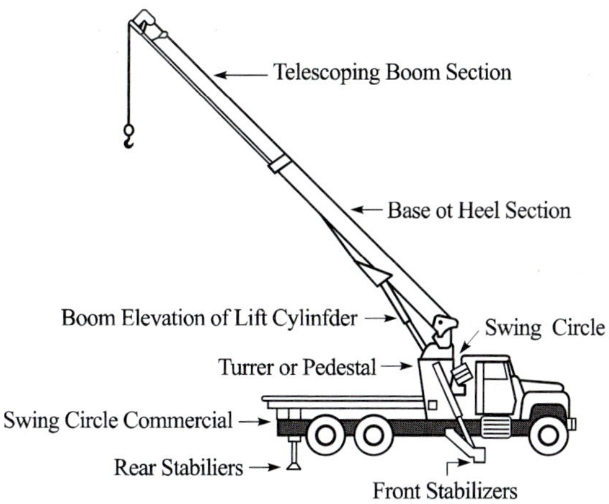

그림 7.18 트럭 크레인(Truck crane)의 구조

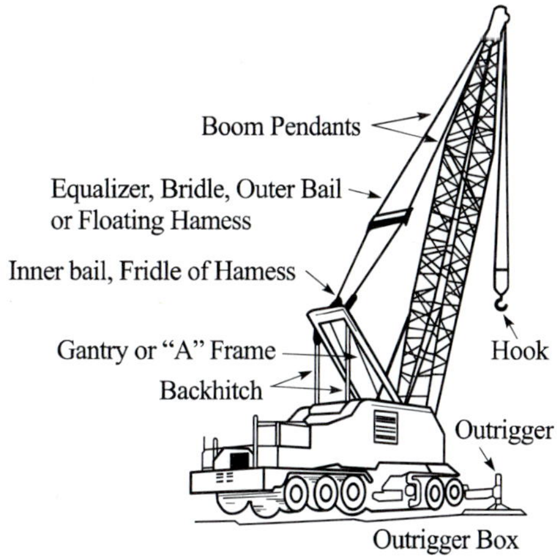

그림 7.19 휠 크레인(Wheel crane)

crane), 크롤러 크레인(crawler crane), 휠 크레인(wheel crane), 플로팅 크레인(floating crane) 등이 있다. 이동식 크레인은 구조 부분과 작동 부분 외에도 크레인 자체를 불특정 장소로 이동시키기 위한 대차, 크롤러, 선박 등을 가진다. 동력에는 내연기관이 사용되고 유압을 병용한 설비가 많다.

(1) 재해 유형

건설공사나 하역의 현장에서 광범위하게 이동식 크레인이 사용되고 있으나, 이것에 수반하여 재해도 증가하는 경향이 있다. 재해의 유형으로는 이동식 크레인의 전도에 의한 것이 가장 많다. 즉, 이동식 크레인의 주된 재해는 지브의 절손, 기계의 도괴, 전도에 의한 것이 가장 많고, 매단 물건의 낙하, 협착에 의한 재해가 그 다음 순으로 이어진다.

재해의 형태는 크레인에서와 같지만 이동식 크레인의 경우 전도재해가 특히 많다. 이는 연약지반, 경사지에서 적합한 나무판을 사용하지 않았거나, 과부하상태에서 이동식 크레인을 사용하였거나 운전자의 기능미숙 등에 의한 재해가 발생하고 있다.

기타 이동식 크레인의 카운터웨이트와 대차와의 사이에 끼어서 일어나는 재해도 많고 운전자가 사각에 있는 작업자를 인지하지 못하고 이동식 크레인을 주행 또는 선회했기 때문에 재해가 일어나는 특수한 경우도 있다.

(2) 이동식 크레인의 방호장치

다음과 같은 방호장치를 부착하고 유효하게 작동할 수 있도록 미리 조정하여 두어야 한다. 과부하방지장치, 권과방지장치, 브레이크 장치, 기타(해지장치, 안전밸브 등)

(3) 재해방지대책

① 이동식 크레인에 의하여 근로자를 운반하거나 근로자를 달아 올린 상태에서 작업을 시켜서는 안된다[규칙 제86조(탑승의 제한)].

② 이동식 크레인을 사용하는 경우에 이동식 크레인의 구조 부분을 구성하는 강재 등이 변형되거나 부러지는 일 등을 방지하기 위하여 해당 이동식 크레인의 설계기준(제조자가 제공하는 사용설명서)을 준수하여야 한다[규칙 제147조(설계기준 준수)].

③ 이동식 크레인의 과도한 압력상승을 방지하기 위한 안전밸브에 대하여 최대의 정

격하중을 건 때의 압력 이하로 작동되도록 조정하여야 한다[규칙 제148조(안전밸브의 조정)].

④ 이동식 크레인을 사용하여 하물을 운반하는 경우에는 해지장치를 사용하여야 한다[규칙 제149조(해지장치의 사용)].

⑤ 이동식 크레인을 사용하여 작업을 하는 경우 이동식 크레인 명세서에 적혀있는 지브의 경사각의 범위에서 사용하도록 하여야 한다[규칙 제150조(경사각의 제한)].

⑥ 이동식 크레인 및 달기구를 사용하여 작업하는 운전자 또는 작업자가 보기 쉬운 곳에 해당 기계의 정격하중, 운전속도, 경고표시 등을 부착하여야 한다. 다만, 달기구는 정격하중만 표시한다. [규칙 제133조(정격하중 등의 표시)]

⑦ 이동식 크레인의 방호장치가 정상적으로 작동될 수 있도록 미리 조정해 두어야 한다. [규칙 제134조(방호장치의 조정)]

⑧ 이동식 크레인에 그 적재하중을 초과하는 하중을 걸어서 사용하도록 해서는 안된다. [규칙 제135조(과부하의 제한 등)]

앞에서 언급한 바와 같이 이동식 크레인의 주된 재해는 전도에 의한 것이며, 이러한 전도의 원인의 대부분은 정격하중(정격총하중) 이상의 화물을 달아 올리기 때문이다.

이동식 크레인의 안정성에 관하여 알아보면 다음과 같다.

1) 정격하중

그림 7.20과 같이 트럭 크레인으로 하물을 달아 올릴 때 지브에 작용하는 힘을 조사해 보자.

그림에서 A를 지브의 상단 포인트 핀, V를 푸트 핀이라 하고, 지브 길이 AB를 l, 화물의 무게를 W라 하자. W는 방향의 힘 P와 지브에 직각인 힘 N을 나눌 수 있다. 힘 P는 지브에 대하여 압축력으로 작용한다. 힘 N은 지브 푸튼 핀에 크기 N_1의 모멘트로서 작용하고, 지브를 푸트 핀의 둘레로 회전시키려 한다.

이것이 트럭 크레인을 전도시키려 하는 것으로 전도 모멘트라 하며, 정확하게 말하면 트럭 크레인의 전도단에 대한 전도측의 모멘트이다. 그림에서 푸트 핀 B가 D의 수직선 상에 있다고 생각하면, 전도단 D에 대하여 Wa의 모멘트가 걸린다.

지브의 경사각 α, R_1의 위치가 되면, 지브를 압축하는 힘 P는 작아지나, 지브에 직각인 힘 N은 크게 되고, 전도 모멘트는 크게 된다. 특히 지브를 뉘어가면 전도 모멘트는 더욱 커지게 되고 결국은 트럭 크레인이 전도되게 된다. 지브를 뉘어도 트럭 크레인이 전도되지 않기 위해서는 화물의 무게를 작게 하여야 한다.

전도되지 않은 범위에서 매달 수 있는 최대의 하중은 지브의 경사각 또는 작업반경에 따라서 변하게 되고 그림 7.22 ①의 곡선으로 표시된다.

이상은 지브 자체의 무게는 무시하였으나, 지브의 무게는 지브의 중심(重心)을 경계로 하여 상부는 상부 포인트 핀에 하부는 푸트 핀에 집중하고 있다고 하고, 상부 포인트 핀에 집중하는 중량(선단등가중량이라 한다)을 화물의 무게에 더하여 계산한다. 그림 7.22 ② 곡선은 지브의 중량을 가산한 것이다.

다음으로 지브를 들어 올리며, 작업반경을 작게 하여 가면, 압축력 P는 점점 크게 되고 지브의 강도가 압축력에 견디지 못하게 된다. 지브 등의 강도상, 견딜 수 있는 최대의 하중을 그림에 표시하면 그림 7.22 ③의 곡선과 같다.

또한 권상기구의 능력으로부터 달아 올리는 것이 가능한 최대하중은 제한된다. 이것을 그림에 표시한 것이 그림 7.22 ④의 직선이다.

따라서 그림 7.22 ②, ③ 및 ④의 범위(사선부분)를 넘어서 하중을 들어 올려서는 안된다. 이 이동식 크레인의 안정 및 강도상으로부터 들어 올릴 수 있는 최대하중을 정격하중이라 하며, 작업반경에 대한 정격하중을 표시하는 선도를 성능곡선도라 한다.

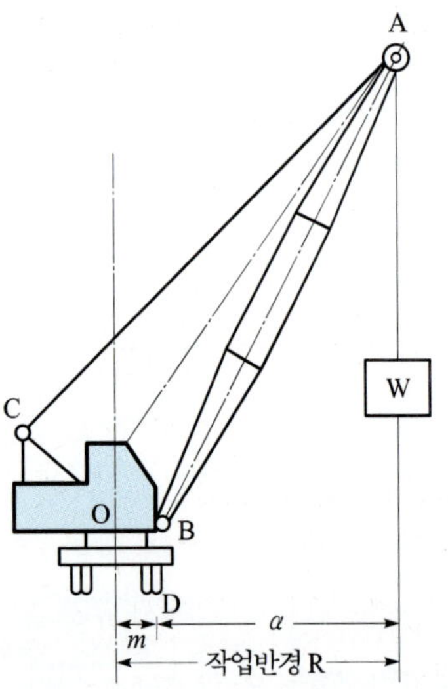

그림 7.20 하중을 걸었을 때의 트럭 크레인

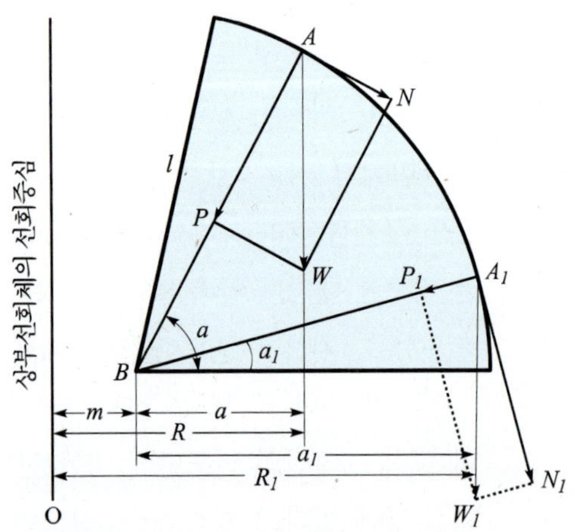

그림 7.21 지브에 작용하는 힘

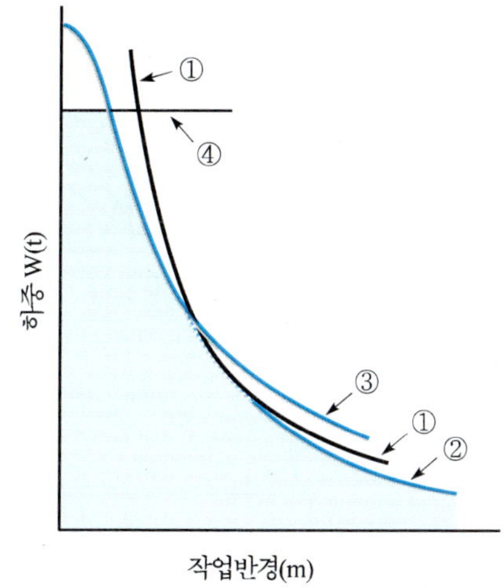

그림 7.22 이동식 크레인의 성능 곡선도

2) 전방안정도

이동식 크레인에서 하중을 단 상태를 그림 7.23에 나타내었다. 전도지점으로부터 하중측의 모멘트는 전도 모멘트이고, 전도지점으로부터 본체 측의 모멘트는 안정 모멘트이다. 이 안정 모멘트를 분자, 전도 모멘트를 분모로 하는 비를 나타내는 것이 이동식 크레인의 전방안전도이다.

전도 모멘트는 단지 화물의 중량만이 아니고 지브의 중량도 관계된다.

전방안정도의 값은 클수록 안정성이 있다.

$$안정도 = \frac{안정\ 모멘트}{전도\ 모멘트} = \frac{W_B \times l}{W_1 \times l_1 + (W+w) \times l_2}$$

$$전도상태 = W_B + l = W_1 + l_1 + (W+w) \times l_2$$

여기서, W_B : 크레인 본체 중량

W_1 : 크레인 어테치먼트(지브 및 부속품) 중량

$W+w$: 하중(W)과 매달기 기구 중량(w)

l : 전도지점으로부터 중심(重心)까지의 거리

l_1 : 전도지점으로부터 크레인 어태치먼트 중심까지의 거리

l_2 : 전도지점으로부터 하중까지의 거리

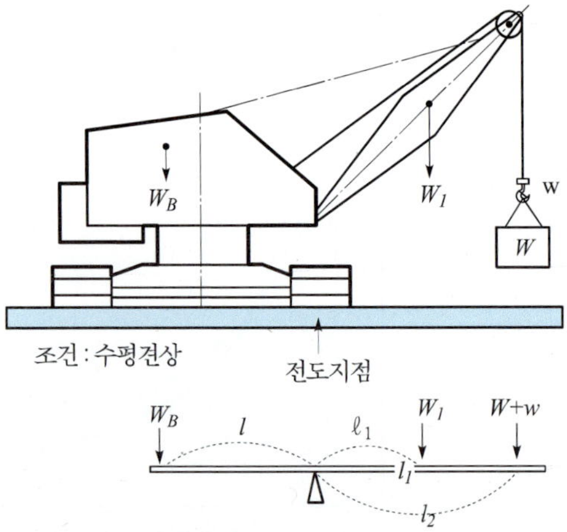

그림 7.23 안정 모멘트와 전도 모멘트

3) 후방안정도

전방안정도의 식에서 알 수 있듯이 이동식 크레인 본체의 중량을 크게 하면 안정성은 좋아진다. 안정성을 좋게 하기 위하여 과대한 카운트웨이트를 부가하면 권상작업 중에 와이어 로프가 절단되거나, 화물을 매달지 않은 상태로 지브를 수직에 가깝게 들어 올린다거나, 바람에 노출된다거나 할 때에 있어서 크레인이 반대방향으로 전도할 위험성이 있다. 이 때문에 기계 본체측에 부당하게 중량이 걸리지 않도록 중량분배가 필요하다.

4) 대책

이동식 크레인의 재해방지대책은 크레인의 재해방지대책과 공통되는 사항이 많으나 특히 전도재해를 방지하기 위해서는 이동식 크레인의 설치장소와 작업 상황에 따른 크레인의 안전성에 유의하여야 하며, 다음 사항을 지키는 것이 중요하다.

① 아웃트리거(outrigger)의 사용 이행
② 크레인의 설치 위치 선정에 유의(연약지반, 경사지를 피하고 땅을 고르게 할 수 없을 때는 나무판 등을 사용)
③ 과부하의 금지
④ 이동식 크레인 운전자 면허를 받은 자가 운전하고 운전자의 사각을 보충하기 위한 감시자의 배치

주 1. **아웃트리거** : 휠식 크레인에 있어서 작업 중 타이어가 진동을 일으킴으로 인해 생기는 자체의 전복위험 및 작업상태의 불안정을 방지하기 위하여 차체를 지지하는 장치

2. **이동식 크레인의 운전자** : 이동식 크레인으로 화물을 운반할 때 안전하게 운반하기 위하여 이동식 크레인의 운전자는 중기관리법 시행규칙에 의거 조종사 면허를 받은 자만이 운전할 수 있도록 규정되어 있다.

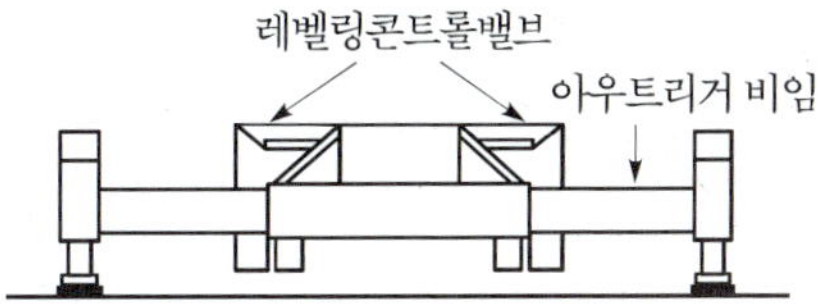

그림 7.24 아웃트리거

5) 작업시작 전 점검사항[규칙 제35조 제2항 관련]

당해 작업시작 전에 다음 각 호의 사항을 점검하여야 한다.

① 권과방지장치나 그 밖의 경보장치의 기능

② 브레이크, 클러치 및 조정장치의 기능

③ 와이어 로프가 통하고 있는 곳 및 작업장소의 지반상태

7.3.4 데릭

(1) 구조 및 기능

데릭(derrick)은 동력을 이용하여 물건을 달아 올리는 기계장치로 주주(主柱) 또는 붐(boom), 달아 올리는 기구와 이것들의 부속물로 구성되어 있다.

데릭의 종류로는 가이데릭(guy derrick), 진포올데릭(gin-pole derrick) 등이 있다.

데릭은 일반적으로 보조로 지지된 주주 또는 붐, 윈치, 와이어 로프, 달기 기구 및 이들의 부속물로 되어 건설물 벽의 철골, 건설용 리프트의 타워에 직접 붐을 설치한 구조의 것이다. 동력으로는 전기 및 내연기관이 주로 이용되고 있다.

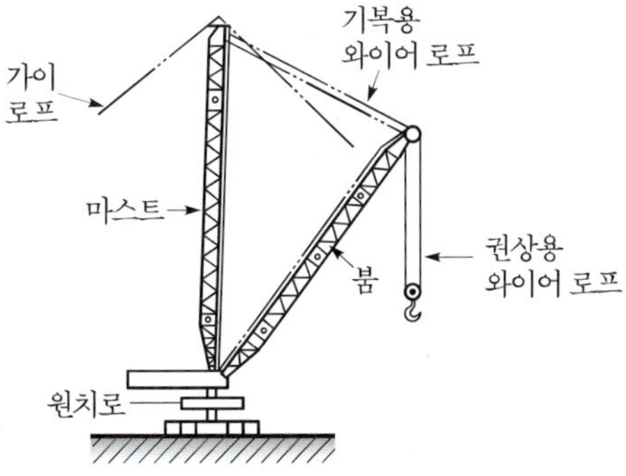

그림 7.25 가이데릭

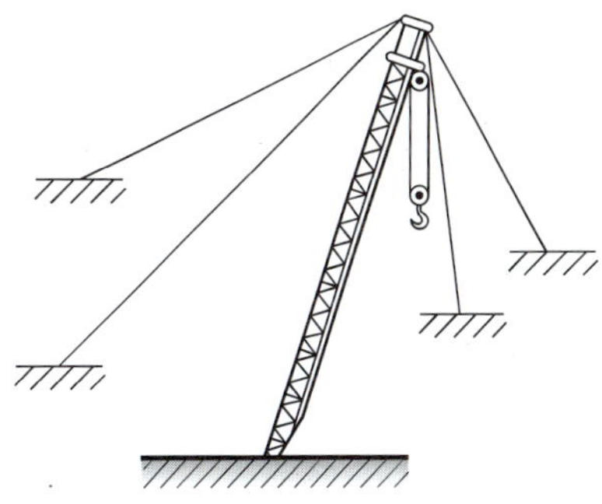

그림 7.26 진포올데릭

(2) 재해유형

데릭에 의한 재해는 크레인에 비해 설치수가 적고 사용도 많지 않기 때문에 사업장에서 크게 문제되지는 않는다.

재해유형에는 매단 짐의 낙하에 의한 재해와 본체의 도괴에 의한 재해 등이 있다.

(3) 재해방지대책

데릭에 의한 재해는 크레인 및 이동식 크레인과 같은 대책으로 방지할 수 있다.

7.3.5 곤도라

(1) 구조 및 기능

곤도라(gondola)란 달기발판 또는 운반구, 승강장치, 그밖의 장치 및 이들에 부속된 기계부품에 의하여 구성되고, 와이어로프 또는 달기강선에 의하여 달기발판 또는 운반구가 전용승강장치에 의하여 오르내리는 설비를 말하는데, 일반적으로 화물을 싣거나 매달기 위한 구조의 달기발판 또는 운반구, 화물을 달아 올리기 위한 승강장치 및 이들에 부속된 전동기, 드럼, 와이어 로프, 방호장치 및 제어반 등으로 구성되어 있다. 그 용도에 따라서 많은 종류가 있으나 빌딩, 옥상 등에 상설되어 있는 것과 작업 기간 중에만 설치하고 작업종류 후에는 다른 장소로 이동하는 것으로 대별된다.[시행령 제74조(안전인증대상기계등)]

(2) 방호장치

권과방지장치, 과부하방지장치, 제동장치 등을 설치한다.

1) 과부하방지장치

곤도라의 적재하중의 110%를 초과시 경보를 발하거나 작동을 자동적으로 정지시키는 장치이다(여기서, 적재하중이란 운반구에 화물을 적재하고 안전하게 상승할 수 있는 최대하중을 말하며, 과부하란 적재하중 초과하중을 말한다).

2) 제동장치

운동체와 정지기구의 기계적 접촉에 의해 운동체를 감속 또는 정지상태로 유지하는 기능을 가진 장치이다.

(3) 재해방지대책

① 곤도라의 운반구에 근로자를 탑승시켜서는 안된다[규칙 제86조(탑승의 제한)](다만, 운반구가 뒤집히거나 떨어지지 않도록 필요한 조치를 취한 것, 안전대와 구명줄을 설치하고 안전난간을 설치할 수 있는 구조의 경우, 안전난간 설치한 경우는 예외).

② 곤도라의 운전방법 또는 고장이 났을 때의 처치방법을 그 곤도라를 사용하는 근로자에게 주지시켜야 한다.[규칙 제160조(운전방법의 주지)]

③ 곤도라 및 달기구를 사용하여 작업하는 운전자 또는 작업자가 보기 쉬운 곳에 해당 기계의 정격하중, 운전속도, 경고표시 등을 부착하여야 한다. 다만, 달기구는 정격하중만 표시한다. {규칙 제133조(정격하중 등의 표시)}

④ 곤도라의 방호장치가 정상적으로 작동될 수 있도록 미리 조정해 두어야 한다. [규칙 제134조(방호장치의 조정)]

⑤ 곤도라에 그 적재하중을 초과하는 하중을 걸어서 사용하도록 해서는 안된다. [규칙 제135조(과부하의 제한 등)]

(4) 작업시작 전 점검사항[규칙 제35조 제2항 점검]

당해 작업시작 전에 다음 각 호의 사항을 점검해야 한다.

① 방호장치, 브레이크의 기능

② 와이어 로프 및 슬링 와이어(sling wire) 등의 산태

7.3.6 승강기

(1) 개요

승강기(elevator)란 건축물이나 고정된 시설물에 설치되어 일정한 경로에 따라 사람이나 화물을 승강장으로 옮기는 데에 사용되는 설비로서, 종류에는 승객용 엘리베이터, 승객화물용 엘리베이터, 화물용 엘리베이터, 소형화물용 엘리베이터, 에스컬레이터 등이 있다.

① 승객용 엘리베이터: 사람의 운송에 적합하게 제조·설치된 엘리베이터

② 승객화물용 엘리베이터: 사람의 운송과 화물 운반을 겸용하는데 적합하게 제조·설치된 엘리베이터

③ 화물용 엘리베이터: 화물 운반에 적합하게 제조·설치된 엘리베이터로서 조작자 또는 화물취급자 1명은 탑승할 수 있는 것(적재용량이 300kg 미만인 것은 제외)

④ 소형화물용 엘리베이터: 음식물이나 서적 등 소형 화물의 운반에 적합하게 제조·설치된 엘리베이터로서 사람의 탑승이 금지된 것

⑤ 에스컬레이터: 일정한 경사로 또는 수평로를 따라 위·아래 또는 옆으로 움직이는 디딤판을 통해 사람이나 화물을 승강장으로 운송시키는 설비

(2) 승강기(엘리베이터)의 종류

1) 동력원에 의한 분류

① **전동식** : 현재의 엘리베이터는 거의 모두 전력을 이용한 전동기에 의해서 구동되며 교류방식은 2단속도제어, 귀환(feedback) 제어 및 VVVF(Variable Voltage Variable Frequency)제어 방식이 있고, 직류 방식은 모터 제네레이터를 이용한 워드 레오나드(Ward leonard) 방식과 사이리스터 정류기를 이용한 정지형 레오나드(Static leonard) 방식이 사용되고 있다.

② **기타 동력원** : 초기에는 증기기관 및 내연기관의 원동기로 직접 구동되는 엘리베이터가 있었으나 현재에는 사용되지 않고 있으며, 수압식 역시 재래식으로 사용이 금지되어 있다. 그 밖에 수동식과 유압식이 있다.

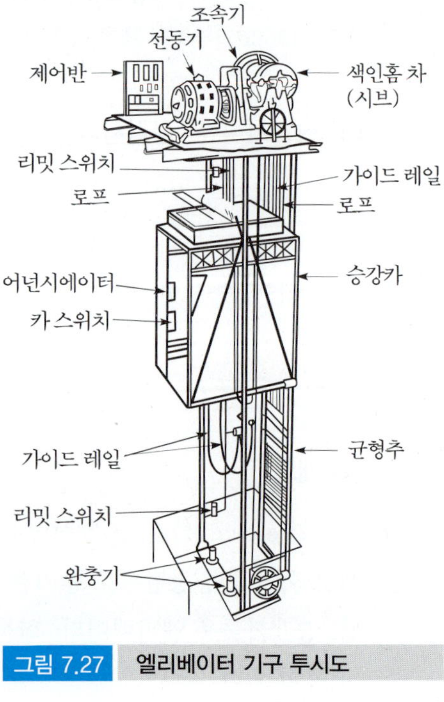

그림 7.27 엘리베이터 기구 투시도

주 **VVVF제어(가변전압 가변주파수 제어)** : 인버터 제어라고 불리며 유도전동기에 인가되는 전압과 주파수를 동시에 변환시켜 직류전동기와 동등한 제어성능을 갖고 있으며, 이 방식은 초고속 엘리베이터까지 적용이 가능하고 유도전동기의 특성상 직류전동기보다 유지보수가 용이하고 소비전력이 절감되어 각광을 받고 있다.

2) 동력 전달방식에 의한 분류

① 로프식 : 로프에 의해 동력이 전달되는 방식이다.

② 플런저(plunger)식 : 유압식 엘리베이터에 적용되는 방식으로 유압에 의해 승강하는 플런저에 카(car)가 직접 연결되어 승강되는 직접식과 유압에 의해 승강하는 플런저와 카 사이를 로프로 연결시킨 구조의 간접식이 있다.

③ 래크 피니언(rack & pinion)식 : 톱니로 된 레일면을 카 측의 피니언인 톱니바퀴가 회전하여 이동하는 방식이다.

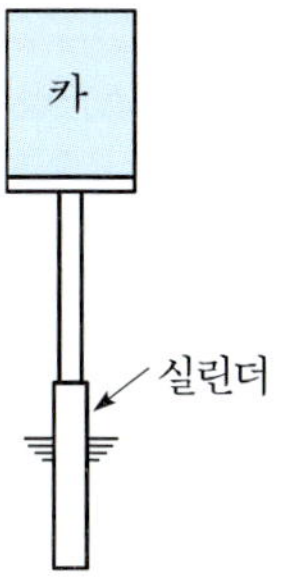

그림 7.28 직접식 유압 엘리베이터

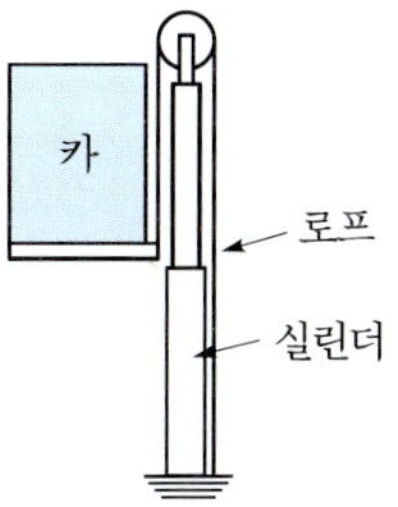

그림 7.29 간접식 유압 엘리베이터

3) 사용목적에 따른 분류

① 승객용 엘리베이터 ② 승객화물용 엘리베이터 ③ 화물용 엘리베이터
④ 소형화물용 엘리베이터 ⑤ 에스컬레이터

(3) 승강기의 구조

1) 카(Car)

내부의 사람과 물건을 보호하는 것이 카 설치의 주목적이며, 운반의 안전성 확보를 위해서 형강제의 카 아래틀 위에 평평하게 놓여진 카 마루 위에 조립된 카실과 카문, 비상구로 이루어지고, 카실은 보통 1.6mm 두께의 강철판으로 만드는데 화물용에는 1.0m 전후의 허리높이 이상의 철망을 두르는 것이 많다.

2) 권상장치

카를 상하승강시키는 데는 정상부에 권상기를 설치하여 로프에 의해 카를 매달아 놓고 그 로프를 감거나 풀어서 하는 로프식과 승강로 하부에 피스톤을 설치하여 유압에 의하여 승강시키는 유압식으로 대별된다.

3) 가이드 레일

가이드 레일은 카와 균형추를 승강로 평면 내에서 일정궤도상에 위치를 규제하고 비상정지장치가 작동시 수직하중을 지탱하기 위하여 설치한다. 일반적으로 T형 레일을 승강로 내에 수직으로 설치한다.

4) 승강로

승강로는 2층 이상의 건축물에는 모두 방화구조로 하여야 하며 승강기는 방화벽으로 축조된 곳에 설치한다. 한편, 건물 외부의 승강로는 3m 높이까지 방호하여야 한다.

(4) 재해유형

카(car)에 탑승하여 물건을 내리거나 싣는 도중에 반기와 같이 추락하거나 감아올린 와이어 로프의 절단에 의해 반기가 추락한 것, 반기와 승강로 사이에 끼인 것 등이 많고 이들 기계의 구조나 방호장치가 각각 소정의 구조상 요건에 적합하지 않기 때문에 일어난다.

주 카(car) : 반기(搬器). 하대 기타 운반목적물을 적재할 수 있는 운반구(cage)를 말함.

(5) 방호장치

과부하방지장치, 권과방지장치, 비상정지장치 및 제동장치, 파이널 리밋 스위치, 속도조절기(조속기), 출입문 인터록 장치, 도어 스위치, 완충기 등을 설치한다.

① **파이널 리밋 스위치(final limit switch)** : 카가 승강로 탑의 최상단보 또는 승강로 바닥에 충돌하기 전에 동력을 차단하는 장치이다.

② **완충기(buffer)** : 카가 어떠한 원인으로 최하층을 통과하여 피트(pit)에 급속 강하할 때 그 충격을 완화시키기 위하여 완충기를 설치한다. 또한, 카가 같은 원인으로 급상승하는 것에 대비하여 균형추 밑에도 완충기를 설치한다. 그러나 완충기가 카나 균형추가 자유 낙하하는 충격을 완화시키기 위한 것은 아니다. 자유 낙하시는 일차적으로 비상정지 장치가 작동하고, 이차적으로 완충기가 작동하여 분담한다. 완충기의 종류는 스프링 완충기와 유압 완충기의 2종류가 있다.

③ **속도조절기(조속기, governor)** : 전동기의 고장, 적재하중의 초과로 인한 과속제어계

의 이상 등으로 과속발생시 정격속도의 1.3배가 되면 속도조절기의 스위치가 동작하여 1차로 전동기의 입력전원을 차단하고, 2차로 전동기 브레이크를 작동시켜 카를 비상정지 시키도록 하는 이상속도 감지장치이다.

④ **출입문 인터록 장치** : 이 장치는 카가 정지하고 있지 않은 층의 승장도어가 열리는 것을 방지하기 위하여 록기능을 갖고 있으며, 또 하나는 승장도어가 완전히 닫혀 있는지 여부를 제어반에 전달하여 만일 전층의 승장도어 중 한층의 승장도어라도 확실히 닫히지 않으면 인터록 스위치가 작동하여 안전회로를 차단하여 운행을 중단시키는 장치이다.

(6) 재해방지대책

① 순간풍속이 35m/sec를 초과하는 바람이 불어 올 우려가 있는 경우 옥외에 설치되어 있는 승강기에 대하여 받침의 수를 증가시키는 등 그 도괴를 방지하기 위한 조치를 하여야 한다[규칙 제161조(폭풍에 의한 도괴 방지)].

② 승강기의 설치, 조립, 수리, 점검 또는 해체 작업을 하는 경우 다음과 같이 조치하여야 한다[규칙 제162조(조립 등의 작업)].

1. 작업을 지휘하는 사람을 선임하여 그 사람의 지휘 하에 작업을 실시할 것
2. 작업을 할 구역에 관계 근로자가 아닌 사람의 출입을 금지하고 그 취지를 보기 쉬운 곳에 표시할 것
3. 비, 눈 그 밖에 기상상태의 불안정으로 날씨가 매우 안좋은 경우에는 그 작업을 중지시킬 것
4. 작업을 지휘하는 사람은 다음의 사항을 이행하여야 한다.
   - 작업방법과 근로자의 배치를 결정하고 해당 작업을 지휘하는 일
   - 재료의 결함 유무 또는 기구 및 공구의 기능을 점검하고 불량품을 제거하는 일
   - 작업 중 안전대 등 보호구의 착용 상황을 감시하는 일

③ 소화물용 엘리베이터에는 근로자를 탑승시켜서는 안된다(단, 승강기의 수리, 조정 및 점검 등의 작업을 할 경우에는 예외)[규칙 제86조(탑승의 제한)].

④ 승강기의 방호장치가 정상적으로 작동될 수 있도록 미리 조정해 두어야 한다. [규칙 제134조(방호장치의 조정)]

⑤ 승강기에 그 적재하중을 초과하는 하중을 걸어서 사용하도록 해서는 안된다. [규칙 제135조(과부하의 제한 등)]

(7) 승강기의 안전수칙

1) 복장

① 작업복은 적절한 것을 반드시 착용하며 상의 소매부분과 하의의 밑부분이 걸리거나 회전물체에 말려 들어가지 않도록 적절한 조치를 해야 한다.
② 작업화는 기름에 미끄러짐이 없는 것을 착용한다.
③ 작업에 따라서는 안전모, 안전망, 안전대, 안전화를 착용해야 한다.

2) 기계실에서의 작업

① 전기장치를 검사할 경우 꼭 전원이 필요한 부분을 제외하고는 전원스위치를 차단하고 이를 확인한 후 작업을 한다.
② 가동부분은 필요한 경우를 제외하고는 절대로 움직이지 않도록 조치, 확인한 후 검사를 실시한다.

3) 카상부에서의 작업

① 상부의 구조물이나 승강로 내 기타 설비에 충돌하지 않도록 주의하고 카 상의 장치물에 복장이 걸리지 않는 위치에서 작업하며 카의 본체 테두리 안에서 작업해야 한다.
② 카를 운전하지 않으면 안 될 경우를 제외하고는 반드시 자동운전스위치와 안전스위치를 차단하여 외부에서 카의 조작을 못하도록 해야 한다.
③ 작업을 개시하기 전에 반드시 작업등을 점등한다.

4) 피트(pit) 내에서의 작업

① 피트 라이트를 점등하고 피트 내에 들어가도록 한다.
② 피트에 출입할 때는 가능한 사다리를 사용한다.
③ 카 및 균형추의 움직임에 주의한다.
④ 피트 바닥면에는 기름, 물, 먼지 등이 쌓여 있으므로 미끄러지지 않도록 주의를 하여야 하며 피트에서 나와 다른 장소로 이동시에는 작업화 바닥을 깨끗이 닦도록 한다.

5) 외부인 접근금지

기계실이나 카상부, 피트 내에서 보수작업시 담당업무 관계자 이외의 사람이 접근하면 안전사고의 위험이 있으므로 출입을 금지시켜야 한다.

(8) 승강기 사용 및 취급

1) 승강시 사용상 주의사항

① 승장 및 카 도어의 문틀에 물이나 이물질이 들어가지 않도록 한다.
② 승장 및 카내부 조작반 버튼 사용시에는 무리한 힘을 가하지 않도록 한다.
③ 운전조작반의 각종 스위치 조작은 관리자 및 승강기 기술자가 사용하는 것이므로 승객은 층선택 버튼, 열림, 닫힘 버튼 그리고 고장시 호출 버튼만 사용해야 한다.
④ 도어에 기대거나 손을 접촉해서는 안된다.
⑤ 출입구 및 카 내에 물이 흐르지 않도록 해야 하며 기계실 및 승강로에 침수가 되지 않도록 해야 한다.
⑥ 승강기에 충격을 가하면 방호장치가 작동하여 정지할 수가 있으므로 카 내에서 뛰거나 도어에 충격을 주어서는 안된다.
⑦ 인터폰의 점검을 수시로 하여 항상 카와 관리실이나 기타 보수관련회사와 연락이 가능하도록 유지해야 한다.

7.3.7 리프트

(1) 개요

리프트(lift)란 동력을 사용하여 사람이나 화물을 운반하는 것을 목적으로 하는 기계설비로서 다음 각 항목의 것을 말하며, 종류에는 건설용 리프트, 산업용 리프트, 자동차정비용 리프트, 이삿짐운반용 리프트 등이 있다. [시행령 제74조(안전인증대상기계등)][시행령 제77조(자율안전확인대상기계등)]

① 건설용 리프트 : 동력을 사용하여 가이드레일(운반구를 지지하여 상승 및 하강 동작을 안내하는 레일)을 따라 상하로 움직이는 운반구를 매달아 사람이나 화물을 운반할 수 있는 설비 또는 이와 유사한 구조 및 성능을 가진 것으로 건설현장에서 사용하는 것

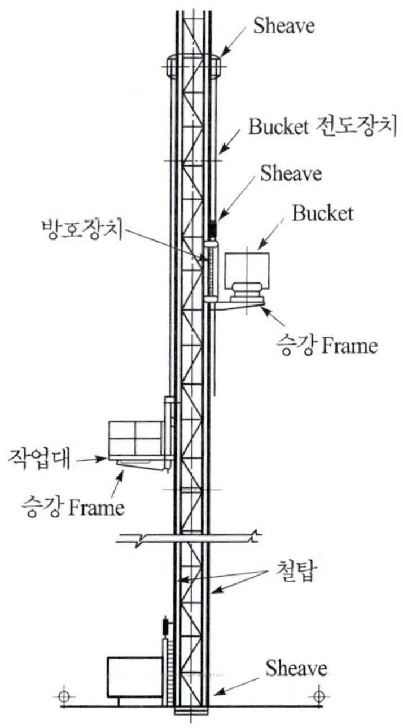

그림 7.30 트윈식 리프트

② **산업용 리프트** : 동력을 사용하여 가이드레일을 따라 상하로 움직이는 운반구를 매달아 화물을 운반할 수 있는 설비 또는 이와 유사한 구조 및 성능을 가진 것으로 건설현장 외의 장소에서 사용하는 것

③ **자동차정비용 리프트** : 동력을 사용하여 가이드레일을 따라 움직이는 지지대로 자동차 등을 일정한 높이로 올리거나 내리는 구조의 리프트로서 자동차 정비에 사용하는 것

④ **이삿짐운반용 리프트** : 연장 및 축소가 가능하고 끝단을 건축물 등에 지지하는 구조의 사다리형 붐에 따라 동력을 사용하여 움직이는 운반구를 매달아 화물을 운반하는 설비로서 화물자동차 등 차량 위에 탑재하여 이삿짐 운반 등에 사용하는 것

(2) 방호장치

리프트의 운반구 이탈 등의 위험을 방지하기 위하여 권과방지장치, 과부하방지장치, 비상정지장치 등을 설치하는 등 필요한 조치를 하여야 한다. [규칙 제151조(권과 방지 등)]

(3) 재해방지대책

① 리프트 및 달기구를 사용하여 작업하는 운전자 또는 작업자가 보기 쉬운 곳에 해당 기계의 정격하중, 운전속도, 경고표시 등을 부착하여야 한다. 다만, 달기구는 정격하중만 표시한다. {규칙 제133조(정격하중 등의 표시)}

② 리프트의 방호장치가 정상적으로 작동될 수 있도록 미리 조정해 두어야 한다. [규칙 제134조(방호장치의 조정)]

③ 리프트에 그 적재하중을 초과하는 하중을 걸어서 사용하도록 해서는 안된다. [규칙 제135조(과부하의 제한 등)]

④ 리프트 운반구 내부에 탑승조작장치(비상정지장치 · 조작스위치 등)가 설치되어 있지 아니한 리프트의 운반구에 근로자를 탑승시켜서는 안된다. 다만, 리프트의 수리 · 조정 및 점검 등의 작업을 하는 경우로서 그 작업에 종사하는 근로자가 추락할 위험이 없도록 조치를 한 경우에는 그렇지 않다. 자동차정비용 리프트 및 이삿짐운반용 리프트 운반구에는 근로자를 탑승시켜서는 안된다. 다만, 리프트의 수리 · 조정 및 점검 등의 작업을 할 때에 그 작업에 종사하는 근로자가 위험해질 우려가 없도록 조치한 경우에는 그렇지 않다. [규칙 제86조(탑승의 제한)]

⑤ 운반구의 내부에만 탑승조작장치가 설치되어 있는 리프트를 사람이 탑승하지 아니한 상태로 작동하게 해서는 안되며, 리프트 조작반(盤)에 잠금장치를 설치하는 등 관계 근로자가 아닌 사람이 리프트를 임의로 조작함으로써 발생하는 위험을 방지하기 위하여 필요한 조치를 하여야 한다. [규칙 제152조(무인작동의 제한)]

⑥ 리프트와 피트 등의 바닥을 청소할 때에는 운반구의 낙하에 의한 근로자의 위험을 방지하기 위한 조치를 취하여야 한다(승강로에 각재 또는 원목을 걸치고, 그 위에 운반구를 놓거나 역회전방지기가 붙은 브레이크에 의하여 구동모터 또는 윈치를 확실하게 제동하여 두는 등의 조치)[규칙 제153조(피트 청소시의 조치)].

⑦ 지반침하, 불량자재사용 또는 헐거운 결선 등으로 인하여 리프트가 전도·붕괴 또는 도괴되지 않도록 필요한 조치를 하여야 하며, 순간 풍속이 35m/sec를 초과하는 바람이 불 우려가 있을 때에는 건설작업용 리프트에 대하여 받침수를 증가시키는 등 도괴방지조치를 하여야 한다[규칙 제154조(붕괴 등의 방지)].

⑧ 리프트의 운반구를 주행로 상에 달아 올린 상태로 정지시켜 두어서는 안된다[규칙 제155조(운반구의 정지위치)].

⑨ 리프트의 설치, 조립, 수리 점검 또는 해체 작업시에는 다음과 같이 조치하여야 한다[규칙 제156조(조립 등의 작업)].

1. 작업지휘자를 선임하고, 그 지휘 하에 작업을 실시한다(작업자휘자의 역할 : ⓐ 작업방법과 근로자의 배치를 결정하고, ⓑ 당해작업을 지휘하는 일, ⓒ 재료의 결함 유무 또는 기구 및 공구의 기능을 점검하고 불량품을 제거하는 일, ⓓ 작업 중 안전대 등 보호구의 착용상황을 감시하는 일).
2. 작업구역에 관계자 외에는 출입을 금지하고, 그 취지를 보기 쉬운 장소에 표시한다.
3. 악천후(폭풍·폭우 및 폭설 등) 작업에 있어서 근로자에게 위험을 미칠 우려가 있을 때에는 당해 작업을 중지시킨다.

⑩ 이삿짐운반용 리프트를 사용하는 근로자에게 운전방법 및 고장이 났을 경우의 조치방법을 주지시켜야 한다. [규칙 제157조(이삿짐운반용 리프트 운전방법의 주지)]

⑪ 이삿짐 운반용 리프트를 사용하는 작업을 하는 경우 이삿짐 운반용 리프트의 전도를 방지하기 위하여 다음과 같이 준수하여야 한다. [규칙 제158조(이삿짐 운반용 리프트 전도의 방지)]

1. 아웃트리거가 정해진 작동위치 또는 최대전개위치에 있지 않는 경우(아웃트리

거 발이 닿지 않는 경우를 포함한다)에는 사다리 붐 조립체를 펼친 상태에서 화물 운반작업을 하지 않을 것

2. 사다리 붐 조립체를 펼친 상태에서 이삿짐 운반용 리프트를 이동시키지 않을 것
3. 지반의 부동침하 방지 조치를 할 것

⑫ 이삿짐 운반용 리프트 운반구로부터 화물이 빠지거나 떨어지지 않도록 다음과 같이 낙하방지 조치를 하여야 한다. [규칙 제159조(화물의 낙하 방지)]

1. 화물을 적재시 하중이 한쪽으로 치우치지 않도록 할 것
2. 적재화물이 떨어질 우려가 있는 경우에는 화물에 로프를 거는 등 낙하 방지 조치를 할 것

(5) 작업시작 전 점검사항[규칙 제35조 제2항 관련]

① 방호장치, 브레이크 및 클러치의 기능
② 와이어 로프가 통하고 있는 곳의 상태

7.4 차량계 하역운반기계 등

차량계 하역운반기계 등이란 하역운반기계중 주행장치를 구비하고 있는 지게차, 구내운반차, 화물자동차 등의 차량계 하역운반기계 및 고소작업대를 말한다.

차량계 하역운반기계를 사용하여 작업을 하는 경우에는 차량계 하역운반기계의 전도, 근로자의 접촉, 화물의 적재, 차량계 하역운반기계의 이송, 차량계 하역운반기계의 수리, 하역작업 등에 관하여 안전조치를 하여야 한다.

차량계 하역운반기계(화물자동차 제외)를 사용하여 작업을 하는 경우 승차석이 아닌 위치에 근로자를 탑승시켜서는 안 된다. [규칙 제86조(탑승의 제한)]

차량계 하역운반기계등을 사용하는 작업을 할 때에 그 기계가 넘어지거나 굴러떨어짐으로써 근로자에게 위험을 미칠 우려가 있는 경우에는 그 기계를 유도하는 사람(유도자)을 배치하고 지반의 부동침하와 방지 및 갓길 붕괴를 방지하기 위한 조치를 하여야 한다. [규칙 제171조(전도 등의 방지)]

차량계 하역운반기계등을 사용하여 작업을 하는 경우에 하역 또는 운반 중인 화물이나 그 차량계 하역운반기계등에 접촉되어 근로자가 위험해질 우려가 있는 장소에는 근로자를 출입시켜서는 안된다. 다만, 작업지휘자 또는 유도자를 배치하고 그 차량계 하역운반기계등을 유도하는 경우에는 그렇지 않으며, 차량계 하역운반기계등의 운전자는 작업지휘자 또는 유도자가 유도하는 대로 따라야 한다. [규칙 제172조(접촉의 방지)]

차량계 하역운반기계등에 화물을 적재하는 경우에 다음 사항을 준수하여야 하며, 최대적재량을 초과해서는 아니 된다. [규칙 제173조(화물적재 시의 조치)]

1. 하중이 한쪽으로 치우치지 않도록 적재할 것
2. 구내운반차 또는 화물자동차의 경우 화물의 붕괴 또는 낙하에 의한 위험을 방지하기 위하여 화물에 로프를 거는 등 필요한 조치를 할 것
3. 운전자의 시야를 가리지 않도록 화물을 적재할 것

차량계 하역운반기계 등을 이송하기 위하여 자주(自走) 또는 견인에 의하여 화물자동차에 싣거나 내리는 작업을 할 때에 발판·성토 등을 사용하는 경우에는 해당 차량계 하역운반기계 등의 전도 또는 굴러 떨어짐에 의한 위험을 방지하기 위하여 다음 사항을 준수하여야 한다. [규칙 제174조(차량계 하역운반기계 등의 이송)]

1) 싣거나 내리는 작업은 평탄하고 견고한 장소에서 할 것
2) 발판을 사용하는 경우에는 충분한 길이·폭 및 강도를 가진 것을 사용하고 적당한 경사를 유지하기 위하여 견고하게 설치할 것
3) 가설대 등을 사용하는 경우에는 충분한 폭 및 강도와 적당한 경사를 확보할 것
4) 지정운전자의 성명·연락처 등을 보기 쉬운 곳에 표시하고 지정운전자 외에는 운전하지 않도록 할 것

차량계 하역운반기계 등을 화물의 적재·하역 등 주된 용도에만 사용하여야 한다. 다만, 근로자가 위험해질 우려가 없는 경우에는 그렇지 않다. [규칙 제175조(주용도 외의 사용 제한)]

차량계 하역운반기계 등의 수리 또는 부속장치의 장착 및 해체작업을 하는 경우 해당 작업의 지휘자를 지정하여 다음 각 호의 사항을 준수하도록 하여야 한다. [규칙 제176조(수리 등의 작업시 조치)]

1) 작업순서를 결정하고 작업을 지휘할 것
2) 안전지지대 또는 안전블록 등의 사용 상황 등을 점검할 것

차량계 하역운반기계 등에 단위화물의 무게가 100kg 이상인 화물을 싣는 작업(로프 걸이 작업 및 덮개 덮기 작업 포함) 또는 내리는 작업(로프 풀기 작업 또는 덮개 벗기기 작업 포함)을 하는 경우에 해당 작업의 지휘자에게 다음 사항을 준수하도록 하여야 한다. [규칙 제177조(싣거나 내리는 작업)]

1) 작업순서 및 그 순서마다의 작업방법을 정하고 작업을 지휘할 것
2) 기구와 공구를 점검하고 불량품을 제거할 것
3) 해당 작업을 하는 장소에 관계 근로자가 아닌 사람이 출입하는 것을 금지할 것
4) 로프 풀기 작업 또는 덮개 벗기기 작업은 적재함의 화물이 떨어질 위험이 없음을 확인한 후에 하도록 할 것

지게차의 허용하중(지게차의 구조, 재료 및 포크・램 등 화물을 적재하는 장치에 적재하는 화물의 중심위치에 따라 실을 수 있는 최대하중)을 초과하여 사용해서는 안되며, 안전한 운행을 위한 유지・관리 및 그 밖의 사항에 대하여 해당 지게차를 제조한 자가 제공하는 제품설명서에서 정한 기준을 준수하여야 한다. 한편, 구내운반차, 화물자동차를 사용할 때에는 그 최대적재량을 초과해서는 안된다. [규칙 제178조(허용하중 초과 등의 제한)]

7.4.1 지게차

지게차(fork lift)는 주로 경화물의 단거리 운반 및 적재, 적하작업에 효과적인 장비로서, 포크(fork), 램(ram) 등의 짐을 적재하는 장치와 이것을 승강시키는 마스트(mast)를 구비한 하역 자동차를 말한다. 지게차의 규격은 들어 올림 용량(톤)으로 표시하며, 최근에는 포크 대신 여러 가지 특수한 작업장치를 부착하여 다양한 작업을 할 수 있는 어태치먼트가 개발되어 사용범위가 상당히 넓다. 도로운송차량법에서는 소형특수자동차로 분류된다.

지게차는 포크가 어느 정도 높은 위치까지 상승한다는 것, 앞뒤로 약간 기울어진다는 것, 화물을 적재한 상태에서 주행할 수 있다는 것, 일반적으로 전륜구동이고 후륜으로 균형을 이룬다는 것, 회전반경이 작다는 것 등의 장점이 있다.

지게차의 안전성은 평형 및 지렛대의 원리에 있으며, 지게차의 구동 바퀴가 받침대 역할을 하게 된다. 지게차에 화물을 실으면 카운터 웨이트(counter weight) 균형추의 중량에 의해서 평형이 이루어진다.

지게차에 의한 재해를 살펴보면 포크 리프트와의 접촉 사고(37%), 화물의 낙하(27%), 지게차의 전도 전락(16%), 추락(14%), 기타(6%) 정도로 집계되고 있으며, 지게차의 안전성을 유지하기 위해서는 구조, 화물 및 운전조작에서 신중한 검토가 선행되어야 한다.

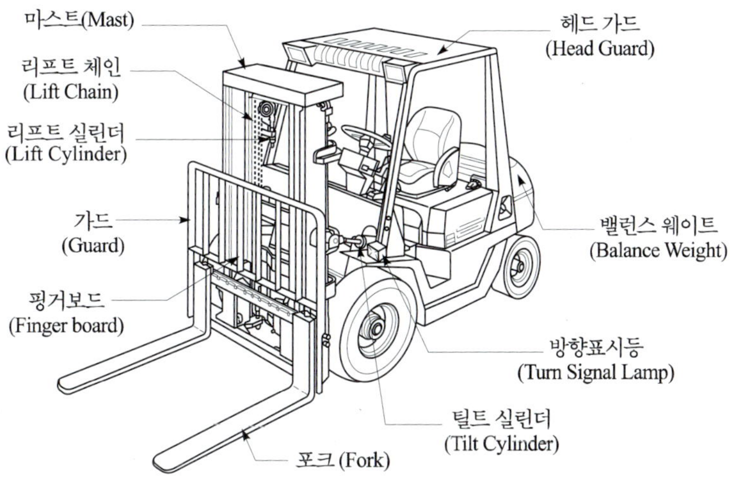

그림 7.31 지게차의 구조

(1) 종류 및 구조

1) 카운터 밸런스형

전방의 포크에 실은 화물과 평형을 유지하도록 운전석 옆에 엔진, 진동장치, 주행바퀴 등 평형중추(counter weight)를 싣고 균형을 유지하는 형식이다.

그림 7.32 카운터 밸런스형 지게차

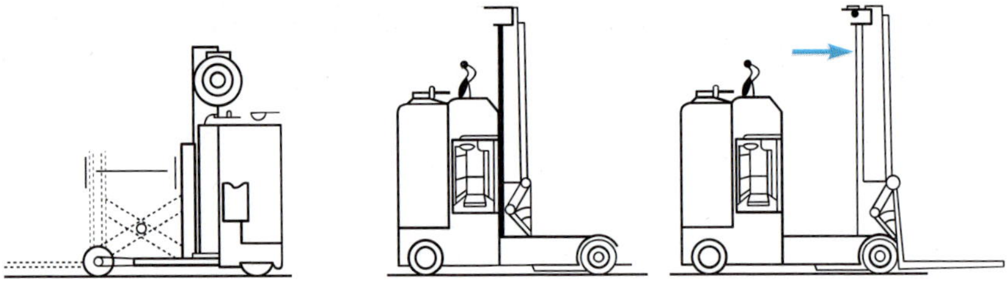

그림 7.33 리치형 지게차

2) 리치형

주행시에는 전후 바퀴사이에 마스트와 하중이 안정되도록 하는 것으로 마스트와 포크가 일체가 되어 움직이는 마스트 리치(mast reach)형과 포크만이 신축암으로 움직이는 포크 리치(fork reach)형이 있다.

(2) 재해유형

위험성	위험유발요인
물체의 낙하	1. 물체적재의 불안정 2. 부적합한 보조구 선정 3. 미숙한 조작 4. 급출발, 급정지
보행자 등과의 접촉	1. 구조상 피할 수 없는 시야의 악조건 2. 후륜주행에 따른 후부의 선회반경
차량의 전도	1. 미정지된 요철바닥 2. 취급화물에 비해 소형의 차량 3. 물체의 과적재 4. 고속 급회전

(3) 방호장치[위험기계 · 기구 방호조치 기준]

지게차의 방호장치로는 전조등 및 후미등, 후진경보기와 경광등(또는 후방감지기), 헤드가드, 백레스트, 앉아서 조작하는 방식의 지게차의 경우 안전띠 등이 있으며, 지게차에는 최대하중의 2배(4톤을 넘는 값에 대해서는 4톤으로 함)에 해당하는 등분포정하중(等分布靜荷重)에 견딜 수 있는 강도의 헤드가드를 설치하여야 하며, 포크에 적재된 화물이 마스트의 뒤쪽으로 떨어지는것을 방지하기 위한 백레스트(backrest)를 설치하여야 한다. 또한, 7,500 칸델라(cd) 이상의 광도를 가지는 전조등, 2 칸델라(cd) 이상의 광도를 가지는 후미등을 설치하여야 하고, 「산업표준화법」에 따라 인증을 받은 제품, 국제적으로 인정되는 규격에 따른 제품 또는 국토교통부 장관이 이와 동등하거나 그 이상이라고 인정하는 제품으로, 사용자가 쉽게 잠그고 풀 수 있는 구조를 갖는 안전벨트를 설치하여야 한다.

1) 헤드가드

다음 사항에 따른 적합한 헤드가드(head guard)를 갖추어야 한다. 화물의 낙하에 의하여 지게차의 운전자에게 위험을 미칠 우려가 없는 경우에는 그렇지 않다. [규칙 제180조(헤드가드)]

1. 강도는 지게차의 최대하중의 2배 값(4톤을 넘는 값에 대해서는 4톤으로 한다)의 등분포정하중(等分布靜荷重)에 견딜 수 있을 것
2. 상부틀의 각 개구의 폭 또는 길이가 16cm 미만일 것
3. 운전자가 앉아서 조작하거나 서서 조작하는 지게차의 헤드가드는 한국산업표준에서 정하는 높이 기준 이상일 것(좌식 0.903m이상, 입식 1.88m 이상)

2) 백레스트

1. 외부충격이나 진동 등에 의해 탈락 또는 파손되지 않도록 견고하게 부착할 것
2. 최대하중을 적재한 상태에서 마스트가 뒤쪽으로 경사지더라도 변형 또는 파손이 없을 것

3)전조등

1. 좌우에 1개씩 설치할 것
2. 등광색은 백색으로 할 것
3. 점등 시 차체의 다른 부분에 의하여 가려지지 아니할 것

4)후미등

1. 지게차 뒷면 양쪽에 설치할 것
2. 등광색은 적색으로 할 것
3. 지게차 중심선에 대하여 좌우대칭이 되게 설치할 것

4. 등화의 중심점을 기준으로 외측의 수평각 45°에서 볼 때에 투영면적이 12.5㎠ 이상일 것

(4) 재해방지대책

작업을 안전하게 수행하기 위하여 전조등 및 후미등을 갖추어야 하고, 만일의 경우 화물이 낙하하는 경우를 생각해 운전자의 머리 위쪽에 헤드가드를 붙여야 한다. 또한, 마스트를 후방으로 기울어지게 했을 때 운반하는 화물이 떨어져 운전자에게 상해를 입히는 일이 없도록 마스트의 배면에 백 레스트를 붙이고, 화물을 운반할 때 사용되는 짐대로서 적절한 팔레트 또는 스키드를 사용하여야 한다. 이 밖에도 앉아서 조작하는 지게차의 경우 운전하는 근로자는 안전띠를 착용하도록 하여야 한다.

지게차가 안정되려면 전후 안정도와 좌우 안정도가 중요하며, 지게차와 같은 이동기계에서는 운전상의 조작 잘못에 의한 사고를 막거나 갑작스러운 위험이 나타났을 때에 급히 조작할 수 있는 조작장치가 중요하다. 따라서 포크의 상하이송용이나 마스트의 경동용 레버는 물론, 전후진에 대한 레버의 조작방향은 필히 일정하게 만들어 놓아야 한다.

① 전조등과 후미등을 갖추지 아니한 지게차를 사용해서는 안 된다. 다만, 작업을 안전하게 수행하기 위하여 필요한 조명이 확보되어 있는 장소에서 사용하는 경우에는 그렇지 않다. 또한, 지게차 작업 중 근로자와 충돌할 위험이 있는 경우에는 지게차에 후진경보기와 경광등을 설치하거나 후방감지기를 설치하는 등 후방을 확인할 수 있는 조치를 해야 한다. [규칙 제179조(전조등 등의 설치)]

② 적합한 헤드가드(head guard)를 갖추지 아니한 지게차를 사용해서는 안 된다. 다만, 화물의 낙하에 의하여 지게차의 운전자에게 위험을 미칠 우려가 없는 경우에는 그렇지 않다. [규칙 제180조(헤드가드)]

③ 백레스트(backrest)를 갖추지 아니한 지게차를 사용해서는 안 된다. 다만, 마스트의 후방에서 화물이 낙하함으로써 근로자가 위험해질 우려가 없는 경우에는 그렇지 않다. {규칙 제181조(백레스트)}

④ 지게차에 의한 하역운반작업에 사용하는 팔레트(pallet) 또는 스키드(skid)는 다음 사항에 해당하는 것을 사용하여야 한다. [규칙 제182조(팔레트 등)]

1. 적재하는 화물의 중량에 따른 충분한 강도를 가질 것

2. 심한 손상·변형 또는 부식이 없을 것

⑤ 앉아서 조작하는 방식의 지게차를 운전하는 근로자에게 좌석 안전띠를 착용하도록 하여야 하며, 지게차를 운전하는 근로자는 좌석 안전띠를 착용하여야 한다. [규칙 (제183조(좌석 안전띠의 착용 등))

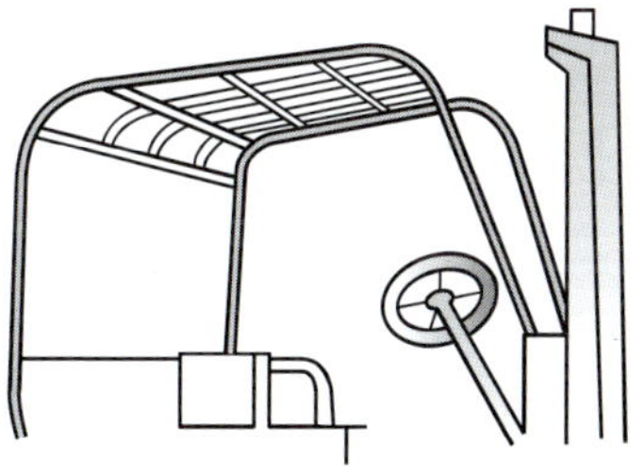

그림 7.34 헤드 가드

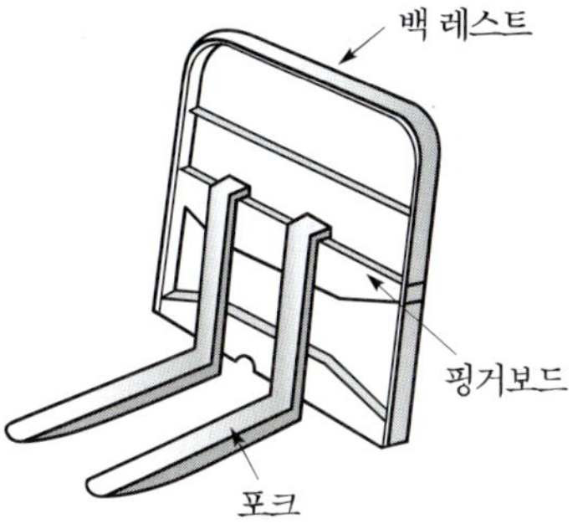

그림 7.35 백 레스트

1) 안정성

지게차가 안정되기 위해서는 아래와 같은 관계를 유지하여야 한다.

$$Wa < Gb$$

여기서, W : 화물중량, G : 차량의 중량

a : 전차륜에서 화물의 중심까지의 최단거리

b : 전차륜에서 차량의 중심까지의 최단거리

M_1 : $W \times a$ 화물의 모멘트, M_2 : $G \times b$ 차의 모멘트

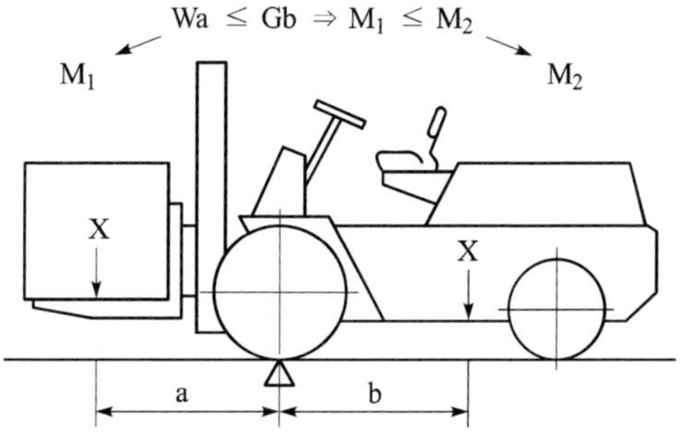

그림 7.36 지게차의 안정조건

이상은 전후방향의 안정조건이며, 이외에 각국의 규격에서 정하고 있는 기준은 표 7.7과 같다.

표 7.7 지게차의 안정조건

안정도	지게차의 상태	
하역작업시 전후 안정도 4% 이내 (5톤 이상의 것은 3.5%)		위에서 본 상태 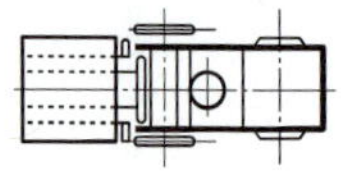
주행시의 전후 안정도 18% 이내		
하역작업시 좌우 안정도 6% 이내		아래에서 본 상태 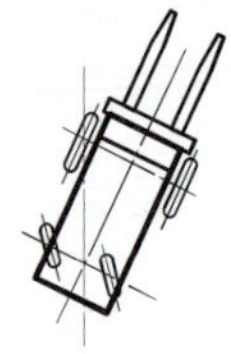
주행시의 좌우 안정도 (15+1.1V)% 이내 여기서, V는 최고속도(km/h)	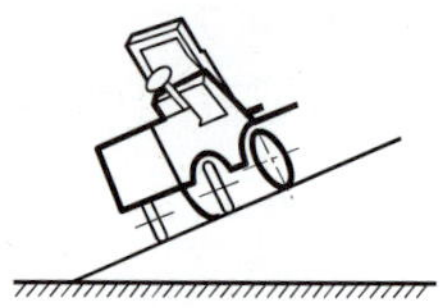	

$$안정도 = \frac{h}{l} \times 100\%$$

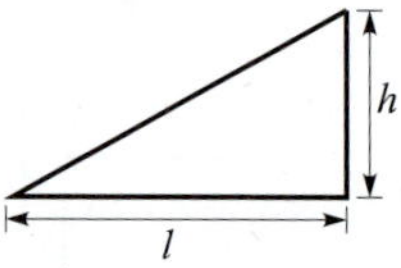

(4) 지게차 운전시 주의사항

① 난폭한 운전, 과속은 하지 말 것, 특히 급격한 후퇴는 피할 것, 특히 앉아서 조작하는 방식의 지게차의 경우 반드시 좌석안전띠를 착용할 것.

② 허용 하중이나 높이를 초과하는 적재를 하지 말 것,

③ 견인할 때는 반드시 견인봉을 사용할 것.
④ 운전자 이외에 사람은 승차시키지 말 것.
⑤ 정해진 구역 밖에서 운전하지 말 것.
⑥ 물건이 낙하하는 위험을 방지하기 위하여 견고한 헤드 가드(head guard)를 갖출 것
⑦ 방향지시기, 경보장치를 갖추고 이것을 유효하게 사용할 것

(5) 작업시작 전 점검사항[규칙 제35조 제2항 관련]

① 제동장치 및 조종장치 기능의 이상 유무
② 하역장치 및 유압장치 기능의 이상 유무
③ 바퀴의 이상 유무
④ 전조등, 후미등, 방향지시기 및 경보장치 기능의 이상 유무

7.4.2 구내운반차

하역운반을 목적으로 제조된 것으로서, 주로 사업장 내에서 주행하는 운반차를 말하며, 견인차량에 의해 피견인차를 견인하는 방식, 3륜차방식 및 근로자가 주행하면서 운전하는 방식 등이 있다.

그림 7.37 구내운반차

(1) 재해방지대책

① 구내운반차(작업장내 운반을 주목적으로 하는 차량으로 한정) 사용시 준수사항. [규칙 제184조(제동장치 등)]
1. 주행을 제동하거나 정지상태를 유지하기 위하여 유효한 제동장치를 갖출 것
2. 경음기를 갖출 것

3. 운전석이 차 실내에 있는 것은 좌우에 한개씩 방향지시기를 갖출 것
4. 전조등과 후미등을 갖출 것. 다만, 작업을 안전하게 하기 위하여 필요한 조명이 있는 장소에서 사용하는 구내운반차에 대해서는 그렇지 않다.

② 구내운반차에 피견인차를 연결하는 경우에는 적합한 연결장치를 사용하여야 한다. [규칙 제185조(연결장치)]

(2) 작업시작전 점검사항[규칙 제35조 제2항 관련]

① 제동장치 및 조종장치 기능의 이상 유무
② 하역장치 및 유압장치 기능의 이상 유무
③ 바퀴의 이상 유무
④ 전조등·후미등·방향지시기 및 경음기 기능의 이상 유무
⑤ 충전장치를 포함한 홀더 등의 결합상태의 이상 유무

7.4.3 화물자동차

오늘날 화물자동차(truck)에 의한 사망재해는 날로 증가하고 있다. 따라서 트럭으로 화물을 운반하는 경우 운전자의 육체적, 정신적 조건 등의 인적 요소와 더불어 공장 내의 교통 관제설비 검토가 있어야 한다.

(1) 공장내의 교통계획과 통행순위

① 공장 내의 교통계획은 일방통행이 이상적이고 교차를 피하는 동시에 교통규제를 하고 도로구분이나 교통위험부분에 충분한 게시를 하여 관리상 사용을 확실히 하는 것이 제일이다.

② 통행순위는 중장비, 부재운반차, 빈차, 통행인의 순서로 하는 것이 좋다. 일방통행의 경우 노폭 = 차폭 + 60cm, 교차통행의 경우 노폭 = (차폭 × 2) + 90cm, 운행속도는 제한속도가 10km/h이며, 8km/h 정도로 운행하는 것이 가장 안전한 속도로 본다.

(2) 재해방지 대책과 안전수칙

① 트럭의 교통사고는 거의가 적재화물에 결함이 있어서 이동할 때 일어나는 것이다.

적재화물의 전후좌우의 안정성을 잘 검토하고, 필요하면 적재화물을 충분히 결박하여야 한다.

② 속도제한을 목적으로 콘크리트 속도 제한대(speed reducter)를 그림 7.38과 같이 설치하는 것이 좋다. 이 때 그 높이, 경사, 폭 등이 제멋대로 시공되는 것은 오히려 과실 유도적 특성으로도 작용할 수 있으므로 설치 목적을 충분히 이해하여 안전설비로서의 기능을 다하도록 해야 할 것이다.

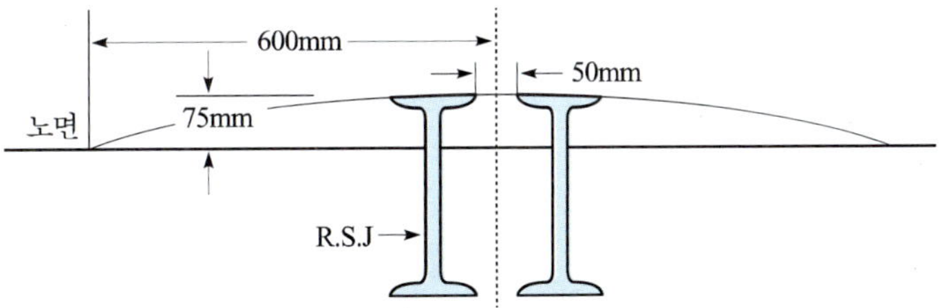

그림 7.38 속도 제한대

③ 바닥으로부터 짐 윗면까지의 높이가 2미터 이상인 화물자동차에 짐을 싣는 작업 또는 내리는 작업을 하는 경우에는 근로자의 추가 위험을 방지하기 위하여 해당 작업에 종사하는 근로자가 바닥과 적재함의 짐 윗면 간을 안전하게 오르내리기 위한 설비를 설치하여야 한다. [규칙 제187조(승강설비)]

④ 다음 사항의 어느 하나에 해당하는 섬유로프 등을 화물자동차의 짐걸이로 사용해서는 안 된다. [규칙 제188조(꼬임이 끊어진 섬유로프 등의 사용 금지)]

1. 꼬임이 끊어진 것
2. 심하게 손상되거나 부식된 것

⑤ 섬유로프 등을 화물자동차의 짐걸이에 사용하는 경우에는 해당 작업을 시작하기 전에 다음 각 호의 조치를 하여야 하며, 섬유로프 등에 대하여 이상 유무를 점검하고 이상이 발견된 섬유로프 등을 교체하여야 한다. [규칙 제189조(섬유로프 등의 점검)]

1. 작업순서와 순서별 작업방법을 결정하고 작업을 직접 지휘하는 일
2. 기구와 공구를 점검하고 불량품을 제거하는 일
3. 해당 작업을 하는 장소에 관계 근로자가 아닌 사람의 출입을 금지하는 일
4. 로프 풀기 작업 및 덮개 벗기기 작업을 하는 경우에는 적재함의 화물에 낙하 위험이 없음을 확인한 후에 해당 작업의 착수를 지시하는 일

⑥ 화물자동차에서 화물을 내리는 작업을 하는 경우에는 그 작업을 하는 근로자에게 쌓여있는 화물의 중간에서 화물을 빼내도록 해서는 안 된다. [규칙 제190조(화물 중간에서 빼내기 금지)]

⑦ 화물 자동차 적재함에 근로자를 탑승시켜서는 안된다[규칙 제86조(탑승의 제한)] (단, 화물 자동차에 울 등을 설치하여 추락을 방지하는 조치를 한 경우는 제외).

(3) 작업시작 전 점검사항[규칙 제35조 제2항 관련]

① 제동장치 및 조종장치의 기능
② 하역장치 및 유압장치의 기능
③ 바퀴의 이상 유무

7.4.4 고소작업대

높은 곳에 작업이 필요한 경우, 작업자를 안전하게 작업 위치로 이동시켜 주는 장비로, 구조는 크게 작업대, 연장구조물(지브), 차대로 구성되며, 종류로는 일반적으로 차량 탑재형 고소작업대, 보행자 제어식 고소작업대, 자체 추진 고소작업대로 구분할 수 있다.[시행령 제74조(안전인증대상기계등)]

주 1. 차량 탑재형 고소작업대 : 주행 제어장치가 차량(본체)의 운전석 안에 있는 고소작업대
2. 보행자 제어식 고소작업대 : 사람이 고소작업대에 가까이 걸으면서 동력 주행 제어 장치를 조작하는 고소작업대
3. 자체 추진 고소작업대 : 주행 제어 장치가 작업대 위에 있는 고소작업대

• 작업대에 작업자를 탑승시킨 상태에서 동력을 이용 · 붐대를 상승시켜 건축 외벽공사, 유리공사, 간판설치·보소작업 등의 고소작업을 하는 장비로 주로 건설현장에서 사용됨.

(a) 차량 탑재형 고소작업대

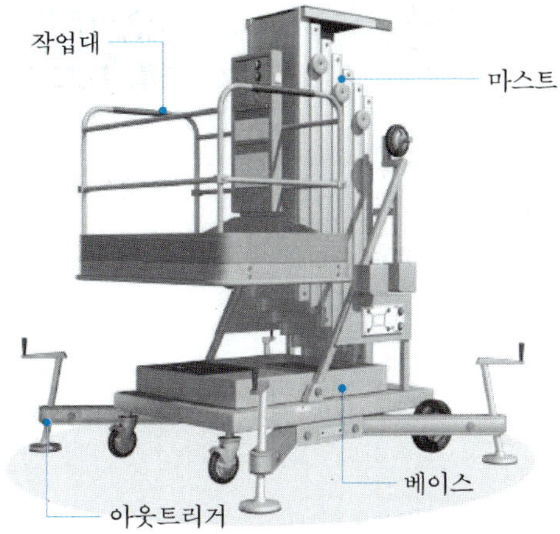

- 작업대에 1명의 작업자를 탑승시킨 상태에서 동력을 이용 · 작업대를 상승시켜 빌딩내부, 좁은 실내공간에서 전등 교체 등의 작업을 하는 장비로서 빌딩, 대형마트, 체육관 등에서 주로 사용됨

(b) 보행자 제어식 고소작업대

- 작업대에 작업자를 탑승시킨 상태에서 동력을 이용 · 가위형 구조물을 상승시켜 천장배관 보수, 전등 교체 등의 고소작업을 하는 장비로 주로 건물관리업무에 사용됨.

(c) 자체 추진 고소작업대

그림 7.39 고소작업대

(1) 재해방지대책 [규칙 제186조(고소작업대 설치 등 조치)]

① 고소작업대 설치시 기본 안전 조건

1. 작업대를 와이어로프 또는 체인으로 올리거나 내릴 경우에는 와이어로프 또는 체인이 끊어져 작업대가 떨어지지 않는 구조여야 하며, 와이어로프 또는 체인의 안전율은 5 이상일 것
2. 작업대를 유압에 의해 올리거나 내릴 경우에는 작업대를 일정한 위치에 유지할 수 있는 장치를 갖추고 압력의 이상저하를 방지할 수 있는 구조일 것
3. 권과방지장치를 갖추거나 압력의 이상상승을 방지할 수 있는 구조일 것
4. 붐의 최대 지면경사각을 초과 운전하여 전도되지 않도록 할 것
5. 작업대에 정격하중(안전율 5 이상)을 표시할 것
6. 작업대에 끼임·충돌 등 재해를 예방하기 위한 가드 또는 과상승방지장치를 설치할 것
7. 조작반의 스위치는 눈으로 확인할 수 있도록 명칭 및 방향표시를 유지할 것

② 고소작업대 설치시 준수사항

1. 바닥과 고소작업대는 가능하면 수평을 유지하도록 할 것
2. 갑작스러운 이동을 방지하기 위하여 아웃트리거 또는 브레이크 등을 확실히 사용할 것

③ 고소작업대 이동시 준수사항

1. 작업대를 가장 낮게 내릴 것
2. 작업대를 올린 상태에서 작업자를 태우고 이동하지 말 것. 다만, 이동 중 전도 등의 위험예방을 위하여 유도하는 사람을 배치하고 짧은 구간을 이동하는 경우에는 그렇지 않다.
3. 이동통로의 요철상태 또는 장애물의 유무 등을 확인할 것

④ 고소작업대 사용시 준수사항

1. 작업자가 안전모·안전대 등의 보호구를 착용하도록 할 것
2. 관계자가 아닌 사람이 작업구역에 들어오는 것을 방지하기 위하여 필요한 조치를 할 것
3. 안전한 작업을 위하여 적정수준의 조도를 유지할 것
4. 전로(電路)에 근접하여 작업을 하는 경우에는 작업감시자를 배치하는 등 감전사고를 방지하기 위하여 필요한 조치를 할 것

5. 작업대를 정기적으로 점검하고 붐·작업대 등 각 부위의 이상 유무를 확인할 것
6. 전환스위치는 다른 물체를 이용하여 고정하지 말 것
7. 작업대는 정격하중을 초과하여 물건을 싣거나 탑승하지 말 것
8. 작업대의 붐대를 상승시킨 상태에서 탑승자는 작업대를 벗어나지 말 것. 다만, 작업대에 안전대 부착설비를 설치하고 안전대를 연결하였을 때에는 그렇지 않다.

(2) 작업시작 전 점검사항[규칙 제35조 제2항 관련]

① 비상정지장치 및 비상하강방지장치 기능의 이상 유무
② 과부하방지장치의 작동 유무(와이어로프 또는 체인구동방식의 경우)
③ 아웃트리거 또는 바퀴의 이상 유무
④ 작업면의 기울기 또는 요철 유무
⑤ 활선작업용 장치의 경우 홈·균열·파손 및 그밖의 손상 유무

7.5 컨베이어

화물을 연속적으로 운반하는 기계를 총칭하여 컨베이어(conveyor)라고 부르며 구조, 규격에 따라 많은 종류가 있다. 컨베이어는 자동화, 성력화 및 대용량의 운반수단으로서 산업기계에 널리 이용되며, 그 대표적인 종류는 표 7.8과 같다. [시행령 제77조(자율안전확인대상기계등)]

표 7.8 컨베이어의 종류

종류	구조	응용분야
롤러 컨베이어 (Roller conveyor)	롤러 또는 휠을 많이 배열하여 그것으로 화물을 운반하는 컨베이어	시멘트 포장품 이동
스크류 컨베이어 (screw conveyor)	관속의 화물을 스크류에 의해 운반하는 컨베이어	시멘트의 운반
벨트 컨베이어 (Belt conveyor)	프레임의 양 끝에 설치한 풀리에 벨트를 엔드리스로 설치하고 그 위로 화물을 싣고 운반하는 컨베이어	시멘트, 골재, 토사 등의 운반
체인 컨베이어 (Chain conveyor)	앤드리스(endless)로 감아 걸은 체인에 의하여, 또는 체인에 슬래트(slat), 버켓(bucket) 등을 부착하여 화물을 운반하는 컨베이어	시멘트, 골재, 토사 등의 운반

진동 컨베이어 (Vibrating conveyor)	판을 진동시켜 화물을 운반하는 컨베이어	시멘트 등 분체(粉體), 소형부품의 운반
유체 컨베이어 (Fluid conveyor)	판 속의 유체를 매체로 하여 화물을 운반하는 컨베이어	시멘트 등 분체의 운반
공기필름 컨베이어 (Air film conveyor)	공기막에 의하여 마찰을 경감시켜 화물을 운반하는 컨베이어	시멘트 등 분체의 운반
엘리베이팅 컨베이어 (Elevating conveyor)	급경사 또는 수직으로 화물을 운반하는 컨베이어	시멘트, 골재 등의 운반

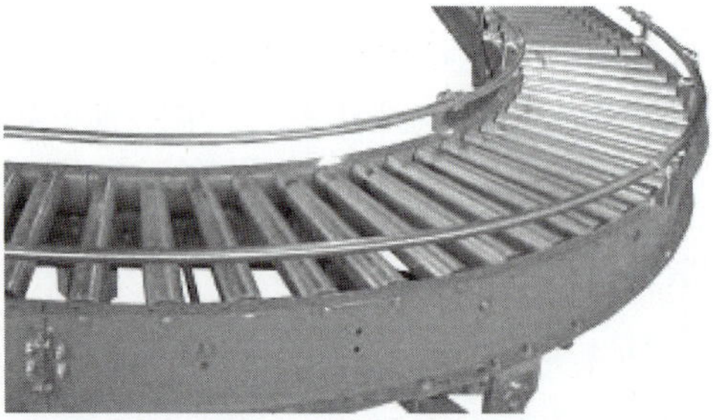

그림 7.40 컨베이어

(1) 방호장치

① 컨베이어, 이송용 롤러 등을 사용하는 경우에는 정전・전압강하 등에 따른 화물 또는 운반구의 이탈 및 역주행을 방지하는 장치를 갖추어야 한다(이탈 및 역주행방지장치

- 역전방지장치와 브레이크). 다만, 무동력상태 또는 수평상태로만 사용하여 근로자가 위험해질 우려가 없는 경우에는 그렇지 않다. [규칙 제191조(이탈 등의 방지)]
- 역전방지장치의 형식으로는 기계적인 것은 라쳇식, 롤러식, 밴드식 등이 있고, 전기적인 것은 전기 브레이크, 슬러스트 브레이크 등이 있으며, 역전방지장치로서 사용하는 동시에 브레이크 역할도 겸하는 구조의 것을 사용하는 것이 바람직하다.

② 컨베이어등에 해당 근로자의 신체의 일부가 말려드는 등 근로자가 위험해질 우려가 있는 경우 및 비상시에는 즉시 컨베이어등의 운전을 정지시킬 수 있는 장치를 설치하여야 한다(비상정지장치). 다만, 무동력상태로만 사용하여 근로자가 위험해질 우려가 없는 경우에는 그렇지 않다. [규칙 제 192조(비상정지장치)]

- 이는 컨베이어의 기동장치와 연동되는 구조로 버튼 또는 로프 등으로 작동되도

록 한다.

③ 컨베이어등으로부터 화물이 떨어져 근로자가 위험해질 우려가 있는 경우에는 해당 컨베이어등에 덮개 또는 울을 설치하는 등 낙하 방지를 위한 조치를 하여야 한다. [규칙 제193조(낙하물에 의한 위험 방지)]

④ 트롤리 컨베이어(trolley conveyor)를 사용하는 경우에는 트롤리와 체인·행거(hanger)가 쉽게 벗겨지지 않도록 서로 확실하게 연결하여 사용하도록 하여야 한다. [규칙 제194조(트롤리 컨베이어)]

주 트롤리 컨베이어(trolley conveyor) : 공장 내의 천장에 설치된 레일 위를 이동하는 트롤리에 물건을 매달아서 운반하는 장치

⑤ 운전 중인 컨베이어등의 위로 근로자를 넘어가도록 하는 경우에는 위험을 방지하기 위하여 건널다리를 설치하는 등 필요한 조치를 하여야 하며, 동일선상에 구간별 설치된 컨베이어에 중량물을 운반하는 경우에는 중량물 충돌에 대비한 스토퍼를 설치하거나 작업자 출입을 금지하여야 한다. [규칙 제195조(통행의 제한 등)]

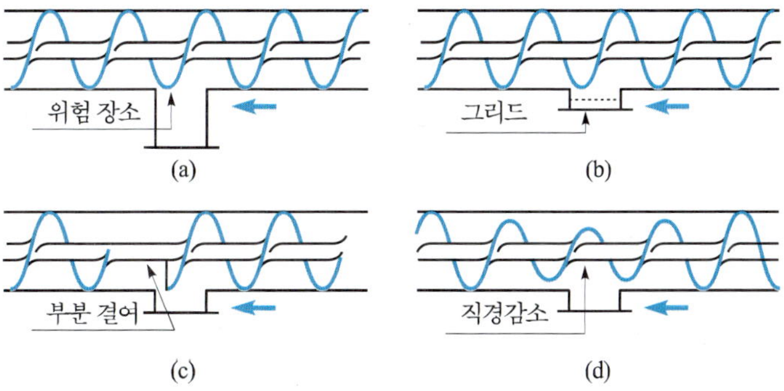

그림 7.41 스크류 컨베이어의 방호

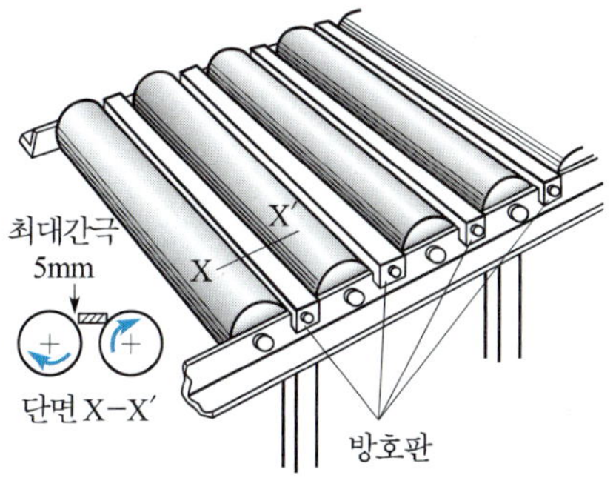

그림 7.42 롤러 컨베이어의 방호

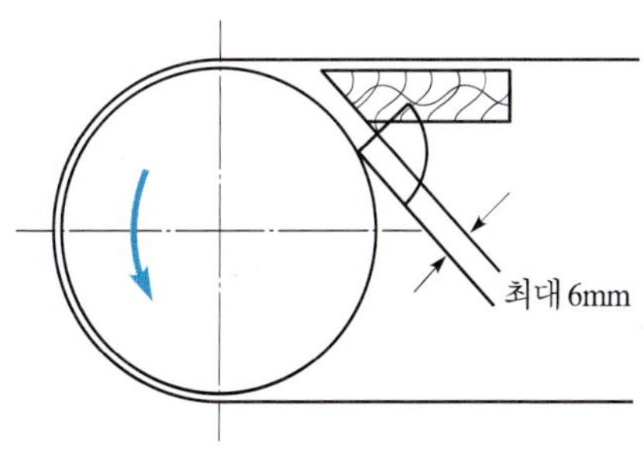

그림 7.43 벨트풀리 물림방지 블록

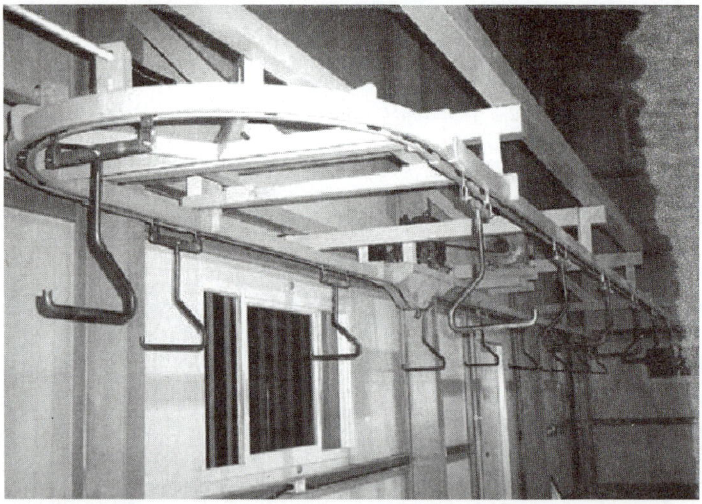

그림 7.47 트롤리 컨베이어

(2) 재해방지대책 및 안전수칙

① 인력으로 적하하는 컨베이어에는 하중 제한 표시를 한다.

② 기어, 체인 또는 이동 부위에는 덮개를 설치한다.

③ 컨베이어는 마지막쪽의 컨베이어부터 시동하고, 처음 쪽의 컨베이어부터 정지한다.

④ 운전 중 컨베이어에 근로자의 탑승을 금지한다.[규칙 제86조(탑승의 제한)]
(단, 근로자를 운반할 수 있는 구조를 갖춘 컨베이어 등의 추락, 접촉 등에 의한 위험을 방지할 수 있는 조치를 취한 경우 제외)

⑤ 스위치를 넣을 때는 미리 분명한 신호를 한다.

⑥ 가동중인 컨베이어의 청소·보수 작업을 금지한다.

⑦ 수리·정비 작업시에는 컨베이어의 전원을 차단하고, 「점검중」 표지판을 부착하여 오조작을 예방한다.

(3) 작업시작 전 점검사항[규칙 제35조 제2항 관련]

컨베이어의 취급은 간단하지만 일단 사고가 발생하면 중대재해로 되는 위험성이 있으므로 컨베이어를 사용하기 전에 컨베이어에 대한 구조 및 기능을 잘 알고 있는 유경험자가 다음 각 호의 사항을 점검한 후 사용하도록 하여야 한다.

① 원동기 및 풀리(pulley) 기능의 이상 유무
② 이탈 등의 방지장치기능의 이상 유무
③ 비상정지장치 기능의 이상 유무
④ 원동기, 회전축, 치차, 풀리 등의 덮개 또는 울의 이상 유무

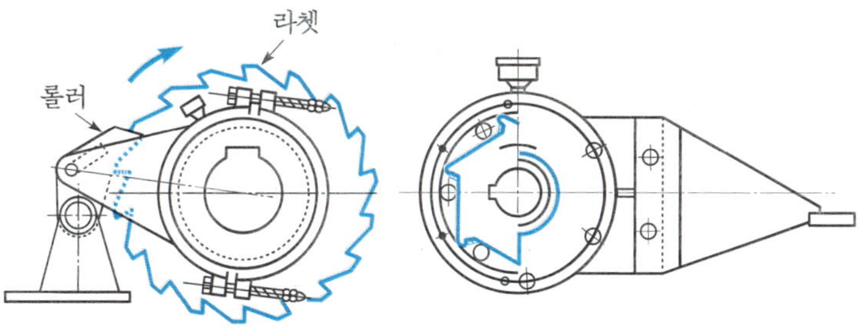

그림 7.48 기계식 역전방지장치의 예

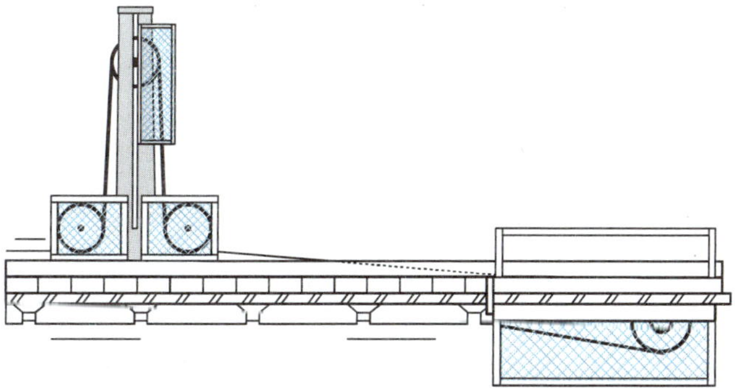

그림 7.49 벨트 컨베이어에 부착된 가드(덮개)의 예

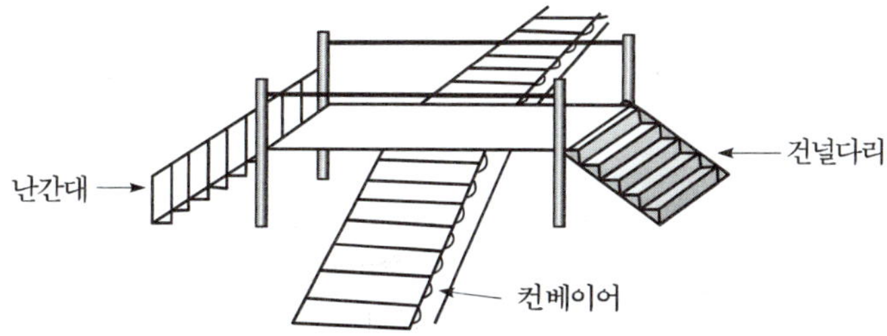

그림 7.50 컨베이어 상부에 건널다리가 설치된 예

연습문제 1

01 와이어 로프의 구성표시 기호 중 6×24의 의미는?

02 와이어 로프의 끝단처리방법의 종류를 쓰시오.

03 와이어 로프의 안전율과 사용 금지기준을 열거하시오.

04 달기 체인의 안전율과 사용 금지기준을 열거하시오.

05 와이어 로프로 1,000kg의 화물을 들어 올릴 때 슬링와이어의 사이각이 30°이었다. 이 때, 슬링와이어 한 줄에 걸리는 장력은 얼마인가?

06 와이어 로프의 파단하중이 1,000kg, 로프 가닥수가 6, 안전하중이 1,200kg일 때 안전율을 구하라.

07 양중기의 종류를 열거하시오.

08 크레인 사용시 발생 가능한 재해유형을 열거하시오.

09 크레인의 방호장치의 종류를 쓰시오.

10 양중기의 방호장치 중 권과방지장치, 과부하방지장치, 비상정지장치의 기능을 간략히 설명하시오.

11 크레인의 작업시작 전 점검사항을 쓰이오.

12 크레인의 와이어 로프에 5ton의 중량물을 매달고 10m/s^{2}의 가속도로 들어 올릴 때, 와이어 로프에 걸리는 총 하중은 얼마인가?

연습문제 1

13 승강기의 방호장치의 종류를 열거하시오.

14 승강기의 방호장치 중 속도조절기의 기능을 간략히 설명하시오.

15 리프트의 작업시작 전 점검사항을 쓰시오.

16 리프트의 조립 및 해체 작업시의 조치사항을 쓰시오.

17 지게차의 최고주행속도가 12km/h일 때 주행시의 좌우안정도를 구하시오.

18 지게차의 작업시작 전 점검사항을 열거하시오.

19 지게차의 헤드가드가 갖추어야 할 조건을 쓰시오.

20 화물자동차의 작업시작 전 점검사항을 기술하시오.

21 컨베이어에 설치하는 방호장치의 종류를 쓰시오.

22 컨베이어의 작업시작 전 점검사항을 열거하시오.

23 차량계 하역 운반기계의 작업시작 전 점검사항 4가지를 쓰시오.

24 구내 운반차의 작업시작전 점검사항을 열거하시오.

25 고소작업대의 작업시작전 점검사항을 열거하시오.

연습문제 2

01 와이어 로프의 끝단처리 방법의 종류를 열거하고, 끝단의 강도가 100%를 보이는 방법에는 무엇이 있는지 쓰시오.

02 와이어 로프의 꼬임 모양과 꼬임 방향의 조합에 의하여 4가지 형상이 만들어진다. 이 4가지 형상을 쓰시오.

03 양중기에 있어서 정격하중, 운전속도를 설명하시오.

04 승강기를 사용목적에 따라 분류하시오.

05 지게차의 안전상 주요장치를 열거하고, 그 기능을 간단히 설명하시오.

06 컨베이어의 종류, 위험성, 방호장치의 종류 및 안전조치에 대하여 설명하시오.

07 이동식 크레인에서 발생할 수 있는 재해유형을 서술하고, 재해방지 대책을 쓰시오.

08 고소작업대 설치시 조치하여야 할 설치사항을 열거하시오.

객관식 연습문제

01 와이어 로프의 신장율은 사용함에 따라 점점 저하된다. 이 때 신장율의 저하에 대하여 가장 위험한 하중은?

(가) 충격하중　　(나) 굴곡하중
(다) 정하중　　(라) 비틀림 하중

02 와이어 로프의 파단하중 P [kg], 로프가닥 수 N, 안전하중 Q [kg]일 때 안전율 S는?

(가) $S = NP$　　(나) $S = \frac{QP}{N}$
(다) $S = \frac{NQ}{P}$　　(라) $S = \frac{NP}{Q}$

03 와이어 로프를 절단하여 고리걸이 용구를 제작할 때 절단 방법 중 옳은 것은?

(가) 가스용단　　(나) 전기용단
(다) 기계적　　(라) 부식

04 파단하중(절단하중)이 350kg이고, 안전계수가 6인 와이어 로프의 안전하중은?

(가) 29.2kg　　(나) 2100kg
(다) 116.7kg　　(라) 58.3kg

05 사용중인 체인(chain)의 신장 유무를 체크하고자 한다. 올바른 체크(check)방법인 것은? (단, D_o 및 L_o는 제조당시 길이)

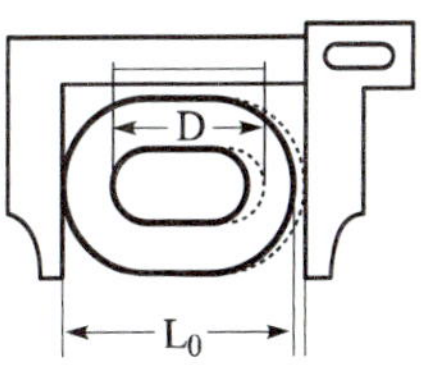

(가) $L_o + 5\%$ 신장
(나) $D_o + 3\%$ 신장
(다) $D_o + 10\%$ 신장
(라) $D_o + 3\%$ 신장

객관식 연습문제

06 권상용 와이어 로프의 사용제한 사항이 틀린 것은?

(가) 이음매가 있는 것
(나) 로프 한 가닥에서 소선의 수가 10% 이상 절단된 것
(다) 지름의 감소가 공칭지름의 10%를 초과한 것
(라) 현저히 변형되거나 부식된 것

07 와이어 로프의 지름 d와 시브나 드럼의 지름 D가 수명에 주는 영향은 어떠한가?

(가) d가 클수록 수명이 길어진다.
(나) D가 클수록 수명이 길어진다.
(다) D/d가 클수록 수명이 길어진다.
(라) D/d가 아무런 영향을 주지 않는다.

08 와이어 로프로 중량물을 달아 올릴 때 로프에 가장 힘이 적게 걸리는 로프의 각도는?

(가) 30°　　(나) 60°
(다) 90°　　(라) 120°

09 다음 그림은 로프로서 중량물을 들어 올릴 때 부하가 걸리는 상태이다. $x°$의 값을 구하면?

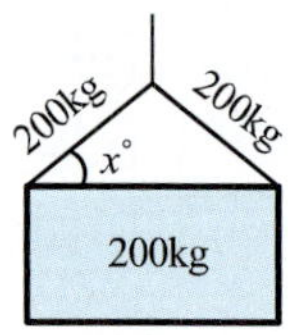

(가) 45°　　(나) 30°
(다) 15°　　(라) 10°

10 와이어 로프 검사시 유의사항에 해당되지 않는 것은?

(가) 부식 상태　　(나) 마모 상태
(다) 단선 여부　　(라) 재질 여부

11 와이어 로프의 크립 설치 요령 중 알맞은 것은?

(가) 짧은 쪽에 나란히　　(나) 긴 쪽에 나란히
(다) 짧은 쪽에서부터 지그재그로　　(라) 긴 쪽에서 지그재그로

객관식 연습문제

12 컨베이어 작업을 시작하기 전 이상 유무를 점검할 사항이 아닌 것은?

(가) 비상정지장치　　(나) 원동기와 풀리
(다) 이탈방지장치　　(라) 원동기의 급유

13 이동식 크레인에 탑승설비를 설치하고 근로자를 탑승시킬 때 추락에 의한 근로자의 위험을 방지하기 위하여 실시하는 조치 중 틀린 것은?

(가) 승차석 외의 탑승 제한　　(나) 안전대 또는 구명대 사용
(다) 탑승설비의 전위 또는 탈락 방지　　(라) 크레인의 정격하중 범위

14 간기 리프트의 권상기에서 홈 달린 드럼에 와이어 로프가 감길 때 드럼의 홈과 로프의 감기는 방향의 각도 중 옳은 것은?

(가) 4　　(나) 5
(다) 6　　(라) 10

15 컨베이어에 부착시켜야 할 방호장치로서 적합하지 아니한 것은?

(가) 비상정지장치　　(나) 이탈 및 역주행방지장치
(다) 과부하 방지장치　　(라) 덮개 또는 울

16 다음은 크레인 매달기 작업에 관한 사항이다. 이치에 맞지 않은 사항은?

(가) 크레인은 반드시 지정된 면허자가 운전하여야 한다.
(나) 크레인 운전자와의 신호는 지정된 사람만이 한다.
(다) 달아 올리는 물건을 반드시 수직으로 달아 올린다.
(라) 달아 올리기를 하는 밑에서 작업하지 않는다.

17 포크리프트(fork lofe : 지게차)의 운반작업 도중 가장 많이 발생하는 재해는?

(가) 하물의 낙하　　(나) 포크리프트의 전도
(다) 추락　　(라) 접촉사고

객관식 연습문제

18 물건을 적재할 때 무거운 물체의 적합한 위치는?

(가) 아래쪽 (나) 위쪽
(다) 중간 (라) 상관없음

19 안전계수 5인 체인의 정격하중이 100kg이라면 이 체인의 극한 강도는 얼마인가?

(가) 500kg (나) 200kg
(다) 0.5kg (라) 0.05kg

20 Governor란?

(가) 과부하방지장치 (나) 조속기
(다) 완충기 (라) 권과방지장치

21 기중기, 호이스트 등의 감아올리기 장치에서 일정한 한계를 벗어나 감아올리는 일이 없도록 자동적으로 동력을 차단시켜 주는 전기식 방호장치는?

(가) 리밋 스위치(limit switch) (나) 래칫장치
(다) 모멘트 리밋(moment limit) (라) 전격방지장치

22 지게차로 20km/h의 속력으로 주행할 경우 좌우 안정도는 얼마이어야 하는가?

(가) 37% (나) 39%
(다) 40% (라) 42%

23 다음 중 컨베이어의 안전기준으로 부적합한 것은?

(가) 정전이나 진압강하에 의한 화물, 운반구 및 역주행이 방지될 수 있어야 한다.
(나) 컨베이어에 근로자의 신체 일부가 말려들 위험이 있을 때 운전을 즉시 정지시킬 수 있어야 한다.
(다) 컨베이어에서 화물이 낙하할 위험이 있을 때 컨베이어에 덮개 또는 울을 설치하여야 한다.
(라) 컨베이어에는 벨트 부위에 근로자가 접근할 때의 위험을 방지하기 위하여 급정지장치를 부착하여야 한다.

객관식 연습문제

24 다음의 운반장치 작업에 대한 설명 중 틀린 것은?

(가) 컨베이어를 시동할 때에는 처음 쪽의 컨베이어부터 시동하고 정지할 때에는 마지막 쪽의 컨베이어부터 정지시킨다.
(나) 관을 통한 유체의 운반에서 발생되는 정전기의 양을 억제하기 위하여 관내유속을 느리게 한다.
(다) 소형운반차를 사람이 미는 경우의 자세는 지상 750~850mm 정도의 높이가 적당하다.
(라) 양중기계인 와이어 로프의 안정성을 위하여 시브 및 드럼의 직경은 가능한 큰 것을 사용한다.

25 컨베이어의 종류가 아닌 것은?

(가) 벨트 컨베이어 (나) 체인 컨베이어
(다) 롤 컨베이어 (라) 풀리 컨베이어

26 작업 중인 운반 차량의 구내 운행 속도로 가장 적당한 것은?

(가) 5km/h (나) 6km/h
(다) 8km/h (라) 10km/h

27 포크 리프트(folk lift) 운전 중의 주의사항과 틀리는 것은?

(가) 정해진 하중이나 높이를 초과하는 적재는 하지 말 것
(나) 운전자 외에 한 사람은 탑승할 수 있다.
(다) 급격한 후퇴는 피할 것
(라) 견인시는 반드시 견인봉을 사용할 것

28 다음 방호장치 중 컨베이어에 사용하지 않는 것은?

(가) 비상정지장치 (나) 덮개
(다) 시건장치 (라) 울

객관식 연습문제

29 다음 섬유로 된 밧줄 중에서 인장강도가 가장 높은 것은?

(가) 사이질(sisal) (나) 마닐라(manila)
(다) 헴프(hemp) (라) 레이온(rayon)

30 다음 중 리밋 스위치(limit switch)에 의한 방호장치가 아닌 것은?

(가) 권과방지장치 (나) 게이트 가이드(gate guard)
(다) 벨트 이동장치(belt shifter) (라) 이동식 덮개

31 다음 중 컨베이어의 방호장치가 아닌 것은?

(가) 비상정지장치 (나) 안전매트
(다) 이탈 및 역주행 방지장치 (라) 덮개 또는 울

32 크레인의 로프에 1톤의 중량을 걸어 $20m/s^2$의 가속도로 감아올릴 때 로프에 걸리는 하중은?

(가) 2,040kg (나) 1,000kg
(다) 2,000kg (라) 3,040kg

33 컨베이어용 벨트의 손상원인과 관계가 없는 것은?

(가) 속도가 너무 느릴 때
(나) 캐리어의 기름이 끊어질 때
(다) 운반물을 적재한 채로 가끔 시동할 때
(라) 장력이 너무 클 때

34 다음 중 벨트 컨베이어의 특징에 해당되지 않는 것은?

(가) 연속적으로 물건을 운반할 수 있다.
(나) 무인화 작업이 가능하다.
(다) 운반과 동시에 물건을 올리기도, 내리기도 할 수 있다.
(라) 경사각이 큰 경우에도 쉽게 물건을 운반할 수 있다.

객관식 연습문제

35 공장 내의 교통계획으로 다음 중 어느 것이 가장 이상적인가?

(가) 일방통행　　(나) 양방통행
(다) 교차통행　　(라) 고속통행

36 적재물이 차량 밖으로 나올 때 위험표시를 하는 색깔은?

(가) 노랑　　(나) 빨강
(다) 파랑　　(라) 초록

37 다음은 운송기계 중 지게차의 장점을 열거하고 있다. 해당되지 않는 것은?

(가) 하역운반작업시 작업자는 운전자 1명으로도 가능하다.
(나) 하역을 위한 마스트(mast)가 주행시 시야를 넓게 한다.
(다) 50m 이내의 운반거리에서는 하역량을 극대화시킬 수 있다.
(라) 하역운반시 안전성은 다른 운송기계에 비해 우수하다.

38 벨트 컨베이어의 풀리와 벨트의 맞물림점에는 작업자의 손이 말려들 위험이 있는 부분에 아래 그림과 같이 블록을 설치한다. 블록과 풀리 간의 최대 간격은 얼마로 하여야 하는가?

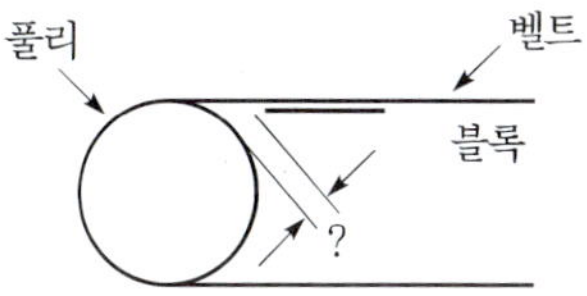

(가) 4mm　　(나) 6mm
(다) 8mm　　(라) 10mm

39 엘리베이터 각 부의 안전계수 중 가장 크게 잡아야 되는 부분은 다음 중 어느 것인가?

(가) 카　　(나) 로프
(다) 지지걸이(강재부분)　　(라) 콘크리트 부분

40 이동식 크레인의 붐 지시기의 설치 목적에 해당되는 것은?

(가) 붐이 닿을 수 있는 각도에 따른 정보 제공
(나) 붐의 각도에 따른 정보 제공
(다) 여러 붐 각도에 따른 안전하중을 지시
(라) 크레인에 주어지는 총 하중에 대한 측정 설비

객관식 연습문제

41 포크 리프트에 의한 재해에 해당되지 않는 것은?

(가) 리프트와의 접촉　　(나) 하물의 낙하

(다) 전도 전락　　(라) 화상

42 포크 리프트의 안정도를 구하는 식으로 옳은 것은? 단, I는 수평지면의 길이, h는 경사 높이다.

(가) $I \times h \times 100$　　(나) $h/I \times 100$

(다) $I \times h \times 100$　　(라) $\pi \times h \times I \times 100$

43 컨베이어의 사용 순서로 옳은 것은?

(가) 처음 쪽의 컨베이어부터 시동하고 마지막 쪽의 컨베이어부터 정지한다.

(나) 마지막 쪽의 컨베이어부터 시동하고 처음 쪽의 컨베이어부터 정지한다.

(다) 중간 쪽의 컨베이어부터 시동하고 처음 쪽의 컨베이어부터 정지한다.

(라) 아무 쪽의 컨베이어부터 시동하고 정지시키고 상관없다.

44 천정 크레인 부품 중 가장 손상이 많이 가는 부분은?

(가) 붐　　(나) 후크

(다) 와이어 로프　　(라) 리밋 스위치

45 다음 중 차량 운반 작업시 안전 사항으로 옳지 않은 것은?

(가) 후진시는 반드시 뒤쪽을 확인한다.

(나) 무거운 물건을 밑에서부터 순차적으로 적재한다.

(다) 운반대 위에 신호자가 타고 방향을 지시한다.

(라) 제한 하중을 명시하며 과적하지 않도록 한다.

46 와이어 로프(wire rope) 소켓(socket) 멈춤방법에서 다음 중 밀폐법 방법인 것은?

(가) 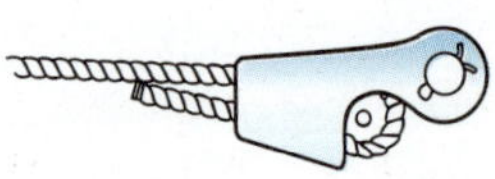

(나) 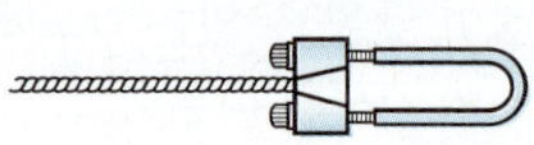

(다) 

(라) 

객관식 연습문제

47 운반, 차량, 손수레(리어카) 등에 의한 운반 작업 요령으로 맞지 않는 것은?

(가) 운반차에 물건을 쌓을 때는 무게 중심을 낮게 한다.
(나) 너무 무겁거나 시야를 가릴 정도로 높게 싣지 않는다.
(다) 운반차를 밀 때는 지상 750~850mm 정도에 손을 대고 만다.
(라) 운반차의 화물 높이는 한국인의 체격에 맞게 1,520mm를 중심으로 한다.

48 슬링 와이어(sling wire)로 짐을 묶어 올릴 경우 이루는 안전한계각도는 얼마인가?

(가) 120°　　(나) 90°
(다) 30°　　(라) 60°

49 다음 중 크레인(기중기)으로 물건을 운반할 때의 주의 사항으로 옳지 않은 것은?

(가) 운반 작업 범위 내에는 사람의 출입을 금지시킨다.
(나) 적재물이 떨어지지 않도록 걸이나 묶음을 설치한다.
(다) 로프의 안전 여부를 항시 점검한다.
(라) 적재 하중은 제한 하중을 경우에 따라 초과할 수 있다.

50 로프의 정격 하중이 30kg이고 극한 강도가 180kg이다. 안전 여유는 얼마인가?

(가) 210kg　　(나) 150kg
(다) 100kg　　(라) 300kg

51 안전 계수 6인 로프의 파괴 하중이 360kg이라면 이 로프는 얼마 이하로 매달아야 하는가?

(가) 50kg　　(나) 60kg
(다) 100kg　　(라) 150kg

52 지게차 및 구내 운반차를 사용하는 작업에서 작업시작 전에 점검해야 될 사항이 아닌 것은?

(가) 제동 장치 및 조종 장치 기능의 이상 유무
(나) 버켓, 디퍼 등의 손상 유무
(다) 유압 장치 및 하역 장치 기능의 이상 유무
(라) 차바퀴의 이상 유무

객관식 연습문제

53 다음 중 포크 리프트의 재해 유형에 속하지 않는 것은?

(가) 포크 리프트와의 접촉 (나) 추락
(다) 포크 리프트의 전도, 전락 (라) 헤드 가드에 의한 낙하

54 포크 리프트의 전후 안정도를 유지하기 위해서는 과적을 삼가해야 하는데, 전후의 무게 중심을 어디에 두는 것이 좋은가?

(가) 화물의 중심 (나) 포크 리프트 전장의 중앙
(다) 앞바퀴 중심 (라) 마스트의 중심선

55 호이스트 사용 시 안전수칙으로 맞지 않는 것은?

(가) 짐을 매단 채 방치하지 않는다.
(나) 규격 이상의 하중을 걸지 않는다.
(다) 주행시는 사람이 짐에 타서 운전한다.
(라) 짐의 무게 중심의 바로 위에서 달아 올린다.

56 중량물의 중량 표시는 어느 곳에 하는 것이 좋은가?

(가) 화물 앞면 (나) 화물 옆면
(다) 화물 뒷면 (라) 잘 보이는 곳

57 로프를 드럼에 감을 때에는 1단 감기가 매우 중요하다. 드럼의 안내에 홈을 팔 때 1단 감기가 잘 되게 하려면 로프 직경의 얼마 정도로 하는 것이 적당한가?

(가) 1배 (나) 1.07배
(다) 1.5배 (라) 1.70배

58 다음 중 자동차단장치가 아닌 것은?

(가) 회로차단기 (나) 안전밸브
(다) 권과방지장치 (라) 급정지장치

객관식 연습문제

59 그림의 클립형의 U-bolt 고정방법에서 와이어 로프의 직경이 22mm일 경우 간격 d에 적합한 거리는?

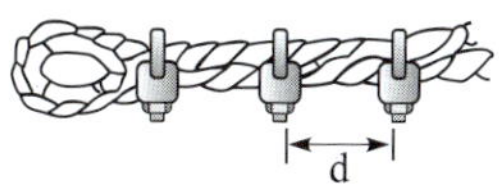

(가) 110mm (나) 130mm
(다) 180mm (라) 200mm

60 크레인 방호장치 중 맞지 않는 것은?

(가) 권과방지장치 (나) 비상정지장치
(다) 파이널 리밋스위치 (라) 과부하방지장치

61 와이어 로프의 꼬임 방법을 표시하는 것은?

(가) 보통 X꼬임 (나) 랭 X꼬임
(다) 보통 Z꼬임 (라) 보통 Y꼬임

62 엘리베이터의 조속기는 규정속도의 몇 % 이상을 초과하면 작동해야 하는가?

(가) 100% (나) 110%
(다) 120% (라) 130%

63 다음 중 지게차의 전도 요인과 관계가 적은 것은?

(가) 요철 바닥면 (나) 급출발, 급정지
(다) 과적재 (라) 고속 급선회

64 지브가 있는 크레인에서 정격하중에 대한 정의는?

(가) 부하할 수 있는 최대하중
(나) 부하할 수 있는 최대하중에서 달기구의 중량에 상당하는 하중을 공제한 하중
(다) 짐을 싣고 상승할 수 있는 최대하중
(라) 가장 위험한 상태에서 부여할 수 있는 최대하중

65 승강기의 방호장치가 아닌 것은?

(가) 조속기 (나) 출입문 인터록
(다) 이탈방지장치 (라) 리밋 스위치

객관식 연습문제

66 컨베이어에 작업하는 근로자의 신체 일부가 말려들 위험이 있을 때 설치하여야 할 방호장치는?

(가) 급정지장치　(나) 비상정지장치
(다) 이탈을 방지하는 장치　(라) 역주행을 방지하는 장치

67 컨베이어의 종류가 아닌 것은?

(가) 버킷 컨베이어　(나) 롤 컨베이어
(다) 스크류 컨베이어　(라) 그리드 컨베이어

68 크레인에 있어서 걸기 고리의 와이어 로프 안전계수는? (단, 화물의 하중을 직접 지지하는 경우)

(가) 정격하중의 10 이상　(나) 정격하중의 6 이상
(다) 정격하중의 5 이상　(라) 정격하중의 3 이상

69 지게차(fork lift)의 안정 조건에 틀린 것은?

(가) 하역 작업시의 전후 안정도 4%(5톤 이상의 것은 3.5%) 이내
(나) 주행시의 전후 안정도 8% 이내
(다) 하역 작업시의 좌우 안정도 6% 이내
(라) 주행시의 좌우 안정도(15+1.1V)% 이내, V는 최고속도(시속 km)

70 컨베이어(conveyer)의 역전방지장치가 아닌 것은?

(가) 라쳇트식　(나) 전자식
(다) 유압조작식　(라) 롤러식

71 회전중인 치차(gear)가 통행 또는 작업시에 접촉할 위험이 있을 경우 안전관리상 가장 옳은 것은?

(가) 견고하게 복개장치를 한다.　(나) 작업을 중지한다.
(다) 위험표시를 황색으로 한다.　(라) 통행을 금지시킨다.

객관식 연습문제

72 다음 중 지브가 없는 크레인의 정격하중에 관한 정의로 옳은 것은?

(가) 짐을 싣고 상승할 수 있는 최대하중
(나) 크레인의 구조 및 재료에 따라 들어올릴수 있는 최대하중
(다) 권상하중에서 훅, 그랩 또는 버킷 등 달기구의 중량에 상당하는 하중을 뺀 하중
(라) 짐을 싣지 않고 상승할 수 있는 최대하중

73 크레인의 방호장치에 해당되지 않는 것은?

(가) 권과방지장치 (나) 과부하방지장치
(다) 자동보수장치 (라) 비상정지장치

74 와이어로프의 구성요소가 아닌 것은?

(가) 소선 (나) 클립
(다) 스트랜드 (다) 심강

75 크레인의 사용 중 하중이 정격을 초과하였을 때 자동적으로 상승이 정지되는 장치는?

(가) 해지장치 (나) 비상정지장치
(다) 권과 방지장치 (라) 과부하 방지장치

76 현장에서 사용 중인 크레인의 거더 밑면에 균열이 발생되어 이를 확인하려고 하는 경우 비파괴검사방법 중 가장 편리한 검사방법은?

(가) 초음파탐상검사 (나) 방사선투과검사
(다) 자분탐상검사 (라) 액체침투탐상검사

77 산업안전보건법령상 크레인에 전용탑승설비를 설치하고 근로자를 달아 올린상태에서 작업에 종사시킬 경우 근로자의 추락 위험을 방지하기 위하여 실시해야 할 조치 사항으로 적합하지 않은 것은?

(가) 승차석 외의 탑승 제한
(나) 안전대나 구명줄의 설치
(다) 탑승설비의 하강 시 동력하강방법을 사용
(라) 탑승설비가 뒤집히거나 떨어지지 않도록 필요한 조치

객관식 연습문제

78 지게차의 헤드가드에 관한 기준으로 틀린 것은?

(가) 4톤 이하의 지게차에서 헤드가드의 강도는 지게차 최대 하중의 2배 값의 등분포 정하중에 견딜 수 있을 것
(나) 상부틀의 각 개구의 폭 또는 길이가 25cm 미만일 것
(다) 운전자가 앉아서 조작하는 방식의 지게차의 경우에는 운전자의 좌석 윗면에서 헤드가드의 상부틀 아랫면 까지의 높이가 1m 이상일 것
(라) 운전자가 서서 조작하는 방식은 지게차의 경우에는 운전석의 바닥면에서 헤드가드의 상부틀 하면까지의 높이가 2m 이상일 것

79 크레인 로프에 질량 2000kg의 물건을 10m/s^{2}의 가속도로 감아올릴 때, 로프에 걸리는 총 하중은 약 몇 kN인가?

(가) 39.6 (나) 29.6
(다) 19.6 (라) 9.6

80 양중기에 해당하지 않는 것은?

(가) 크레인 (나) 리프트
(다) 체인블럭 (라) 곤돌라

81 지게차의 헤드가드(head guard)는 지게차 최대하중의 몇 배가 되는 등분포정하중에 견딜 수 있는 강도를 가져야 하는가?

(가) 2 (나) 3
(다) 4 (라) 5

82 와이어로프의 지름 감소에 대한 폐기기준으로 옳은 것은?

(가) 공칭지름의 1퍼센트 초과 (나) 공칭지름의 3퍼센트 초과
(다) 공칭지름의 5퍼센트 초과 (라) 공칭지름의 7퍼센트 초과

객관식 연습문제

83 양중기(승강기를 제외한다.)를 사용하여 작업하는 운전자 또는 작업자가 보기 쉬운 곳에 해당 양중기에 대해 표시하여야 할 내용이 아닌 것은?

(가) 정격 하중　　(나) 운전 속도
(다) 경고 표시　　(라) 최대 인양 높이

84 컨베이어, 이송용 롤러 등을 사용하는 때에 정전, 전압강하 등에 의한 위협을 방지하기 위하여 설치하는 방호장치는?

(가) 덮개 또는 울　　(나) 비상정지장치
(다) 과부하방지장치　　(라) 이탈 및 역주행 방지장치

85 지게차의 안전을 유지하기 위한 안정도 기준으로 틀린 것은?

(가) 5톤 미만의 부하 상태에서 하역작업시의 전후안정도는 4% 이내이어야 한다.
(나) 부하 상태에서 하역작업시의 좌우 안정도는 10% 이내이어야 한다.
(다) 무부하 상태에서 주행시의 좌우 안정도는 $(15+1.1\times V)\%$ 이내이어야 한다. (단, V는 구내최고속도 [km/h])
(라) 부하 상태에서 주생시 전후 안정도는 18%이내이어야 한다.

86 컨베이어에 사용되는 방호장치와 그 목적에 관한 설명이 옳지 않은 것은?

(가) 운전 중인 컨베이어 등의 위로 넘어가고자 할 때를 위하여 급정지장치를 설치한다.
(나) 근로자의 신체 일부가 말려들 위험이 있을 때 이를 즉시 정지시키기 위한 비상정지장치를 설치한다.
(다) 정전, 전압강하 등에 따른 화물 이탈을 방지하기 위해 이탈 및 역주행 방지장치를 설치한다.
(라) 낙하물에 의한 위험 방지를 위한 덮개 또는 울을 설치한다.

87 크레인에서 일반적인 권상용 와이어로프 및 권상용 체인의 안전율 기준은?

(가) 10 이상　　(나) 2.7 이상
(다) 4 이상　　(라) 5 이상

객관식 연습문제

88 크레인의 방호장치에 대한 설명으로 틀린 것은?

(가) 권과방지장치를 설치하지 않은 크레인에 대해서는 권상용 와이어로프에 위험표시를 하고 경보장치를 설치하는 등 권상용 와이어로프가 지나치게 감겨서 근로자가 위험해질 상황을 방지하기 위한 조치를 하여야 한다.
(나) 운반물의 중량이 초과되지 않도록 과부하방지장치를 설치하여야 한다.
(다) 크레인을 필요한 상황에서는 저속으로 중지시킬 수 있도록 브레이크장치와 충돌시 충격을 완화시킬 수 있는 완충장치를 설치한다.
(라) 작업 중에 이상발견 또는 긴급히 정지시켜야 할 경우에는 비상정지장치를 사용할 수 있도록 설치하여야 한다.

89 컨베이어 작업시작 전 점검사항에 해당하지 않는 것은?

(가) 브레이크 및 클러치 기능의 이상 유무
(나) 비상정지장치 기능의 이상 유무
(다)이탈 등의 방지장치 기능의 이상 우무
(라) 원동기 및 풀리 기능의 이상 유무

90 화물중량이 200kgf, 지게차의 중량이 400kgf, 앞바퀴에서 화물의 무게 중심까지의 최단거리가 1m일 때, 지게차의 무게 중심까지 최단거리는 최소 몇 m를 초과해야 하는가?

(가) 0.2m　　(나) 0.5m
(다) 1m　　(라) 2m

91 그림과 같이 50kN의 중량물을 와이어 로프를 이용하여 상부에 60° 의 각도가 되도록 들어 올릴 때, 로프 하나에 걸리는 하중(T)은 약 몇 kN인가?

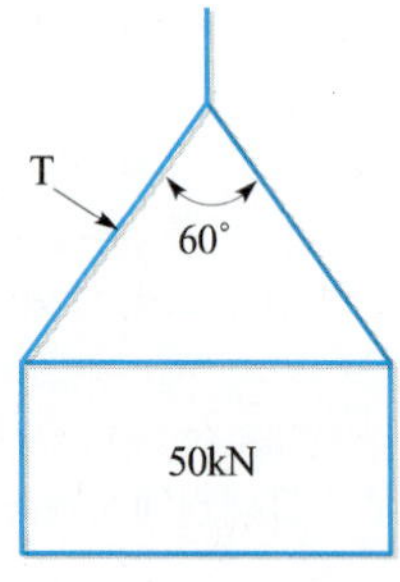

(가) 16.8　　(나) 24.5
(다) 28.9　　(라)37.9

객관식 연습문제

92 다음 중 포터블 밸트 컨베이어(portable belf conveyor)의 안전 사항과 관련한 설명으로 옳지 않은 것은?

(가) 포터블 벨트 컨베이어의 차륜간의 거리는 전도 위험이 최소가 되도록 하여야 한다.
(나) 기복장치는 포터블 벨트 컨베이어의 옆면에서만 조작하도록 한다.
(다) 포터블 벨트 컨베이어를 사용하는 경우는 차륜을 고정하여야 한다.
(라) 전동식 포터블 벨트 컨베이어를 이동하는 경우는 먼저 전원을 내린 후 컨베이어를 이동시킨 다음 컨베이어를 최저의 위치로 내린다.

93 양중기의 과부하장치에서 요구하는 일반적인 성능기준으로 틀린 것은?

(가) 과부하방지장치 작동 시 경보음과 경보램프가 작동되어야 하며 양중기는 작동이 되지 않아야 한다.
(나) 외함의 전선 접촉부분은 고무 등으로 밀폐되어 물과 먼지 등이 들어가지 않도록 한다.
(다) 과부하방지장치와 타 방호장치는 기능에 서로 장애를 주지 않도록 부착할 수 있는 구조이어야 한다.
(라) 방호장치의 기능을 제거하더라도 양중기는 원활하게 작동시킬 수 있는 구조이여야 한다.

94 와이어로프 호칭이 '6×19' 라고 할 때 숫자 '6' 이 의미하는 것은?

(가) 소선의 지름(mm)
(나) 소선의 수량(wire 수)
(다) 꼬임의 수량(stand수)
(라) 로프의 최대인장강도(MPa)

객관식 연습문제

95 어떤 양중기에서 3000kg의 질량을 가진 물체를 한쪽이 45° 인 각도로 그림과 같이 2개의 와이어로프로 직접 들어올릴 때, 안전율이 고려된 가장 적절한 와이어로프 지름을 표에서 구하면?(단, 안전율은 산업안전보건법령을 따르고, 두 와이어로프의 지름은 동일하며, 기준을 만족하는 가장 작은 지름을 선정한다.)

와이어로프지름[mm]	절단강도 [kN]
10	56kN
12	88kN
14	110kN
16	144kN

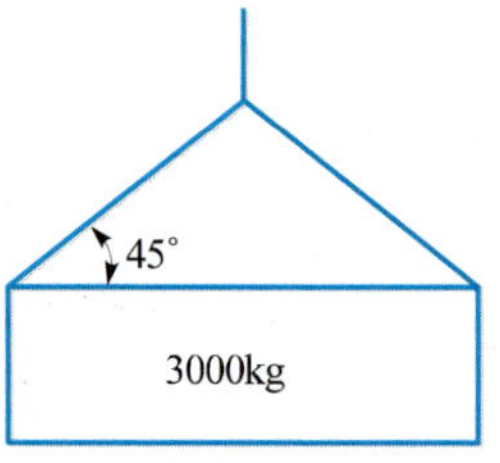

와이어로프 지름 및 절단강도

(가) 10mm (나) 12mm
(다) 14mm (라) 16mm

96 지게차가 부하상태에서 수평거리가 12m이고, 수직높이가 1.5m인 오르막길을 주행할 때 이 지게차의 전후 안정도와 지게차 안정도 기준의 전후 안정도와 지게차 안정도 기준의 만족여부로 옳은 것은?

(가) 지게차 전후 안정도는 12.5%이고 안정도 기준을 만족하지 못한다.
(나) 지게차 전후 안정도는 12.5%이고 안정도 기준을 만족한다.
(다) 지게차 전후 안정도는 25%이고 안정도 기준을 만족하지 못한다.
(라) 지게차 전후 안정도는 25%이고 안정도 기준을 만족한다.

97 와이어로프의 꼬임은 일반적으로 특수로프를 제외하고는 보통 꼬임(Ordinary Lay)과 랭 꼬임(Lang's Lay)으로 분류할 수 있다. 다음 중 랭 꼬임과 비교하여 보통 꼬임의 특징에 관한 설명으로 틀린 것은?

(가) 킹크가 잘 생기지 않는다.
(나) 내마모성, 유연성, 저항성이 우수하다.
(다) 로프의 변형이나 하중을 걸었을 때 저항성이 크다.
(라) 스트랜드의 꼬임 방향과 로프의 꼬임 방량이 반대이다.

객관식 연습문제

98 컨베이어(conveyor) 역전방지장치의 형식을 기계식과 전기식으로 구분할 때 기계식에 해당하지 않는 것은?

(가) 라쳇식　　(나) 밴드식
(다) 스러스트식　　(라) 롤러식

99 컨베이어 설치 시 주의사항에 관한 설명으로 옳지 않은 것은?

(가) 컨베이어에 설치된 보도 및 운전실 상면은 가능한 수평이어야 한다.
(나) 근로자가 컨베이어를 횡단하는 곳에는 바닥면 등으로부터 90cm 이상 120cm 이하에 상부난간대를 설치하고, 바닥면과의 중간에 중간난간대가 설치된 건널다리를 설치한다.
(다) 폭발의 위험이 있는 가연성 분진 등을 운반하는 컨베이어의 전기기계 및 기구는 방폭구조이어야 한다.
(라) 보도, 난간, 계단, 사다리의 설치 시 컨베이어를 가동시킨 후에 설치하면서 설치상황을 확인한다.

100 와이어 로프의 꼬임에 관한 설명으로 틀린 것은?

(가) 보통꼬임에는 S꼬임이나 Z꼬임이 있다.
(나) 보통꼬임은 스트랜드의 꼬임방향과 로프의 꼬임방향이 반대로 된 것을 말한다.
(다) 랭꼬임은 로프의 끝이 자유로이 회전하는 경우나 킹크가 생기기 쉬운 곳에 적당하다.
(라) 랭꼬임은 보통꼬임에 비하여 마모에 대한 저항성이 우수하다.

101 컨베이어 방호장치에 대한 설명으로 맞는 것은?

(가) 역전방지장치에 롤러식, 라쳇식, 권과방지식, 전기브레이크식 등이 있다.
(나) 작업자가 임의로 작업을 중단할 수 없도록 비상정지장치를 부착하지 않는다.
(다) 구동부 측면에 로울러 안내가이드 등의 이탈방지장치를 설치한다.
(라) 로울러컨베이어의 로울 사이에 방호판을 설지할 때 로울과의 최대간격은 8mm이다.

객관식 연습문제

102 지게차의 방호장치인 헤드가드에 대한 설명으로 맞은 것은?

(가) 상부틀의 각 개구의 폭 또는 길이는 16센티미터 미만일 것

(나) 운전자가 앉아서 조작하는 방식의 지게차의 경우에는 운전자의 좌석 윗면에서 헤드가드의 상부틀 아랫면까지의 높이는 1.5미터 이상일 것

(다) 지게차에는 최대하중의 2배(5톤을 넘는 값에 대해서는 5톤으로 한다.)에 해당하는 등분포하중에 견딜 수 있는 강도의 헤드가드를 설치하여야 한다.

(라) 주행을 제동하거나 정지상태를 유지하기 위하여 유효한 제동장치를 갖출 것

CHAPTER 08

공장자동화와 산업용 로봇

CHAPTER 08 공장자동화와 산업용 로봇

8.1 개요

공장자동화가 탄생한 것은 1960년대 후반으로 그 배경에는 여러 가지가 있으나, 다양한 수요자의 요구(need)에 대한 대응과 생산제품의 원가절감 및 납기단축의 요청에 의한 것이 가장 크다고 할 수 있다.

이러한 의미에서 공장자동화란 다양한 것을 어느 정도 이상의 수준으로 자동적으로 만들어내는 생산시스템이라고 할 수 있다.

이와 같은 공정변화를 만족시키는 주된 요건은 유연성, 경제성, 생산성이며, 이러한 시스템 개발의 촉진을 가속한 요인에는 자동화로부터 무인화로의 기술개념의 방향변화가 포함된다.

이와 같이 유연성(Flexibility)이 풍부한 중품종중소량 생산(中品種中小量 生産)을 중심으로 하여 공장전체의 일관자동화로 진전한 것을 FMS(Flexible Manufacturing System), FMF(Flexible Manufacturing Factory), FA(Factory Automation) 및 IMS(Integrated Manufacturing System) 등으로 부르고 있으며 시스템의 개발도 급속히 진전되고 있다.

한편, FMS로서 구비하여야 할 기본기능은

① 계층제어방식의 공작기계기능(NC, CNC, MC)
② 자동반송시스템기능
③ 자동창고기능과 조립기능
④ 자동계측기능(측정, 검사)
⑤ 자동보수점검기능
⑥ 종합 소프트웨어기능

등이 있다.

상기와 같은 FMS에 의한 생산라인의 개념은 그림 8.1과 같다.

그림 8.1에서 보면, 자동창고에서 소재가 반출되어 무인 반송차에 의해 가공기계로 보내진다. 수치제어(NC)의 프로그램에 따라 가공되어 생산된 부품은 치수, 정도가 자동적으로 검사된다. 완성된 여러 가지 부품은 조립위치에 보내져 조립용 로봇 등에 의해 조립된다. 이때 외주에 의해 가공된 부품도 조립되므로 부품보관을 위한 자동창고가 설치되기도 한다. 조립이 끝난 제품은 자동적으로 완제품 검사를 거쳐 출하된다.

결국, 공장자동화의 개념은 「다양한 제품을 높은 생산성, 경제성으로 유연하게 제조하는 것을 목적으로 생산에 필요한 하드웨어, 소프트웨어의 양면을 포함하는 주요기능으로 자동화를 실시한 시스템」이다.

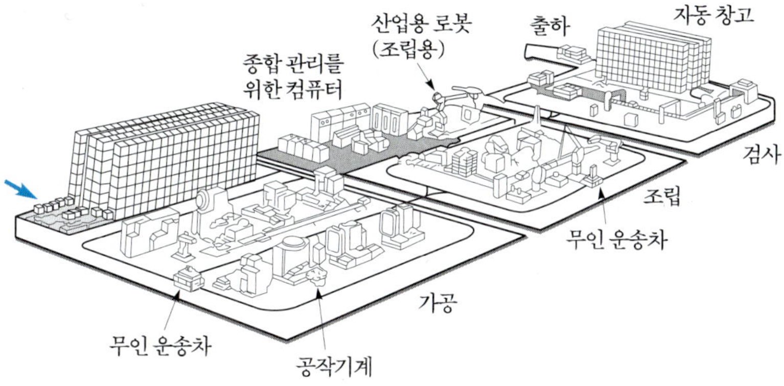

그림 8.1 FMS에 의한 생산라인의 개념

8.2 생산공정의 자동화

생산공정의 자동화는 생산공정에서 사람의 손을 거치지 않고 기계로 가공물을 운반하고 이송하며 자동제어에 의하여 자동적으로 생산하는 수단이다.

8.2.1 자동제어장치의 구조

일반적인 자동제어장치의 기본구조는 작동장치(actuator), 감지장치(sensor), 처리장치(processor)의 3부분으로 크게 나눌 수 있다.

① **작동장치** : 외부의 에너지를 공급받아 작업을 수행하는 부분이다.
② **감지장치** : 작동장치의 작업완료 여부 및 작업상태를 감지하여 처리장치에 보고한다.
③ **처리장치** : 감지장치로부터 입력되는 제어정보를 분석처리하여 필요한 제어명령을 작동장치에 보낸다.

8.2.2 자동화 시스템

일반적인 제조공장에서 제품의 생산공정을 단계적으로 나열하면 재료, 부품이 반입되어 창고에 보관되었다가 각 작업장에 운반, 이송되어 가공작업과 조립작업을 하고 시험검사를 한 다음 포장공정을 거쳐 완제품으로 수요자에게 공급된다.

이러한 하나의 제조과정은 각 제조공업의 특성에 맞추어 단위 공정별로 자동화되거나 부분적으로 전공정이 반자동화 또는 완전자동화되어 유연성과 신축성이 있는 시스템이 FMS로 이루어지고 있다.

각 공정별 자동화 시스템을 간단히 설명하면 다음과 같다.

(1) 자동보관창고

재료, 부품, 물품 등을 분류하여 각 공정과의 긴밀한 정보교환으로 입고, 정리, 출고, 공급, 출하 등이 자동적으로 이루어진다.

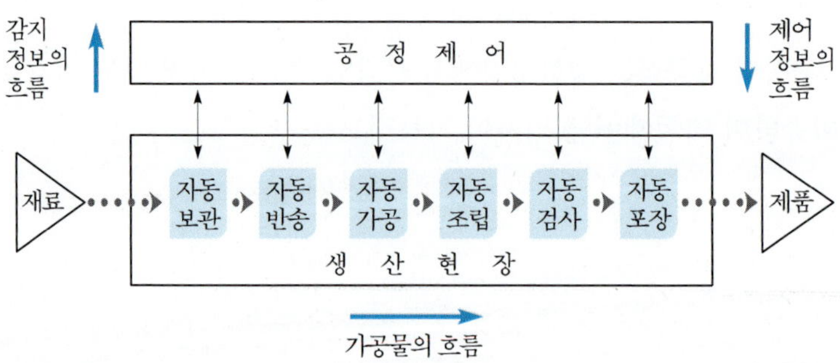

그림 8.2 생산공정 자동제어의 흐름도

대규모 생산공장이나 다품종 생산 공장에서는 생산의 흐름을 조정하고 제품의 유통 과정도 조절할 수 있는 역할을 한다.

(2) 자동반송

창고에 보관된 재료, 부품, 물품을 각 공정에서 다음 공정으로 운반할 때의 과정을 자동화시킨 것으로 주로 컨베이어나 운반차량이 이용된다. 특히, 로봇을 탑재한 무인 반송차가 개발되어 공장자동화에 큰 발전을 이루게 되었다.

(3) 자동가공

가공물과 작업의 내용에 따라 부품, 공구, 부속장치 등에 대한 준비작업을 하거나 가공상태를 감시하고, 장치나 설비의 고장진단을 자동을 수행하는 시스템이다. 주로 단위 공정에는 수치제어(NC) 공작기계나 컴퓨터수치제어(CNC) 공작기계를 이용하고 대규모 생산공장에서는 직접수치제어(DNC) 공작기계나 머시닝센터(MC)를 사용하고 있다.

(4) 자동조립

자동부품 삽입기나 자동부품공급장치 등을 개발하여 단위 공정에 이용하고 있으나, 조립용 로봇이 개발되어 조립작업뿐만 아니라 조립상태를 감시하고 결함 등을 자기진단하는 시스템으로 발전하고 있다.

(5) 자동검사

조립공정을 거친 제품의 성능, 특성, 외관(치수, 형상 등), 결함 등을 전자장비를 이용하거나 각종 정밀 계측기를 사용하여 검사하고 있으나, 컴퓨터를 이용한 자동검사시스템인 컴퓨터보조검사(CAT, Computer aided testing) 방법이 시도되고 있다.

(6) 자동포장

제품의 보호기능뿐만 아니라 품질의 신뢰도를 높여 작업의 능률을 향상시키고 인력 및 포장 자재비의 절감을 위해 단위 포장기계의 개발로부터 발전하여, 포장재료의 가공에서부터 포장작업까지 종합 자동화하여 고속처리하는 시스템으로 발전하고 있다.

8.2.3 생산공정에 이용되는 자동화기기

생산공정자동화에 이용되는 기기나 장치는 다음과 같은 것들이 있다.

(1) 수치제어(NC, numerical control) 공작기계

일감의 고정, 가공의 위치, 순서, 조건 등에 관한 정보를 펀칭한 테이프를 수치제어장치에 넣으면 정보처리회로가 이 지시를 판독하여 명령에 따라 자동적으로 필요한 가공을 하는 공작기계로서, 선반, 밀링머신, 연삭기, 드릴링머신, 보링머신 등의 수치제어공작기계가 있다.

(2) 컴퓨터 수치제어(CNC, Computer NC) 공작기계

NC 공작기계가 테이프 방식을 이용하는 것에 비해 프로그램 기억방식인 컴퓨터를 NC 공작기계에 적용하여 발전시킨 것이다. CNC 공작기계는 한 공정의 공작기계와 다른 기계와의 조정을 위한 정보교환으로 오차의 수정, 고장진단처리, 기계작동이상탐지, 치공구의 배치, 부품의 형상, 검색 등을 자동제어하는 공작기계이다.

(3) 직접수치제어(DNC, direct NC) 공작기계

여러 대에서 수십대의 NC 공작기계를 한 대의 컴퓨터로 제어하는 방법을 이용한 것으로, 제어뿐만 아니라 생산계획, 공정의 진척상황 등을 확인하고 필요한 처리를 자동으로 하는 등 생산관리도 동시에 수행하는 기능을 가진 공작기계이다.

(4) 머시닝 센터(MC, machining center)

NC 공작기계는 작업부(작동공구날 쪽)만을 제어하는 데 비하여 머시닝 센터는 이를 개선하여 공구의 자동선정 및 자동교환이 가능하도록 고안된 것이다. 공구의 선정과 교환이 미리 프로그램화되어 있으므로 가공물을 다음 단계로 보내지 않고 한 대의 NC 공작기계에서 여러 가공 공정을 수행하므로 공정을 크게 단축시키고 작업 준비시간과 가공시간이 단축된다.

(5) 산업용 로봇

산업용 로봇은 사람의 손이나 팔의 기능과 유사한 기구를 갖추고 용접, 도장과 같은 동일한 작업이나 프레스 공정과 같은 반복작업 등의 단순한 작업의 기계화를 가져와 생산성 향상에 기여해 왔으며, 앞으로 모든 분야에 널리 이용되리라고 본다.

산업용 로봇의 구동력은 유압, 공압, 전기를 이용하고 있으며 3가지 형태 중에 2가지 이상을 복합적으로 하기도 한다.

8.3 무인화 공장

생산공장에 제어기술이 도입되면서부터 기계의 제어, 조작, 물품의 이송 등과 같은 작업이 반복되는 과정에서 자동화가 이루어지게 되었다.

이러한 공장 자동화는 동일 품목을 대량으로 생산하는 구조로 변환되어 화학공업의 플랜트, 자동화 조립공장, 전자제품 생산공장이 크게 발전하게 되었다. 그러나 첨단기술의 급격한 발전에 따라 생산제품의 다양화와 다품종화가 요구되고, 소량 생산 구조로 변화됨에 따라 단순한 제조공정의 자동화에서 설계, 제작, 검사 등 전반적인 생산시스템이 자동화되는 공장자동화가 열리게 되었다.

이러한 공장자동화 움직임은 더욱 급속히 진전되어 약간의 전체 시스템 제어 인력을 제외하고는 모든 공정이 자동화되는 무인화 공장이 출현하고 있으며, 점차적으로 확산되리라 예상된다.

지금까지 알아본 바와 같이 공장자동화(FA, factory automation)란 제품의 수주에서 출하에 이르기까지 생산활동뿐만 아니라 영업, 구매, 기술, 재무까지 포함한 전반에 걸친 효율적인 공장관리와 생산공정제어를 자동으로 행하는 것을 말한다.

즉, 설계자동화에서부터 생산자동화, 생산계획과 관리의 사무자동화 등이 컴퓨터를 이용하여 이루어지는 종합시스템이라고 할 수 있다(그림 8.3 공장자동화의 구성도).

이러한 공장자동화로 인하여 생산 능력의 증대, 생산 소요기간의 단축, 원가절감 등은 물론 상품의 표준화로 인한 제품의 품질개선을 이룰 수 있으며, 각 공정 내 재고품의 감소와 인력의 감축으로 생산관리를 향상시킬 수 있는 효과를 얻을 수 있다.

공장자동화의 설비로는 기존의 많은 설비가 적용되는 것은 물론 컴퓨터 하드웨어 및 소프트웨어와 관련된 신기술들이 개발되어 자동화 설비에 크게 이용되고 있다. 이 컴퓨터 기술의 응용은 산업용 컴퓨터뿐만 아니라 CNC, CAD, CAM, 산업용 로봇, 프로그램제어기기(PLC) 등에까지 확대되고 있다.

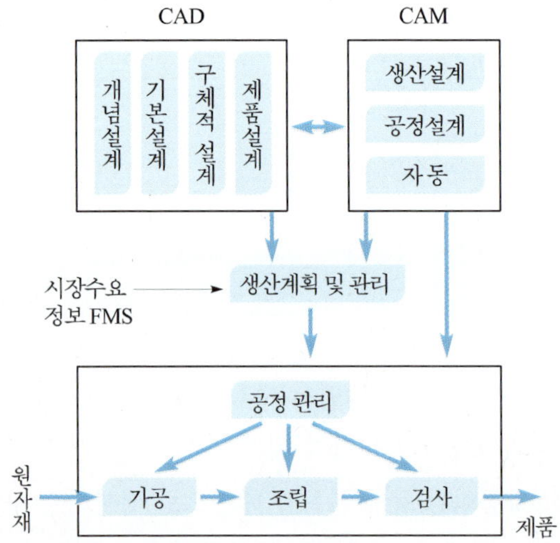

그림 8.3 전체적 공장자동화의 구성도

주 1. CAD(Computer Aided Design, **컴퓨터보조설계**) : 컴퓨터를 이용하여 개념설계에서 최종 설계도면의 제작까지를 자동화하는 것을 말함
2. CAM(Computer Aided Manufacturing, **컴퓨터보조생산**) : 컴퓨터에 수록된 설계정보를 이용하여 부품의 가공, 조립, 운반, 검사 등 모든 제조과정을 자동화하는 것을 말함
3. PLC(Programmable Logic Controller) : 단순제어를 넘어서 연산, 계수 등의 논리제어가 가능한 전자제어장치로서, 내부구조와 작동메커니즘이 마이크로컴퓨터와 유사함

8.4 공장자동화 추진방법

① 단계적인 계획으로 추진한다.
② 비용이 적게 들고 성공률이 높은 부분부터 추진한다.
③ 부하가 많이 걸리는 공정(병목현상이 발생하는 공정)부터 추진한다.
④ 필요한 부품의 구입이 쉬운 것부터 추진한다.
⑤ 처음부터 완벽을 요구하지 말고 점차 완벽하게 되도록 추진한다.
⑥ 소량생산으로 공장자동화 부분의 가동율이 50%이면 수동생산 100%와 같은 효과

가 있다고 보고 추진한다.

⑦ 안전(위험요소)에 유의하여 추진한다.

8.5 공장자동화의 이점 및 방호대책

8.5.1 자동화의 이점

자동화는 본래 생산성의 향상을 목적으로 한 것이고, 성력화, 특히 숙련의 불필요, 정밀도나 품질의 안정 등에 대해서 그 효과가 크며, 안전 측면에서도 다음과 같은 장점이 있다.

① 작업자가 위험영역에 들어갈 필요를 감소시키고 복잡한 제어를 쉽게 함으로써 안전성을 향상시킨다.

② 중량물의 운반 등에 의한 육체적인 피로를 감소시킨다.

③ 유해가스, 분진, 고저온, 소음·진동 등 악조건의 환경 속에서 작업하는 작업자를 해방시켜 준다.

④ 인간에게는 불가능한 진공, 고압력, 방사선, 유해가스 등의 작업환경 하에서도 작업을 안전하게 하도록 한다.

반면, 자동화는 다음과 같은 문제점이 있다고 할 수 있다.

① 단조로운 노동 등 비인간적인 작업을 가져오게 된다.

예를 들면 컨베이어 시스템에서의 작업자는 컨베이어 시스템의 움직임에 따라 기계적으로 단조로운 노동을 하지 않을 수 없다. 또한, DNC 공장 등의 생각하는 작업은 생산관리에 집중하게 하고 현장 작업자는 단순반복작업이나 감시작업에 의한 정신적 부담이 요구된다.

② 자동화되지 않은 작업이 남는다.

자동화 시스템에서도 준비, 조정, 보전, 수리 등이나 이상시의 처치는 아직 인간이 담당하는 분야이다. 그러나 이들 작업은 위험영역으로 들어가거나 오조작 등에 의한 위험성이 높다. 또 자동화는 기술적으로나 경제적으로나 실시하기 쉬운 부분부터 행하여지므로 고소작업이나 피트(pit) 내 위험작업, 오염작업이 인간에게 남게 된다.

③ 고장에 의한 재해의 위험성이 있다.

고장이 없는 기계는 없으나, 자동기계에는 많은 제어요소, 기계요소가 사용되고 있으므로 수동기계보다도 고장의 위험성이 크다. 더구나 일반적으로 자동기계는 작은 고장이 치명적인 재해를 가져올 우려가 많다.

④ 대형화·고속화에 의한 위험성이 크다.

대형화에 의한 생산성의 향상과 자동화에 대한 안전성의 과신으로 자동기계는 현저히 대형화·고속화되는 경향이 있고, 그 보유에너지는 수동기계보다 현저하게 크기 때문에 만일의 사고에 의한 위험성이 대폭 증대하고 있다.

⑤ 작업자의 근로의욕을 저해한다.

자동화에 따라 종래의 숙련자의 가치가 인정되지 않게 됨과 동시에 기계나 제어장치의 내부가 블랙박스(black box)화 되어 제조자나 전문가 이외는 보전도 할 수 없게 되므로 작업자는 기계에 대한 애착심이 희박하게 되고 근로의욕도 감퇴한다.

8.5.2 방호대책

앞에서 기술한 바와 같이 공장자동화에서는 안전상의 문제점이 내재하고 있고, 이에 대한 대책은 자동화추진에 있어 불가결한 요건이다.

(1) 컨베이어 시스템의 재검토

단순작업을 불가피하게 하는 컨베이어 시스템은 라운드 테이블(round table)방식 등으로 대치하도록 하는 것이 바람직하다. 이때 자동화의 최대 이점인 생산성의 향상, 품질, 정밀도, 안전성과의 조정이 필요하다. 한편, 인간성의 회복은 직장의 인간관계나 작업면 이외의 스포츠, 클럽활동 등 복지면에서 보충하는 것도 고려하여야 할 것이다.

(2) 방책 등의 설치

자동화 라인은 부속장치의 운동이나 이송장치 등에 의한 많은 위험부분이 있으므로 원칙적으로 작동 중에는 사람이 들어갈 수 없는 방책·방벽 등을 설치하고, 준비·조정의 목적을 위해 그 방책 내에 들어갈 필요가 있을 때는 출입구에 저속운전 이외는 운전할 수 없는 인터록 장치를 설치하여야 한다. 또한, 고장, 오조작 등에 의해 공구·가공물 등이 튀어나올 염려가 있는 부분에는 견고한 덮개를 만들 필요가 있다.

(3) 점검의 원활화

자동기계에는 유효한 집중윤활시스템을 비치하고, 보전용 점검회로를(가능하다면 자기점검회로를) 설치하며, 마모 또는 고장부분의 교환을 쉽게 하기 위해서는 유닛 시스템의 채택이 바람직하다. 또한, 자동화 라인 내에 들어가지 않고 점검할 수 있는 감시장치, 점검용 통로, 점검대 등을 설치할 필요가 있다.

(4) 고장방지

자동기계의 고장에 의한 재해를 방지하기 위하여 중요한 부품에는 신뢰성이 높은 것을 사용하고 정전 또는 공유압원의 이상으로 일감이나 공구 등이 낙하 혹은 튀어나오지 않도록 대책을 취해야 한다. 비상정지버튼은 정지로 인하여 2차 재해를 발생시킬 우려가 있는 시스템 이외는 가급적 많은 개소에 설치할 필요가 있다.

(5) 이상시 작업기준의 확립

자동화 시스템이라 하여도 관리는 인간에게 의존하고 있어 오조작, 특히 이상시 오조작에 의한 위험은 대단히 크다. 그래서 운전·점검·보전이나, 특히 이상시에 대한 작업기준의 확립이 필요하다.

그러나 자동화 시스템의 경우는 그 내용이 복잡하고, 또한 개개의 시스템 특유의 위험성도 많기 때문에 제조자, 사용기술자와 현장작업자가 협력하여 작업기준을 확립하도록 하는 노력이 필요하다.

(6) 기술교육

자동화 시스템은 일반적으로 복잡하여 시스템의 수리 등은 제조자 또는 전문업자에게 위임되는 경우가 많은데, 작업기준의 준수나 이상시 대책뿐만 아니라 작업자 근로의욕의 저하를 방지하기 위해서 가능한 시스템의 구성·기능 등에 관하여 작업자에게도 교육을 하고, 수리시에 입회시켜 이해를 시키는 등의 배려가 필요하다.

(7) 초기단계의 안전화

자동화 시스템이 대형화되면 될수록 완성시의 안전대책은 그 효과가 적다. 따라서 계획·설계단계에서 안전상의 시방을 정하고 제조자와 협력하여 시스템의 안전화를 도모할 필요가 있기 때문에 시스템 안전의 각종 방법이 이용되어야 한다.

8.6 스마트 팩토리와 방호대책

8.6.1 개요

스마트 팩토리(스마트 공장, smart factory)는 제품의 기획, 설계, 생산, 유통 및 판매 등 전 과정을 IT기술로 통합하여 최소 비용과 시간으로 고객맞춤형 제품을 생산하는 공장으로 외부환경변화에 즉시 반응하여 자율적으로 최적의 솔류션을 제안하는 사이버물리시스템(CPS) 기반의 지능형 생산공장이라 정의할 수 있다. 스마트 팩토리에서는 공장 곳곳에 사물인터넷(IoT) 센서와 카메라를 부착시켜 데이터를 수집하고 플랫폼에 저장해 분석하며, 이렇게 분석된 데이터를 기반으로 어디서 불량품이 발생하였는지, 이상 징후가 보이는 설비는 어떤 것인지 등을 인공지능(AI)이 파악하여 전체적인 공정을 제어한다.

스마트 팩토리를 구축하기 위해서는 가상화, 유연화, 간소화, 등기화 등 4가지 조건이 필요하다. 생산설비를 가동하기 전에 가상으로 젠체 공정을 시뮬레이션해서 생산공정과 생산량 등을 예측하는 가상화, 사물인터넷(IoT) 기술을 활용해서 공장의 운영방식과 공정을 작업자가 원격으로 조정하거나, 시스템이 스스로 제어해 생산 공정을 유연하게 변경하는 유연화, 드론 및 자율 주행 이송 로봇 등을 가동해 사람의 업무를 도와주고, 불필요한 생산 공정을 간소화, 제품 공급망의 실시간 관리를 통해 재고 수준을 최적화하고, 주문상태를 고객과 공유하는 동기화가 필요하다.

주 1. CPS(가상 물리 시스템) : 실제 공장에서 사용하는 시스템과 사이버 공간의 시스템을 실시간으로 통합하는 기술로, 새로운 프로젝트 테스트를 위하여 현재 생산중인 공정을 멈추지 않고 사이버 공간에서 테스트를 하게 되며 미래의 스마트 팩토리에서는 전면적인 CPS 도입이 필수적임

2. IoT(사물인터넷) : 인터넷을 기반으로 시간, 장소 및 사물 등에 대한 제약없이 모든 사물이 연결되어 사람과 사물, 사물과 사물간의 정보를 소통할 수 있는 지능형 기술

3. IIoT(산업용 사물인터넷) : 사물인터넷의 산업용 버전으로 IoT와 같이 사물에 센서를 부착하여 실시간으로 데이터를 인터넷으로 주고받는 기술이며, 산업용 목적에 중심을 두고 있어 IoT보다는 센서의 응답성이 뛰어남

4. ICT(정보통신기술) : 정보를 주고받는 것을 포함하여 개발, 저장, 처리 및 관리에 필요한 모든 기술

5. Cloud Computing(클라우드 컴퓨팅) : 소프트웨어와 데이터를 인터넷과 연결된 중앙 컴퓨터에 저장하여 인터넷에 접속하기만 하면 언제 어디서든 필요한 데이터를 이용할 수 있고 사용한 만큼의 비용만 지불하는 시스템

5. AI(인공지능) : 인간의 학습능력, 추론능력, 지각능력이 필요한 작업을 할 수 있도록 컴퓨터 시스템을 구현하는 것으로, 지능을 갖고 있는 기능을 갖춘 컴퓨터 시스템이며, 인간의 지능을 기계 등에 인공적으로 구현하는 기술

6. Big Data(빅 데이터) : 대량의 정형 또는 비정형의 데이터로부터 가치를 추출하고 결과를 분석하여 생성된 지식을 바탕으로 능동적으로 대응하거나 변화를 예측하기 의한 정보화 기술

자동화공장은 제조과정에서의 근로자 개입을 최소화함으로써 기계·설비로 대체하는 무인화 공장을 지향하는 반면 스마트 팩토리는 기획, 설계, 유통판매 등 제조 전반적인 과정을 정보통신기술(ICT)로 통합하여 고객맞춤형 제품을 생산할 수 있는 지능형 공장으로 인간과 기계가 공존하는 형태이다. 자동화공장은 생산설비에 대한 중앙 집중식 통제를 통하여 단위 공정별로 최적화가 이루어져 있어 전체 공정이 유기적이라고 보기는 어려운 반면, 스마트 팩토리는 전후 공정간 데이터를 자유롭게 연계할 수 있어 총체적인 관점에서 최적화를 이룰 수 있다. 기기와 기기 사이, 기기와 인간 사이에 다양한 정보의 교류가 존재하여 공장이 스스로 판단하고 이에 따라 작업을 수행할 수 있는 지능화된 공장이다. 즉, CPS(가상 물리 시스템)을 이용하여 실제와 똑같이 제품 설계 및 개발을 모의실험하여 자산의 사용을 최적화하고, 공장 내 설비와 기기 간에 IoT(사물인터넷)을 설치하여 실시간 정보를 교환하게 함으로써 생산성을 증가시키고 돌발 사고를 최소화한다. 그리고 제품의 위치, 재고량 등을 자동 감지하여 인적·물적 자원 절감 등 공장의 효율성을 향상시킨다.

스마트 팩토리의 5가지 주요 특성으로는 데이터 기반으로 작업을 수행하는 능동성, 변화 여건 및 상황을 스스로 판단하는 지능성, 데이터 수집의 신뢰성, 실시간 데이터 처리의 민접성과 시스템 상호간의 연계성이다. 이를 위하여 필요로 하는 기술로서는 산업용 사물인터넷(IIoT), 가상 물리 시스템(CPS), 클라우드 컴퓨팅, 가상현실(VR), 증강현실(AR), 빅 데이터, 인공지능(AI), 5G, 스마트 머신 등을 들 수 있다.

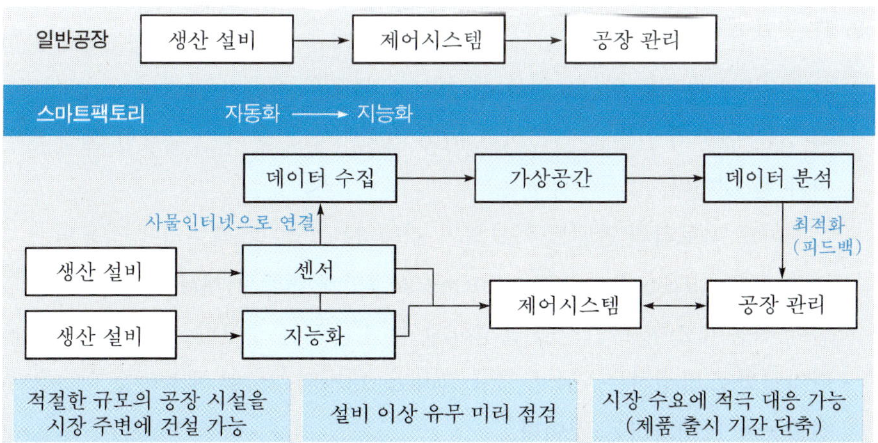

출처 : 삼정KPMG경제연구원(2018)

그림 8.4 스마트팩토리 개념도

8.6.2 스마트 팩토리의 수준

스마트 팩토리의 고도화를 결정하는 수준 측면에서는 ICT 미적용, 정보화 수준에서의 기초, 자동화 수준에서의 중간 1 및 중간 2 그리고 지능화 수준에서의 고도화로 각각 구분한다. 스마트 팩토리의 수준별 정의는 그림 8.5와 같다.

표 8.1 스마트팩토리의 수준별 정의

스마트팩토리의 수준 단계별 형태

구분	미적용	기초	중간 1	중간 2	고도화
공장 운영	수작업	생산이력 불량관리	실시간 생산 정보수집 관리	실시간 공장 자동제어	설비·시스템의 자율생산
역량 수준	수작업	바코드, 전자태그(RFID) 활용	센서등을 활용한 설비관리	IT기반 실시간 통합제어	IoT(사물인터넷)CPS (사이버물리스템) 기반 맞춤형 유연생산
기업 수준	대다수 중소기업		선도 중소· 중견기업	대기업	해외 선도기업

*중소기업연수원 교육 프로그램 내용

8.6.3 유해·위험요인 및 방호대책

최근 산업연구원에서 실시한 스마트 팩토리 도입 기업 성과분석에 따르면, 스마트 팩토리 도입 이후 평균 생산량 28.5% 증가, 산업재해 6.2% 감소 등 제조 경쟁력이 높아진 것으로 나타나고 있다. 그럼에도 불구하고 스마트 팩토리는 잠재적으로 매우 다양하고 복잡한 문제를 제기한다. 과거형 산업재해 감소, 품질개선, 생산성 향상의 효과가 있지만, 새로운 위험요인을 생성한다. 새로운 기술과 관련된 잠재적 위험을 내재하고 있는 현장의 안전을 확보하기 위해서는 이에 상응하는 다양한 해결 방안을 모색하여야 할 것이다.

스마트 팩토리의 안전을 확보하기 위해서는 스마트 팩토리에 적용되는 디지털 기술(IoT, ICT, CPS , Cloud Computing, AI 등)에 대한 이해와 함께 이 역시 안전에의 적절한 적용이 스마트 안전을 달성하게 될 지름길일 것이다. 즉, 스마트 안전은 공장의 디지털화로 발생하는 위험을 최소화하고, 디지털기술이 제공하는 기능을 활용하여 안전활동을 극대화하는 것이다.

(1) 유해 · 위험요인

스마트 팩토리에서의 산업안전과 관련된 위험을 기술적, 관리적 및 인적 위험요인으로 구분하면 표 8.2와 같다.

표 8.2 스마트 팩토리 관련 유해 · 위험 요인

구분	내용
기술적 위험	• 스마트팩토리 설비의 안전관련 국제 규격 및 표준 미 준수 등으로 운영과정에서 발생할 수 있는 위험 • PLC 해킹, 네트워크 및 시스템 침해사고, 서비스 거부 공격 사고 등 • 스마트팩토리 위험성 평가 미흡으로 신규 유해·위험요인 누락 • 하드웨어 결함에 따른 내구성 결여, 하드웨어 불량, 가스/화학물질에 의한 오작동 및 부식 • 소프트웨어 자체 결함, 해킹에 따른 프로그램 변형, 프로그램 관리감독 미흡에 따른 설비 오작동, 정보 왜곡 또는 신호외란에 의한 데이터 손실 및 변형
관리적 위험	• 안전인증 관리체계 부족에 따른 내·외부에서 발생할 수 있는 위험 • 피해 최소화 및 비상대응을 위한 스마트팩토리 관련 안전보건 정책과 조직 부재 • 스마트팩토리 기술은 공급업체가 소유하며 제조업체의 운영지침이 필수적이나, 정상적이고 안정적인 운전을 위한 자체 운영지침 부재 • 스마트팩토리 공정 이상 발생 시 외부 전문가 조치 전까지 운전지침 미준수로 사고발생 위험 높음 • 최초 시운전시 사고발생 위험 높음 • 안전점검, 안전검사, 주기적 검사 및 관리책임 미흡에 따른 사고발생 위험 • 스마트팩토리 변경관리 정차 또는 지침 부재로 비정형 작업 시 사고발생 위험 • 외부자 보안 위협(해킹, 네트워크 침해사고, 서비스 거부 공격 등) • 스마트팩토리 안전보건 관련 교육 및 훈련 미흡
인적 위험	• 스마트팩토리 내부 관리자, 운영자, 작업자 및 외부자가 유발할 수 있는 위협 • 내·외부 인력에 의한 기술 유출 등의 사고

기술적, 관리적 및 인적 위험요인을 중심으로 도출한 국내 일반적 스마트 팩토리의 공정특성을 보면 다음과 같다.

1) 산업용 로봇, 컨베이어 등이 프레스, 사출성형기 등의 생산설비와 조합되어 설치·운영되고 있어 해당 공장의 위험은 대형화, 복잡화, 집적화 및 고도화로 인해 구조화되어 있다.
2) 정상운전 조건에서보다는 정비, 유지·보수 등의 비정현 작업에 대한 위험성 평가, 작업 시작전 점검 및 LOTO 등의 안전조치가 미흡하며, 가드 특별요구사할, 정지, 제어시스템의 안전성과 신뢰성, 제어장치, 제어 및 모드, 가드 및 방호장치 등이 취약하다.

주 LOTO : Lock-Out, Tag-Out의 줄임말로 정비, 청소, 수리 등의 작업을 수행하기 위하여 해당 기계의 운전을 정지한 후, 다른 사람이 그 기계를 운전하는 것을 방지하기 위하여 기동장치에 잠금장치를 하거나 표지판을 설치하는 등의 조치를 의미

스마트 팩토리 구축에 따른 다양한 위험요인에 대해 기존의 안전관리시스템만으로는 위험을 예측하고 예방하기 어려우므로 새롭게 위험요인을 분석하여 안전하고 체계적인 안전관리시스템을 재구축해야 할 것이다. 이를 위해서, 첫째 시스템 안전설계를 적용하고, 예비조사·기본설계·상세설계·공사·시운전·변경 등 공장건설 단계별 적합한 위험성 평가를 실시해 안전요구사항을 분석하여 반영한다. 둘째 그에 따른 새로운 기능의 하드웨어 및 소프트웨어를 설치한다. 셋째 안전계장시스템 운전 및 유지보수, 변경관리, 직원교육 등을 계획하고 운용한다. 넷째 빅데이터 및 인공지능, 스마트머신, 모바일시스템 등을 활용해 통합 안전관리시스템을 구축한다.

스마트 백토리와 안전관리의 이해를 돕기 위하여 국내 사례를 들어 설명하면 다음과 같다.

1. 국내 제절공장에서 추진한 스마트 팩토리는 공장 설비에 설치된 IoT 센서를 통해 데이터를 실시간 수집하고, 이를 기반으로 목적에 맞게 스스로 가동하는 공장으로 수집된 데이터는 설비 상태를 실시간 진단 및 예측하는 데 활용하여, 안정적인 작업환경을 유지하고 설비 수명도 연장할 수 있었다. 안전관리부문에서는 위험지역에 접근하는 작업자를 자동으로 인식하고 미리 경고하여 사고를 예방하고, 설비에 부착된 센서나 CCTV 영상을 통해 화재, 폭발, 가스 등 위험상황을 실시간으로 파악하여 긴급상황에 대응하는 시스템을 구축하였다.
2. A사에서 만들어낸 사물인터넷(IoT) 기반 현장 안전 관리 플랫폼은 산업현장 내 사고를 사전에 차단할 수 있도록 공장 내부 작업자의 위치를 파악할 수 있는 ID 카드 형 스마트 태그와 밀폐공간에서의 유해가스 농도를 측정해 자동으로 근거리 작업자 및 중앙관제센터에 알려 무선 가스감지기 등 IoT 기술을 융합한 제품으로 구성되어 가스 누출로 인한 인명사고를 미연에 방지할 수 있다.

(2) 방호대책

앞에서 기술한 바와 같이 스마트 팩토리에는 안전상의 문제점이 내재되어 있고, 이에 대한 대책 역시 스마트 팩토리 추진에 있어서 불가결한 요건이다. 따라서 위험성 감소 목표의 효율성 달성을 위한 안전제어 시스템에 대한 적용을 고려하여야 하며, 설치·사용현장에서 위험성 감소를 위한 보호조치 또는 방호장치에 대한 조치가 필요할 뿐만 아니라 근원적 안전성을 확보를 위한 설계상의 대책을 고려하여야 한다.

기본적인 방호대책은 다음과 같다.[스마트 팩토리 안전시스템 평가에 관한 기술지침]

1) 방호가드의 높이 선정은 설비 및 기계의 사용에 맞게 설치하여야 한다.(KS B ISO 13857 적용 및 위험성 평가 실시)
   1. 고정식 방호가드의 경우 공구 사용 없이 임의로 개방할 수 없도록 설계하여야 한다.
   2. 가동식(이동식) 방호가드는 작동상의 이유로 위험요인을 완전히 방호할 수 있을 경우에만 사용하도록 하여야 한다.
   3. 방호가드의 구멍 또는 개구부는 사람의 신체 일부가 위험영역에 도달하지 못하도록 설계하여야 한다.(KS B ISO 13857에 준할 것)
2) 제품 투입·배출 등으로 작업이 필요하여 개구부가 존재할 경우, 양수조작식장치(Two hand control switch)를 사용하여 작업을 수행하여야 한다.(KS B ISO 13851에 준하는 양수조작장치)
3) 모터, 축, 기어, 구동 벨트 등 동력 전달 부품에 대해서는 고정식 또는 가동식 방호가드로 보호되어야만 한다. 일상적인 점검 시에는 제거가 가능하도록 설계된 고정식 방호가드의 경우에는 기계 또는 안전시스템에 연결된 고정 시스템이 설치되어야 한다. 가동식 방호가드의 경우 위험상태에 이르기 전에 위험동작이 정지되도록 설비운전과 연동되어야 한다.
4) 설비 운전이 자동으로 시작되는 것을 방지하기 위하여 기동 연동장치가 제공되어야 한다.

   전원 스위치가 투입되어 있거나, 전원 공급이 중단 또는 재개되는 경우, 위험한 운전이 자동으로 시작되는 것을 방지하기 위하여 기동 연동장치가 설치되어야 한다. 또한, 연동장치는 조작자의 의도적인 동작에 의하여 초기화되어야 한다.

주 1. KS B ISO 13857 기계안전-인체의 상지와 하지의 위험요인영역 접근을 방지하기 위한 안전거리, 2016
2. KS B ISO 13851 기계안전-양수 제어 장치 - 기능적 측면과 설계 원리, 2013

5) 작동 또는 위험기능 작동시 비상상황 대응이 가능한 비상정지장치를 갖추어야 한다.
6) 안전 스위치 사용시 안전 제어 시스템(안전 컨트롤러, 안전 PLC 등)을 활용하여 요구되는 안전등급에 맞게 사용하여야 한다.
7) 동작허가장치(Enabling Device, 인에이블 기기)는 KS C 규격을 만족하는 안전인

증 제품을 사용하여야 한다. (로봇의 동작을 제어하기 위하여 설치- 이 장치가 중앙의 활성화 위치에서 연속적으로 유지시키는 경우에만 로봇이 작동됨)

8) 안전센서는 IEC 전기감응 방호장치에 적합한 제품을 사용하여야 한다.

9) 협동작업 영역의 4가지 운전기능(안전정격 감시 정지, 핸드가이딩, 속도 및 위치 감시, 동력 및 힘 제한 기능)을 모니터링하여야 한다.

주 협동작업(협동운전) : 사람과 공동작업을 수행할 수 있도록 설계된 로봇이 정해진 구역 내에서 사람과 함께 협동하여 작업을 수행하는 상태

8.7 산업용 로봇의 정의와 역할

(1) 산업용 로봇의 정의

산업용 로봇(industrial robot)이란 매니플레이터 및 기억장치를 가지고 기억장치 정보에 의해 매니플레이터의 굴신, 신축, 상하이동, 좌우이동 또는 선회동작과 이러한 동작의 복합동작을 자동적으로 행할 수 있는 기계를 말하며, 매니플레이터, 전기·유압 및 공압 동력 공급장치(power unit), 본체 회전용 구동부 등으로 구성되어진다.[시행령 제77조(자율안전확인대상기계등)]

이렇게 산업용 로봇은 다양한 동작이 가능한 동작 특성을 갖고 있으며, 이로 인하여 종전의 자동기계로 곤란하였던 다종 소량생산의 자동화가 가능하게 되었다. 즉, 산업용 로봇과 기타 전용자동기기와의 특징적 상이점은, 전용자동기기는 대량생산에서 유효한 방법인데 반하여, 산업용 로봇은 대상물 종류의 변화, 모형, 변경, 설계 변경 등에 대처하여 개조하는 일 없이 시간적, 공간적으로 유연하며 자유도가 높은 동작 기능을 갖춘 것으로, 중종 중량생산 및 다종 소량생산의 자동화를 위해 유효한 방법이다.

(2) 공장자동화와 로봇

공장자동화(FA : Factory Automation)는 진척되는 단계에 따라 3단계로 구분할 수 있으며, 제1단계가 기계적 의미에서의 자동화(Fixed Automation), 제2단계가 산업용 로봇을 활용하는 FMS(Flexible Manufacturing System), 제3단계가 하드웨어를 직접 효율적으로 관리, 조작할 수 있는 소프트웨어 개발 단계로 분류된다.

유연성이 없던 종래의 Fixed Automation 방식에 비하여 로봇을 포함한 FMS 방식은 다량소품종 업종뿐만 아니라 소량다품종 업종에까지 적용되어 그 효율성을 입증하고 있다.

로봇은 FA 생산구조의 일부를 형성하고 있기 때문에 완전한 FA 시스템을 통하여 그 역할이 확인된다. FMS는 CAM(Computer Aided Manufacturing), CAD(Computer Aided Design), MRP(Manufacturing Resources Planning) 세 분야로 이루어져 있으며, 이 중 로봇은 CAM 부문에서 대부분 이용되고 있다. 구체적으로 제조과정에서 조립, 용접, 검사 기능 등을 가장 효과적으로 수행하고 있는 것으로 평가되고 있다.

이에 따라 최근 산업용 로봇을 도입하여 생산설비 등의 자동화를 시도하는 사업장이 증가하고 있는데, 특히 위험한 작업을 산업용 로봇이 대신하여 작업을 하는 사업장에 있어서는 노동재해방지의 기여와 효과가 대단히 크게 기대된다.

그럼에도 불구하고 산업용 로봇에 의한 사망재해가 발생하고 있는데 그 원인을 조사하여 보면 산업용 로봇은 종래의 기계와 다른 다음과 같은 위험성을 갖고 있는 것을 알 수 있다.

① 산업용 로봇의 기구, 제어가 꽤 복잡하며 고도화되고 있기 때문에, 이것의 취급에는 상당한 지식을 필요로 하고, 취급자의 지식 부족은 오조작 등 불안전 행동의 원인이 된다.
② 산업용 로봇은 그 기체(機體) 외부의 공간을 자동적으로 작동하는 매니플레이터를 갖고 있고, 그 움직임이 빠르고 복잡한 것이 많기 때문에 매니플레이터의 작동방향 등이 용이하게 판단되지 않는다.
③ 부품 등의 신뢰성, 설치조건에 따라서 노이즈(noise) 등에 의해 제어회로에 이상이 발생하는 것이 있고, 결과적으로 그것이 산업용 로봇의 이상작동으로 나타난다.

따라서 이들 위험성을 분석하고, 그 구체적 안전대책을 실시하여야 하며, 안전대책은 산업용 로봇의 운전 중에는 사람과 로봇을 격리하는 것을 원칙으로 하여야 한다. 그러나 구동원을 차단하지 않고 행하는 교시 등의 작업이나 운전 중에 행하는 검사 등의 작업에 있어서는 매니플레이터가 작동하고 있든가 또는 작동할 가능성이 있을 때에 가동범위 내에 근로자가 접근하지 않도록 하여야 한다.

8.8 산업용 로봇의 구성과 분류

(1) 산업용 로봇의 구성

현재 실용화되고 있는 대부분의 산업용 로봇은 대상 물체를 파지(把持, holding, grip) 하기 위하여 인간의 손과 같은 기능을 하는 손이 있고, 손목에 의하여 팔에 접속되어 있다. 또한, 전체를 이동하는 기능을 발이라 하며, 발은 동물이 보행하는 형태로 된 것과 차가 주행하는 형태로 된 것이 있다. 발이 없는 형태의 것은 많으나 손과 팔은 대개의 산업용 로봇이 가지고 있다.

손과 팔 그리고 발 부분, 즉 동작을 담당하고 있는 부분 전체가 가동부(또는 구동부), 다시 말해서 액튜에이터(actuator)와 이에 관련되는 부분이다. 구동부를 동작시키기 위해서는 제어를 위한 제어부가 필요하며, 제어부가 없이 구동부만으로는 유기적으로 일을 할 수 없다. 이 제어부가 그 기능을 달성하기 위해서는 검출부가 필요한 것과 그렇지 않은 것이 있다. 이 검출부의 역할은 ① 자체 가동부를 감시하는 내계 계측기능, ② 작업 대상을 감시하는 외계 계측 인식기능, ③ 다른 기계장치와 주변기기를 감시하는 제어정보 교환기능, ④ 자체 정상가동상태를 진단하는 진단기능의 4가지로 나누어지며, 이러한 기능이 없는 제어는 단순한 오픈 루프(open loop)에 해당된다.

구동부를 움직이기 위해서는 에너지가 필요하며, 이 에너지의 공급역할을 하는 부분을 동력원이라 하며, 제어를 위한 장치에도 동력원은 필요하다.

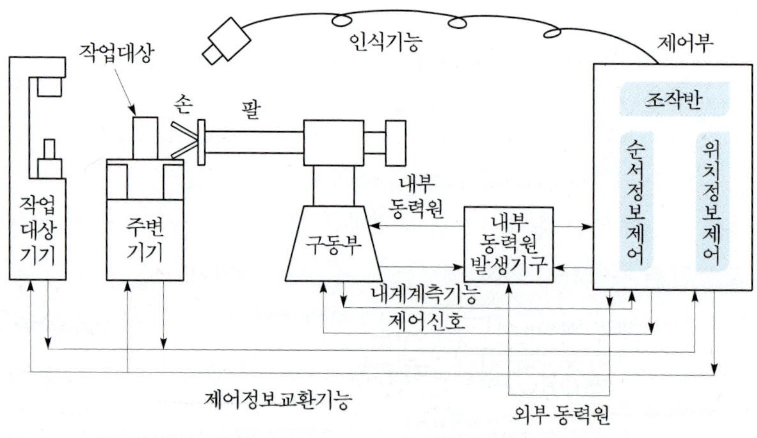

그림 8.5 산업용 로봇의 구성의 예

그림 8.5는 구동부, 제어부, 검출부, 동력원으로 이루어져 있는 산업용 로봇의 구성을 보여주고 있으며, 그림 8.6은 로봇 기구부의 구성을 보여주고 있다.

(2) 입력 정보 교시(教示)에 의한 분류

산업용 로봇은 입력정보, 교시(산업용 로봇의 작업 순서, 위치 또는 경로 등의 정보 설정, 즉 무엇을 어떻게 해서 하는 가를 가르치는 것)가 어떤 것인가에 따라 분류한다.

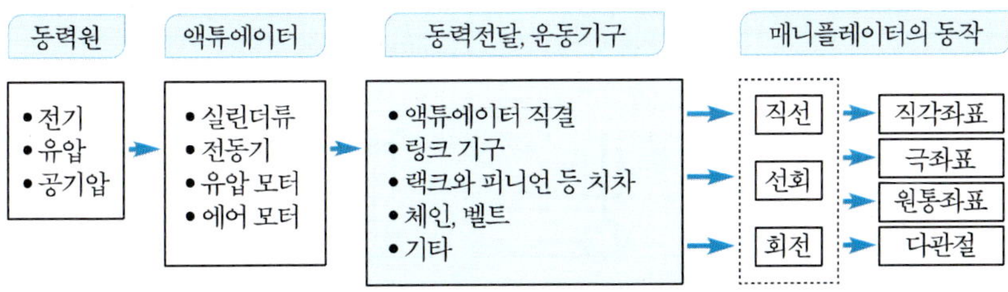

그림 8.6 로봇 기구부의 구성

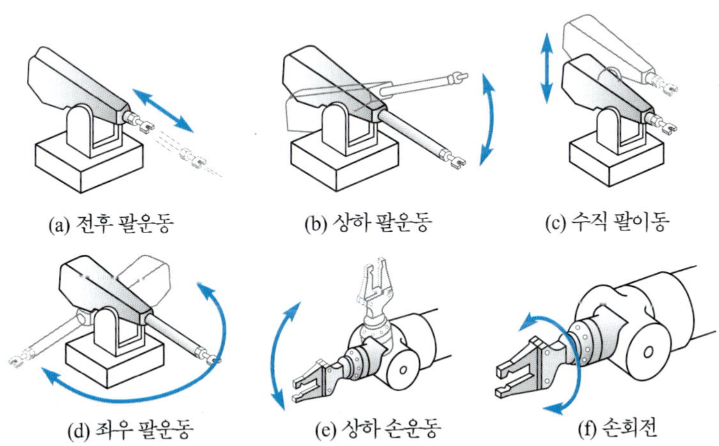

그림 8.7 산업용 로봇의 여러 가지 동작

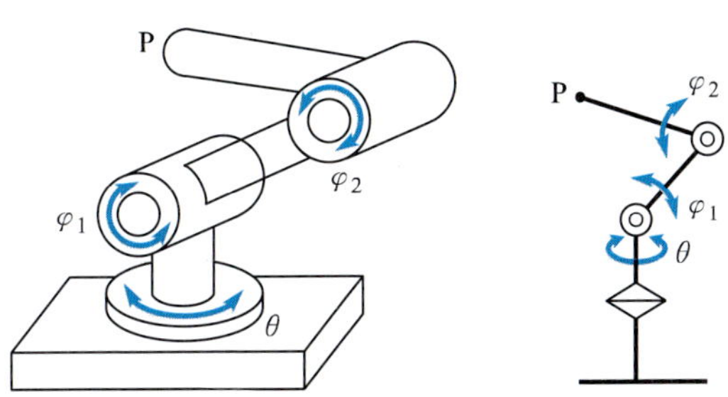

그림 8.8 로봇의 운동기능의 표시 예

번호	명칭	기호	기호 운동방향	비고
1	직동(1)			
2	직동(2)	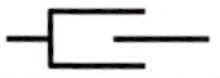	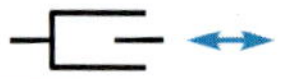	
3	회전기구		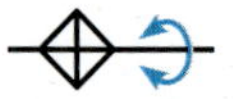	
4	선회(1)	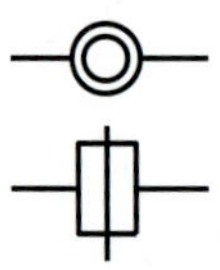	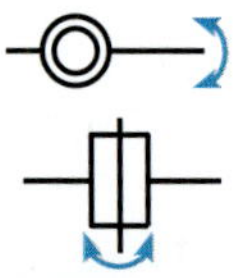	(1) 통상 사용하는 기호 (2) (1)의 측면에서 표시하는 기호
5	선회(2)		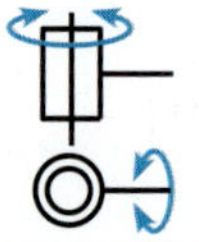	(1) 통상 사용하는 기호 (2) (1)의 측면에서 표시하는 기초
6	차동치차			
7	볼조인트			ball joint
8	파악			
9	홀딩(holding)			손끝이 공구가 되어 있는 것도 포함(로봇용 공구는 여기에 규정하지 않음)
10	베이스	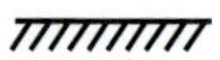		

그림 8.9 운동기능을 표시하는 기호

산업용 로봇을 입력정보·교시에 의해 분류하면 다음과 같다.

표 8.3 **산업용 로봇의 분류(입력정보·교시별)**

명칭	정의	비고
조종 로봇	로봇이 수행하는 작업의 일부 또는 전부를 인간이 직접 조작함으로써 작업이 이루어지는 로봇	operating robot
시이퀀스 로봇	미리 설정된 정보(순서, 조건 및 위치 등)에 따라서 동작의 각 단계를 차례로 수행해가는 로봇	Sequence control robot
플레이백 로봇	인간이 매니플레이터를 움직여 미리 작업을 교시하여 그 작업의 순서, 위치 및 기타의 정보를 기억시키고 이를 재생함으로써 그 작업을 되풀이할 수 있는 로봇	playback robot
수치제어 로봇	로봇을 움직이지 않고 순서, 조건, 위치 및 기타 정보를 수치, 언어 등에 의해 교시하고, 그 정보에 따라 작업을 수행하는 로봇	numerically controlled(NC) robot

지능 로봇	인공지능에 의해 행동을 결정할 수 있는 로봇(인공지능이란 인식능력, 학습능력, 추상적 사고능력, 환경적응능력 등을 인공적으로 실현하는 것을 말함)	intelligent robot
감각제어 로봇	감각정보를 가지고 동작의 제어를 행하는 로봇	sensory controlled robot
적응제어 로봇	적응제어기능을 가지는 로봇(적응제어기능이란 환경의 변화 등에 따라 제어 등의 특성을 필요로 하는 조건을 충족시키도록 변화시키는 제어기능을 말함)	adaptive controlled robot
학습제어 로봇	학습제어기능을 갖는 로봇(학습제어기능이란 작업경험 등을 반영시켜 적절한 작업을 행하는 제어기능을 말함)	learning controlled robot

(3) 동작 형태의 의한 종류

산업용 로봇의 형태는 몇 개의 단위 동작의 조합에 의해 결정된다. 여기에서 단위 동작이란 신축, 회전, 선회의 세 가지가 대부분이다. 「회전」은 축의 방향을 변화시키지 않고 축방향을 중심으로 하는 회전운동이며, 「선회」는 축방향을 변화시키려고 하는 움직임이다. 인간의 손의 경우, 손목을 비트는 것이 회전이며 구부리는 것이 선회가 된다.

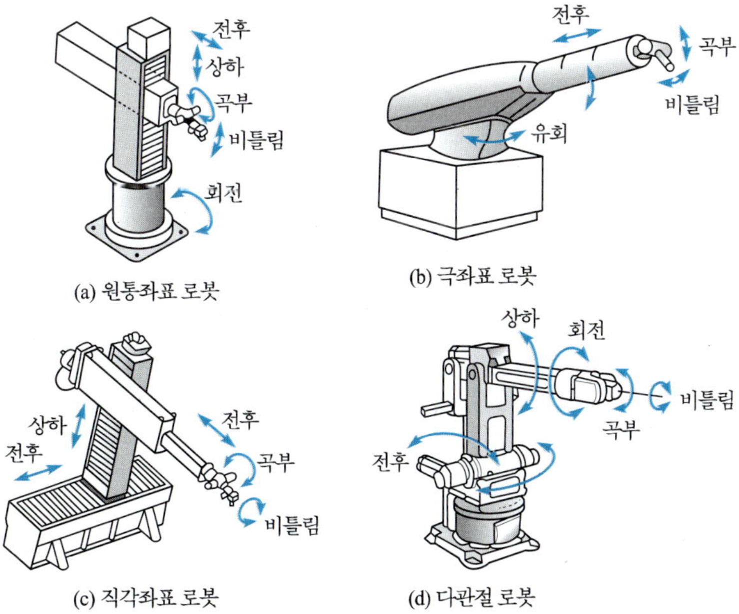

그림 8.10 동작형태별 산업용 로봇

로봇의 동작 형태별 분류는 다음과 같다.

표 8.4 산업용 로봇의 분류(동작형태별)

용어	의미
원통좌표 로봇(Cylindrical Robot)	팔의 자유도가 주로 원통좌표 형식인 로봇
극좌표 로봇(Polar Robot, Spherical Robot)	팔의 자유도가 주로 극좌표 형식인 로봇
직각좌표 로봇(Rectangular Robot, Cartesian Robot)	팔의 자유도가 주로 직각좌표 형식인 로봇
다관절 로봇(Articulated Robot)(수평다관절 로봇, 수직다관절 로봇)	자유도가 주로 다관절인 로봇

(4) 용도별 분류

로봇을 산업현장에서 사용되는 용도별로 분류하면 다음과 같다.

표 8.5 산업용 로봇의 분류(사용용도별)

ARC 용접	수직관절(5축, 6축)
SPOT 용접	수직관절(6축), 직각좌표형(4축)
조립	수직관절, 원통좌표, 직각좌표
도장	수직관절(전기식, 유압식)
HANDLING	수직관절, GANTRY
사출기 취출	취출 로봇
TRANSFER	전용기
PALLETIZING	ROBOT TYPE PALLETIZER

8.9 산업용 로봇의 안전

(1) 위험성과 재해유형

매니플레이터(로봇 팔)에 인간이 부딪칠 때의 충격 정도를 알아보기 위하여 인형을 사용하여 실험을 한 결과, 유압식 대형 로봇에서는 200G, 전기식 중형 로봇에서는 900G의 충격가속도가 각각 발생하였다. 인간이 100G의 가속도를 받으면 사망할 수 있다는 점을 감안하면 로봇의 매니플레이터가 얼마나 위험한가를 짐작할 수 있으며, 재해유형을 살펴보면 다음과 같다.

① 작업자의 실수로 로봇을 작동시켜서 재해가 발생할 수 있다.
② 로봇의 작동 중에 문제점을 발견한 작업자가 순간적으로 처리하려다 재해를 발생시킨다.
③ 로봇의 가동범위 내에 무방비한 상태로 접근했을 때 로봇의 사각으로부터 충격을 받아 재해가 발생할 수 있다.
④ 로봇이 일시정지(대기상태)하고 있을 때 문제점을 발견한 작업자가 안심하고 접근하였을 경우 위험한 작동부가 작동하여 재해를 발생시킬 수 있다.
⑤ 이상을 발견하고 정지중인 로봇에 접근하였을 때 불의에 작동하거나 정지하지 않아 재해를 발생시킨다.

(2) 매니플레이터와 가동범위

산업용 로봇의 큰 특징 중 한 가지는 인간의 팔에 해당하는 암(arm)이 기계 본체의 외부에 조립되어 암의 끝부분(인간이라면 손)으로 물건을 잡기도 하고 도구를 잡고 작업을 행하기도 한다는 것이다.

이와 같은 기능을 갖는 암을 매니플레이터(manipulator)라 한다.

산업용 로봇에 의한 재해는 주로 이 매니플레이터에서 발생하고 있다. 매니플레이터가 움직이는 영역을 가동범위라 하고, 이때 매니플레이터가 작동하여 사람과 접촉할 수 있는 범위를 위험범위라 한다.

그러므로 프로그램을 짤 때 산업용 로봇이 고장으로 인한 이상 상태에서 움직일 경우에 가동범위를 중심으로 한 위험지역 전체를 예측하지 않으면 안된다.

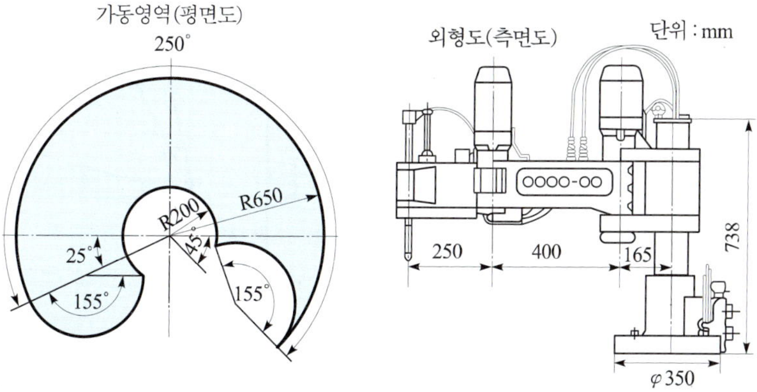

그림 8.11 외형도와 가동영역

(3) 로봇 안전방호의 기본사항

로봇의 안전방호에 관한 기본적 사항은 다음과 같다.

① 로봇의 안전방호를 확보하기 위하여 로봇 자신이 가지고 있는 안전방호 기능과 그 사용 관리에 있어서의 안전방호를 양립시킬 것
② 로봇이 자동 상태에 있는 동안은 사람이 위험영역에 침입하는 것을 저지하는 안전방호 울타리 및 안전매트 등을 설치하거나, 위험영역 내에 침입한 사람이 상해를 입기 전에 로봇을 정지시키는 등의 기능을 가지게 할 것
③ 안전방호는 작업자에 대한 것뿐만 아니라 타인에 대하여도 상해를 방지할 것
④ 안전방호에 관한 모든 설비 및 대책은 원칙으로 페일 세이프하고 신뢰성을 높일 것
⑤ 로봇 및 그 주변의 안전방호 설비 및 안전방호 대책의 효력을 정당한 이유없이 저감 또는 잃게 하지 않을 것
⑥ 개조, 개선을 하였을 경우에는 새로운 위험을 수반하는 우려가 있으므로 필요하면 이에 대한 안전방호설비 또는 안전방호대책을 강구할 것

(4) 로봇 설계 및 계획단계에 있어서의 안전방호

로봇의 설계 및 계획단계에 있어서는 다음 각 항에 근거하여 안전방호를 위한 조치를 취하여야 한다.

① 로봇의 잘못된 동작에 의한 위험성을 방지하기 위하여 이상을 검출해서 로봇을 정지시키는 등, 원칙적으로 페일 세이프의 기능을 가지게 할 것
② 전압, 유압 혹은 공기압의 변동 또는 정전 그 밖의 이상시에는 위험성을 방지하기 위하여 로봇을 정지시키는 등 원칙적으로 페일 세이프의 기능을 가지게 할 것
③ 사람이 부주의로 위험영역에 침입하는 것에 대하여 침입을 검출해서 로봇을 정지시키는 등 원칙적으로 페일 세이프의 기능을 가질 것
④ 관련기기의 이상시에는 로봇에 의한 위험성을 방지하기 위하여 로봇을 정지시키는 등 원칙적으로 페일 세이프 기능을 가지게 할 것
⑤ 로봇 및 관련기기의 이상에 의하여 로봇이 정지하였을 경우에는 원칙적으로 그것을 외부에 알리는 기능을 가지게 할 것
⑥ 로봇에는 동력 차단장치 및 비상 정지기능을 갖출 것
⑦ 보전, 점검, 조정, 청소 등의 안전을 확보할 수 있도록 할 것

⑧ 위험영역에서 실시되는 교시작업 등의 안전을 확보하기 위하여 로봇을 안전한 동작 속도로 설정할 수 있는 기능을 가지게 할 것
⑨ 사용상 필요한 부분을 제외하고 로봇에는 협착, 전단, 감겨들어감, 긁힘, 끊어짐 등의 우려가 있는 위험부분이 없도록 할 것
⑩ 특수한 환경에서 사용되는 로봇에는 그 환경에 적응하는 재료, 구조 및 기능을 가지게 할 것

(5) 로봇 작업시의 안전방호사항

1) 기본사항

로봇을 사용하는 단계에서는 다음의 각 항에 의거한 안전방호를 위한 조치를 취하여야 한다.

① 로봇의 사용조건에 따라 위험영역을 명확히 함과 동시에 안전방호 울타리 등을 설치하여, 로봇이 작동 상태, 운전 또는 대기하고 있는 동안 사람이 쉽게 위험영역에 들어갈 수 없도록 할 것
② 로봇이 자동 상태로 운전 또는 대기하고 있는 동안은, 그 상태에 있다는 것을 광학적 수단 등에 의하여 주위에 명시할 것
③ 높이가 2m 이상인 곳에서 로봇, 그 밖의 설정, 조정, 보전 등의 작업을 실시할 필요가 있는 경우에는 플랫폼을 설치할 것
④ 위험영역 안에 작업자가 있는 경우에는 자동 상태로 사용하지 않을 것, 또한 교시 등의 경우에는 안전한 속도로 억제하여 실시할 것

주 플랫폼은 다음 각 항에 적합하여야 한다.
① 플랫폼은 수평이고 충분한 넓이를 가지며 안전한 장소에 설치할 것
② 플랫폼의 주의에는 난간 또는 에워싸는 판을 설치할 것

(6) 주요방호장치

로봇의 운전으로 인하여 근로자에게 발생할 수 있는 부상 등의 위험을 방지하기 위하여 높이 1.8미터 이상의 울타리(로봇의 가동범위 등 고려 높이로 인한 위험성이 없는 경우 높이를 그 이하로 조절 가능)를 설치해야 하며, 컨베이어 시스템의 설치 등으로 울타리를 설치할 수 없는 일부 구간에 대해서는 안전매트 또는 광전자식 방호장치 등 감응형(感應形) 방호장치를 설치해야 한다. (다만, 고용노동부장관이 해당 로봇의 안

전기준이 한국산업표준에서 정하고 있는 안전기준 또는 국제적으로 통용되는 안전기준에 부합한다고 인정하는 경우에는 본문에 따른 조치를 하지 않을 수 있다).[시행령 제74조(안전인증대상기계등)][규칙 제223조(운전중 위험 방지)]

1) 동력차단장치

로봇의 동력차단장치는 다음 각항에 적합하여야 한다.

① 동력차단장치(스위치, 클러치, 유공압 제어밸브 등)는 다른 기기와는 독립되어 있을 것
② 동력차단장치는 접촉이나 진동 때문에 갑자기 작동 또는 복귀하지 않을 것
③ 동력차단장치는 작동한 후, 자동적으로 복귀하지 않고, 또 사람이 부주의로 복귀시킬 수 없을 것

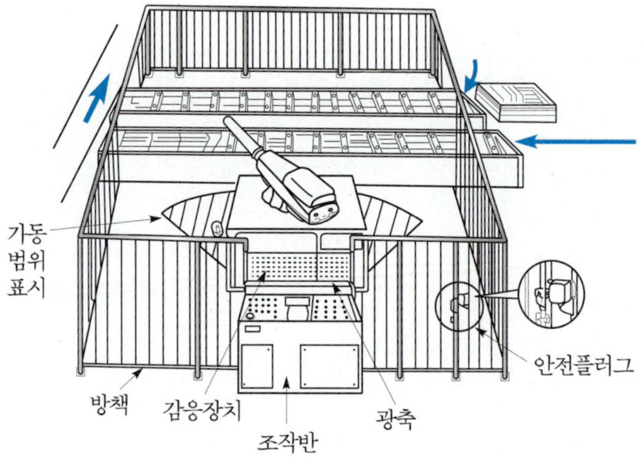

그림 8.12 산업용 로봇의 방호장치

2) 비상정지기능

로봇의 비상정지기능은 다음 각 항에 적합하여야 한다.

① 비상정지기능은 사람이 비상정지 누름 버튼스위치를 조작하였을 때 로봇을 빠르고 확실하게 정지시키는 능력을 가질 것, 또는 동력차단장치를 비상정지기능으로 사용할 경우에는 빨리 정지시키기 위한 조치(예를 들면, 기계식 브레이크를 병용한다)를 취할 것
② 비상정지 누름 버튼스위치는 빨간색으로 할 것(또한 작업자가 쉽게 확인 조작할 수 있을 것)

③ 작업자가 작업위치를 떠나지 않고 쉽게 조작할 수 있는 위치에 '누른다, 당긴다, 접촉한다, 광선을 차단한다' 등의 동작에 의해 비상정지시키는 장치를 설치할 것

④ 비상정지기능은 작동한 후, 자동적으로 복귀하지 않고, 또 사람이 부주의로 복귀시킬 수 없을 것

3) 안전방호 울타리(방책) 등

안전방호 울타리 등은 다음 각 항에 적합하여야 한다.

① 안전방호 울타리 등은 작업 중에 발생하는 진동, 충격, 그 밖의 환경조건에 충분히 견딜 수 있는 강도를 갖고 조정, 철거, 타넘기 등을 할 수 없는 구조로 할 것(높이 1.8m 이상)

② 안전방호 울타리 등은 예리한 가장자리, 돌기 등의 위험부분이 없을 것

③ 안전방호 울타리 등은 원칙적으로 고정식으로 할 것

④ 안전방호 울타리 등에 출입문 등을 설치하는 경우에는 문을 여는 것과 로봇의 정지를 연동시킬 것(인터록 장치, 안전 플러그 : 예를 들면, 안전 플러그를 설치하여 이 것을 뽑지 않으면 문이 열리지 않거나 또는 이것을 뽑으면 자동적으로 구동원을 차단하여 로봇이 정지하도록 한다)

4) 안전매트

안전매트란 위험지역 입구 바닥에 설치하여 임의로 접근하여 이를 밟을 경우 압력을 감지하여 비상정지장치를 작동시키도록 되어 있는 매트를 말하며, 이상시 즉시 운전을 정지하는 것이 가능하고, 운전을 정지한 경우에 사람이 재가동조작을 하지 않으면 운전이 개시되지 않아야 하며, 산업용 로봇의 위험한계 범위 이내를 충분히 방호할 수 있는 크기로 설치하여야 한다.

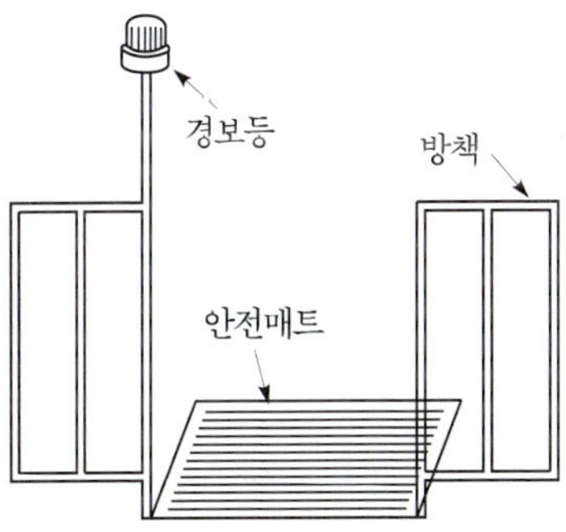

그림 8.12 안전매트

주 1. 안전매트 성능기준[방호장치 안전인증 고시]

1) 종류

종류	형태	용도
단일 감지기	A	감지기를 단독으로 사용
복합 감지기	B	여러 개의 감지기를 연결하여 사용

2) 일반구조

① 단선경보장치가 부착되어 있어야 한다.
② 감응시간을 조절하는 장치는 부착되어 있지 않아야 한다.
③ 감응도 조절장치가 있는 경우 봉인되어 있어야 한다.
④ 전원을 켜면 출력신호 스위칭장치는 복귀신호가 가해지기 전까지는 꺼짐 상태로 유지하여야 한다.
⑤ 복귀신호가 있는 압력감지매트의 경우 복귀신호는 수동으로 안전장치의 제어유닛에 작용하거나 기계제어시스템을 통해서 작용하여야 한다.
⑥ 작동하중이 제거된 후 출력신호 스위칭장치는 복귀신호를 가한 이후에만 켜짐 상태로 바뀌어야 한다.
⑦ 복귀신호가 없는 압력감지매트의 경우 출력신호 스위칭장치의 출력신호는 구동력이 제거된 후에 전원을 켜면 켜짐 상태로 되어야 한다.
⑧ 로봇제어시스템에 복귀신호기능을 제공하여야 한다.
⑨ 압력감지매트의 내부를 접근할 필요가 있는 경우 시건장치나 공구 등을 이용해서만 접근이 가능하도록 하여야 하며 이를 제외한 외장보호 수단은 고정시켜야 한다.
⑩ 추가적인 센서나 하부시스템이 플러그나 소켓으로 연결되어 있는 경우 제어유닛의 플러그나 소켓에서 센서나 하부시스템을 제거 또는 분리 할 경우 출력신호 스위칭장치가 꺼짐 상태로 바뀌어야 한다.
⑪ 외함의 전선 접촉부분은 고무 등으로 밀폐되어 물과 먼지 등이 들어가지 않도록 하여야 한다.

2. 광전자식 방호장치 성능기준

1) 종류

종류	내 용
R-1	정상 작동 중에 감지 소자가 작동될 경우 또는 장치의 전원이 차단되었을 경우에는 적어도 하나 이상의 출력 신호 개폐 장치의 출력 회로가 꺼짐 상태로 있어야 한다.
R-2	정상 작동 중에 감지 기능이 작동될 경우 또는 장치의 전원이 제거되었을 경우에는 적어도 두 개 이상의 출력 신호 개폐 장치의 출력 회로가 꺼짐 상태로 있어야 한다.

2)일반구조

① 정상동작표시램프는 녹색, 위험표시램프는 붉은색으로 하며, 쉽게 근로자가 볼 수 있는 곳에 설치하여야 한다.
② 정상 작동 중에 사람 또는 물체의 일부가 검출 영역 내에 있거나 들어갔을 때 또는 감지 소자의 규정 신호 범위 내에 있을 때 작동하여야 한다.
③ 정상 작동 중 감지 기능이 작동되거나 공급전원이 중단되었을 때, R-1형식의 경우에는 1개 이상의 출력신호개폐장치가 꺼짐 상태가 되어야 하며, R-2 형식의 경우에는 2개 이상의 출력신호개폐장치가 꺼짐 상태가 되어야 한다.
④ 방호장치의 감지기능은 규정한 검출영역 전체에 걸쳐 유효하여야 한다. 다만, 블랭킹 기능이 있는 경우 블랭킹 영역을 제외하여야 한다.
⑤ 방호장치에 제어기(Controller)가 포함되는 경우에는 이를 연결한 상태에서 모든 시험을 하여야 한다.
⑥ 응답 시간은 사용자가 임의로 조정할 수 없도록 하여야 한다.
⑦ 출력 회로는 과전류에 의한 접촉부의 용융 등을 방지하기 위하여 적절한 보호 조치를 취하여야 한다.
⑧ 방호장치를 무효화하는 기능이 있어서는 안 된다.
⑨ 결함 검출을 위하여 방호장치의 전원이 켜지고 출력신호개폐장치가 켜짐 상태로 전환되기 전에 방호장치에 결함이 없는지를 확인하는 시험을 수행하여야 한다.
⑩ 잠금 상태가 시작되도록 원인을 제공한 결함이 존재하는 동안 방호장치는 잠금 상태에서 정상 작동이 재개되지 않아야 한다.
⑪ KS C IEC 60204-1에 따라 직접 접촉 및 간접 접촉에 대한 감전이 방지하여야 한다.
⑫ KS C IEC 60204-1에 따라 과전류로부터 보호하여야 한다.

(7) 재해방지대책

1) 산업용 로봇의 작동범위 내에서 해당 로봇에 대하여 교시 등의 작업을 하는 경우에는 해당 로봇의 예상치 못한 작동 또는 오조작에 의한 위험을 방지하기 위하여 다음의 조치를 하여야 한다[규칙 제222조(교시 등)].
   ① 다음 사항에 대한 지침을 정하고 지침에 따라 작업을 시킬 것
      - 로봇의 조작방법 및 순서
      - 작업 중 매니플레이터의 속도
      - 2명 이상의 근로자에게 작업을 시킬 경우의 신호방법
      - 이상을 발견한 경우의 조치
      - 이상을 발견하여 로봇의 운전을 정지시킨 후 이를 재가동시킬 경우의 조치
      - 그 밖에 로봇의 예기치 못한 작동 또는 오조작에 의한 위험을 방지하기 위하여 필요한 조치
   ② 작업에 종사하고 있는 근로자 또는 그 근로자들을 감시하는 사람은 이상을 발견하면 즉시 로봇의 운전을 정지시키기 위한 조치를 할 것
   ③ 작업을 하고 있는 동안 로봇의 기동스위치 등에 '작업 중'이라는 표시를 하는 등 작업에 종사하고 있는 근로자가 아닌 사람이 그 스위치 등을 조작할 수 없도록 필요한 조치를 할 것
2) 로봇의 작동범위 내에서 해당 로봇의 수리, 검사, 조정, 청소, 급유 또는 결과에 대한 확인 자업을 하는 경우에는, 해당 로봇의 운전을 정지함과 동시에 그 작업을 하고 있는 동안 로봇의 기동스위치를 열쇠로 잠근 후 열쇠를 별도 관리하거나, 해당 로봇의 기동스위치에 '작업 중'이란 내용의 표지판을 부착하는 등 해당 작업에 종사하고 있는 근로자가 아닌 사람이 해당 기동스위치를 조작할 수 없도록 필요한 조치를 하여야 한다[규칙 제224조(수리 등 작업 시의 조치 등)].

(8) 작업시작 전 점검사항[규칙 제35조 제2항 관련]

산업용 로봇의 작동범위 내에서 당해 로봇에 관하여 교시 등의 작업을 할 때에는 작업 시작 전에 다음 각 호의 사항을 점검하여야 한다.

① 외부전선의 피복 또는 외장의 손상 유무
② 매니플레이터 작동의 이상 유무
③ 제동장치 및 비상정지장치의 기능

8.10 스마트 안전 기술

스마트 안전 기술이란 1)현장에서 발생할 수 있는 각종 유해위험요인을 사물인터넷(IoT)기반의 센서와 무선네트워크 기술을 이용하여 정보를 수집하고, 2)이렇게 수집된 정보는 가공하여 분석하고 판단하는 과정을 거치게 되며, 분석된 정보는 작업자와 현장관리자가 즉시 인지할 수 있도록 모바일장비와 통합안전관제시스템을 통하여 전송됨으로써 사전에 안전을 확보하고 대응할 수 있는 안전기술을 말한다.

스마트 안전 기술의 개념은 2019년 국토교통부가 처음으로 도입하였다. 건설기술진흥법에서 스마트 안전을 무선안전장비와 융·복합건설기술을 활용한 스마트 안전장비 및 안전관리시스템이라고 정의하고 있으며, 건설근로자 위치추적, 무선신호 송수신 모니터링 시스템, 고정식 및 이동식 지능형 CCTV, 위치파악용 센서 등을 대표적인 스마트 안전기술로 제시하였다.

스마트 안전기술은 대표적인 융·복합 기술로서 일반적으로 근로자 안전관리, 장비 및 위험구역관리, 출입통제, 교육관리, 관제 시스템, 영상/데이터 기반 위험 모니터링 시스템 등 6가지로 구분할 수 있다.

초기단계의 스마트 안전 기술은 개인보호구에 IoT 센서를 부착하는 등 스마트 안전장비가 대부분이었으나, 그 이후에 안전통합관제시스템 플랫폼을 구축하여 현장 상황을 실시간으로 관제하는 개념으로 접근하였다. 또한, CCTV와 인공지능(AI)을 활용하여 위험을 감시하는 기술들이 활발하게 개발되었으며, 인공지능(AI)알고리즘 적용을 통해 구축된 스마트 안전관리 플랫폼이 안전사고 등에 대한 리스크(Risk)를 사전에 예측하는 방향으로 개발되어 지고 있다.

주 국토교통부장관은 건설사고를 예방하기 위하여 건설공사 참여자에게 무선안전장비와 융 · 복합건설기술을 활용한 스마트 안전장비 및 안전관리시스템의 구축 · 운영에 필요한 비용 등 대통령령으로 정하는 비용의 전부 또는 일부를 예산의 범위에서 보조하거나 그 밖에 필요한 지원(이하 "보조 · 지원"이라 한다)을 할 수 있다.[건설기술진흥법 제 62조의 3(스마트 안전관리 보조 · 지원)]

(1) 스마트 안전장비

1) 스마트 개인보호구

스마트 개인보호구는 그 주변 환경의 변화 또는 외부 신호/입력에 따라 의도된 반응를 보이는 개인보호구를 말하며, 일반적으로 전통적인 개인보호구에 센서, 데이터 전송

모듈, 배터리, 케이블 등의 전자장치가 결합된 형태이다. 스마트 개인보호구는 신체센서, 위치센서, 배터리 등이 탑재된 전자식 보호구와 첨단소재를 사용한 기능적으로 우수한 비전자식 보호구로 크게 구분되나 통상적으로 전자를 일컫는다. 전자식 스마트 개인보호구를 착용하면 작업자의 건강상태와 행동 동작 데이터를 수집하여 알려주고, 불안정한 상태정보 수집이 가능하여 작업자별 개인성향, 신체적 상태, 참여공정별 작업특성에 따른 행동예측을 위한 모니터링에 활용 가능하다.

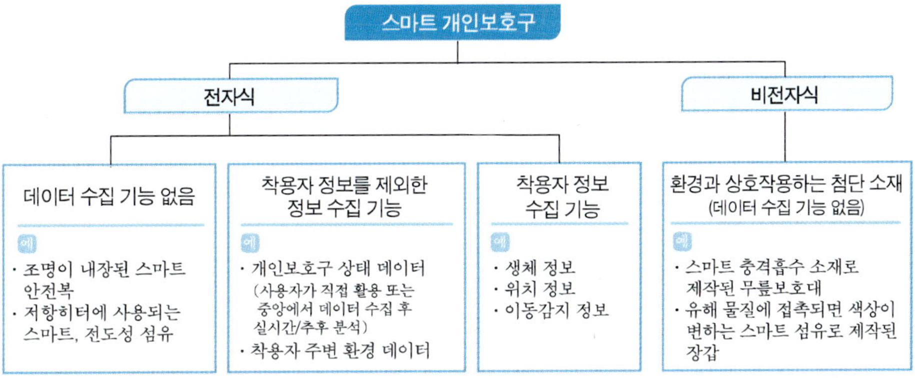

그림 8.14 스마트 개인보호구의 분류

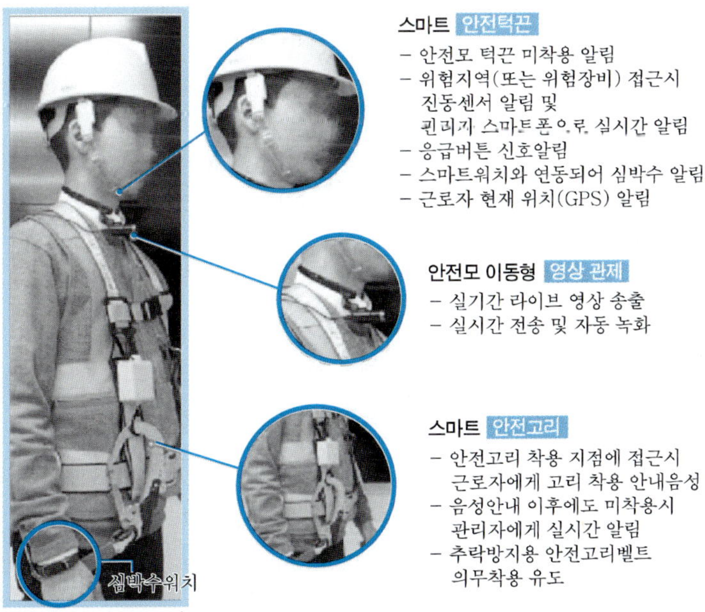

그림 8.15 스마트 개인안전보호구

(2) 스마트 안전관리 시스템

산업현장에서 발생할 수 있는 각종 재해를 IoT 기반의 각종 센서와 무선네트워크 기술을 이용하여 수집한 데이터를 가공하여 근로자가 안전사항들을 인지가 가능하도록 모바일 장비와 통합관제시스템을 이용하여 송출해준다. 이를 통하여 안전관리자는 현장의 각종 위험정보의 실시간 모니터링으로 위험요소에 대한 감지가 가능하여 사고를 예측/예방할 수 있다. 또한, 사고발생 시, 사고발생 정보를 빠르게 전달함으로써 신속한 후속 조치도 가능하다.

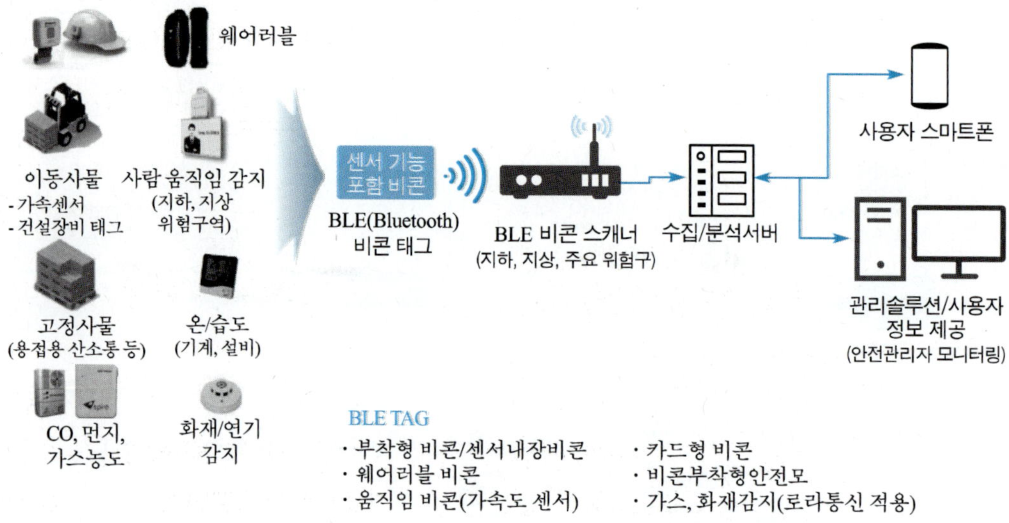

그림 8.16 스마트 안전관리 시스템

연습문제 1

01 공장자동화가 안전측면에 미치는 장점을 간략히 설명하시오.

02 공장자동화를 추진할 때 세워야 할 안전대책을 열거하시오.

03 산업용 로봇이 갖고 있는 위험성을 열거하시오.

04 산업용 로봇의 방호장치 종류를 열거하시오.

05 산업용 로봇의 작업시작 전 점검사항을 열거하시오.

06 스마트팩토리에서 방호가드를 설치할 때 고려하여야하는 사항을 서술하시오.

연습문제 2

01 공장자동화에 사용되고 있는 각 공정별 자동화시스템의 종류를 들고 간단히 설명하시오.

02 생산공정에 이용되고 있는 자동화기기의 종류를 들고 간단히 설명하시오.

03 산업용 로봇의 위험성과 방호장치의 종류, 사용단계에서의 관리대책을 쓰시오.

04 산업용 로봇의 작동범위에서 해당 로봇에 대하여 교시 등의 작업을 하는 경우 지침을 정하고 그 지침에 따라 작업을 하여야 한다. 지침에 포함되어야 할 사항을 쓰시오.

05 입력정보교시에 의한 산업용 로봇 종류를 쓰시오.

06 자동화공장과 스마트팩토리의 차이점을 설명하시오.

객관식 연습문제

01 동일한 조건의 경우 다음 로봇의 동작형태로 보아 운동방향이 넓어 방호장치에 특히 주의를 요하는 것은?

(가) 직각좌표 로봇 (나) 다관절 로봇
(다) 원통좌표 로봇 (라) 극좌표 로봇

02 산업용 로봇의 방호장치로 옳은 것은?

(가) 압력방출장치 (나) 안전매트
(다) 과부하방지장치 및 방책 (라) 자동전격방지장치

03 산업용 로봇을 동작형태별로 분류할 때 속하지 않는 것은?

(가) 원통좌표 로봇 (나) 직각좌표 로봇
(다) 극좌표 로봇 (라) 수평좌표 로봇

04 인간이 매니플레이터를 움직여서 미리 작업을 교시하여 그 작업의 순서, 위치 및 기타의 정보를 기억시키고 이를 재생하여 그 작업을 되풀이 할 수 있는 산업용 로봇은?

(가) 적응제어 로봇 (나) 플레이백 로봇
(다) 고정 시퀀스 로봇 (라) 학습제어 로봇

05 산업현장에서 아크용접을 할 때 사용 가능한 로봇으로 옳은 것은?

(가) 직각좌표 로봇 (나) 원통좌표 로봇
(다) 수직다관절 로봇 (라) 직교좌표형 로봇

06 산업용 로봇의 경우 인간의 팔에 해당하는 암(arm)이 기계 본체의 외부에 조립되어 암의 끝부분으로 물건이나 도구를 잡고 작업을 행하기도 하는데, 이와 같은 기능을 갖는 암을 무엇이라고 하는가?

(가) 다관절 (나) 매니플레이터
(다) 어큐뮬레이터 (라) 시퀀스

객관식 연습문제

07 산업용 로봇의 매니플레이터 동작 순서, 위치·속도의 설정·변경 또는 그들의 결과를 확인하는 것, 즉 교시 등의 작업 개시 전 점검사항에 해당되지 않는 것은?

(가) 제동장치 및 비상정지 장치의 기능
(나) 배관에서의 공기 및 오일 누설 유무
(다) 외부전선의 피복 또는 외장 손상의 유무
(라) 매니플레이터 작동의 이상 유무

08 산업용 로봇의 작동 범위 내에서 교시 등의 작업을 할 때 작업시작 전에 어떤 사항을 점검하는가?

(가) 과부하 방지장치의 이상 유무
(나) 자동제어장치(압력제한 스위치 등) 기능의 이상 유무
(다) 외부 전선의 피복 또는 외장의 손상 유무
(라) 권과방지장치의 이상 유무

09 산업용 로봇의 작업시작 전 점검사항이 아닌 것은?

(가) 외부전선의 피복 또는 외장
(나) 매니플레이터 작동
(다) 제동장치 및 비상정지 장치
(라) 안전매트 및 방책

10 산업용 로봇의 안전대책에 대한 설명 중 옳지 않은 것은?

(가) 제어하는 작업자는 운전 중 제어부를 이탈해서는 안된다.
(나) 오동작이 생기면 공장의 전원을 모두 꺼서 안전사고에 대비한다.
(다) 접촉위험을 방지하기 위해 안전매트를 설치한다.
(라) 오동작 발생을 막기 위해 운전 전 점검을 실시한다.

11 산업용 로봇에 사용되는 안전 매트의 종류 및 일반구조에 관한 설명으로 틀린 것은?

(가) 안전매트의 종류는 연결사용 가능여부에 따라 단일 감지기와 복합 감지기가 있다.
(나) 단선경보장치가 부착되어 있어야 한다.
(다) 감응시간을 조절하는 장치가 부착되어 있어야 한다.
(라) 감응도 조절장치가 있는 경우 봉인되어 있어야 한다.

객관식 연습문제

12 산업용 로봇에서 근로자에게 발생할 수 있는 부상 등의 위험을 방지하기 위하여 방책을 세우고자 할 때 일반적으로 높이는 몇 m 이상으로 해야 하는가?

(가) 1.8m　　(나) 2.1m
(다) 2.4m　　(라) 2.7m

13 로봇의 작동범위 내에서 그 로봇에 관하여 교시 등(로봇의 동력원을 차단하고 행하는 것을 제외한다.)의 작업을 행하는 때 작업시작 전 점검 사항으로 옳은 것은?

(가) 과부하방지장치의 이상 유무
(나) 압력제한 스위치 등의 기능의 이상 유무
(다) 외부전선의 피복 또는 외장의 손상 유무
(라) 권과방지장치의 이상 유무

14 다음 중 산업용 로봇에 의한 작업 시 안전조치 사항으로 적절하지 않는 것은?

(가) 로봇이 운전으로 인해 근로자가 로봇에 부딪칠 위험이 있을 때에는 1.8m 이상의 울타리를 설치하여야 한다.
(나) 작업을 하고 있는 동안 로봇의 기동스위치 등은 작업에 종사하고 있는 근로자가 아닌 사람이 그 스위치 등을 조작할 수 없도록 필요한 조치를 한다.
(다) 로봇의 조작밥업 및 순서, 작업 중의 매니플레이터의 속도 등에 관한 지침에 따라 작업을 하여야 한다.
(라) 작업에 종사하는 근로자가 이상을 발견하면, 관리 감독자에게 우선 보고하고, 지시에 따라 로봇의 운전을 정지 시킨다.

CHAPTER

09 설비보전과 진단

9.1 개요

9.2 설비보전

9.3 설비진단

9.4 진동 · 소음에 의한 이상진단

9.5 비파괴검사

9.6 위험기계 · 기구의 안전성 확보

9.7 위험성 평가

CHAPTER 09 설비보전과 진단

9.1 개요

최근의 플랜트에 있어서 장치나 기계는 차츰 대형화, 고속화, 연속화, 복잡화되어가고 있다. 이러한 상황에서 설비이상이 생산이나 품질에 미치는 영향은 예측할 수 없이 클 뿐만 아니라, 만일 그것이 사고로 연결될 경우 인적 상해와 물적 손해는 헤아릴 수 없는 결과로 나타날 것이다. 그러므로 설비를 제대로 유지·보전하기 위하여 노력해야 하며, 이러한 설비유지를 위한 보전비용이 기업경영의 큰 비중을 차지하기에 이르고 있다.

이와 같이 설비보전을 효율적이고 정확하게 실시할 수 있게 하기 위해서는 우선 그 대상이 되는 설비의 열화, 고장의 상태, 열화의 원인 등을 정확하게 알아둘 필요가 있다. 또한, 설비의 상태를 정확하게 파악하고 기술적인 근거에 입각하여 다음과 같은 설비안전관리의 중요 업무를 수행하여야 할 것이다.

① 보수나 교체의 시기와 범위를 결정해 두어야 한다.
② 수리작업이나 교체작업에 대한 신뢰성을 확보해야 한다.
③ 예비품 발주에 대한 시기를 결정해 둔다.
④ 개량보전의 방법을 결정해 둔다.
⑤ 안전무결제도 확립의 방법을 결정해 둔다.

따라서 설비보전의 모든 활동을 효율적이고 정확하게 실시하기 위해서는 설비의 열화나 고장, 성능이나 강도 등을 정량적으로 관측하고 그 장래를 예측하는 설비진단기술(Machine Condition Diagnosis Technique : MCDT)이 필요하게 된다. 설비안전을 전제로 하면서도 설비의 본질을 파악하지 못하는 안전관리가 있을 수 없다는 것은 너무나도 당연한 일인 것이다.

결국 설비진단기술이란 설비를 분해하지 않고, 설비의 상태, 즉 설비에 가해지는 스트레스, 고장이나 열화, 강도 및 성능 등을 정량적으로 파악해서 신뢰성이나 성능을 진단에 의해 예측하고, 만일, 어떤 이상이라도 있다면 그 원인, 위치, 위험도 등을 식별하고 평가하며 그것을 수정, 시정, 보완하기 위한 방법을 결정하는 기술인 것이다. 따라서 설비진단기술이란 단순한 점검의 계기화나 고장검출기술이 아닌 안전화를 위한 기본 기술임을 재인식하여야 한다. 이러한 설비진단기술의 개념을 도시하면 그림 9.1과 같다.

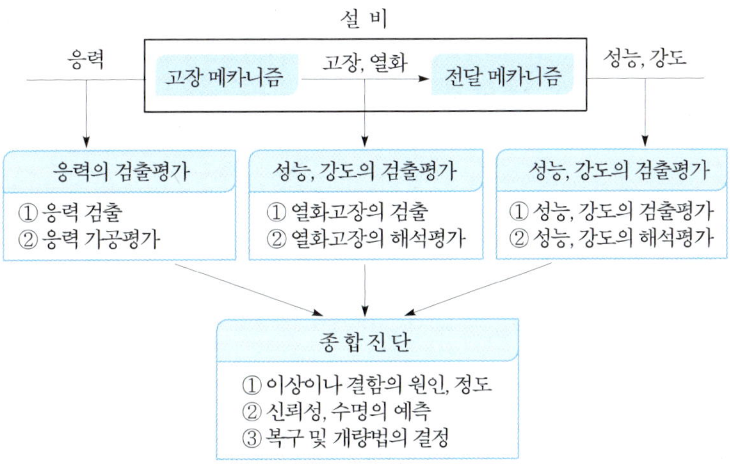

그림 9.1 설비(안전) 진단기술의 개념

9.2 설비보전

설비보전은 건설 취득된 또는 취득될 설비의 성능유지, 이용에 관한 활동을 말하며, 산업계에서의 대부분은 설비의 신뢰성 있는 가동으로 생산성 향상, 저코스트, 안전성, 성에너지 등을 달성하기 위하여 어떠한 방식이든 설비보전을 실시하고 있다.

보전활동은 크게 나누면 예방보전(PM : Preventive Maintenance)과 사후보전(BM : Breakdown Maintenance)으로 분류할 수 있다.

예방보전이란 보전을 계획적으로 실행하는 것으로 보전주기에 의거하여 실시하는 시간기준보전(TBM : Time Based Maintenance), 설비의 상태에 의거하여 보전주기나 보전방법을 결정하는 상태기준보전(CBM : Condition Based Maintenance), 또한 생산 상황이나 설비의 노후 정도 등의 주변 환경도 고려하여 설비상태를 파악, 보전을 실행하는 적응보전(AM : Adaptive Maintenance)으로 분류할 수 있다.

한편, 사후보전이란 보전주기를 기다리지 않고 고장이 발생한 경우에 보전활동으로 들어가는 것이다. 사후보전이라고 해도 전혀 아무것도 하지 않는 것은 아니고 리스크가 큰 것은 예비품을 준비하여 생산 장해를 최소로 하는 관리된 사후보전이 보통이다.

또한, 고장을 감소시키고 설비를 안정적으로 가동시키기 위해서는 개량보전(CM : Corrective Maintenance)이 필요하다. 가동에 장해가 되거나 보전비용을 증가시키는 요인은 설비의 개량개선으로 대책을 강구한다. 일반적으로 노후화가 진행되어 통상의 보전으로는 코스트나 생산상의 리스크가 소정의 보전비에 적합하지 않거나, 설비기술적으로 진부화되거나, 부품공급에 지장이 있는 경우에 설비 갱신이 이루어진다. 이와 같은 갱신의 경우에는 보전성이나 안전성, 신뢰성 등의 보전이 실행되며, 기존설비를 대상으로 했던 보전보다도 설계, 제작 단계까지 소급해서 보전에 손 쓸 필요가 없는 설비로 하는 것이 기본적으로 필요하다는 의미에서 보전예방(MP : Maintenance Prevention)이 받아들여지고 있다.

설비진단기술은 이 보전체계의 각 경우에 적용되는데 설비진단기술을 가장 효율적으로 적절하게 활용하는 것은 상태기준보전(CBM)이다.

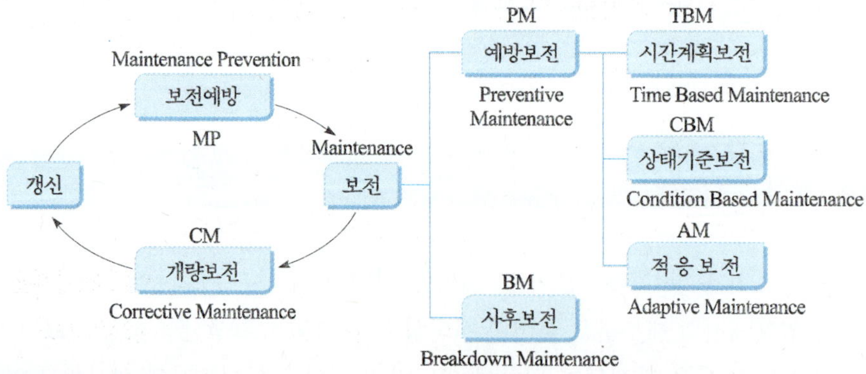

그림 9.2 보전활동의 체계

9.3 설비진단

9.3.1 설비진단기술의 기본구성

설비진단기술의 기본시스템은 그림 9.3에서처럼 설비의 제1차 기능진단기술로서, 대체로 현장작업자들에 의해서 실시되는 간이진단기술과 주로 의사결정을 위해서 전문스텝이 실시하는 정밀진단기술 등 2가지로 나누어 생각할 수 있다.

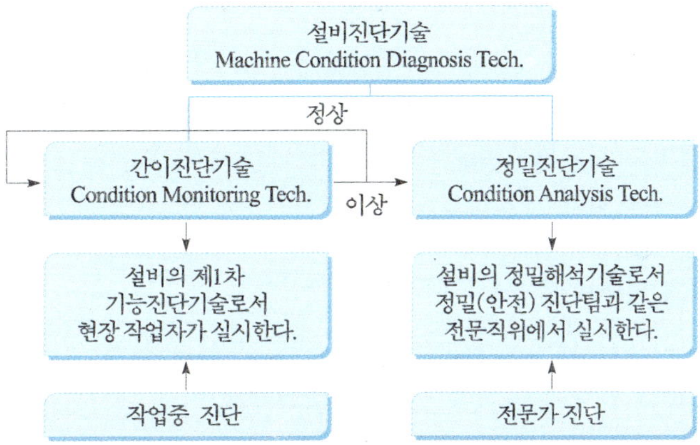

그림 9.3 설비(안전)진단기술의 기본 시스템

간이진단기술은 제1차 기능진단에 해당하는 것으로서 설비의 상태를 신속하면서도 효율적으로 관찰하고자 하는 것으로 다음과 같은 특징이 있다(그림 9.4 참조)

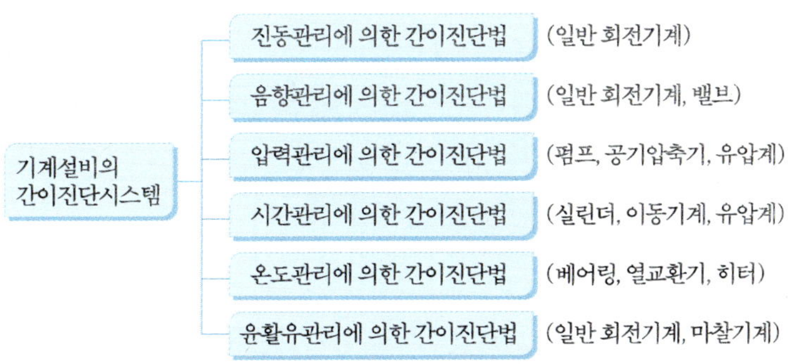

그림 9.4 간이진단 기술의 분류

① 설비에 걸리는 응력의 경향관리와 이상 응력의 검출
② 설비의 열화, 고장의 경향관리와 조기발전
③ 설비의 성능, 효율 등의 경향관리와 이상 검출
④ 설비의 감시 및 보호
⑤ 설비의 안전상 문제점의 추출

또한 이것은 설비가 현장에서 실제로 가동하고 있을 때 작업자들이 피부로 느낄 수 있는 성능상의 문제와 안전상의 문제를 있는 그대로 찾아보자는 것으로, 이때는 아무리 작은 문제일지라도 불편하거나 거북한 점이 있으면 곧 문제제기를 해 볼 수 있는 안전의식이 요구된다.

정밀진단기술은 간이진단기술에 의해서 추출된 바 있는 [이상이 있는 것 같다고 생각된] 설비를 전문적이면서도 정밀하게 진단해서 필요한 대책을 마련하고자 하는 기술로서, 그 특징은 다음과 같다.

① 이상의 형태나 종류와 그 범위를 결정하는 일
② 이상의 원인을 파악하는 일
③ 위험도를 파악하고 그 진행을 예측하는 일
④ 수정방법을 제시하는 일(특히 방호장치의 필요성과 기능에 대하여 결정을 내리는 것이 요구됨)

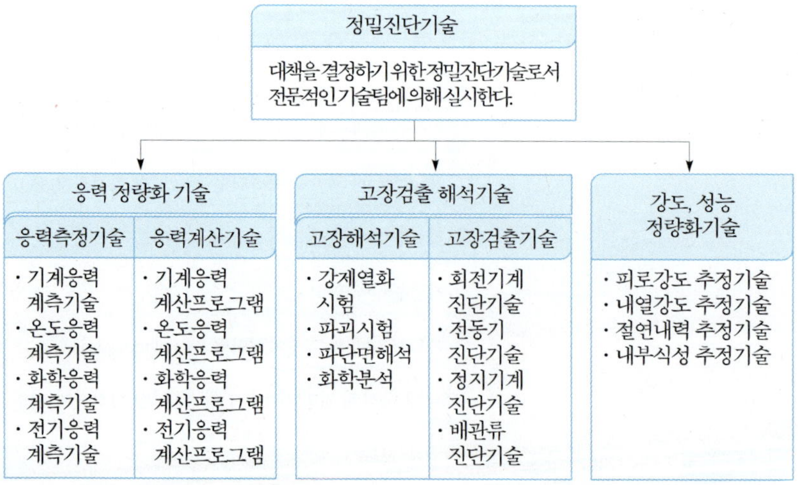

그림 9.5 정밀(안전)진단기술의 기능

이를 위해서는 단순한 측정이나 해석만이 아니라, 응력 정량화 기술, 고장 검출 및 해석 기술, 강도 및 성능 정량화 기술 등이 요구된다. 이는 그림 9.5에서 보는 바와 같이 각종 계산 프로그램이나 고장물리분야인 고장해석기술 등도 필요하며, 이때 가장 중요한 것은 이른바 안전의식으로 고유설비 기술에서 탈피하거나 그것을 전제로 반드시 안전을 생각해야 된다.

9.3.2 설비진단기술의 도입

그림 9.6은 경년고장률(bath-tub) 곡선과 전동기 라이프 사이클의 관계를 예로 들어 설비진단기술의 중요점을 설명한 것이다.

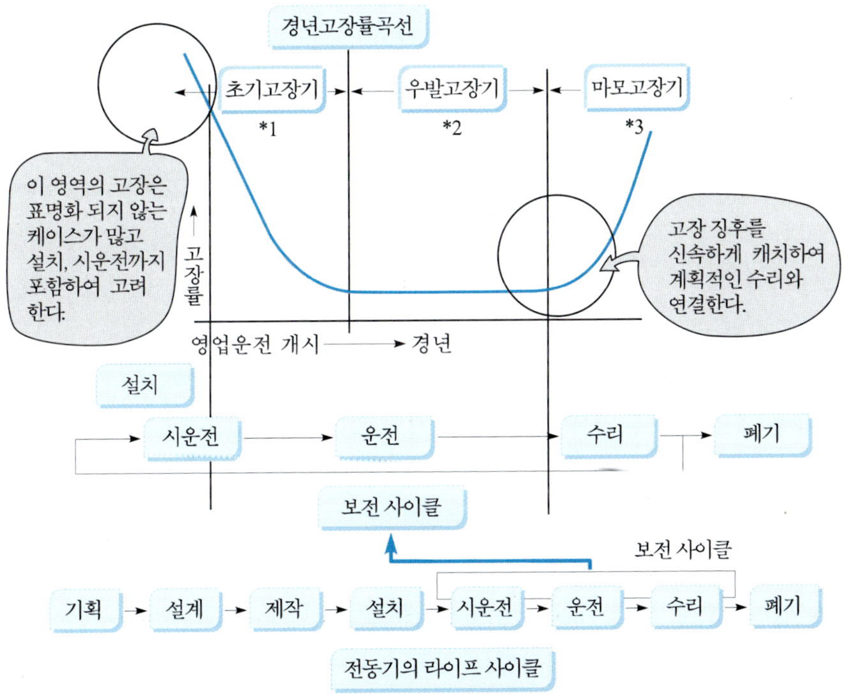

※ 1 초기고장 : 전동기의 설계, 제작, 설치상 또한 재료 결함 등 신규설치 전후 또는 수리, 오버 홀 직후 등에 발생하는 고장이다.
(예 : 미스 얼라인먼트에 의한 베어링 파손)

※ 2 우발고장 : 안전운전 중에 갑자기 발행하여 전동기 각 부품, 부재의 이론수명에 적합하지 않아 예방보전이 곤란한 것.
(예 : 기계적 외력에 의한 베어링 파손)

※ 3 마모고장 : 전도기 가부의 부품, 부재의 마모, 반복피로, 열화에 의하여 생기는 고장이며 일반적으로 고장 징후를 진단하면 예방할 수 있는 것.
(예 : 베어링 수명, 절연물 열화)

그림 9.6 배스텁 곡선과 전동기 라이프 사이클의 관계

일반적으로 전동기 설비는 설치직후부터 운전개시 후 1~2년 사이에 초기고장이 많이 발생한다. 「베이링부의 길들임 불량」, 「제작시의 불량」, 「기계장치와의 언매칭」, 「설비 불량」 등이 초기단계에서 나타난다. 특히 이 단계에서는 제작회사나 설치회사에 의하여 설치, 시운전된다. 이 단계에서의 트러블은 표면화되지 않는 것이 보통이지만 운전을 계속하는 데 있어 중요한 정보를 내포하고 있거나, 설비의 초기상태 데이터로서 유효한 정보가 됨을 이해하고 시운전기간의 진단에 특히 주목하는 것이 중요하다. 즉, 설비의 건전한 가동은 이 시기에 따라 결정된다 해도 과언이 아니다.

설비도 운전으로부터 수년이 경과하면 안전가동영역에 들어가는데, 이 시기에는 불의의 고장이 발생하는 수가 있다. 이것을 '우발고장'이라고 하고 이 시기를 '우발고장기'라 한다. 이 시기는 안정된 가동을 하는 시기인 만큼 설비진단을 적용해도 불량징후의 추출이 곤란하고 수년에 걸쳐 정기진단을 반복해도 데이터의 변화가 거의 없으며, 고장발견을 목적으로 한 진단기술의 적용도 그 효과가 거의 나타나지 않는 기간이다. 따라서 이 시기에는 중점 설비만으로 압축한 정기진단을 실시하는 것이 효과적이다.

그러나 우발고장이 발생하면 설비는 서서히 열화하기 시작하여 고장률이 급격히 증가하는데 설비에 사용되고 있는 각 부품에 따라 이 고장률의 증가경향이 다르기 때문에 수명의 추정이 어렵다. 이 시기를 마모고장기라고 하며, 설비진단기술의 적용으로 효과적인 보전을 실행하는 것이 가능한 시기이기도 하다.

이 마모고장기에 있는 설비에 대하여 고장의 징후를 정확히 파악하여 보수계획시에 대상설비의 운선순위 부여에 반영하거나 설비갱신계획의 참고 자료로 활용하면 합리적 보전계획이 되기 때문에 판단도 용이해진다. 종전의 사람의 경험에 의한 판단에 비하여 정량화된 데이터에 의한 판단은 보전비의 전략적 운용에 큰 효과를 가져다준다.

설비의 라이프 사이클의 각 영역에 맞춘 진단 방식을 그림 9.7에 나타내었다.

일반적으로 설치, 시운전에 실시하는 초기진단과 운전 중에 실시하는 정기진단, 그리고 수리완료 후의 품질진단을 위해 실시하는 수복진단으로 분류하여 생각할 수 있다. 물론, 각 진단시기에 따라 진단 항목이나 목적이 다르다. 초기진단은 주로 건설시의 설치불량이나 설계, 제작미스에 의한 초기고장을 방지하기 위한 것과 설비의 초기 데이터를 수집하여 정기진단시의 판정자료로 활용하기 위해 실시한다. 또한, 정기적으로 설비의 건전성을 평가하거나 마모 열화시기에 있는 설비의 고장 징후를 진단하여 보수시기의 판정에 활용하기 위해 실시한다. 수복진단은 보수 전에 수집한 데이터에 대하여 보수에 의하여 개선된 정도를 평가하거나 보수품질을 보증하기 위해 진단한다.

이와 같이 목적이나 진단항목이 다르기 때문에 진단방법과 판정방법에 대해서도 각기 방식이 다르다. 설비진단기술의 적용에는 진단시기에 따라 진단성과가 크게 다른 것이 보통이다. 따라서 적용 목적을 관계자와 충분히 협의해 두는 것이 중요하다.

[목적의 분류]

① 고장원인의 분석
② 설비의 현상파악과 수명예측
③ 트러블 방지
④ 보전주기의 연장
⑤ 수리품질의 확인
⑥ 제품품질의 향상
⑦ 개량개선을 위한 데이터 수집

이상과 같이 진단목적과 진단시기를 명확히 하는 것이 중요하며, 설비진단 기술을 도입하기 위해서 다음과 같은 항목을 사전에 충분히 검토한 후 결정할 필요가 있다.

① 설비진단기술 보급방법의 검토
② 진단대상설비의 결정
③ 진단항목 및 진단방법의 결정
④ 진단시기의 결정
⑤ 측정담당자, 계측기기의 준비
⑥ 해석담당자, 데이터 해석기기의 준비
⑦ 보고서 작성
⑧ 데이터의 축적방법
⑨ 설비진단 기술자의 계획적 육성

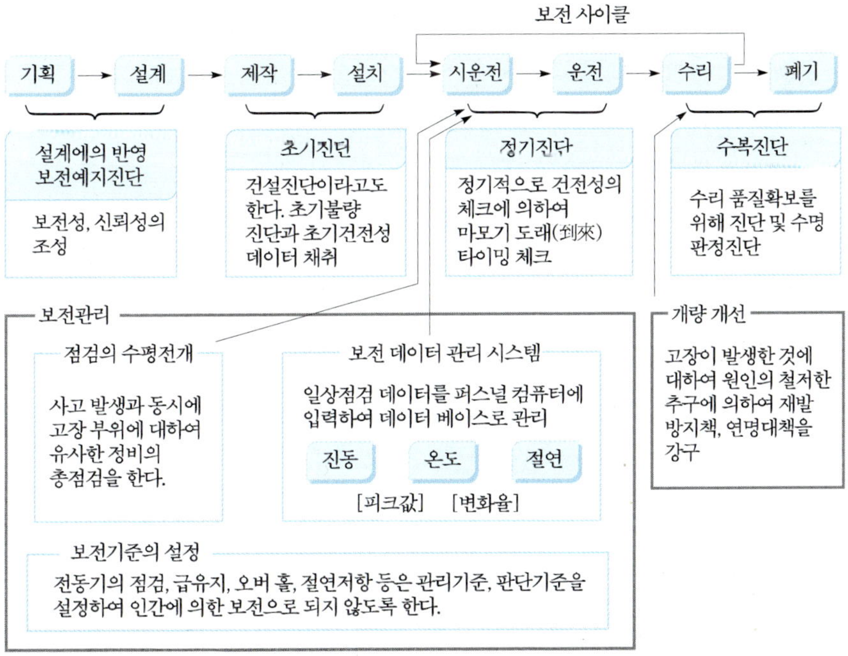

그림 9.7 설비의 라이프 사이클과 진단

9.4 진동·소음에 의한 이상진단

각종 산업의 발전 및 경제성장이 고도화됨에 따라 산업설비도 점차 대형화, 정밀화를 이루고 있으며, 이에 따른 기계설비 점검에 의한 안전대책이 요구되고 있다.

사업장에서 각종 플랜트의 고장은 경제적인 면 또는 생산적, 산업안전적인 측면에서 많은 문제점을 야기시키고 있다. 과거에는 순조롭게 동작되는 기계설비를 정지시켜 놓고 점검하였으나, 그것은 경제적인 면에서 불합리할 뿐만 아니라 설비를 분해해서 재조립하는 과정에서 오차에 의한 이상을 초래할 수도 있으며, 산업안전적인 문제점을 야기시킬 수도 있다. 이러한 단점을 해소하기 위하여 기계설비의 건강관리를 통해 상태가 양호한 시기에는 불필요한 개방점검을 피하고, 이상한 징후가 발견되면 즉시 감지해서 플랜트 전체에 영향이 가장 적은 시기에 수리를 하여 원래의 상태대로 동작시키는 것이 바람직하며, 이를 위해서는 기계진동에 의한 이상진단과 같은 시스템이 요구된다.

기계설비는 신제품이라도 반드시 진동과 소음이 발생하기 마련인데, 초기 관리 기간 중에 기계 각부가 안정이 되고 그 후 열화되어 가면서 발생하는 진동 및 소음은 증대하게 된다. 이에 기계설비의 진동 및 소음을 측정하여 분석함으로써 설비의 열화의 징후를 찾아낼 수 있으며, 이에 대한 대책을 수립할 수 있다.

이와 같이 설비의 진동 및 소음을 측정하고 분석함으로써 기계의 안전성 및 신뢰성의 향상은 물론, 돌발적인 사고로 인한 정지상태의 감소, 보전계획성의 향상, 운전기간의 연장, 보수비용의 절감 등 여러 가지 측면에서 많은 효율을 기대할 수 있다.

9.4.1 진동에 의한 이상진단의 기본사항

기계의 진동에 의한 이상진단(health monitoring)을 하기 위해서는 다음과 같은 기본논리에 따라 추진하여야 한다.

① 제1단계 : 이상(異常)과 진동의 이론

기계의 이상을 진동에 의해 감지할 경우의 이상과 진동의 상관성에 대한 이론의 설정

② 제2단계 : 계측/검출 시스템의 설정

제1단계를 근거로 진동을 계측하고 검출할 시스템과 데이터를 처리할 시스템의 설정

③ 제3단계 : 이상검출/판별 논리 설정

제2단계에서 얻어진 진동 데이터를 보고 스펙트럼 분석이나 패턴을 해석하여 그 데이터로부터 기계의 이상 유무를 판별할 논리의 설정

이상과 같은 절차에 따라 그 기계의 중요성, 위험성, 경제성 등에 따라 어떠한 대상이 어떠한 목적으로 진동을 계측하고 해석할 것인가를 결정한다.

9.4.2 진동법에 의한 설비진단의 종류

진동에 의한 진단에는 통상 2가지의 방식으로 분류된다. 하나는 제1차 건강진단으로서 간이 진단이 된다. 이 진단에서는 다수의 설비를 간단히 또는 신속히 진단할 수 있는 장점이 있으며, 휴대용 진동계나 진단기 등의 측정 및 기록기기가 사용된다. 그러나 이상설비의 이상 원인이나 정기수리에서의 수리 개소의 지정 등 복잡한 진단을 할 경우에는 보다 고도의 하드웨어와 소프트웨어 기술을 사용하여야 한다.

표 9.1 **제1차 진단법**

목적	방법	내용
정상, 비정상, 악화 정도의 판단	상호 판단	같은 종류의 기계가 여러 개 있을 때 그 기계들 상호 간에 비교, 판단된다.
	비교 판단	초기치가 증가되는 정도가 주의 또는 위험의 판단으로 사용된다.
	절대 판단	측정치가 직접적으로 양호, 주의, 위험 수준으로 판단된다.
실패의 원인과 발생한 장소의 탐지	직접 방법	진동의 주 방향이 비정상의 원인을 탐지하는 데 사용된다(예 : 불평형, 중심을 잘못 맞춘 상태).
	평균 방법	최고치와 평균치 비의 증가가 비정상의 원인을 탐지하는 데 사용된다(예 : 흠집, 마멸).
	주파수 방법	주파수 영역이 비정상의 원인을 탐지하는 데 사용된다(예 : 회전부와 롤러의 베어링).

(1) 간이진단 방법

간이진단에서는 정상·이상의 판별과 문제점을 찾아내어서 원인이나 부위를 알아내며 이 진단법에 의한 구분을 표 9.1에 나타내었다.

또한 회전기계의 간이적 평가기준으로 국제표준화기구(ISO)의 진동평가기준이 있다.

(2) 정밀진단 방법

간이진단에서 명확하기 않은 원인이나 진동측정이 불안정한 장소에서 분석하여 예측하는 방법으로서, 진동수를 조사하는 것이며, 파형처리나 각종의 처리기술이 응용되어 사용되고 있다.

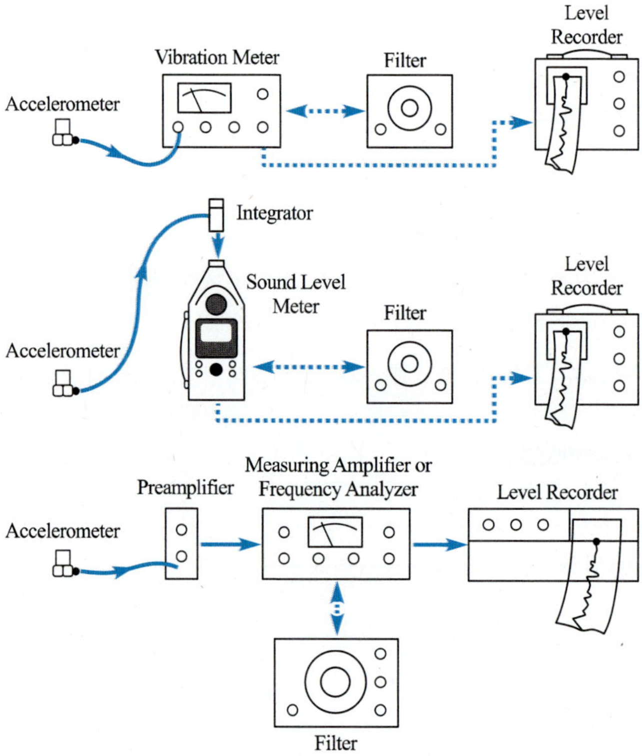

그림 9.8 진동·소음 측정기기의 구성 예

9.5 비파괴검사

이동식기계 등 기계의 대형화, 고속화, 성에너지화 등에 대응하여 기계중량의 경감의 필요성이 높아지고 있다. 경량화뿐만 아니라 필요한 강도나 안전성의 확보는 신재료의 개발, CAD·CAM으로 대표되는 설계기술이나 가공기술의 고도화와 함께, 재료나 제품을 파손하지 않고 검사할 수 있는 비파괴검사기술의 진보 역시 불가피하다.

현재의 비파괴검사법에는 방사선투과시험, 초음파탐상시험, 자분탐상시험, 와류탐상시험, 침투탐상시험 등의 각종 탐상법과 응력(변형률)측정법이 있으며, 최근에는 사용 상태에서 구조물의 결함의 진행상황을 판정할 수 있는 AE법(음향탐상시험)이나 운전 중인 기계의 베어링이나 치차에서 발생하는 음향이나 진동을 해석하는 이상진단 기술이 보전용으로서 실용화되고 있다. 또 파괴역학적방법을 이용하여 파괴된 부품의 파면으로부터 과거에 있었던 응력상태를 해석하고, 파괴원인을 규명하는 기술이나 파괴적, 비파괴적 또는 해석적 방법에 의한 구조물의 잔여수명을 평가하는 기술도 실용적 연구단계이며, 이들 방법은 금후 기계안전에 일익을 담당하리라 생각한다.

즉, 비파괴시험 또는 비파괴검사라는 것은 재료나 제품, 구조물 등의 여러 종류에 대하여 검사대상물에 손상을 주지 않고 검사품의 성질이나 상태, 내부구조 등을 알아내기 위한 검사 전체를 말한다. 어떠한 검사방법을 어떻게 이용하여 비파괴시험을 하는가는 비파괴시험을 하는 목적에 따라서 다르며, 각기 그 목적에 따라서 가장 적합한 시험법 및 시험조건을 선택해서 하는 것이 바람직하다.

9.5.1 비파괴 시험의 목적

비파괴시험을 하고자 하는 경우에는 우선 비파괴시험을 해서 무엇을 알고자 하는가를 명백히 하여야 하며, 그후에 목적을 달성하기 위하여 어떠한 시험법과 시험조건을 사용할 것인지 결정하여야 한다. 비파괴검사가 유효하게 이용되고 있는 목적 중 대표적인 것을 들면 다음과 같다.

① 제조기술의 개량　② 제조원가의 절감　③ 신뢰성의 증대

9.5.2 비파괴시험의 적용 예

(1) 조립구조품 등의 내부구조 또는 내용물의 조사

구조상으로 분해할 수 없든가 또는 분해할 수 있어도 재조립이 곤란한 것의 내부구조 또는 내용물의 조사

(2) 재료 및 용접부의 결함조사

비파괴시험이 가장 많이 이용되고 있는 분야이며, 제작 때에 실시하는 결함검사와 사용 개시 후 일정한 시기마다 실시하는 결함검사가 있다.

① 품질평가 : 소재 및 용접구조물을 제조할 때 결함검사는 재료 및 용접부의 품질을 평가하기 위해서 실시한다고 보아야 한다.

② 수명평가 : 사용개시 후 일정 기간마다 행하는 결함검사는 다음에 실시되는 검사까지의 사이에 안전하게 사용할 수 있는지 여부를 추정·평가하고자 하는 것인데, 기기나 구조물의 수명을 평가하기 위해서 실시한다고 보아야 한다.

(3) 재료 및 기기의 계측검사

이것은 주로 전술한 정기적인 검사일 때 실시되는 것이며, 재료 또는 기기부품의 변형량 또는 부식량을 정량적으로 측정하여 사용의 가부를 결정하고자 하는 것이다.

(4) 재질검사

구조물의 안전성은 사용되는 각종 재료의 안전성 없이는 있을 수 없다. 설계상으로 요구되는 규정된 조직을 갖는 재료, 또는 규정된 각종 처리가 되어 있는 재료를 사용하는 것이 구조물의 안전성을 증명하기 위한 우선적인 제1단계이며, 비파괴실험은 재질이 올바른 것인가, 또는 규정된 처리가 된 것인가를 점검하기 위하여 사용된다.

(5) 표면처리층의 두께 측정

내마모성이 요구되는 부품 또는 내부식성이 요구되는 부품 등의 표면처리로 인해 경화된 깊이라든가 도금 두께가 규정된 두께로 되어 있는가 하는 것을 조사한다.

(6) 변형률 측정

설계의 안전성은 응력해석의 결과가 올바른가 또는 그릇된 것인가에 따라 평가된다. 그리고 그것은 최종단계의 하중시험 또는 압력시험을 할 때 부재의 변형률 측정을 실시하여 강도를 알 수 있다.

9.5.3 비파괴시험의 종류

(1) 방사선투과시험(RT : Radiographic Test)

방사선(X선 및 γ선)은 물체를 투과하는 성질이 있으므로, 일정한 강도의 방사선을 물체에 조사(照射)하면 물체의 결함이 있을 때에는 방사량의 흡수량에 차이가 생겨 투과

후의 선량(線量)은 물체의 부위에 따라 변화한다. 이를 물체 뒤의 필름에 감광시켜서 현상하면, 결함과 내부구조에 대응하는 진하고 엷은 모양의 투과 사진이 생긴다. 이 투과사진을 관찰하여 결함의 종류, 크기, 분포 상황 등을 검사해서 알아내게 된다. 또는 필름 대신에 투과상을 직접 관찰하는 장치도 있다. 철강에서는 약 40mm 정도의 두께까지 투과할 수가 있다.

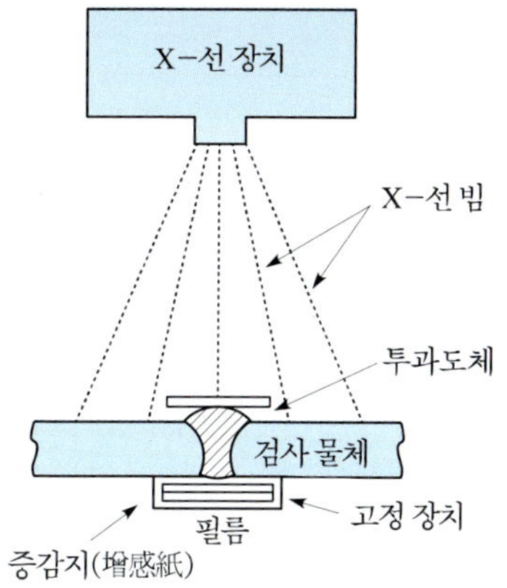

그림 9.9 X선 촬영 방식의 예

(2) 초음파탐상 시험(UT : Ultrasonic Test)

초음파는 물체를 통과할 때 그 물체 내에 결함 등 불균일한 점이 있으면, 반사하는 성질이 있다. 그래서 초음파(보통 1~5MHz의 주파수 사용)의 펄스를 탐촉자로부터 시험체에 투입시켜 내부에 있는 결함이 반사에 의해 탐촉자에게 수신되는 현상을 이용하여, 결함의 소재나 위치 및 결함의 크기를 비파괴적으로 알아내는 방법이다. 초음파 탐상법에는 반사식과 투과식, 공진식 등 3종의 방식이 있다. 또한 반사측면에서의 초음파 반사파를 이용하여 두께도 측정할 수가 있다.

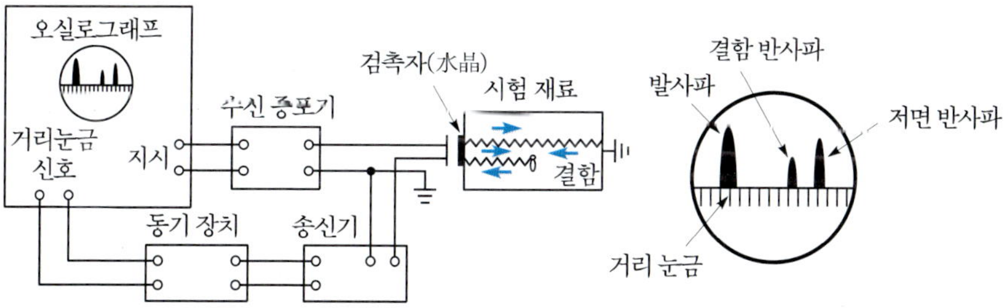

그림 9.10 반사식 초음파 탐상 장치의 예

(3) 자분탐상 시험(MT : Magnetic dust Test)

강자성체(Fe, Ni, Co 및 그 합금)를 자화했을 때 표면 또는 표층(표면에서 수 mm이내)에 결함이 있으면 자속선(磁束線)의 흐름이 흩어져 표면에 누설자속이 나타나게 된다. 이 누설자속에 의해 생긴 자장에 자분(磁粉)을 흡착시켜 큰 자분모양으로 나타내어서 육안으로 결함을 검출하는 시험법이다.

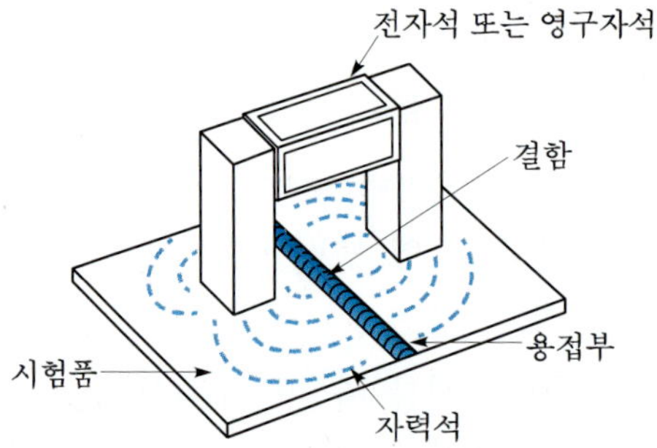

그림 9.11 자분탐상 시험

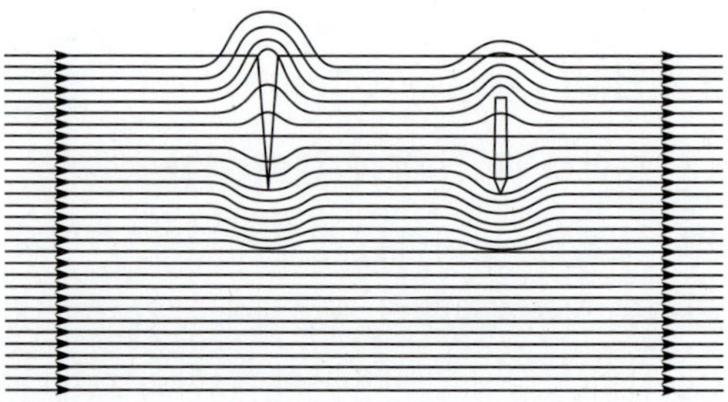

그림 9.11 결함 부분의 자속선

(4) 침투탐상 시험(PT ; Penetrant Test)

물체의 표면에 침투력이 강한 적색 또는 형광성의 침투액을 도포하고 표면 개구 결함

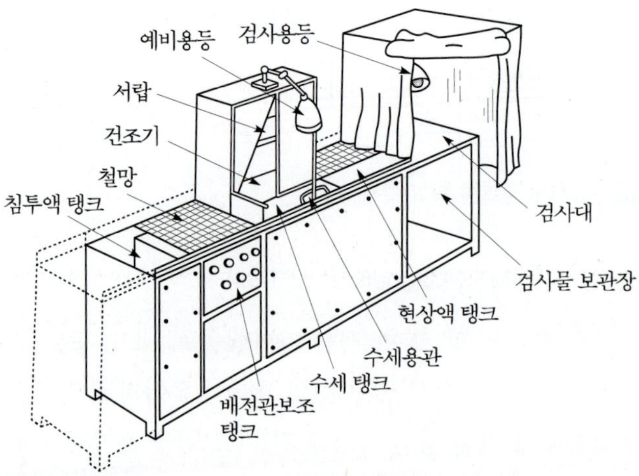

그림 9.13 형광 침투 탐상 장치

에 충분히 적시게 한 후, 표면의 침투액을 제거하여 백색 미분말의 현상액으로 결함 내부에 숨어든 침투액을 표면에 흡출하고, 그것을 직접 또는 자외선 등으로 비추면서 관찰하여 결함장소와 크기를 아는 방법이다.

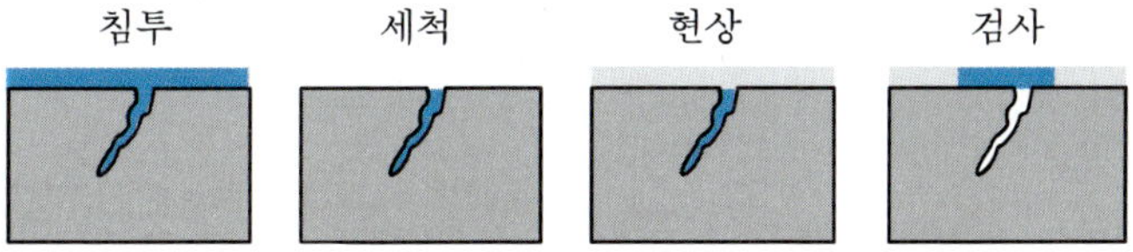

그림 9.14 침투탐상시험

(5) 와류탐상 시험(ET ; Eddy current Test)

금속 등의 도체에 교류를 통한 코일을 접근시켰을 때 결함이 존재하면 코일에 유기되는 전압이나 전류가 변하는 것을 이용하는 것으로, 시험에서 얻은 신호는 와전류의 분포, 강도, 전기장의 분포와 관계가 있어 결함을 검출하는 방법에 쓰인다.

와류탐상 시험장치에는 수동식과 자동식이 있다.

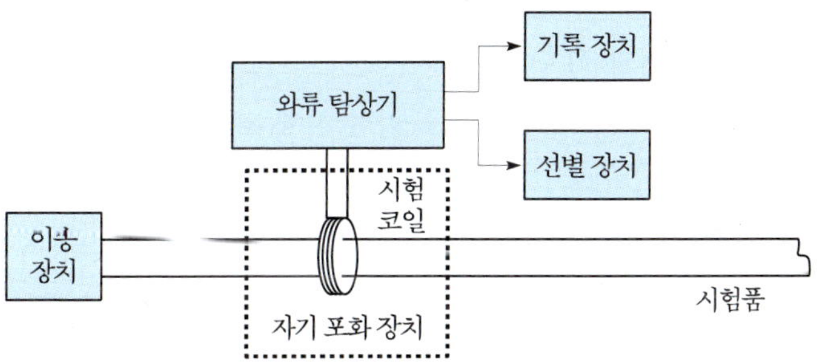

그림 9.15 자동식 와류탐상 장치

(6) 음향탐상 시험(AE : Acoustic emission Test)

음향탐상 시험이란 재료가 변형시에 외부응력이나 내부의 변형과정에서 방출되는 낮은 응력파(stress wave)를 감지하여 공학적으로 이용하는 기술을 말한다. 즉, 응력과 같은 어떤 외력이 작용하였을 때, 재료 또는 구조물이 우는 것을 탐지하는 기술이다.

AE는 지진과 유사하며, AE법에서 얻은 정보는 AE검출장소의 AE파의 수감시각, 파형, 최대진폭 등으로부터 AE 발생원의 위치와 발생 에너지를 측정하고, AE 활동 분포와 시간 변동 등의 정보로부터 AE 발생원인 및 상태의 위험도를 측정한다.

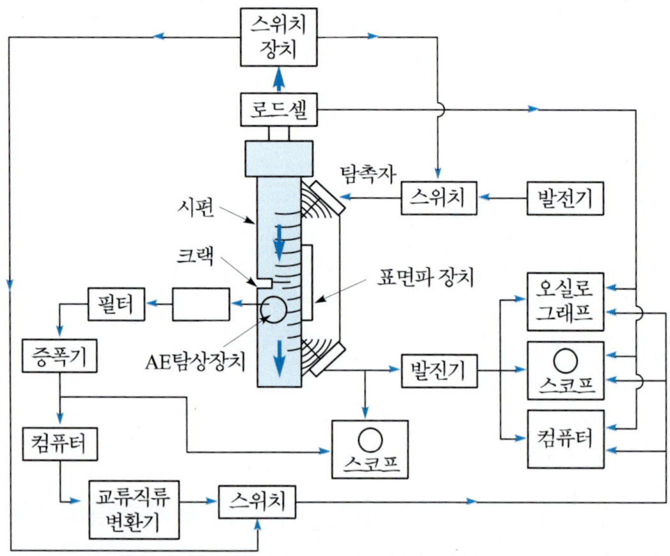

그림 9.16 AE 탐상 장치의 계통도

(7) 응력측정법

최근에 공학과 공업의 고도성장에 따라 응력측정의 이론과 기술적인 면에서 획기적인 발전을 보이고 있고, 특히 전자공학의 발전에 따라 응력측정기술도 더욱 고도의 정밀 측정이 가능하게 되었다.

외력에 의하여, 혹은 물질 자체의 하중에 의하여 기계 및 구조물에는 육안으로 볼

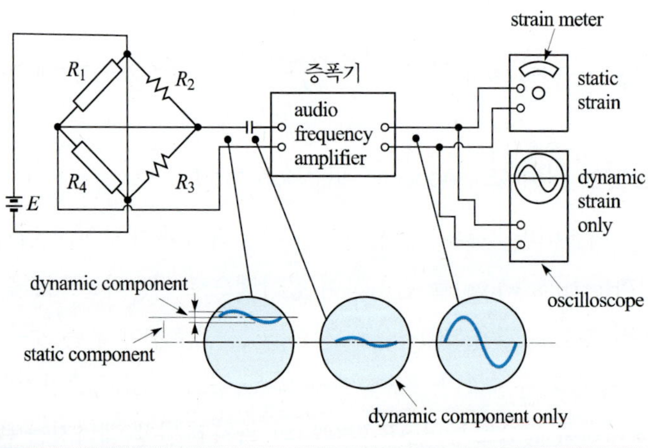

그림 9.17 스트레인 측정용 구조 계통도

수 있는 변형에서부터 원자거리의 지극히 적은 미소변형에 이르기까지 적은 스트레인(변형률)의 측정이 가능하여 응력해석이 되고 있다.

응력해석법으로는 다음과 같은 방법이 널리 사용되고 있다.

① 기계적인 방법
② 전기적인 방법
③ 광탄성 방법
④ 브리틀 코팅(brittle coating)법
⑤ X-선법
⑥ 음향방출법(AE)
⑦ 모아레(Moire)법

9.6 위험기계·기구의 안전성 확보

위험기계·기구의 안전성 확보를 위한 방안에는 제작 및 설치기준을 따르고 안전작업방법을 준수하여 사용하고, 검사 및 인증제도를 통하여 설비의 근원적 안전성을 확보하는 등의 방안이 있다. 이를 위하여 정부는 산업안전보건법의 일부를 개정하여 안전인증제도(제84조), 자율안전확인신고제도(제89조), 안전검사 및 검사프로그램인정제도(제93조, 제98조)를 정비하여 실시하고 있다.

9.6.1 안전인증

유해하거나 위험한 기계·기구·설비 및 방호장치·보호구의 안전성을 평가하기 위하여 그 안전에 관한 성능과 제조자의 기술 능력 및 생산 체계 등에 관한 안전인증기준을 고시하고 있으며, 이 기준에 따라 제조, 수입, 설치하려는 자는 안전인증기관에서 안전인증을 받아야 한다. 산업안전보건법 제84조 및 동법 시행령 제74조에 따른 안전인증대상 기계·기구 등은 표 9.2와 같으나, 법령개정에 따라 그 대상은 변할 수도 있다. 안전인증절차는 예비심사, 서면심사, 기술능력 및 생산체계심사, 제품심사, 확인심사(사후관리)로 이루어진다.

표 9.2 안전인증대상 기계·기구

	구분	대상
1	기계·기구 및 설비	• 프레스, 전단기 및 절곡기, 크레인, 리프트, 압력용기, 롤러기, 사출 성형기, 고소 작업대, 곤도라
2	방호장치	• 프레스 및 전단기 방호장치, 양중기용 과부하방지장치, 보일러 압력방출용 안전밸브, 압력용기 압력방출용 안전밸브, 압력용기 압력방출용 파열판, 절연용 방호구 및 활선작업용 기구, 방폭구조 전기기계·기구 및 부품, 추락·낙하 및 붕괴 등의 위험방지 및 보호에 필요한 가설기자재로서 고용노동부장관이 정한 것 • 충돌·협착 등의 위험 방지에 필요한 산업용 로봇 방호장치로서 고용노동부장관이 정한 것
3	보호구	• 추락 및 감전 위험방지용 안전모, 안전화, 안전장갑, 방진마스크, 방독마스크, 송기마스크, 전동식 호흡보호구, 보호복, 안전대, 차광 및 비산물 위험 방지용 보안경, 용접용 보안면, 방음용 귀마개 또는 귀덮개

주 안전인증의 전부 또는 일부를 면제할 수 있는 경우
1. 연구·개발을 목적으로 제조·수입하거나 수출을 목적으로 제조하는 경우
2. 정부가 정하여 고시하는 외국의 안전인증기관에서 인증을 받은 경우
3. 다른 법령에서 안전성에 관한 검사나 인증을 받은 경우

9.6.2 자율안전확인신고

의무안전인증대상 기계기구 등이 아닌 안전인증대상 기계기구 등으로서 자율안전확인 대상 기계기구 등을 제조하거나 수입하는 자는 안전에 관한 성능이 자율안전기준에 맞는지 확인하여 신고하여야 한다. 산업안전보건법 제89조 및 동법 시행령 제77조에 따른 자율안전확인 대상 기계·기구 등은 표 9.3과 같으나, 법령개정에 따라 그 대상은 변할 수도 있다.

자율안전확인신고는 서류접수, 제출서류확인, 신고필증교부, 사후관리로 이루어진다.

표 9.3 자율안전확인 대상 기계·기구

	구분	대상
1	기계·기구 및 설비	연삭기 또는 연마기(휴대용 제외), 산업용 로봇, 혼합기, 파쇄기 또는 분쇄기, 식품가공용 기계(파쇄, 절단, 혼합, 제면기), 컨베이어, 자동차정비용 리프트, 공작기계(선반, 드릴기, 평삭·형삭기, 밀링), 고정형 목재 가공용 기계(둥근톱, 대패, 루타기, 띠톱, 모떼기 기계), 인쇄기
2	방호장치	아세틸렌 용접장치용 또는 가스집합장치용 안전기, 교류아크용접기용 자동전격방지기, 롤러기 급정지장치, 연삭기 덮개, 목재가공용 둥근톱 반발예방장치와 날접촉예방장치, 동력식 수동대패용 칼날접촉방지장치, 추락·낙하 및 붕괴 등의 위험방지 및 보호에 필요한 가설기자재로서 고용노동부 장관이 정한 것
3	보호구	안전모, 보안경, 보안면

9.6.3 안전검사

유해하거나 위험한 기계·기구·설비(유해, 위험기계 등)를 사용하는 사업주는 유해, 위험기계 등의 안전에 관한 성능이 검사기준에 맞는지 안전검사기관에서 안전검사를 받아야 한다. 산업안전보건법 제93조, 동법 시행령 제78조 및 시행규칙 제126조에 따른 안전검사대상기계 및 안전검사주기는 표 9.4와 같으나, 법령개정에 따라 그 대상은 변할 수도 있다.

한편, 유해하거나 위험한 기계·기구·설비(유해·위험기계 등)를 사용하는 사업주는 유해·위험기계 등의 안전에 관한 성능이 검사기준에 맞는지 안전검사기관에서 안전검사를 받아야 하는 것이 원칙이지만, 근로자 대표와 협의하여 안전검사와 같은 검사기준, 검사주기 및 검사합격 표시 방법 등을 충족하는 자율검사프로그램을 정하고, 정부의 인정을 받아 그에 따라 유해·위험 기계 등의 안전에 관한 성능검사를 하거나 지정검사기관에 위탁하는 경우 안전검사를 받은 것으로 본다. 이 경우 자율안전검사프로그램의 유효기간은 2년으로 한다.

표 9.4 안전검사 대상 유해, 위험기계등

대상	안전검사주기
크레인(이동식제외), 리프트(이삿짐운반용 제외), 곤돌라	사업장에 설치가 끝난 날로부터 3년 이내에 최초 안전검사를 실시하되, 그 이후부터 2년마다 실시(건설현장에서 사용하는 것은 최초로 설치한 날부터 6개월마다 실시)
이동식 크레인, 이삿짐운반용 리프트, 고소작업대	자동차관리법 제8조에 따른 신규등록 이후 3년 이내에 최초 안전검사를 실시하되, 그 이후부터 2년마다 실시
압력용기, 프레스, 전단기, 롤러기, 사출성형기, 원심기, 국소배기장치, 컨베이어, 산업용 로봇	사업장에 설치가 끝난 날부터 3년 이내에 최초 안전검사를 실시하되, 그 이후부터 2년마다 실시(공정안전보고서를 제출하여 확인을 받은 압력용기는 4년마다 실시)

9.7 위험성평가(Risk assessment)

위험성 평가란 사업장의 유해위험요인을 파악하고 해당 유해·위험요인에 의한 부상 또는 질병의 발생 가능성과 중대성을 추정·결정하고 감소대책을 수립하는 등의 일련의 과정을 지속적으로 실행하는 것을 뜻한다.

9.7.1 위험성평가 관련 근거(산업안전보건법 제41조의2(위험성 평가))

위험성 평가는 사업주가 주체가 되어 사업장의 모든 작업에 대해 근로자와 함께 각자의 역할을 분담하여 실시하여야 한다.

(1) 사업주는 건설물, 기계·기구, 설비, 원재료, 가스, 증기, 분진 등에 의하거나 작업행동, 그 밖에 업무에 기인하는 유해·위험요인을 찾아내어 위험성을 결정하고, 그 결과에 따라 산업 안전보건법과 이 법에 따른 명령에 의한 조치를 하여야 한다.
(2) 사업주는 제1항에 따른 위험성 평가를 실시한 경우에는 고용노동부령으로 정하는 바에 따라 실시내용 및 결과를 기록·보존하여야 한다.
(3) 제1항에 따라 유해·위험요인을 찾아내어 위험성을 결정하고 조치하는 방법, 절차, 시기, 그 밖에 필요한 사항은 고용노동부 장관이 정하여 고시한다.

9.7.2 추진절차 및 내용

위험성평가 추진절차는 그림 9.18과 같다.

(1) 사전준비(preparation & classification of work acitivity)

사업주는 위험성평가를 효율적으로 실시하기 위하여 위험성평가 실시규정의 작성, 평가대상 선정, 위험성평가 실시관계자 교육실시, 평가에 필요한 각종 안전·보건정보를 수집하여야 한다.

(2) 유해 · 위험요인 파악(Hazards identification)

유해·위험요인을 파악할 때는 업종, 규모 등 사업장 실정에 따라 사업장 순회점검 및 안전보건 체크리스트의 방법을 사용하여야 하며, 특별한 사정이 없으면 사업장 순회점검에 의한 방법을 포함하여야 한다.
유해위험요인(Hazard)이란 유해위험을 일으킬 잠재적 가능성이 있는 것의 고유한 특징이나 속성을 말하며, 예를 들면 표 9.5와 같다.

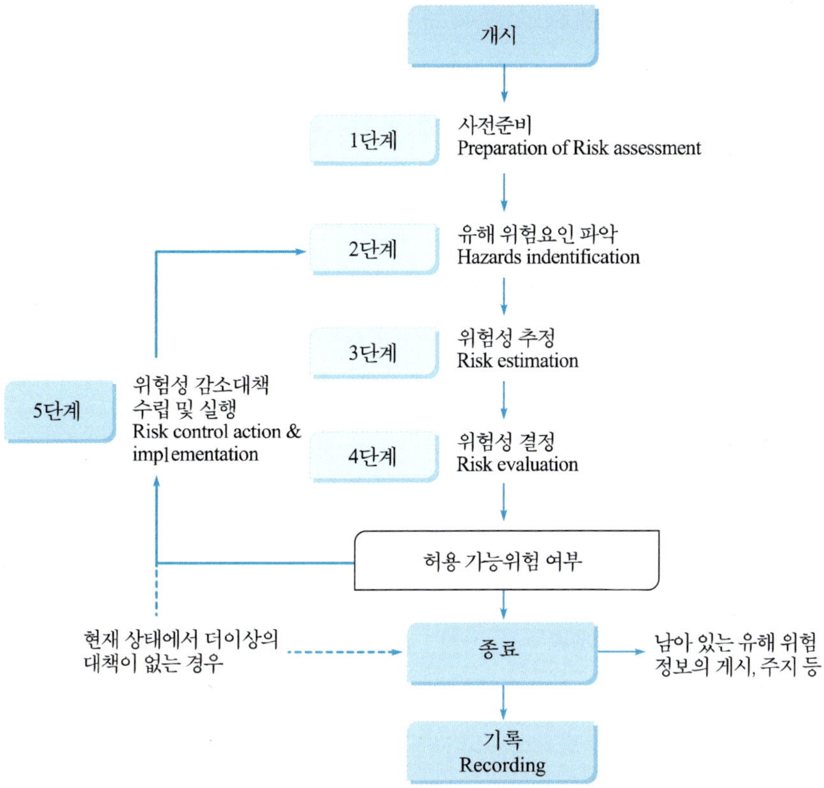

그림 9.18 위험성평가 추진절차

표 9.5 **유해위험요인 분류(예)**

용어	위험요인	유해요인
분류(예)	1. 기계 · 기구 설비 등에 의한 위험요인 2. 폭발성 물질, 발화성 물질, 인화성 물질, 부식성 물질 등에 의한 위험요인 3. 전기, 열, 그 밖의 에너지에 의한 위험 요인 4. 작업방법으로부터 발생하는 위험요인 5. 작업장소에 관계된 위험요인 6. 작업행동 등으로부터 발생하는 위험요인 7. 그 밖의 위험요인	1. 원재료, 가스, 증기, 분진 등에 의한 유해요인 2. 방사선, 고온, 저온, 초음파, 소음, 진동, 이상기압 등에 의한 유해요인 3. 작업행동 등으로부터 발생하는 유해요인 4. 그 외의 유해요인

(3) 위험성 추정(Risk estimation)

유해 · 위험요인을 파악하여 사업장 특성에 따라 부상 또는 질병으로 이어질 수 있는 가능성 및 중대성의 크기를 추정하여야 한다.

(4) 위험성 결정(Risk evaluation)

유해·위험요인별 위험성의 추정결과와 사업장 자체적으로 설정한 허용가능한 위험성의 기준을 비교하여 해당 유해·위험요인별의 위험성 크기가 허용가능한지 여부를 판단하여야 한다.

(5) 위험성 감소대책 수립 및 실행(Risk control action & implementation)

위험성을 결정한 결과 허용 가능한 위험성이 아니라고 판단한 경우에는 위험성의 크기, 영향 받는 근로자수, 위험성 감소대책 수립·실행 우선순위 등을 고려하여 위험성 감소대책을 수립하여 실행하여야 한다. 이 경우 법령에서 정하는 사항과 그 밖에 근로자의 위험 또는 건강장해를 방지하기 위하여 필요한 조치를 반영하여야 한다.

(6) 기록

이러한 위험성 평가는 최종적으로 기록, 보존하여야 하며, 향후 필요시 쓰일 수 있도록 준비되어야 한다. 위험성 평가의 실시 내용을 확인하기 위해 사전조사한 안전보건정보, 그밖에 사업장에서 필요하다고 판단한 사항에 대해서 기록/보존해야 한다. 최소 보존기한은 실시시기별 위험성평가를 완료한 날부터 기산한다.

9.7.3 방법 및 시기

(1) 방법

안전보건관리책임자가 위험성평가 실시를 총괄 관리하며, 안전·보건관리자는 위험성평가 실시를 관리하며, 관리감독자는 유해·위험요인의 파악, 위험성 추정·결정, 위험성 감소대책의 파악, 감소대책의 수립에 참여한다.

(2) 시기

위험성평가는 최초평가 및 수시평가, 정기평가로 구분하여 실시하여야 하며 최초평가 및 정기평가는 전체작업을 대상으로 한다.

① 최초평가

사업장이 최초로 하는 위험평가를 말하며, 사업장 설립일로부터 1년 이내에 실시하여야 한다.

② 수시평가

다음에 해당하는 경우 착수하기 전에 실시하여야 하며, 단, 중대산업 사고 또는 산업재해 발행의 경우에는 작업재개전에 실시하여야 한다.

- 사업장 건설물의 설치 · 이전 · 변경 또는 해체
- 기계 · 기구, 설비, 원재료 등의 신규 도입 또는 변경
- 건설물, 기계 · 기구, 설비 등의 정비 또는 보수
- 작업방법 또는 작업절차의 신규 도입 또는 변경
- 중대산업사고 또는 산업재해(휴업이상의 요양을 요하는 경우에 한정)발생
- 그 밖에 사업주가 필요하다고 판단한 경우

③ 정기평가

최초평가후 매년 정기적으로 다음 사항을 고려하여 실시하여야 한다.

- 기계 · 기구, 설비 등의 기간 경과에 의한 성능 저하
- 근로자의 교체등에 수반하는 안전 · 보건과 관련되는 지식 또는 경험의 변화
- 안전 · 보건과 관련되는 새로운 지식의 습득
- 현재 수립되어 있는 위험성감소대책의 유효성 등

(3) 기록

위험성평가를 실시한 경우 실시내용 및 결과를 기록하고 3년간 보존하여야 한다.

① 위험성평가 대상의 유해 · 위험요인

② 위험성결정의 내용

③ 위험성결정에 따른 조치의 내용

④ 위험성평가를 위해 사전조사한 안전 · 보건정보

⑤ 그밖에 사업장에서 필요하다고 정한 사항

연습문제 1

01 비파괴시험의 종류를 열거하시오.

02 위험기계·기구의 안전성 확보를 위하여 실시하고 있는 검사(인증)제도 3가지를 열거하시오.

03 안전인증대상 기계·기구 및 설비의 종류를 열거하시오.

04 안전인증대상 방호장치의 종류를 열거하시오.

05 자율안전확인대상 기계·기구 및 설비의 종류를 열거하시오.

06 법상 안전인증의 전부 또는 일부를 면제할 수 있는 경우를 쓰시오.

07 위험성평가의 추진절차를 서술하시오.

연습문제 2

01 설비진단기술은 간이진단기술과 정밀진단기술로 나뉜다. 각각의 특징을 기술하시오.

02 설비보전방식을 분류하고 간단히 설명하시오.

03 비파괴시험의 종류를 들고 각각에 대하여 간단히 설명하시오.

04 기계고장률의 기본모형(욕조곡선)을 그림으로 도시하고 설명하시오.

05 위험성평가의 일반원칙과 평가절차를 순서대로 설명하고, 평가기법의 특징에 대하여 설명하시오.

객관식 연습문제

01 다음 중 비파괴검사가 아닌 것은?

(가) 방사선투과시험 (나) 자분 검사
(다) 압축시험 (라) 수압시험

02 비파괴검사시 투과방사 및 공진법을 사용하는 검사방법은?

(가) 방사선투과검사 (나) 자기검사
(다) 초음파검사 (라) 육안검사

03 인장시험 곡선에서 탄성한계를 바르게 설명한 것은?

(가) 응력과 변형량이 정비례의 관계를 유지하는 한계
(나) 하중을 제거하면 시험편이 본래의 위치로 돌아가는 한계
(다) 하중을 제거하여도 원형으로 돌아가지 않는 점
(라) 시험편이 영구변형을 일으키는 한도

04 탄성계수(young's modulus)를 바르게 설명한 것은?

(가) $E = \frac{\text{변형률}}{\text{응력}}$ (나) $E = \frac{\text{응력}}{\text{변형률}}$
(다) $E = \frac{\text{하중}}{\text{단면적}}$ (라) $E = \frac{\text{단면적}}{\text{하중}}$

05 다음 중 물리적 성질은?

(가) 인장강도 (나) 경도
(다) 용융온도 (라) 탄성한도

06 다음 중 기계적 성질이 아닌 것은?

(가) 강도 (나) 경도
(다) 연신율 (라) 비중

객관식 연습문제

07 실제의 제품이나 가공 전의 재료 그대로 시험하는 방법을 비파괴시험이라 하는데, 다음중 비파괴 시험이 아닌 것은?

(가) X-선 투과 시험법 (나) 초음파 시험법
(다) 충격시험법 (라) 형광 검사법

08 $\sigma_t = \dfrac{\text{최대하중}(P_{\max})}{\text{원단면적}(A_o)}$ 은 무엇을 표시하는 식인가?

(가) 단면 수축률 (나) 항복하중
(다) 연신율 (라) 인장강도

09 다음 중 비파괴 재료 시험법이 아닌 것은?

(가) X-선 시험법 (나) 초음파 시험법
(다) 형광 시험법 (라) 피로 시험법

10 물질 내 실제 입자의 진동이 규칙적일 경우 주파수의 단위는 헤르츠(Hz)를 사용하는데 다음 중 통상적으로 초음파는 몇 Hz 이상의 음파를 말하는가?

(가) 1000 (나) 2000
(다) 5000 (라) 10000

11 오스테나이트 계역 스테인리스 강판의 표면 균열발생을 검출하기 곤란한 비파괴 검사방법은?

(가) 염료침투검사 (나) 자분검사
(다) 와류검사 (라) 형광침투검사

12 비파괴시험의 종류가 아닌 것은?

(가) 자분탐상검사 (나) 초음파탐상검사
(다) 와류탐상검사 (다) 샤르피 충격시험

객관식 연습문제

13 다음 중 금속 등의 도체에 교류를 통한 코일을 접근시켰을 때, 결함이 존재하면 코일에 유기되는 전압이나 전류가 변하는 것을 이용한 검사방법은?

(가) 자분탐상검사　(나) 초음파탐상검사
(다) 와류탐상검사　(라) 침투형광탐검사

14 다음 중 비파괴 시험의 종류에 해당하지 않는 것은?

(가) 와류 탐상시험　(나) 초음파 탐상검사
(다) 인장 시험　(라) 방사선 투과시험

15 재료에 대한 시험 중 비파괴시험이 아닌 것은?

(가) 방사선투과시험　(나) 자분탐상시험
(다) 초음파탐상시험　(라) 피로시험

16 다음 중 와전류비파괴검사법의 특징과 가장 거리가 먼 것 은?

(가) 관, 환봉 등의 제품에 대해 자동화 및 고속화 된 검사가 가능하다.
(나) 검사 대상 이외의 재료적 인자(투자율, 열처리, 온도 등)에 대한 영향이 적다.
(다) 가는 선, 얇은 판의 경우도 검사가 가능하다.
(라) 표면 아래 깊은 위치에 있는 결함은 검출이 곤란하다.

17 다음 중 용접부에 발생한 미세균열, 용입부족, 용함불량의 검출에 가장 적합한 비파괴검사법은?

(가) 방사선투과 검사　(나) 침투탐상 검사
(다) 자분탐상 검사　(라) 초음파탐상 검사

18 방사선 투과검사에서 투과사진의 콘크리트(명암도)에 영향을 미치는 인자에 속하지 않는 것은?

(가) 방사선의 선질　(나) 필림의 종류
(다) 현상액의 강도　(라) 초점 – 필름간 거리

객관식 연습문제

19 초음파 탐상법의 종류에 해당하지 않는 것은?

(가) 반사식 (나) 투과식
(다) 공진식 (라) 침투식

20 방사선 투과검사에서 투과사진의 상질을 점검할 때 확인해야 할 항목으로 거리가 먼 것은?

(가) 투과도계의 식별도 (나) 시험부의 사진농도 범위
(다) 계조계의 값 (라) 주파수의 크기

21 다음 중 기계 설비에서 재료 내부의 균열결함을 확인할 수 있는 가장 적절한 검사 방법은?

(가) 육안검사 (나) 초음파탕검사
(다) 피로검사 (라) 액체침투탐상검사

22 자분탐상검사에서 사용하는 자화방법이 아닌 것은?

(가) 축통전법 (나) 전류 관동법
(다) 극간법 (라) 임피던스법

23 재료의 강도시험 중 항복점을 알 수 있는 시험의 종류는?

(가) 비파괴시험 (나) 충격시험
(다) 인장시험 (라) 피로시험

24 다음 중 용접 결함의 종류에 해당하지 않는 것은?

(가) 비드(bead) (나) 기공(blow hole)
(다) 언더컷(under cut) (라) 용입 불량(incomplet penetration)

객관식 연습문제

25 비파괴시험 종류가 아닌 것은?

(가) 자분 탐상시험
(나) 침투 탐상시험
(다) 와류 탐상시험
(라) 샤르피 충격시험

26 침투탐상검사에서 일반적인 작업 순서로 옳은 것은?

(가) 전처리 → 침투처리 → 세척처리 → 현상처리 → 관찰 → 후처리
(나) 전처리 → 세척처리 → 침투처리 → 현상처리 → 관찰 → 후처리
(다) 전처리 → 현상처리 → 침투처리 → 세척처리 → 관찰 → 후처리
(라) 전처리 → 침투처리 → 현상처리 → 세척처리 → 관찰 → 후처리

객관식 연습문제 해답

제2장 기계설비의 안전화

01 (라)	02 (나)	03 (가)	04 (다)	05 (라)	06 (라)	07 (라)	08 (다)	09 (다)	10 (나)
11 (나)	12 (다)	13 (가)	14 (가)	15 (라)	16 (다)	17 (나)	18 (가)	19 (라)	20 (라)
21 (다)	22 (라)	23 (가)	24 (다)	25 (라)	26 (라)	27 (라)	28 (가)	29 (가)	30 (다)
31 (라)	32 (가)	33 (나)	34 (라)	35 (가)	36 (가)	37 (라)	38 (가)	39 (다)	40 (라)
41 (나)	42 (가)	43 (다)	44 (나)	45 (가)	46 (나)	47 (나)	48 (나)	49 (다)	50 (라)
51 (가)	52 (가)	53 (다)	54 (라)	55 (다)	56 (라)	57 (다)	58 (가)	59 (다)	60 (라)
61 (가)	62 (가)	63 (다)	64 (나)	65 (라)	66 (나)	67 (가)	68 (나)	69 (라)	70 (가)
71 (다)	72 (라)	73 (라)	74 (가)	75 (다)	76 (가)	77 (다)	78 (나)	79 (다)	80 (나)
81 (라)	82 (라)	83 (가)	84 (라)	85 (라)	86 (다)	87 (나)			

제3장 소성가공

01 (나)	02 (라)	03 (라)	04 (나)	05 (다)	06 (라)	07 (나)	08 (나)	09 (가)	10 (나)
11 (라)	12 (다)	13 (나)	14 (가)	15 (가)	16 (나)	17 (가)	18 (가)	19 (나)	20 (가)
21 (가)	22 (다)	23 (가)	24 (다)	25 (나)	26 (라)	27 (가)	28 (라)	29 (라)	30 (나)
31 (다)	32 (다)	33 (다)	34 (라)	35 (라)	36 (가)	37 (라)	38 (다)	39 (다)	40 (다)
41 (라)	42 (나)	43 (라)	44 (라)	45 (나)	46 (가)	47 (나)	48 (가)	49 (나)	50 (다)
51 (다)	52 (다)	53 (다)	54 (가)	55 (다)	56 (라)	57 (라)	58 (다)	59 (라)	60 (나)
61 (라)	62 (다)	63 (다)	64 (다)	65 (나)	66 (나)	67 (가)	68 (나)	69 (다)	70 (라)
71 (다)	72 (가)	73 (가)	74 (라)	75 (가)	76 (라)	77 (다)	78 (라)	79 (가)	80 (라)
81 (다)	82 (가)	83 (가)	84 (라)	85 (가)	86 (나)	87 (라)	88 (가)	89 (가)	90 (나)
91 (가)	92 (나)	93 (가)	94 (가)	95 (다)	96 (나)	97 (다)	98 (나)	99 (가)	100 (나)
101 (나)	102 (나)	103 (다)	104 (가)	105 (나)	106 (라)	107 (라)	108 (가)	109 (나)	110 (다)
111 (가)	112 (나)	113 (다)	114 (다)						

제4장 절삭가공

01 (라)	02 (라)	03 (라)	04 (라)	05 (가)	06 (나)	07 (라)	08 (나)	09 (라)	10 (라)
11 (라)	12 (다)	13 (나)	14 (나)	15 (나)	16 (가)	17 (나)	18 (라)	19 (다)	20 (다)
21 (라)	22 (가)	23 (다)	24 (라)	25 (다)	26 (나)	27 (나)	28 (가)	29 (가)	30 (라)
31 (가)	32 (가)	33 (다)	34 (다)	35 (다)	36 (다)	37 (가)	38 (라)	39 (라)	40 (가)
41 (다)	42 (가)	43 (라)	44 (나)	45 (나)	46 (라)	47 (가)	48 (가)	49 (나)	50 (나)
51 (가)	52 (다)	53 (다)	54 (나)	55 (라)	56 (다)	57 (가)	58 (가)	59 (가)	60 (다)
61 (나)	62 (나)	63 (나)	64 (다)	65 (나)	66 (가)	67 (나)	68 (라)	69 (다)	70 (나)
71 (라)	72 (라)	73 (가)	74 (나)	75 (다)	76 (라)	77 (가)	78 (나)	79 (가)	80 (라)
81 (나)	82 (가)	83 (가)	84 (나)	85 (다)	86 (가)	87 (다)	88 (라)	89 (라)	90 (나)
91 (나)	92 (라)	93 (나)	94 (가)	95 (나)	96 (라)	97 (다)	98 (라)	99 (라)	100 (가)
101 (다)	102 (나)	103 (다)	104 (가)	105 (가)	106 (라)	107 (나)	108 (다)	109 (라)	110 (라)
111 (가)	112 (나)	113 (나)	114 (나)	115 (나)	116 (다)	117 (나)	118 (라)	119 (다)	120 (라)
121 (가)	122 (다)	123 (다)	124 (나)	125 (나)	126 (다)	127 (가)	128 (라)		

제5장 용접장치

01 (나)	02 (라)	03 (다)	04 (라)	05 (다)	06 (다)	07 (나)	08 (라)	09 (라)	10 (다)
11 (나)	12 (나)	13 (라)	14 (라)	15 (나)	16 (가)	17 (가)	18 (다)	19 (다)	20 (라)
21 (나)	22 (나)	23 (나)	24 (다)	25 (나)	26 (나)	27 (라)	28 (가)	29 (나)	30 (나)
31 (나)	32 (가)	33 (다)	34 (라)	35 (가)	36 (다)	37 (나)	38 (나)	39 (가)	40 (가)
41 (나)	42 (나)	43 (나)	44 (나)	45 (다)	46 (다)	47 (라)	48 (다)	49 (다)	50 (나)
51 (가)	52 (라)	53 (가)	54 (가)	55 (다)	56 (다)	57 (다)	58 (라)	59 (라)	60 (나)
61 (라)	62 (라)	63 (가)	64 (다)	65 (가)	66 (라)	67 (가)	68 (라)	69 (다)	70 (라)
71 (가)									

제6장 산업기계

01 (라)	02 (가)	03 (나)	04 (라)	05 (가)	06 (다)	07 (라)	08 (나)	09 (나)	10 (다)
11 (다)	12 (나)	13 (나)	14 (다)	15 (나)	16 (다)	17 (다)	18 (나)	19 (라)	20 (나)
21 (다)	22 (가)	23 (다)	24 (나)	25 (다)	26 (가)	27 (라)	28 (나)	29 (나)	30 (라)
31 (가)	32 (나)	33 (라)	34 (라)	35 (라)	36 (다)	37 (가)	38 (라)	39 (가)	40 (나)
41 (나)	42 (가)	43 (가)	44 (가)	45 (나)	46 (가)	47 (라)	48 (가)	49 (라)	50 (나)

51 (다)	52 (가)	53 (나)	54 (다)	55 (다)	56 (다)	57 (다)	58 (가)	59 (가)	60 (라)
61 (다)	62 (다)	63 (라)	64 (나)	65 (가)	66 (가)	67 (라)	68 (가)	69 (다)	70 (다)
71 (다)	72 (다)	73 (가)	74 (다)	75 (가)	76 (가)	77 (다)	78 (가)	79 (다)	80 (나)
81 (라)	82 (나)	83 (가)	84 (가)	85 (라)	86 (나)	87 (나)			

제7장 운반기계

01 (가)	02 (라)	03 (다)	04 (라)	05 (라)	06 (다)	07 (다)	08 (가)	09 (나)	10 (라)
11 (나)	12 (라)	13 (라)	14 (가)	15 (다)	16 (다)	17 (라)	18 (가)	19 (가)	20 (나)
21 (가)	22 (가)	23 (라)	24 (가)	25 (라)	26 (다)	27 (나)	28 (다)	29 (나)	30 (다)
31 (나)	32 (라)	33 (가)	34 (라)	35 (가)	36 (나)	37 (나)	38 (나)	39 (나)	40 (다)
41 (라)	42 (나)	43 (나)	44 (다)	45 (다)	46 (라)	47 (라)	48 (라)	49 (라)	50 (나)
51 (나)	52 (나)	53 (라)	54 (다)	55 (다)	56 (라)	57 (나)	58 (나)	59 (나)	60 (다)
61 (다)	62 (라)	63 (나)	64 (나)	65 (다)	66 (나)	67 (라)	68 (다)	69 (나)	70 (다)
71 (가)	72 (다)	73 (다)	74 (나)	75 (라)	76 (라)	77 (가)	78 (나)	79 (가)	80 (다)
81 (가)	82 (라)	83 (라)	84 (라)	85 (나)	86 (가)	87 (라)	88 (다)	89 (가)	90 (나)
91 (다)	92 (라)	93 (라)	94 (다)	95 (다)	96 (나)	97 (나)	98 (다)	99 (라)	100 (다)
101 (다)	102 (가)								

제8장 공장자동화와 산업용 로봇

01 (나)	02 (나)	03 (라)	04 (나)	05 (다)	06 (나)	07 (나)	08 (다)	09 (라)	10 (나)
11 (다)	12 (가)	13 (다)	14 (라)						

제9장 설비보전과 진단

01 (다)	02 (다)	03 (나)	04 (나)	05 (다)	06 (라)	07 (다)	08 (라)	09 (라)	10 (나)
11 (나)	12 (라)	13 (다)	14 (다)	15 (라)	16 (나)	17 (라)	18 (라)	19 (라)	20 (라)
21 (나)	22 (라)	23 (다)	24 (가)	25 (라)	26 (가)				

참고문헌

- 건설기술진흥법
- 산업안전보건법
- 산업안전보건법 시행령
- 산업안전보건법 시행규칙
- 산업안전보건법 기준에 관한규칙
- 가구제작 및 목공예, 조황기 외 2인, 일진사, 1991
- 기계공작법, 김동원, 청문각, 1979
- 기계공작법, 김주한 외 10 옮김, 퍼스트북, 2015
- 기계공작법, 문우당, 2007
- 기계공작법, 조규제 외 1인, 형설출판사, 1992
- 기계재해방지, 한국산업안전공단, 1992
- 방적공학, 이재곤 외 2인, 동명사, 1990
- 방호장치 안전인증 고시
- 방호장치 자율안전기준 고시
- 보일러 및 증기터빈, 권순석, 동명사, 1993
- 보일러실기교본, 南雲健治, 세운, 1988
- 비파괴시험, 한국기계연구소, 1982
- 산업안전공학, 이근희, 창지사, 1990
- 산업안전연감, 산업안전신문사, 1991
- 산업용 로봇기준, 정명진 외 4인, 공업진흥청, 1982
- 설비관리, 박경수, 영지문화사, 1994
- 스마트팩토리 안전보건수준 파악 연구, 변정환 외 2인, 한국산업안전보건공단, 2021
- 스마트팩토리 안전시스템 평가에 관한 지침, 한국산업안전보건공단, 2021
- 승강기관련기준, 한국엘리베이터협회, 1992
- 신편 기계공작법, 염영하, 동명사, 1991
- 알기쉬운 현장설비진단, 이영실 역, 성안당, 1997
- 예해 재료역학, 박갑순 외 공저, 형성출판사, 1991
- 용접공학, 염영하 외 1인, 동명사, 1975
- 위험기계기구 안전인증 고시
- 위험기계기구 안전장치의 규격 및 해설, 산업안전보건연구원, 1990

- 위험기계기구 자율안전확인 고시
- 유체기계, 하재현 외 2인, 대학도서, 1981
- 유해 또는 위험한 기계, 기구, 설비 등의 안전기준 및 검사기준, 노동부 고시 제90-78-90호
- 일반공구, 김응서, 집현전, 1990
- 일반목공실습, 송인춘 외 1인, 동명사, 1979
- 재료시험, 이택순, 형성출판사, 1991
- 중대재해사례집, 노동부
- 중장비공학, 강성안, 세문사, 1991
- 표준기계설계학, 정선모, 동명사, 1980
- 프레스 핸드북, 기전연구사, 1989
- 프레스사출 금형일반, 금형기술연구회, 일진사, 1993

- INDUSTRIAL ACCIDENT PREVENTION, Heinrich, McGraw-Hill, 1969
- Industrial Safety Handbook, William Handley, McGraw-Hill, 1977
- KS B 0067 산업용 로봇 용어
- KS B 0068 산업용 로봇 기호
- KS B 0127 크레인 용어(종류)
- KS B 4093 목재가공기계의 안전통칙
- KS B 7083 산업용 로봇의 안전통칙
- KS B D 3514 와이어 로프
- KS B ISO 12100 기계안전-설계 일반원칙-위험성평가와 위험요소감소
- Modern Safety and Health Technology, Russell DeREAMER, JOH WILEY & SONS, 1980
- New 기계공작법, 최인수 외, 원창출판사, 1995

- 建設用リフトの運轉の安全, 日本クレツソ協會, 1984
- 機械安全, 日本規格協會, 2007
- 産業用ロ求シト安全必擔, 中失勞動災害防止協會, 1986
- 設備安全工學, 淸水久三, 裳華房, 1989
- 設備診斷の進め方, 日本フラントメンテナンス協會, 1982
- 新安全工學使覽, 安全工學協會, 1999
- クレーン運轉の安全協會, 日本クレーン協會, 1981

찾아보기

저자 소개

정명진 을지대학교 보건환경안전학과
김태구 인제대학교 보건안전공학과
박재학 충북대학교 안전공학과
이근오 전) 서울과학기술대학교 안전공학과
추병길 청암대학교 소방안전관리과
허문회 전) 국립한국교통대학교 안전공학과

(제2판) 기계설비안전 정가 25,000원

저자 : 정명진 · 김태구 · 박재학 · 이근오 · 추병길 · 허문회

발행인 : 임정대
발행처 : 도서출판 **화수목**

발행 : 2015년 9월 7일 초 판
2020년 1월 7일 수정증보판
2023년 2월 15일 제2판

등록 : 제2014-000166호

주소 : 서울시 마포구 신촌로 2길 5-15
전화 : 02-338-9119
팩스 : 02-335-2201

ISBN : 979-11-89933-36-4 (93530)